冷 拼

◎ 彩色拼盘 ◎

◎ 什锦拼盘 ◎

◎ 凉菜围碟 ◎

◎ 九色攒盒 ◎

U0364673

◎ 鲤鱼戏莲 ◎

◎ 丹凤朝阳 ◎

◎ 黄山迎客松 ◎

◎ 江山如此多娇 ◎

热 菜

肉禽蛋类

◎ 腐乳扣肉 ◎

◎ 金 塔 肉 ◎

◎ 米粉蒸肉 ◎

◎ 干菜烧肉 ◎

◎ 咖喱牛肉块 ◎

◎ 白切羊肉 ◎

◎ 芹菜炒腊肉 ◎

◎ 糖醋肉片 ◎

厨师培训教材

◎ 干炸丸子 ◎

◎ 麻辣肚条 ◎

◎ 九转大肠 ◎

◎ 香 酥 鸭 ◎

◎ 油淋鸽子 ◎

◎ 辣子鸡丁 ◎

◎ 炸 凤 翅 ◎

◎ 炸 蛋 饺 ◎

水产品类

◎ 奶汤鲫鱼 ◎

◎ 泡菜桂鱼 ◎

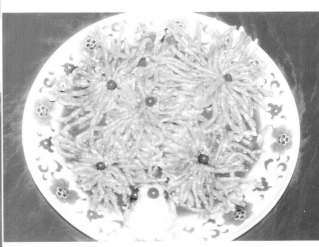

◎ 菊花鱼 ◎

◎ 糖醋带鱼 ◎

◎ 干煸鳝丝 ◎

◎ 白玉鱼脯 ◎

◎ 珊瑚芙蓉大虾 ◎

◎ 白果水晶虾仁 ◎

◎ 芙蓉桂花蟹 ◎

◎ 牡丹海参 ◎

◎ 美极小鱿鱼 ◎

◎ 老醋蜇头 ◎

豆制品类

◎ 麻婆豆腐 ◎

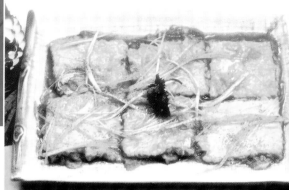

◎ 锅塌豆腐 ◎

◎ 蟹黄豆腐 ◎

◎ 素 火 腿 ◎

素 菜 类

◎ 醋熘白菜 ◎

◎ 炒芹菜香干 ◎

◎ 姜汁扁豆 ◎

◎ 拌 茄 泥 ◎

◎ 素炒海带丝 ◎

◎ 韭菜炒鸡蛋 ◎

◎ 鲜蘑菜心 ◎

◎ 七彩香菇 ◎

◎ 香菇扒菜心 ◎

◎ 烧二冬 ◎

◎ 蜜汁莲子 ◎

◎ 糯米甜藕 ◎

汤 羹 类

◎ 宋嫂鱼羹 ◎

◎ 虫草甲鱼仔 ◎

◎ 黄豆猪蹄汤 ◎

◎ 海 八 珍 ◎

面　点

◎ 美心虾饺皇 ◎

◎ 金华汤包 ◎

◎ 荠菜肉馄饨 ◎

◎ 龙 须 面 ◎

◎ 蟹黄鱼皮烧麦 ◎

◎ 金塔烧饼 ◎

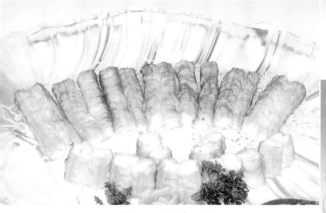

◎ 酿心油条 ◎

◎ 灌汤杏仁团 ◎

厨师培训教材

（修 订 版）

张仁庆　高小锋　主编

金盾出版社

内 容 提 要

这是一本专为厨师培训而编写的专业教材。全书分为烹饪知识、面点制作工艺和示教实习菜例三大部分,共五编。第一、二、三编分别为烹饪知识的初级部分、中级部分、高级部分,可满足培训不同对象及不同培训目标的需要。第四编为面点制作工艺,主要用于一般面点师的培训。第五编为示教实习菜例,从当今中国十大菜系中分别精选了一些具有代表性的名菜,供教学讲习之用。附录中收入了国家有关部门颁发的一些相关标准。本书内容丰富,系统全面,科学实用,易懂好学,既可作为厨师培训的基本教材,也可供烹饪专业人员自学参考。

图书在版编目(CIP)数据

厨师培训教材/张仁庆,高小锋主编. —修订版 . —北京:金盾出版社,2008.9(2020.9 重印)

ISBN 978-7-5082-5096-0

Ⅰ.①厨… Ⅱ.①张…②高… Ⅲ.①厨师—技术培训—教材 Ⅳ.①TS972.36

中国版本图书馆 CIP 数据核字(2008)第 059208 号

金盾出版社出版、总发行

北京市太平路 5 号(地铁万寿路站往南)

邮政编码:100036 电话:68214039 83219215

传真:68276683 网址:www.jdcbs.cn

三河市双峰印刷装订有限公司印刷、装订

各地新华书店经销

开本:705×1000 1/16 印张:38.25 彩页:1 字数:682 千字

2020 年 9 月修订版第 29 次印刷

印数:415 501~418 500 册 定价:96.00 元

再 版 前 言

　　改革开放后,随着经济的快速增长和人民生活水平的不断提高,我国南北各地餐饮业蓬勃发展,大小饭店酒楼如同雨后春笋般地遍布城市乡镇,厨师队伍逐年壮大。正是针对这种状况,为了更多更快更好地培养烹饪技艺新秀,大力提高广大厨师的专业技术水平,以满足餐饮市场迅猛发展的需要,本社于1994年特约请中国食文化丛书主编张仁庆,组织一批富有多年烹饪教学经验的专业人士,在北京旅游学院、烟台商校专职教师及部分大饭店、大宾馆著名烹饪大师的大力支持下,编写了《厨师培训教材》一书。

　　本书自出版发行以来,至今已先后印刷15次,累计印数达36.6万册,深受广大专业人士和有关院校师生的欢迎。为使本书更好地为广大读者服务,应各方要求,现在我们又根据这十多年来烹饪技术的发展及餐饮市场需求的变化,对原书内容做了许多必要的修改、补充与调整。特别是对中国烹饪技艺的重要组成部分面点制作工艺,在内容上做了大幅的增补,由原先的一章变为现在的一编,对"白案"技艺做了较为全面系统的介绍,弥补了原书的不足。我们深信,通过此次修订,本书内容更完整、更科学、更实用,更符合当今厨师培训工作的实际需要。

　　本书在编写和修订过程中,参阅了原商业部饮食技术培训教材,国家旅游局旅游行业工人技术等级培训教材,以及有关部委关于烹饪职工技术等级标准等文件。全书始终以行业标准为准绳,以科学实用、通俗易懂为原则,系统讲述了各式菜肴和各种面点的基础知识和制作技艺,详细介绍了各种名菜名点的起源、发展、风味特点和代表菜例,以及食品雕刻、冷拼技艺等。附录中还收入了国家有关部门颁发的一些相关标准。

　　本书内容丰富,系统全面,科学实用,易懂好学,既可作为培训厨师的基本教材,也可供烹饪专业人员自学参考。

　　由于编者水平有限,书中难免有疏漏或不当之处,敬请广大读者特别是专家、大师给予指正。

编　　者
2008 年 6 月 30 日

编 委 会 名 单

名誉主编：孙晓春　李长茂

主　　编：张仁庆　高小锋

副 主 编：王荔枚　邱　顺

编　　委：（以姓氏笔画为序）

王荔枚	王洪海	王友来	王　美	王美萍
王耀辉	叶连方	孙晓春	吕良福	牟信勇
张仁庆	李志仁	李河山	李荣新	李青芬
宋福生	邱　顺	林建璋	陈彦明	陈桂琴
杨秀林	周桂禄	赵庆华	高小锋	高　山
徐　权	秦金红	黄金来	程伟华	

顾　　问：王美萍　任原生　李长茂　李光远　张志广
　　　　　林承步　林文杰　郑秀生　康　辉　黄子云

摄　　影：李长茂　李俊先　张仁庆　林裕超　柳　琴

参加本书编写的工作人员：王秀玲　　王　洁　　王　军
　　　　　　　　　　　　　闫修芬　　宋文瀚　　张韶云
　　　　　　　　　　　　　张巧静　　陈永龙　　贺庆伟

目　　录

第二编　　烹饪知识中级部分

第三编　烹饪知识高级部分

第四编　　面点制作工艺

第五编　　示教实习菜例

附　录

第 一 编

烹饪知识初级部分

第一章　概　述

第一节　历史悠久的中国烹饪

中国烹饪,历史悠久,技艺精湛。经过数千年的发展,当今的中国菜肴不仅是精美的食品,在一定意义上,也是一种特殊的艺术品。中国烹饪是一门科学、一种艺术,是中华民族宝贵文化遗产的组成部分。

人类用火熟食,是烹饪发展的起点。我国周口店"北京人"遗址的用火遗迹表明,约在 50 万年前的"北京人",已能很好地管理和使用火,并已经开始熟食了。恩格斯指出:"熟食是人类发展的前提"。可见,烹饪技术对人类的进化、社会的发展,起着举足轻重的作用。

新石器时代晚期(距今五六千年前),由于陶器的普及,人们已经由最初的"火烹""水烹""石烹"等熟食加工方法,进入以水和蒸汽煮蒸食品,或以陶鏊烙制食品,可"煮海为盐",酿谷物果品为酒,并将其与烹饪和调味结合起来,于是构成了最初的烹调技术。

到了距今 4000 年左右的夏、商时期,我国已经有了用于烹饪的铜器(如河南安阳"殷墟"出土的铜锅、铜俎、铜刀、铜铲等),这就为高温油脂煎炸和食品原料刀工技术等精细加工与烹饪方法多样化创造了条件。铜制炊具的出现把原有的烹饪技术推进到新的历史阶段,从此进入了它的发展繁荣时期。特别是油烹的发现,是中国烹饪向高层次发展的开始。

西周及春秋战国时期(公元前 11 世纪至公元前 221 年),中国从奴隶制社会发展到封建社会。在这个阶段,由于人们对铁器的普遍应用,加工调味品的日益丰富,以及宫廷、官府饮食生活的日趋奢侈,又大大促进了烹调技术的发展,并且积累了许多经验,从而产生了烹饪理论的雏形。

但是,中国烹饪真正由单纯的技术上升为理论并得到迅速发展,是在距今约1500 年前的两晋南北朝时期。由于烹饪工艺的发展,食品品种增多,人们对烹调、饮食和养生认识的深化,这个时期的一大特色是把烹饪技术作为专门学科加以研究和总结,其结果是促使大量烹饪著述问世。如西晋何曾若的《安平公食学》,南北朝南齐虞悰的《食珍录》,北齐谢枫的《食经》,以及被后世推为我国烹饪理论奠基巨著的《齐民要术》(北魏贾思勰著)等。同时,在烹饪技术上,多种加热成熟的烹调方法逐步形成;烹调原料中加工性主配料与调味料大大增加;钢刀的使用使原料的加工更加精细;石磨和粉状食物原料的出现,使面点得以迅速发展。随着饮食市场的繁荣与厨行行帮的产生,促进了菜肴食品烹调众多风味和流派的形成。

从以上各个时期烹饪技术发展的轮廓可以看出,中国烹饪事业经历了由粗放到细致、由单一到复杂、由简陋到精美的发展过程,其主要特征是:传统与创新相结合,原始与现代并存,兼收并蓄,相辅相成,才形成了今天中国烹饪事业异彩纷呈、绚丽多姿、蓬勃发展的局面。

第二节　中国烹饪的主要特点

传统的中国菜肴,具有色(色泽)、香(香气)、味(味道)、形(形状)、质(质量)、养(营养)、器(盛器)俱佳的七大特点。七个方面必须相辅相成,融为一体,以"味"为核心,以"养"为目的,使人获得一种感官与养生有机结合的饮食享受。这是中华民族几千年来在烹饪与饮食生活中,经过反复实践总结出来的成果,并由此形成了与它相适应的独具特色的饮食习惯、烹饪工艺和技术要求,这就是:

一、优选用料

据不完全统计,中国烹饪所有的原料,总数达万种以上,分为主辅料、调味品、佐助料三大类,常用的有 3000 种左右。其选择标准是:既要味美,又可养生。

二、加工精细

中国烹饪的工艺流程中有粗加工和细加工两道工序,其中细加工中的刀工、配菜,显得尤为重要。烹饪原料的用刀加工,经过长期积累,形成了数十种运刀技法,能将原料切制成上百种形状。原料的精细加工,既能赋予成菜以美观的形象,又利于原料加热成熟均匀、出味入味,还便于人们咀嚼和消化吸收。与刀工紧密联系的配菜,要求"味"与"养"、"荤"与"素"等尽可能科学合理地搭配。

三、善用火候

中国烹饪善于用火,它既适应了风味各异的食品烹制的需要,也适应了不同膳食养生的要求。特别是创始于一千多年前的"炒"法,可谓独俱特色,变化无穷,其关键就在用火。火候有多种,除通常的旺火、中火、小火、微火外,还因火力的强弱等因素,有猛火、冲火、飞火、慢火、煨火等的区别,视菜品的不同要求而分别施用,即可获得极佳的效果。用火功力如何,是评价一位烹调师技艺水平的依据之一。

四、讲求风味

中国烹饪特别讲究"味",既重视烹饪原料的本味,又重视调味品的赋味,更着眼于五味调和。调味原料有 500 种左右,占常用原料的 1/6。运用这些调味品再加上变化多样的调味方法和加热效应,就能发挥"味"的综合、对比、消杀、相乘、转换等作用,从而赋予食品菜肴以各种鲜香诱人的美味。

五、合理膳食

中国自古以来就选择了以植物性原料为主的膳食结构。《黄帝内经》称"五谷为养,五果为助,五畜为益,五菜为充",实行主食、副食和零食三分,日常饮食与筵席饮食调剂。这样的膳食结构模式,使我们避免或减少了当今社会许多"文明病"的困扰。

随着社会的发展进步,中华民族的子孙,以自己的聪明才智和辛勤劳动,不断丰富和完善烹饪技艺,使中国的烹饪与菜肴享誉世界,获得了"烹饪王国"的美称。

第三节　　烹调工序和菜肴制作过程

烹饪一词古语的含义是运用加热的方法制作食品,后来出现烹调一词,词义与前者基本相同,故二者长期并存混用。近数十年,随着烹饪事业的发展,烹调一词在实际应用中被分化出来,专指制作各类食品的技术与工艺,亦称烹调工艺,而烹饪则被赋予包括烹调及其所制作的各类食品和饮食消费、饮食养生、饮食文化等在内的广泛内容。下面用烹调一词,就是从烹饪的工艺和工序的角度来讲的。

一、烹调工序

烹调是把生的食物原料经加热并调味之后,制成一道道完美菜肴的一整套工艺过程。这套工艺过程一般分为 6 道工序。

(一)原料选择

烹调原料种类繁多,谷肉果菜,山珍海味,详列细目洋洋千百种。即使同一类原料,由于产地不同,季节有别,品质也有高低上下之分。因此,熟悉原料特点,鉴别原料质量,乃是烹调出色、香、味、形、质俱佳之菜肴的前提。

(二)初步加工

对原料初步加工,是切配和烹制的预备工序,它包括宰杀、择剔、剖剥、拆卸、泡发、洗涤等。初加工不当,不仅影响烹调的效果,更重要的是影响成品的食用价值和营养卫生质量。

(三)刀工刀法

刀工是学厨的四大基本功之一。它是将已加工的原料按着菜品及烹调方法的要求,改切成各种适宜的形状,如条、段、片、丁、块以及各种花刀等等。中国菜肴丰富多彩,千姿百态,与刀工精巧、刀法多样有着密切的关系。

(四)配　菜

配菜与改刀经常是同时进行的。它是将切好的各种原料,根据成品菜的质、味、形、色、器的要求,按照一定的比例搭配,使菜肴的外观、味道及营养等方面呈现最佳效果。

(五)火　候

火是烹调的热源,即火力;候就是加热的时间。火力的大小、加热时间的长短是否适当,这是烹调效果的关键,因此,看火和用火,也是学厨者必须掌握的基本功之一。

(六)调　味

我们平常做菜时,用葱花炝锅、放盐、倒酱油、加醋、勾汁等,都是在做着调味的事儿。同样的原料由不同人来烹调,做出的菜肴滋味各不相同,这除与火候的掌握有关外,调味品的使用亦起着重要作用。因此,要使"五味调和百味香",一定要研究调味的奥妙,掌握调味的方法。

二、菜肴制作过程

我国的烹饪技术,是一个复杂细致的操作过程,研究范围甚广。菜肴制作主要有原料的选择、初步加工、切配、烹调、装盘 5 个过程,如图 1 所示。

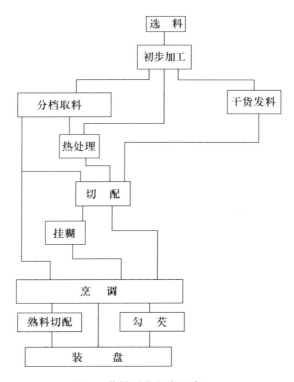

图 1　菜肴制作程序示意

第二章　选料基本知识

第一节　要选用新鲜的原料

要选好原料,首先要看它们的新鲜度。动植物性原料都有一个新鲜度的问题。原料的新鲜度愈高,其营养价值就愈高,成品菜肴的风味就愈好;反之则差。严重不新鲜的原料烹食后会引起食物中毒导致各种肠道传染病。一般来说,植物性原料(如谷、豆、菜、果等)的新鲜度较易鉴别,而动物性原料(如肉、鱼、蛋、禽等)不仅极易变质,而且较难鉴别。因此,下面介绍一下对蛋、禽、鱼、肉新鲜度的简易鉴别方法。

第二节　鸡蛋新鲜度的鉴别

一、看、摸、摇
蛋壳不光亮、手感粗糙、轻摇蛋内不晃动的,一般为新鲜鸡蛋。
二、灯光照
将鸡蛋用手捂住,一头对着灯光或日光照看,如果蛋内呈淡而均匀的红色,就是新鲜鸡蛋。
三、盐水泡
按 500 克水加 50 克盐的比例,调成适量的盐溶液,将鸡蛋放入,若沉下去的就是新鲜鸡蛋。
四、磕开看
蛋黄完整,蛋清黏稠而且包着蛋黄不流散的,即为新鲜鸡蛋。

第三节　肉类新鲜度的鉴别

未经冷冻的新鲜家畜肉,可以从以下几方面加以鉴别:
一、看外表
有一层微微干燥的膜,色泽光润,切面呈淡红色,湿润而不黏,肉质透明。
二、触硬度

肉质紧实,富有弹性,手按后很快复原。

三、闻气味

具有各自特有的气味,无异味。

四、察脂肪

脂肪分布均匀,保持固有色泽,硬实而无酸气味。

冷冻的肉类保持以下特点的,即具有较好的新鲜度:

肉表滋润,保持原色,肌肉断面呈淡玫瑰色,组织坚实,关节色白,无异味,无杂色。

第四节　　光禽新鲜度的鉴别

光禽就是经过宰杀煺毛的鸡鸭等禽类。其鲜品鉴别方法是:

一、察嘴喙

嘴喙干燥,有光泽及弹性,无异味。

二、看眼睛

眼球充满眼窝,角膜有光泽。

三、审皮肤

皮肤呈淡黄色或淡白色,表面干燥,具固有的气味,无异味。

四、触肌肉

肌肉结实而有弹性,断面为玫瑰色,胸肌色略浅淡,脂肪色白或带淡黄,均有光泽。

第五节　鱼类新鲜度的鉴别

新鲜鱼类的鉴别方法是:

一、察鱼鳃

鳃盖紧闭,黏液少并呈透明状;鳃质鲜红或粉红,无臭味、氨味等异味。

二、看鱼眼

眼球完整,稍凸出,澄清而透明,不充血、不发红。

三、审鱼体

体表清洁,鱼鳞完好紧密而有光泽,肌体有弹性,肛门周围呈圆坑形,肚腹不鼓胀。

第三章　原料初步加工基本知识

第一节　初步加工的意义和标准

一、初步加工的意义

做菜的原料种类很多,既有动物性原料,又有植物性原料;有水产原料,也有高山产的原料;有干制的原料,也有鲜活的原料。这些原料并不能直接拿来就进行烹制,必须按照不同的原料进行不同的初步加工,为正式烹调做准备。

初步加工在烹调中所占地位相当重要,如果加工后的原料在卫生上、形色上、营养上不符合要求,就会直接影响菜肴的质量。

初步加工并非是一个简单的操作过程,它具有一定的技术。如剔猪肉,全猪13块肉,既要掌握每块肉的部位,又要分清每块肉下刀的方法,并且骨上还不能带肉。又如,干货泡发要根据不同的原料,不同的品种,进行不同的初步加工。初步加工如稍有不当,不但要造成原料损失,还要影响菜的质量。

初步加工内容有宰杀、洗涤、剖剥、整理、干货泡发以及熟处理等。宰杀就是将活的鸡、鸭、鱼等杀死。洗涤就是除去污垢。剖剥和整理的目的是除去不能使用的废料,加以适当整理。干货经泡发才能使用。熟处理就是有些原料在正式烹制前,要经过煮烫、过油等。总之,凡是我们所用的原料,都要经过细致的初步加工过程。

剥葱、择菜、洗鱼、打蛋等,都属于原料烹调前的初步加工。

二、初步加工的标准

在对原料进行初步加工时,头脑里要有营养、卫生以及成品菜肴色、香、味、形的概念,这样才能认真仔细,有的放矢。为此,原料合理的初步加工一般要求做到以下几点:

(一)保持原料的营养成分

例如,各种蔬菜是人体维生素和矿物质的重要供给源,蔬菜中的这类营养成分,在日光、空气和水的条件下容易被破坏,因此在初加工时,应减少存放时间,先洗后切,以免走失养分。

(二)保证原料清洁卫生

烹饪原料的初步加工,是防止"病从口入"的第一道关卡,因此必须把好。对于市场购进的鲜活原料,必须除尽菌虫及污秽杂物,认真清除腐败及不能食用的部分;而对变质和污染严重的原料,则应毫不怜惜地弃之不用。

(三)使原料各部分得到合理使用

原料中精粹部分,用以烹制精美菜肴;下脚料经精细加工安排,也可烹制出别具风味的可口菜肴。例如一鱼四吃,巧用菜叶、菜头等,均可制作物美价廉的花样菜。

(四)保持原料的完整美观

有些菜肴须保持原有形态,如整鱼、全鸡等。因此在分部位取料或整料出骨时,必须认真操作,为下一步加工奠定基础。

(五)保证菜肴的质、色、味、形不受影响

如剖剥鱼时,不要碰破鱼胆,以免胆液沾染鱼肉而使做好的鱼有苦味;宰杀家禽时,血要放净,内脏要掏彻底;焯蔬菜时间不要长,焯后即入凉水冲洗。

这种去芜取精、除尽污秽的初步加工,对烹制出色、香、味、形、质皆好的菜肴,保障人体健康,无疑是十分重要的环节,因此不可马虎从事。

第二节　水产品初步加工

水产品在正式进行切配烹调之前,要经过宰杀、刮鳞、去壳、洗涤、出骨、分档(图2)取料等过程(图3)。因品种和烹调方法的不同,进行加工的要求也就不同。具体说明如下:

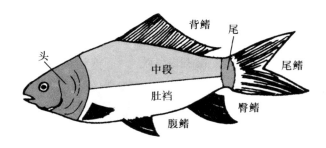

图2　鱼的分档示意

一、黄花鱼

将黄花鱼鳞刮净,由鱼嘴插入两根竹筷子,插时把里肋夹在筷子中间插到腹内,左手拿住鱼身,右手把住筷子拧两圈,使鱼下水和鱼体脱离,再将筷子抽出,使里肋和下水随筷子脱口而出,将鱼用凉水洗两三次,控干即可。

鳖鱼、铜罗鱼、鲈鱼的加工方法与黄花鱼相同。

二、花片鱼

花片鱼用刀刮净鱼鳞,割去鱼鳃,由鱼的阴面靠鳃处割一个横口,由横口处取出鱼下水,将鱼放入凉水内洗净即可。

偏口鱼、小嘴鱼、塔板鱼、半舌鱼(牛舌鱼)、镜鱼(鲳鱼)加工方法与花片鱼相同。

三、甲鱼(又名元鱼)

将甲鱼放在案板上,腹部朝上,待甲鱼头伸出后用刀剁掉。用手把甲鱼拿起,脖子朝下控净血,放在开水锅内烫1分钟。用刀将甲鱼腹部及腿和盖边黑皮刮净,用凉水洗净,撬下甲鱼盖,剁去四爪,取出下水,用凉水洗净血液即可。

甲鱼血不可扔掉,当即用黄酒冲喝,是补血补气的良药。

四、鳝　　鱼

有两种加工方法:

第一,将鳝鱼头用刀在案板上砸扁,鳝鱼昏过去后,再用小钉把鳝鱼头钉在案板上,脊背朝上用刀尖从鳝鱼头部沿脊骨左侧划至尾部(划透脊背不要划破腹部的皮),剁去头尾,取出下水用凉水洗净血。此法为炒鳝鱼丝、炒鳝鱼片、红烧马鞍桥鳝鱼时所用。

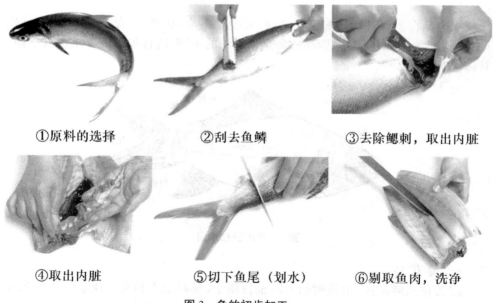

①原料的选择　　　　②刮去鱼鳞　　　　③去除鳃刺,取出内脏

④取出内脏　　　　⑤切下鱼尾(划水)　　　　⑥剔取鱼肉,洗净

图3　鱼的初步加工

红烧马鞍桥鳝鱼是用鳝鱼块经过炸、红烧等烹制方法做成,因鳝鱼块用油炸过后成马鞍形而得名。

第二,将鳝鱼用刀在案板上拍昏,用小钉将鳝鱼头钉在案板上,背朝下,腹朝上,用刀将鳝鱼腹划开,取出下水洗净即可。此法为烹制鳝鱼段所用。此外,小鳝鱼可先剁成段,再取下水,洗净,做烧鳝鱼段用。

五、乌鱼(又名乌贼)

先将乌鱼洗净,由脊背处将乌鱼骨拿出,取出腹内墨囊,将下水摘去,去掉腿,用凉水洗两次,再将乌鱼皮剥下,用凉水洗净即成为洁白的乌鱼肉。

六、鲜 干 贝

将干贝去掉外面的硬壳,摘去干贝黄和脐(靠一边的硬筋),用凉水洗净即可。

七、鲜 鲍 鱼

将鲍鱼去掉外面的硬壳,用凉水洗一次,再将鲍鱼的边缘摘掉,用凉水洗净即可。

八、鲜 蛔 蝗

将蛔蝗撬去外面的硬壳,摘去蛔蝗中间的硬脆骨,再用凉水洗净,并择净上面的碎壳。

九、鲜 海 螺

将海螺由壳内抠出,用刀把海螺盖处的皮切去,摘去螺黄及硬肉,再用凉水洗净。

十、大虾和青虾

根据烹饪的需要,大虾有带壳和不带壳的两种处理方法。要求带壳的处理方法是,先将大虾用凉水洗净,用剪子剪去虾枪和虾尾梢,再将虾头部的沙包和脊部的沙线取出,用凉水洗净即可。不带壳的是去掉虾头和虾尾,剥去虾皮,取出脊背上的沙线,用水洗净即可。

虾驹的处理与不带壳的大虾处理相同。

青虾,先用凉水洗两次,剥去虾壳、头、尾、用清水洗净,择净虾须等杂物,控净水分即可。

十一、螃 蟹

螃蟹共分为3种:江蟹、海蟹、河蟹。

江蟹的加工是先将江蟹用水洗净,剁下蟹腿,用刀将蟹腿的外壳削一长口(不可切坏蟹肉),将蟹腿内的蟹肉剥出,再把蟹盖撬下,取出盖内的蟹肉即可使用。

海蟹的加工是先将海蟹用凉水洗净,放蒸笼内蒸熟,把蟹腿和蟹螯剁下,将蟹腿顺着划一道口,掰开蟹腿硬壳,取出蟹腿肉,另将蟹螯以刀劈开取出肉,再揭开蟹盖,取出蟹盖里的肉即可使用。要注意蟹的里肋要去掉,不要混入蟹肉内。

河蟹(又名毛蟹),根据烹饪需要有两种加工方法:一种是完整蟹子带壳、盖和腿等,其加工比较简单,将蟹子用水洗净,切去蟹的足螯、蟹脐即可烹制。另一种是用净蟹肉和蟹黄,处理方法是先将河蟹用水洗净,放入屉内蒸熟,剁下蟹腿和蟹螯,将蟹腿放在案板上,用擀面杖由足尖处向前滚动,使蟹肉由蟹腿壳内挤出,另将蟹盖撬开,取出盖内的蟹肉和蟹黄即可。

十二、蛏 子

先把蛏子洗几次,再掰开两个硬壳,取下蛏子肉,用凉水洗几次,使蛏子肉无泥沙即可。

十三、加吉鱼、鳜鱼、鲤鱼、胖头鱼、鲫鱼、白鱼、马鱼

一般适合烧、炖等吃法。初步加工是去掉鳞和鳃,开膛去五脏,洗净。开膛分腹开和背开两种,腹开即由鱼身的左侧腹部开一小口,用于烧、炖等菜,背开即由鱼上脊当中开一大口,用于酿馅等菜。

鲫鱼、鲤鱼在开膛前,先将鱼腹部前边的一条白硬鳞剥掉再开膛。

第三节　猪体部位及其用途

整猪去掉头、蹄、尾、下水以后,可分为前槽、腰排、后秋 3 部分。

按烹调所使用的材料,可把猪肉分为以下 13 部分(图 4):

一、血 脖

即后部颈上肉,肥瘦混合在一起,是一条一条的。适于做香酥肉、肉馅、叉烧肉等。

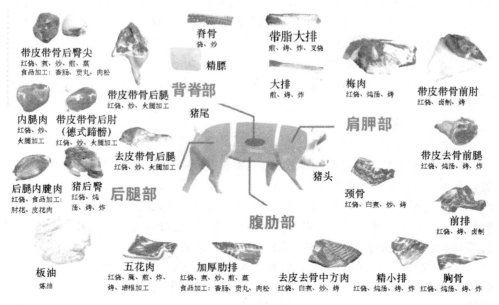

图 4　猪的分档示意

二、鹰　嘴

在脖头上部和脊骨旁侧。前半部适合于做馅、酥肉,后半部适合于做肉段、樱桃肉、过油肉等。

三、哈利巴

前腿上部扇形骨上的肉,筋较多。适于做肘花、焖肉、酱肉等。

四、里　脊

在脊骨里面从腰子到分水骨之间的一条肉,肉质细嫩。适于熘炒、焦熘、干炸、软炸等。

五、通　脊

在脊骨外和脊椎骨平行的一条肉,肉质细嫩。适合于滑熘、软炸、宫保、锅熘等。

六、底板肉

臀部紧贴肉皮的一块长方形肉,肉质比较老。适于做锅爆肉、清酱肉等。

七、三　岔

在胯骨和椎骨之间的一块肉,两头稍尖,肉质较嫩。适于切肉丝、肉片。

八、臀　尖

后腿里子上的肉,形状像扇面,浅红色。适于做肉丁、肉段等。

九、拳头肉

在底板肉上面,臀尖的右下面,形状似拳头。适于切肉丝、肉片、肉段。

十、黄瓜肉

和底板肉相连,像黄瓜形的一条肉,肉质老。适于切肉丝。

十一、腰　窝

从后秋到肋骨之间的肉,白色。适于切肉片。

十二、萝脊肉

胸膛内心房周围连着板油的一块瘦肉。适于做馅。

十三、五花肉

整个腰排是五花肉,上部较好称上五花,下部较差称下五花。一般上部做炖肉、蒸丸子、片白肉,下部做扣肉。

第四节　　牛体部位及其用途

牛的分档见图5。

一、脖　头

即牛颈上肉。肉丝混乱(横竖都有),适于做馅。

二、短　脑

肩胛骨上方,前边连着脖头,肉是一层一层的,中间有薄膜。适于做馅。

三、棒子柳

在短脑下边肩胛骨前端,似整形玉米中间的一条筋。适于熘炒。

四、上　脑

短脑后边脊侧上的肉,从上边看是花色红白两色,把花色去掉,当中一条和里脊相同。上脑适于做馅,当中一条适于熘炒。

五、哈利巴

肩胛骨上的肉,筋较多,一层肉一层筋。适于炖。

六、腱　子

前后腿上部的肉,筋多,横断面是花色,筋肉混合。适于做酱菜,如酱牛腱。

七、胸　口

在两条前腿中间胸前的肉,上面是白油,质脆,接着白油的是红肉,肉丝精。适于做熘、炖、扒、烧等菜。

八、肋　条

肋骨上的肉,肉较薄,有肋骨印。适于做馅和清炖。

九、腰　板

从肋骨到三岔,骨盆到肚子底部之间的肉,外面有一层薄皮,当中有一层板筋,为横肉丝,质发松。适于做馅。

十、弓　寇

胸口后面肋骨下的肉,肉是一层一层的,中间有薄膜。适于做馅和清炖。

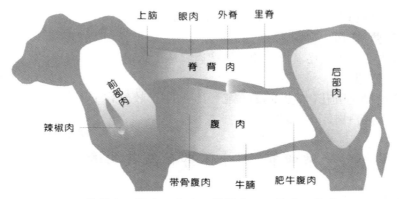

前部肉:脖肉、肩肉(辣椒肉)、胸肉、腹肉
后部肉:臀肉、米龙、黄瓜条、和尚头、牛腱(金钱腱)

图5　牛的分档示意

十一、外　脊

在上胸后面、尾巴根前、脊侧的长条肉,肉丝斜而短,质发松。适于熘炒。

十二、里　脊

在外脊的里边是里脊,长条肉,肉丝长,质松软。汆肉片或软熘较好。

十三、尾巴根

即尾巴根上肉,表面有浮油,前接外脊,肉丝细长整齐,质发松,细嫩。适于熘炒。

十四、下子盖

尾巴根肉下面、腱子上面的肉,肉丝斜而粗,质老不易烂。适于切丝。

十五、黄瓜肉

紧贴下子盖后面的长圆形肉,粉红色。适于炒。

十六、上子盖

在黄瓜肉和下子盖里的一块肉,肉丝细长。适于熘炒。

十七、三岔肉

腱子上面、下子盖前的肉,外面有一层筋皮包着,肉中有三片筋,肉色淡,质嫩。适于熘炒。

第五节　　猪下水初步加工

烹调所使用的猪下水,有肠、肚、肝、肺、腰、心、脑、口条、头、蹄等。其中肝、腰、心、肺、脑、口条用水洗干净即可使用。肠、肚、头、蹄的收拾方法比较细致一些,现分述如下:

收拾肠,要先将肠翻过来,无论是肥肠、大肠(葫芦肠)、小肠,都要把脏物择净(不要把油择掉),用水多洗几次,然后再翻过来(光面朝外),加上大粒盐和醋用手揉搓,经过这样反复两次即可揉掉上面的黏液,然后再冲洗干净,煮熟即可使用。

肚和肠的收拾过程是一样的,所不同的是要把肚上的油脂择去,经烫洗后把肚头上的一层白皮刮去。

收拾头、蹄有松香处理法和火燎法两种。松香处理法是把松香、豆油放在铁锅里,加热后融化,把猪头、蹄投入沾满松香捞出,随即放在凉水里冷却,这时头、蹄上的细毛已被松香紧紧粘裹住,剥掉松香就把猪毛连根拔下,拔完毛以后用水泡2～3小时,再用刀刮尽黑皮和脏物。火燎法是把头、蹄直接用炉火烧燎,然后泡洗、刮净,这种方法不如松香处理的干净,而且猪毛味也易进入肉内。

第六节　禽类初步加工

一、鸡的初步加工

鸡是一年四季应用最广的原料,但要根据不同季节和不同菜肴的要求,适当选用。鸡分为公鸡、母鸡、老鸡、雏鸡等,质量和味道各不相同。公鸡骨头大,肉老,色发红,适合焖、红烧等。母鸡骨头小,肉色嫩白,有黄色膛油,味浓营养好,适合于煮汤、清蒸,鸡脯可做丝、片用。雏鸡肉鲜美,适于炒或汆(汆前必须先用油滑一下)。鸡脯下发软的是雏鸡,发硬的是老鸡。

杀鸡时先在水碗内加少许食盐,然后把鸡宰杀后把鸡血控在碗里,控净血后稍停即可煺毛。煺鸡毛要求毛净、皮白,春冬季毛厚,水必须热,夏季毛薄,水可凉些,秋季鸡生长小毛锥,更要注意水的凉热,水凉毛煺不掉,水过热了毛去不净,而且容易烫坏皮等。

根据烹调方法鸡分为整用和碎用,可分大开和小开(肋开)等。大开即由脊背开膛取出五脏。小开由颈上开口,将嗉子取出,再从下部开口取出五脏。如清蒸鸡,要劈背开口;辣子鸡、香酥鸡、炒子鸡要小开。

鸡的全身分为:鸡脯,一般用于切鸡丁、丝、片;鸡芽子,可砸成鸡茸,做煎鸡饼、浮油鸡片等;鸡胗,可做炸胗、卤胗、炒什锦、炒胗肝、爆双脆等;鸡心、肝,炒、炸皆可;鸡腿,炸、炒等。鸡的分档见图6。

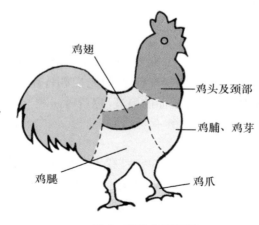

鸡翅
鸡头及颈部
鸡脯、鸡芽
鸡腿
鸡爪

图 6　鸡的分档示意

二、鸭的初步加工

鸭也是饮食业中常用的原料,分为北京鸭和当地鸭两种。这里主要谈当地鸭。当地鸭肉老,肉色浅红,适合焖和红烧。宰鸭和宰鸡稍有区别,将鸭杀死要及时煺鸭毛,煺鸭毛水的凉热和煺鸡毛差不多,但鸭的毛厚细,要多烫一会儿。此外,择鸭毛较麻烦,一般要用择毛的镊子镊小毛。鸭的开膛也分为大开、小开、肋开等。鸭的全身分:脯肉、腿肉、鸭掌、鸭膀、胗肝、心、腰、肠、脑舌、油血等部分,都可做菜使用。

第七节　干货泡发

一、木　耳

木耳是菌类植物,生长在腐烂的桦树、椴树、柞树上,以柞树上的产量为多,而且块大、肥厚、光滑。

泡发方法:先将木耳中的杂质择净,放在凉水内泡30分钟,去根,再用凉水洗干净。急用可使用温水泡发。

用途:炒木耳或做辅料。

二、银　耳

银耳又名白木耳(苏南称白云耳,广州叫雪耳),因色白如银,形似而得名。我国四川、陕西、湖北、福建、广东等省都有出产,其中以四川通江县的产品质量最好。银耳也是菌类植物,利用青杠树发酵,清明前砍树排棒,夏至前发酵生耳。鲜银耳要经过炭火烤干。泡发方法和木耳相同。

用途:氽银耳等。

三、元　蘑

元蘑又称蘑菇,是高等菌类植物,色黄,又称黄蘑。寄生在桦树及松香柏树的枯木上,主要产于长白山区,采集后除去杂质,晒干即为成品。

泡发方法:把元蘑放在热水内泡30分钟,然后用凉水洗净泥沙,剪去根,用手撕开,再放在凉水内,泡开即可使用。

用途:烧元蘑或小鸡炖元蘑等。

四、口　蘑

口蘑也是一种菌类植物,具有浓厚的香味又称香菇,是蘑菇中较珍贵的一种,含有大量的矿物质和维生素。主要产于张家口以北呼和浩特一带,是埋在地下的牛骨头腐烂后生长出来的蘑菇。

泡发方法:把口蘑放在盆里加开水泡10分钟后,捞出,把根部的泥沙洗净,再放在温水里用筷子搅洗几次,直到无泥沙为止。

用途:烧口蘑、氽汤等。

五、猴头蘑

猴头蘑主要产于长白山区,寄生在腐枯的柞树上。因形似猴头而得名。又因它是在相邻两枝上对面生长,所以又叫"对脸蘑"或"阴阳蘑"。

泡发方法:和元蘑相同。

用途:扒、烧、清蒸等。

六、羊肚蘑

羊肚蘑主要产于湖南、安徽、江苏等地。因形似羊肚,表面带皱纹而得名。

泡发方法:用温水泡软,把根择净,换几次水洗净即可使用。

用途:烧、扒等。

七、海　蜇

海蜇在我国沿海都有出产,打捞后经过3次盐矾处理就成为蜇头或蜇皮。

泡发方法:先用凉水洗几次,基本上洗净泥沙后,按菜肴的不同刀工要求,切成丝或块,切完用开水烫一下捞出,再经多次洗搓,把沙搓洗净才可使用。

用途:扒蜇头、炒蜇头、拌蜇米等。

八、海　带

海带为海生植物,我国渤海、黄海一带都有养殖,以叶长宽厚为上品,分咸淡两种。

泡发方法:用温水泡涨后洗净泥沙即可使用。

用途:炒、氽、素拌等。

九、干　贝

干贝是用扇贝等的闭合肌经干制而成。扇贝产于我国海南岛、朝鲜清森、日本北海道和宗谷一带。形状是圆的,外面有硬壳,两个瓣儿合在一起,去掉薄蜡就能裂开。取出肉柱煮熟,干制后即为成品。又名江珧柱。

泡发方法:用凉水洗一遍,然后放在盆里加水上屉蒸,若一捏能断时即好,把硬筋去掉,用原汤泡起来即可使用。

用途:木犀干贝、鸡茸干贝,氽汤时做辅料等。

十、虾　干

虾干是鲜虾制成的,可长久存放。

泡发方法:用温水泡软洗净即可。

用途:虾干烧白菜、虾干烧茄子、虾干汤等。

十一、兰　片

兰片也叫玉兰片,是竹子嫩芽,我国南方都有出产,鲜的叫竹笋,干制的叫兰片,由于生长的季节不同而质量也不同,一般以冬笋、春笋为最好。

泡发方法:把兰片放在缸盆里加上烧开的淘米水,泡十几小时,捞出后放在铝锅里加凉水烧开,再捞在开水里泡,泡软为止,切开根即可使用。

用途:烧兰片、炒兰片,做辅料等。

十二、冬　菇

冬菇又叫香菇,是蘑菇的一种。产于安徽、福建、浙江等地。它培育在橡树上,每逢秋季在伐倒的枯木上横砍 3～5 厘米的深口,使水分引入口内,经两个月左右生成,采集后晒干即可使用。

泡发方法:除掉根部泥土、杂质,放在温水中泡 2～3 小时即可。

用途:烧二冬(冬菇、冬笋),做辅料等。

十三、发　菜

发菜形状像头发,产于青海省。这种菜含有丰富的蛋白质和钙质,生长在山坡上,夏、秋两季为主要产期。采集时一般在雨后用铁丝耙子抓取,然后除去杂质,晾干即为成品。

泡发方法:把发菜中的杂质洗净,放在温水里泡 2～3 分钟取出,用凉水洗几次即可。

用途:鸡茸发菜、烧素发菜等。

十四、海　参

海参属于腔肠动物。市场上出售的是经过干制的海参成品,是一种较名贵的海味。

海参经常栖息于海底的岩石上面,体质柔软。它的背部肉较厚,腹部肉较薄。春冬两季为海参的盛产季节。海参多在海底潜行,在浅水中捕的较小,在较深处捕到的海参较大。干制品以干燥、形状完整、色泽光洁、盐味小、大小均匀的为好。

海参一般分为有刺与无刺两种,有刺的多为黑色,无刺的多为白色或灰白色。刺参又可分为光参、白参、方参、黑参等;无刺参分为明玉参、赤参、黑光参、白光参等。

我国东南沿海产白色光参,辽东与山东沿海产黑色刺参。

泡发方法:海参的种类很多,质量和大小不同,所以泡发的方法各有不同。如质量好的泡发时间就长一些,次的泡发时间就短一些。有的必须经过煮后才适合拉口(取肠子),因此在泡发过程中要根据海参的种类,灵活运用。

一般的泡发方法是:春、秋、冬季泡发时,先把海参放在缸盆或木桶里,用开水泡十几小时,捞在凉水锅里煮开后捞出,再放在开水里泡十几小时后,就可以拉口取肠子。如果其中有硬的,挑出来单独上火烧开,泡好,拉口取出肠子。取肠子的方法是顺开口,用大拇指顺着海参往里一抠,连肠子带里边的一层膜抠净,取完肠子以后用少许食盐抓一抓,洗净,再上火烧开,捞在盆里换洁净的开水泡上,如用手一捏参体的凹坑能马上还原,并发颤时,即可使用。

夏季泡发海参时,可直接用开水煮开,同样捞在盆里用开水泡上。其他和上述方法相同,但最好一日煮两次,注意检查,如发现水上有白毛、水发浑发黏时,应及时上锅煮开,以防霉烂变质。已发好的海参不能及时处理时,用烧开的食盐水烫一下可延长保存期。

泡发海参时应注意:使用木盆或瓷盆泡,用铝锅煮,一定要保持清洁。泡发时避免油、碱和生水,不要用咸水、碱水和苦水泡发。

用途:烧海参、扒海参、鸡茸海参,做辅料等。

十五、海茄子

海茄子也属于腔肠动物,有黄茄子和黑茄子两种,质量都不如海参。

泡发方法:先放在开水里泡软,用刀顺开一口,放在锅里煮开,然后捞在凉水盆里取出肠子,摘去嘴,洗净后再放在凉水盆里,上屉蒸3小时左右,把蒸烂的挑出来用开水泡上,不烂的继续蒸,一直蒸软为止。

用途:烧、烩、氽汤等。

十六、燕菜

燕菜又名燕窝,产于海南岛、广东、福建一带。它是沿海的一种金丝燕所筑的窝,筑窝的材料是金丝燕口中吐出的分泌液,是几十次分泌液凝结的半透明体。第一次筑窝是唾液和燕毛筑成,称为"毛燕",第二、三次筑多为纯唾液,称为"白燕",最后筑的窝是含有血丝的唾液,称为"血燕"。质量最好的是"血燕"。

泡发方法:把燕菜放在温水碗内,盖上盖泡软,用镊子先择净大毛,后择小毛。如看不见小毛,就放在凉水碗里照着择,择净后用温水洗几次即可。

用途:做燕菜汤。

十七、鱼翅

鱼翅是黄鱼或鲨鱼身上的鳍。分脊翅、肚翅和尾翅。质量是黄鱼翅比鲨鱼翅好,肚翅比尾翅和脊翅好。

泡发方法:把鱼翅放在温水锅里烧开后,移在慢火上煮3~4小时,捞在开水里泡十几小时,然后移在慢火上煮3~4小时,捞出后刮净沙子,洗干净,再继续煮,煮软为止。取出把硬骨头剔出,洗净后码在碗里上屉蒸,出屉后用开水泡上即可使用。在具体泡发时,可根据鱼翅的质量决定煮的次数多少。

用途:红烧、白扒等。

十八、鲍鱼

鲍鱼是贝类的一种,一面有壳,另一面没壳,呈半圆形。

泡发方法:先把鲍鱼放在盆内加凉水泡4~5小时,再放在锅里煮开,捞在凉水盆里,加适量的食碱发4~5小时,再捞在锅里煮开,放在凉水盆里加适量食碱泡发,见鲍鱼已膨胀起来为止。

用途:炖、扒、烩、氽汤等。

十九、鱼骨

鱼骨是黄鱼的头部骨。

泡发方法:先把鱼骨洗一遍,然后放在盆里倒上一点豆油拌匀,再放到屉里蒸,蒸到用刀能切动时即可。取出改刀后用凉水泡1天,泡至呈白色,里无硬质,即可使用。

用途:炖、烩、氽汤等。

二十、鱼　肚

鱼肚是鱼囊的干制品。黄鱼肚叫广鱼肚,其他鱼肚称为小鱼肚。鱼肚含有丰富的蛋白质和少量的磷、铁、钾等营养成分。捕获后破肚取之,经干制压缩即为成品。

泡发方法:先擦去鱼肚上的浮灰,放在20℃左右的温油中炸,用手把卷起来的部分抻开,炸约20分钟再移在旺火上,鱼肚逐渐膨胀起来,再移至慢火上,见已酥透,一敲即碎,捞在开水盆里泡透,多换几次水,加适量的碱,并用手挤压,使鱼肚中的油挤出,再用温水洗几次,用凉水泡上即可。

用途:烧、扒、氽等。

二十一、龙鱼肠

龙鱼肠即黄鱼的肠子。

泡发方法:先用温水洗过,放在铝锅里加凉水煮开后移在慢火上,焖至用筷子一挑发颤并能捏动时,捞在凉水盆里泡上即可(也可以用蒸的方法泡发)。

用途:烧、扒、氽汤等。

二十二、鱿　鱼

又名柔鱼。昼伏水底,夜游水面,8~9月份产卵。肉可鲜吃,也可干制。我国福建沿海出产较多。

泡发方法:先把干鱿鱼放在凉水里泡十几小时,换水后加上适量碱,再泡十几小时,见鱿鱼已经发起、有弹性时,用凉水洗净即可。

用途:烧、扒、爆等。

二十三、哈什蚂油

哈什蚂又名田鸡,形似蛤蟆,红肚囊,肚中的油为哈什蚂油,是较名贵的滋补品,有鲜干两种。

泡发方法:干哈什蚂油用凉水泡2小时,择净上面黑筋即可。

用途:氽哈什蚂。

二十四、乌鱼蛋

乌鱼蛋即乌鱼子,成片状,味道鲜美,氽汤吃较好。

泡发方法:先用凉水泡2小时,然后上锅煮,见一层层能掀开时捞出,放在温水里泡上即可。

用途:做酸辣乌鱼蛋、烩乌鱼蛋。

二十五、冻　粉

又名琼粉,为红藻类石花菜、江篱菜制成的冻干制品。产于山东沿海。

泡发方法:先洗净灰土,然后用凉水泡软即可。

用途:拌凉菜、汆汤(山东菜)。

二十六、蹄　筋

蹄筋指猪蹄筋、牛蹄筋。

泡发方法:勺内放入油,烧至九成热时把蹄筋放在里面炸,盖上盖,微火炸约15分钟,蹄筋膨胀起来、里边无硬心时捞出,然后放在开水里加适量碱,使蹄筋回软洗净油腻即可。

用途:烧蹄筋,做辅料等。

二十七、鲜 鹿 尾

泡制方法:用锥子从鹿尾刀口处扎进,把鹿血控在碗里加上适量水调匀,灌在鸡肠内即成血肠,把鹿尾用水汆透,刮净毛,洗净即成。

用途:烧、汆、炖、扒等。

二十八、驼　蹄

即骆驼的蹄子。

泡发方法:先上锅煮,勤换几次水以除去臭味,煮到能拔下毛来为止,然后煺净毛洗净,从蹄背拉一长刀口上屉蒸,其方法与蒸熊掌同。

用途:烧、扒等。

二十九、紫 驼 峰

即骆驼的肉鞍。

泡发方法:与犴达罕鼻子泡发方法相同。

用途:烧、扒等。

三十、鱼　唇

鱼唇就是黄鱼嘴两边的软骨。

泡发方法:先用水煮开后,放在温火上约半小时,把上面的脏东西洗净,用温水洗两遍,再换水用同样的方法继续煮,直到无臭味、用刀能切动为止,用凉水泡上,即可使用。

用途:烧、扒、炖。

三十一、鳇 鱼 皮

鳇鱼的皮,黑色。

泡发方法:先用开水泡上,泡软后洗净沙子,刮掉黑表皮,然后加水煮或蒸,到没有硬心、皮烂时为止。

用途:烧、扒、烩等。

三十二、腐 竹

泡发方法:将腐竹用凉水泡2小时,回软之后改成3.3厘米长的小段,再用凉水洗净,开水汆透,捞入凉水盆里即可。

用途:烧、煨、烩等。

三十三、虾 子

泡发方法:择出虾子内的脏物,放到开水里淘净泥沙即可。

用途:烧、拌、焓等。

三十四、海 米

泡发方法:将海米放在开水里汆透捞出,择去脏物,再放到凉水里泡上即可。

用途:凉拌、烧、火锅等。

三十五、莲 子

泡发方法:莲子500克,碱35克,把碱放在盛有适量清水的锅里,放入莲子煮3分钟,煮好后捞出,用马莲根刷子刷几遍,刷掉外皮,放在温水里洗几次,把莲子两头切平,把莲子心捅出来,用开水汆透,捞到碗里加水上屉蒸,半小时左右即好。在泡发过程中不能沾凉水,否则莲子煮不烂。

用途:煨、烩、拔丝等。

我们在饮食与文化间探索,研究人类的第一需求——吃的学问!

——张仁庆

第四章　刀工基本知识

第一节　刀工的意义、基本要求与要领

一、刀工的意义

刀工是根据烹调的需要,将各种原料加工成一定形状的操作过程。刀工直接关系到菜的质量、菜的美观和做菜速度,所以刀工是烹调技术的一个重要组成部分。

随着烹调技术的发展,刀工技术也在不断提高,对刀工的要求也就不只是改变原料的形状,而且还要求美化原料的形状,使烹制出的菜肴更加绚丽多彩,花样品种不断增加。

我国菜肴讲究色、香、味、形、器的协调美,菜肴的形色与刀工有着密切的关系,所以我国菜肴的烹调历来就重视刀工。几千年来,经过劳动人民的不断实践,创造出精湛的刀工技术,积累了丰富的刀工经验,具有很高的艺术水平。

二、刀工的基本要求

(一)刀工要与烹饪密切结合,适应烹饪的需要

刀工一般是为烹调做好准备的一道工序(有的原料是经过烹调以后,再进行刀工操作的),必须根据不同的烹饪方法和菜肴品种对原料进行细致加工,才能适应烹饪的需要。例如:汆、爆等烹饪方法使用的火力较大,烹制的时间较短,要求成品脆嫩鲜美,原料的形状如过分厚大,就不易熟透,因而以薄小比较适宜。炖、焖等烹饪方法使用的火力较汆、爆的时间要长,要求酥烂,原料的形状如过分薄小,则易碎烂或成糊状,就以较厚大一些为宜。各种原料的质地有脆、硬、韧、松、软之分,有的有骨,有的无骨,同是块,有骨的块比无骨的块就得小一些,同是切片,质地脆嫩的就要比质地坚韧的厚一些,同是切丝,质地松软的就要比质地坚硬的粗一些,等等。只有这样,才能烹制出色、香、味、形俱佳的菜肴。

(二)原料改刀后要整齐、均匀、利落

经过刀工处理的每一种原料,不论是块、片、丝、条、丁、粒或其他任何形状,应当是整齐均匀而且利落清爽。这就是说,既要粗细、厚薄均匀,长短相等,又要条与条、块与块、片与片之间,都能截然分开。如果有粗细不均,厚薄不匀,长短不齐,大

小不一,或者是前面断了后面连着,上面断了下面连着,肉断了筋还连着等等现象,不仅影响到菜肴的美观,而且由于原料有粗有细,有厚有薄,势必在烹饪时细的薄的先入味,粗的厚的后入味,细的薄的已经熟了,粗的厚的还没有熟,等到粗的厚的入味或熟透的时候,细的薄的就会过了火候。由此可见,原料的形状整齐、均匀、利落,也是保证菜肴质量的一个重要前提。

(三)要使菜肴颜色调和,美观大方

这就需要借助刀工体现出来。做菜之前,首先要考虑原料加工成哪一种形状较为美观。同一原料,运用不同刀法,加工成不同的形状,就会给人们不同的感觉。每个菜中往往有主料、辅料,要搭配得鲜艳美观,同时还要讲究菜与菜之间在形式上应当有的是块,有的是片,有的是丝,有的是丁;在色彩上要浓淡分明,绚丽悦目;在品种上有炸的,有熘的,有凉菜、热菜、甜菜等,使菜肴的组成丰富多彩。

(四)合理使用原料

刀工主要应掌握用料有计划,要量材使用,大材大用,小材小用,贵料珍用,贱料巧用,不使原料浪费。特别是在大料需要改制小料时,落刀前心中就得有数,使其得到充分地利用。同样的原料,如能精打细算,运用刀法得当,加工的成品不仅整齐、美观,还能节约原料。因此,合理使用原料是刀工中不可忽视的一个问题。

三、刀工的基本要领

在烹调术语中,用刀切菜就是所说的刀工,改刀后的原料形状又叫做"刀口"。将经过初加工的原料进一步改成一定形状的技术过程便称刀工。

刀工的作用,主要是便于烹熟,便于入味,便于食用,使菜肴更加美观。

刀工的基本要领是:

(一)要学会握刀和运刀

不论采用哪种刀法,右手握刀均要牢而不死,腕、肘、臂配合协调,左手食指顶住刀壁,手掌要始终固定在原料或墩板上,以保证上下左右有规律地运刀。

(二)要根据原料的特点掌握刀法

例如,同是砍块,有骨的比无骨的就得小些;同是批片,质地松软的就须比坚硬的厚些;同是切丝,猪肉就要斜着纤维纹路切,鸡肉顺着纤维切,牛肉则要横着纹路切。再如,脆性原料可用直刀切,而柔软或易碎的原料,就必须用推切的刀法。

(三)要配合烹调要求(即适应不同烹饪方法的火候和调味的特点)

如爆、炒、熘,需要火候急、火力大,那么,原料就要切得薄、细、小些;炖、焖、煨,火候慢,火力小,汤汁较多,要求酥烂入味,因此,原料就要切得厚、粗、大些。

(四)要做到形状协调

同一菜中主料配料的形状,在刀工处理时必须协调一致,如片配片,丁配丁等;配料比主料略小些,使主料更突出,也不破坏协调的原则。

(五)要整齐、均匀、利落

这就是说,切出来的菜的形状要粗细、厚薄、长短、大小均匀一致,条与条、块与块、片与片、丝与丝之间,不能连刀。如果粗细不匀,厚薄不均,长短不齐,大小不等,或似断不断,上断下连,肉断筋连,骨断肉连,那就不仅影响菜肴美观,而且会出现入味不一、有生有熟现象,使菜肴风味和营养价值降低。

第二节　　基本刀法

刀法就是用刀将原料加工成为各种形状的方法。掌握刀工技术,先要学会刀法;精湛的刀工,在于熟练地掌握和运用各种刀法。

一、切

适用于没有骨头的原料。操作方法,一般由上而下切下去。但有不同的切法,可分为直切、推切、拉切、锯切、铡切、滚刀切等。

(一)直切

又叫直刀切,一般是切脆嫩性的原料。直切是刀切下去垂直,既不是向前推,也不是向后拉,而是笔直地从上而下地切下去。例如:切冬笋、土豆、白菜等都是直切。

(二)推　切

有些原料若用直切,容易断裂,可用推切。推切时刀不是垂直向下,而是由后向前地推下去,要一刀推到底,不要拉回来。例如:切纯腿肉、酸菜,就必须用推切。

(三)拉　切

拉切一般是切比较坚韧的原料,这些原料如用直切或推切均不易切断,所以要用拉切。拉切的刀法是:切时将刀由前向后拉下去。例如:切肉片就是用这种刀法。所以,厨师往往将切肉片叫拉肉片。

(四)锯　切

又叫推拉切。这种刀法一般切比较厚的有韧性的原料,这些原料往往不能一刀切到底,直切推切拉切均不能使其截然而断,所以要用锯切。锯切的刀法是:切时用力较小,落刀较慢,先向前推,再向后拉,这样一推一拉像拉锯一样,慢慢地切下去。例如:切火腿、白肉、面包等都要用锯切。

(五)铡　切

一般是切带壳的原料。铡切的刀法是:左手握刀背前端,右手持刀柄,提起刀柄,使刀柄高,刀尖低,按在带壳的原料上,然后用力将刀按下。例如:切螃蟹、咸鸭蛋就是用这种切法。

(六)滚刀切

一般是切圆形或椭圆形,而且有脆性的原料,主要是切块用。滚刀切的刀法是:左手拿住料,右手持刀,刀尖稍微偏左,一面将刀直切下去,一面左手使原料向里滚动。切一刀,滚一次,根据滚刀的姿势和快慢决定切下去的块的形状。这种刀法可以切出多种多样的块。如:滚刀块、菱角块、木梳背等。

二、片

片也是适用于没有骨头的原料,就是把原料片成薄片。一般是将刀身平着或斜着向原料片进,由于原料有脆、硬、松、软等不同,在片法上又分为坡刀片、推刀片、拉刀片等 3 种。

(一)坡 刀 片

又名抹刀片,适用于片质地较为松软的原料。它的刀法是:左手按住原料,右手持刀,刀背较刀刃略高,用斜的角度片进原料,片出来的片略厚。如片腰片、鱼片等都用这种刀法。

(二)推 刀 片

推刀片多用于煮熟的原料,如片熟玉兰片。推刀片的刀法是:左手按稳原料,右手持刀,放平刀身与墩面呈平行状态,刀从原料的右侧片进后,向外推移。

(三)拉 刀 片

片时同样放平刀身,使刀身与墩面呈近似平行状态,但刀片进原料后要向里(身边)拉进。

三、剁

又称斩。剁是将无骨的原料制成茸状的一种刀法。采用剁的刀法,主要是制馅和做丸子等。为提高工作效率,通常是左右两手同时持刀,同时操作,叫做排剁或排斩。剁的刀法也有先用刀背将原料砸成饼状,再用刀剁成茸泥,这样可以使茸泥更为细腻。

四、剞

剞是采用几种切和片的刀法,将原料划上各种刀纹,但不切(或片)断的一种综合刀法。剞可分为以下几种:

(一)推 刀 剞

推刀剞的刀法是左手按住原料的后部,右手持刀,刀口向外,紧贴着左手中指片入原料的 2/3 左右即可。如:三角豆腐的开口。

(二)拉 刀 剞

拉刀剞与拉刀片的刀法相似,只是不切透。左手按住原料,右手持刀,刀身外倾,将刀由外向里拉进约 2/3。如:炸茄盒的开口。

(三)直 刀 剞

直刀剞和直刀切相似,只是不切透。

契的刀法在应用上可以分为一般契和花刀契两种。一般契只是在原料上契上一排刀线。如烹制整条鱼时，红烧鱼用拉刀契法，在鱼身上横着每隔 3 厘米宽左右契一切，深至鱼骨为止；浇汁鱼每隔 6 厘米宽先用直刀契至鱼骨，再倾斜刀身用拉刀契法，顺着针骨 5 厘米左右契入。

花刀契是契的刀法应用最广的一种。所谓花刀，就是在原料上交叉契上各种刀纹，使原料经过烹饪后，形成各种形状。比较常用的花刀有：

1.荔枝和麦穗花刀。是将原料用推刀契法契后，再用直刀契法，与第一次刀线成斜十字交叉契一遍，然后改成块。契这种花刀的原料，如果改成正方块，烹制后即可卷缩成荔枝形，如果改成较窄的长方块，烹制后即可成为麦穗形。这种刀法多用于腰子、肚、鱿鱼之类的原料。

2.钉子花刀。横竖都用直刀契成一个个小方格，再改切成块，原料经烹饪后，像一排排钉子。因其花纹与核桃纹相似，又名核桃花刀。

3.梳子花刀。先用直刀契，再把原料横过来切成片，烹饪后像梳子形状。这种刀法多用于质地较硬的原料，如炝腰片的改刀。

花刀的种类很多，要根据不同原料、不同的用途，创造性地运用。这里不一一列举。

契的作用，一方面使原料形状美观，另一方面使某些质地脆嫩的原料，经过旺火热油的烹饪，仍能保持其性质特点，还有使调味品易渗入原料内部的作用。至于契的深浅，可根据不同原料的性质和烹饪要求来决定。如需要在烹饪后卷缩成各种形状，就应契深些，为原料厚度的 3/5～4/5，如果只是为了入味和易熟，就可以契浅一些。但是每刀的深浅必须一致，刀纹之间的宽度也必须一致。

片、丝、条、段等刀口，都是用直刀刀法切成。要想切得符合要求又不伤手，首先要把菜墩放平稳，高低要适合自己的个头；其次是站立的姿势及位置要正确，身体与砧板保持适当的距离，两腿分开，双肩要放平，上身略向前倾，头部稍低，眼睛始终看着刀和菜；第三要注意握刀和运刀的要领，拇指与食指握住刀箍，手掌握住刀柄，运刀时手腕、肘部与胳膊的用力要协调；第四要注意另一只手的配合，掌心向下，五指自然弯曲，按稳原料，中指第一关节抵住刀身，然后配合垂直切下的动作，有节奏地向后等距离匀速移动。这样反复练习，就可以做到安全操作，并熟能生巧。

第三节　刀法的具体运用
——原料加工后的形状

经过加工后的各种原料，形状基本上可以分为片、丁、块、丝、条、茸、段、麦穗形、梳子形、菊花形以及辅料用的米、末等十几种。

一、片

是用片或切的刀法，将原料片成长圆形或长方形的薄片，但片的形状有大、小、薄、厚和式样的不同，如指甲片、柳叶片、月牙片、骨牌片、象眼片、马牙片、秋叶片等。片的厚薄是随着烹饪方法的不同而有所不同，一般来说汆的片薄一些，炒的片厚一些，两者薄厚的比例一般是1:2。

二、丁

一般丁即方形小块，但丁的大小须根据烹调需要和原料的情况而定。丁的形状大致有骰子丁、豌豆丁、蝇头丁等。丁的一般切法是先切成适当的片，再切成条，然后切成方丁。

三、块

块的大小、形状，种类很多，有大方块、小方块、劈柴块、长方形瓦块、菱角块、梳子块等，各种块的使用要根据菜肴的需要而定。如：切方块肉，可采用小方块；四喜肉，可采用大方块；糖醋排骨，可采用长方块；烧瓦块鱼，将鱼改成瓦形块。

四、丝

丝在切法上有粗细之分，细丝如切姜丝、火腿丝、笋丝，都像大针一般细；粗丝如蔬菜丝、生肉丝，切成像豆芽那样粗的丝。一般蔬菜丝长2～3厘米，肉丝长4.5～6厘米。

切丝要先将原料片成大薄片，然后将薄片切成丝。如切蔬菜类，先把片好的大片排成梯形，再切成丝；切肉类原料，把片好的原料摞起来，再切成丝。切时必须粗细长短均匀，符合烹饪的要求。

五、条

条的粗细要根据烹调的需要来决定。一般的条像筷子粗细，长度5厘米左右，首先把原料打成段，切成厚片，然后再切条，如烧鸡条、炒肚条，就需要这样的条。

六、茸

将原料砸成细泥用手摊开不见颗粒叫茸。砸茸的原料有鸡、鱼、虾、瘦肉等。选料非常重要，必须去掉筋和皮，例如砸鸡茸必须用鸡胸脯肉和里脊肉。

七、段

一般比条粗比丁长的块叫段。根据需要与做法可分为大段和小段两种，大段如红烧较大的鲤鱼，就可以由中间剁为两大段；熘肉段、烹虾段就必须切成小段，否则就会影响成品的美观。

八、麦穗形

又叫麦穗花刀。原料经过烹制后就像麦穗形状一样。

九、梳子形

即梳子花刀。原料经过烹制后就像木梳形状一样。

十、菊 花 形

先将原料的一端切成薄片,然后切成一根一根的细丝,另一端连着不断,切成薄片后再切成丝,当中连着的部分约占 1/5,经过烹制后就像菊花形状。

十一、米

是一种辅料的形状,大小像米粒,一般先切成细丝,然后再切成米状。

十二、末

也是一种辅料形状。末比茸略粗,比米略细,小一些的米中稍带茸,如继续斩即成茸。

以上这些原料形状和花刀艺术,有的适用于普通菜,有的适用于筵席或辅料。加工后的原料形状是无限的,就不一一举例说明,主要靠厨师开动脑筋,不断创造,丰富刀法艺术。

民以食为天,厨师就是那天上的神仙,神仙下凡做饭,把幸福带给人间……

　　　　　　　　　　　　　　　　——张仁庆

第五章　配菜基本知识

第一节　配菜的意义

配菜是烹饪前菜肴中主、辅料的选配过程,也是决定菜肴色、香、味、形的基本条件之一。我国菜肴的花色品种丰富多彩,与配菜上的精巧细致和变化无穷有直接关系。原料经过初步加工之后,还需要根据烹饪的要求,进行必要的搭配,确定菜肴的原料构成,然后才能进入烹饪工序。一个菜通常由几种甚至一二十种原料配制而成,而套菜和宴席又是由多种多样的菜肴搭配而成。由此可见,配菜是一项十分繁复细致的工作。原料搭配是否得当,不仅直接关系到菜肴的色、香、味、形,还关系到菜肴的营养成分和原料的合理利用。因此,要做好这一工序,既要熟悉烹饪方法的要求,又要懂得各种原料的一般性质、分档取料的用途以及不同季节的品种变化等。同时对营养卫生和美工艺术,也需要具备必要的知识。

我国厨师在长期劳动实践中,对配菜技术已经积累了相当丰富的经验,它是我国烹饪技术宝库中重要的一部分,必须认真继承和发扬。但是,配菜的技术并不是固定不变的,对选料的比例要有灵活性,在不影响菜肴质量的条件下,要注意性质相同的原料的代用和多种利用。为了使配菜的技巧不断地丰富和发展,必须懂得原料的性质和营养卫生知识,同时不断加强刀工操作和烹饪技术的学习,使配菜这一操作过程能够因时、因料、因地制宜,并且根据不同需要灵活掌握。

第二节　配菜的要求

配菜是决定菜肴质和量的前提。要使菜的原料搭配得当,主要应从主料与辅料之间寻找它们的配合关系。所谓主料,是指在菜肴中占主要成分的原料;辅料指配合、辅佐、衬托主料的原料。配菜的要求是:

一、数量的配合

一个菜有的是由一种原料构成的,有的是由多种原料构成的。由多种原料构成的菜肴中有的有主、辅料之分,有的无主、辅料之分。如:熘肉段、炒肉木耳、炒肉白菜,肉为主料,油菜、兰片、木耳、白菜为辅料。主料的量要比辅料的量多才能突出主料。又如:氽丸子中,也常放一些瓜片或其他蔬菜之类作为辅料,其中丸子是主料,丸子的量就多于瓜片等辅料,以保持丸子在这一个菜中的主要地位。

无主辅料之分的菜肴,各种原料的数量基本相等。例如:爆三样是由肉、肚、腰三种原料构成,肉片、肚片、腰片在数量上就要大致相同。又如:烩全丁,一般是由鸡丁、肚丁、火腿丁、肉丁、腰丁、笋丁、海参丁等多种原料组成,其中每种原料在数量上也应大致相同。

有一些菜是由单一的原料构成,那就只要求按照一个菜的单位定额配制,而不存在主料、辅料在数量上配合的问题。

二、口味的配合

口味是菜肴质量的主要标志之一。在一个菜中,主料与辅料口味上的配合一般有以下几种类型:

第一,以主料的口味为主,辅料的口味要适应主料的口味,衬托主料的口味,使主料的口味突出,这在一般配菜中是较为普遍的。例如,新鲜鸡、鱼、虾、蟹等,本身的味是很鲜美的,也是纯正的,所以在烹制时要保持其本味。同时也可以放一些兰片、冬菇之类的原料,增加其鲜味。

第二,有些主料本身的口味较淡,应当以鲜味较重的辅料以及调料来弥补主料口味之不足,使主料的口味更为鲜美。例如鱼翅、海参等原料经过水发除去腥味后,本身已没有什么滋味,在烹制时就需要用鲜汤、火腿、鸡肉、猪肉等辅料,以增加其鲜味。

第三,主料的口味过浓或者过腻,要想吃清淡口味,可加适当的辅料调和或冲淡,就可以使制成的菜肴不腻口,易于消化吸收。例如通常以猪肉与适量的青菜配合,则可以减少单吃猪肉的油腻感觉。

此外,某些菜是由一种原料构成而不搭配辅料。例如虾、蟹类的某些菜,就以虾、蟹等单一的原料烹制,主要是为了更能保持这些原料本身所特有的鲜味,这也就不存在主、辅料的口味配合问题。至于在筵席中,则应注意菜与菜之间的口味配合,一般是先咸后甜,浓淡分开。同时,口味的配合也要根据季节不同而不同,夏宜清淡,冬宜浓醇,等等。

三、质地的配合

在一个菜中,主辅料在质地上的配合也很重要。质地的配合除应考虑原料的性质以外,更重要的是要适应烹饪方法的要求。

有些辅料的质地与主料相同,所谓脆配脆、软配软,即主料的质地如果是脆的,辅料也应当是脆的,主料的质地是软的,辅料也应当是软的。例如:爆双脆所用的原料是鸡胗配猪肚(在这个菜中两种原料都是主料),质地都是脆;什锦豆腐是吃其软嫩,其中所用的原料如鸡蛋、豆腐、冬菜末等,都是比较软的。在这些菜肴中,如果主料与辅料脆嫩、软硬搭配不当,就会影响菜肴的质量。

也有些辅料的质地不同于主料,如芹菜炒粉条,其中芹菜的质地是比较脆嫩的,而粉条就比较软。像这样主、辅料软硬搭配的菜肴,就必须掌握投料的先后,火候的适当,使菜肴烹制得软硬适宜。在筵席中,菜与菜之间质地搭配,则要求脆软相间,才显得不单调。此外,还要注意荤素的搭配。

四、形的配合

形的配合不仅关系到菜肴的外观,而且还直接影响到烹饪。所以主、辅料形的配合,也是在配菜时需要重视的一个环节。一般的配法,是辅料的形状要与主料相适应,辅料的形要衬托主料的形,使主料能够突出。如主料是块形,辅料一般应该也是块形,主料是片形,辅料也应该是片形。即块配块,片配片,丝配丝,丁配丁。而且辅料的形,不论是哪一种形状都应略小于主料。

五、色的配合

主、辅料色的配合,在一般情况下也是辅料要适应主料,衬托主料,突出主料。同时要考虑到色调的均匀,而不能配得过于复杂。既要美观,又要大方,具有一定的艺术性。通常用的配色方法大致如下:

一种是顺色,即主料、辅料都采用一种颜色。如扒三样,一般是用白菜、鲍鱼、竹笋制成,这三种颜色基本上都近于白色,烹饪后还保持其白色,看起来很清爽。

另一种配色的方法是花色,也就是主、辅料取用不同的颜色,相互搭配在一起,美观调和,这样配法也较普遍。如芙蓉鸡片,主料所用的鸡片是白色,辅料用黄瓜、火腿等,在色调上是以红、绿两色衬托白色,就很鲜艳。又如炒虾仁中,也可以搭配少许应时的豌豆,白绿相间;番茄鱼片中,番茄与鱼片是一白一红,两色相配,这都是比较美观的。

凉菜装盘的配色。通常是以花色为主。如果香肠与煮大虾摆在一起,都是红色,就不好看;糖醋排骨与松花蛋摆在一起使人觉得黑沉沉一片。但是如果将松花蛋、白鸡和煮大虾三者相间配在一起,互相衬托,就很好看。

六、营养成分的配合

菜肴中所含的营养成分,也是衡量菜肴质量的一个主要标准。因此,在配菜中对每个菜所用各种原料营养上的搭配,应当给予足够的重视,需要我们今后不断研究和总结提高。加以很好解决。例如:菠菜和豆腐就不能配合,若配在一起,就会破坏菜的营养成分。

七、盛器的配合

菜肴制成后,都要用盛器盛装。不同的盛器对菜肴质量会产生不同的效果。一个菜如果用合适的盛器盛装,就能给人悦目的感觉,增添人们的食欲;反之,则给人以不协调、不舒适之感。

盛器之于佳肴,如同衣帽之于美人,鞍辔之于骏马,适者益美,不适则逊色。

盛器配合总的要求是：

按量配器：菜肴装入盘内，不应满载至盘边，而应居于中心圆内。

按质配器：一般炒菜用圆盘，整条的鱼用长腰盘，煨菜及带汁的菜用窝盘等。这些器皿都有一定规格。

按色配器：盛器与菜肴的色泽协调，配合相宜，便会给菜肴增添姿色，令人赏心悦目。

第三节　　配几道异色同形的冷热菜

根据配菜的要求，在融会贯通、兼顾荤素搭配的基础上，试配几道异色同形的冷热菜。

冷菜例一：金钩芹黄

【原　料】芹菜、金钩(虾米)。

【调　料】盐、味精、料酒、姜末、香油。

【制　法】取金钩用开水浸泡20分钟，捞出沥去水分(泡虾的水味道鲜美，可留做他用)。将芹菜去根叶，撕筋，切成3~4厘米长的段，倒入开水中焯透，捞出过凉，加盐、味精、料酒、姜末，拌匀装盘，稍凉后上面放金钩，浇上香油。

【特　点】翠绿嫩黄，清淡悦目，鲜脆爽口。

冷菜例二：京糕荷鲜

【原　料】莲菜(藕)，京糕(山楂糕)。

【调　料】白糖。

【制　法】将莲菜洗净去皮切丝，用开水烫透，捞出用凉水拔凉，沥去水分，整齐装盘，撒匀白糖。把京糕切成丝，放在藕丝上即成。

【特　点】红白相映，甜脆爽口。

说明：为防止莲菜发黑变色，可用竹筷刮去其外皮。如将莲藕换成鸭梨，可按上法做成"赛香瓜"，风味尤佳。不过，梨丝不能用开水烫。

热菜例一：番茄炒蛋

【原　料】鸡蛋、西红柿。

【调　料】葱、油、盐、糖。

【制　法】①将鸡蛋磕入碗中，加盐用筷子打成蛋糊。　②将西红柿洗净，用开水烫一下，剥去皮，挤去子及水分，切成块。　③将锅置火上烧至温热加油，待油七八成热，倒入鸡蛋翻炒，炒好后盛出来。　④锅内放少许油，油热投入葱花，炸出香味后，放进西红柿炒出红油，再倒入鸡蛋，放点盐和糖，稍炒一下就好了。

【特　点】质嫩软滑，红黄相间，酸甜鲜香。

热菜例二:木 犀 肉

【原　料】鸡蛋、瘦肉、木耳。

【调　料】油、料酒、味精、酱、姜、盐。

【制　法】①取木耳用温水泡发后,择洗干净,控净水分。将肉洗净,切成4~5厘米长的细丝。鸡蛋磕入碗里搅匀。热锅下油,将鸡蛋搂成木犀花朵形盛出。②锅内再注入油,加入肉丝、木耳、调料及炒好的鸡蛋,少放点芡汁,即可出锅。

【特　点】红白黑三色,润滑鲜嫩。

我们在饮食与文化间探索,研究人类的第一需求——吃的学问!

——张仁庆

第六章　火候基本知识

第一节　怎样掌握火候

成书于先秦时代的《吕氏春秋·本味篇》，对火候在烹调中的作用，曾有精辟的论述："火之为纪，时疾时徐，灭腥去臊除膻，必以其胜，无失其理"。将火候提到烹饪之纲纪的高度，显然是十分正确的。根据不同原料和菜肴的要求，采用不同的火力和时间，这又是对烹调中火候运用的精辟概括。

烹制菜肴的火力，按其大小强弱，习惯上分为 4 类，即武火、文武火、文火、微火。

武火。也称旺火、急火、大火、冲火等。适用于炒、炸、爆、汆、熘、烹等快速烹调方法，可使菜肴具有嫩、脆、酥、松、鲜等特点。

文武火。又叫中火。一般用于烧、煮、烩、扒等。

文火。又称温火、小火。适用于较慢速的烹制方法，如煎、贴、熬等。成品具有软熟入味的特点。

微火。也称弱火、焐火。适用于时间较长的烹制方法，如焖、煨、炖、煸等。可使菜肴酥烂浓香。

在实际烹调操作中，除懂得采用适当火力及掌握加热时间外，学会看油的热度乃是具体掌握火候的有效办法。油的热度通常被称作"几成热"，一般每一成热为 35℃ 左右。对油的热度习惯上分为温油、温热油、热油及烈油。

温油，习惯上称为三四成热，油温在 100℃ 左右，此时油面泛起白泡，无声响及青烟；温热油常被叫做五六成热，油温在 150℃ 上下，此时油面向四周翻动，微有青烟升起，适用于煎、软炸等；热油即七八成热，油温在 200℃ 上下，此时油面翻滚转向平静，青烟四起并上冲，这种油多用来炸、烹、炒、汆等烹调方法。烈油又叫急热油，九至十成热，油温可达 300℃ 左右，已至燃点，仅适于爆菜。

在烹调中掌握控制油温，基本方法是掌握火力大小。此外，还要根据原料性质、形状、大小、数量及菜肴味道要求，及时调节油温。如是旺火下料，油温可低些；中火油温上升较慢，油温可高些。如热油旺火使食物原料难以承受时，就应采取半离火口或全离火口的办法。

不同的烹饪技法对火候（烧火的火力大小和时间长短）有不同的要求，下面各节就按烹饪技法分别给予具体的讲解。

第二节　火烹技法

火烹技法是人类从茹毛饮血、生吃活剥阶段改变为熟食时期的原始饮食生活开始,例如:北京猿人、元谋猿人、仰韶文化、大汶口文化等遗址的发现都证明了先民在1万年以前就开始了利用火烹,烤制食品,猎取野兽、耕田、种植、圈养动物的生活方式,繁衍人类,一代接一代的生活到现在。

在人类漫长的生息进化中,火的利用,熟制品的饮食对人类的健康生活,聪明才智起到了积极的作用。

在社会人际交往中,在各地的风俗民情之中,饮食也是沟通人际关系,联络群体情感的重要方式。

火烹技法的具体内容主要是以烧、烤为主要烹调技术手段,而在烧的字意和现实生活中,烧又引深为烧菜、干烧、红烧、烧肉等具体的菜品和菜式上。

一、烧

烧菜,是将主料改刀后,按不同的品种有的过油,有的用水烫,再用辅料炝锅,放入调料、汤和主料,烧到一定程度勾芡出勺。烧菜与焖菜大致相同,可分红烧、干烧两种。

红烧:是炒糖色或者加老抽、酱油、酱色为色泽红润的食品;干烧则是加汤汁,用文火收干的烹调方法。

干烧:与红烧做法差不多,但不勾芡,口味浓厚,是将原汤烧至将干时出勺,特点是酸、辣、甜、咸。如干烧鱼。

二、烤

烤:是以辐射热为主的烹制方法——烤,可分为暗炉烤、明炉烤、烤箱烤等多种烤制方法。

利用烤制作食品是最原始的烹调方法,人类最初期的烤制食品就是采用明火烧,而暗炉烤、坑烤、电烤是随着社会的发展而逐渐变化而成的新型烹调技术,为中国烹饪事业的发展探索了更新的领域。

三、焯水与走红

（一）焯水

焯水又名沸水,是根据烹调的需要,把经过初步加工的原料放在水锅中,加热至半熟或刚熟的状态,随即取出,以备烹调或切配后再烹调使用。

1.焯水的作用。需要焯水的原料比较广泛,大部分有血污或有腥膻气味的肉类原料,都应进行焯水,也有部分蔬菜焯水的作用是:可使蔬菜色泽鲜艳、口味脆嫩,并除去苦、涩、辣味。如菠菜、油菜、蕈菜等绿叶菜类焯水后,可使色泽更加鲜艳,口味保持脆嫩;笋焯水后,除去了涩味;萝卜焯水后可除去辣味等;可使禽、畜类原料排除血污,除去异味。如鸡、鸭、肉等通过焯水可排出原料中的血污;牛、羊肉及内脏等通过焯水还可除去腥膻味;可缩短正式烹调时的加热时间。原料经过焯水后,呈半熟或刚熟状态,在正式烹调时,可大大缩短加热时间,这对一些必须在极短的时间内完成烹调的菜肴更为有利;可以调整不同性质的原料的成熟时间,使其在正式烹调时,成熟时间一致。

2.焯水的分类。根据原料和水温不同,焯水一般可分为冷水锅和沸水锅两大类。

冷水锅:冷水锅是把需要焯水的原料与冷水同时下锅。动物性原料中,冷水锅焯水适用于腥味重,血污多的牛肉、羊肉、大肠、肚子等,因为这些原料如在水沸后下锅,表面骤受高温立即收缩,内部的血污和腥膻气味就不易排出,所以应该冷水下锅。

冷水锅的操作要点是:在焯水过程中,必须经常翻动原料,使各部分受热均匀。

沸水锅:沸水锅是先将锅中的水加热煮沸,再将原料下锅。在动物性原料中,适用于腥味小,血污少的原料,如鸡、鸭、蹄髈、方肉等,这些原料在水沸后下锅,就可除去血污和腥膻气味。不必用冷水锅进行处理。

沸水锅的操作要点是:原料在锅中水略沸后应即取出,加热时间不能过长;鲜嫩的蔬菜不易焯水,因为维生素易遭到破坏。根据烹制需要炝、拌的菜焯水时应先焯后切,断生即可。

3.焯水应掌握的原则。根据原料的不同性质,适当掌握焯水时间。各种原料,一般均有大小、老嫩软硬之分,在焯水时必须分别对待。如笋有大小、老嫩之分,大的、老的焯水时间应长一些;小的、嫩的焯水时间应短一些。

有特殊气味的原料应分开焯水,许多原料往往具有某种特殊气味,如萝卜、芹菜、羊肉、大肠等。这些原料如果与一般无特殊气味的原料同锅焯水,就会使一般原料沾染上特殊的气味,影响口味,因此必须分开焯水。

4.焯水对原料营养价值的影响。焯水是最常用的初步熟处理方法之一,有好处,但也有缺点。原料在水中加热时,会发生种种化学变化,有些变化是好的,是需要利用的。例如:鸡、鸭、肉等在焯水时,一部分蛋白质和脂肪就会散失到汤中,如果将汤利用,从整体看损失还不大。但对蔬菜来说,影响则较大,因为新鲜蔬菜含有多种维生素,特别是含有大量的维生素 C,而维生素 C 既怕热,又怕氧,很容易溶解于水,因此蔬菜焯水极易造成维生素 C 较大的损失,尤其是有些蔬菜在焯水后还要用冷水冲凉,营养成分损失就更大。所以蔬菜不要轻易焯水。

(二)走　红

走红又称排色,就是指将动物性原料(一般为动物性原料)投入各种有色调味汁中加热,或在原料表面涂抹上某些有色调味品后再油炸,使原料上色的一种熟处理方法。

1.走红的意义及范围。走红主要适用于制作烧、焖、煨等类菜肴的韧性原料,如鸡、鸭、肉等。原料经过走红处理,不仅色泽红润美观,而且口味更加丰富浓厚。

2.走红的分类及操作方法。走红可分为两类:一类是卤汁走红,另一类是过油走红。

卤汁走红,是把经过焯水的原料或生料放入锅中,加入酱油、绍酒、糖和水等,先用旺火烧沸,随即改用小火加热,使调味品的色泽缓缓进入原料,直至原料色泽红润。过油走红,是把酱油或糖色等有色调味品先抹在原料表面,再下入油锅中炸(一般选用植物油),直至原料上色。

3.走红应掌握的要点。卤汁走红时应掌握好卤汁颜色的浓度,使其色泽符合菜肴的需要。卤汁先用旺火烧沸,再改用小火继续加热,使味和色缓缓浸透,同时还要掌握好原料的成熟程度及卤汁与原料的比例,微火炖制。

过油走红时,涂抹在原料表面的调味品一定要均匀,以保证原料上色一致,也可以用老抽、糖色等对原料先行腌渍,在其色入味的基础上再过油。走红时的油温应掌握在五六成热的范围内。

四、过油与制汤

(一)过　油

过油又称走油,是将已成形的或已经焯水处理的原料,放在油锅中加热制成半成品,以备烹调时使用。

1.过油的作用。过油是常用的一种初步熟处理方法,可以使原料滑、嫩、脆、香,还可以使原料色泽鲜艳,对丰富菜肴风味能起到积极的作用。过油的技术要求较高,在过油时,如果油温,火候掌握不好,就会使原料出现老、焦、生糊或达不到脆香的要求,从而影响菜肴的质量。

2.过油的分类。过油,根据油温的高低及油量的多少可分为滑油和走油两大类。

滑油:滑油又称为拉油、划油等。烹调中适用范围广,凡用爆、滑炒、滑熘以及烩等烹调方法制作的菜肴,其中的动物性原料大多要经过滑油。滑油的原料一般都是丁、丝、片、条、块等加工后的原料。滑油前,多数原料都要上浆,使原料不直接同油接触,水分、养分不易溢出,以确保柔软鲜嫩的质地。

滑油操作要点是:滑油前,将锅刷净,加热,油要干净,植物油一定要清香油,否则会影响原料的色泽和口味,原料投入油锅后,油温应始终保持在三成至五成热。因为油温过低,会使原料脱浆,油温过高会使原料变老,失去上浆的意义,同时油也会变得浑浊；油温太高，会使原料粘结在一起，而表面变得脆硬，失去柔软嫩滑的特点。

走油：走油又称油炸，适用范围很广泛，凡用拔丝、糖醋、红烧、干烧、红扒、黄焖等烹调方法烹制的菜肴，其中的主料大多数要经过走油。走油的原料，既有生料，也有已经焯水处理过的原料，一般都是较大的片、条、块或整只、整条的大块原料。走油时，有的原料需要挂糊或上浆，有的则需要入味后再投入高温油锅中，在油的高温作用下，原料表面迅速形成一层硬壳，这层硬壳既保持了原料内部的鲜嫩，又可使原料在正式烹调后仍保持形状上的完整。随着加热时间不断地延长，还会使原料外表呈现各种美丽的颜色，达到外焦里嫩的效果。

掌握走油的要点：走油时，锅中油量要多，能够浸过原料，油温一般应在七八成热；带皮的原料，在下锅时，必须皮朝下，肉朝上，使皮面多受热，以达到涨发松软的要求；原料下锅后，由于表面的水分受高温而立即汽化，会带着热油四面飞溅，容易造成烫伤，所以应采取防范措施。大块原料一次炸不透，可以第二次再炸。

3.油温的识别和掌握。油温是指锅中的油经过加热所达到的温度。过油时，必须会识别和掌握油温，否则就难以运用各种油温对原料进行正确的初步加热处理。

在过油时，不仅要会识别油温，还必须根据火力的大小、原料的形状、投料的多少等因素，正确地掌握油温。

(1)根据火力大小掌握油温。用旺火加热，原料下锅时油温应低一些，因为旺火可以使油温迅速升高，如果原料在火力旺、油温高的情况下下锅，极易造成粘连、外煳、内生的现象。用中火加热，原料下锅时，油温应高一些，因为以中火加热，油温上升较慢，如果原料在火力不太旺、油温低的情况下下锅，则油温会迅速下降，造成流浆、脱糊；在过油的过程中，如果发现火太旺，油温上升太快，没法调节火力时，可端锅离火或部分离火，也可在不离火的情况下加入冷油，使油温降至适当的程度。切不可加水。

(2)根据原料的性质形状掌握油温。原料质老或形态较大的，下锅时油温应高些，以便热量容易传入原料内部；原料质嫩或形态较小的，下锅时，油温可低点。

(3)根据投料多少掌握油温。投料量多，下锅时油温应高些，因为投料数量多，油温必然大幅度地迅速下降，而且回升慢；投料量少，下锅时油温应低一些，因为投料数量少，油温降低的幅度也小，而且回升也快。

4.过油时应掌握的要点。运用过油的方法对原料进行初步热处理，应掌握以下技术要点：

原料应分散下锅。原料挂糊、上浆时，一般应分散下锅，如果是丁、丝、片等小型原料，下锅后还应划散，以免粘连在一起。划散原料的时机要恰当，划得过早会碰坏原料上的糊浆,造成糊浆脱落;划得过晚原料已经互相粘连,不易划散。不挂糊、上浆的原料,虽然不致相互粘连,但也应布散下锅,以便受热均匀。

需要表面酥脆的原料,过油时应该复炸。有些经过挂糊且较大的原料,如果需要表面酥脆,必须复炸一次,不可一次炸成,因为一次炸成,会使原料在较高的温度下或较长的加热时间中,形成外焦里生或内外干硬的状态,不能取得表面酥脆、内部软嫩的效果。所以,一般应先用温油炸制,待原料内外熟透时捞出,使油温上升到旺油锅时,将原料再下锅复炸一次,这样就可以使原料达到表面酥脆、内软嫩的目的。

需要保持白色的原料,过油时多选用干净的猪油。过油时,因为油的质量对原料的色泽影响很大,可选用清香油,或猪油,但火力不能太旺,油温不能太高,加热时间不要过长。

(二)制　汤

制汤又称吊汤,是把蛋白质与脂肪含量丰富的动物性原料放在水锅中加热,以提取鲜汤,作为烹调菜肴使用。

1.制汤的意义。汤的用途非常广泛,不仅是汤菜的主要原料,而且很多菜肴的调味用料,都离不开汤。特别是鱼翅、海参、燕窝等珍贵而本身又无鲜味的原料,全靠精制的鲜汤调味提鲜。因此,汤的质量好坏对菜肴的质量影响很大。

2.制汤的常用方法。汤的种类较多,各地方菜系在具体用料、制法以及名称上各有不同,但归纳起来,可分为高汤、奶汤和清汤三类。

我国各大菜系,素以善制鲜汤著称,其用料之精,制法之细,汤味之鲜,各菜系均有其独到之处。各类汤的制法如下:

高汤:高汤是制作最简单、最普遍的一种,因为是第一遍汤,称为毛汤。其特点是汤呈混白色,浓度较差,鲜味较小。一般作为大众菜肴的汤料或调味用。

(1)用料。是鸡、鸭的骨架,猪肘骨、肋骨、猪皮等及需要焯水的鸡、鸭、猪肉等。

(2)方法。制高汤一般不必准备专用锅,大多用设在炉灶中间的汤锅制作。制作方法是:将鸡、鸭的骨架、猪骨,以及需要焯水的鸡、鸭、猪肉等用水洗干净后,放入汤锅中,加入冷水,待烧沸后撇去浮沫,加盖继续加热,至汤呈浑乳白色时即可使用。

奶汤:奶汤的特点是:汤呈乳白色,浓度较高,口味醇厚。主要作为奶汤菜的汤料及白汁菜等菜肴调味使用。

(1)用料。宰好的母鸡1只、猪肘带骨肉、猪肋骨、鸭骨等各750克。

(2)制作方法。初步加工:将宰好的母鸡用刀剁去爪,洗净;猪肘肉切成长条;猪肘骨、猪肋骨、鸭骨洗净,砸断,一起放入沸水锅中,约煮5分钟捞出。煮制:将猪肘骨、猪肋骨、鸭骨放入汤锅内在锅底铺开,鸡、猪肘肉及猪肚放在骨上,加入开水,加盖。用旺火烧沸后改用中火煮180分钟,至汤呈乳白色,鸡、猪肉已烂时,将锅端离炉火,捞出肉和骨头,再用净纱布将汤滤净。

清汤:清汤的特点是:汤呈微黄色,清澈见底,味极鲜香。主要作为清汤菜的汤料及爆、烧、焖、炒等类菜肴调味使用。

(1)用料。宰好的母鸡、肥鸭、猪肘子、猪骨、葱段、姜片。

(2)制法。初步加工:将宰好的母鸡洗净,剁去爪,剔下全部脯肉,剁成茸泥(称白哨);再将适量的鸡腿肉剁成茸泥(称为红哨),将鸡、鸭的腿骨砸断,两翅别起;猪肘子刮洗干净,用刀划开皮肉,使肘骨露出,将肘骨砸断。煮制:将汤锅刷洗干净,倒入适量清水,依次放入猪骨、鸡(不包括白哨和红哨)、鸭和猪肘子,在旺火上煮沸后,撇去浮沫,煮至六成熟时,将猪肘子、鸡、鸭、猪骨捞出。汤锅移至微火上,撇去浮沫,舀出适量汤放入盆内晾凉。在盆内加入鸡红哨、葱段、姜片搅匀。将猪骨、鸡、鸭、猪肘子再放入原汤锅里,用微火慢煮约80分钟,然后再捞出猪肘子、鸡、鸭、猪骨。吊制:将汤锅端离炉火,撇去浮油,晾至七成热时,再将汤锅放在中火上,用手勺搅动,使汤在锅内旋转,随即加入有鸡腿茸的凉汤,继续搅动,待汤烧至九成热,鸡腿茸漂浮至汤表面时,用漏勺捞出,将汤锅端下晾凉。同时舀出少量汤放入盆内,加入鸡脯茸搅动,倒入汤锅内。随即将汤锅放在旺火上,加入精盐5克,用手勺搅动。待汤烧至九成热,鸡脯茸全部浮至汤表面时,将汤锅移至微火上,捞出鸡脯茸,撇净浮沫后,将锅端下、晾凉即成。

制汤即通常所说的吊汤。吊汤的目的有两个:一是使鸡茸的鲜味溶于汤中,最大限度地提高汤的鲜味,使口味鲜醇;二是利用鸡茸的吸附作用,除去微小渣滓,以提高汤汁的澄清度。

(三)制汤时应掌握的要点

各菜系在制汤的具体用料和方法上虽有差别,但基本上大同小异。由于所使用的原料都含有丰富的蛋白质和脂肪,所以制汤掌握的要点差别不太大。

1.必须选用鲜味浓厚、无腥膻气味的原料。制汤所用的原料,各地方菜系虽然略有差别,但大致以鲜味浓厚、无腥膻气味的动物性原料为主,如鸡、鸭、猪瘦肉及骨架等。

2.制汤原料一般均应冷水下锅,中途不宜加水。因为制汤所用的原料,体积较大,若投入沸水锅中,原料的表面骤受高温,外层蛋白质凝固,内部的蛋白质就不能大量地渗到汤中,汤汁就达不到鲜醇的要求,而且最好一次加足水,中途加水也会影响质量。原料焯水后用热水炖制,或晾凉后再下锅。

3.必须恰当地掌握火力和时间。制汤时,恰当地掌握火力和时间很重要,一般来说,制奶汤是先用旺火将水烧沸,然后即改用中火,使水保持沸腾状态,直至汤汁制成。火力过大,容易造成焦底,烤干水;火力过小,则汤汁不浓,汤色发暗,黏性较差,鲜味不足。制清汤是先用旺火将水烧沸,然后改用微火,使汤保持微沸,呈冒小泡状态,直至汤汁制成。火力过大,会使汤色变白,失去"清澈见底"的特点;火力过小,原料内部的蛋白质等不易渗出,影响汤的鲜味。

4.掌握好调料的投料顺序和数量。制汤中常用的调料有葱、姜、盐、绍酒等,在使用这些调料时,应掌握好投放顺序和数量。制汤时,绝对不能先加盐。因为盐有渗透作用,易渗进原料中去,使原料中的水分排出,蛋白质凝固而不易充分地溶解于汤中,影响汤的浓度和鲜味。葱、姜、绍酒等不能加得太多,在30～50克,加多了会影响汤本身的美味。

第三节　石烹技法

石烹是我国劳动人民在发现了火以后,利用自然界的石头进行加工后制成石板、石碗、石磨、石碾等用具,用于烹调,提高了烹调的质量,改善、丰富了饮食生活内容。

石烹就是以石头为传导热量的工具,加工食品,是一种人类的进步和发展,石烹不断地演变,产生了各种风味不同的食品。

石烹距今已有8000年的发展历史。石烹的主要烹调方法是烙和煎。

煎制法的关键在控制火候。煎制用平底锅或煎盘,油放得少(在锅底上涂抹一层油,最多时放油也不超过制品厚度的一半)。故不能像炸制品那样,使制品周身均处在高温油中,短时间内即成熟;也不能像烤制品那样,直接接受辐射热。煎制费时较长,以中火为主,火大易焦煳。且锅底面积大,中心区与周围的温度不同,为使制品受热均匀、成熟一致,就要勤换位置。码放生坯时,应先周围后中央。煎制的烹调方法实际应用上还要分油煎和水油煎两种。油煎以馅饼为例,水煎以锅贴为例。两者不同在于,前者纯用油温和锅底导热,两面煎制;后者在煎的基础上,还要洒水(或混油的面浆水)加盖,利用所产生的水蒸气加速制品成熟,产生了制品一面脆黄、一面柔软洁白的特色。

一、煎

(一)干　煎

干煎,是将主料放在勺内,两面煎成金黄色,放入调料、辅料,添点汤,用慢火煎到汤快干时勾点粉面子芡出勺,如干煎豆腐、煎鸡排。煎的时间用文火煎12分钟。

(二)南　煎

南煎,是将主料煎熟,加汤、调料、酥料,烧制酥烂,如南煎丸子。南煎的时间用文火煎10分钟左右。

（三）煎　转

煎转是煎后加调料、辅料，放在慢火上煎熟。以煎转黄鱼为例，鸡蛋打散、加盐、味精搅匀备用。色拉油烧至四成热，下黄鱼鲞用小火煎 5 分钟，再下蛋液小火煎 1 分钟，烹黄酒出锅即可。

（四）煎　蒸

煎蒸是将主料煎后加辅料、调料，上屉蒸熟，如煎蒸黄花鱼。煎的时间约 6 分钟，蒸 5 分钟即可。

二、烙

烙制食品的方法是：首先在烙之前，应把锅烧热。其次，制品不同，要求的火力不同。大致说来，饼越薄，火力相对来说要越旺，饼越厚（或包有馅），火力要小些。火力旺，可使制品迅速成熟，不至于烙成干片；较厚些的用中火，厚的用小火，既防止烙焦糊，又使热传导抵达制品坯内部，方能熟透。其三，应该勤翻勤换位。烙锅受热不均，中间温度高，四周温度低，为使制品受热均匀、成熟一致，或移动锅的位置，或翻转饼坯、移动饼坯位置。烙到后期，常要适当控制火力或端锅离火。其四，无论采用什么烙法，烙锅必须保持清洁，否则制品表面不洁，且易造成焦烙。其五，若采用水煎烙法，其烙法可参考水油煎法，一次加水不熟，可多加几次。加水后应加盖烙制，以便迅速致熟。

三、炒

炒菜是将勺内放入少量油，再放入主料、辅料、调料，翻炒至熟。炒菜的特点是时间短、火候急、汤汁少，大体可分为滑炒、清炒、煸炒、干炒、硬炒、软炒等。

（一）干　炒

干炒勺内放入少量油，急火，将主料放入，加上调料，炒至汤汁干时出勺，要求炒透，如干炒肉丝。干炒时间不超过 2 分钟。

（二）滑　炒

滑炒是以肉、鱼、虾作主料，将主料挂鸡蛋清和淀粉抓匀，用油滑过，然后将勺内放入少量油，用葱、姜丝炝锅，再将滑好的主料与辅料放入，加入调料，炒熟后用少许淀粉勾芡出勺，如滑炒里脊丝。滑炒油温要在 120℃ 左右，先滑油 1 分钟，起锅另炒时间不超过 2 分钟。

（三）清　炒

清炒的做法与滑炒基本相同，只是不用勾芡，如清炒虾仁。清炒时间在 2 分钟以内。

（四）煸　炒

煸炒有过油和不过油之分，其做法是将材料放入勺内煸炒到一定程度，再放调料翻炒均匀出勺，如煸炒白肉、干煸牛肉丝等，煸炒时间约 3 分钟。

（五）硬　炒

硬炒的做法与干炒大致相同，但硬炒一般都加辅料。要求火候急，时间一般在1.5分钟左右，最多不超过2分钟，比干炒鲜脆，有勾芡和不勾芡之分。如炒肉丝豆芽。

（六）软　炒

软炒，凡是茸、泥（如鸡茸、里脊泥）做主料的都属于软炒，不用另外勾芡汁，做法与硬炒大体相同，如鸡茸菜花。软炒时间约3分钟。

注意：

①肉类与鲜嫩的蔬菜搭配时应先炒肉品，出锅前放蔬菜，以保持营养和鲜艳的色彩。

②蔬菜在进行烹调之前，应先洗后切，以免营养流失，确保食品的营养价值和风味特点。

③制作造型菜时，应先将码边、垫底、雕刻之类的装饰物品提前制作好，放到盘子的准确位置，将炒好的菜入盘内即可上桌。

④烹炒海鲜、贝类的海产品，例如：海蛤、蚬子、青子、小海螺等时，应加适当的水，以保持海鲜的原汁原味不受损失，营养价值不被破坏。

⑤炒鸡蛋要加40%的水。

四、贴

贴法与煎法基本相同，不同之处是贴只煎一面，不用翻个。成品一面焦黄香脆，一面软嫩。如果单一主料，可直接贴于锅面煎成金黄色即可；如系多种原料合贴于一起，则贴锅一面必用肥膘肉，主料放在肥膘肉上面，主料经调味并挂上糊，使几种原料粘在一起。也有将主料加工成泥茸状，再煎制的。贴法因只煎一面，火力、油温应适度，并不停地晃锅、撩油，使原料坯在锅内不停地转动，使其受热均匀；撩油的作用是淋炸，为使原料上下一起成熟。贴法是一种精致的菜肴加工方法，菜形比较美，成菜外酥脆内细嫩，味以咸鲜为主。如"锅贴肉""锅贴鱼"。贴用温火，加热时间6～8分钟，原料厚重时锅底应加水，盖锅盖。

五、上浆挂糊

上浆、挂糊是指将经过刀工处理后的原料，裹上一层黏性的糊浆，使制成的菜肴达到酥脆、滑嫩或松软的一项操作技术。挂糊、上浆的适用范围非常广泛，用于炸、熘、爆、炒的韧性原料，多数要经过这道工序；用于煎、烹、烩、汆的部分原料，有时也要进行挂糊、上浆。

（一）上浆、挂糊的作用

挂糊和上浆是烹调前的一项重要操作程序，对菜肴的色、香、味、形等质量方面均有较大的影响，其作用主要有以下几个方面：

1.保持原料中的水分和美味,使之内部鲜嫩,外部香酥或柔滑。炸、熘等烹调方法,大都是用旺火热油,鸡、鸭、鱼、肉等原料如果不挂糊,在旺火热油中,水分会很快耗干,鲜味也随着水分外溢,而使质地变老,鲜味减少。挂糊后如同对原料加了一层保护膜,使营养水分不易流失,有的焦酥,有的松软,有的滑爽,使菜肴的风味更加突出。

2.保持原料形态,使之光滑饱满。鸡、肉、鱼等原料,切成较薄较小的丁、丝、条、片以后,在烹调加热时往往易断、破碎或卷缩,经过上浆、挂糊处理,增强了原料的黏性,提高了耐热性能,还能膨胀显得数量大;同时,表面的浆糊,经过油的作用,色泽光润、形态饱满,从而增加了菜肴的美观。

3.保持和增强菜肴的营养成分。鸡、肉、鱼等原料,如果直接与高温接触,其中所含的蛋白质、脂肪、维生素等营养成分,就会遭受破坏,降低原料的营养价值。通过挂糊或上浆,原料的外面有了保护层,使原料不直接与热油接触,内部的水分和养料就不易流出,其营养成分也就不致受到较多的损失。相反,糊浆中的淀粉、鸡蛋等也具有丰富的营养成分,从而增强了菜肴的营养价值。

(二)上浆与挂糊的区别。上浆和挂糊的作用虽然基本相似,但两者有严格的区别:其一,浆和糊的浓度不一样。浆比较稀薄,糊比较浓稠。其二,上浆和挂糊产生的效果不一样。上浆后的原料成菜后,质感细嫩滑爽,有光泽,而挂糊后的原料成菜后酥脆或外酥内嫩。其三,上浆和挂糊适应的范围不一样。上浆一般适宜于原料体积较小,且用于爆、炒、熘等烹调方法的菜肴,挂糊一般适宜于原料体积较大,且常用于炸制的菜肴。

除挂糊、上浆外,还有拍粉的方法,就是在经过入味的原料表面均匀地拍上一层面粉或干淀粉。拍粉后的原料经油炸,可以保持原有的形态,并使表面脆硬而体积膨大。

(三)浆、糊的原料与种类

调制糊、浆的原料,主要有鸡蛋、淀粉、面粉、米粉、泡打粉、面包渣、发酵粉、苏打和水。蛋清、苏打的主要作用是使原料滑嫩;蛋黄、发酵粉的主要作用是使原料松软;淀粉、面粉、米粉、面包渣的主要作用是使原料香脆。这些原料本身并不分别具有上述特点,而是经过恰当的调剂,才能出现上述效果。

浆、糊的调制方法比较复杂,种类及用料比例都没有固定的标准,往往因地方菜系,菜肴做法不同而异。一般来说,经常使用的浆、糊可分为以下几种:

1.蛋清糊:蛋清糊既可作为糊来使用,也可作为浆来使用。作糊使用时,用蛋清、淀粉加少量面粉,调制而成,适用于软炸、焦熘等烹调方法,如软炸里脊、焦熘鱼片等,能使菜肴外焦里嫩,色泽金黄;作浆使用时,主要用盐、蛋清、淀粉制成,适用于滑炒、滑熘、爆等烹调方法。如炒虾仁、滑熘里脊丝等,能使菜肴柔滑软嫩,色泽洁白。

2.全蛋糊：全蛋糊是用鸡蛋液、淀粉调制而成的糊，适用于酥炸、锅煸等烹调方法。如炸里脊、锅煸鸡片等，能使菜肴外酥脆、里松嫩、色泽金黄。此外，全蛋糊也可作为浆使用，用盐、全蛋、淀粉制成，适用于炒类菜肴中某些色泽较重的原料，能使菜肴滑嫩、略带淡黄色。

3.蛋泡糊：蛋泡糊是先将蛋清加泡打粉，加入淀粉拌和而成，适用于松炸等烹调方法。如松炸虾仁、雪衣夹沙肉等，能使菜肴外形饱满、质地松软、色泽洁白。

4.水淀粉糊：水淀粉糊是用淀粉加水调制而成的，适用于干炸、炸熘等烹调方法。如炸八块、炸熘肝尖等，能使菜肴酥香脆、色泽紫红带黄。同时，水粉糊也可直接作为浆使用。

5.发粉糊：发粉糊是用发酵粉、面粉加水调制而成的，适用于软炸的菜肴。例如：脆炸大虾，鱼包三丝等，能使菜肴涨发饱满、松酥香绵、色泽淡黄。

6.拖蛋糊滚面包渣：拖蛋糊滚面包渣是将原料先放在全蛋糊中拖过，再放在面包渣上滚压，适用于炸的菜肴。例如：炸面包鸡块、法式炸猪排等，能使菜肴香脆可口、色泽金黄。

7.拍粉拖蛋糊：拍粉拖蛋糊是在原料的表面上拍一层干面粉或干淀粉，然后放在全蛋糊中拖过，适用于炸、煸等菜肴中含水分或油脂较多的原料。如炸棒子鱼、煎扒菜卷等，能使菜肴口味肥嫩、色泽金黄。

8.苏打浆：苏打浆就是在全蛋糊中加上苏打粉，适用于牛柳、牛肉片及牛肉丝的上浆。因牛肉的质地较老，用苏打粉上浆可以加强牛肉的亲水力，使牛肉过油之后达到鲜嫩柔滑。用苏打上浆，要静置1小时才能使水分进入到原料中，这种浆在广东菜中使用较多。

(四)制糊的方法及操作要点

制糊的方法是将各种糊的原料按照一定的比例放在一个容器中搅拌均匀。制糊必须掌握以下要点：

1.灵活掌握各种糊的浓度。制糊时，应根据原料的老嫩、是否经过冷冻以及原料在挂糊后，距离烹调时间的长短等因素来决定各种糊的浓度。一般原则是：

较嫩的原料，糊应稠一些(因其本身所含水分较多，吸水力较弱)；较老的原料，糊应稀一些(因其本身所含水分较少，吸水力强)。

经过冷冻的原料，糊应稠一些；未经冷冻的原料，糊应稀一些。

挂糊后立即烹调的原料，糊应稠一些(如过稀，原料来不及吸收水分即下锅烹调，糊浆易脱落)；挂糊后间隔一定时间再烹调的，糊应稀一些(因为原料尚有时间吸收糊浆中的水分，同时糊浆暴露在空气中，也会蒸发掉一部分水分)。

以上原则同样适用于上浆。

2.搅拌时应先慢后快,先轻后重。在开始搅拌时,因为水和淀粉等尚未调和,浓度不够,黏性不足,所以应搅拌得慢些、轻些,以防糊溢出器外。通过搅拌,糊中的浓度渐渐增大,黏性逐渐增加,搅拌就可以逐渐加快加重,直至稠黏为止,但切忌将糊搅上劲儿。只有蛋泡糊的调制较为特殊,最后要搅得很重很快,将蛋清不停顿地顺着一个方向用力打透打上劲儿,似泡沫状雪堆,然后再加入淀粉搅匀。

3.糊或浆中不能有粉粒。制糊或拌浆时,必须使糊浆十分均匀,不能存有粉粒,因为粉粒附着在原料表面上,当原料投入油锅后,粉粒就会爆裂脱落,使原料形成脱糊、脱浆,影响菜肴的质量。

4.糊、浆必须把原料表面全部裹起来。原料挂糊或上浆,要使糊浆把原料全部裹起来,否则在烹制时,油就会从没有糊浆的地方浸入原料,使这一部分质地变老,形状萎缩,色泽焦黄,影响菜肴的色、香、味、形。

六、勾　芡

勾芡是在菜肴接近成熟时,将调好的粉汁淋入锅内,使菜肴的汤汁稠浓,增加汤汁对原料的附着力。勾芡是烹制操作的基本功之一。勾芡是否恰当,对菜肴的色、香、味、形影响很大。

(一)勾芡的作用

勾芡的粉汁,主要是用淀粉和水调成。淀粉在高热的汤汁中能吸水膨胀,产生黏性,并且色泽光洁,透明滑润。因此,对菜肴进行勾芡,可以起到以下一些作用:

1.增加菜肴汤汁的黏性和浓度。菜肴在烹制时总要加入一些汤、液体调味品或水,同时原料在受热后,也有一些水分渗出,成为菜肴的汤汁。这些汤汁与菜肴不能很好地融合,通过勾芡,可使汤汁的黏性和浓度增加,使之很好地融合起来。对于不同的烹调方法,勾芡还可以发挥不同的作用。

用爆炒烹调方法制作的菜肴,勾芡可使汤汁全部紧裹在原料表面上,使菜肴鲜美味醇。爆、炒等烹调方法的特点是旺火速成,菜肴的汤汁应该是浓汁。但因加热过程很短,原料水分及调料既不会蒸发掉,又不会全部渗入原料,因此原料和液汁不能调和,菜肴的汤汁也不能达到浓紧的要求。经过勾芡,增强了菜肴液汁的黏性和浓度,只要略加颠翻,卤汁就能基本上包裹原料表面,达到旺火速成的要求。

用烧、烩、扒烹调方法制作的菜肴,勾芡可使汤菜融合,滑润柔嫩。用烧、烩、扒等烹调方法制作的菜肴,汤汁较多,加热时间长,原料本身的鲜味和调味品的滋味多溶解在汤汁中,经过勾芡,加强了汤汁的浓度和黏性,就可使汤菜交融成为一体,滑润柔嫩,滋味鲜美。明汁亮芡,例如:干烧鱼、烩三鲜、红扒肘子等都是用此芡汁。

有些汤菜,勾芡可使汤汁较浓,原料突出。有些汤菜,因汤汁很多,装盘后主料沉在下面,上面只见汤不见菜,经过勾芡,可使汤汁的浓度增加,原料悬在上面,冬季天寒,菜肴勾芡后有保温作用。而且汤汁也滑润可口,如西湖羹、乌鱼蛋汤等。

2.使菜肴光润鲜艳,增加美观。由于淀粉具有色泽光洁的特点,所以勾芡可使菜肴色彩鲜艳,光亮明洁;同时由于黏性和浓度增加,可使菜肴在较长的时间中保持滑润美观。

(二)勾芡的原料

勾芡的原料,主要是淀粉和水。可作为勾芡用的淀粉种类很多,常用的有以下五种:

1.绿豆淀粉。绿豆淀粉又称绿豆粉,是由绿豆加工而成的,黏性大,吸水性较差,色洁白,带有青绿色,有光泽,质量最好。使用绿豆淀粉勾芡,汤汁非常均匀,无沉淀物,冷却后不易分离出水。应提前120分钟浸泡。

2.马铃薯淀粉。马铃薯淀粉又称土豆粉,是由马铃薯加工而成的,黏性不太大,吸水性较差,色洁白,光泽鲜明,质地细腻,干粉放在手中搓揉会发出吱吱响声,质量比绿豆淀粉差得多,用量要比绿豆粉多。

3.玉米淀粉。玉米淀粉、粟米粉、鹰粟粉是由玉米加工而成的,黏性大,吸水性比马铃薯淀粉强,色微黄,有光泽,粤菜使用较多。

4.麦淀粉。麦淀粉是由小麦面粉加工而成的,黏性和光泽均较差,色白,质量较差,使用时用量要多一些,否则勾芡后易沉淀。多数以精面粉代替。

5.甘薯淀粉。甘薯淀粉又称红薯粉、白薯粉、地瓜粉,是由甘薯加工而成的,黏性差,吸水性较强,无光泽,色灰暗,质量最差,勾芡后易沉淀,使用时用量必须多一些。

(三)勾芡粉汁的种类及调制方法

勾芡用的粉汁,有加调味品的粉汁和单纯粉汁两类。

1.加调味品的粉汁(兑汁)。加调味品的芡汁,是在烹调前先将各种调味品和粉汁放在一个碗中调匀,待菜肴接近成熟时倒入锅中。它多用于熘、爆、炒等烹调方法,因为这些烹调方法的特点是火旺,加热时间短,操作速度快,如果在加热过程中将各种调味品逐样下锅,势必影响操作速度,而且口味也不易调准;同时在极短的时间里,各种调味品的滋味也不易渗入原料,例如:糖醋汁。

2.单纯粉汁。单纯的芡汁,是用干淀粉和水调和而成。这种芡汁是预先调好的,叫水淀粉或湿淀粉。使用时应根据需要,掌握用量。它多用于烧、扒、烩、焖等烹调方法,因为这些烹调方法的加热时间较长,在加热过程中有时间逐样加入调味品,使原料入味,所以,不必事先把调味品和粉汁调在一起,而是把调味品按顺序投入,并在菜肴接近成熟时,淋入单纯芡汁。

(四)勾芡的分类及方法

1.勾芡的分类。勾芡时芡汁的稀稠,主要根据不同的烹调方法、不同菜肴的特点来掌握。一般说来,勾芡可分为以下两类。

厚芡。厚芡是粉汁较稠的芡。按浓度不同,又可分为包芡和糊芡两种。

(1)包芡。芡汁最稠,可使菜肴的汤汁稠浓,基本上都粘裹到原料表面。适用于熘、爆、炒等烹调方法,例如:熘三白、油爆双脆、炒腰花等烹调菜肴都是勾包芡。这种菜肴在吃完以后,盘中几乎见不到汤汁。

(2)糊芡。芡汁比包芡略稀,可使菜肴的汤汁成薄糊状,达到汤菜融合、口味醇厚、柔滑的要求。例如:烩三丝、豆腐羹等都勾糊芡,否则汤菜分离,口味淡薄。

薄芡。薄芡是芡汁较稀的芡,按浓度不同,又可分为熘芡和米汤芡两种。

(1)熘芡。汤汁较稀,可使汤汁稠浓,浇在菜肴上能增加口味和色彩。它适用于烧、扒、熘等烹调方法制作的大型或整件菜肴,例如:红扒肘子、葱扒鸡等。在菜肴装盘后,将汤汁勾芡浇在菜肴上,一部分粘在菜肴上,一部分在盘中呈流离状态。

(2)米汤芡。芡汁最稀,可使菜肴的汤汁略稠一些,口味略浓,例如:粟米羹、鸡蛋汤等。

2.勾芡的方法。勾芡的方法,因烹调方法和菜肴品种的不同而有差别。常可分为以下两种。

翻拌。翻拌可分为两种:一种是在锅中菜肴接近成熟时,淋入芡汁,然后连续翻锅或铲(手勺)拌炒,使芡汁均匀地粘裹在菜肴上。这种方法常用于熘、爆、炒等包芡的烹调方法。另一种是先将粉汁与调味品、汤汁一起下锅加热,至芡汁成熟,黏性明显时,将已过油的原料投入,然后连续翻锅或拌炒,使粉汁均匀地粘裹在菜肴上。这种方法多用于需要表面酥脆的熘菜,例如:糖醋咕老肉、糖醋排骨等。

摇推。摇推是在菜肴接近成熟时,一面将芡汁缓缓地均匀地淋入锅中,一面持锅缓缓摇动,或用手勺轻轻推动,使菜肴汤汁浓稠,汤菜融合。这种方法常用于烩、烧、扒等使用糊芡或米汤芡的烹调方法,例如:回锅肉、烧二冬、扒牛舌等。

3.勾芡掌握的要点。勾芡必须掌握以下要点:

(1) 勾芡必须在菜肴即将成熟时进行。勾芡过早或过迟都会影响菜肴的质量。由于勾芡后菜肴不能在锅中停留过久,否则芡汁易焦化反应,所以不能过早勾芡。但熘、爆、炒等操作非常迅速,如果在菜肴已经成熟时才进行勾芡,势必造成菜肴受热时间过长,失去脆嫩的口味,所以时间要把握准。

(2)勾芡必须在汤汁适当时进行。勾芡时汤汁不可过多或过少。用烧、扒等方法制作的菜肴,如汤汁太多,可在旺火上将汤汁略收干一些,再进行勾芡;如汤汁太少,可沿着锅边再淋一些汤汁。

(3)用单纯的粉汁勾芡,应在菜肴的口味、颜色确定以后进行。如果勾芡后发现菜肴的口味、颜色达不到标准,再加调味品弥补口味、颜色的不足,或加入汤水冲淡菜肴的口味、颜色,则很难奏效。

(4)勾芡时菜肴的油量不宜太多。勾芡时菜肴中的油量过多,芡汁就难以粘裹在原料上,使料、汁不能融合,从而影响菜肴的质量。

勾芡虽然是烹调的最后一个环节,但是有些菜肴在经过勾芡后,往往还有一些零星的操作过程。例如:红扒肘子,在勾芡后要淋一些葱油;酸辣鱼块在勾芡后要撒些胡椒面和香菜末;腰丁烩腐皮在勾芡后要撒些火腿丁片等,以增加菜肴的色彩和口味。另外,有些需要加蛋花的菜肴,如鸡蛋汤、豆腐羹等,蛋液应在勾芡后再淋入,以缩短加热时间,使其更加滑嫩美观。

勾芡要灵活掌握,不能什么菜都勾芡,清脆鲜美的菜不需勾芡,有黏度的鲶鱼炖茄子不宜勾芡。

第四节　水烹技法

水烹也是人类文明饮食的一大进步。从用明火烧烤食品到利用水的蒸汽传递热量,采用蒸、煮等烹调技法使食品的口味更加完美,营养更加丰富,人体更容易消化吸收,烹调出的食品内容更加广泛,使中国烹饪事业的发展提高到新的水平。

水烹主要是有了陶制品才逐渐发展起来了。用水罐或陶盆盛水,是水烹的开始。水烹距今已有6000年的发展历史。

一、炖

熬炖菜俗称炖菜,是主料经过煸炒或水烫后,添上汤(汤要没过原料),加调料,用慢火炖烂,特点是保持原汁原味,肉烂汤醇。做法有普通炖、清炖、侉炖、隔水炖四种。

(一)普通炖

普通炖是将主料放入勺内煸炒后加调料,添汤炖烂,如炖肉。普通炖一般需要开锅后微火炖30分钟,原料坚硬肉质老的食品需要炖60～90分钟。

(二)清　炖

清炖是将主料改刀后放入开水内烫一下,然后放在对好的五香汤汁内炖烂。特点是汤清味鲜肉烂,如清炖牛肉。清炖用大火烧开,撇出浮沫,改用微火炖45～60分钟。

(三)侉　炖

侉炖,又称刮炖,多用于炖鱼。侉炖是将鱼用开水烫一下刮去鳞,两面剞上花刀,放在调好的酱汤汁内炖熟。侉炖的鱼必须新鲜。如侉炖鳜鱼。侉炖时间需大火烧开后再用微火炖30分钟以上。出锅前放大白菜或香菜,断生烫熟即可。民间有"千炖豆腐万炖鱼"之说,就是指侉炖。

(四)隔水炖

隔水炖采用隔水加热成熟的方法。原料多采用鲜嫩之品,一般先入沸水中烫去腥污,再捞放在瓷制或陶制的钵内,加葱、姜、酒等调味品及汤汁,用桑皮纸封严,放水锅中(注意水不应没过钵口)或置于笼屉中,以旺火加热后改为微火,炖制180~240分钟,最低不少于120分钟,使之成熟。名菜佛跳墙就是使用此方法烹制的。

炖汤,又称制汤、吊汤,也就是用富含蛋白质、脂肪的动物性原料如鸡、鸭、猪肉、猪骨等放在水中煮制,提取其中的鲜味,即鲜汤又称清汤、高汤,供烹调中使用。

鲜汤是传统中式菜肴的鲜味主要来源之一。一般带汤的菜肴,其汤均取自鲜汤(用白水加味精则逊色得多,是懒厨师偷工减料之作),一些珍贵的原料,如海参、鱼翅、燕窝等,其本身并无任何鲜味,全凭鲜汤来提鲜佐味,才能成为美味佳肴。制清汤的时间是120分钟,制奶汤的时间是180分钟。

二、煮

煮也叫白煮,就是将原料放在清水锅中,或清汤中,先用旺火烧沸,再改用中小火煮至成熟。煮制时,汤要宽,应能完全没过原料,如锅小原料多,煮制过程中应勤加开水。煮制过程中,火力应保持一致。

三、氽

氽菜是汤菜,是将主料放入调好的清汤内,加调料,撇去浮沫,烧开出勺。另一种做法是将主料氽熟捞在碗内,另调好清汤浇在主料上。氽菜汤鲜,清胃、解腻,如氽里脊瓜片、氽鱼腹、氽丸子等。

(一)氽丸子

氽鱼丸子是将鲤鱼(海水鱼更好)宰杀洗净去骨取肉剁成鱼茸状,加上淀粉、蛋清、盐、味精调匀制成鱼丸,每个鱼丸放入一粒皮冻,放入清汤中氽熟,摆上油菜即可。味道鲜美,口味清淡。现制作的鱼丸氽制3分钟,鱼丸浮出水面即可,若用冰冻的鱼丸需要氽制6分钟。

(二)氽羊肉

氽羊肉是将羊肉片放到锅内氽熟,再倒到调料碗中,搅拌均匀即可。将配料葱、姜、香菜加调料,白胡椒粉2克、醋15克、精盐2.5克,放到一个碗内。羊肉片放到开水锅的时间1分钟,用筷子划开,氽匀,断生即可。

四、蒸

把成形的生坯的面点或红案鲜料,置于笼屉内,架在水锅上,旺火烧开,产生蒸气,在蒸气高温的作用下,成为熟品,此种熟制法,叫做蒸或蒸制法,蒸制品叫"蒸食""蒸点""蒸菜"。

一般制品在蒸制当中,应始终保持旺火足气,中途不掀盖,笼屉漏气处应封堵好。有些特殊品种对火候、气量有特殊要求,例如松软蛋糕,蒸制时用中火中途还要放两三次气,蛋糕才松发柔软。

(一)蒸馒头

馒头上屉前,应先将笼屉预热一下(将笼布用热水泡一下),锅内应加凉水,水要一次加足,不可中途再加水。火要旺,气才足。锅内水大开后,5分钟之内见到大气,才能保证馒头质量。笼屉要严,有漏气之处,应用湿布堵好。一般蒸5~10分钟即可。馒头熟后不要急于卸屉,可将屉盖揭开,再蒸2~3分钟,上屉中的馒头皮已干结,扣在案上,就不会粘连屉布了。再过约1分钟下第二屉。

(二)蒸米饭

蒸米饭也称为煮米饭,在此我们把它划到蒸的范围内,使用电饭锅煮饭,等电锅自动开关切断后,再焖5分钟,即可开锅。最后的"焖熟"对米心的熟透与外皱的光泽有很大的帮助。

(三)蒸包子

包子上屉前,应先将笼屉预热一下(将笼布用热水泡一下),锅内应加凉水,水要一次加足,不可中途再加水。火要旺,气才足。锅内水大开后,5分钟之内见到大气,才能保证包子质量。笼屉要严,有漏气之处,应用湿布堵好。一般蒸5~10分钟即可。停火5分钟之内掀锅盖,以免把馅闷烂。

(四)清蒸鱼

蒸鱼先将鱼洗净,剞上花刀,用调味品腌制10分钟,再上屉蒸,蒸鱼重点在火候。450~500克的鱼要用中火蒸7分钟,500克以上的鱼,要用大火蒸7分30秒,超过相应的时间,鱼肉就会变老。

(五)蒸螃蟹

蒸螃蟹是将大闸蟹(或海蟹、梭子蟹)洗净,用草绳扎好放入容器中,上笼蒸15分钟即可。为了不让蟹黄喷出,大火烧开后可改为文火,中间可以放气1~2次,蒸螃蟹的水可以用啤酒代替,其味道更鲜美,调料用葱、姜、精盐即可。

注意:

①高压锅蒸米饭。用中火开锅后,顶起气阀2.5分钟,改用微火再蒸5分钟,关火,再焖5分钟即可。此种方法蒸米饭快捷、不糊锅、营养价值保持完整。

②蒸米饭,米与水的比例是1:1.5。蒸米饭的米在使用东北米或天津小站米时,米和水的比例是1:1.5(即两碗米用三碗水)。若用南方的双季稻米,可掌握在1:1.3或1:1.25之间(即两碗米两碗半水)即可。

③蒸米饭时也可以用豆浆代替水,其效果更好,营养丰富,口味香美。

④蒸食物时必须开锅后再放入要蒸的食物。计算时间也是开锅后放进食物开始计算。

⑤蒸排骨要控制火候,蒸排骨时间大约在20分钟,火候一定要控制为中火,因为大火蒸会让肉中的油渗出,而中火蒸好后肉味香浓,鲜嫩可口,另外,蒸的排骨很难入味,所以蒸前一定要腌制入好味。

⑥蒸丝瓜小心变黑。蒸丝瓜最大的麻烦是一不小心丝瓜会变黑。所以,一定要蒸好大约蒸5分钟后再浇汁,或者勾薄芡。

⑦蒸水蛋(鸡蛋糕)。5个鸡蛋加200克水,用微火蒸8~10分钟,因为大火会让蛋面不光滑。最好用保鲜膜包好再蒸,这样味道不流失,表面更光滑,不起蜂窝眼。

⑧蒸清汤。清汤是吊出来的,但是吊清汤的技巧比较难把握,火候一定要中火转小火,而且如果吊的汤不清,还要重新吊2~3次,用蒸的方法就简单了许多,只要将所有原料放入桶中,加入冷水,用保鲜膜封好,然后入蒸笼微火蒸6个小时,出锅即成清汤,非常便捷。

⑨蒸米饭之前,将米淘洗干净后,用水浸泡后再蒸煮,效果更好,夏季浸泡30分钟,冬季浸泡120分钟。

五、拌

拌菜是将已加工好的生料或熟料,加入适当的调味料,拌匀入味后,供食用,即为拌。主料适用面广,诸如新鲜时令蔬菜和煮熟的肉类或杂碎等皆可拌食,常用的调料有盐、酱油、醋、香油、姜汁、蒜汁、花椒面、辣椒油、芝麻酱、青芥(辣椒)及白糖等,可根据不同的主料以及客人的爱好选用和制作。成菜多鲜嫩清香,爽口不腻。例如拌三丝、拌白肉等。

在拌菜中,生拌不需要断生致熟,因此不存在火候问题,因此本书不做介绍。

(一)熟 拌

熟拌是将材料烫熟,晾凉改刀后,加上辅料和调料拌匀,如拌鸡丝、拌香椿。蔬菜致熟时间,以变绿断生即可,开水下锅不超过半分钟,动物性原料先入底味,再煸炒或水煮3分钟致熟后再拌。

(二)温 拌

温拌是将材料改刀后先用开水烫一下,再控净水分,加上辅料、调料拌匀,如温拌虾片。开水烫主料的温度不低于100℃,烫的时间为1.5分钟。

(三)凉 拌

凉拌将原料按不同要求改刀,放上辅料、调料拌匀,如拌海蜇白菜。海蜇切丝后用90℃的开水烫1分钟即可。

(四)热 拌

热拌是将材料改刀后蒸熟或煮熟加上调料,趁热上桌是一种烹调技法,例如:蒜泥茄子、拌猪头肉、拌羊杂等。热拌是让原料经大火和高温致熟后趁热拌制,拌时主料的温度不低于 30℃。

六、炝

炝菜也是一种凉菜,是将主料用开水烫过或者油滑后,加上各种调料拌匀。炝菜汁多数是以花椒油、盐、味精、姜末做调料,口味清淡,不酸不辣。分普通炝和滑炝两种。

（一）普 通 炝

普通炝是将原料用开水烫过,再用水过凉后,加上调料拌匀,如虾子炝芹菜。炝菜汁一般用花生油 50 克,将调料炸烹 1 分钟,再倒入主料炝拌。

（二）滑　炝

滑炝是将主料用蛋清与淀粉拌匀,用油滑过,加上调料拌匀,如滑炝里脊、滑炝鸡丝等。滑炝的主料一般为动物性原料,滑油的时间是 120℃～150℃的油温滑 90 秒钟,炝菜汁以花生油配制五味油,趁热炝拌。

注意:

①炝的原料在断生后先入味,再将炝锅的调料调入新的口味,属于双层调味,复合味型的菜品。

②炝菜一般采用现拌现吃,热拌凉吃的菜品,不宜久放,放久后就失去了原有的风味特色。

③炝菜选料要鲜嫩、清脆,清淡可口,且忌油腻黏稠糊口的原料和制品。

④炝菜的基本调味油采用五味油,以花椒、大料、葱、姜、桂皮、茴香微火加热,油浸出味,沥去调味品的原渣,清油炝拌。

⑤炝菜为了使其口味鲜明,炝拌后用锅盖盖上盛菜器皿,闷 5 分钟再上桌饮食为宜。

七、酱

酱菜是把原料经水烫过或直接放入用各种调料对好的酱汁里,酱好后呈浅咖啡色,如酱肉、酱肚等。

（一）酱 牛 肉

牛腱子肉 2500 克,香叶 4 克,桂皮 10 克,大料 10 克,肉豆蔻 5 克,茴香 10 克,丁香 10 克,陈皮 10 克,草果 50 克,花椒 10 克,甘草 50 克,葱、姜各 5 克,食盐 100 克,味精 10 克,白糖 100 克,酱油 150 克。

将锅内放入水,开后把牛肉紧一下,去除腥味和血水,将锅内水沫子撇去后,放入酱油调色,汤成酱红色后放入调料和牛腱子,汤开后小火炖 3 个小时后,捞出即可食用。酱肘子、酱鸡、酱兔子等参照此配方和火候。

（二）酱茶鸭子

整鸭子 1500 克,香叶 4 克,桂皮 10 克,大料 10 克,肉豆蔻 5 克,茴香 10 克,丁香 10 克，陈皮 10 克，草果 50 克，花椒 10 克，茶叶 30 克，葱、姜各 5 克，食盐 80 克，鸡精 10 克，白糖 100 克，酱油 100 克。

将锅内放入水，开后把鸭肉紧一下，去除腥味和血水，将锅内水沫子撇去后，放入酱油调色，汤成酱红色后放入以上调料和鸭子，汤开后小火炖 2 个小时后，捞出即可食用。

酱茶与酱不同的是调料中加茶叶与不加之分。

八、卤

卤菜是用盐、味精、花椒水、汤对好卤汁，俗称老汤，然后把原料放入卤泡，使味道渗入原料内。有的卤后即食用，有的卤后再进行烹制，如卤煮鸡、卤鸡肝、卤煮火烧等。

(一)卤　汁

卤汁配制，每 5000 克卤料用葱姜 75～100 克，冰糖 100 克，食盐 150 克，酱油 200 克。红卤汁用红曲、甘草、桂皮、八角、草果、花椒、丁香等；白卤汁则不用酱油、红曲和带色的调味品及易褪色的香料。将调料对好后，根据不同原料卤制食品，大火烧开，改用微火，卤制 60～120 分钟。

(二)卤　煮

卤煮是以卤汁为主要的口味，加以不同的主料，卤煮出各种风味的食品，比如：卤煮火烧，卤煮小肠，卤煮羊杂，卤煮猪肝等，卤煮的火候是微火慢炖，主料下锅炖 120 分钟，配料下锅炖 15 分钟即可。

九、烩

烩是一种将加工成块、条、片、丝、丁、球状的熟原料，运用清汤或鸡汤、排骨汤相搭配，先旺后小的火力，加入调料，将原料烩制成菜的一种烹调方法。用以烩制的原料非常广泛，畜肉、禽类、海鲜、蔬菜均可选用。一般说，烩制菜肴的时间都比较长。具有汁味浓厚，主料香鲜酥软，色泽多样的特点。

烩有多种不同的烩法，根据调料的不同，可分为红烩、白烩、黄烩和清烩等多种。

(一)清　烩

清烩不勾芡，原料鲜嫩，旺火烧沸后转中火烩入味。汤水清澈，滋味香醇爽口。植物性原料中火烩制 3 分钟，动物性原料烩制 5 分钟。

(二)白　烩

白烩用鲜嫩熟料，加入无色调味品，勾薄芡。白烩不用酱油等色深的调味品，故汤汁白而浓，味鲜醇，主料嫩烂。白烩的火候，主料烩制 4 分钟后勾芡，勾芡后再烩制 1 分钟即可。

十、㸆和煨

燠也称干燠,是主料经油炸或煸炒后,用葱姜块炝锅,随后放调料,添汤成浓汁出勺,成菜色泽美观,如燠大虾。有些清淡菜肴的做法与此相似,只是汤汁稍多,叫煨,如糟煨鸡片鲜蘑。

（一）干 燠

兼有烧和焖两者的特点,制菜多不用淀粉勾芡;如汤汁较多,可用旺火收汁。采用一般调料燠称为干燠。燠的火候从烹锅后燠制15～20分钟,若汤汁多用旺火3～5分钟收汁。

（二）煨

煨法即加入较多的汤,以微火长时间加盖焖烧,达到料烂、汤浓的一种烹制方法。干货发胀的动物性原料,煨火时间30分钟,普通新鲜动物性原料煨火15分钟。

十一、扒

扒菜,是在其他烹制方法烹制成熟后,继续烹制入味的一种烹调方法。扒菜的方法是:将经初步处理后的原料,整理成形,码放在锅内,加入适量的汤汁和调味品,旺火烧开,改微火烧入味,扒的时间一般在15分钟。晃锅勾芡,然后大翻勺,出锅。

十二、焖

焖,是将经过初步热处理的原料,加入调味品和汤汁,盖严锅盖,用小火将主料焖烂的方法。根据原料的软硬程度,焖制30～60分钟,焖制菜肴,不用大火收汁,汤汁已较浓,一般不勾芡,或仅勾极薄的芡,故在加汤水时注意控制。

十三、沙 锅

沙锅菜是将原料改刀后,放入沙锅内添汤加调料用慢火炖烂食用,特点是味醇、鲜美、不易凉,如沙锅二元、沙锅白肉等。沙锅一般是中火烧开改为微火炖至30分钟即可。沙锅要保持罐面清洁,不直接与火炉接触。

注意:

①烹制沙锅菜时应用鸡汤或清汤做汤料,再配上调料和主辅料,青菜等开锅以后,上桌前放入,以保持营养不被破坏。

②沙锅传热慢,散热慢,开锅后端上桌还在开锅,食用时要注意烫伤。

③沙锅在用煤炉炖制时,应加铁炉盖,在盖上炖煮,这样不易污染沙锅,保持锅面清洁。

④沙锅在炖制过程中,外部不要加水,以免激裂,造成破碎。有裂纹的沙锅不可使用,以免烫伤。

十四、火 锅

火锅是将改刀的原料放入火锅内,煮熟后蘸调料食用。火锅是冬季最佳的菜肴,不仅味道馨香,而且营养丰富。一热抵三鲜,是人们对火锅的高度赞誉。

（一）清汤火锅

清汤火锅是将火锅添上汤,用木炭引着火,开锅后下主料,熟后蘸调料食用。主料涮食时,火锅内的水达到沸点为标准,羊肉薄片或海鲜品涮 1 秒钟左右,一般情况下肉不离筷,在沸水内涮 1～3 下即可。

（二）一品火锅

一品火锅是将主料与辅料改刀后码在锅内,再添上调好的鸡汤,烧开后即可食用。用木炭为燃料的火锅,要等青烟冒尽后再端到桌上。一般情况下开锅 2 分钟后上桌,在桌上食用 5 分钟后将火变小或压火,减小火力,以保持温度,又不将主料煮烂,爆干汤。

（三）涮　锅

涮锅是将主料切成薄片,用筷子夹着肉片在火锅的滚汤内涮熟,蘸调料食用,涮锅的底料多种多样,常规的情况下放葱、姜、蒜为主,锅开水沸 2 分钟后,调料的味才可产生。锅水达到 100℃时再涮主料,鲜嫩的主料不离筷,涮 1～2 秒钟即可。豆腐、磨菇等原料以浮起水面为可食标准。

（四）菊花火锅

菊花火锅是将主料煮半熟放在勺内,加鸡汤和调料烧一开倒在沙锅内,然后将菊花和辅料放入,烧开即成,如菊花鱼锅。菊花火锅炖煮时间不得超过 15 分钟,超时后可以改为微火,注意加汤以免烧坏锅体。

（五）鸳鸯火锅

鸳鸯火锅是以一白一红,两种颜色,一辣一鲜两种口味为锅底的传统火锅。白锅底为鸡汤,鲜味;红锅底为红油辣味,在桌前先将汤吊制好,再装锅点火上桌,此时锅底已有口味,并且已是熟汤,在涮制原料时,时间短,口味好。

涮食鸡肉、牛里脊肉时在锅里涮制 2 分钟,其他鲜嫩的原料涮制 30 秒以内即可食用。

十五、焗

焗有两种,一种是镬内焗,一种是盐焗。镬内焗与焖相同,主料先经调料腌渍,再过油炸制,最后用适量的汤和调味料,经较旺的火焗制而成。盐焗系客家制菜的传统方法,把经调料腌渍好的主料用纸包起来,埋进炒得很热的大粒盐堆中用盐的高温将主料焗熟。

（一）镬内焗

镬内焗法按调味料分为蚝油焗、陈皮焗、香葱油焗、茄汁焗等。焗制时火力较大,主料在炸时不要上色过重,制时也会着色。因使用的汤汁较少,故焗时常翻动,使主料受热均匀,上色、入味一致。镬内焗的时间一般在 3 分钟。

（二）盐　焗

盐焗法常见的菜肴是盐焗鸡。此菜选用鲜嫩肥美的仔鸡、雏母鸡。老鸡难以焗熟。包鸡的纸应厚薄一致。包纸过多，影响传热，不易焗熟，包纸过少又容易破，纸破则影响鸡的口味和质量，一般绵纸要裹三层。裹第一层纸时，纸上要刷一层薄油，包严后再包第二层第三层。粗盐要炒至呈粉红色。粗盐量要足以把鸡埋住。盐少，其温度难以将鸡焗熟。为维持盐的温度，也可将埋鸡的盛盐沙锅放进烤箱内，采用小火烤。盐焗一般在 5 分钟。

第五节　油烹技法

油烹是先民们在水烹的基础上，利用了青铜器不渗漏的特点，将动物性原料煮干水分以后，继续加火加热就产生了油脂，也就是动物脂肪被溶化在铜鼎里。再将其加热，就出现了油炸食品，在口味和营养上都比前者有了新的提高。油烹的出现更丰富了餐饮文化的内涵，食物更加多种多样，口味也不断翻新。

油烹距今约有 4000 年的发展历史，是中国餐饮的新的里程碑。也是餐饮业达到更完美的开始，可成为开天辟地史诗篇。

油烹的主要烹调技法有炸、滑以及相关的拔丝、上浆挂糊等。

一、炸

炸时采用旺火、多油、无汁的烹制方法，与烹一样，是一种快速致熟的烹调方法。

油炸是一个特殊的烹调工艺，它是以油脂为传热导体，炸干原料内的水分，使原料变成外焦里嫩、香酥可口的食品。

油炸的原料多以是动物性原料为主，生原料中含有的水分使原料能够保持新鲜和储运，而在烹调时就要通过油脂为导体，去掉原料中的水分，从而达到断生致熟的标准。

水泡越大，说明原料越生，湿度大，初下锅时，油温与凉的水分形成很大的反差，可听到"啪"的响声和泛起的泡沫，油的导体作用，热油将凉水驱逐出原料体内，让热和油渗透到原料中去，这就达到了炸熟的目的。

对于块大的肉、整条的鱼、整只的乳鸽或者鸡，一次性炸不透，容易出现外观焦煳，里面还生硬的局面，这时可以将主料捞出，晾凉后再炸第二次。

油炸可分为四种：

（一）清　炸

清炸是主料不挂糊，放入急火热油中炸熟，如清炸猪肝、炸花生米。

将油放入锅中，倒入花生米，翻炒，当油泡变小时倒入盘中，撒上精盐或白糖即可,炸制干货时原料不能看颜色,如花生米看到金黄时再出锅已经过火。

(二)软　炸

软炸是将主料用淀粉和鸡蛋液混合制成的软糊挂匀,放入温油内逐渐炸熟出勺,如软炸里脊。

糖醋鱼、扒丝制品的主料都是以软炸后再进行烹调处理的一种烹调方法,软炸是基础。

(三)干　炸

干炸是把原料挂硬糊(浓厚的水淀粉),用急火热油炸焦,在挂糊前须将主料用少许酱油拌匀,使味渗入原料,如干炸鸡块、干炸丸子等。

干炸的原料体积小,应改用文火炸制。

(四)板　炸

板炸将主料粘上面粉、鸡蛋液或面包渣,放入油内炸成,如板炸虾、板炸鱼排等。

板炸的食品在排粉或面包渣时应粘牢,以免散落在油中。主料浮起再翻动2次即可达到熟的标准。

注意:

①板炸的食品需要排粉或面包渣时,主料应先用调料腌制30分钟,挤干水分,再用蛋黄滚一下原料,粘上面粉或面包渣,用手或平铲拍打结实,以免炸时面粉和面包渣散落在油锅内。

②炸制的所有原料,要在炸制前调好口味。

③炸制食品的用油要干净、清亮,一般的油烹炸食物不超过5次,5次以后油变黑、变稠,对人体健康不利,应该换掉。

④炸制干货原料,例如:花生米、核桃仁、松仁之类的干料,要先用温水浸泡5分钟,同时将原料洗干净,再进行炸烹,这样不易焦煳、变黑,而且口感清脆。

⑤油温升到150℃时,下主料时油锅容易溅起油泡,应注意安全,下原料时手要接近油面,不要从高处往下扔,原料离油面越近,溅起油的机会越小越安全。

⑥煎炸食物时油温最好控制在150℃以上,烹炸要采取间断的调火煎炸方法。如果油温超过200℃,煎炸时间不要超过2分钟。煎炸食品,一次不可炸制过多或购买过多,也不宜久贮,最好现炸现吃。

二、熘

熘菜有的挂硬糊,有的挂软糊,个别的不挂糊。做法是:先把原料用油炸好或滑好,勺内再放底油,放入辅料和调料煸炒,加上主料,倒上对好的汁水翻炒出勺。熘又分焦熘、滑熘、醋熘、糟熘等。

(一)焦　熘

焦熘是将主料挂硬糊,用热油炸焦,然后烹上预先对成的汁芡,翻炒出勺,特点是外焦里嫩,滋味浓香,如焦熘里脊。

掌握焦熘的火候要点是:炸的主料不能凉;芡汁要热,最好是用两把勺,一把勺油炸,一把勺勾芡,将炸好的主料直接倒入芡勺中,翻勺出锅,时间不超过 1 分钟。

(二)滑 熘

滑熘是将主料挂软糊,用温油滑过,再用葱、姜炝锅,加上主料,倒入对好的芡汁翻炒出勺。特点是色白质嫩,滋味鲜美清淡,如滑熘鸡片。

滑熘的油温应在 120℃左右,主料滑熘时间不超过 2 分钟。

(三)醋 熘

醋熘的做法与滑熘基本相同,不同的是汁内醋多,酸度稍大,如醋熘白菜、醋熘鱼、糖醋排骨。

醋熘的火候参照滑熘即可。醋与糖的比例应该是 1:1。一盘菜糖醋的用量不超过 150 克,水淀粉 200 克。

(四)糟 熘

糟熘是芡汁内加香糟,如糟熘鱼片、糟熘三白、糟熘肚仁。

糟熘的火候参照滑熘即可,香糟为酒糟可以另外加工,味道更好。

注意:

①糟熘、滑熘等菜的增白方法有以下几点:

原料改刀后应用清水漂洗数遍,去掉血沫或杂质,再上浆挂糊;

将漂洗后的原料加石膏粉吸附杂质,漂白主料;

器皿、灶具要干净;

用油要干净,以确保烹调出的菜品洁白如玉,清鲜美味。

②滑熘的芡汁所用的水淀粉要提前 2 小时泡制,以免有结块,影响烹调效果。

③糖醋汁按 1:1 的比例掌握,常用一个小饭碗盛上白糖,再倒醋,醋没过糖即是达到了 1:1 的标准。

糖醋汁内也要加适量的精盐,以便提鲜解腻。

④熘菜汁的浓度不宜过稠,稀薄为好。

⑤熘菜汁的用量不宜过多,包住主料为宜。

⑥主料要炸熟、炸透,趁热滑熘。不能出现外热内凉。烹调前已炸好的主料,烹调时应再过油后熘制。

三、烹

烹菜是勺内放入少量油,把炸好的主料放入,随即烹上预先对好的汤汁(汤汁内不加淀粉),翻炒出勺。烹用文火,烹的时间约 1.5 分钟。

烹与熘的区别是：烹，不挂芡汁；熘，挂芡汁。

（一）炸　烹

炸烹又名干烹。是将主料改刀后挂硬糊，用急火热油炸焦，倒入清汁，翻炒出勺，如炸烹肉段、炸烹大虾。炸烹用文武火，烹制时间 1.5 分钟。

（二）滑　烹

滑烹是将主料改刀后挂软糊，用温油滑熟，倒入清汁，翻炒出勺，如滑烹肉段、滑烹里脊。滑烹用文火，烹制时间 2 分钟。

四、爆

爆菜是主料经过油炸或滑或水烫后，用辅料炝锅，放入主料，倒入汤汁颠翻立即出勺。爆菜的特点是：急火热油操作迅速，成菜脆嫩鲜香。

五、拔　丝

拔丝又名挂浆，是甜菜制法，是将主料先用油炸好，趁热挂上油浆或水浆（用油糖熬成的浆叫油浆，用水糖炒成的浆叫水浆），如拔丝香蕉、拔丝苹果。拔丝时炒糖浆是关键，见到糖泛起大泡时把火略略关小，用手勺不断翻动糖浆，糖浆的泡沫变小，糖浆变稠，用手勺试验黏稠度，见到丝状即可加主料翻炒出勺。

注意：

①冬季天气寒冷，气温干燥，做拔丝菜时，对盘子的处理很关键，现介绍两种处理盘子的方法：

将盘子加温，用蒸屉将盘蒸热，上菜时糖浆不易硬结；

盘子表面抹一层香油或花生油，使糖浆不与盘子粘结。

②冬季用油炒糖浆，夏季用水炒。

③炒糖浆时用文火，见到大泡起来后改用小火，若火太急，大泡不止就形不成糖浆，俗成翻沙，拔丝失败。

④糖的选择利用白砂糖最好。

⑤糖浆的试验以黏稠度高拉起有劲有丝为妙。

第七章　调味基本知识

第一节　基本味与复合味

调味是运用不同调料,使做出的菜肴具有各种口味,是烹饪过程中的重要一环。它直接关系到菜肴的质量和滋味。菜的色、形虽好,但味道不好,就会前功尽弃。如果调味得当,就会增加菜的美味,增进人们的食欲。中国有句俗语:"烹饪三鲜美,调和五味香",就说明了调味的重要作用。

尽管自然界为人类准备的食物味道多种多样,但归结到菜上,可分为两大类:其一叫基本味,其二叫复合味。

一、基 本 味

以一种味为主,使用的调味品也较单一的味儿。诸如:

咸味:梁代名医陶弘景在谈到咸味的作用时说:"五味之中,唯此不可缺"。可见咸味是味中主体。一般菜肴皆先入咸味,再调以其他的味儿。例如,糖醋类的菜虽以酸甜味取胜,但如无盐,糖醋效果就极差,甚至不堪入口。咸味调味品主要是盐,其次为酱油、黄酱等。

甜味:除使菜肴甜润外,还可增加鲜味,并有去腥解腻作用。主要的调味品为白糖,此外还有蜂蜜以及各种果酱等。

酸味:去腥解腻,使菜品香气四溢,诱人食欲,并可使食物原料中的钙质分解,达到骨酥肉烂。常用的酸味调味品有各种醋和番茄酱等。

辣味:是基本味中刺激性最强的一种,具有刺激胃口、促进消化的作用。主要调味品有辣椒及其制品和胡椒、生姜、咖喱等。

鲜味:可使菜肴鲜美可口,是人们都喜欢的一种味型。它的来源除食物原料本身所含氨基酸等物质外,调味品有虾子、虾油、蟹黄、蚝油和味精、料酒、鲜汤等。

香味:香味种类很多,可使菜肴产生各种类型的香气,刺激食欲,并有去腥解腻的作用。香味调料除各种烹调油外,还有桂皮、大料、葱、蒜、小茴香、花椒、香菜、丁香、桂花、芝麻酱、香糟等。

苦味:苦味用得恰到好处,可使菜肴产生特殊的香鲜滋味,能刺激食欲。因为所用调料往往具有苦味的中草药,如陈皮、杏仁、豆蔻、芥末等,所以对人体还有一定食疗作用。

二、复 合 味

是两种以上的基本味组合而成的味儿。也是由几种调味品混合使用或采用经特制的复合调味品而形成的。常用复合调味品主要有：

酸甜类：糖醋、番茄酱、山楂酱等。

甜咸类：甜面酱等。

鲜咸类：鲜酱油、虾子酱油、虾酱、鱼露、豆豉等。

香咸类：椒盐、卤制品用的复合汤料。

辣咸类：辣油、豆瓣辣酱、辣酱油等。

辣香类：咖喱粉、咖喱油、芥末糊等。

麻味：为川菜独用的一种味型，可分为椒麻和麻辣两种。椒麻含花椒的麻、酱油的咸、葱和香油的香以及味精的鲜，但以麻味突出；麻辣味有花椒的麻、辣椒的辣，同时又具咸、鲜、香诸味，其中麻辣味突出，是一种极富刺激性的复合味。

怪味：也是川菜独有的一种味型，由咸、甜、辣、麻、酸、鲜、香等味组成。

酒类也是一种调味品，能解腥膻。有些名贵的菜肴用最好的绍兴酒作调味酒，料酒是次等的绍兴酒，很多南菜用此酒调味。高粱酒是做醉蟹、泡菜、糟肉、炒金花等菜必需的调味品。白兰地和葡萄酒除了西餐菜用以外，中餐菜也可以使用，如烧牛肉和烧炖羊肉等。

第二节　　自制复合调味料

菜肴的复合滋味，有的是在菜肴烹制过程中使用各种调料实现的，有的则在烹调之前先将调料配好，届时使用即可。下面介绍几种可预制的复合味的调制方法。

一、酸 甜 汁

应用较为普遍，但各地方菜所用的原料及调制方法不尽相同。

广东菜的糖醋汁配制方法是：将炒锅用中火烧热后，倒入白醋 300 克、白糖 300 克，待糖溶解，随即加入精盐 20 克、番茄汁 35 克、蚝油汁(广东产的一种液状调味品)35 克，调匀即成。如不用蚝油汁可改加辣酱油 50 克、蒜泥少许。

京、苏及北方各地糖醋汁配制方法大同小异。其调制方法为：炒锅烧热，下植物油 50 克，油热用葱、姜、蒜末各少许爆锅，透出香味后，再加水 100 克、红酱油 20 克、米醋 50 克、白糖 60 克，烧沸后，用适量水淀粉勾稀流芡即成。一般均是现用现制。

二、红 油 汁

又叫辣椒油。制法为：将植物油(最好用香油)500 克，倒入锅内烧热，待呈白色时,投入鲜姜片、葱段各50克浸炸出味离火,待油温降至40℃左右时,放入经开水浸后控干的辣椒丝或辣椒面,再移到小火上慢慢浸泡,至油呈红色离火,捞出葱、姜不用。

三、材料油

为烹制一些熘炒菜肴的常用复合味料。其制法:用大油和植物油各500克,放入锅内用中火滑白,投入葱、姜各100克,炸香后,放入花椒、八角、桂皮各25克,炸透后浸泡至温,取出葱、姜、花椒、大料、桂皮等不用。

四、番茄汁

炒勺内加底油烧热,倒入番茄酱烧开,再加入适量的糖、盐,炒至火红明亮即成。

五、香糟汁

将买来的干香糟放入酒内浸泡,然后上屉蒸化,再加适量糖、盐、桂花等,即可调制出香糟汁。

六、鱼香汁

调制鱼香味汁的调料有泡辣椒、葱、姜、蒜、糖、醋、酱油、胡椒、料酒等。先将葱、姜、蒜炸一下,然后将其余调料按适当比例同放一碗内调匀,亦可加少许淀粉。

七、咖喱汁

也叫咖喱油,沪(上海)菜和粤(广东)菜中使用较多。各地用料及制法不尽相同。其基本的做法是:将花生油(或香油)600克倒入锅内,用中火烧热后投入葱头末、姜末各100克,炸成深黄色时,加入蒜泥125克、咖喱粉75克,继续煸炒至透,再加入香叶2片,出锅即成香辣利口的咖喱汁。如需汁液浓度大些,可掺入适量面粉。

八、椒麻汁

取花椒50克洗净去除杂质,再取全葱100~150克,去皮洗净,然后将两者一并放入容器内,捣成椒麻茸,随即加适量酱油、香油、味精,调匀即可使用。

九、芥末糊

先将芥末500克用温开水375克冲搅成糊状,置于阴凉处闷1小时左右,以除去芥末面的辣苦味。使用时可根据口味需要加入醋、香油、白糖、精盐、味精等调稀即成。

十、椒   盐

先将花椒25克入锅用温火炒黄,盛出晾凉,研(碾)为细末,过罗取细面;另取花椒25克研细过罗取细面备用。取精盐入锅炒干,然后与两种花椒面混合调匀即成。

第三节　调味也有"三部曲"

烹调过程中的调味,一般可分为三步完成。如果把一道菜的调味比作一出戏剧,那么调味的第一步——加热前的调味似可类比为序幕;第二步——加热中的调味应是高潮;第三步——加热后的调味则为尾声。

加热前的调味又叫基础调味,其目的是使原料在烹制之前就具有一个基本味,同时减除某些原料的腥膻气味。其方法是将原料用调味品(如盐、酱油、料酒、糖等)调拌均匀,浸渍一下,或者再加鸡蛋液、淀粉浆一浆,使原料初步入味,然后再加热烹调。鸡、鸭、鱼、肉类菜肴常要做加热前的调味,有些配料如青笋、黄瓜等,也常常先用盐腌除水分,确定其基本味。一些不可在加热过程中敞开盖和调味的,如蒸、隔水炖制菜肴,更必须在上笼入锅前调好味,例如蒸鸡、蒸肉、蒸鱼、炖(隔水)鸭、罐焖肉、坛子肉等。其调味方法一般是:将对好的汤汁或搅拌好的佐料,同蒸制原料一起放入器皿中,以便于在加热过程中入味。

加热中的调味又称正式调味或定型调味,菜肴的口味是什么,正由这一步来定型。当原料下锅以后,以适宜的时机按照菜肴的烹调要求和食者的口味,加入或咸或甜,或酸或辣,或香或鲜的调味品。有些旺火急炒的菜,须事先把所需的调味品放在碗中调好,这叫做"预备调味"或"对汁",以便烹调时及时加入,不误火候。

加热后的调味,又称辅助调味。可增加菜肴的特定滋味。有些菜肴,虽然在第一、二阶段中都进行了调味,但在色、香、味方面仍未达到应有的要求,因此需要在加热后最后定味。例如炸菜往往撒以椒盐或辣椒油等,涮菜还要蘸以诸多的调味小料,蒸菜也有的要在上桌前另浇调汁,炝、拌的凉菜也需浇以对好的调味汁。

调味是菜肴最后成功的技术关键之一,再与火候巧妙结合,就能烹制出色、香、味、形俱佳的菜肴。

第四节　调味有什么诀窍

调味,就是把主、辅料和调味品调拌融合,在烹制受热过程中经过种种物理与化学的变化,以除去恶味异味,增加鲜味美味,使菜肴形成一种新的脍炙人口的滋味,从而增进食欲,有益健康。清代文学家袁枚在论及调味品作用时,曾作了一个生动的比喻,他说:"厨之作料如妇人之衣服首饰也。虽有天姿,虽善涂抹,而敝衣褴褛,西子亦难以为容。"中国菜在口味上变化无穷,许多地方菜各具特色,百格百味,都有调味的奇功。

调味的基本诀窍有以下 5 点:

一、因料调味

新鲜的鸡、鱼、虾和蔬菜等，其本身就有特殊鲜味，调味不应过量，以免掩盖天然的鲜美滋味。如果原料本身已不新鲜，调味则可稍重些，以解除邪味，俗称"压口"。

腥膻气味较重的原料，如不新鲜的鱼、虾、蟹、牛羊肉及内脏类，调味时应酌量多加些去腥解腻的调味品，诸如料酒、醋、糖、葱、姜、蒜等，以便去恶味增鲜味。

本身无特定味道的原料，如海参、鱼翅等，除必须用鲜汤外，还应当按照菜肴的具体要求施以相应的调味品。

二、因菜调味

每一种菜肴都有自己特定的口味，这种口味是通过不同的烹调方法最后确定的。因此，投放调味品的种类和数量皆不可乱来。特别是对于多味菜肴，必须分清味的主次，才能恰到好处地使用主、辅料。如有的菜以酸甜为主，有的菜以鲜香为主，还有的菜上口甜收口咸，或上口咸收口甜，等等。这种一菜数味、变化多端的奥妙，皆在于调味技巧的运用。

三、因时调味

人们的口味往往随季节变化而有所差异，这也与机体代谢状况有关。例如冬季由于气候寒冷，因而喜用浓厚肥美的菜肴，炎热的夏季则嗜好清淡爽口的食物。

四、因人调味

我国地域辽阔，各地饮食习惯与口味爱好均有不同，因此在烹调时，须注意就餐者的不同口味，并要保持地方菜肴的风味特点，做到因人制菜。所谓"食无定味，适口者珍"(《山家清供》)，就是对因人制菜的生动概括。

五、调料优质，投放适当

原料好而调料不佳或调料投放不当，都将影响菜肴风味。对此袁枚指出："善烹调者，酱用伏酱，先尝甘否；油用香油，须审生熟；酒用酒酿，应去糟粕；醋用米醋，须求清冽；且酱有清浓之分，油有荤素之别，酒有酸甜之异，醋有陈新之殊，不可丝毫错误。其他葱、椒、姜、桂、糖、盐，虽用之不多，而俱宜选择上品。"优质调料还有一层含义，就是烹制什么地方的菜肴，应当用该地方的著名调料，这样才能使菜肴的风味突出。

第八章　烹饪工艺基本知识

第一节　烹饪方法

饮食业常用的烹饪方法,一般说来,有以下 29 种:

一、拌

拌菜是一种凉菜,是生料或者熟料改刀后,加上各种调料拌匀成菜,这种做法就叫拌。

拌菜多数是以酱油、醋、香油做调料,有酸辣、清凉可口的特点,有通气开胃的作用。凉菜一般分为生拌、熟拌、温拌、热拌、凉拌等。

(一)生　拌

是将材料改刀后加上调料,不经过上火,直接拌成,如拌黄瓜。

(二)熟　拌

是将材料烫熟,晾凉改刀后,加上辅料和调料拌匀,如拌鸡丝。

(三)温　拌

是将材料改刀后先用开水烫一下或煮熟,用温开水浸一下,再控净水分,加上辅料、调料拌匀,如温拌虾片。

(四)凉　拌

适用于材料较多的凉菜。是将原料按不同的要求改刀,放上辅料、调料拌匀,如拌蜇白菜。

二、炝

炝菜也是一种凉菜,是将主料用开水烫过或者油滑过后,加上各种调料拌匀。

炝菜多数是以花椒油、盐、味精、姜末做调料,口味清淡,不酸不辣。分普通炝和滑炝两种。

(一)普通炝

是将原料用开水烫过,再用水过凉后,加上调料拌匀,如虾子炝芹菜。

(二)滑　炝

是将主料用蛋清与淀粉拌匀,用油滑过,加上调料拌匀,如滑炝里脊、滑炝鸡丝等。

三、酱

酱菜是把原料经水烫过或直接放入用各种调料对好的酱汁里,酱好后呈浅咖啡色,如酱肉、酱肚等。

四、卤

卤菜是用盐、味精、花椒水、汤对好卤汁,然后把原料放入卤泡,使味道渗入原料内。有的卤后即食用,有的卤后再进行烹制,如卤煮鸡、卤鸡肝。

五、汆

汆菜是汤菜,是将主料放入调好的清汤内,加调料,撇去浮沫,烧开出勺。另一种做法是将主料汆熟捞在碗内,另调好清汤浇在主料上。汆菜汤鲜,清胃、解腻,如汆里脊瓜片、汆鱼腹、汆丸子等。

六、烩

烩菜也是一种汤菜,是将主料改刀后,放入汤内加上调料烧开后勾芡,加明油出勺。烩菜清香味醇,主料突出,如烩鸡丝豌豆、烩豆腐等。

七、炒

炒菜是将勺内放入少量油,再放入主料、辅料、调料,翻炒至熟。

炒菜的特点是时间短、火候急、汁水少,大体可分为滑炒、清炒、煸炒、干炒、硬炒、软炒等。

(一)滑　炒

是以肉、鱼、虾作主料,将主料挂鸡蛋清和淀粉抓匀,用油滑过,然后将勺内放入少量油,用葱、姜丝炝锅,再将滑好的主料与辅料放入,加入调料,炒熟后用少许淀粉勾芡出勺,如滑炒里脊丝。

(二)清　炒

做法和滑炒基本相同,只是不用勾芡,如清炒虾仁。

(三)煸　炒

有过油和不过油之分,其做法是将材料放入勺内煸炒到一定程度,再放调料翻炒均匀出勺,如煸白肉。

(四)干　炒

勺内放入少量油,将主料放入,加上调料,炒到汤汁干时出勺,要求炒透,如干炒肉丝。

(五)硬　炒

做法与干炒大致相同,但硬炒一般都加辅料。要求火候急、时间短,比干炒鲜脆,有勾芡和不勾芡之分,如炒肉丝豆芽。

(六)软　炒

凡是茸、泥(如鸡茸、里脊泥)做主料的都属于软炒,不用另外勾汁,做法与硬炒大体相同,如鸡茸菜花。

八、炸

炸就是把原料直接用油炸熟。炸法很多,大体可分为清炸、软炸、干炸、板炸。

(一)清　炸

主料不挂糊,放入急火热油中炸熟,如清炸猪肝。

(二)软　炸

将主料挂匀用淀粉和鸡蛋液混合制成的软糊, 放入温油内逐渐炸熟出勺,如软炸里脊。

(三)干　炸

把原料挂硬糊(浓厚的水淀粉),用急火热油炸焦,在挂糊前须将主料用少许酱油拌匀,使味渗入原料,如干炸鸡块。

(四)板　炸

将主料粘上面粉、鸡蛋液和面包渣,放入油内炸成,如板炸虾。

九、熘

熘菜有的挂硬糊,有的挂软糊,个别的不挂糊。做法:先把原料用油炸好或滑好,勺内再放底油,放入辅料和调料煸炒,加上主料,倒上对好的汁水翻炒出勺。熘又分焦熘、滑熘、醋熘、糟熘等。

(一)焦　熘

主料挂硬糊,用热油炸焦,然后烹上预先对成的汁水,翻炒出勺,特点是外焦里嫩,滋味浓香,如焦熘里脊。

(二)滑　熘

主料挂软糊,用温油滑过,再用葱、姜炝锅,加上主料,倒入对好的汁水翻炒出勺,特点是色白质嫩,滋味鲜美清淡,如滑熘鸡片。

(三)醋　熘

它的做法与滑熘基本相同,不同的是汁内醋多,酸度稍大,如醋熘白菜。

(四)糟　熘

是汁内加香糟,如糟熘鱼片。

十、烹

烹菜是勺内放入少量油,把炸好的主料放入,随即烹上预先对好的清汁(汁水内不加粉面子),翻炒出勺。

烹菜的特点是外焦里嫩,色泽美观,口味香醇。烹菜可分为滑烹、炸烹。

(一)滑　烹

将主料改刀后挂软糊,用温油滑熟,倒入清汁,翻炒出勺,如滑烹里脊。

(二)炸　烹

又名干烹。是将主料改刀后挂硬糊,用急火热油炸焦,倒入清汁,翻炒出勺,如炸烹肉段。

十一、烧

将主料改刀后,按不同的品种有的过油,有的用水烫,再用辅料炝锅,放入调料、汤和主料,烧到一定程度勾芡出勺。烧菜与焖菜大致相同。烧法可分红烧、干烧两种。

(一)红　烧

主料用油炸过后,勺内放少量油,用辅料、调料炝锅,添汤,放主料,用慢火,到汤快干时用淀粉勾芡,加明油出勺。红烧必须有酱油做调料,呈红色,如红烧海参、红烧鱼。

(二)干　烧

与红烧做法差不多,但不勾芡,口味浓厚,是将原汤烧至将干时出勺,特点是酸、辣、甜、咸,如干烧鱼。

十二、扒

扒菜的原料是先经过蒸或煮,然后勺内放少量油,用葱、姜块炝锅,添汤放调料、主料,用慢火扒烂勾芡出勺。扒菜的特点是酥烂、软嫩、味醇厚。可分为白扒、红扒、奶油扒、鸡油扒。

(一)白　扒

勺内放少量油,用葱、姜块炝锅,添汤加调料,加上熟的主料扒烂勾芡出勺,如白扒鱼翅。

(二)红　扒

与白扒做法大体相同,区别是红扒汁内加酱油,白扒汁内不用酱油,如红扒肉条、红扒熊掌等。

(三)奶油扒

汁为白色,汁内加奶油,如奶油扒蜇头。

(四)鸡油扒

汁为白色,汁内加鸡油,如鸡油扒鱼肚。

十三、焖

焖菜是经煎或炸以后,放入辅料、调料,添上汤用慢火烧到一定时间勾芡出勺,焖菜比烧菜汁多,比熬菜汁水少,如红焖鸡块。

十四、爆

爆菜是主料经过油炸或滑或水烫后,用辅料炝锅,放入主料,倒入汁水颠翻立即出勺。爆菜的特点是:急火热油操作迅速,成菜脆嫩鲜香。爆菜分为油爆、盐爆、酱爆、宫爆、汤爆、水爆等6种。

(一)油　爆

主料改刀后用开水烫过,用急火热油下勺速炸捞出,再将勺内放少量油加上主料,烹上汁水(汁水中少加点淀粉)出勺,如油爆双脆。

(二)盐　　爆

与油爆区别是汁水中不加淀粉,如盐爆肚仁。

(三)酱　　爆

将主料用鸡蛋液和淀粉上浆后用热油滑熟,勺内放少量油,将辅料煸炸后加上面酱,放主料翻炒,烹上汁水出勺,如酱爆鸡丁。

(四)宫　　爆

也叫宫保。做法与酱爆大致相同,宫爆加辣椒酱和白糖,不放面酱,如宫保肉丁。

(五)汤　　爆

主料改刀后用水烫过,再浇上对好的高汤即成,吃时蘸小佐料,如汤爆肚领。

(六)水　　爆

做法与汤爆相似,水爆不带汤,加调料拌匀食用,如水爆百页(又名爆肚)。

十五、挂浆(又名拔丝)

挂浆是一种甜菜制法,是主料先用油炸好,趁热挂上油浆或水浆(用油糖熬成的浆叫油浆,用水糖炒成的浆叫水浆),如挂浆香蕉、挂浆苹果。

十六、挂　霜

挂霜菜有挂糊和不挂糊之分,是将主料用油炸熟,撒上白糖而成,如挂霜苹果。

十七、冰　霜

冰霜是挂浆和挂霜结合而成,即原料拔丝以后撒上白糖,如冰霜丸子。

十八、蜜

蜜菜是勺内放入少许油和水,加糖和蜂蜜,把主料放入焖烂而成。蜜菜分为蜜焖、蜜饯、蜜汁等。

(一)蜜　　焖

是将勺内放少量油,加上糖炒成金黄色,添上水、蜂蜜,把主料焖烂,出勺即成,如蜜焖三鲜。

(二)蜜　　饯

做法与蜜焖相同。蜜饯可以凉吃,也可温吃,蜜焖是热吃。

(三)蜜　　汁

是将勺内放入水、糖和蜂蜜,烧开后用淀粉勾芡,浇在蒸熟的主料上,如蜜汁山药段。

十九、煎

煎菜是将主料放在油勺内用慢火煎，两面呈金黄色，再加上辅料、调料煎熟。煎菜又分为干煎、南煎、煎转、煎蒸。

(一)干　煎

是将主料放在勺内，两面煎成金黄色，放入调料、辅料，添点汤，用慢火煎到汤快干时勾点粉面子芡出勺，如干煎豆腐。

(二)南　煎

将主料煎熟，加汤、调料、酥料，烧制酥烂，如南煎丸子。

(三)煎　转

煎后加调料、辅料，放在慢火上煎熟，如煎转黄花鱼。

(四)煎　蒸

主料煎后加辅料、调料，上屉蒸熟，如煎蒸黄花鱼。

二十、㸆

㸆菜的做法是把主料两面粘上白面，挂上鸡蛋糊，两面煎呈金黄色，添汤加辅料、调料，用慢火㸆，将汤㸆尽时勾少许淀粉芡出勺。㸆菜添汤不宜多，汤多则使主料不嫩。㸆菜不勾芡就叫贴，如锅贴鸡。

二十一、蒸

将原料改刀后加调料上屉蒸熟叫蒸。蒸菜有红汁和白汁之分，红汁用酱油做调料，白汁用盐做调料，如清蒸鱼。

二十二、㸆和煨

㸆菜是主料经油炸或煸炒后，用葱姜块炝锅，随即放调料，添汤成浓汁出勺，成菜色泽美观，如㸆大虾。有些清淡菜肴的做法与此相似，只是汤汁稍多，叫煨，如糟煨鸡片鲜蘑。

二十三、熬　炖

熬炖菜是主料经过煸炒或水烫后，添上汤(汤要没过原料)，加调料，用慢火炖烂，特点是，保持原汤原味，肉烂汤醇。做法有普通炖、清炖、侉炖、隔水炖 4 种。

(一)普通炖

是将主料放入勺内煸炒后加调料，添汤炖烂，如炖肉。

(二)清　炖

将主料改刀后放入开水内烫一下，然后放在对好的汤内炖烂。特点是汤清味鲜肉烂，如清炖牛肉。

(三)侉　炖

多用于炖鱼。是将鱼用开水烫一下刮去鳞，两面剞上花刀，放在调好的汤内炖熟，侉炖的鱼必须新鲜，如侉炖鳜鱼。

(四)隔水炖

是将原料放在器皿中炖,与水隔离。例如:佛跳墙、隔水炖鸡等。

二十四、煮

是将原料投入汤汁或清水中,先用旺火煮开,再用温火煮熟,口味以鲜为主,如煮干丝。

二十五、酥

酥菜是将主料放在锅里加调料,用慢火炖酥烂,特点是香酥适口。具体方法有硬酥、软酥。

(一)硬　酥

主料先过油,加调料和水用慢火炖酥即成,如硬酥鲜鱼。

(二)软　酥

主料不过油,和调料一起放在锅里,添汤用慢火炖七八个小时,使其骨酥肉烂,如酥鱼。

二十六、熏

这种烹饪方法是先将主料加调料(酱、盐)煮熟,再用熏锅放上木屑或红糖,将煮好的食物放在锅箅子上,盖上盖,锅底加热,熏制而成。熏菜有烟熏的清香味,色泽美观,别有风味,如熏鸡、熏肉。

二十七、烤

烤是把原料直接用火烤熟,如烤鱼、烤鸭。

二十八、沙　锅

沙锅菜是将原料改刀后,放入沙锅内添汤加调料用慢火炖烂食用,特点是味醇、鲜美、不易凉,如沙锅二元、沙锅白肉等。

二十九、火　锅

火锅是将改刀的原料放入火锅内,煮熟后蘸调料食用。火锅是冬季最好的菜肴,不仅味道馨香,而且营养丰富。火锅有清汤锅、一品锅、涮锅、菊花锅等。

(一)清汤锅

是将火锅添上汤,用木炭引着火,开锅后下主料,熟后蘸调料食用。

(二)一品锅

是将主料与辅料改刀后码在锅内,再添上调好的鸡汤,烧开后即可食用。

(三)涮　锅

是将主料切成薄片,用筷子夹着肉片在火锅的滚汤内涮熟,蘸调料食用,特点是主料鲜嫩,味美汤鲜,如涮羊肉。

(四)菊花锅

是将主料煮半熟放在勺内,加鸡汤和调料烧开倒在沙锅内,然后将菊花和辅料放入,烧开即成,如菊花鱼锅。

第二节　挂糊、上浆、勾芡

挂糊是在烹饪之前,把原料挂上一层淀粉或淀粉加鸡蛋液(或蛋清)调成的黏糊,使菜肴达到酥、脆、嫩的目的,多用于熘、炸、煎等烹饪方法。上浆是把原料用稀淀粉或用蛋清、蛋黄抓匀,使菜肴达到软嫩、入味的目的,多用于滑熘、锅熘、汆等烹饪方法。

一、挂糊、上浆

挂糊和上浆是烹饪前重要的操作程序,对菜肴的色、香、味、形都有很大影响。它的作用主要有以下几方面:

(一)保持原料中的水分和鲜味,达到菜的香脆或软嫩

熘、炸等烹饪方法,大都使用旺火热油,原料改刀后直接下勺会变得干硬。通过挂糊或上浆的处理后,外部被一层具有黏性的浆糊保护着,原料不和高温的油接触,黏性的浆糊受热后立即凝成一层薄膜,原料的水分和鲜味不易外溢,所以鲜嫩。

(二)保持原料改刀后的形状,增加菜的美观

鸡、鱼、肉等原料,切成较小的片、丁、丝、条,在烹饪加热时易于断散,或卷缩改变原形。通过挂糊或上浆后,可基本保持原状,增加菜的美观。

(三)保持和增加菜肴的营养成分

原料经过高温加热,会使部分维生素遭到破坏。经挂糊或上浆,使原料内部的温度降低,水分、维生素不易流出,少受损失,而且糊和浆的本身也可以增加菜肴的营养成分。

二、勾　芡

勾芡是菜肴接近成熟时,将调好的水淀粉淋在菜肴上,使其吸收菜肴中的水分。勾芡可以起到如下作用:

(一)增加菜肴滋味

很多种菜在烹饪时要加些液体调料和汤汁,原料加热后也要流出一些水分,这样就使汤汁的味浓,原料的味淡。通过勾芡以后,可以使汤汁融合,使浓汁紧包在原料表面上,达到菜肴鲜美入味的目的。

(二)使菜肴光润美观

烧菜、扒菜,菜的汤汁较多,加热时间长。经勾汁后,再加明油,可使原料与汤、油交融在一起,菜肴表面出现明油亮芡,增加菜肴美观。

(三)突出主料

汤菜中主料往往沉于碗底,上面只见汤不见菜。经勾芡后,汤汁的浓度增加,

主料可以上浮突出,不仅外形美观,而且汤汁润滑可口,如烩鸡丝豌豆、酸辣肚丝汤等。

第三节　勺　工

勺工是烹饪中的一项基本功。勺工的熟练程度与做菜速度和菜肴的质量有着直接的关系。所以,必须重视这一基本功的练习,加强身体锻炼,增强体质,使自己具有一定的耐力、臂力和腕力。

翻勺的目的是使原料受热均匀,调味均匀。翻勺的方法有小翻勺和大翻勺。扒菜和煻菜,主要为了保持整齐美观,原形不变,所以翻勺时需要小心谨慎。

小翻勺:翻勺时勺不离灶口,一拉一送地拖翻,拖翻时使勺成前低后高状,像杠杆式有节奏地进行。这种翻勺法适用于熘炒菜的操作。

大翻勺:大翻勺是勺内原料大翻个。翻勺时离开灶口,从前往后扬翻。这种翻勺法适用扒菜、煻菜。为避免粘勺,在翻勺之前要加点油,晃动后再翻。

厨师不仅要掌握勺工熟练技巧,同时必须保持勺的光滑和清洁卫生,以使菜肴美观。

第四节　凉　菜

凉菜不论在高级筵席或便席、合菜、零点菜,一般都是第一道菜,可称为上菜的开路先锋。凉菜是第一道菜,顾客首先接触,因此对全桌菜肴有很大的关系。如果凉菜色、香、味、形俱佳,顾客开始就印象很好,对后上的热菜也就比较容易接受。所以对凉菜的技术要求是很高的。

一、凉菜的要求

(一)刀工要精

一般菜肴是先切配后烹饪,刀工的对象是生料;而凉菜是先烹饪后切配,刀工的对象是熟料。凉菜刀工要求严格,切配要整齐美观,大小相等,厚薄均匀,刀刀都要有分寸。筵席上的凉菜,刀工要求更要精益求精。

(二)配色要美

凉菜在色、形上比热菜要求高,必须色彩美观,形状好看,菜与菜之间,辅料与主料之间,调料与主料之间,菜与盘子之间的色彩、形状都要全面考虑,适当安排,既有艺术性,又有滋味,才能使顾客一开始就有一个良好的印象。

(三)口味要好

凉菜在口味上要求以鲜、香、嫩、脆、少汤、少腻为适宜,入口越嚼越香,清香爽口,回味无穷,诱人食欲。

二、凉菜的种类

(一)单　　盘

单盘只装一种熟料,所以称单盘。单盘的形式较多,可装成各种美丽的图案式样,如高桥形、馒头形、宝塔形、菊花形等。

(二)双　拼　盘

两种熟料装成一盘,既要装得整齐,又要两种熟料在形状上和色泽上很好配合,同时还得注意菜肴的味道和质量的配合,所以双拼盘的技术就较高一些了。

(三)三　拼　盘

是 3 种不同的熟料装成一盘,拼配的技术比双拼盘又高了一些。

(四)四拼盘(又名四串盘)

是 4 种不同的熟料装成一盘,拼配的形式较多,如对串、花串等。

(五)什锦拼盘

约用 10 种左右不同色彩的熟料装成一盘五光十色、色彩协调的拼盘,此拼盘的技术比三拼四串又高了一步。

(六)花摆凉菜

花摆凉菜艺术性很高,可运用各种熟料摆出各种飞禽走兽、虫鱼花卉,形态逼真、形象生动的凉盘,主要适用于高级筵席。因此花摆凉菜无论在刀工或配色、形状、艺术加工上,要求都很高。

第五节　　食品雕刻

食品雕刻是我国厨师的一种高级艺术创作,由多年实践发展而来。现在的食品雕刻作品丰富多彩,可川食品雕出花卉、鸟兽、鱼虫、建筑物和名胜古迹等多种形状,有的供观赏,有的可食用。食品雕刻的工具有数十种,雕刻的图案之多无法统计,因为这些东西是凭每个厨师的经验创作的,这里就不一一谈了。现在谈一谈食品雕刻的原料和注意事项。

一、雕刻原料

食品雕刻所用的原料,有瓜果和根茎类的蔬菜等。以质地脆嫩、色彩悦目、形状好看的为宜,用其雕出的成品也就美丽生动。

(一)白　萝　卜

品种花色多,四季都有生产,夏季略少些。白萝卜可雕白色花朵(红皮白肉的亦可用);冬季有一种红心萝卜,肉微红色,有网纹,雕花较好。

(二)胡　萝　卜

细而长,橙黄色,耐久藏,可雕多种花朵。

(三)青 萝 卜

皮青肉绿,因产地不同,质量也不同。"天津青"长圆形,青皮绿肉,脆嫩,宜雕刻单花朵,或卧体花。"章邱青"长圆粗壮,尖头带弯,肉色略淡,宜用于立体雕刻,但肉有筋不宜细雕。"潍县青"长圆粗壮,下端略大,色白,上端碧绿,雕花鸟较好。

(四)黄 瓜

可带皮雕成花草装盘,能吃能看。

(五)冬 瓜

有些冬瓜体大而扁,皮淡绿,肉质嫩,不适于雕刻。广东冬瓜皮青肉厚,质地老,体长圆,可雕刻冬瓜盅。

(六)西 瓜

种类很多,形状有长有圆,大小不一,雕刻宜选黑色五六斤重的为好;次则宜用青皮,大黑色条纹,刻出的花纹清晰,可用于雕刻西瓜盅,在夏季装凉菜、什锦水果和做西瓜鸡等。

(七)南 瓜

又名倭瓜,有圆形、长形两种,肉黄质细。圆形的分光皮和瓦形皮两种,光皮的为好,选直径 18 厘米左右的南瓜宜刻浮雕南瓜盅。大圆形的南瓜可雕花篮、花盆,长形黄瓤南瓜柄长肉实而细腻,切取柄部雕刻人物,色似珊瑚,美丽动人。南瓜产于夏秋之季,经过选择保藏于阴凉之处,则能用到次年春初。但是,端午之前上市的南瓜嫩,不宜存放,应于大暑以后选大黄略有青色者贮藏。

(八)藕

能雕大型作品,如二龙戏珠、装饰假山等。

二、雕刻注意事项

第一,凡雕刻作品要生动逼真,如花梗花叶直垂就呆板,弯曲就好看。

第二,雕刻须掌握原料性能,嫩脆要少盘转,性韧可多盘转。

第三,雕刻时要将主料衬洁布,未雕完不能浸水,不然花纹易模糊。同时不要用湿布包裹,湿布包容易变色。

第四,雕好成品后,浸入生矾水内(5 千克水加矾 50 克),忌盐质,并应放在阴凉之处。

三、雕刻举例

(一)菊 花

菊花的种类很多,用各种萝卜、白菜等肉质类瓜菜原料可刻出数种。雕刻各种菊花的工艺步骤大致相同,即刻花冠,分为选料打皮、确定大坯、从外往里刻出数层花瓣,最后用另一种材料刻制花蕊嵌入中心等几个步骤。不同之处主要在于花瓣阔窄、疏密、曲直等形式,姿态不一。因此在刻制各种菊花时,只需在有关步骤中略加变化即可。下面举例说明几种不同菊花的刻制方法:

菊花新陶然醉

【原　料】 心里美萝卜、胡萝卜。

【装盆用材料】 芹菜、圆白菜、天门冬苗、冬青叶、竹签(或铁签)1 根、陶瓷花盆 1 个。

【工　具】 刨刀,三号、四号弧形口戳刀,切刀,直头平面刻刀。

【工艺步骤】

(1)取心里美萝卜,用刨刀打去皮。

(2)将心里美萝卜削成倒圆锥状大坯。

(3)用直头平面刻刀将倒圆锥上边沿的棱打去,使上平面与侧面相接处呈浑圆状。

(4)用四号弧形口戳刀在上平面与侧面相接处剜一小浅坑。

(5)用三号弧形口戳刀在小坑上部半厘米处下刀,沿侧面从上往下划,刀至接近底部处停刀,则一花瓣刻成。花瓣应呈窄条状且步骤(4)中剜出的小浅坑要处在瓣端位置,瓣端呈小勺状。注意不要使花瓣从锥体上脱落下来。

(6)重复步骤(4)～(5),依次刻出外层全部花瓣。

(7)用直头平面刻刀将坯体上刻第一层花瓣时留下的沟棱削平,为刻第二层花瓣做准备。

(8)按照上述方法依次刻出第二层、第三层……花瓣,一直刻到中心不能再继续刻花瓣为止。一般可刻五到六层。

(9)将中心剩下的一根细长萝卜条削去,用三号弧形口戳刀在花中心剜一圆孔。

(10) 用三号弧形口戳刀在胡萝卜上剜出一根直径与花中心圆孔相同的圆柱条,将圆柱条嵌入花中心的孔中作花蕊,嵌入后花蕊约高出花瓣 1 厘米。至此,菊花"陶然醉"花冠即刻成。

(11)将芹菜摘去顶尖,取长短合适的竹签(或铁签)1 根插入芹菜梗中,将花冠装在芹菜顶端,用签子插牢,即成一束菊花。

(12)把圆白菜削成与花盆容量大小相当,再将下面削平,填入花盆。填入后,上平面要比花盆边沿低约 2 厘米。

(13)将菊花束签子的下部插入花盆正中。

(14)取冬青叶、天门冬苗适量,洗净,覆盖在花盆上,使圆白菜不外露。一盆"陶然醉"菊花即制作成功。

上述步骤(11)～(14)所介绍的装盆方法适合各种菊花。其他花卉也可参照此种方法进行装盆,只要注意根据不同花卉选择适当的材料做茎叶,就可达到满意的效果。

白菜菊

【原　料】　内心裹得较紧的大白菜(或黄芽菜)。

【工　具】　切刀、三号弧形口戳刀。

【工艺步骤】

(1)白菜去外层老帮、老叶,削去菜根,用切刀在距菜根 12～14 厘米处横切一刀。取下半段白菜的长度可根据所需材料(刻白菜菊花花冠)大小而定。

(2)用三号弧形口戳刀在外层帮子上从上到下直戳到根部,一花瓣即刻成。按照同样方法刻出外层全部花瓣。

(3)将外层刻花瓣后剩下的残帮剥干净,露出第二层菜帮。

(4)重复步骤(2)～(3),刻出花瓣数层。

(5)保留白菜本身的菜心当花蕊,花冠即刻好。

(6)将刻好的花冠放在洁净的凉水里浸泡 1 分钟左右,等花瓣发挺并向外卷曲时即成姿态喜人的白菜菊,此时便可使用。

(二)牡丹花

【原　料】　心里美萝卜(或红菜头、白萝卜、卞萝卜、紫萝卜、南瓜、白薯等)、胡萝卜。

【工　具】　刨刀、切刀、直头平面刻刀,二号、三号弧形口戳刀。

【辅助材料】　牙签。

【工艺步骤】

(1)将心里美萝卜打去皮。

(2)将去皮心里美萝卜削成倒圆锥状大坯。

(3)确定外层五个花瓣的位置(可用肉眼估计,初学者最好用刀尖轻轻划出记号)。

(4)在一个花瓣的位置上,用直头平面刻刀刻下一个圆形的薄片。

(5)用三号弧形口戳刀沿花瓣上半部边沿每隔 0.5 厘米戳一刀,使花瓣刻好之后上边沿呈稀齿轮状。

(6)用直头平面刻刀从花瓣顶端处下刀,从上往下进刀至接近底部处停刀,小心削出一薄片,一花瓣即刻成。花瓣很薄,在光照下呈半透明状。

(7)重复步骤(4)～(6),刻出外层五个花瓣。注意使第二个花瓣根部边沿伸进第一个花瓣里边,并以此类推,使各相邻花瓣的两边沿互相重叠。

(8)用直头平面刻刀将倒圆锥状坯上的凹凸削平。

(9)削去花中心残留部分,用二号弧形口戳刀剜一圆孔。

(10)取 2.5 厘米长一段胡萝卜,削成直径与圆孔相等的圆柱。将圆柱顶端削成半球形,用纵横锯齿刀浮切法将半球部分刻制成花蕊。

(11)将花蕊嵌入花冠的孔中,用一截牙签固定住,牡丹花花冠即刻成。

(三)月 季 花

【原　料】 红菜头(或心里美萝卜、白萝卜、紫萝卜、白薯、南瓜、土豆等)、胡萝卜。

【工　具】 刨刀、切刀、直头平面刻刀、四号弧形口戳刀。

【工艺步骤】

(1)取红菜头,用刨刀打皮。

(2)将红菜头削成倒圆锥状大坯。

(3)参照"牡丹花"步骤(3)～(4)和(6)～(8)进行,刻出外层五个花瓣。

(4)重复"牡丹花"步骤(3)～(4)和(6)～(7)刻出第二层花瓣。第二层各花瓣位置应与最外层各花瓣位置互相错开。

(5)用直头平面刻刀将倒圆锥状坯上的凹凸削平,再将顶部削去半厘米左右厚的一片,使要刻的第三层花瓣稍矮。

(6)按照上述方法刻出花瓣数层。各相邻两层花瓣的位置应互相错开,并注意从第四层起花瓣数量可视情况减少一片,花瓣亦可视情况逐渐变小。

(7)天然的月季花,特别是花瓣较多的月季,其花蕊已经退化。只有一些花瓣少的月季花仍有很少的花蕊,所以雕刻月季花一般不刻花蕊。如需花蕊,则雕刻步骤如下:削掉花冠中央残留部分,用四号弧形口戳刀剜一与筷子粗细相当的孔。将胡萝卜削成2厘米长的小条,粗细与筷子相当,顶端劈成四丫,嵌入花冠中心的孔中。

至此,一朵怒放的月季花即雕刻完成。

第六节　筵席的上菜顺序与配菜要求

一、上菜顺序

筵席上菜的先后顺序,一般都是先上凉菜,再上大件、熘炒及点心。上每个大件的时候,接着要上2～3个熘炒,也有的是上十大盘。在熘炒和大件中,一般总是质优价贵者先上,如燕菜、鱼翅等八珍之类的名菜先上。这种上菜方法,在北京的饮食业称为"头菜"。这是有一定道理的,一方面可以使顾客有一个美好印象,另一方面使顾客最后吃饱遗留下来的只是一些比较差的菜。如果名贵的菜放在后边,顾客已吃得差不多要饱了,再吃时自然要减味,而且吃不掉剩余下来顾客也会不满意。另外,特别鲜的和甜的菜肴,如蟹之类以及挂浆和蜜汁等甜菜,应放在后面,不宜先上席,以免影响其他菜肴的口味。

二、配菜要求

　　在筵席上，不仅每个菜要注意色、香、味、形四个方面，整桌的筵席、菜与菜之间也要注意色、香、味、形四个方面的适当配合。

　　要根据季节变化配菜，这也是办好筵席的一个重要方面。各季节都有时令菜，必须根据季节来变换菜肴的内容，使之能与季节相适应。在烹饪方法上，冬天着重红烧、红扒、沙锅等，夏天则应多采用清蒸、炒、烩、炝、烹、奶油扒等，春秋季节可将夏冬的配菜内容作适当的调整。

　　民以食为天，厨师就是那天上的神仙，神仙下凡做饭，把幸福带给人间……

　　　　　　　　　　　　　　　　　　　　　　　　　　——张仁庆

第 二 编

烹饪知识中级部分

第一章　中国十大菜系

我国幅员辽阔,地理环境复杂,物产、气候各异,又是一个多民族的国家,风俗人情、习惯、爱好亦不相同。因此,长期以来形成了有着本地区鲜明特色的地方风味菜,从选料、调味到烹调方法都有着各自的独特风格,自成一派。我们常说的东辣、西酸、南甜、北咸,单从口味上来讲,基本概括了我国东、西、南、北方菜肴的风味。一般说来,中国菜可概括分为四大菜系,即山东菜系、四川菜系、江苏菜系、广东菜系,也有的加上安徽菜系、湖南菜系、福建菜系和浙江菜系,称为八大菜系。近几年来,有关烹饪学者又提出十大菜系的理论,十大菜系是在八大菜系的基础上,加湖北菜和北京菜。这些菜系各有自己丰富的原料,各具一格的调味,突出的烹调方法和传统名菜,使中国菜肴形成了花样繁多,绚丽多彩,色、香、味、形无一不佳的风格特点,在国际上素享盛名。

第一节　　鲁菜(山东菜)

山东素以"齐鲁之帮"著称。作为我国文化遗产之一的烹调技术,山东菜系占有重要的地位,是我国四大菜系之首。

山东菜(简称鲁菜)历史悠久,素以选料讲究,制作精细,技法全面,调和得当,在国内外享有很高的声誉。

鲁菜的形成和发展,是由山东的文化历史、地理环境、经济条件和习俗风尚所决定的。山东地区是我国古代文化发祥地之一,它位于黄河下游,气候温和,胶东半岛地处黄海、渤海之间,境内山川纵横,河湖交错,黄河自西而东横跨其境,形成大片冲积平原,沃野千里,物产丰富,交通便利。粮食产量在全国居第三位。蔬菜种类繁多,品质优良,号称"世界三大菜园之一"(另两处为美国的加利福尼亚和原苏联的乌克兰),像胶州大白菜、章邱大葱、苍山大蒜、莱芜生姜,都是蜚声海内外的蔬菜。水果产量居全国首位,仅苹果就占全国产量的40%以上。猪、羊、禽、蛋等的产量也极为可观。水产品产量在全国占第三位,所产的鱼翅、海参、大对虾、加吉鱼、比目鱼、鲍鱼、天鹅蛋、西施舌、扇贝、红螺、紫菜等,素以名贵海产品而驰名中外。山东酿造业历史悠久,品种多质量优,洛上食醋、济南酱油、即墨老酒等,都是久负盛名的佳品。省内丰富的物产,为发展烹饪事业提供了取之不尽的物质资源。

勤劳智慧的山东人民,利用当地丰富多彩的物产,在古今文化的陶冶下,创造了精湛的烹饪技艺,积累了丰富的经验。乾隆年间修纂的《山东通志》中就有"其巧珍馐,不竭其藏"的记载。鲁菜作为地方菜系的雏形,可以追溯到春秋战国时期,当时的烹饪要求及其风尚嗜好,有许多已见诸史籍。在西周、秦汉时期,鲁国都城曲阜和齐国都城临淄,都是相当繁华的城市,饮食行业盛极一时。齐都临淄为山东最大的商业中心,有"商遍天下,富冠海内"之称。历代名厨辈出,齐桓公的宠臣易牙,在得志前就是一个高明的厨师。史志称:"易牙,善和五味,淄渑水合,尝而知之。"春秋时期的孔子,也是一位讲究饮食的人,他提倡"食不厌精,脍不厌细",这种精细的饮食要求,对后来齐、鲁地区的生活习惯和烹饪技术的发展,都有着重要的影响。《礼记》一书对于膳、食、饮、馐、脍、脯、羹、珍等,从原料搭配、烹调方法到调味要求,都作出了专门的记述。《礼记·内则》称:"调和方法,因料而用;五味之用,因时而易"。对调味的要求是:"凡和春多酸,夏多辛,冬多咸,调以滑甘"。而且已基本概述了烹、煮、烤、脍、焰、炙等多种操作技术和调味要求。可见史料中关于烹调理论的论述,有许多是来自齐鲁之邦的。它们又在这些地区广为流传,相沿成习,从而奠定了山东菜系的基础。到了北魏时期,贾思勰在《齐民要术》中,对黄河流域特别是山东地区的烹调技术,作了较为全面的总结。不但详细地阐述了煎、炒、煮、烤、蒸、腌、腊、炖、糟等烹饪法,还记述了一些名菜的制作方法。现今蜚声中外的烤鸭、烤乳猪,在当时已是这个地区人们喜爱的美味佳肴。《齐民要术》有关烹饪的论述,对山东菜系的形成和发展产生了深远的影响。历经隋、唐、宋、金各代的提高和锤炼的鲁菜,逐渐成为北方菜的代表。这一时期的吴苞、崔浩、段文昌、段成式、公都或等,都是著名的烹饪高手或美食家。他们当中有的曾对我国的烹饪事业做出了重要贡献。到了元、明、清时期,鲁菜又有新的发展,这时的鲁菜大量进入宫廷,成为御膳的珍馐,并在我国华北、东北、北京、天津等北方各地区广为流传。至近代,为适应多种需要,厨师们在继承传统技艺的基础上,巧运匠心,竞相献技,不断试烹新菜。近年来改进研制了不少采用多种原料配制,运用多种技法加工,兼创多种口味特色,讲究多种艺术造型的新菜品,使鲁菜在保持传统风味的基础上,向着加工更加精细,造型更显美观,以及在科学营养配膳等方面,又向前推进了一步,已为各方面人士所瞩目。

　　山东各地的地理差异较大,东部沿海、中部多高山、丘陵,西、北部则是平原,湖泊连片,各地的物产和习俗也不尽相同。因而,便逐渐形成了胶东、济南等各具特色的地方风味,从而构成了久负盛名的山东菜系。济南菜取料广泛,品种繁多,高至山珍海味,低到瓜、果、菜、菽,就是极为平常的蒲菜、豆腐、芸豆和动物内脏下水等,经过厨师们的精心调制,也成为脍炙人口的美味佳肴。鲁菜精于制汤,则以济南为代表。济南制汤极为考究,独具一格。在济南菜中,用爆、炒、烧、炸、烤等技法烹制的名菜就有二三百种之多,如糖醋黄河鲤鱼、油爆双脆、全爆、葱烧海参、锅烧肘子、荷花鱼翅、九转大肠、清炒虾仁、双色鱿鱼卷、烤鸭等风味菜,都体现了极高的技艺。烟台菜和青岛菜同属胶东风味,主要是以烹制海鲜见长。胶东半岛伸入海中,各类海产品十分丰富,这里的厨师能运用几十种烹调方法,制作出众多的菜肴。胶东菜最早起源于福山,距今已有 700 余年的历史。长期以来,福山作为烹饪之乡,曾涌现出许多名师高手,通过他们的努力,使福山菜得以流传于省内外,对鲁菜的传播和发展作出了重要的贡献。胶东菜的口味以鲜咸为主,偏重于清淡,擅长于爆、炸、扒、蒸等技法,特别精于烹制海味菜。在胶东海味菜中,有好多是历史悠久的传统名菜,一直为人们所珍爱,以淡水入海处泥沙中生长的一种壳如心状的软体贝类蚬子为主要原料制作的"木犀蚬子",色彩艳丽,口味鲜美,是上好的佐酒佳肴。具有福山风味的清蒸大虾,清鲜淡雅,色彩红白相间,令人赏心悦目。胶东菜还十分讲究花色,特别是近代创新菜,如扒原壳鲍鱼、四味大虾、群蝶戏舞天鹅蛋、雪丽大蟹、全虾三做、梅雪争春等,都是造型美观、色彩绚丽的花色菜,摆入席面犹如一幅幅精美的彩画,使食者在品尝美味的同时得到精神上的愉悦,顿增快感。

鲁菜选料考究,刀工精细,调和得当,工于火候;烹调技法全面,尤以爆、炒、烧、炸、熘、煸、焖、扒见长。在风味上则鲜咸适口,清爽脆嫩,汤醇味正,原汁原味,而且,调味多变,因料而用,适应性强,南北咸宜。纵观鲁菜的特点,主要表现在以下几个方面。

首先,在其悠久的历史发展过程中,形成了一套完整的烹调技法。其中尤以"爆"、"煸"素为世人所称道。鲁菜的爆法,可分为油爆、汤爆、葱爆、芫爆、酱爆、火爆等多种。"爆"制菜须旺火速成,故为保护食品营养素最佳的烹调方法之一。如油爆双脆就是以猪肚头、鸡胗为主料爆制而成的"抢火候"菜。刀工细致入微,深浅得当,肚头、鸡胗均需剞成深为原料厚度 2/3 的十字花刀,呈网包状。为保证操作的快速,需烹前对汁;烹调时必须急火快炒,连续操作,一鼓作气,瞬间完成。此菜汪油包汁,挂汁均匀,有汁不见汁,菜净盘光,食之脆嫩鲜香,清爽不腻。煸是山东菜独有的一种烹调方法。煸菜的主料要事先用调料腌渍入味或夹入馅心,再粘粉或挂鸡蛋糊,用油两面煸煎至金黄色时,放入调料和清汤,以慢火煸尽汤汁。在山东广为流传的锅煸豆腐、锅煸鱼肚、锅煸鱼片、锅煸鸡签等,都是久为人们称道的传统名菜。

其次,鲁菜精于制汤,十分讲究清汤、奶汤的烹调,清浊分明,取其滑鲜。清汤的制法,早在《齐民要术》中已有记载,经过长期实践,现已演变为用肥鸡、肥鸭、猪肘子为主料,经沸煮、微煮,使主料鲜味溶于汤中,中间还要经过两次"清俏"。这样不仅使汤内浮物集聚在"俏料"上,澄清了汤汁,而且还可增加汤的鲜味。用此法制成的清汤,清澈见底,味道鲜美。制作奶汤需用大火,不用"清俏",须使之呈乳白色,故名"奶汤"。用清汤和奶汤制作的菜品众多,仅名菜就有清汤燕菜、清汤银耳、芙蓉黄管、清氽赤鳞鱼、奶汤蒲菜、奶汤鸡脯、奶汤八宝鸡、汤爆双脆等数十种之多,其中多被列入高级筵席的珍馐美味。

第三,鲁菜烹制海鲜有独到之处,尤其对海珍品和小海味的烹制堪称一绝。在山东,海产品不论是参、翅、鲍、贝,还是鱼、蛤、虾、蟹,经当地厨师的妙手烹制,都能成为精致鲜美的佳肴。仅胶东沿海盛产的偏口鱼,运用多种刀工处理和不同技法,可烹制出爆鱼丁、熘鱼片、糖醋鱼块、焦熘鱼条、荠菜鱼卷、鱼包三丝、酿八宝鱼、氽鱼丸等上百道菜肴,色、香、味、形各具特色,千变万化均在一鱼。以小海味烹制的双爆菊花、油爆双片、红烧海螺、炸蛎黄、韭菜炒蛏子、芙蓉蛤仁、清蒸酿蟹合,以及用海珍品制作的蟹黄鱼翅、绣球海参、烧五丝、扒鱼唇、麻汁紫鲍、红烧干贝肚等,都是独具特色的海味珍品。

第四,鲁菜还善以葱香调味,葱可称为必备调料。在菜肴的烹制过程中,不论是爆、炒、烧、熘,还是调制汤汁,都是以葱丝(或米)爆锅,就是蒸、扒、炸、烤等菜,也同样是借助于葱香提味。烤鸭、双烤肉、炸脂盖、锅烧肘子、干炸里脊等,多以葱段佐食。此系承袭古代用物之宜,几经演变,流传至今。古籍载:"脍春用葱、秋用芥","脂凝者为脂"。由于科学技术的发展,植物性油脂得以广泛应用,而且逐渐演变为用油脂爆、炒、熘、烧、炸等技法烹制的素菜中,也普遍以葱和之。上项除以葱香提味外,还取其畅通顺气、疏散油腻或抑菌、健胃之功效。

第五,山东筵席丰盛完美,名目繁多,格式不一,大体可分为全席、便席和乡社席等多类。筵席是传统名菜的集中体现,传统全席菜单,可谓名菜荟萃,集汇烹饪之精华,既体现出多种技艺手法,又可品尝到一个地区的独特风味。作为山东传统筵席之一的"全席",多以主菜定名,席面丰盛,款式多样,每味菜点各具特色。有的鲜香酥烂,有的则脆嫩清爽,有的却浓香醇厚,区别其质地口味,依序布阵席间,食者可择其所好,任意品味。对于一般便宴,也要讲究冷热兼备,大件(汤碗)小件(冷拼),饭菜配套,亦可体现烹饪技艺之一斑。

千百年来,鲁菜在其发展的灿烂历程中,形成了自成一格的风味特色,成为人们交口称赞的一个重要菜系。近几年来,为适应改革开放和旅游事业发展的需要,山东广大厨师和热爱烹饪工作的人士,继承传统风味,在发扬鲁菜特色的基础上,广泛交流烹调经验,取众家之长,补己身之短,兼收并蓄,结合当地的风尚嗜好,改进和提高烹调技术水平,不断丰富鲁菜,为发展我国的烹饪事业作出了贡献。

第二节　　川菜(四川菜)

四川素称"天府之国",有得天独厚的自然条件,为四川的烹饪提供了取之不尽用之不竭的烹饪原料;再加上四川有"尚滋味、好辛香"的饮食传统,因此,四川的烹饪文化,历史悠久、源远流长,是巴蜀文化的重要组成部分。西晋左思所著《蜀都赋》对蜀中饮宴盛况有所描述;清人李调元所辑烹饪专著《醒园录》,对四川烹饪做了全面的概述。他们对川菜烹制技术的发展作出了较大的贡献。历代诗赋、笔记论述川菜者,更是屡见不鲜。近百年来,全国烹饪文化、技术的频繁交流,与"天府之国"的富饶物产融为一体,使川菜烹饪技艺得以突飞猛进的发展,形成了菜式繁多,风格别具的一大菜系。其做工之精细,烹制之考究,调味之复杂多变,达到了能适应各方面食者口味的程度,享有"一菜一格、百菜百味"之誉,成为我国四大菜系之一。味别多样是川菜最大的特点,素有"食在中国,味在四川"之说。

凡是品尝过川菜的人,无不对其"味"叫绝。技艺高超的厨师,精烹巧配,可以调出白油、咸鲜、荔枝、糖醋、鱼香、酸辣、椒麻、蒜泥、麻辣、姜汁、豆瓣、香糟、酱香、怪味等几十种各具特色的复合味,味别之多,调制之妙,堪称中外菜肴之首。厨师在烹调用味时十分注意层次分明,恰如其分,一菜之中,荤素之间,讲究味道的协调。在品尝川菜时,人们大都有咸甜麻辣酸诸味高低起伏,舒适爽口的感觉。比如,同是麻辣味的水煮肉片和麻婆豆腐,其口味也各具特色。辣味用料上有油辣椒、泡辣椒、干辣椒、辣椒粉之分,运用中注意浓淡相宜,使烹制出来的菜肴辣而不燥,辣而不烈。荔枝味、糖醋味菜式一入口就明显感觉到甜酸,咸味微弱,而荔枝味则咸甜酸并重,在酸甜的感觉上则是一个先酸后甜的过程。尤其值得一提的是怪味,融咸甜麻辣鲜为一体,所用10余种调味品互相配合,彼此共存,在食用中感到其味反复多样,味中有味,十分和谐,被誉为"川菜中和声重奏的交响乐"。随着中外经济贸易的发展,近年来川菜赴我国香港九龙及日本献艺表演,在美国、香港、南斯拉夫、泰国设店供应,普遍受到赞誉。

川菜在烹调方法上极其考究,善于根据原料、气候和食者的要求,具体掌握,灵活运用,以保持菜肴质量,为色、香、味、形增色。清代乾隆年间,四川罗江著名文人李调元在其《醒园录》中,就系统地搜集了川菜的38种烹调方法。发展至今,川菜的烹饪方法更为精妙。热菜类中就有炒、滑、熘、爆、煸、炝、炸、煮、烫、糁、煎、蒙、酿、卷、蒸、烧、焖、炖、摊、煨、烩、焯、烤、烘、粘、汆、糟、醉、冲等30余种;冷菜类有拌、卤、熏、腌、腊、冻、糟、酱、烧、炸等10余种。各种烹调方法都有其独特的工艺要求。一种烹法之内又制法各异,如蒸就有粉蒸、酿蒸之分,烧又有红烧、白烧、干烧等,细致入微。在烹调方法中,川菜又以小煎、小炒、干煸、干烧为其独有。小煎小炒不过油,不换锅,急火快炒,一锅成菜。如炒肝腰,只需1分钟左右,成菜嫩而不生,滚烫鲜香,有"肝腰下锅十八铲"的说法,盖出于此。干煸干烧更见功力,做出来的菜味厚而不腻,堪久嚼。

四川菜系,以高级筵席菜式、"三蒸九扣"菜式、大众便餐菜式、家常风味菜式和民间小吃菜式组成,品种繁多,菜品多达 4000 余种。一年之内,日日餐餐可以不同。筵席菜式选料精,工艺要求高,味重清鲜,组合考究。采用山珍海味,再配以时令鲜蔬,成菜极富营养。家常海参、芙蓉鱼翅、菠饺鱼肚、一品熊掌、樟茶鸭子、干烧岩鲤、清蒸江团、虫草鸭子、鸡蒙葵菜、开水白菜、豌豆尖苞、肝膏鸽蛋汤等菜品为其代表,而熊猫戏竹、出水芙蓉、孔雀开屏、推纱望月、蝴蝶牡丹则是筵席中创新的工艺菜之佼佼者。"三蒸九扣"菜式,以民间"田席"常见菜品组成而得名。这类菜式荤素并举,汤菜并重,朴实无华,经济实惠。清蒸杂烩、清蒸肘子、粉蒸肉、酥肉汤、扣鸡、扣鸭、咸甜烧白等是其常见的品种。大众便餐菜式,以烹制快速、经济方便、适应多种需要为特点,以炒、烧、熘、爆、拌为主要烹调方法。其中宫保鸡丁、麻婆豆腐、水煮肉片、鱼香肉丝、火锅毛肚、软烧仔鲶、豆瓣鲫鱼、魔芋烧鸭等菜脍炙人口,甚至在筵席中也被广泛采用。家常风味菜式取材方便,操作简单,经济实惠,家喻户晓,深受群众喜爱,普遍流行的有回锅肉、连锅汤、蒜泥白肉、麻婆豆腐、肉末豇豆等品种。民间小吃菜式,源于小吃,今已成菜,其中夫妻肺片、灯影牛肉、棒棒鸡、小笼蒸牛肉等最为突出。

　　川菜的发展与其所处地理环境分不开。四川位于长江上游,气候温和,雨量充沛。境内四山环抱,江河纵横,盛产粮油,蔬菜瓜果四季不断。广大农村惯养家禽家畜,肉食原料不但品种繁多,而且质地优良。山岳深丘地区,多产熊、鹿、獐、银耳、虫草、竹笋等野味山珍。江河峡谷所产江团、雅鱼、岩鲤等,量虽不多,但品种特异,均为烹饪川菜的佳品。加之川中酿造业的不断发展,创造了中坝酱油、保宁食醋、潼川豆豉、郫县豆瓣、宜宾芽菜、自贡井盐等不少风味独具的调味品。这一切都为川菜发展提供了丰富的资源和得天独厚的条件。

第三节　　粤菜(广东菜)

　　广东地处我国东南沿海,气候温和,四季常青,物产富饶,可供食用的动植物品类繁多。当地的人们在长期生活实践中,不断积累和总结烹饪技术的丰富经验,创造出大批独具风格的菜肴,逐渐形成了一个以广州、潮州、东江 3 种地方菜为主体的广东菜系,简称粤菜。

　　粤菜是我国较大的菜系之一。它的形成和发展,完全取决于广东的地理环境、经济条件和风俗习惯。换句话说,它是在吸取广东民间食谱的基础上形成,在博采各地烹饪技艺之精华的基础上而不断发展的。

　　明末清初屈大均就曾说过:"天下所有之食货,粤东几尽有之,粤东所有之食货,天下未必尽有也"。吴人潘宋也说:"粤东为天南奥区……以山川之秀异,物产之瑰奇,风格之推迁,气候之参错,与中州绝异,未至其地者不闻,至其地者不尽见"。"民以食为天",食则以物为基础,物质基础差的地方,饮食文化是不会发达的,广东人民之食一向得天独厚,很久以前就比较兴盛。清代有首《羊城竹枝词》云:"斫脍烹鲜说渐珠(广州南岸的一个街市),风流裙履日无虚,消寒最是围炉好,卖尽桥边百尾鱼"。这是对当时广州烹饪食品之丰富很好的写照。

一个菜系的特色,主要表现于用料、烹饪技艺和口味等几个方面。这些,在很久以前,粤菜已独具一格了。例如用料方法,西汉《淮南子·精神篇》写道:"越人得髯蛇以为上肴,中国得而弃之无用"。南宋周春非的《岭外代答》也说:"深广及溪峒人,不问鸟兽蛇虫,无不食之。其间异味,有好有丑,山有鳖名蠃,竹有鼠名鼬,鸽鹳之足,猎而煮之,鲟鱼之唇,活而脔之,谓之鱼魂,此其珍者也。至于遇蛇必捕,不问长短,遇鼠必执,不问大小。蝙蝠之可恶,蛤蚧之可畏,蝗虫之微生,悉取而燎食之。蜂房之毒,麻虫之秽,悉炒而食之。蝗虫之卵,天虾之翼,悉炸而食之。"一般说来,鲜美味纯的原料易烹,腥臊异味的原料难做。千年以前,广东人民已经懂得了不同的异味采取不同的烹饪方法,其烹饪知识和技艺之高就不言而喻了。唐代诗人韩愈被贬至潮州,写了一首题为《初南食,贻元十八协律》的诗,诗中描述他看到潮州人民食鳖、蛇、蒲鱼、青蛙、章鱼、江珧柱等数十种异物,感到腥臊始发越,咀吞面汗骍,很不是滋味。时至今日,章鱼等海味已是许多地方菜肴之上品了,但老猫、蛇、鼠等这些粤菜中之佳肴,仍使不少外地人所不齿哩!广东菜用料广博而杂这一特点,千百年来,一直为世人所公认。

广东地处祖国南疆边陲,广州市是我国历史悠久的南方重镇,政治、经济、文化甚至风俗习惯等都与中原各地一脉相通,饮食文化也受各地的影响。历史上许多中原来的官吏和移民,他们都曾带来了北方各地饮食文化。其间,还有不少官厨高手,或把他们的技艺传与当地的同行,或自行到市肆上设店营生,把各地名肴美食直接介绍给岭南人民,使之成为粤菜的一个重要组成部分。汉代以后,广州成为中西海路交通要枢,唐代商贾大亨麇集于广州,商船结队而至。当时,广州的经济与内陆各地比较,发展较快。1840年鸦片战争以后,国门大开,欧美各国的传教士和商人更是纷至沓来,西餐的技艺也相继传入。到了30年代,广州街头万商云集,市肆兴隆,虽说是畸形发展,但毕竟给饮食业提供了一个广泛的市场。当时较大的饮食店达200家之多,分成茶楼、茶室、酒家、饭店、包办馆、西餐等几个自然行业,此外还有为数众多的小宴店、小吃店等,真是成行成市,星罗棋布,鳞次栉比。在竞争的推动下,各店都有自己的名牌菜品。较有代表性的有贵联升的满汉全席、香糟鲈鱼球;聚丰园的醉虾、蟹;南阳堂的什锦冷盘、一品锅;品荣升的芝麻鸡;玉波楼的丰斋炸锅巴;福来居的酥鲫鱼;万栈的挂炉鸭;文园的江南百花鸡;南园的红烧鲍片;西园的鼎湖上素;大三元的红烧大裙翅;蛇王满的龙虎烩;北国的太爷鸡、玉树鸡;愉园的玻璃虾仁;华园的桂花翅;旺记的烧乳猪;新远来的鱼云羹;金陵的片皮鸭;冠珍的清汤鱼肚;陶陶居的炒蟹;菜根香的素食;陆羽居的化皮乳猪、白云猪手;大平馆的西什乳鸽;等等。其间,有属正宗粤菜的凤城小炒、柱侯食品、东江风味或潮州美食,有属京都风味、姑苏名菜或扬州炒菜的菜肴,有属欧美风味的西餐。在长期实践过程中,粤菜大师们根据广东地理条件所形成的群众口味,吸取各家之长,为我所用,发展成为独具一格的广东名菜。

粤菜烹调方法中的炝、扒、浸、氽是从北方菜的爆、扒、浸、氽移植而来。煎、炸的新法是吸取西菜的同类方法改进而得。但粤菜的移植,并不生搬硬套,而是结合本省原料广博、质地鲜嫩、人们口味喜欢清鲜常新的特点加以发展,触类旁通的,例如北方菜的扒,一般是将原料调味后,煨至酥烂,推芡打明油上碟,表现为清扒。粤菜的扒,一般是将原料煲(或蒸)至酥烂,然后推阔芡扒上,表现多为有料扒,八珍扒大鸭、鸡丝扒肉脯便属此类。

粤菜由广州菜、潮州菜、东江菜组成,此外还有海南地区风味。广州菜包括珠江三角洲和肇庆、韶关、湛江等地名食在内,地域最广,用料庞杂,选料精细,技艺精良,善于变化,品种多样,风味讲究,清而不淡,鲜而不俗,嫩而不生,油而不腻。相对来说,夏秋力求清淡,冬春偏重浓郁。擅长小炒,要求掌握火候,油温恰到好处。据1956年"广州名菜美点展览会"的介绍,当时广州即有名菜5447道,此外,尚有与菜肴有渊源关系的点心815款,小吃品种数百个,实为粤菜的代表和主体。潮汕古属闽地,其语言和习俗与闽南相近,隶属广东以后,又深受珠江三角洲的影响,故潮汕菜接近闽粤,汇两家之所长,自成一派。以烹制海鲜见长,数汤类素菜和甜菜最具特色,刀工精细,口味清纯。东江菜又称客家菜。客家原是中原人,汉代末年和北宋后期中原战乱时南迁而来,聚居在广东东江山区一带。他们的语言和食俗尚保留一些中原固有的风貌,菜品多用肉类,极少水产,主料突出,讲究香浓,下油重,味偏咸,以沙锅菜见长,有独特的乡土风味。海南菜品较少,但有热带食物的特有风味。在长期的实践和创新过程中,他们互相促进,共同提高,为发展粤菜作出了应有的贡献。

第四节　　淮扬菜(江苏菜)

江苏省东临大海,西拥洪泽,南临太湖,长江横贯于中部,运河纵流于南北,境内有蛛网般的港湾,串珠似的湖泊,加以寒暖适宜,土壤肥沃,素有"鱼米之乡"之称。"春有刀鲚夏有鲥,秋有肥鸭冬有蔬",一年四季,水产禽蔬联翩上市。这些富饶的物产为烹饪技术的发展提供了优越的物质条件。当地劳动人民靠自己的聪明才智创制了多种菜肴,积累了丰富的烹饪经验,逐渐形成了以淮扬、苏锡、徐海3种地方菜为主体的江苏菜系,简称苏菜。

　　江苏烹饪源远流长,是我国主要菜系之一。江苏也是名厨荟萃的地方,我国第一位典籍留名的职业厨师和第一座以厨师命名的城市都在这里。"彭铿斟雉帝何飨",说的是名厨彭铿,"好和滋味",作野鸡羹供食帝尧,尧很欣赏,封他建立大彭国,即今彭城徐州。夏禹时代,"淮夷贡鱼",淮白鱼直至明清均为贡品。"菜之美者,具区之菁",商汤时期太湖佳蔬已登大雅之堂。相传春秋时齐国易牙曾在徐州传艺,他创制的"鱼腹藏羊肉"千古流传,是为"鲜"学之本。吴国专诸在太湖从太和公学全鱼炙,吴都美味,名不虚传,今日苏州松鼠鱼乃古鱼炙之余绪。江苏是豆腐的故乡,相传在汉淮南王刘安时始创豆腐,如今已传遍五洲。汉武帝逐夷民至海边,发现渔民食"鱼肠"甚美,名曰鳓鲑。后来在南京的宋明帝也非常喜爱此食。所谓"鱼肠",即乌贼鱼的卵巢精白,可见海产珍味进入宫廷由来已久。三国时,名医华佗在江苏行医,他和他的江苏弟子吴晋均提倡"火化"熟食,食物治疗,可见江苏烹饪特重火工,是有其历史渊源的。江苏还是面筋的故乡,梁武帝萧衍信佛,提倡斋食,以"麸"作菜,"麸"即面筋。晋人葛洪"五芝"之说,对江苏食馔用菌有很大影响。赵宋吴僧赞宁作《笋谱》,总结了食笋的经验。豆腐、面筋、笋、蕈号称素菜"四大金刚",都与江苏有关。南北朝时南京"天厨"能将一种蔬菜做出几十种素菜,每种素菜又可以做出许多种风味来。如今南京、苏州、镇江、扬州素馔极精,继承和发扬了这一古老传统。腌制食品,江苏也很出名,盐制咸蛋、酱制煮瓜,在距今 1500 年前即已载入典籍。隋唐以来,"夜市千灯照碧云""夜泊秦淮近酒家"。当时除日市以外,还有夜市。"胡姬压酒劝客尝",金陵、广陵均有"胡人"经营的酒店。天下名城"扬一益二",繁荣的市场促进了烹饪技艺的发展。隋唐的松江"金鳓玉脍"、糖姜蜜蟹,苏州的玲珑牡丹鲊,扬州的缕子脍,都是造型精美的花式菜肴。今日江苏的刀工菜、图案拼盘所以能载誉神州,亦非偶然。江苏主食点心亦早已达到相当水平,五代时即有"建康七妙"之称。米饭粒粒分明,柔而不烂,可以擦合子;面条筋韧,可以穿结成带而不断;饼薄透明,可以映字;馄饨汤清,可以注砚磨墨;徽子又脆又香,"嚼着惊动十里人"。可见技艺之高妙。宋代以来,江苏口味有较大变化,本来南人重甜而北人重咸,江南进贡到长安、洛阳的鱼蟹要加糖蜜。后来,宋都南迁,中原大批士族南下,中原风味也随之南来。至今锡苏重甜,古之遗风也。唐宋以来,特别是金元以来,回民到江苏者日多,所以江苏清真菜占有相当地位,使烹饪更加丰富多彩。明清以来,江苏烹饪又出现了新因素:其一,船宴盛行。吴王夫差行船宴饮,隋炀帝杨广龙舟作乐,本是帝王享受,到明清,船宴成了商家谋利手段,船菜船点成了专门的美食。其二,野蔬大量进入食谱。高邮王盘有专门著作,《西游记》中也有所反映。其三,江南食馔中增加了满蒙菜点,有了"满汉全席"。其四,饮料中香露崭露头角,贾宝玉吃的木犀香露,董小宛制的玫瑰香露,虎丘山塘肆售的其他香露,均是滋神养体使人齿颊留芳的美食。其五,酒楼以外,出现了大量的茶馆,乾隆以来,茶风更盛。其六,出现了西餐。1840 年以后,通商口岸的中西合璧的餐厅也出现了。明清以来,江苏菜在全国的影响越来越明显,在饮食市场上,更是处于举足轻重的地位。杭州人徐珂所辑《清稗类钞》中"各有特色之肴馔"一节是这样记载的:"肴馔之各有特色者,如京师、山东、四川、广东、福建、江宁、苏州、镇江、扬州、淮安"。这里举的 10 处,有 5 处是江苏名城。江苏地方风味主要由淮扬、苏锡、徐海三方风味组成,以淮扬风味为主体。淮扬地处苏中,东至海启通泰盐阜,西至金陵六合,南及京口金坛,北至两淮,就风味而言,均为一体。在省外东南及于杭甬,西南及于皖赣,基本风味也相近。淮扬风味为海内大帮,主要特点是讲究选料,注重火工,多用炖焖煨熇之法,重视精洁,强调本味,突出主料,色调雅淡,造型清新,味口平和,咸甜适中,适应面广。其细点以发酵面点、烫面点和油酥面点取胜。苏锡风味与淮扬风味有同有异,其虾蟹莼鲈糕团船点冠于全省,菜食小吃优于本省他地。注重造型,讲究美观,色调绚丽,白汁清炖独具一格,兼有糟鲊红曲之味,食有奇香。口味略甜,无锡尤甚。徐海原近齐鲁风味,肉食五畜俱用,水产海味取胜,多用髈煮煎炸,色调浓重,口味偏咸,习尚五辛。近几十年来,三方风味均有变化发展。扬州菜由平和而变略甜,受苏州菜的影响。苏锡菜特别是苏州菜甜味减少,不仅受扬州影响。而徐海菜咸味亦大减,色调亦趋淡雅,逐步趋向淮扬。虽然如此,仍旧保持了本地风味特色。只有淮安菜变化不明显,仍旧保持原来风味。就风味特色上看,占主导地位的仍是淮扬风味。

　　江苏地方风味主要是通过一系列的名菜点体现出来的。如淮安的长鱼席(品种达百种之多),扬州的三套鸭、荷包鱼、熘子鸡、卤鸡、清炖甲鱼、水煮干丝、糖醋鳜鱼、双皮刀鱼,镇江的水晶肴蹄、清蒸鲥鱼、菊花鲫鱼,靖江的肉脯,宜兴的汽锅鸡,南京的盐水鸭、板鸭、松子肉、凤尾虾、蛋烧卖,苏州的松鼠鱼、三虾豆腐、白汁元鱼、莼菜塘鱼片、鲃肺肠、胭脂鹅、八宝船鸭、雪花蟹汁、油爆大虾,常熟的叫化子鸡,无锡的镜箱豆腐、樱桃肉、脆鳝,徐州的狗肉,板浦的细肘、荷花铁雀,等等。至于名点有三丁包子、千层油糕、翡翠烧卖、月季花酥、玫瑰方糕、青团、百果蜜糕等。这些名菜名点都是用江苏本地优质原料制作而成的,其中包括优质的调味品,比如淮北海盐,其味咸鲜,美胜诸盐;镇江香醋,荣获金奖,佐食调味堪称上乘佳品;还有百花酒、玫瑰酱、桂花卤、太仓糟油、苏州红曲、南京头曲秋油、扬州四美三伏酱、泰州小磨麻油等。这些备受人们欢迎的优质调味品,是江苏地方风味不可缺少的组成部分。

　　江苏地方风味优异,还有一个重要原因,就是历代名厨辈出。彭铿、专诸之外,第一个有庙配享的厨师——明代抗倭英雄曹顶在南通;我国第一位有传的名厨王小余在南京;中馈有方经验传世的家庭主妇,有明代松江宋诩之母朱氏,如皋才子冒襄之姬董小宛;我国第一位名留典籍的糕饼女厨师萧美人在仪征,号称"天厨星"的董桃楣也在南京。至于扬州的程立万、田雁门、孔庵、文思和尚,苏州的孙春阳,均是清代的高手名厨。当代名厨亦人才济济,其中有年逾古稀的厨膳老将,也有年富力强的后起之秀,他们继承和发扬了江苏烹饪的优良传统,用自己创造性的劳动,为美化和丰富人民的生活,促进国内外文化交流和社会主义"两个文明"的建设作出了自己的贡献。

第五节　　浙菜(浙江菜)

浙菜是浙江菜系的简称,主要由杭州、宁波、绍兴等地的地方菜发展而成。其中最负盛名的是杭州菜。

杭州位于杭州湾内,是钱塘江的入海口。这里气候温和,物产丰富,江河湖泊遍布,盛产淡水鱼虾,并产西湖莼菜、四乡豆腐衣等食品。杭州又是我国著名的风景胜地,湖山清秀,山光水色,雅淡宜人。杭州菜也恰如其景,具有清鲜、细嫩、制作精细的特点。如西湖醋鱼,就是用从湖中捕获的草鱼活杀烹制而成,鱼肉鲜美嫩滑,清爽不腻,色泽光润鲜艳。杭州菜擅长的烹调方法有爆、炒、烩、炸、烤、焖等。著名的菜肴有生爆鳝片、叫化鸡、龙井虾仁、干炸响铃、东坡焖肉等。

第六节　　闽菜(福建菜)

闽菜是福建菜系的简称,起源于福建省闽侯县,整个菜系由福州、泉州、厦门等地的地方菜发展而成,其中以福州菜为主要代表。福建位于我国东南沿海,盛产多种海产品,如琅岐岛的鲟、河鳗,长乐的竹蛏,樟港的海蚌等,都是当地的特产。福建菜多以海鲜为主要原料,常用的原料有海鳗、蛏子、海参、鱿鱼、黄鱼、燕皮(燕皮为福建的特产,用猪肉制成)、香菇等。

福建菜素以制作精细、色调美观、滋味清鲜著称,在南方菜系中独具一格。烹调方法擅长于炒、熘、煎、煨等,菜肴口味偏重甜、酸和清淡。常用红糟调味,是福建菜系的显著特色之一。著名的福建菜有橘烧巴、小长春、烧片糟鸭、蛏熘奇、太极明虾、小糟鸡丁、清汤鱼丸等。福建菜系中的传统名菜"佛跳墙",制作方法和风味特色尤其别致。传说清代有几个秀才,有一天团聚在春园菜馆,遍尝百味后已感厌腻,这时菜馆主人奉上一个酒坛子,当即打开盖子,这个用酒坛子做的菜肴,顿时便满堂馥郁,使秀才们食欲大增。当时那几个秀才询问知此菜尚未起名,便趁酒兴吟诗作赋,诗的末尾有两句:"坛启荤香飘四邻,佛闻弃禅跳墙来"。"佛跳墙"就此得名。

第七节　徽菜(安徽菜)

　　徽菜是安徽菜系的简称,是由沿江、沿淮、徽州三地区的地方菜发展而成。沿江菜是指芜湖、安庆一带的菜肴。沿淮菜是指蚌埠、宿县、阜阳一带的菜肴。徽州菜是指皖南一带的菜肴,它是徽菜的发源地,是徽菜的主要代表。

　　安徽省位于华东的西北部,长江、淮河横贯全省,土地肥沃,物产丰富,特产很多,有果子狸(又名牛尾狸)、马蹄鳖、斑鸠、山鸡、野鸭、鞭笋、雁来笋、肥王鱼等。一般的原料也较丰富,有鲥鱼、鳜鱼、青鱼、虾、蟹以及家禽、家畜等,为烹制菜肴提供了有利的条件。

　　安徽菜素以烹制山珍野味而著称。早在南宋时就有关于用"沙地马蹄鳖,雪天牛尾狸"做成美味可口菜肴的记载。

　　安徽菜的特色是选料朴实,擅长于烧、炖、蒸等烹调方法。菜肴具有"三重"的特点,即重油、重酱色、重火工。"重油"主要与皖南山区的生活习惯有关,因山区人民常年饮用含有较多矿物质的山溪泉水,再加上那里是产茶区,人们常年饮茶,需多吃油脂以滋润肠胃。"重酱色""重火工"能突出菜肴的色、香、味,使菜肴色泽红润,保持原汁原味。名菜有无为熏鸭、火腿炖甲鱼、火腿炖鞭笋、红烧果子狸、腌鲜鳜鱼(又名臭鳜鱼)、符离集烧鸡、奶汁肥王鱼、毛峰熏鲥鱼等。

第八节　湘菜(湖南菜)

　　湘菜是湖南菜系的简称。湖南菜历史悠久,早在汉朝,烹调技艺已有相当程度的发展。在长沙市郊马王堆出土的西汉古墓中,不仅发现有酱、醋、腌制的果菜遗物,还有鱼、猪、牛等遗骨。经考古学家鉴定,这些遗骨在当时都是经烹制过的熟食残迹,说明许多烹调方法在当时已经形成。

　　湖南菜系以长沙菜为主要代表。长沙在历史上曾是封建王朝的重要城市,经济文化都较发达,从而使烹调技术也相应得到了发展。湖南菜常用熏腊原料,熏腊的方法来自民间,现已为当地人民普遍喜爱。

　　湖南菜地方特色浓厚,在操作上讲究原料的入味,口味注重辣酸。烹调方法以煨、蒸、煎、炒为擅长。著名的湖南菜有东安鸡、腊味合蒸、麻辣子鸡、红煨鱼翅、冰糖湘莲、金钱鱼等。

第九节　　鄂菜(湖北菜)

鄂菜是湖北菜系的简称,主要由武汉、荆州、黄州等地方菜发展而成,以武汉菜为其主要代表。

湖北省位于我国长江中游洞庭湖以北,气候温和,物产丰富。境内河网交织,湖泊密布,是我国著名的鱼米之乡。富饶的物产,给湖北菜系的形成和发展提供了有利的物质条件。湖北菜制作精细,以汁浓、芡稠、口重、味鲜见长,具有朴实的民间特色。其中的武汉菜吸取了本省和外地一些地方风味的长处,注重刀工火候,讲究配色造型,煨汤技术尤有独到之处。荆州菜以烹制淡水鱼鲜见长,尤以各种蒸菜(如"沔阳三蒸")最具特色,用芡薄,味清纯,富有原味。黄州菜用油稍宽,火工恰当,汁浓口重,味道偏咸,富有乡村风味。

另外,地处川、鄂交界的宜昌市,其菜点别具一格,是湖北菜系的重要组成部分。它集中了川、鄂、湘菜的特点,形成了麻、辣、鲜、嫩的风味特点。

湖北菜中比较突出的烹调方法有蒸、煨、炸、烧、炒等。著名的菜肴有清蒸武昌鱼、龟肉汤、清炖甲鱼裙、氽偏口鱼、双黄鱼片、烧野鸭、白条肥鱼等。

第十节　　京菜(北京菜)

北京是我们伟大社会主义祖国的首都,也是我国历史上的名城,很早就是全国的政治、经济、文化中心。北京的这一特殊地位,为北京菜系的形成和发展创造了有利条件,使北京菜系具有综合汉、满、蒙、回等民族的烹饪经验,吸取全国主要地方风味尤其是山东风味的长处,并继承明、清两代宫廷菜肴之精华的特点。

京菜取料广泛,花色繁多,调味精美,口味以脆、酥、香、鲜为特色。由于满、蒙、回等少数民族长期在京定居,因此北京菜系擅长烹制羊肉菜肴,烤羊肉、涮羊肉均为著名的本地风味。在本地风味中,以猪肉为主料,采用白煮、烧、烤的方法制作的菜肴,也别具一格。京菜的另一特点是吸取了山东风味的优点,在烹调方法、口味特点等方面加以适当的变化,具有自己的特色。

同时,谭家菜在京菜的发展中也占了一定地位。

北京菜中比较突出的烹调方法有炸、熘、爆、炒、烤、烧、扒等。著名的菜肴有熘鸡脯、烤鸭、油爆双脆、糟熘鱼片、酱爆鸡丁、醋椒鱼、拔丝山药等。

第二章　烹　饪　原　料

第一节　　烹饪原料的分类

一、烹饪原料分类的意义和作用

烹饪原料的分类是从一定的角度,按一定的标准和依据,将各种各样的烹饪原料品种加以分门归类。这是一项细致、严密和具有科学性的研究与实践。我国在烹饪中运用的原料品种之多,涉及面之广,在世界上没有一个国家能与其相比。面对如此众多的烹饪原料,进行科学的、适合本学科特点和人们认识规律的分类,使每一种烹饪原料都比较合理地归属到各自的类别之中,是非常必要的,具有重要的实际意义。

第一,通过对烹饪原料的分类,能使各种烹饪原料得以归纳成类,可全面地反映我国烹饪所用原料的全貌,使我们系统地认识烹饪原料的有关知识,以及烹饪原料与烹饪技术的内在联系和烹饪原料的广泛使用对中国烹饪发展的影响,进一步促进对烹饪原料的开发和运用,促进烹饪技术水平的不断提高。

第二,通过对烹饪原料的分类,可以更好地结合现代自然科学知识,从理论高度对各种烹饪原料的共性和个性加以归纳阐述,深化烹饪原料知识,促进中国烹饪理论的不断发展完善。

第三,可以使学习烹饪者比较系统而有条理地了解各种烹饪原料的性质和特点,指导烹饪人员对烹饪原料的选择、检验、保管等实践,提高对烹饪原料合理加工的水平。

所以,学习烹饪原料分类的有关内容,掌握其分类方法,是学习和掌握烹饪原料知识的钥匙,对烹饪理论的研究和烹饪技术水平的提高有重要的作用。

二、烹饪原料的分类方法

怎样进行烹饪原料的分类,一直是人们所研究的课题,到目前为止,已形成了几种比较统一的分类方法。这些方法是从不同的角度进行分类的,因此,各有不同的作用,并各有优点和不足的地方。

(一)按原料的性质分

可分为动物性原料(猪、牛、鸡、鸭、鱼)、植物性原料(粮食、蔬菜、果品)、矿物性原料(盐、碱、矾)和人工合成原料(香料、色素)4类(图7)。

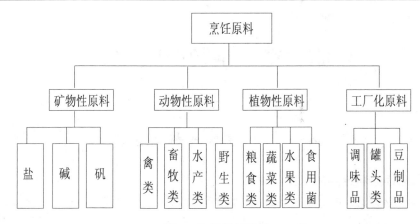

图 7　烹饪原料简解

将各种烹饪原料以其性质来划分，能较好地反映各种烹饪原料的基本属性，简单明了。但是烹饪原料的品种来源广泛、性质各异，在用这种方法分类之后，还需对各种原料进行进一步的分类。

(二)按原料加工与否分

可分为鲜活原料(鲜肉、鲜菜、活禽、活鱼等)、干货原料(玉兰片、海参、虾米、干果等)、复制品原料(香肠、腊肉、肉松等)3 类。

用这种方法分类，也是一种粗线条的划分，虽然能包括全部的烹饪原料，但有很多原料在加工时，同一品种由于方法和程度不同，可以加工复制成多种产品，它们既有共同的基本属性，又有加工以后不同的特点，有的原料既能新鲜食用，又可加工成干制品，还能复制加工，因此在分别阐述这些内容时往往会产生重复，缺乏一定的条理性。

(三)按原料在菜肴生产过程中的地位分

可分为主料(指一盘菜的主要原料)、配料(指一盘菜的辅助原料)、调料(指调味品)3 类。

这种方法能反映烹饪原料在烹饪中各不相同的作用，但是作为烹饪原料的分类概念不清，反映不出各原料的基本属性和特点，而且各种烹饪原料在制作菜肴中的地位不是一成不变的，各种菜肴品种不同，其原料在各该菜肴中的地位与作用也不同，即一种原料既可在这个菜肴中作主料，又可在另一个菜肴中成为辅料，所以这种方法不能作为介绍原料知识的分类方法。

(四)按原料的商品种类分

可分为粮食、蔬菜、家畜肉及制品、禽肉及制品、干货制品、水产品、果品、调味品等。

此方法是根据烹饪原料产品进入流通环节不同部门而分类的方法,基本上反映了各类烹饪原料共同的性质和特点,是一种类别清楚的分类方法。

(五)其他分类方法

由于上述介绍的4种常见的分类方法还存在一些不够完善的地方,所以目前人们对烹饪原料的分类仍在不断研究,以求得更合理的科学分类方法。既能照顾到传统的分类习惯,并注意到自然科学的分类原则,又能较好地反映各种烹饪原料自身的属性及其在烹饪应用中的位置,使烹饪中运用的数千种原料各有所归、眉目清楚。目前,已出现一种上述各因素有机结合的多级分类方法,现介绍如下:

第一级:以在烹调中的地位分为主配料、调味料和佐助料3类。

第二级:以烹饪的性质分。例如:主配料属下又分为动物性原料、植物性原料、加工性原料3类。

第三级:以烹饪原料的自然门类分。例如:动物性原料属下,分为家畜类、家禽类、野味类、水产类、蛋奶类、昆虫类及其他类。

第四级:以原料不同的种属和特点分。例如:水产类属下,可分为鱼类、两栖爬行类、虾蟹类、软体及其他类。

第五级:根据各种属介绍具体的原料品种。

采取多级分类,纲目清楚,层次分明,各种原料品种均能被收集归类介绍。为了便于教学,本课程则按商品分类法介绍各类烹饪原料品种及有关知识。

第二节　　烹饪原料的性质

我们伟大祖国疆域辽阔,地跨温、热带,平原广阔,海岸线长,江河交错,山脉纵横,四季分明,气候宜人,农、林、牧、副、渔业全面发展,为人们提供了丰富的食物原料。

烹饪原料种类繁多,按来源可分为:动物性原料(禽、畜、蛋、鱼、虾)、植物性原料(粮食、蔬菜、果品、植物油)和矿物性原料(碱、盐、矾)等3大类。在植物性原料和动物性原料中,又有鲜货、干品之分,还有人工种养、野生、水陆之别。总之,品种极多,性质各异,在烹调过程中必须熟悉原料的性质、特点,掌握原料的鉴别标准,才能为保证菜肴质量打下基础。

一、植物性原料

植物性原料种类很多,烹制菜肴的原料也比较广泛。常用的有豆类、叶菜类、茎根类、花菜类、果菜类、鲜果类、干果类、菌类、海菜类、植物油脂类、调味品类等(图8,图9)。

豆类:主要有赤小豆、大豆、绿豆、豌豆、蚕豆、芸豆等,通常以鲜豆和豆荚为原

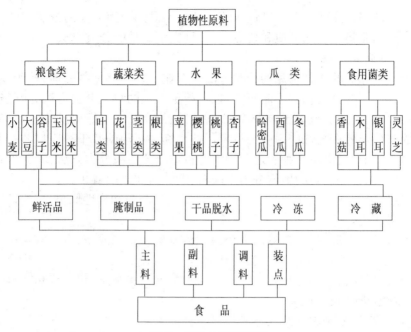

图 8　植物性原料简解

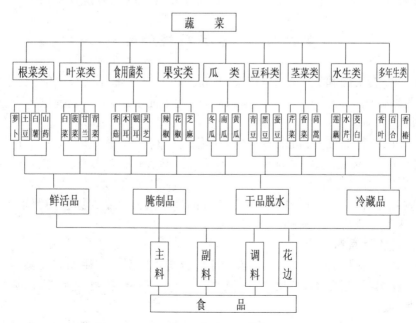

图 9　蔬菜类原料简解

料。有时也用豆腐(豆腐干)、黄豆芽、绿豆芽、豆酱、豆豉、油皮等制品。豆类和豆制品营养丰富,糖、蛋白质、脂肪、维生素含量都极丰富。

叶菜类:叶菜是指以肥嫩的叶作为烹饪原料的蔬菜。叶菜类是蔬菜中最主要的一类,品种很多。常见的有大白菜、小白菜、菠菜、油菜、韭菜、雪里蕻、香椿、茴香、芹菜、香菜等。叶菜含有大量的叶绿素、维生素和无机盐,但蛋白质、脂肪和糖的含量较少。与动物性原料搭配食用,可互相补充营养成分,并促进消化。

茎根类:是指以菜的细嫩茎秆和变态茎为烹饪原料的蔬菜。茎根的种类很多,茎类有莴苣、土豆、山药、竹笋、藕、葱头、茭白等,根类有萝卜、胡萝卜、芜菁等。茎根类多数含有糖类、蛋白质成分。也有些辛辣蔬菜含有挥发芳香油,具有调味的作用,如葱、姜、蒜之类,可作烹饪中的调料。

花菜类:花菜类是指以花作为烹饪原料的蔬菜。种类不多,常见的有黄花菜(金针菇)、菜花(花椰菜)、韭菜花等。花菜是植物最嫩和最容易消化的部分,营养丰富,含有丰富的维生素(A、B、C)和多种无机盐。

果菜类:是指以菜的果实为烹饪原料的蔬菜。常见有的番茄、茄子、辣椒、黄瓜、冬瓜、南瓜等。果菜含水分较多,营养成分不一,一般含有蛋白质、糖、胡萝卜素和维生素 C。

果实类:是指以木本植物和草本植物结成的果实为烹饪原料。果实是一个总称,包括范围很广,而且种类又多,作为烹饪原料常见的鲜果有杏、桃、苹果、樱桃、葡萄、梨、香蕉、橘子、鲜枣等。干果有核桃仁、花生仁、杏仁、桃仁、松子、莲子、葡萄干、干枣、柿饼、瓜子等。果实是人们日常生活中不可缺少的食品,它是人体所需维生素和矿物质的重要来源,它所含的糖分和有机盐结合为盐类,调剂人体内的酸碱平衡。果中多数含有蛋白质、脂肪、无机盐和多种维生素,营养价值较高。

菌类:是指各种朽木乱草、动物类骨腐以后,菌孢子在此繁殖而生成的植物。菌类味道鲜美,营养价值高,可做多种菜肴和配料。常用的有口蘑、猴头蘑、羊肚蘑、冬菇、香菇、银耳、草菇、木耳等。

海菜类:是指用作烹饪原料的各种海产植物。常用做烹饪原料的有海带、紫菜、鹿角菜等。海菜含有丰富的碘、钙、铁和无机盐等。

油脂类:植物油脂是指在植物的种子或果实中提取的油类。作烹饪用的有花生油、豆油、芝麻油、菜子油、向日葵油等。食用油脂是膳食中高热能食品,每 100克能产热 900～930 卡,饱腹作用强。用油脂烹调食物能使菜肴美观、香醇,并可使食物多样化。

油脂的营养价值,视其吸收率高低而不同,一般熔点在 37℃以下吸收率可达91%～98%,熔点在 37℃以上吸收率为 60%,熔点超过 60℃者则难于吸收(表 1)。

表 1　几种油脂的熔点(℃)和吸收率 (%)

油脂	猪油	牛油	羊油	香油	豆油	花生油	菜子油	黄油
熔点	28~36	40~50	44~55	一般是液体状态				
吸收率	97	89	81	98	97.5	98.5	99	97

调味品类:是指能使菜肴提高口味,增加香味,增添色泽,消除腥味等的材料,称调料,也叫佐料。

常用作烹饪原料的有糖、醋、酱油、酱、酒等。

糖在调味中常用的有冰糖、白糖、红糖、麦芽糖。

醋在调味中有广泛的用途,可去腥膻,使钙质溶解,保护维生素 C 少受损失,消毒杀菌。常见的有红醋、米醋、白醋。

酱油是烹饪中应用最广的调味品。

酱是某些菜肴不可少的调味品。常见的有黄酱、甜面酱、豆瓣酱、芝麻酱、花生酱、番茄酱、辣椒酱等。

酒在调味中用途广,可除腥味、增香味。常用的有绍酒、梨酒、白兰地等。

淀粉制品:常见的有粉皮、粉丝、淀粉。

其他佐料:指有特别味道的植物性原料,如大料、花椒、桂皮、丁香、陈皮、芥末、咖喱等,植物佐料多数含有机香味物质醇、酯、酮、醛,可使食物增加香味,抑制异味。

二、动物性原料

烹饪中常用的动物性原料,一般可分为家畜及脏腑品、家禽及蛋品、水产品(包括干品)等。动物原料营养成分很高,在烹调中占有重要地位。肉品主要成分是蛋白质、脂肪和少量的无机盐及多种维生素。脏腑品所含的无机盐、维生素比较丰富(图 10)。

家畜肉类:家畜肉是人类生活所必需的营养物质,特别是它所含的蛋白质是完全的动物性蛋白质,对人体发育、细胞组织再生、维持机体生理有重要作用。

家畜肉主要指猪、牛、羊等肉品。家畜肉品的质量决定于它的年龄、性别、品种,在同一躯体的不同部位肉的性质和功用也是不同的。家畜肉品含水量为 74%～77%,煮熟后约要减少 50%。家畜瘦肉及骨骼内含有胶原,加水煮后,可结成冻。

猪肉占猪躯体重量的 80%左右,滋味鲜美,营养丰富,适合于各种烹调要求,可与各种蔬菜配合使用,在烹饪中用途最广。牛肉占牛躯体重量的 60%左右,与猪肉肉质不同,各部位肉质差异较大,因此烹调方法也不同。羊肉占羊躯体重量的55%左右,肉嫩,但有膻腥味,烹调时应适当调味,以去异味。

家畜脏腑类:家畜脏腑品包括可食用的脑、舌、心、肝、腰、肺、肠、肚等。脏腑品

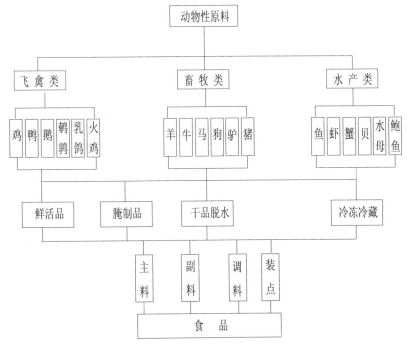

图 10　动物性原料简解

在烹饪原料中占重要地位,不但在形态、色泽、滋味方面比肉品多样化,而且维生素 A、维生素 B 含量比肉品多,肝脏营养成分特别高,其次是腰子、心。

家禽肉类:包括鸡、鸭、鹅等肉品。家禽肉品较家畜肉品的纤维素柔嫩,味美且易消化,营养成分较畜肉为高,蛋白质含量特别丰富,食后易于吸收。

此外,在菜肴中应用的还有鸽、鹌鹑等。

家禽脏腑品:包括脑、心、舌、肝、肠等,滋味鲜美爽口,营养丰富,可制作各式高级菜肴。

水产品类:水产品种类繁多,包括鱼、虾、蟹、蛤、螺等。水产品的品质和营养成分按其种类的不同而有所不同(图 11)。

鱼类:种类很多,海水鱼有加吉鱼、牙片鱼、黄花鱼、鲅鱼、鲨鱼、刀鱼、鲈子鱼、鳖鱼、鲮鱼、鲳鱼、黄古鱼、牛舌头、海鳗等。淡水鱼常见的有鲤鱼、鲫鱼、草鱼、鲢鱼等。鱼肉的纤维组织特别松软,含水量 70%～80%,熟后损失的水分仅有 10%～35%。鱼的营养成分与家禽大致相似,海鱼又是供给人体碘质的主要来源。

虾类:常见的有驰名中外的对虾,有作海米的红虾,还有桃花虾和作虾皮的小虾。虾肉饱满,肉质均匀,鲜嫩味美,蛋白质、矿物质含量丰富,是制作各种名贵菜肴的原料。

蟹类:常见的有海蟹和河蟹,肉质细嫩,滋味鲜美,营养丰富,可做多种美味高级菜肴。

贝类:常见的有海螺、大蛤、蛏子、海蛎子等,味美鲜嫩,是我国地方风味菜肴的主要原料。

此外,甲鱼、鳜鱼、乌鱼、鱿鱼等,也可做多种营养丰富的菜肴。

水产品是蛋白质的良好来源,一般含量在15%~21%,鱼类脂肪含量在1%~10%,无机盐在1%~2%,维生素含量极丰富,对人体的营养有重要作用。

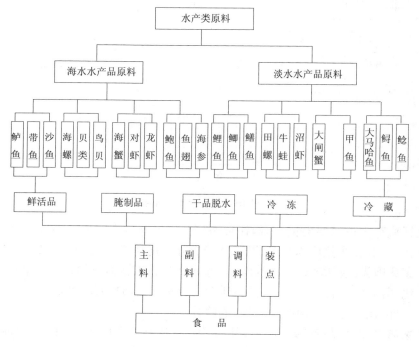

图 11 水产类原料简解

蛋品类:蛋品在烹饪中常用的有鸡蛋、鸭蛋,蛋黄占32%,蛋清占57%,蛋壳占11%。蛋清含有丰富的蛋白质和水分,蛋黄含有大量蛋白质、脂肪、无机盐和维生素。蛋类营养全面,利用率很高,为已知天然食物中最优良的蛋白质,每人每日摄入30~120克鸡蛋时,即可满足必需的氨基酸的需要。

奶类:奶类是一种完全食品,营养丰富,且适合于消化吸收。日常用的有牛奶和羊奶等。

动物油脂类:动物油脂常作烹饪原料的有猪油、牛油、羊油、奶油等。

动物性原料的制品类:常见的有火腿、腊肠、咸肉、熏肉、灌肠、香肚、肉松、风鸡、板鸭、烤鸭、腊鱼、腌鱼、糟鱼、鱼子干、虾干、海米、虾子、松花蛋、咸蛋等。这些制品给烹饪菜肴增加了很多花色品种。

三、矿物性原料

矿物性原料在烹饪原料中,常用的有碱、小苏打、明矾等,尽管用量很少,但却必不可少,在烹饪中占有重要地位。

四、山珍海味

山珍海味原料大多产量较少,取之不易,营养价值较高,价值昂贵。主要有猩唇、驼峰、猴头、熊掌、燕窝、凫脯、鹿筋、黄唇胶、鱼翅、银耳、果子狸、广肚、鲥鱼、哈什蚂、鱼唇、裙边、海参、龙须菜、大口蘑、川竹荪、赤鳞鱼、干贝、蛎黄、乌鱼蛋、鱼皮、鱼肚、鲍鱼等。

(一)燕 窝

是我国福建、广东沿海及海南诸岛金丝燕的窝。这种金丝燕以海里的小鱼、小虾和海藻为食物,用经过胃液消化的一部分食物,变成胶状物,吐出来筑的巢。产量很少,营养价值很高,含蛋白质50%、糖30%、无机盐10%左右,滋补性强。

燕窝有血燕、白燕、毛燕之分,其中以血燕为最珍贵。在同一品种中以质洁、透明、厚实、毛少的为好。

(二)鱼 翅

是鲨鱼鳍的干制品,种类很多。按部位分,背鳍叫脊翅,臀鳍叫钩翅,尾鳍叫尾翅,胸鳍叫翼翅。按地区来分,有热、温、寒三种产品。热带产的质量最好,多为黄、白两种色;温带产的与热带基本相似,也有灰色的质差;寒带产的大部分是青色。由于干制方法的不同,又可分为淡制品和咸制品。

鱼翅为典型的软骨组织,含蛋白质80%左右,并有少量脂肪、钙、磷、铁等。鱼翅在我国沿海各地均有生产,以海南岛、台湾、浙江、福建沿海产量较多。

(三)熊 掌

又名熊蹯,具有丰富的蛋白质、维生素等营养成分,是高贵的滋补原料,产于东北大小兴安岭等地。熊掌有前后之分,前掌窄而小,出肉率低,后掌宽而大,出肉率高。质量大致相同。

(四)蹄 筋

有猪蹄筋、牛羊蹄筋、梅花鹿腿上筋,带蹄的叫鹿蹄筋(与猪牛羊蹄筋不一样),不带蹄的叫鹿筋。鹿筋和鹿蹄筋是吉林特产,主要营养成分为品质不理想的弹性蛋白质和生胶质蛋白。

(五)猴 头

又名猴蘑,是生长在树杈间的一种菌类,皮外生有棕黄色的蘑,形象似猴头,故称猴头菇,以吉林产的为最佳,洛阳产的次之。

(六)银　　耳

又称白木耳,产于四川、贵州等地,我国近几年人工培植成功。据传银耳、燕窝能互相补益,有化毛去尘之效,故高级筵席中多在上燕窝之后跟上银耳菜肴。

(七)鱼　　肚

是由鱼的浮沉器官鱼鳔干制而成,产于我国沿海,以广东的"广肚"为最好。鱼肚中含有丰富的不完全蛋白质,还有少量的磷、铁、钾等。

(八)干　　贝

是一种扇贝(包括海蚌、干贝蛤、江珧柱)的闭壳肌干制而成。我国广东、广西、烟台、青岛、旅顺等沿海地区均有出产。干贝含有 67%的蛋白质、6%的糖,味道鲜美,营养丰富,是高级菜肴原料。

(九)哈什蚂

是吉林长白山的特产,形如青蛙,红肚皮,喜吃人参苗。食用部分是肚内的油脂,黄色,形似橘子瓣,泡开如棉花瓣,是一种较名贵的滋补品。

(十)鱼　　骨

是鲨鱼软骨和鲟鱼的头骨干制而成,营养较为丰富。

(十一)鱼　　唇

是鲨鱼、蝗鱼嘴边的肉干制而成,海南岛一带出产较多,以色泽透明者为佳。

(十二)鱼　　皮

是鲨鱼皮干品,产地与鱼翅相同。

(十三)裙　　边

是海鳖裙边的干制品,产于海南岛。

(十四)口　　蘑

是生长在陈腐的牛羊骨堆上的一种菌类,因多产于内蒙古、张家口以北等地,并在张家口集散,故称口蘑。可分口叮、口片、口菇三种。口叮是较小的蘑菇,白色伞顶未开花,质量较好;口片是已经散花的大蘑干片,无梗,色泽白中带黄;口菇指开花蘑菇,带梗,质差。口蘑含有大量的矿物质和维生素等。

(十五)鲍　　鱼

是贝类的一种,一面有壳,呈半圆形。中药里的石决明就是鲍鱼壳,我国主要产区是广东、烟台,种类有七八种,盘大鲍鱼是烟台有名的产品,其次还有杂色鲍鱼、耳鲍等。鲍鱼含有丰富的蛋白质、钙、铁、碘和维生素(A、B、C)等。

(十六)海　　参

是名贵原料,含有大量的蛋白质、脂肪、糖,是比较理想的原料,是肾脏、高血压、动脉硬化病患者最佳营养补品。也是烹饪中常用的名贵原料。

海参一般可分为有刺和无刺两类,有刺的为刺参,无刺的为"光参"或"秃参"。

我国东北沿海所产的红旗参为海参的珍贵品种。南方参无刺者居多,皮较厚,肉质粗;北方参体刺多,皮薄而细,质量较佳。海参主要含蛋白质61.4%、糖11%、脂肪0.27%、灰分4.45%、无机盐(钙、磷)3.4%。

(十七)赤鳞鱼

又名石鳞鱼,产于山东省泰山深泉塘石崖中,其分水翅上有红边。鱼鳞闪闪发光者为金赤鳞鱼,质量最佳;颜色发黑青者为青赤鳞和草赤鳞,质次之。

(十八)蛎　黄

即牡蛎、蚝、贝壳类,产于南海和浙江沿海一带,山东沿海亦有生产,以蓬莱产品为佳,味鲜美,含有蛋白质45%、脂肪10%左右,并可熬蚝油、提炼味精等。

第三节　　烹饪原料的选择

一、烹饪原料选择的目的和作用

烹饪原料是烹饪工艺的实施对象,是制作烹饪产品的物质条件。因此,要制作良好的食品,在正式烹饪之前,必须对所用的原料进行认真的选择,按照一定的食品营养卫生标准和制作要求,有目的地按一定的方法选择合适的原料,用于烹饪制作。

讲究选料,是中国菜点制作的特点之一。对烹饪原料的选择,其根本目的是为了使烹饪原料得到合理的应用,符合菜点的制作需要,同时符合人体合理营养的需要和卫生的基本要求。应用于烹饪的原料种类极多,各类原料又有众多的品种,每一种品种又有产地、产季的不同,有的还经过加工复制,因而同一种原料其质量和感官形态在不同的情况下有较大的差别。在烹饪过程中,如不按各种原料的性质进行选择,不仅很难合理地使用,发挥烹饪原料固有的特点和效用,而且还会造成对烹饪原料的浪费。

烹饪原料不经选择或选料不当而使用,其制作的食品质量是无法保证的。每个菜点的制作有不同的方法和不同的质量要求,对所用的原料质量要求也就不同。不同的原料质量是形成菜点不同质量的基本前提。比如涮羊肉,在用料要求上,必须选用25~30千克重山羊的上脑、大三岔、小三岔、磨裆、黄瓜条五个部位的瘦肉,才能达到其菜品的质量要求。又如川菜的灯影牛肉所选用的牛肉,只能是体积大、筋膜少、肉质嫩、香味足的牛后腿肉,加上精细的刀工处理,才能达到肉片薄、香味浓的特点。由此可见,选料反映在菜点的制作上是一项有目的的选择工作,只有这样,才能保证菜点在色、香、味、形及口感等方面的质量标准。

对烹饪原料的选择使用也是一项技术,是烹饪技术的重要组成部分,并与烹饪的其他技艺相辅相成。烹饪原料不经选择而使用,即使有良好的刀工处理技术和烹调技术,与经过精细选料而没有较好刀工与烹饪技术一样,都很难保证菜点的质量。合理选料,是菜点制作各项烹饪技术正常发挥的前提和保证;而菜点制作的各项技术水平的提高,也能促进选料技术的提高,使选料更合理、更准确。

综上所述,对烹饪原料的选择,可以起到以下几方面的作用:

第一,使原料在烹饪中得到合理的使用,有效地发挥其使用价值和食用价值。

第二,为菜点制作提供合适的原料,可保证其基本质量,达到应有的质感要求,并保持和形成一些菜点品种的传统特色和风味特点。

第三,促进烹饪技术的全面发展和逐步完善,使食品的加工更具有科学性、合理性。

二、烹饪原料选择的原则和要求

(一)选料的原则

1.必须按照烹饪食品营养与卫生的基本要求选择原料。烹饪食品是人类生活中高层次的需要,人们必须从食物中摄取各种营养素,以满足自身的生长、发育及各种社会活动消耗的需要。为了保证身体的健康和口腹的享受,食物还必须符合卫生要求和具有良好的感官性状。但是,自然界动、植物原料的生长、生活条件和环境不同,加之外界因素的影响,使之形成了不同的营养成分构成和卫生状况。它们能否作为烹饪食品的原料, 必须根据人们对食物营养和卫生的基本要求来选择,防止对人体可能造成的有害影响。

2.必须按照烹饪食品不同的质量要求选择原料。一般情况下,大部分的菜点品种所使用的原料有一定的要求和规格, 尤其是一些地方名菜点和传统品种,对原料的选用十分讲究,有严格的质量要求。因此,只有按照菜点制作的质量要求选择合适的原料品种和不同部位的原料,才能保证烹饪食品的质量和特点。

3.必须按照原料本身的特点和性质选择原料。各种原料的性质是不相同的,如口感的不同,质地的老嫩,外观的优劣等,这些性质反映了原料不同的特点。选择原料就是要根据原料不同的性质特点,加以区别,做到看料做菜,扬长避短,专料专用,综合利用,充分发挥原料在烹饪中的作用,避免原料的浪费和选料不当而造成烹饪食品质量的下降。

(二)选料的基本要求

选料是一门技术,对它的掌握需要反复实践和不断总结经验。选料必须做到以下几点:

第一,对选料的重要性要有正确认识,在思想上和工作中重视选料工作,掌握选料的基本原则和要求。

第二,要熟悉各种原料的产地、产季和性质特点,掌握它们最佳的使用时间、使用范围和使用方法。

第三,要掌握各种烹饪食品所使用原料的质量要求和不同质量的原料对烹饪质量的影响,真正做到因菜选料,因料施烹,使烹饪的食品达到完美的境地。

第四节 烹饪原料的品质鉴定

一、品质鉴定的意义

所谓品质鉴定,就是根据各种烹饪原料外部固有的感官特征的变化,运用一定检验手段和方法,以判定原料的变化程度和质量的优劣。由于烹饪原料的品质是决定烹饪食品质量的重要因素,因此,搞好原料的品质鉴定工作,对保证烹饪食品的质量有十分重要的意义。

烹饪原料的品质鉴定是选用的前提,不经品质鉴定,是无法实现选用效果的。确切地说,选料的过程就是对原料品质鉴定的过程。在前一节我们已经讲到,选料必须根据菜点的质量要求和原料的性质特点进行,原料的性质如何,必须经过一定的检验才能判别。假如原料因外界各种因素的影响而发生外观形态和内部质的变化,这样的原料就只能根据变化的程度进行慎重的选用,才能保证食品的质量。

烹饪原料进入烹饪过程往往需要一段时间,因此必然会受到运输、保管等条件及环境因素的影响,使之受到不同程度的污染和损伤,发生从外部到内部一系列的变化。对这样的变化必须进行检验,根据变化的情况,正确地鉴定其品质。对原料品质的鉴定,是对原料性质进一步了解认识的过程,也是对促使原料变化的各种因素了解认识的过程。这不仅为合理选用原料提供了依据,而且可以对质变的原料进行针对性的加工处理,不致造成材料的浪费和影响食用者的健康。同时,也为不同的原料采取有效的贮藏保管方法提供了依据,使之有效地保证烹饪原料基本的品质要求。所以具备鉴定原料品质的有关知识,掌握基本的鉴定技术和方法,是厨师从事烹饪工作应有的条件。

二、烹饪原料品质的基本要求

对烹饪原料品质的基本要求,首先是根据人类对膳食的要求和合理营养的原则来确定的;其次也是按照人们对原料的使用习惯和食用价值决定的。其基本要求是:

(一)必须具有营养价值

即含有人体所需要的各种营养成分,能满足人体自身的需要。如营养成分种类不全、数量不足、质量不好,烹饪原料的品质就较差。

(二)必须具有食用价值

即应有正常的良好感官性状,符合人的口感要求和食用习惯,易被消化吸收,能满足口腹的享受需要。

(三)必须符合一定的卫生标准

即烹饪原料从内部到外部,不应存在有害人体健康的物质,如有的原料有一些生物毒素,有的被污染了有害的化学物质,还有的因腐败变质产生致病毒菌等,这些都不符合烹饪原料的品质要求,必须严加甄别。

三、品质鉴定的依据和标准

根据烹饪原料品质的基本要求,对原料品质鉴定的依据和标准主要有以下几点。

(一)原料固有的品质

它包括营养价值、口味、质地等指标,也就是原料本身的使用价值。使用价值越大,品质就越好。这同原料的品种、产地有密切的关系。对原料固有品质的了解和掌握,必须建立在运用现代科学检测手段的基础上,还必须通过长期对原料运用的实践才能逐步达到。

(二)原料的纯度和成熟度

这是反映原料品质重要的感官标准。原料的纯度高,成熟度恰到好处,品质就好。其中成熟度是否恰到好处,同原料的饲养或栽培时间、上市季节有密切的关系。不同原料的成熟度有不同的衡量标准。

(三)原料的新鲜度

新鲜度是鉴定原料品质最重要最基本的标准。存放时间过长或保管不当,会使烹饪原料新鲜度下降,甚至引起变质。这些变化一般都会从外观上反映出来,我们可据此判断其品质的优劣。

1.形态的变化。任何原料都有一定的形态,越是新鲜,越能保持它原有的形态,反之形态必然变化、走样。例如,不新鲜的蔬菜干缩发蔫,不新鲜的鱼会变形脱刺。通过对原料形态改变程度的观察,我们就能判断原料的新鲜程度。

2.色泽的变化。每一种原料都有天然的色彩和光泽。例如,新鲜猪肉一般呈淡红色,新鲜鱼的鳃呈鲜红色,新鲜的对虾呈青绿色等。在受到外界条件的影响后,它们就会逐步变色或失掉光泽。凡是原料固有的色彩和光泽变为灰、暗、黑或其他不应有的色泽时,都说明新鲜度已有降低。

3.水分的变化。新鲜原料都有正常的含水量,含水量变化,说明原料品质有了问题,特别是含水量丰富的蔬菜和水果,水分损失越多,新鲜度也就越低。

4.重量的变化。就鲜活原料而言,重量的改变也能说明原料的新鲜程度改变,因为原料通过外部的影响和内部的分解,水分蒸发,就会减轻重量。如同样的原料,重的就是新鲜的,轻的就是不新鲜的,重量越轻,新鲜度也就越低。干货原料则相反,重量增加,表明已吸湿受潮,质量就会下降。

5.质地的变化。新鲜原料的质地大都坚实饱满或富有弹性和韧性,新鲜程度降低,原料的质地就会变得松软而无弹性,或产生其他分解物。

6.气味的变化。各种新鲜的原料,一般都有其特有的气味,凡是不能保持其特有的气味,而出现一些异味、怪味、臭味以及不正常的酸味、甜味的,都说明原料新鲜度已经降低。

(四)原料的清洁卫生

这也是反映原料品质外观的标准。原料必须符合食用卫生的要求,凡腐败变质或受到污染或夹有污秽物质、虫卵、致病菌等,均说明其卫生质量下降,已不适于食用。

四、品质鉴定的方法

鉴定原料品质的方法,大体上可以分为理化鉴定、感官鉴定两类。

(一)理化鉴定

理化鉴定包括理化检验和生物检验两个方面。理化检验是利用仪器、机械或化学药剂进行鉴定,以确定原料品质的好坏。运用这种方法鉴定比较精确,且具体而深刻地分析食品的成分和性质,作出原料品质和新鲜度的科学结论,还能查清其变质的原因。生物检验主要是测定原料或食物有无毒害,常用小动物做试验。此外还有用显微镜进行的微生物检验,这种方法可鉴定原料污染细菌、寄生虫情况。进行上述各种检验方法的鉴定,必须有一定的试验场所和设备,检验者也必须掌握熟练的技术和具有一定的科学知识。因此,一般由国家专门设立检测机构,以监督检查市场食品卫生质量。某些原料须经检验,合格后才能供应市场。近几年来,随着人们饮食水平的不断提高和对食品越来越高的要求,理化检验手段也逐步进入饮食行业,有关部门开始对烹饪原料烹调成菜肴成品后的营养成分变化和营养价值确定等进行检测工作,这对促进中国烹饪进一步朝理论化、科学化方向发展将起重要的推动作用。

(二)感官鉴定

各种原料都有本身固有的感官性状,这是原料品质的外部反映。在对原料应有的感官性状了解的基础上,人们通过眼、耳、鼻、舌、手等感觉器官进行感知,来比较、分析、判断确定其品质的检验方法就叫感官鉴定。用感官鉴定原料品质的方法是烹饪工作中最实用、最简便而有效的检验法,具体的方法有下列几种:

1.嗅觉检验。就是运用嗅觉器官来鉴定原料的气味。许多食品和副食品都有正常的气味,如肉类有正常的香味,新鲜的蔬菜也有清香味。如出现异味,就说明品质已有问题。

2.视觉检验。视觉检验的范围最广,凡是直接能用肉眼根据经验辨别品质的,都可以用这种方法,即以原料的外部特征(如形态、色泽、结构、斑纹)进行检查,以确定品质的好坏。

3.味觉检验。人的舌头上面有许多味蕾,当味蕾接触外物、受到刺激时即有反应,不论甜、咸、酸、苦、辣哪一种滋味,都可以辨别出来,这就是味觉。有些原料就可以通过味觉特征的变化情况鉴定其品质好坏。

4.听觉检验。音波刺激耳膜引起听觉。某些原料可以用听觉检验的方法来鉴定其品质的好坏,如鸡蛋就可以用手摇动,听蛋中是否有声音来确定蛋的好坏。

5.触觉检验。触觉是物质刺激皮肤表面的感觉。手指是较敏感的,接触原料可以检验原料组织的粗细、弹性、硬度等,并以此确定其品质的好坏。肉类、鱼类、蔬菜类都能用这个方法鉴定原料的品质。

感官鉴定的方法,大体上就是这5种。这5种方法并不是孤立使用的,有的原料往往要几种方法同时并用,才能收到好的效果。如检验一块肉,观察它的形状、颜色、结构有无变化,闻闻气味是否正常,还可以摸摸其质地。这样根据经验判断,基本上能对肉的品质作出较正确的结论。

在实际工作中,感官鉴定品质的方法是常用的基本方法,它不需要设备,简单易行,可以很快地得出结论。但是,感官鉴定不如理化鉴定精确可靠。

第五节　　烹饪原料的保管

一、烹饪原料保管的目的和作用

饮食店的原料大都成批购进,有适当贮备才能供随时取用。因而,烹饪原料的保管就成为饮食业的一项日常工作,直接关系到原料的质量,所以搞好原料的保管十分重要。

原料保管中防止原料质量的下降,是企业减少浪费,降低成本,保证菜肴质量的重要环节。作为烹饪人员,必须掌握保管原料的知识和方法,才能搞好原料的保管。

烹饪原料种类繁多、性质各异,因此保管原料首先要熟悉各种原料的性质特点,其次还要全面了解影响其质量变化的各种原因,同时,还要针对不同的情况,采取相应的保管措施。只有这样,才能有效地防止原料霉烂、腐败及虫蛀等情况的发生,尽可能地保持其原有的内在质量(质地、营养成分)和外观(形态、色泽)性状。

二、影响烹饪原料质量变化的因素

引起原料质量变化的原因很多,而且多为综合性的因素所造成。

(一)原料本身的性质特点引起的变化

一般食品原料的组织内皆含有多种组织分解酶、性状不安定的营养成分,以及不很安定的胶体物质,这些都是促使原料质量变化的自身因素。食品组织酶能引起食品内部的生物化学变化。如肉、鱼类组织的僵直和自溶过程,粮谷、蔬菜在收获后仍有呼吸现象等,都是这种酶活动的结果。含不安定的胶体物质的食品如奶,由于酸度的增高会使奶的胶体状态破坏而发生凝固现象。一些不安定的营养素如维生素、脂肪等,极易分解破坏而导致原料的变质甚至腐败。

(二)外界不良条件引起的变化

外界不良条件是极其复杂的因素,一般可分为生物的、物理的和化学的 3 个方面,其中以生物因素的原因为主。

1.物理因素。包括温度、湿度、光线、空气等的影响。

温度的影响。过低的温度,会使某些原料冻坏、变软甚至腐烂崩解;而过高的温度,又会使原料的水分蒸发,引起干枯变质,促进生化作用的加速进行,也有利于害虫、细菌的繁殖和生长,使原料被蛀蚀、霉烂或腐败变质。温度过高还会使马铃薯等蔬菜因呼吸增加而发芽,引起质变。

湿度的影响。由于空气的湿度过大,会引起一些干货原料的吸湿转潮而使之发霉变质。有的原料还会结块、变色,如面粉等。

日光的影响。日光的照射会加速原料的变化,例如,脂肪在日光照射下会加速氧化,使之酸败分解。有的原料因日光照射而变色,营养成分受损或滋味变坏。某些禾谷、蔬菜类在日光照射下,可因温度增高而引起发芽。

此外,有些多孔及含脂肪的原料很容易吸收外界的异样气味而引起气味和外表的变化。例如蔬菜与动物性原料放在一起,就会染上动物性原料的气味。

2.化学因素。主要指一些重金属化学物质对原料的污染。原料盛装器皿混有如铅、铜、锌等重金属元素,可作为催化剂促进酶的作用,加速食品的腐败变质,而且对人体健康有直接的不同程度的危害。

3.生物因素。包括微生物和昆虫等的作用,其中微生物的危害较大。

微生物的影响。微生物主要指霉菌、某些细菌和酵母菌,它们的活动与温度、湿度、酸碱度有很大的关系。霉菌在温度较高的潮湿环境中和中性或弱酸、弱碱的情况下,容易繁殖,活动性很强。原料受潮后由于含水量增高,就会被霉菌侵袭而发霉,在内部或外部出现斑点,变色并产生霉味,如粮食、花生等尤其易被霉菌污染而变质。

细菌是很小的单细胞微生物,适应性很强,能在各种环境中生存繁殖。有的能在高温下继续生存,有的在低温中亦能存活,有的在盐溶液浓度较高时也能繁殖,有的还能在无氧的条件下活动。它们一般最宜生活的温度在 25℃～30℃。自然界有很多细菌会使原料腐败变质,如牛奶感染了乳酸杆菌,会使其含有的糖分解而产生乳酸,使牛奶发酸;肉类感染了变形杆菌、产芽孢杆菌等,就会使蛋白质分解而引起腐败变质,产生腐败臭味。

酵母菌有引起发酵的特性,它普遍存在于自然界中。天然酵母菌可使一些食物表面生长白毛,有的酵母菌使泡菜变红,有的还能发酵水果中的糖,有的会使黄酒和啤酒浑浊发酸,最终使食物和原料的品质下降。但另一方面,某些酵母菌通过人工培养,获得纯的菌种可以用作食品的发酵,制作面包、酿酒或生产各种调味品。

虫类的影响。虫类的范围也很广,新鲜的蔬菜、干货原料及粮食等都可能被虫类侵害。烹饪原料受了虫类的蛀咬、侵害之后,轻则破坏外观,减轻重量,降低质量,严重的还可使原料完全变质,不能食用。

三、原料保管的方法

原料的保管,不管是采用传统的方法还是现代技术保管的方法,其基本原理主要是通过一定的手段和方法,有效地控制原料的温度、水分、pH 值、渗透压,造成不适于微生物发育、繁殖的环境,抑制酶的活动,以抑制及杀灭微生物,抑制和破坏原料组织酶的活性,从而控制原料的腐败变质,达到保藏的目的。同时创造良好的保管条件和环境,防止其他各种因素对原料的影响,保证原料的基本质量。烹饪原料的保管主要有以下几种方法:

(一)低温保藏法

低温保藏法又称冷藏法,是保藏烹饪原料最普通、最常见的方法。因为低温可以有效地抑制微生物的生长繁殖,还能延缓或停止原料内部组织的生化过程,所以一般烹饪原料都可以用低温的方法保藏。低温保藏法主要运用冰块或机械及化学剂制冷,把绝对温度降低在一定水平上,使原料处在低温状态下。如冰箱、冰柜及冷冻库等,都是运用低温保藏法的常用设备。低温保藏的温度要随着不同的原料而定,比如动物性原料鱼类、畜禽肉类,一般在 0℃以下,而蔬菜就不宜过低,一般应在 0℃～4℃。

把原料保藏在 0℃左右的温度下,是一种常用的短期保藏原料的基本方法。如果原料需长期保藏,必须应用冷冻的方法,就是把原料保藏于 0℃以下更低的温度中,使原料冻结。通常冷冻方法又可分为缓慢冷冻和快速冷冻两种。

缓慢冷冻,就是把温度逐渐降低至原料所需冰点。这种方法能使原料内部可溶性物质含量较少的组织液首先形成冰结晶,并随着温度的逐步下降而使结晶块不断增大,以致细胞内原生质发生脱水现象,同时压迫周围细胞,使细胞发生变形或破裂,故在解冻时,由于冰融化的水较多,而细胞的持水能力下降,又不能很快地渗透到细胞内而流出,致使细胞不能恢复原状,原料感官性状发生改变,可溶性物质及一些芳香性物质也会随水流出而损失。

快速冷冻,是以骤然下降的低温(-20℃以下)将原料快速冻结起来的方法。因温度低,故在原料组织的细胞内及细胞间能同时形成许多小的冰块,使之周围的细胞膜受到极小的损伤,解冻后,溶化的水分仍保留在细胞组织内外,易使细胞恢复原状。因此营养成分损失较少,感官质量亦不受影响。比如新鲜蔬菜进行强制速冻,一般用 20 分钟或更少时间,细胞壁可以基本不受破坏,因而也就较好地保持了蔬菜原有的新鲜质量。

冷冻法的保藏时间较一般的冷藏法为长,但冷冻法所需要的条件、设备很讲究,在饮食业内部则使用较少。而且由于冷冻程度强,原料在使用时,必须解冻,不适当的解冻方法也会严重影响原料的质量。解冻一般以自然解冻为好,但时间较长。现在有些国家在食品工业上对冷冻原料采用"高频解冻法",即通过感应电产生高频波均衡地到达原料的深部,缩小表里之间的温差,这种方法对保持原料的品质特别有利。

采用低温保藏法,为保证保管原料的质量,根据各种不同性质原料的临界温度保持足够的冷度是首先的要求。其次也应注意冷藏的湿度,湿度过高,加之温度控制不当原料容易发霉,湿度过低则易造成原料的冻干而变质。除此还要防止冰块及冰水污染原料,不可让原料与它们直接接触。另外,原料冷藏时应互相隔离,特别在原料已有轻度变质时尤要注意,否则会互相污染气味,影响质量。

(二)高温保藏法

高温保藏法也是饮食业保管原料和食品经常使用的方法。因为微生物对高温的耐受力较弱,当温度超过 80℃时微生物的生理机能即减弱并逐步死亡,这样防止了微生物对原料的影响。同时高温还可以破坏原料中酶的活性,防止原料因自身的呼吸作用、自体分解等引起的变质,以达到原料保藏的目的。

高温保藏法一般是将原料或食品通过加热,提高温度而杀灭微生物。在食品工业中,主要应用于罐装食品的生产,密封后可长期保藏食品。而在饮食业是一种短期的或暂时性的原料处理措施,如需过夜的剩余半制品原料和成品,又如蟹肉的传统保管也采用高温熬煮,可存放较长时间而不变质。采用高温加热后的原料或食品,应立即降温,否则原料或食品内部的温度不迅速散发,也会引起变质。高温处理后的原料或食品,还要注意防止重新污染,不然仍会变质。

(三)脱水保藏法

脱水保藏法就是通过一定的干燥方法,使原料降低含水量,从而抑制微生物生长繁殖达到保藏原料目的的一种方法。原料脱水的方法有日晒、晾干和加热烘干等。

由于原料脱水是暴露于空气中或阳光下和经过加热实现的,因此不仅容易使营养成分受到一定程度的破坏(如蛋白质变性、脂肪的流出和氧化等),而且也容易使原料受到污染(如空气中的灰尘),同时还会改变原料的感官性状。所以原料脱水应尽量以保持原料的营养成分、原有的感官性状及经吸水后仍能较好地恢复原状为原则,采用适当的脱水方法,改善脱水时的条件,提高脱水保藏原料的效果。脱水保藏的方法一般适用于蔬菜、山珍、海味等原料。

(四)密封保藏法

密封保藏法是将原料严密封闭在一定的容器内,使其和日光、空气隔绝,以防止原料被污染和氧化的方法。这种方法可以使原料久藏不坏,如罐装的蘑菇、冬笋、芦笋等。有些原料经过一定时间的封闭,还可使其风味更佳,如陈酒、酱菜等。豆瓣酱、酱油瓶中,注入一点麻油,霉菌就不易生长;火腿表面涂上石蜡,即可长期保管不变质。这些都是运用隔绝空气原理的密封保藏法。

(五)腌渍和烟熏保藏法

腌渍和烟熏,一方面是加工制作食品的方法,可增加各种食品的风味特色,另一方面又能达到较长时间保藏的目的。常见的方法有以下几种:

1.盐腌保藏法。这是家庭、饮食行业、食品工业常使用的方法。它是利用在盐腌原料的过程中所产生的高渗透压使原料中的水分析出,同时使微生物细胞原生质水分渗出、蛋白质成分变性,从而杀死微生物或抑制其活动及抑制酶的活力,达到保藏原料的目的。不同的微生物对各种盐浓度的抵抗力不同,一般盐腌法使用的食盐浓度在10%～15%,就可抑制微生物的生长。因此,盐腌时应注意盐的适当使用量,并在低温环境下腌制,才能达到较好的效果。盐腌后部分维生素、无机盐可随水分而析至盐水中或被破坏损失,同时能使动物性原料的肌纤维变硬,不易被人体消化,故盐腌会使原料的营养价值降低。但是原料用盐腌后有特殊的风味,加工烹制后香味浓郁,口感鲜咸,加之此法简单易行,所以被广泛运用。

2.糖渍保藏法。以糖渍保藏原料的原理、方法同盐腌相似,就是把原料浸在糖溶液中,利用糖溶液的渗透压作用,抑制微生物的生长繁殖活动以达到保藏原料之目的。此方法也用于食品的加工,如蜜饯、果脯、炼乳、果酱的制作。以糖渍原料,糖的浓度应在60%～65%,才有良好的效果,能使原料保藏较长时间,同时具有较佳的风味。

3.酸渍保藏法。酸渍是利用食用酸来提高原料的氢离子浓度,抑制腐败菌生长繁殖的保藏原料方法。因为大多数的腐败菌在pH 4.5以下时发育会受到抑制。用于酸渍的食用酸均为有机酸,如醋酸、柠檬酸和乳酸等。其中醋酸酸性最强,乳酸酸性最弱,故常见的醋渍黄瓜、糖醋大蒜,就是用含醋酸较多的食醋腌渍的。另外,还能利用特殊微生物的发酵作用,使原料本身所含的糖发酵成酸来保藏原料,如泡菜、酸白菜等,就是利用乳酸菌发酵的作用,一方面抑制了其他腐败微生物的生存,使之具有保藏的作用,另一方面还可以增强酸发酵制品的风味。

4. 酒渍保藏法。这是一种利用酒精所具有的杀菌能力而保藏食品原料的方法。即用酒或酒糟浸渍原料,既可达到较长的保管时间,还能增强食品原料的特殊风味,如醉蟹、醉虾等,都是用酒渍方法加工的。酒渍保藏法对酒很讲究,白酒酒精含量高杀菌能力强,适用于鲜活的水产原料,黄酒酒精含量少,且具香味,适用于需出水后酒渍的原料,如醉鸡等。

5.熏制保藏法。这是一种用烟熏烤加工食品的方法。在饮食业常用此法制作菜肴,如熏鱼、熏鸡等。食品加工业运用此法,可增加食品的风味,还可使食品长期保藏,如熏腊肉制品。因为烟熏能提高原料的渗透压,使原料部分脱水,另外烟中含醛酚等物质能防止细菌的生长而达到防腐保藏的作用。但是烟中也含有苯环芳烃类的有毒物质,所以对烟熏的原料及材料选择必须注意,以减少有害物质的污染。

(六)气调保藏法

气调保藏法是目前一种先进的原料保藏方法,它以控制贮藏库内的气体组成来保藏食品及烹饪原料,多用于新鲜蔬菜及水果的保藏。

控制贮藏库内的气体组成,主要指降低库内的氧气含量和适当提高二氧化碳含量,并配以适宜的低温,使蔬菜或水果的呼吸作用降到最低的水平。使乙烯的产生受到显著的抑制(乙烯是水果的成熟激素,是一种不利于水果、蔬菜长期贮藏保鲜的气体),因而能够较长时间地保持原料的品质和鲜度。比如,贮藏西红柿,库温控制在 6℃~8℃,空气中氧和二氧化碳分别控制在 3%~5% 和 5%~9% 的,可贮藏 5 个星期仍保持原来鲜度;贮藏豌豆类,库温控制在 0℃,氧气和二氧化碳分别控制在 10% 和 3%,可以贮藏 4 个星期;贮藏菠菜,库温控制在 0℃,氧气和二氧化碳都控制在 10%,可贮藏 3 个星期;贮藏土豆,库温控制在 3℃,氧和二氧化碳分别控制在 3%~5% 和 2%~3%,可贮藏 8~9 个月。可见,根据不同的原料,控制不同的库温和氧及二氧化碳含量,将直接影响贮藏时间的长短。

气调保藏法还可因陋就简,利用塑料薄膜大帐和塑料薄膜口袋的密封性能,减少原料与空气的接触,贮藏原料。目前这种先进的气调贮藏技术被迅速地推广应用,这对改进原料的保管方法,提高原料的保管质量,防止浪费,改善市场的供应,将起到越来越大的作用。

(七)核辐射保藏法

这是一项新兴的应用原子能保藏原料的技术。经研究表明,原料经辐射后其蛋白质、脂肪、糖等仍与原来基本相同,对人体也无相关的有害作用,因此辐射保藏原料是一种对人体绝对安全的方法。这种方法主要是将原料放在密封的设备里,经一定剂量的射线辐射,杀死原料中的微生物、害虫及虫卵,延缓原料组织新陈代谢,起到消毒、杀虫、防毒、防腐、抑制发芽或推迟成熟的作用,从而延长原料的保藏时间,提高保藏的质量。

目前,世界上已有 30 多个国家批准了 76 种核辐射食品可供人们食用。我国卫生部也于 1985 年正式批准颁发了大米、土豆、大蒜、蘑菇、花生、香肠等辐射食品的卫生标准。随着人们对辐射食品的认识,辐射保藏技术将会迅速地推广利用。

另外,有些动物性原料,购进时是活的,可根据烹调的需要,或当场宰杀进行加工处理,或在短时间内活养,随用随杀。某些原料品种经短期活养质量会更好。例如,某些河蚌、鱼、蟹等,购进时带有污秽物质和泥土气味,养一段时间后,可使其清洁和泥土味消失,味道更鲜美。又如从外地采购的家畜、家禽,旅途劳顿,体肉减瘦,活养一段时间,可以使其恢复元气,质量提高。活养的要求是养活、养好,便于烹调。活养应根据不同的品种采用不同的方法,如鲜活鱼、虾就应在清水里(最好是河水),并且要经常换水;螃蟹则应用湿蒲包将其排实扎紧,使其减少活动,否则易消瘦或死亡。

综上所述,原料保管的方法很多,但必须根据不同原料的性质和引起原料腐败变质的原因,选择适宜的保管方法,有效地杀死或抑制微生物的生长及酶的活性,保持原料的营养素和良好的感官性状,才能达到原料保藏的目的。

同时,我们每位烹饪工作者,应懂得物质发生变质、腐败的原理并掌握常用的几种贮藏保鲜方法,才能在日常工作中灵活运用,做好烹饪原料的保管工作。

物质变质腐败的主要原因是空气中的氧气与物质中的营养成分发生化学反应,产生出微生物——细菌,使物质变质腐败。空气中有73%的氧气,它对人类和大自然赐与了生命的保障,同时也给各种有害物质的产生和活动提供了条件。保鲜的首要条件是脱氧,因此产生了真空(无氧)包装法、低温冷藏法、腌制法(分糖腌和盐腌两种)、干燥法、脱水法等保管方法。各种原料应视质量不同,所处条件不同,分别采用不同的保管方法。

关注大众健康,倡导科学饮食!

第三章　畜　肉

第一节　家畜肉的主要种类和特点

一、猪　肉

在我国人们的肉类消费量中,以猪肉为最多,约占肉食品消费总量的 80%,这与我国的农业、畜牧业的具体情况有关,也与人们千百年来形成的饮食习惯有关。

猪肉中含有较多的肌肉脂肪,因而烹调后滋味比其他肉类鲜美。猪肉本身的品质因猪的饲养状况及年龄不同而有所不同。猪肌的颜色一般呈淡红色,煮熟后呈灰白色,肌肉纤维细而柔软,结缔组织较少,脂肪含量较其他肉类为多。育龄为 1～2 年的猪,肉质最好,鲜嫩、味美,肉色为淡红。饲养不良和育龄较长的猪,肉呈深红并发暗,质硬而缺乏脂肪。猪肉的质量与猪的品种有很大关系。

在我国,猪有华北猪、华南猪两个主要类型。

(一)华　北　猪

华北猪包括东北、黄河流域、淮河流域地区的猪。总的特点是:体躯长而粗,耳大,嘴长,背平直,四肢较高,体表的毛比较多,背脊上的鬃比较长,毛色纯黑。这种猪成熟较迟,繁殖能力较强。

(二)华　南　猪

华南猪包括长江流域、西南和华南地区的猪。这种猪的特点是:体躯短阔丰满,皮薄,嘴短,额凹,耳小,四肢短小,背宽,毛细,肉质优美,成熟较早。

我国地域辽阔,各地区的自然条件和饲养方法不同,在全国各地(除禁猪地区外)培育成了许多优良猪种。较有名的品种有北京猪,河北定县猪,山东垛山猪,辽宁新金猪,四川荣昌猪,浙江金华猪,湖南宁乡猪,广东梅花猪,江苏太湖猪等。这些猪种均有较大的饲养量,肉质较好,出肉率较高。

除上述猪种外,在我国各地还有由外国引入的猪种,如长白猪、约克夏、苏联大白猪等。它们的特点是体型较大,头蹄较小,出肉率较高,肉质细嫩。

二、牛　肉

牛肉在我国占肉食品消费总量的 7% 左右,现在比重逐年有所增加。通常食用的牛肉,一般多由丧失役用能力的黄牛、水牛或淘汰的乳牛提供。在南方水牛肉较多,北方黄牛肉较多。也有专门饲养作肉用的水牛和黄牛,称为菜牛。随着我国经济的发展和人民生活水平的提高,专门为肉用牛的饲养越来越多,以满足市场供应的需要。如按性别分,有母牛肉、公牛肉;如按生长期分,有犊牛肉、犍牛肉。不同品种以及不同性别和生长期的牛肉,在质量上有较大的差别。

(一)黄 牛 肉

肉色呈暗红色,肌肉纤维较细,臀部肌肉较厚,肌间脂肪较少,为淡黄色,肉质较好。

(二)水 牛 肉

水牛肉色比黄牛肉更暗,肌肉纤维粗而松弛,有紫色光泽,臀部肌肉不如黄牛肉厚,脂肪为黄色,干燥而少黏性。肉不易煮烂,肉质较差,不如黄牛肉。

(三)犊 牛 肉

未到成年期的牛,即为犊牛。犊牛的肌肉呈淡玫瑰色,肉细柔松弛,肌肉间含脂肪很少,肉的营养价值及滋味远不如成年的牛。

(四)犍 牛 肉

犍牛肉结实柔细、油润、呈红色,皮下积蓄少量黄色脂肪,肌肉间也夹杂少量脂肪,质量较好。

(五)公 牛 肉

公牛肉呈棕红色或暗红色,肉切面有蓝色的光泽,肌肉粗糙,肌肉间无脂肪夹杂。

(六)母 牛 肉

母牛肉呈鲜红色,肌肉较公牛肉柔软。生长期过长的母牛,皮下往往无脂肪,肌肉间夹有少量脂肪。

三、羊 肉

羊肉在我国占肉食品消费总量的4%左右。在内蒙古、青海、新疆、甘肃等西北地区及西藏等地,羊的饲养是重要的畜牧生产,经济价值很高。羊肉又是食物的重要来源,蒙古族、回族、藏族的食物构成中,羊肉是主要的动物性食品。可供肉用的主要有绵羊、山羊,其中有名的品种有蒙古肥绵羊、哈萨克绵羊、成都麻山羊等。

(一)绵 羊 肉

绵羊在我国分布很广,通常肉、毛、皮兼用,肉体丰满,肉质较山羊为好,是上等的肉用羊。绵羊肉肉质坚实,颜色暗红,肉纤维细而软,肌肉很少夹杂脂肪。经过育肥的绵羊,肌肉中夹有脂肪,呈纯白色。

(二)山 羊 肉

山羊的主要产区在东北、华北和四川,主要以肉用为主,体型比绵羊小,皮质厚。肉的色泽较绵羊浅,呈较淡的暗红色。皮下脂肪稀少,但在腹部积贮较多的脂肪,肌肉与脂肪中有膻味,肉质不如绵羊。

四、其他家畜肉

(一)狗　　肉

狗是人类最早驯化的家畜之一。耳短直立或长大下垂,听觉和嗅觉灵敏,犬齿锐利。其舌长而薄,有散热功能。狗的品种较多,可分牧羊犬、猎犬、警犬、玩赏犬等。狗肉富含蛋白质,是人们喜食的肉类。江苏沛县一带,人们烹制的狗肉有独到之处,称为"沛县狗肉"。冬季,食用狗肉有驱寒发热作用。"龟汁狗肉"有药理作用,也是沛县特产。

(二)兔　　肉

兔被人类驯化历史较长。兔齿尖利,上唇中间有裂缝,性情温驯,动作敏捷。耳长,眼大稍突出,尾短上翘,后肢较前肢长,善跳跃。成年兔体重 1500～5000 克,寿命约 10 年。兔有毛用、皮用、肉用和皮肉兼用 4 种。兔脂肪较少,以肌肉为主,色呈浅褐,质地较细,肉可炒、烧、煮、酱,也可与其他原料合烹成菜,在食品工业中作罐头原料。

(三)马　　肉

马是人类驯化历史很久的草食役用家畜,耳小直立,脸面较长,周身披毛,颈毛与尾毛较长而硬,四肢强健有力,善奔跑,寿命达 30 年。主要分布于东北、西北、西南等地区。其肉可食用,但不很普遍。

(四)驴　　肉

驴是人类驯化历史较久的家畜之一。驴的躯体比马小,耳长,全身有短毛,尾端似牛尾。驴性情温驯,富忍耐力。食草,抗病力强。主要分布于华北地区。其肉可食用,风味颇佳。

第二节　　家畜肉的加工制品

我国对家畜肉的加工历史可追溯到周代,在一些古籍中即有肉制品的"名词"出现。千百年来,劳动人民在对家畜肉的加工方面积累了丰富的经验和独到的技术。我国肉制品的种类很多,按加工方法不同,可分为腌肉制品、脱水肉制品、灌肠制品及其他制品。

一、腌肉制品

腌肉制品主要是利用食盐的渗透压作用,使鲜肉中的水分部分析出,而盐分则渗入鲜肉组织中加工而成。因此,腌肉制品紧缩,具有抑制微生物繁殖及防腐的作用。

(一)腌肉的方法

1.干腌法。干腌法是用食盐(多用粗粒海盐)和硝(硝酸盐、亚硝酸盐)直接在肉的表面搓擦腌制的方法。有的还用糖和其他调味品以增加肉制品的风味。它的优点是方法简便,容易保藏,蛋白质损失较少。缺点是咸度有时不均匀,色泽不好,肉质较硬。我国的火腿与一般咸肉多用干腌法。

2.湿腌法。湿腌法是按一定的比例用盐、硝混合物和辅料及水配制成盐溶液,将肉浸在溶液中的腌制方法。湿腌法的优点是咸度均匀,能保存较多的水分,色泽鲜艳,肉质柔软。缺点是肉中的蛋白质损失较多,耐贮性较干腌法稍差。我国广东腊肉多用此法。肉块在盐溶液中浸泡时,要注意翻缸和腌制时间,目的是改变肉块的受压部位,以加快盐、硝的扩散渗透和着色均匀。因为经过长时间静置的盐水,其浓度上下各处可能不一致,通过翻缸可使其重新趋向一致。

3.混合腌法。混合腌法是上述两种腌法的综合。一般是先将原料用干腌法腌制,约经 3 天后,再浸入盐硝溶液中。混合腌法的优点是制品色泽鲜艳,咸度均匀,蛋白质损失不多。如熏腿和西式咸肉均用这种方法。

(二)腌肉制品的种类

1.咸肉。咸肉腌制品具有加工简单、费用低、便于运输和贮藏的特点。是最古老又普遍采用的腌制方法。在民间,人们经常制作咸肉。在南方农村,农民历来就有腌肉的习惯,故咸肉又称为"家乡肉"。

新鲜咸肉,盐水呈暗红色、透明,皮有泡沫和絮状物,盐溶液呈酸性,切剖肉块,肌肉纹理较清楚,色泽均匀,浸出液呈酸性。不新鲜的咸肉,盐溶液浑浊,呈弱碱性,切剖肉块,其肌间组织松弛,切面色泽不均,并多呈灰色或褐色,散发腐败之味,渗出液呈中性或碱性。

2.腊肉。腊肉与咸肉一样,首先要经过腌制过程,然后进一步熏制。我国腌制腊肉的地域比较广阔。尤以南方各地生产腊猪肉为多,如四川腊肉、湖南腊肉、广东腊肉等,其中以广东腊肉最为著名。腊肉中,腊羊肉以华北和西北地区生产较多。

腊肉在选料上比腌肉要精,一般是选用瘦多肥少的猪肉,并加工成块形(或片形),大小尽可能一致。腌制时,要求咸度均匀。

腊肉的加工方法各地不同,各有特色。一般将去骨、皮(有的不去皮)及去掉奶脯的肋肉或腿肉,切成 2 千克左右的长条,放入调好砂糖、精盐、硝酸钠、曲酒及食油的容器中,浸 8 小时左右。此种腌制方法与干腌法相似,蛋白质损失较少,加入适量的曲酒和植物油,可使肉色鲜艳。

腊肉腌好后,取出挂在竹竿上,放入多层的烘房内烘烤 3 天左右,至水分充分散尽,并稍有出油现象时为止。烘肉表面呈金黄色泽,并有浓香气味。

3.火腿。火腿属于腌肉制品的一种,是我国历史悠久最负盛名的特产,其中以金华火腿最著名,被称为"南腿";江苏如皋腌制的火腿称"北腿";云南所产的火腿称"云腿"。

金华火腿的腌制方法特殊,它是以当地著名的金华猪腿为原料,采用加压干腌法,先将食盐充分渗入肌肉间,把水分析出,使肉细胞收缩,再加适当压力,使肌肉水分进一步析出,肌肉更为紧密,以防止微生物侵入。制品具有因自身的醇素作用而分解的蛋白质所产生的特殊芳香,且不易腐败变质。火腿形状和肌肉切面的颜色也很悦目,一般瘦肉呈深红色或棕红色,肥膘呈浅黄色。

二、脱水肉制品

脱水肉制品又称干制品,是肉类原料经过一定方法脱水、调味等加工而成的制品。肉类原料脱出水分,即可长期保存,而且体积小,重量轻,便于携带和运输,适于行军、探险和勘测等人员的需要,在饮食业中,也是重要的烹饪原料。

肉类脱水干制一般有自然干燥、人工干燥、低温冷冻和升华干燥等方法。干制后水分含量能减少到 6%～10%。我国常见的脱水干制品有肉松、肉干和肉脯等。

(一)肉　　松

肉松是我国著名的特色肉制品之一。它是将猪瘦肉(无皮无骨无肥膘)加工成小块形状,先经煮熟(其间要加入调味品),后按肌肉纹理撕碎,进行焙烤、脱水,搓揉而成。它耐贮藏,体积小、重量轻,口味香鲜软绵,富有营养。

我国各地均有肉松生产,比较著名的有福建肉松、太仓肉松、四川肉松等。这些肉松由于配料(指调味料)不同,各有独特的风味。

福建肉松比较有名,加工方法是将猪、牛(制牛肉松)等肉去皮、骨、肥膘,放进热水中加入老姜煮沸半小时后,将瘦肉捞出压散,再放回原来汤中煮沸,并加入黄酒、糖、盐等,待肉煮熟后,放入锅中以文火煎,直到肉纤维分离,取出揉搓,使其呈松散的肉纤维状,晾凉后进行包装。

肉松以色泽澄黄,蓬松柔软,有弹性,香味纯正浓厚,肉松丝条匀净,无肉筋和结块,食后无渣滓为好。

(二)肉　　干

肉干是猪、牛等肌肉经煮熟加入各种辅料烘干而成的一种肉类制品。全国各地均有生产,由于所用的辅料不同,口味也不一,形状多似 1 立方厘米的块状。加工方法一般经过初煮、切块、复煮、烘烤等工序。成品干香鲜美,咀嚼后口味悠长,回味无穷,佐酒、零食均可,为人们所喜爱。

(三)肉　　脯

肉脯是肉类原料脱水加工的肌肉薄片,全国各地有不少地方生产。其加工需经选料整理、切片、配料、摊筛、烘干、烤制等工序。我国著名的品种有江苏靖江肉脯,因选料严格,质量较好,畅销内地市场及香港、澳门,出口新加坡、日本等地。成品鲜香,越嚼越有味,为佐酒佳品。

三、灌肠制品

灌肠制品是将肉切碎,加入调味品、辛香料等混合均匀以后灌装在肠衣内制成肉类制品的总称。灌肠的种类很多,按其加工的特点有中式灌肠(香肠)和欧式灌肠(红肠),是便于保藏、运输、携带且味道鲜美的一种肉制品。

(一)灌肠制品的加工方法

灌肠的加工,各地做法不一,又由于品种多样,所以加工方法各有差异。这里介绍香肠的加工方法:

1.灌制。将肉去皮骨,肥、瘦比例按标准搭配,切成碎块,加盐、硝酸钠、糖、酒、葱、姜汁等调味品,腌制3~4小时,拌匀拌透放入肠衣中,隔15~18厘米为一段,用线扎住。

2.日晒或晾挂。香肠灌好后,放在阳光下晒1~3天,使水分蒸发,待其外表干燥后,在通风良好和卫生的房屋内晾挂,使香肠肉缓慢干缩,经20~25天便可产生香味。

3.熏烤。有的香肠灌制后不经日晒,而采用熏烤。熏烤的主要目的是使肠衣的胶质和蛋白质发鞣,肠衣变结实,不易吸湿,防止微生物侵入,而且使肠衣变得透明美观。

(二)主要灌肠制品的风味特点

1.广东腊肠。分段较短(长11~15厘米),肠身较细(直径1.5厘米左右)。加工时肉馅中不加水,只加酱、酒等佐料,甜咸适中,香味浓郁,肉质坚实,味道鲜美,耐贮存,风味较好。

2.南京香肚。它是用猪的膀胱,容纳肉馅,呈圆形,风味独特,咸度适口。肉馅的加工灌制方法及日晒、晾挂和熏烤的方法与香肠基本相同。

3.哈尔滨红肠。它是欧式灌肠的一种。将肉类原料经腌制、绞碎、拌馅、灌制、捆扎、烘烤煮制和熏制等工序制成。成品色泽枣红,表面微有皱纹,坚韧有弹性,结构紧密,直径在3~4厘米,长度为18~22厘米,有烟香味。

四、其他肉制品

除上述的肉制品外,我国还有一些传统的或现代的肉类加工制品。主要种类有酱卤制品、熏烤制品和罐装肉制品。

(一)酱卤制品

它是我国传统的一大肉类制品。其主要特点是,成品都是熟的,可以直接食用,产品酥润,有的带有卤汁。食品工厂有加工生产,饮食饭店亦有加工,全国各地均有生产,亦有不少著名品种,成为一种地方特产。如苏州的酱汁肉,无锡的酱制排骨,北京月盛斋的酱牛肉,河南道口烧鸡等。

(二)熏烤制品

熏烤制品是我国传统的肉制品,是利用某些燃料没有完全燃烧的烟气熏制而成。在饮食业生产亦很普遍。产品的强度、滋味、香气等感官性质均有明显的特点。肉制品在熏制过程中,既有加热作用,又有脱水干燥的作用。成品有特殊的烟熏制品风味,色泽较好,能增进食欲。尤其通过烹制以后对空气中的氧化作用更加稳定,使产品耐保藏。我国著名的熏烤制品有上海熏腿(西式火腿)、广东烤肉、叉烧等。

(三)罐装肉制品

罐装肉制品是利用密封原理,防止微生物侵入和氧化作用,运用现代技术加工的产品,可按烹饪的各种方法加工,口味多样,保鲜程度强,便于保藏和食用,是一种很有发展前途的肉制品生产方法。全国各地食品工厂均有生产,品种很多,如午餐肉、红烧猪肉、姜味肉丁、五香猪排等。

第三节　乳和乳制品

一、牛乳及其化学成分

牛乳通常叫做牛奶,是乳牛从乳腺中分泌出的奶液,一般为白色(乳白色)或稍带黄色的不透明液体,带特有的乳香味。牛乳中含有丰富的脂肪、蛋白质、碳水化合物,还含有多种维生素和矿物质。牛乳营养价值很高,是常用饮料之一。在欧洲、北美,人们的膳食中,牛奶占较大的比重。

(一)牛乳的分类

奶牛在泌乳期间,乳的成分会发生变化。通常按这种变化将乳分为初乳、常乳、末乳3种。此外,乳牛因受外界因素影响或体内生理上的变化,使牛乳发生变化,这种乳称为异常乳。

1.初乳。母牛产犊后,7天以内的乳称初乳。初乳带黄色而浓厚,有特殊的气味,化学成分与常乳有明显的差异,干物质含量较高,干物质的蛋白质和盐类含量高。而蛋白质中又以球蛋白含量为高。此外,维生素A的含量也特别高。但乳糖的含量却比较低。

2.常乳。母牛在产犊1周以后,牛乳的成分及性质基本趋向稳定,从这以后到干奶前的牛奶称为常乳。常乳营养价值较高,是鲜牛奶的主要来源,也是加工乳制品的主要原料。

3.末乳。乳牛在干奶期间尚有奶汁分泌,但分泌量较低,也不稳定,这时的乳汁称为末乳。末乳的化学成分较常乳的含量高。末乳具有苦而微咸的味道,因乳中解脂酶增多,所以带有油脂氧化味。

4.异常乳。异常乳是乳牛在外界因素的干扰下,在自身生理状态发生变化时(包括病理变化)所分泌的乳汁。广义地说,凡不适于饮用和用作乳制品原料的都称为异常乳,如初乳、末乳、盐类平衡不正常之乳或乳房炎乳,以及混入其他物质的乳,通常都称为异常乳。异常乳一般都不能食用。

(二)牛乳的营养成分

牛乳的营养成分主要有:水、蛋白质、脂肪、乳糖、无机盐类、磷脂、维生素、酶、免役体、色素、气体及其他微量成分。

正常的牛乳,各种成分的含量大体是稳定的。因此,可以根据这一标准来辨别乳的好坏。但当受到各种因素的影响时,乳汁中化学成分的含量会有所变动,其中脂肪变动最大,蛋白质次之,乳糖含量通常很少变动。牛乳中各种化学成分的含量大致如下:

1.水分。牛乳中主要组成部分是水分,占80%以上,水分内溶解有有机物、无机盐类、气体等。

2.气体。溶解于牛乳中的气体,以二氧化碳为最多,氮次之,氧最少。在对牛乳进行消毒处理过程中,因与空气接触,而使空气中的氧、氮溶入牛乳,致使氧氮含量增加,而二氧化碳的含量减少。

3.乳脂肪。牛乳中的脂肪是以细微的球状或乳浊液分散在乳中,是牛乳中重要的成分之一。乳脂肪不仅与牛奶的口味有关,同时也是稀奶油、奶油、全脂奶粉及干酪的主要成分。牛乳中的脂肪含量随奶牛的品种及其他条件而异,一般在3%～5%。

4.磷脂类及胆固醇。磷脂类按其化学成分来看,很接近脂肪,由甘油、脂肪酸、磷酸和含氮物组成。牛乳中含有3种磷脂,即卵磷脂、脑磷脂和神经磷脂,平均含量0.072%～0.086%,另含胆固醇0.05%。

5.乳糖。乳糖是哺乳动物乳腺特有的产物,在动物的其他器官和组织中不存在。乳糖是一种双糖,约占牛乳的4.5%,占干物质的38%左右,水解时生成葡萄糖和丰乳糖。

6.乳蛋白质。牛乳中含有3种主要的蛋白质,其中酪蛋白的含量最多,约占总蛋白量的83%,乳白蛋白占13%左右,乳球蛋白和少量的脂肪球膜蛋白占4%左右。乳白蛋白中含有人体营养所必需的各种氨基酸,是一种完全蛋白。

7.酶。牛乳中存在各种酶,如过氧化物酶、还原酶、解脂酶、乳糖酶等。其来源有二:一是由乳腺所分泌,二是由落入乳中的微生物繁殖时产生。

8.维生素。牛乳中含有人体营养所必需的各种维生素。现将其种类和含量分述如下:

(1)维生素A。牛乳中维生素A的含量随饲料中的胡萝卜素含量而变化,如乳牛多食含有胡萝卜素的饲料,则分泌的牛乳中维生素 A 含量就高些,反之,则含量低些。一般每升牛乳中含 0.4～4.5 毫克维生素 A。

(2)维生素 D。维生素 D 与固醇有密切关系,固醇在紫外线照射的作用下,可以转变成维生素 D。其含量每升牛乳中 0.1～2.5 毫克。

(3)维生素 E(生育醇)。乳牛若多食新鲜的青饲料,则乳汁中维生素 E 的含量也高。每升牛乳中维生素 E 的含量为 2～3 毫克。

以上 3 种脂溶性维生素,在动物体内不能合成。

(4)维生素 B_1。牛乳中维生素 B_1 的平均含量为 0.3 毫克 / 升。它不单从饲料中进入,还可由自身胃瘤中的细菌合成。因此,在乳酸制品中由于细菌的合成,含量可以增加 30%。

(5)维生素 B_2。牛乳中维生素 B_2 的含量为 1～2 毫克 / 升。它可使乳清成绿色。

(6)维生素 C。牛乳中维生素 C 的含量为 1～4 毫克 / 升。

牛乳中的水溶性维生素,除上述 6 种外,还有维生素 B_6、维生素 B_{12}、维生素 PP 等。

9.矿物质。牛乳中主要的矿物质有磷、钙、镁、氯、钠、铁、硫、钾等。此外,还含有碘、铜、锰、硅、铝、溴、锌、氟、钴、铅等微量元素。通常,牛乳中矿物质含量为 0.7%左右。

牛乳中的矿物质大部分与有机酸结合,而以可溶性盐类形式存在。其中,最主要的以无机磷酸盐及有机柠檬酸盐的状态存在。钙、镁、磷除了一部分呈溶液状态外,一部分则以悬浊状分散在乳中,此外,还有一部分与蛋白质结合。

二、乳制品

以牛乳为原料,通过多种加工方法,可制成奶油、奶粉和炼乳等。

(一)奶　　油

奶油是从牛乳脂肪中加工提炼出来的。乳中脂肪几乎全部都分散为小的脂肪球。经使用乳油分离器等机械,从牛乳中分离出稀奶油,再将稀奶油进行专门加工处理,即成奶油。

在欧洲、美洲等地区,奶油是一种食用范围较大的食品原料。奶油营养丰富,富含脂肪;食用方法多样,可涂在面包等食物上佐餐,也可与其他原料一起冲对饮料,还可用其制作奶油蛋糕、冰激凌等。

(二)奶　　粉

奶粉是将鲜牛奶加热,使内部水分蒸发后制成的干粉,称为全脂奶粉,简称奶粉,是婴幼儿的良好食品,营养丰富,便于消化吸收。可按重量 1:8 之比例,冲调成乳汁,其营养成分接近于鲜牛乳。

(三)炼　　乳

炼乳是将牛奶加热,浓缩提纯制成的。它营养丰富,加糖的叫甜炼乳,不加糖的叫淡炼乳。炼乳罐头便于保藏运输,可作饮料及复制食品之用。

(四)奶　糕

奶糕亦称"乳儿糕",有多种。是在米粉中加一定量的豆粉、奶粉、糖、钙和维生素等,经调制、成形、蒸熟、烘干而制成。营养丰富,适合小儿生长发育需要。

(五)酥　　油

酥油是将牛乳入锅煮沸,待冷后,将面上结的皮取出来,再煎,煎出的油(渣不用)再放锅内烧炼一下,即成酥油。酥油是蒙古族、藏族人民的一种食用油,常与茶、糌粑等合用。

(六)奶　　酪

奶酪是牛乳制成(也可用羊乳)。将牛乳入锅中烧煮,倒入盆中冷却,捞出浮面油皮,将油皮放入旧奶酪拌和,放入容器中,用纸封口,放置一定时间即成。

民以食为天,厨师就是那天上的神仙,神仙下凡做饭,把幸福带给人间……

——张仁庆

第四章 禽 肉

第一节 家禽的种类和特点

一、家禽的分类

人工饲养的家禽主要有鸡、鸭、鹅。

鸡,鸟纲、雉科家禽。喙短锐,有冠与肉髯,翼不发达,但脚健壮。雄鸡喜啼,羽毛美丽,爪有趾,喜斗。母鸡生长 5～8 个月开始生蛋,年产近百个至二三百个不等。蛋重 50～60 克,壳褐、浅褐或白色,产蛋量逐年递减。孵化期 20～22 天,寿命约 20 年。可分蛋用、肉用、蛋肉兼用及观赏等类型。

鸭,鸟纲、鸭科家禽。喙长而扁平,尾短脚矮,趾间有蹼,翅小,复翼羽大。公鸭尾有卷羽 4 根。性胆怯,喜合群。母鸭好叫,公鸭则发音嘶哑。善觅食,嗜食动物性饲料,生长快,耐寒。可分蛋用、肉用和肉蛋兼用 3 种类型。北京鸭为世界最著名的肉用鸭品种之一。

鹅,鸟纲、鸭科家禽。头大,喙扁阔,前额有肉瘤。颈长,体躯宽大,龙骨长,胸部丰满,尾短,脚大有蹼,羽毛白或灰色,喙、脚及肉瘤黄色或黑褐色。食青草,耐寒,合群,抗病力强,生长快,肉质美,体重 4～5 千克。我国华东、华南饲养较多,中国鹅闻名世界。

二、家禽的主要品种

(一)鸡

鸡按其用途可分为蛋用型、肉用型和蛋肉兼用型 3 大类。具体品种通常按产地或特征划分,饮食业中常用的鸡有如下几种:

1.九斤黄。九斤黄又名交趾鸡,原产山东,俗名山东鸡,是有名的肉用鸡。成年公鸡体重 5～6 千克,母鸡 3.5～4 千克。此鸡成长快,易育肥,在一般情况下,小鸡经 90 天左右养育即可宰杀。九斤黄的产蛋量低,年产量 70～90 个。此鸡的羽毛有黄、黑、灰和麻酱色等几种,以黄色为最多。现在,长江中下游一带饲养较为普遍。

2.寿光鸡。寿光鸡原产于山东寿光县,体型较大,肉质肥美,蛋比较大。此鸡适应性强,羽毛以黑色居多,其次是褐色。单冠,腿长,体高,有少量的绒毛。成年公鸡体重 3.5～4 千克,母鸡 3 千克左右。母鸡年产蛋量 100～130 个,蛋重平均为 65 克,最大的 124 克,90 克的较常见。寿光鸡的成熟期较长。

3.狼山鸡。狼山鸡原产于江苏南通县,分黑白两种,现白色的已不多见,以黑色为多。纯黑色的羽毛上有紫金色光泽,皮肤为灰色或白色,单冠,尾高,胸挺,体态雄伟。此鸡成熟期较迟,一般为 8～10 个月,成年公鸡体重为 3.5～4 千克,母鸡就巢性强,善于育雏,平均年产蛋量 100～150 个。

4.浦东鸡。浦东鸡原产于上海川沙、奉贤、南汇一带,体躯高大,肌肉丰满,肉质肥美,但成熟较迟。公鸡背上的羽毛为红黄色,腹下黑红色,尾羽黑色,体重 4～5 千克;母鸡的羽毛尖部呈浅棕色,其他部分均为淡黄色,体重 3～3.5 千克,平均年产蛋量约 150 个,每个蛋重约 60 克。

5.萧山鸡。萧山鸡原产浙江萧山县,毛色淡黄,颈部黄黑相间,肉质较为肥美,公鸡体重 3.5 千克左右,母鸡体重 2.5～3 千克。

6.庄河鸡。又名大骨鸡,原产辽宁丹东、庄河、新金等县。体羽多黄、褐、黑等色或带有白色斑点,颈色深浅不一,一般无颈羽,骨略粗大,抗寒力极强,蛋大,肉质好,易育肥,体重一般在 3～4.5 千克,成年期为 8～10 个月,每年产蛋 100～150 个,是良好的肉蛋兼用鸡。

7.桃源鸡。原产湖南桃源县一带。体羽有黄麻色、褐色。体大腿高,生长快,具有良好的体型,最大者重量可达 5 千克左右,成龄期为 6～7 个月,母鸡每年可产蛋 170 个左右,为肉蛋兼用鸡。

8.海科白鸡。产于江苏南通地区,羽毛白色,豆冠,喙和脚为黄色,体型及外貌与科尼什鸡相似,是利用南通地区、海门启东的三黄鸡和新汉县公鸡、白色科尼什鸡选育而成,体重一般在 3.5 千克左右,成龄期为 6 个月,母鸡年产蛋量为 150 个,是良好的肉蛋兼用型鸡。

9.洛岛红鸡。洛岛红鸡原产于美国,在世界上分布很广。羽毛绛红色,带光泽,主副翼羽及尾羽尖端为黑色。冠多为单冠,玫瑰色。体型长,肌肉发达,肉质好,产蛋多,平均年产 150～170 个,每个蛋重 35～40 克,一般公鸡体重 3.5～4 千克,母鸡为 2～3 千克。

10.澳洲黑鸡。澳洲黑鸡由英国的奥平顿鸡和来航鸡杂交而成,全身羽毛油黑发亮。喙和趾亦为黑色,冠鲜红色,身躯丰满,是优良的蛋肉兼用品种,平均年产蛋量 200 个左右,每个蛋重 59～60 克,公鸡体重 3.5～4 千克,母鸡 2.5～4 千克,肉质较好。

(二)鸭

1.北京填鸭。北京填鸭又名油鸭和白鸭。特征是:初生小鸭全身黄色,长大后羽毛变为雪白色,嘴和脚变为浅黄色。翅膀短,背长而宽,胸部发达。腿短,显得很强壮。此鸭的肌肉与一般鸭不同,肌肉的纤维间夹杂着白色脂肪,红白相间,细腻鲜亮。

此鸭的饲养方法很特殊,从小鸭孵出到可以烤吃只需 3 个多月,前两个多月称为初雏及中雏期,吃食和饮水都有一定的时间和分量,由鸭子自行食饮。后一个多月为填鸭阶段,即强制育肥阶段。其方法是将玉米、黑面、黑米、稻米糠加水做成小条,每日由人工强制填喂两次,定时定量。初填时,一半饲料是填的,一半饲料是自食的,到后来,鸭子完全丧失了自食的能力,必须人工填喂,下水活动较少,所以生长很快。填喂至 30 天后,它的消化功能大幅度减退,食欲降低,应及时宰杀,如不宰杀,就可能退膘。

2.麻鸭。麻鸭原产于山东、江苏、浙江一带,现广泛分布于长江以南地区。麻鸭毛为麻褐色,带少许黑斑,呈麻雀毛样,故称麻鸭。麻鸭不仅是优良的肉用鸭,而且也是优良的蛋用鸭,年产蛋 200～300 个,体较轻,一般为 1.5～2 千克,但肉质肥嫩。

3.娄门鸭。即绵鸭,产于江苏苏州地区,体型大,头大喙宽,颈较细长,胸部丰满,羽毛紧密,呈棕灰色,细芦花毛,母鸭体羽为麻雀毛样,眼睑上方有新月形的灰白羽毛,脚橘红色,爪黑色,体重 3.5～4 千克,6～7 个月成年母鸭年产蛋量为 100～140 个,是良好的肉用型鸭。

4.番鸭。又称洋鸭,瘤头鸭,原产于南美洲和中美洲地区,现我国亦有饲养。体躯前尖后窄,呈长椭圆形,头大颈细,喙短狭,基部和眼圈有不规则的红色或黑色肉瘤。公鸭羽毛丰满美艳,带有金属光泽。番鸭有纯黑、纯白或杂色数种,较一般鸭喜飞,生长迅速,适于合养,个体最大者可达 5 千克以上,成年期为 7 个月,母鸭年产蛋 70～80 个。肉呈红色,细嫩鲜美,无腥味,皮下脂肪发达,为肉用型鸭。

(三)鹅

1.中国鹅。中国鹅是一个悠久的品种,在我国分布极广,现世界各地饲养也很普遍。其外形特征是:头较大,前额有一个很大的肉瘤,颈长,胸部发达,腿较高,毛色有白和灰两种。白色鹅的喙和趾呈黄色,灰色鹅的喙和趾呈黑色。成年鹅体重为 4～5 千克,母鹅年产蛋 60～70 个。

2.狮头鹅。狮头鹅原产于广东,体型较大,成年公鹅体重 10～15 千克,母鹅 9～12 千克。狮头鹅前额肉瘤很发达,且向前呈扁平状,皮肤松软,两颊也有肉瘤,嘴下有肉垂,多呈三角形,头部正面像狮头,因而得名。原产地气候温和,四季常青,饲料充足,故生长快,成熟早,肉质优良,出肉率高。母鹅年平均产蛋 25～35 个,个别的达 50 个,每个蛋重约 130 克。

3.太湖鹅。产于江苏南部地区,体质强健结实,外貌酷似天鹅。头较大,喙的基部有一个大而突出的球形肉瘤,颈长,弯曲成弓形,胸部发达,腿亦高,尾向上,属小型鹅。体重一般有 3.5～4 千克,成年期为 7～8 个月,母鹅年产蛋 50～60 个。

4.当涂冬鹅。产于安徽当涂、芜湖、和县一带,体态与太湖鹅差不多,体重一般在 5 千克左右,母鹅年产蛋约 40 个,亦属小型鹅。

5.舟山鹅。产于浙江宁波、舟山、奉化一带。全身羽毛为纯白色,公鹅喙的基部有一个大而突出呈球形的肉瘤。胸部发达,腿高,生长迅速,成龄期为 3～4 个月,体重可达 5～6 千克,母鹅年产蛋 50～60 个。其肉肥嫩鲜美,是罐装食品的良好原料。

第二节　　常用的野禽种类

一、鸽

鸽有家鸽、岩鸽、原鸽等。

(一)家　　鸽

家鸽由原鸽驯化而成,喙短,翼长大,善飞,足短,体呈纺锤形,毛色有青灰、纯白、茶褐、黑白相杂等。雌雄双栖,喜群飞,孵化期约 18 天,雌雄交替孵卵,并均能从嗉囊中吐出乳糜以哺雏。家鸽品种很多,按用途分有玩赏、传书、肉用 3 大类。玩赏鸽具有奇异的外形或独特的飞翔力。传书鸽具有极强的归巢性。肉用鸽体型较大,重为 1～1.5 千克,成长快,繁殖力强(每年可达 10 窝),肉质鲜美。

(二)岩　　鸽

岩鸽亦称山石鸽,分布于我国东北、西北一带,肉质鲜美,头和颈暗青灰色,肩、上背、颈基以及喉、胸等部带紫绿色光泽,形成很明显的颈环,嘴黑色。两翅折合时有两道明显的横带斑。性喜结群,食果实、种子、谷类等。飞行快速,并善疾走。

(三)原　　鸽

原鸽亦称野鸽,为家鸽的原种,体型大小与家鸽相似。羽毛大体呈灰色,颈紫绿色。此鸽食谷类及蔬菜种子,分布于欧洲、非洲大陆,以及伊朗、印度等地,我国也有。肉可食。

二、斑　鸠

斑鸠体形似鸽,大小及羽毛色彩因种类而异。在我国,分布较广的有棕背斑鸠,亦称金背斑鸠或山斑鸠。背羽为淡褐色,而羽喙微带棕色,两胁、腋羽及尾下腹羽皆为灰蓝色,栖于平原和山地的林间,食浆果及种子等。斑鸠肉可食,适合炸、熘、炒、烧等烹调方法。

三、鹌　鹑

鹌鹑简称鹑,体型小,一般体长 20 厘米,头小尾秃,额、头侧、须和喉部均为淡红色。周身羽毛都有白色的羽干纹,此系显著特征。它常潜伏于杂草和灌木丛中,以谷类和种子为食。鹌鹑肉味甚佳,蛋亦可食,且营养丰富,为高档菜肴的制作原料。

四、鹧鸪

鹧鸪形似鹌鹑,体长约 30 厘米,羽毛大都黑白相杂,尤以背上和胸腹部的眼状白斑更为显著,常栖息于灌木丛和疏树的山地,肉肥味美。

五、野 鸭

狭义的野鸭是指绿头鸭,广义的包括多种野鸭。野鸭体型比家鸭小,趾间有蹼,善游水,多群栖湖泊中,杂食或主要以植物为食。肉味鲜美,羽毛可以制绒,是重要的经济水禽。现多为人工繁养。

六、石 鸡

石鸡体长 30 厘米左右,通体棕灰色,胸前有黑额,两胁杂以黑色和栗色横斑,嘴和足均为红色,爪黑褐色。栖于山崖间。觅食谷物、浆果、种子、嫩芽、昆虫等。石鸡分布在我国东北西南部和内蒙古、华北及甘肃一带的山地,肉可供食。

七、原 鸡

原鸡是家鸡的祖宗。雄鸡的羽毛尤其是尾羽很长,体长(包括羽毛)约 60 厘米。肉冠不大,头部和颈部有尖状长羽。体羽多为黑色,带有金属光泽,尾羽颇长。雌鸡形小,尾短,上体羽毛大都为暗褐色。原鸡栖息于山区密林中,食植物种子、谷物和嫩芽,兼吃虫类及其他小动物,主要分布在云南、广西。原鸡肉味鲜美,羽毛也有用处。

八、松 鸡

雄松鸡体长约 60 厘米,羽毛多为纯黑色,翼羽和尾羽端部有白斑,体羽前端灰色。栖息于高山林带,尤其是稠密的白桦林中。多群居,食树芽和浆果等。松鸡分布于东北一带,肉肥美可口。

九、榛 鸡

榛鸡亦称飞龙鸟。羽毛烟灰色,尾端有黑色条纹,眼栗红色。雌鸡稍带褐色,喉部棕色。一般体长近 40 厘米,食植物的嫩芽、种子,夏季也食昆虫。榛鸡分布于东北一带,是珍贵的野味,素有"天上龙肉"之称,含有丰富的蛋白质,肉色紫红,经烹调加热后变为白色,鲜嫩异常,味美无比,适用多种烹调方法制作菜肴。

十、鹑 鸡

鹑鸡外形如鸡,嘴尖,毛深灰黑色,生活习性与野鸭相似,常常栖息于湖畔,盛产于安徽当涂县丹阳湖、石臼湖等地。肉质细嫩、脂肪丰富,为烹饪中良好的野味品种。

十一、沙半鸡

沙半鸡又称沙鸡,体型小,一般重 250 克左右,故称沙半鸡。其羽毛沙棕色,带有黑色斑纹。在我国分布于河北、山东、东北各省的草原及半山区。沙半鸡肌肉发达,富含蛋白质、钙、磷、铁及维生素,滋味鲜美,为我国出口禽类之一。沙半鸡制作菜肴,以炸烹、熏等烹调方法为多。

十二、铁　雀

铁雀又称花雀、禾花雀,分布于全国各地,多在秋季捕猎。铁雀类似麻雀,喙短,毛色花黄。其肉质味道可以与鹌鹑媲美。在烹饪中,适用清炸、烤、酱、烧等方法制作菜肴。

第三节　蛋及蛋制品

蛋是雌禽所排的卵,有鸡蛋、鸭蛋、鹅蛋等。新鲜蛋加工成食品,即为蛋制品,包括咸蛋、冰蛋、变蛋及蛋粉等。蛋类食品是高蛋白质、高维生素、高矿物质的营养佳品,为日常生活中重要的副食品来源。

一、蛋的结构

蛋由蛋壳、蛋白和蛋黄 3 部分构成。蛋壳约占蛋重量的 11%,蛋白约占 58%,蛋黄约占 31%。

(一)蛋壳的结构

蛋壳主要由外壳蛋膜、石灰质蛋壳、内蛋壳膜和蛋白膜所构成。

外蛋壳膜覆在蛋壳的表面,它是一种透明的胶质性黏蛋白,这层薄膜有防止微生物通过蛋壳气孔侵入蛋内和蛋内水分及二氧化碳蒸发的功用。摩擦、潮湿和遇水均可使其脱落,失去保护作用。

石灰质蛋壳主要由碳酸钙所组成,厚度为 0.2~0.4 毫米。蛋壳表面常常有不同的光泽,从白色到色泽深浅不等的黄色和褐色,这与家禽的品种有关。一般说,色泽愈深蛋壳愈厚。蛋壳上具有许多微小的气孔,最多的部分在大头。这些气孔是造成蛋类腐坏的主要因素之一,但为蛋品加工和家禽孵化所必需。

蛋壳内部有两层薄膜,紧附于蛋壳的一层叫内蛋壳膜,附着于内蛋壳膜里面的一层叫蛋白膜。这两层薄膜是白色的具有弹性的网状膜,它们对于微生物均有阻止通过的作用。大多数的微生物可以直接通过内蛋壳膜,而不能通过蛋白膜,只有在蛋白膜被蛋白酶破坏后,才能进入蛋内。在刚生下的蛋里,这两层薄膜是紧密地附着在一起的。蛋的内容物占有蛋壳内整个容积。生后不久,蛋的内容物由于冷却而收缩,此时蛋白膜在蛋的大头开始与内蛋壳膜分开,因而在两层膜间暂时形成气室。在保管时,气室的容积随着蛋内水分的蒸发而逐渐增大,新鲜蛋的气室很小,所以蛋的新陈可以由气室的大小来鉴别。

(二)蛋白的结构

蛋中的蛋白是一种典型的胶体物质,稀稠不一,愈近蛋黄愈浓稠,愈向外则愈稀薄,分为稀蛋白层和浓稠蛋白层。蛋白中浓稠蛋白的含量对蛋的质量和耐贮性有很大关系,含量高的质量好,耐贮藏。新鲜的蛋浓稠蛋白较多,陈蛋稀薄蛋白较多。蛋白浓稠与否,是衡量蛋品质量的重要标志之一。

(三)蛋黄的结构

蛋黄是一个球形,通常位于蛋的中央。蛋黄由系带、蛋黄膜、胚胎及黄内容物所构成。系带是浓稠蛋白构成的,状如粗棉线,粘连在蛋黄的两端,其作用是固定蛋黄的位置,具有弹性。系带随着保管时间的延长可变细,其弹性同时变弱并逐渐消失。

蛋黄的外面覆有一层黄膜。它的作用是防止蛋黄内容物和蛋白相混。新鲜蛋的蛋黄膜具有弹性,随着时间的延长,这种弹性逐渐消失,最后形成散黄。因此,蛋黄膜弹性的变化与蛋的质量有密切的关系。

胚胎位于蛋黄膜的表面,通常为圆形或非正圆形的小白点。它的比重比蛋黄小,所以,胚胎总是位于蛋黄上部。胚胎专为受精孵化之用,因而受精蛋的胚胎,在适宜温度下会迅速发育,可使蛋的耐贮性降低。

蛋黄内容物是一种黄色的不透明乳状液,是由淡黄色和深黄色的蛋黄层所构成。内蛋黄层和外蛋黄层颜色都比较浅,只有二者之间的蛋黄层颜色比较深。

二、蛋的化学成分

蛋类含有丰富的营养成分,如蛋白质、脂肪、矿物质和维生素等。蛋白和蛋黄在成分上有显著的不同,蛋黄内营养成分的含量和种类比蛋白多,所以蛋黄的营养价值高。

(一)蛋　白　质

蛋白中含有多种蛋白质,最主要和最多的是蛋白中的卵白蛋白和蛋黄中的卵黄磷蛋白。蛋类蛋白中富含人体必需的氨基酸,是完全蛋白质,利用率为98%。

(二)脂　　　肪

蛋中的脂肪绝大部分集中在蛋黄内,含有多量的磷脂,其中约有一半是卵磷脂。这些成分对人体的脑及神经组织的发育有重大作用。蛋黄的脂肪主要由液体脂肪酸所构成,故在常温下为液体,易于消化吸收,消化率为95%。

(三)矿　物　质

蛋类中的矿物质主要含于蛋黄内,铁、磷、钙的含量甚高,也易被人体吸收利用。

(四)维　生　素

蛋黄中有丰富的维生素 A、维生素 D、维生素 E、核黄素、硫胺素等,绝大部分在蛋黄内。蛋白中的维生素以核黄素和尼克酸较多,其他较少。

(五)糖　　　类

蛋中糖的含量很少,一般含量为2%～4%,其中鸭蛋可达10%以上。

(六)水　分

蛋类中的含水量可达 70%,但分布不均匀,蛋白的含水量较高,可占整个蛋白的 88%以上,在蛋黄中则占 53%左右。

三、鲜蛋的种类

(一)鸡　蛋

鸡蛋是家禽雌鸡的卵,呈椭圆形,一般呈浅白色和棕红色。表面有似白色的霜,每个重量约 50 克。鸡蛋是蛋类中营养价值较高的一种,一般含有蛋白质 15%、脂肪 12%、糖 1.6%、矿物质总量 1.1%,维生素也比其他蛋高,尤其维生素 A 可达 1440 单位,多存于蛋黄中。

(二)鸭　蛋

鸭蛋是雌鸭排出的卵,亦呈椭圆形,个体较大,一般每个重量可达 70～90 克,表面较光滑,有白色和青灰色两种。其蛋白质、脂肪含量分别为 8.7%、9.8%左右,低于鸡蛋。但含糖量较高,可达 10%左右,矿物质、维生素 A 也高于鸡蛋。鸭蛋适宜加工咸蛋、变蛋等制品。

(三)鹅　蛋

鹅蛋是雌鹅排出的卵,亦呈椭圆形,个体很大,一般每个蛋重量可达 80 克左右,表面较光滑,呈白色。其蛋白质约占 12.3%,脂肪和糖较其他蛋为高,分别为 14%、3.7%,矿物质在 1%左右,维生素较其他蛋少。

(四)鸽　蛋

鸽蛋是雌性鸽排出的卵,呈椭圆形,个体小,一般每个重 15 克左右。通常为白色,壳薄易碎,含水量很高,达 80%以上。含蛋白质 9.5%、脂肪 6.4%、糖 1.7%,营养价值较高,在烹饪中是珍贵的一种原料,可作花式菜肴。

(五)鹌鹑蛋

鹌鹑蛋是人工驯养的雌性鹌鹑排出的卵,接近圆形,个体很小,一般每个重 3～4 克,表面有棕褐色斑点,壳薄易碎。鹌鹑蛋含水量 73%左右,蛋白质、脂肪含量均较高,分别可达 12%左右,糖含量 1.5%左右,维生素 A 含量亦较高。鹌鹑蛋在烹饪中使用较广,亦是一种营养价值较高的蛋类品种。

四、蛋制品

鲜蛋经过去壳或不去壳,使用化学防腐剂干燥、冰冻等方法加工制成的制品,统称为蛋制品。蛋制品的种类根据加工方法不同,一般可分为下列 3 类。

(一)再制蛋类

再制蛋类包括松花蛋、咸蛋、糟蛋等。

1.松花蛋。松花蛋又名皮蛋、彩蛋、变蛋。它不但具有美丽的花纹,还具有醇厚的特殊清香,是一种非常可口的下酒菜。目前市场上的松花蛋,大致有两种制法:

一种是生包法,一种是浸泡法,这两种工艺所用的原料的配方大致相同。

2.咸蛋。咸蛋又称腌蛋。用鸭蛋或鸡蛋腌制而成,以鸭蛋腌出的为好,因为鸭蛋的脂肪含量比鸡蛋高。江苏高邮的咸鸭蛋口味最佳,最为著名。

咸蛋的加工方法很多,有抓泥法、包泥法、盐水浸渍法等。高邮咸蛋的加工方法(以 1000 个鸭蛋为例):用黄泥 6.25 千克、盐 5 千克、水 5 千克,调成泥糊,将经过检验与洗涤的鸭蛋放入泥糊中浸蘸后取出,放入坛中或缸中装满,将剩余的泥糊倒在蛋的上面,淹过蛋面,加盖,经过 30～40 天即腌制成功。腌制时间随气温的高低而定,温度高时间短,温度低时间长。

质量好的咸蛋蛋白为纯白色,无斑点,质嫩,蛋黄为红黄色、油多,咸淡适中,无异味。

3.糟蛋。糟蛋是用酒糟、食盐、醋等腌渍而成。浙江平湖生产的糟蛋较为有名,四川也有出产。

糟蛋的加工方法是:先将蛋洗净擦干,敲裂外壳,但蛋内的内蛋壳膜和蛋白膜不能破,再将敲好的蛋装在缸内,大头向下,小头向上,然后放入酒糟、食盐、醋。一层蛋,一层糟、醋、食盐,最上面一层用食盐盖面,最后封缸,经过 4 个月,即可成熟,到 6 个月以后,香味更好。

(二)冰 蛋 类

冰蛋类有冰全蛋、冰蛋白及冰蛋黄 3 种。冰蛋是把蛋的内容物混合均匀后,再经冻结而成的蛋制品。由于蛋的水分多,且有微生物存在,所以是特别容易腐败的食品,必须在-10℃～ -8℃的冷藏库中保藏。冰蛋中可加入少量的糖或盐作防腐剂。冰蛋在烹调过程中必须用高温彻底加热。

(三)干 蛋 类

干蛋是将质量良好的蛋打破去壳,取其内容物烘干或用喷雾干燥法制成。可分为干全蛋、干蛋白及干蛋黄 3 种。

干全蛋及干蛋黄是将蛋液加高压喷射成雾状,由热空气(60℃～80℃)使水分蒸发干燥而成的粉末状蛋粉。此过程不仅使蛋类大部分微生物被杀死,同时能保全食用价值。质量正常的蛋粉,当再吸收水分后就能基本恢复蛋的原来性质。在脱水干燥时蛋粉中的微生物不能完全被杀死,因此在使用干蛋粉作菜时,为不使残余的微生物繁殖发育,加热处理之前,不应把蛋粉和水的混合物放置时间过长。烹调这种食品要彻底加热,并且不宜用蛋粉制作过厚的不易熟透的饼。

干蛋白是将经过搅拌过滤的蛋白液用勺浇入烘盘内,利用适当温度(53℃～55℃)烘干,使蛋白液中水分逐渐蒸发而结成淡黄色透明光亮的薄晶片。这种干蛋白易于贮存,使用时加水溶解仍为蛋白液。

第四节　家禽肉蛋的检验与保管

一、家禽的选择鉴别

家禽鸡、鹅、鸭的品种很多,其成年期各不相同,在不同的生长期中,其肉的质量有较大的差别, 而这些差别往往可以通过家禽外部形态及组织状况来反映,依此对家禽进行选择鉴别。根据家禽不同生长期的品质,运用不同的烹调方法,对制作菜肴具有重要的作用。

鸡、鸭、鹅虽然种类不同,但它们的生长期与本身的质量、特征基本相同。下面以鸡为例,介绍不同生长期品质的选择鉴别标准:

1.仔鸡。仔鸡也称嫩鸡,指尚未到成年期的鸡。未发育完全,羽毛未丰,体重一般在 0.5~0.75 千克,胸骨软,肉嫩,脂肪少,适宜炒、爆、炸。

2.当年鸡。亦称新鸡,已到成年期,但生长时间未满 1 年。其羽毛紧密,胸骨较软,嘴尖发软,后爪趾平,鸡冠和耳垂为红色,羽毛管软,体重一般已达到各品种的最大重量,肥度适当,肉质嫩,适宜炒、爆或烧、炸、煮等。

3.隔年鸡。指生长期在 12 个月以上的鸡。羽毛丰满,胸骨和嘴尖稍硬,后爪趾尖,鸡冠和耳垂发白,羽毛管发硬,肉质渐老,体内脂肪逐渐增加,适合烧、焖、炖等烹调方法。

4.老鸡。指生长期在 2 年以上的鸡。此时羽毛一般较疏,皮发红,胸骨硬,爪、皮粗糙,鳞片状明显,趾较长,成钩形,羽毛管硬,肉质老,但浸出物多,适宜制汤或炖、焖。

此外,还可从以下方面鉴别:

1.好鸡与病鸡的鉴别。好鸡应是羽毛丰润,两眼有神,皮肉白净,脚步矫健,腿短而细,脯肉圆厚;反之,则为病鸡。

2.光鸡质量的鉴别。光鸡即宰杀后治净的鸡。皮肉白净、脯肉丰满、眼球突出有光、皮质柔嫩、肉质有弹性为好鸡;反之则差。

二、家禽肉的品质检验

对家禽肉的品质检验,主要是对屠宰后的家禽在保管中发生质量变化的检验,即新鲜度的检验。在饮食行业,对家禽新鲜度的检验,一般根据家禽肉体外部特征的变化,以感官检验方法,从家禽的嘴部、眼部、皮肤组织、脂肪状况及制成的汤等方面,进行品质好坏的判别。

(一)嘴　部

新鲜的家禽,嘴部有光泽,干燥有弹性,无异味;不新鲜的家禽,嘴部无光泽,部分失去弹性,稍有腐败味;腐败的家禽,嘴部暗淡,角质部软化,口角有黏液,有腐败气味。

(二)眼 部

新鲜家禽的眼部,眼球充满整个眼窝,角膜有光泽;如眼球部分下陷,角膜无光,为不太新鲜;腐败的家禽,其眼球下陷,有黏液,角膜暗淡。

(三)皮 肤

皮肤呈淡白色,表面干燥,具有该家禽特有的气味,为新鲜的家禽;不新鲜的家禽皮肤淡灰色或淡黄色,表面发潮,有轻度腐败味;腐败的家禽,皮肤灰黄,有的地方带淡绿色,表面湿润,有霉味或腐败味。

(四)脂 肪

新鲜家禽的脂肪色白,稍带淡黄色,有光泽,无异味;不新鲜的家禽脂肪色泽变化不太明显,但稍带有异味;腐败变质的家禽脂肪呈淡灰色或淡绿色,有酸臭味。

(五)肌 肉

新鲜家禽的肌肉结实而有弹性。鸡的肌肉为玫瑰色,有光泽,胸肌为白色或带淡玫瑰色。鸭、鹅的肌肉为红色,幼禽肉有光亮的玫瑰色,稍湿不黏,有特殊的香味。不新鲜的家禽肌肉弹性变小,用手指压时留有明显的指痕,带酸味及腐败味。腐败的家禽,肌肉为暗红色、暗绿色或灰色,有腐败味。

(六)制成的肉汤

新鲜家禽的肉汤透明,芳香,表面有大的脂肪油滴;不大新鲜的肉汤不太透明,脂肪滴小,有特殊气味;腐败的肉汤浑浊,有腐败气味,几乎无脂肪滴。

三、家禽肉的保管

宰杀后的成批家禽,一般应置于-30℃～-20℃、相对湿度 85%～90%的条件下冷冻 24～48 小时,然后在-20℃～-15℃、相对湿度 90%的环境下冷藏比较适宜。此时,禽肉可保存较长时间。一些资料表明:在-4℃时禽肉可保存 35 天,在-12℃时可保存 200 天左右,在-14℃时可保存 1 年以上。

在饮食店宰杀的家禽一般数量不多,通常放在冰箱或冰柜里在-4℃的低温中可保藏,但应在冷却后,去尽内脏再冷藏,并需把禽肉放在架子上或挂起来,不可重叠堆放,存放时间也不宜太长,否则会变质。如果是采购回来的冻禽,到店后应立即冷藏。一般冻禽在解冻后烹调易软烂,这是因为冰冻过程中,肌肉细胞受到损伤所致。因此,解冻后的家禽肉,应立即使用,否则更容易变质,也不能再入冷库保藏,不然质量会进一步下降,营养损失更严重,风味更差。

四、蛋品的检验与保管

(一)蛋品的品质检验

新鲜的蛋,蛋壳比较毛糙,壳上附有一层粉状的微粒,蛋壳没有裂纹,色泽鲜明清洁,摇晃无声音。

鲜蛋在贮存、保管过程中,由于受到温度、湿度和其他外部条件的影响,会发生不同程度的质变,甚至失去食用价值。常见的鲜蛋变质有下列几种类型:

1.陈蛋。保存时间较长,蛋壳表面光滑,颜色发暗,透视时可以看出气室稍大,蛋黄暗影小,摇动有声音。这种蛋尚未变质,可以食用。

2.裂纹蛋。大都是在贮存、保管、包装、运输过程中受到震动或挤碰造成的。裂纹时间不长的,可以食用。

3.散黄蛋。蛋黄膜破坏,蛋黄、蛋白混在一起,如果蛋液仍较厚,没有异味,一般可以食用。

4.贴皮蛋。由于保存时间过长而蛋白稀释,蛋黄膜韧力变弱,蛋黄紧贴蛋壳,贴皮处局部呈红色的,一般可以食用。蛋黄紧贴蛋壳不动,贴皮处呈深黑色,并有异味的,即已腐败,不能食用。

5.热伤蛋。没有受精的鲜蛋,在孵化或贮运过程中受热后胚胎膨胀的叫热伤蛋。这种蛋由于胚胎扩大气室较大,会使蛋白变稀,胚胎周围逐渐产生明显的小黑点或黑丝、黑斑。蛋黄不散或未产生黑点和黑丝的一般可以食用。

6.血筋蛋。受精的鲜蛋,在孵化或贮运中受热而使其胚胎胀大产生血圈的叫血筋蛋。这种蛋由于胚胎发育,会使蛋内的蛋白质、脂肪、糖和维生素等营养成分逐渐减少,蛋白稀薄。除去蛋黄周围的血筋仍可食用。

7.霉蛋。鲜蛋受潮湿或雨淋后,蛋壳表层的保护膜受到破坏,细菌侵入蛋内,引起发霉变质,蛋壳表面形成黑的斑点。发霉严重的,不能食用。

8.臭蛋。因蛋内受潮湿或雨淋,蛋壳表层的保护膜受到破坏,细菌侵入蛋内,引起发霉变质、腐败,打开后臭气很大,蛋白、蛋黄浑浊不清,颜色黑暗,蛋液稀释,不能食用。

(二)蛋品的保管

引起蛋类腐败变质的因素是适宜的温度、湿度和蛋壳上的气孔及蛋内的酶,所以保管蛋品时,必须设法闭塞蛋壳上的气孔,防止微生物的浸入,并保持适当的温湿度,以抑制蛋内酶的作用。鲜蛋既怕高温,又怕低温。高温可加速微生物的生长繁殖,低温会冻坏鲜蛋。

保管鲜蛋,一般采取冷藏(不低于0℃)。冷藏的蛋,要新鲜清洁,破损的蛋不宜放入。鲜蛋存放在避光、通风的地方。在冬季可存放3～5个月。在严寒地区和冬季,可用谷糠、麦秸散放在蛋与蛋之间,放在干燥的木箱中,可防止蛋冻坏。此外,蛋用石灰水浸泡后也可贮存。这是利用蛋内呼出的二氧化碳和石灰水的作用,生成不溶性碳酸钙,凝结在蛋壳表面,闭塞蛋壳上的气孔,阻止微生物的侵入。这种方法在没有冷藏设备的情况下,可使蛋保存一段时间不变质。

第五章 水 产 品

水产品是生长在水中能够食用并具有一定经济价值的动、植物烹饪原料的统称。水产品分布广,品种多,产量大,味道鲜美,营养丰富,是供给人类动物性蛋白质的重要来源,因而是人们所喜爱的食品。我国有丰富的水产资源,无论是海洋,还是内陆江河湖泊,水域面积都很广阔,水产品的生产有优越的自然条件。随着我国经济的发展,水产事业也将有更大的发展,这对改善我国人民的食物结构,提供良好的动物蛋白食物,增强人民的身体素质,具有十分重要的意义。

水产品种类繁多,按其性质可分为动物性水产品和植物性水产品两大类。各品种有的适宜鲜食,有的适宜干制。本章着重介绍以鱼类为主以及虾、蟹、贝类等鲜活的水产品原料。

第一节 鱼类的特点和分类

一、鱼类的外部形态

什么是鱼?鱼是终生生活在水中,以鳍游泳,用鳃呼吸的脊椎动物。鱼之所以不同于生活在水中的其他水生动物,是因为它有其特有的外部形态。

(一)鱼类的体轴

鱼类的体轴是确定鱼形的依据。鱼类的体轴,就是通过鱼体正中作三条互相垂直交叉的直线 AA'、BB'、CC',从头至尾的 AA' 叫做主轴或头尾轴,从背部至腹部的 BB' 叫纵轴或背腹轴,从左至右将鱼体分为上、下两半部的 CC' 叫横轴或左右轴。

(二)鱼类的体型

鱼类由于生活习惯和自然环境的不同,有的嘴尖,有的尾长,有的体圆,其形状多种多样,但归纳起来主要有以下 4 种体型:

1.纺锤型(或称棱型)。形似梭子,鱼体呈流线型,体轴的长短比例是:头尾轴最长,背腹轴略长于左右轴。大多数鱼是这一类型。如草鱼、鲤鱼等。纺锤型鱼类游泳时阻力小,速度快,有利于追捕食物或逃避敌害。

2.侧扁型。头尾轴较短些,背腹轴远比左右轴长,呈侧扁状。侧扁型的鱼一般具有较发达的背鳍和臀鳍,以保持身体平衡,如扁鱼、鲂鱼。侧扁型鱼游泳不及纺锤型鱼快。

3.扁平型。扁平型鱼特别是头尾轴较短,左右轴长于背腹轴的鱼,常栖息于海底。

4.圆筒型(又称蛟型)。这一类鱼头尾轴特别长,而背腹轴与左右轴长度相当,鱼体细长,如黄鳝、鳗鱼。此类鱼大多生活在水底,游泳缓慢。

(三)鱼体主要器官和部位

鱼体构造很复杂,外部形态包括器官和体表鳞片、鳍、鳃、触须、眼、口等。

1.鳞。在鱼类族中,大多数品种有鳞。所谓鳞,是鱼体表一种呈瓦片状的披覆物,一般分硬鳞、圆鳞、栉鳞3种类型。由于鳞片大小、排列位置的不同,它是鉴别鱼的种类和推算年龄的依据。

2.鳍。俗称划水,是鱼的运动器官,由鳍刺、鳍条和鳍膜组成。根据生长部位分背鳍、鳃鳍、胸鳍、臀鳍、尾鳍。各种鱼鳍形态有较大的不同,以鳍条数目多少可鉴别鱼的种类。

3.鳃。是鱼的呼吸器官,主要部分是鳃丝,上面密布血管呈鲜红色。大多数鱼鳃都位于头后部的两侧,外有鳃盖,鳃盖边缘具有鳃盖膜,呼吸时鳃盖启闭,鱼鼻孔无呼吸作用,主要有嗅觉功能。

4.眼。鱼眼大多数没有眼睑,不能闭合,因生活习性不同,眼的大小、位置有很大的差异。鱼眼位于体轴线之上的和体轴线之下的较多,位于头部背面或腹面的主要属于海洋鱼类。

5.触须。很多种类的鱼有触须,是一种感觉器官,生长在口旁或口周围,分为颌须和颚须。触须上面具有发达的神经和味蕾,有触觉和味觉的功能。

6.口。是鱼类的摄食器官,与呼吸密切相关。因生活习性和品种不同,口形、口位差异较大。以头部为基础,位于头部背面的为上口位,如翘嘴白;位于头部前端的为口端位,如草鱼;位于头部腹面的为下口位,如鲮鱼。此外,还有亚上位,亚下位,是指口位于前端而偏上或偏下的中间型。鱼口的大小与其食性有关,性凶猛和以浮游生物为食的鱼类大都是大口,有利于捕食各种鱼类,有利于过滤较多水量,以取食浮游生物,如鳜鱼、鲢、鳙。

二、鱼类的化学成分

鱼类的主要营养成分是蛋白质、脂肪、矿物质和维生素等,其含量丰富又极易被人体所吸收,具有很高的营养价值。

(一)蛋白质

鱼类的蛋白质主要存在于肉中,一般含量为15%～18%,最高可达20%以上。其质量和其他水产品的质量一样,含有人体必需的多种氨基酸,如乙氨酸、色氨酸、组氨酸、苯丙氨酸、亮氨酸、异亮氨酸、苏氨酸、蛋氨酸、胱氨酸、缬氨酸和精氨酸等11种,因此,营养价值与禽畜肉差不多。

(二)脂　　肪

鱼类的脂肪含量同鱼的年龄、季节、品种有密切的关系。一般含量为 1%～
3%,鲥鱼则可达 11%。鱼体脂肪主要是中性脂肪,在常温下多呈液态,熔点低,易
被人体消化吸收。但容易氧化引起腐败,较难保管。鱼类脂肪主要存在于肝、肠和
脑中,尤其是海洋鱼类的肝脏含脂肪量较高。少数鱼的鳞片含脂肪量也很高。

(三)矿物质

鱼体中含有丰富的矿物质,一般以钾、钙、磷、碘等为多。海产鱼含碘量高于淡
水鱼类,每 1000 克淡水鱼肉含碘 50～400 微克,而 1000 克海产鱼类鱼肉含碘量
为 500～1000 微克。与家禽、家畜肉相比,鱼肉所含的碘和磷也高得多。

(四)维生素

鱼体内含有丰富的维生素 A 和维生素 D,主要存在于鱼肝内,如鲨鱼、鳕鱼
肝脏重量约占体重的 11%,内含丰富的维生素 A、维生素 D。

此外,鱼体还含有大量的水分,含量一般为 50%～80%,烹调时仅损失 10%～
35%,较家禽、家畜肉的失水量小。因此,鱼肉在烹调后,仍可保持它的松软状态,
易于消化和吸收。

三、鱼的分类

鱼类的家族庞大,有 2500 多种。根据其生活习性和栖息环境不同,概括起来
可分为两大类:咸水鱼类和淡水鱼类。

咸水鱼类(即海产鱼),指生活在海水中的各种鱼类。海产鱼品种极其丰富,约
有 1700 种之多,分布在世界各大海洋中,并具有洄游的习性。洄游是鱼在一定时
间内向一定方向集体迁移的一种现象,可分生长洄游和生殖洄游。由于鱼的洄游,
形成了鱼的捕捞汛期。所以,海产鱼类一般具有较强的季节性。

淡水鱼类,指生活在江、湖、河、池中的各种鱼类,主要分布在珠江水系、长江
水系、松花江水系。品种较之海水鱼少,约有 800 种左右,其中不少品种可人工养
殖。淡水鱼类一般没有洄游习性,但有些品种原生活在海洋,往往洄游于江湖,并
在江河被捕获,如鲥鱼、刀鱼、梭鱼等。

第二节　　水产鱼类的主要品种

水产鱼类的品种很多,但由于受到捕捞条件的限制,有相当多的品种仍未开
发利用,而有的品种则因经济价值不高,不能进入市场。饮食业常见的鱼类品种
有:

一、海产鱼类

(一)小黄鱼

俗称小鲜,又名黄花鱼、花鱼、小黄花,为我国四大经济鱼类之一。其主要产区为浙江以北沿海区域,各产区的捕捞期不同,浙江沿海在 3 月中旬至 4 月下旬及 9～10 月,嵊泗鱼场在 4 月中旬至 6 月下旬及 9～10 月,黄海、渤海则在 5 月下旬至 6 月上旬。

小黄鱼头较大,鳞也大,色泽与大黄鱼相同,属底层群居洄游鱼类。具有生长快、成熟早、繁殖率高的特点,体长一般为 16～25 厘米,肉质鲜嫩,呈蒜瓣状,刺少,肉多,肉易离刺,烹制适用于烧、熘、干炸等方法。

(二)大黄鱼

俗称大鲜,又名大王鱼、宁波黄鱼等。主要产区为东海和南海,北起长江口,南至雷州半岛湛江外海,以广东南澳岛和浙江的舟山群岛产量为最多。大黄鱼的汛期在广东沿海以 10 月为旺季,福建以 12 月至来年 3 月为旺季,浙江沿海以 5 月最盛。6 月之后,大黄鱼产卵完毕,散游于沿海群岛,至天气渐寒时,再集群向外海洄游,形成浙江外海鱼汛,俗称"桂花黄鱼"。

大黄鱼和小黄鱼形态相似。除大小不同外,两者的区别是:大黄鱼体大而鳞片小,嘴大而圆,肉结实,刺少;小黄鱼的鳞片大,嘴尖,刺多。大黄鱼的烹调方法同小黄鱼。

(三)带　　鱼

又名白带鱼、裙带鱼、鳞刀鱼。带鱼是我国四大经济鱼类之一,主要产区为山东、浙江、河北、福建和广东沿海。其中以青岛、烟台产量最高,山海关产的质量最好。一般每年 9 月至来年 3 月为旺季汛期。海州湾则在 5～6 月及 7～11 月为汛期。

带鱼体细长而侧扁,呈带形,体表呈光亮的银灰色,无鳞片,头窄长,口大,牙尖,眼大位高,体长一般 60～120 厘米,其中东海带鱼体型偏小。带鱼属肉食性鱼类,贪食性强,游动迅速,常伤害其他鱼类,别名"净海龙"。平时栖息于澄清海水的中下层,浑浊海水处很少有带鱼。带鱼适宜做红烧、干炸、烹、煎、清蒸等菜肴。

(四)鲥　　鱼

又称快鱼、响鱼、火鱼、白鳞鱼、鲞鱼等。我国沿海北起渤海,南至广东均出产,主要产地为渤海,秦皇岛的产量既多质量又好。广东汛期为 3～6 月,辽东为 5～7 月,江苏沿海为 4 月下旬至 7 月初,烟台 5 月中旬至 6 月下旬及 8 月初至 11 月初。

鲥鱼体长而宽,身侧扁。体色为闪光银白色,属暖水性中上层鱼类。生殖季节集群游向近海,较易捕获,是我国主要经济鱼类之一。其刺多,肉细嫩,味醇香,鳞下含脂肪很丰富,为腌制咸鱼的重要原料。新鲜鲥鱼用来清蒸最好,也可氽汤、干烧、红烧、酱汁、白汁炖。

（五）银　鲳

又名鲳鱼、镜鱼、鲳扁鱼、白鲳,北方又叫平鱼。银鲳在我国沿海各地均有出产。捕捞期为:江苏 4～8 月,山东 5～6 月,浙江舟山、福建 4～6 月,广东 3～6 月。东海为主要产区。

银鲳鱼身呈扁圆形,体长一般在 20～32 厘米,银灰色,头小嘴圆,牙细,成鱼腹鳍消失。属暖水性中上层鱼类,平时分散栖息于潮流缓慢的近海,生殖季节集群游向近岸及河口附近,以甲壳类等为食。银鲳有小细鳞,肉细,刺少,味醇厚。此鱼的内脏最少,1～1.5 千克的银鲳肠子只有 100 克左右。头部小,肉多。银鲳适做红烧、干烧、清蒸、干炸等菜肴。

（六）鲐　鱼

又名鲭、青花鱼、油筒鱼、鲐巴鱼。鲐鱼与鲅鱼同为我国四大经济鱼类之一。我国沿海均产,产季略有不同,青岛、烟台 5 月上旬～6 月为旺季,浙江近海 3 月中旬至 5 月为旺季。鲐鱼体呈纺锤形,长达 60 厘米,尾柄细,背青色,腹白色,体侧上部具有深蓝色波状花纹,第二背鳍和臀鳍后方各具有 5 个小鳍,尾鳍呈叉形。为中上层洄游鱼类,每年春季产卵期由外海游向近海,产量很大。鲐鱼肉质坚实,品质优良,在夏季易腐败,一般适于腌制或罐装,烹调中以红烧、醋熘为多。

（七）鲅　鱼

又名马鲛鱼、蓝点鲅。鲅鱼的外形和鲐鱼很相似,体侧也有许多不规则的斑点,不同之处是前后两背鳍相距很近,第二背鳍和臀鳍后部具有 7～9 个小鳍,体形较鲐鱼大,可长达 1 米以上。鲅鱼属暖水性中上层鱼类,夏秋季结群作远程洄游,5 月间游近黄海,每年 4～5 月和 7～8 月为盛产期。肉有弹性,刺少,一般体重 1.5～2 千克,体大的可达 40 千克以上,食用方法同鲐鱼,也可作罐装食品。

（八）海　鳗

又名牙鱼、狼牙鳝。海鳗体长而圆,一般长 35～45 厘米,大者可达 1 米以上,属凶猛性鱼类。背侧灰褐色,下方白色。背鳍和臀鳍延长,与尾鳍相连,无腹鳍,鳞细小,埋在皮肤下。母鱼于秋季入深海产卵,幼鱼呈柳叶状,透明,经变态后,进入浅海中成长。海鳗分布于朝鲜、日本和我国辽宁、山东、浙江、福建、广东等沿海,以东海为主。肉质细嫩,富含脂肪,为上等食用鱼类之一。每年夏季入伏时盛产;以农历 6 月为最肥。新鲜海鳗最适于清蒸、清炖等,亦可红烧、炒或作鱼丸,鱼鳔可干制成鱼肚。

（九）藤　罗　鱼

又名黄姑鱼、铜罗鱼、春水鱼。我国沿海地区均产,以渤海产量为最高,每年 5～6 月为旺季,以秦皇岛所产为最好。其体型如小黄鱼,圆头,柳叶形,鱼身上部为灰黑色,下部为黄色,身上有许多黑点组成的黑条纹,属暖温性近海中下层鱼类,有明显季节洄游,春季开始游向近岸产卵,一般体长 20～31 厘米,肉呈蒜瓣状,味微带酸,通常每条 0.5 千克左右,也有 1～1.5 千克重的。此鱼红烧、干烧、酱、炖均可。

(十)鲈　鱼

又名花鲈、板鲈。鲈鱼为名贵鱼类,有黑白两种,白色叫鲈板鱼,黑紫的叫敏子鱼。产于黄海、渤海等水域,辽宁省的大东沟,山东省的羊角沟,天津的北塘等处较多,以北塘出产的质量最好,数量也最多,出产旺季在立秋左右。鲈鱼体长圆形,青灰色,有黑色斑点,随年龄增大而减少,嘴大、背厚、鳞小、肚小、色白、肉多、刺少,其味鲜美。普通的重 1.5～2.5 千克,也有 5 千克左右的,大的鲈鱼可达 25 千克以上。鲈鱼适于板炸、红烧、清蒸,亦可制作鱼丸。

(十一)鮸　鱼

又名鳌子、米鱼。我国沿海均产,东海、黄海交界处是世界上最好的鮸鱼场。产期为 6～9 月。鮸鱼属暖温性底层鱼类,栖息于咸淡水混合处,体长一般 45～55 厘米,大者可达 80 厘米,体侧为暗棕色,腹部为灰白色,有鳞,鱼鳔可干制成鱼肚。肉质细嫩,适于清蒸、醋熘、红烧、熏制等方法,也常作罐藏原料。

(十二)真　鲷

亦称加吉鱼、鲛鲌鱼、铜盆鱼。我国沿海均产,为黄海、渤海经济鱼类,以秦皇岛产的最肥,立夏至初伏为丰产季节。一般重 0.5～1 千克,1.5～5 千克的也有。真鲷体呈椭圆形,头大。口小,长达 50 厘米以上。全身为淡红色,尾鳍后缘呈黑色,上、下颌前部呈圆锥形,后部呈臼齿形,体背栉鳞,背鳍和臀鳍的上部呈破刺形状。栖息于沙砾海底,主食贝类和甲壳类。是一种上等食用鱼,肉细嫩、味鲜,可红烧、干烧、酱汁、炖、烤、清蒸、氽汤等。

(十三)鳕　鱼

又名大头青、大口鱼、大头鱼,只产于黄海和东海北部,是我国北方海区经济鱼类之一。其体长形,头大,鳞很小,体背侧黄褐色有许多小黑斑,腹侧灰白色,体长一般 20～70 厘米,体重 0.5 千克左右,大者可达 4 千克。属冷水性底层鱼类。生产旺季为 1～2 月,4～8 月亦有。烹调方法适宜红烧,亦可干制蒸食。鳕鱼的肉、骨、肝均可作药用。

(十四)梭　鱼

也叫支鱼、红眼鱼、肉棍子。我国沿海均产,以渤海区域为多,捕捞期有春汛和秋汛。梭鱼体近圆筒形,长达 50 厘米,银灰色,眼上缘红色,头宽而稍平扁,口端位,平衡,下颌前端具一突起,上颌中央有一凹陷,眼睑不发达,背鳍两个。栖息近海及河口,摄食泥沙中的无脊椎动物及有机物。肉细,味不太厚,肉多刺少,可切鱼片,梭鱼加工后可做白爆、红烧、干烧等菜肴。

(十五)牙鲆鱼

又名比目鱼、牙偏、偏口鱼。牙鲆鱼在我国沿海均产,以黄海、渤海产的量多质优,渤海沿海常年都有出产,主要产季在 12 月,黄海北部 5～6 月及 10～11 月产量较多,以秦皇岛和北戴河所产质量最好。体形扁平,口大,眼睛生在一侧,有眼的一侧为灰褐色或深褐色,有黑色斑点,无眼的一面为白色,全身只生一根大刺,鳞片小,肉质细嫩,味美。牙鲆鱼做红烧、氽、干烧、蒸等菜肴均可。

(十六)鲱 鱼

又名青鱼。鲱鱼体侧扁,长约 20 厘米,背青黑色,腹银白色,眼皮、眼睑、腹部有细弱梭鳞。系冷水性海洋上层鱼类,食浮游生物,是世界重要经济鱼类之一。分布于北太平洋沿岸,我国黄海、渤海有鲱鱼出产,产季以春、冬为主。鲱鱼含油量较高,精巢可盐制鱼精蛋白。鲱鱼可红烧、炖、干炸等,也可制作罐头或盐腌。

(十七)半滑舌鳎

又名鳎米、舌头。我国沿海均有出产,产量以 8～10 月为多。头短,两眼小,均在左侧,鳞小,一般体长 25～40 厘米。肉紧,味鲜醇厚,是上等名贵海鱼,适宜采用炸、红烧、蒸等烹调方法,也可干制。

(十八)马面鲀鱼

俗称橡皮鱼、剥皮鱼,又名绿鳍马面鲀。鱼体呈长椭圆形,体侧扁,一般长为 20～25 厘米。体呈黑色,体侧具有不规则斑块,为暖湿性近海底层鱼类,以底栖小生物为食。在外海越冬,4～5 月产卵,主要分布在我国东海、黄海、渤海及朝鲜、日本和非洲南部。我国以东海、黄海产量为主,东海 2～3 月为旺季,黄海海洲湾以4～6 月为产季。马面鲀鱼食用时需剥皮加工,利用率较低,肉灰暗,呈蒜瓣状,微腥。可红烧、干烧,也可加工成鱼片、鱼丁以供烹调。

二、淡水鱼类

(一)刀 鱼

刀鱼产于天津海河、长江中下游以及珠江一带,为名贵的洄游鱼类。长江下游,以 4 月为旺季,清明前质最佳。天津海河,以秋后所产的最肥美。刀鱼形状像一把刀,体长而平扁,背部青灰色,侧部和腹部为银灰色,臀鳍和尾鳍连在一起,胸鳍上有五条须,眼小不明显,鳞片小,刺细软,肉味鲜美。刀鱼清蒸、煎、烧均可。

(二)鮰 鱼

亦称江团、白吉,是名贵的洄游鱼类。以长江下游出产为多,产季在 4～5月。鮰鱼体修长,前部扁平,腹圆,后身渐细,大者可达 1 米以上,背灰腹白,体表无鳞,吻圆实,须 4 对,眼小。肉细软嫩,鲜美肥润,富含脂肪,鱼鳔肥厚,可作鱼肚,食用可作白烧、红烧等。

(三)鲥 鱼

又名三来。分布于我国东海和南海,繁殖季节溯河进入长江、钱塘江和珠江。长江产量较多,每年端午节前后产量最多,肉质也最肥美,过此季节,肉质就渐老。网捕鳞片完整,质量最好。

鲥鱼形似鲳鱼,体侧扁,口大无牙,头部齐尖,头及背灰绿黑色,鳞片大而薄,上有细纹,体侧为银灰色。鳞片中含脂肪很丰富,烹制时脂肪溶化入肉,更增添鱼肉的鲜嫩滋味。肉白而细嫩,肉质坚实,刺多而软,为我国名贵鱼类。普通的重1千克左右,大的可达2.5～3千克。一般以鳃帮发亮的为好,发黄的较差,变质时肉质发红。此鱼以清蒸、清炖为最好,也可红烧。

(四)大马哈鱼

是我国东北著名特产之一,属洄游鱼类,主要产于松花江上游和乌苏里江,每年9～11月为盛产期。这种鱼耐寒性强,体重大的可达10千克左右。鱼体长,侧扁,口大,眼小,鱼体肥壮,有各种鳍。背灰黑色,肚白色,两侧线是平行的,鳞片较大,肉质紧而弹性强,味鲜。可烧、炖、清蒸、酱、熏或腌。鱼子叫"红鱼子",为海味珍品。

(五)鳇　　鱼

又名秦王鱼。主要产于黑龙江,为我国东北特产,生产旺季为6～8月。鳇鱼体延长,一般长约2米,最长达5米,重约1千克,体梭形,头呈三角形,吻长而实,口下位。背青黑色,侧黄色,腹色灰白(雄性银白)。其肉细嫩、味鲜,宜用清炖、红烧、炒等烹调方法。鳇鱼子叫"黑鱼子",是海味又一珍品。

(六)鳡　　鱼

亦称黄鲏、竿鱼。鳡鱼体呈亚圆筒形,大者长达1米余,重量可达50千克,青黑色,吻尖长,口大而呈喙状,眼小,背微黄,腹银白色,性凶猛,捕食各种鱼类,为淡水养殖业的害鱼。冬季最肥,天然产量高,为大型上等食用鱼类,分布在我国各大小河中。此鱼肉质坚实细嫩,刺小而少,味鲜美,可红烧、干烧或加工成鱼片烹制,最宜制作鱼丸。

(七)鳜　　鱼

亦称桂鱼、鲜花鱼、花鲫鱼。主要产于我国南方的淡水湖中,湖北、湖南最多。一年四季均产,2～3月最肥美,是一种名贵的鱼。鳜鱼口大头尖,身长而扁圆,长为20～30厘米,体为青果绿色而带金属光泽,身上有不规则的花黑斑点,鳞细小,刺细,肉紧细嫩,呈蒜瓣状,味鲜美。鳜鱼适于红烧、干烧、清蒸、炸、熘等。

(八)鲌　　鱼

又名白鱼、翘嘴白。产于我国各地内河水域,6～7月较多。体细长扁薄而呈柳叶形,长为25～40厘米,口在上位,下颌突出往上翘,细鳞银白,为上等淡水鱼类品种,肉质细嫩,刺多,味极鲜,宜于清蒸、烟熏、红烧等方法烹制。

(九)鲤　鱼

俗称鲤拐子。为我国最主要的淡水养殖鱼种,有悠久的饲养历史。原产于我国,后传至欧洲,现世界上已普遍养殖。鲤鱼体侧扁,上颌两侧和嘴各有触须一对,鳞片大而圆且紧,刺硬,背部苍黑,腹部青白色。按生长地域可分为河鲤鱼、江鲤鱼、池鲤鱼。河鲤鱼黄色,带有金属光泽,鳞白色,上颚两侧有须两对,尾红、肉嫩、味鲜。江鲤鱼鳞片和肉为白色,肉质仅次于河鲤鱼。池鲤鱼青黑鳞,刺硬,有泥土味,但肉质细嫩。我国黄河上游所产最为名贵,称为黄河鲤鱼。

鲤鱼四季均有出产,以 9～12 月为主,2～3 月间最肥美,一般每条重 0.5～1.5千克,大的可达 5 千克以上。鲤鱼的吃法很多,整条烧或加工成片、块、条、丁烹制均可。

(十)鲫　鱼

又称鲋,古称鰤。它是我国各地常见鱼,以河北白洋淀、南京六合龙池所产最好。一年四季均有出产,2～4 月、8 月、12 月最肥美,亦可人工养殖。鲫鱼体侧扁、宽而高、腹部圆、头小、吻钝、鳞大,体呈银灰色,也有金黄色的,嘴上无须。刺多,肉嫩,味美,营养比其他鱼类丰富,为上等淡水鱼类之一,妇女哺乳期食用可发奶。鲫鱼干烧、酥熘、汆汤、清蒸均可。

(十一)草　鱼

又名鲩鱼、洋鱼、草根鱼、草色鱼。体呈亚圆筒形,大者长达 1 米余,重达 35 千克以上。青黄色,头宽平,口端位,吻很钝,无须。背侧呈草黄色,腹部灰白,底层栖息,以水草为食,3～4 龄成熟,在江河上游产卵,可人工繁殖,鱼苗生长迅速,为我国四大淡水养殖鱼类之一。我国南北方均产,以湖北、湖南所产质最好,一年四季均产,9～10 月产的质量最优,肉白色、细嫩、有弹性、多刺、味美。草鱼可红烧、炖、清蒸,也可加工成鱼片烹制。

(十二)青　鱼

又名乌青、螺蛳青、黑鲩、鲭鱼。全国各地江、湖、池塘、水库均产,是我国四大淡水鱼养殖品种之一,常年捕捞,9～10 月产的最好。青鱼体长略侧扁,腹部圆,头较扁平,无触须,体色很浓,背部青黑,腹部白色。肉质紧实细嫩,出肉率高,属淡水鱼中上品。烹调方法宜于烧、干烧、炒、炸、熘、贴等。

(十三)鳙　鱼

又名胖头鱼、花鲢、黑鲢、松黑。鳙鱼为我国四大饲养鱼类之一,原产于湖北、湖南,现全国各地普遍养殖。鳙鱼很似鲢鱼,但头部较鲢鱼大,约占全身 1 / 3,肚宽背厚,体色较浓,背部黑褐色,两侧有黑色斑纹,腹部灰白色。其肉白细嫩,刺细而多,味美,红烧、干烧、炖、清蒸均可。

(十四)鲢　鱼

又名白鲢鱼、鲢子鱼,为我国四大淡水饲养鱼类之一。多产于长江以南的淡水湖中,在池塘里养殖的也很多,它们主要是以浮游生物为食,以冬季产的为好,湖北、湖南所产最好。鲢鱼身体长扁,头较大,眼偏下,鳞片细小,体色银白,刺多,大的重量可达 15～20 千克。鲢鱼肉软嫩,含水量高,易变质,吃法与鳙鱼相同。

(十五)鳊　鱼

又名长春鳊、边鱼、方鱼。体形侧扁,头尖小,长为 20～30 厘米。背部特别隆起,腹部后面有肉棱,鳞小,体呈银灰色。此鱼生长迅速,是食草性鱼类,分布遍及全国,产量较大,是江河湖泊的主要经济鱼类之一,也是人工饲养淡水鱼品种之一,以冬季产为佳。其肉细嫩鲜美,营养丰富,是淡水鱼上等品种。以清蒸、红烧、干烧、氽汤等方法能制作出多种菜肴。

(十六)黑　鱼

亦称鳢,又名乌鳢、蛇头鱼、黑鱼棒子。黑鱼产于淡水湖或河中,我国南北均产,一年四季都有,以冬季产的最肥。其体修长,呈亚圆筒形,大的长达 50 厘米以上,青褐色,头部上下扁平,尾巴左右侧扁,有三纵行黑色斑块,眼后至鳃孔有两条黑色横带。口大、牙尖、眼小,背鳍和臀鳍均较一般的鱼为长,尾鳍呈圆形。常在水底栖息,适应性强,对不良水质、水温及缺氧具有很强的抵抗力。性凶猛,以虾类及其他鱼类为食。肉肥味美,皮厚,适宜制鱼片、鱼条、鱼丁等,也可烧、氽汤,汤汁浓厚味醇,具有滋补作用。

(十七)鳗　鲡

又名河鳗、白鳝、青鳝。主要产于长江口沿岸一带江河流域,现有人工饲养。体细长,长为 30～60 厘米,前身圆筒形,后身侧扁形,皮肤下埋没细鳞,表皮光滑,背为暗绿色,腹为白色。肉细嫩、肥润,蛋白质和脂肪含量很高,是我国高级的江河性洄游鱼类之一。可制蒸、炖、红烧、白炒等菜肴,也可制成罐装食品。

(十八)鲂　鱼

又名方鱼,亦称团头鲂、武昌鱼、团头鳊。分布较狭,为长江中下游附属湖泊的常见鱼类,以湖北鄂城县梁子湖产为多,因鄂城县原为武昌县,故此鱼又称武昌鱼。现在池塘内饲养繁殖成功,在全国各地广泛养殖。以秋冬季产的最肥。鲂鱼与鳊鱼相似,但体型较鳊鱼高而侧扁,头短而小,吻较钝圆,背灰黑色,肉质与鳊鱼相同,食用方法亦同鳊鱼。

(十九)罗 非 鱼

又称非洲鲫鱼、红尾鲫鱼。原产非洲莫桑比克,现我国各地已有饲养,其繁殖力强,生长较快,当年即可成熟,产量高,以秋、冬产的为佳。罗非鱼体长一般在 15 厘米左右,扁平,头短而高,口大,唇厚、吻圆,鳞大,体灰黑色,背鳍尖利,尾鳍略圆。肉较嫩,味鲜美,但有土腥味,适宜氽汤、红烧食用。

第三节 其他动物水产品

一、虾 类

(一)对 虾

又名大虾、明虾,是我国北部沿海特产之一,主要产于渤海湾。每年3～4月间为汛期,由青岛经烟台沿海北游,以在烟台时为最肥,然后经过大沽口到秦皇岛产卵,9～11月南游过冬,形成秋汛,到第二年3～4月间洄游北上。

对虾体长16～23厘米,通常按对计算,每两只为一对,故名对虾。其鲜品外壳呈青白色,以壳亮、身硬、头爪整齐、须长者为上品。雌虾比雄虾稍大。天津的河口对虾尾红、爪红,其味极为鲜美。未成熟的对虾就是虾钱。一般7只虾重量达0.5千克者为对虾,低于此者为虾钱。食用可以盐水煮和烧、爆等,也可出虾仁炒。

(二)龙 虾

品种很多,可分中国龙虾、日本龙虾、波纹龙虾、杂色龙虾、密毛龙虾、少刺龙虾、长足龙虾等。分布于我国东海、南海等海域,尤以广东、福建、浙江较多,夏秋为汛期旺季。体长约30厘米,呈圆柱形而略扁,腹部较短,头胸甲壳坚硬多刺,体橄榄色并带白色小点。肉多味鲜,宜于炸、爆等制作方法。

(三)晃 虾

又叫白虾、迎春虾。产于我国沿海等地,以渤海产为多,盛产期在立春前后。体长一般为5～9厘米,外壳白色透明,身略弯曲,肉红、子黄、味鲜质嫩,适宜盐水煮。

(四)青 虾

即沼虾,又名大青虾。青虾主要产于淡水河、湖和池塘等水域,每年端午节前后为盛产期。以河北白洋淀、江苏太湖、山东微山湖等地出产最为著名。青虾体长为4～8厘米,壳较白虾硬而厚,全身均呈淡青色,头有须,胸前有一对螯足,两眼突出,尾叉形。肉嫩味鲜美,可以炸、盐水煮、醉、烩,也可出虾仁炒、贴等食用。

(五)白条虾

又名太湖白虾。产于湖、河淡水中,以太湖产较有名,夏季出产。白条虾须短,足不发达,壳薄而软,色白明亮,体状肥硕,肉白质嫩味极鲜。适宜油炸、盐水煮、炒、蒸等方法食用。

二、蟹

(一)海 蟹

学名三疣梭子蟹,又名海虫。海蟹我国沿海均产,以渤海湾所产海蟹最著名。每年3～4月为最肥。雌蟹圆脐,雄的尖脐。

海蟹壳厚扁平,体呈青灰色,头部有一对大螯足,另有四对小足,头胸表面有3个高低不平的瘤状物,身为梭状,故名三疣梭子蟹。一般重 250～500 克。肉色白而鲜嫩,但不如河蟹味厚,其蟹黄也不如河蟹肥厚醇香。宜蒸制食用,也可加工出肉。

(二)螃　蟹

学名称中华绒螯蟹,又称毛蟹,为淡水蟹品种。根据产地分江蟹、河蟹、湖蟹三种。一般以中秋前后为盛产期。华北地区以霸县胜芳产的为最肥。此外,南京的江蟹、江苏常熟阳澄湖的红毛湖蟹都很有名。

螃蟹扁圆形,甲壳,有螯足一对,上长密密绒毛,腹脐白色,背壳青黑色,肉质肥润。雌蟹有色黄软如膏状的蟹黄。味美而营养丰富,含蛋白质 11%、脂肪 4%,并含有钙、磷、铜、铁及维生素等。蟹肉较难消化,一次不宜多食。适宜蒸、醉等制法,也可出肉加工,作炒、烩、烧之用。

三、贝　类

(一)牡　蛎

简称蚝,又名海蛎子。牡蛎壳形不规则,厚重而大,左壳(或称下壳)较大软凹,右壳附着于它物较小,掩覆如盖,无足无丝。牡蛎分布于热带和温带,我国黄海、渤海、南沙群岛均产,约有 20 种,冬春为盛产期。牡蛎肉味鲜美,生食、熟食均可,也可加工制成蚝豉、蚝油及罐头,壳可制药。

(二)文　蛤

又名花蛤,沿海各地均有。辽宁营口、江苏连云港、南通较多,全年均产,以清明前后为旺季。文蛤壳坚硬而厚,顶部突出,白色,肉细嫩味鲜,为贝中上品。宜于氽、烩、蒸、炝等方法食用,亦可作馅或加工成罐装品。

(三)毛　蛤

又名赤贝、麻蚶、瓦垄子。分布于近海泥沙质的海底。主要产区渤海湾及各地沿海,以 9～11 月及 3～4 月为生产旺季。毛蛤长卵圆形,壳质坚硬,两壳不等,右壳稍小,壳顶突出,向内卷曲,表面有褐色绒毛状表皮。肉质肥大,以炒、烧方法食用为多。

(四)海　螺

又名红螺。海螺的贝壳边缘轮廓略呈四方形,大而坚厚,壳高达 10 厘米左右,螺层有 6 级,壳内为杏红色,有珍珠光泽。海螺生活于浅海底,产于我国北部沿海,东海嵊泗也常见,产季为 9 月中旬至翌年 5 月,肉供食用。适宜烧、炒、爆、氽等制作方法,油爆海螺是青岛名产之一。

(五)河　蚌

淡水贝类品种,多产于南方内陆河、湖中,以春天为出产旺季。河蚌体大而宽扁,壳硬较薄,呈黑色。肉嫩色淡黄,味鲜,含水量高,烹调后失水率大。加工后宜于红烧、烩、炒等,也可作配料,如河蚌刮肉等。

(六)青　螺

淡水贝壳类品种,产于内陆水网地区的河、湖中,以南方太湖出产较多,春天为出产旺季。青螺体小尾尖,壳薄呈棕褐色,肉灰黑色,鲜嫩。可直接煮后取肉蘸调味品食用,也可出肉加工后以炒、烩等方法食用。

四、其 他 类

(一)圆　鱼

即鳖,又名元鱼、甲鱼、团鱼等。产于各地河网地区,现已有人工饲养。野生的以 4～11 月为主要捕捉期。圆鱼头呈三角形,吻长而突出,头颈部和四肢能完全缩入背腹甲之间。甲壳体裹有表皮,呈蓝灰色和灰褐两种,腹部白色间蓝色斑纹。圆鱼寿命很长,体重大者可达 5 千克以上,肉肥嫩,味道醇厚,富含蛋白质,营养价值高,为高级滋补食品。在烹饪中常以清炖、红烧、烩等烹调方法制作食用。

(二)鳝　鱼

又名黄鳝、长鱼。产于各地水网地区,以江浙和长江沿岸各省产量较多,常栖息于水田烂泥中,全年都可捕捉,以夏秋产的质最优,是我国特产。鳝鱼体细长,呈蛇形,头部膨大,吻尖,眼小,体润滑无鳞,色微黄或橙黄,全身布满黑色小斑点,腹部灰白,体长一般 25～40 厘米,大者可达 60 厘米。肉呈灰色,较嫩,味鲜,富含营养,有泥土味。适合各种烹调方法,在南方饮食业使用广泛,品种极多。江苏淮阴地区有"长鱼席"。

(三)泥　鳅

小型鱼类,分布遍及全国,多栖息于静水的底层,常钻入泥中,6～7 月为盛产期。体长为 8～12 厘米,身扁圆,吻部向前突,尾鳍圆形,体表光滑,灰黑色,有斑点。肉细肥嫩,味鲜,带土腥味,蛋白质含量达 22%以上,营养丰富,为出口水产品之一。适宜红烧、熏、炸、炖等烹调方法。

第四节　　鱼 制 品

根据鱼类容易腐败变质的特点,水产食品部门常将一些新鲜的鱼类通过脱水、盐腌、熏制等一系列加工,制作成便于保管、运输、贮存和别具风味的鱼制品,用以调剂市场供应和满足消费者的需求。

鱼制品的加工方法主要有腌制法、干制法、熏制法。其制品的种类一般有以下几种:

一、咸　　鱼

　　咸鱼是家常腌鱼制品。它是利用食盐的渗透作用,使鱼肉内部水分溢出,肉质变紧,从而达到防止和阻碍微生物繁殖生长和组织酶的分解作用。经过盐腌的鱼肉不仅体积缩小,重量减轻,便于保管运输,提高食用价值,还能帮助去除异味,使鱼肉产生芳香味。

　　腌制咸鱼主要选择肉质紧密的中小体型的海水鱼和体型较大的淡水鱼,如黄鱼、鲐鱼、鲳鱼、鳊鱼、鲤鱼、草鱼、青鱼等。

　　咸鱼的腌制方法有干腌法、湿腌法和混合腌法 3 种。具体作法与咸肉的腌制方法相同。

　　咸鱼制品因其在加工过程中用盐较多,口味太咸,故食用时必须先用清水浸泡漂洗减轻盐分,才可加热。烹调方法宜于蒸、红烧,亦可煮熟作冷菜食用。

二、干　　鱼

　　干鱼即脱水干制的鱼制品。分盐鱼干和淡鱼干两类。干制方法分自然干燥法和人工干燥法两种。

　　自然干燥法又称晒干法,即依靠太阳光的辐射作用和干燥空气的风干作用对鱼进行脱水,最适宜冬季加工干鱼。

　　人工干燥法又称烘干法,是利用机械设备对鱼进行脱水。具体做法有烘箱、风干两种。效率高,鱼品干制均匀,适用于大批量加工。

　　干鱼常见的品种有:

　　(一)黄鱼鲞

　　由鲜大黄鱼经剖脊去内脏,洗净,用盐腌(盐量 30%),加压,洗涤脱盐,晒干制成。主要产在浙江舟山、温州和福建宁德等地。其特点是肉厚坚实,色白,盐度轻,干度高。食法宜于炖、煨。

　　(二)鳗鱼鲞

　　地方俗名风鳗、海鳗鲞。由海鳗鱼剖脊去内脏,洗净,盐腌后再用水漂洗,晒干制成。以浙江舟山、台州和福建宁德及广东、海南等地加工为多。此品种体形完整,肉质紧密厚实,盐味轻,味鲜香。烹调方法宜于蒸、炒、炖。

　　(三)龙头烤

　　以鲜龙头鱼去内脏洗净,盐腌,清水漂去表面盐分,烤干而成。主要产地有浙江舟山、广东汕头等地。其特点是个体肥大,肉紧实,灰白色,口淡。烹调方法油炸、蒸食均可。

　　(四)海鳗鱼干

　　鲜海鳗鱼洗净,放 6%～8%的盐水中煮沸至熟(不煮烂),出锅沥水,冷却,晒至九成干即成。产地为浙江温州和福建莆田、宁德等地。其特点是体形完整,色白微黄,富于光泽。烹调方法宜于油炸、蒸食等。

(五)银鱼干

有两种制作方法:其一是直接将银鱼放在日光下晒干即成;其二是先用明矾水将银鱼浸渍,以加快脱水,然后晒干,但制品色黄,缺少光泽。产地主要在江苏太湖、洪泽湖,安徽巢湖、芜湖。其特点:鱼体均匀、乳白,有光泽,味鲜,宜于蒸、氽汤等方法烹食。

三、熏　　鱼

熏鱼是一种具有特殊风味的鱼制品。加工工艺是利用带特殊香味的燃料(锅巴、茶叶、糖、酒、姜、葱、木屑等)发出的烟气影响鱼肉,致使制品表面色泽金黄,肉紧,味香浓郁,是经济价值和食用价值较高的食品,既可直接食用,又可保藏一段时间备用。

四、鱼肉松

鱼肉松味香而鲜美,易消化吸收,耐贮存。其制作方法是将淡水鱼类的大型鱼(如胖头鱼、鲤鱼、草鱼、青鱼)及海产品如鲨鱼等新鲜鱼洗净,开腹,去内脏,再洗净,切成段后,在 75% 的食盐水中腌渍 2～3 小时,再洗一次,用笼屉蒸熟后取肉,加调味品酱油、白糖,最后用猪油或其他植物油以温火(最高不超过 80℃)炒制,待鱼肉纤维完全分开时即成。

五、鱼肉香肠

鱼肉香肠是选择较大型的淡水鱼(如鲤鱼、胖头鱼等),去鳞、内脏、骨刺,洗净,用绞刀将鱼肉绞成馅,调味,灌入肠衣 (猪、牛、羊的小肠)内,煮熟,染色(必须使用食用色素,用量必须按规定严格控制),最后进行风干即成。鱼肉香肠味美而耐贮存。

第五节　　水产品的品质检验与保管

鲜活的水产品是含水量高、营养丰富的烹饪原料。大部分品种经捕捞离开其生活的场所,很容易死亡,原体表附带的微生物便很快地繁殖生长,侵入机体,使之腐败变质。加之水产品在捕捞及装运、堆放、保管等过程中,由于机械损伤及不卫生环境因素的影响,也为微生物繁殖生长提供了有利的条件,从而加快腐败变质的过程。水产品的腐败变质不仅严重损害其感官形状,降低食用价值,而且还能破坏其营养成分,产生有害物质,影响人体健康。因此,对水产品的品质检验与保管必须十分重视,并根据水产品的性质、特点采取相应措施,搞好水产品的品质检验与保管工作。

一、水产品的品质检验

水产品的品质检验主要是根据各品种的外观特征变化,以感官检验方法来了解其新鲜度,从而判定其品质的好坏。下面介绍鱼、虾、蟹的质量标准和检验方法。

(一)鱼类的品质检验

鱼类因其肉中糖原含量小,酵解时间短,最容易发生腐败。鱼类是否新鲜,主要根据鱼鳞、鱼鳃、鱼眼、鱼唇、鱼脐、鱼鳍、鱼肉松紧程度、鱼皮和鱼鳃中所分泌的黏液量、气味及肉横断面的色泽进行判断。

1.鱼鳃的状态。完全新鲜的鱼,鱼鳃色泽鲜红或粉红,鳃盖紧闭,黏液较少并呈透明状,没有臭味。鱼鳃呈灰色或苍红色的为不新鲜鱼。如呈灰白色、有黏液污物的则为腐败鱼。

2.鱼眼的状态。鲜鱼的眼澄清而透明,并且很完整,向外稍稍突出,周围没有充血而发红的现象。不新鲜的鱼眼多少有点塌陷,色泽灰暗,有时由于内部溢血而发红。腐败鱼的眼球破裂,并移动位置。

3.鱼鳍的状态。新鲜鱼,鱼鳍表皮完好。新鲜度较差的鱼,鱼鳍部分表皮破裂,光泽减退。腐败的鱼,鱼鳍表皮消失,翅骨暴露而散开。

4.鱼唇的状态。新鲜鱼,鱼唇肉紧实,不变色。新鲜度较差的鱼,吻肉苍白无光泽。腐败的鱼,唇肉苍白并与骨分离开裂。

5.鱼皮表面状态。新鲜鱼的表皮上黏液较少,体表清洁,鱼鳞紧密完整而具有光泽,鱼皮未变色,具有弹性,用手压入的凹陷随即平复,肛门周围呈一圆坑形,硬实发白,肚腹不膨胀。新鲜度较低的鱼,黏液量增多,透明度下降,鱼背较软,苍白色,用手压其凹陷处不能平复,失去弹性。鱼鳞松弛,层次不明显且有脱片,没有光泽,肛门也较突出,同时,肠内充满因细菌活动而产生的气体使腹臌胀,有腐臭味,为腐败鱼。

6.鱼肉的状态。新鲜鱼肉的组织紧密而有弹性,肋骨与脊骨处的鱼肉组织很结实。不新鲜的鱼肉,肉质松软,用手拉脊骨与肋骨极易脱离。肌肉有霉味、酸味,有局部腐败现象。

(二)虾的品质检验

虾的品质是根据虾的外形、色泽、肉质等方面来鉴定的。

1.外形。新鲜的虾头尾完整,爪须齐全,有一定的弯曲度,壳硬度较高,虾身较挺。不新鲜的虾,头尾容易脱落或易离开,不能保持其原有的弯曲度。

2.色泽。新鲜虾皮壳发亮,呈青绿色或青白色,即保持原色。不新鲜的虾,皮壳发暗,原色变为红色或灰紫色。

3.肉质。新鲜虾肉质坚实,细嫩。不新鲜的虾,肉质松软。

(三)蟹的品质检验

蟹的品质鉴定是根据外形、色泽、体重及肉质等几方面来确定的。

1.新鲜蟹。蟹腿肉坚实、肥壮、有力,用手捏有硬感,脐部饱满,分量较重,翻扣在地上能很快翻转过来,外壳呈青色泛亮,腹部发白,"团脐"有蟹黄,肉质鲜嫩。

2.不新鲜蟹。蟹腿肉空松、瘦小,行动不活泼,分量较轻,背壳呈暗红色,肉质松软,味不鲜美。蟹以活的为好,如果已死,则不宜选用。

二、水产品的保管

市场上出售的水产品品种繁多,有的是刚捕获出水的鲜活产品,有的是经过短时间贮存的产品,有些经过长时间冷冻。原料进入饮食店后,必然给保管工作带来困难。因此,要安全、科学地保管好水产品,就必须针对水产品的不同情况区别对待。根据各地不同特点,水产品保管有以下两种方法。

(一)活　养

活养包括清水活养和无水活养两种。

1.清水活养。主要适用于用鳃呼吸的活鱼类,如鲫鱼、鲤鱼、黑鱼、青鱼、长鱼、鳗鱼等。清水活养的水温一般在4℃～6℃,以自然河水为宜,并需适时换水,防止异物杂质入水,以减少死亡,保持鲜活。经清水活养的鱼类既能充分保持其鲜活度,又能促使其吐去腹中污物,可以减轻肉中的土腥味。

2.无水活养。主要适用于用呼吸道呼吸的螃蟹等水产品。无水活养螃蟹必须排紧、固定、控制爬动,防止互相螯伤。要通风透气,防止闷死。

(二)冷　藏

1.鱼类的冷藏。对已经死亡的各种鱼类,保管以冷藏为宜。冷藏的温度视不同情况而定,一般应控制在-4℃以下,便能保管数天;如果数量太多,需保管较长时间,温度则宜控制在-20℃～-15℃为宜。凡冷藏的鱼,应去净内脏,再入冰箱或冰柜,存放时注意堆放,不宜堆叠过多。冷气进不了鱼体内部,就会引起外冻而内变质的现象。若冷藏的鱼需使用,也应采取自然解冻的方法。冷藏后的鱼,解冻后,不宜再行冷冻,否则,鱼肉组织便会受到更多的破坏,丧失内部水分,导致肉质松散,降低鱼的鲜度和营养价值。

2.虾类的冷藏。虾个体细小,短时间冷藏,一般散放容器中,不要太多,置于-4℃以下的冰箱中即可。如无冰箱,将虾放于冰块中,撒入少量食盐,用麻袋或草包封口,亦能保管数天。如数量多,保管时间长,就必须排放整齐,置于盛器中并放适量水一起冰冻,如明虾的冰冻保藏。虾也不宜重复冷冻,否则肉质会干缩失去鲜嫩度。

此外,贝类水产品也可清水活养,也可剥壳将其肉置于水中冷冻。海水鱼因市场所见多已死亡,一般宜用冰冻的方法保管。

第六章　调 味 品

　　调味品是烹调制作过程中调和食品口味的辅佐原料,具有酸、甜、苦、辣等味和芳香味。

　　调味品的种类甚多,有的来自天然的植物花蕾、种子、皮、茎、叶等,也有的来自天然的矿物性物质,还有的来自人工酿造和提炼合成的产品。它们共同的特点是都具有一定的芳香味和呈味性。

　　我国调味品的应用及生产加工有悠久的历史, 对调味品作用的认识比较深刻。根据《吕氏春秋·本味篇》记载,早在周代民间就有酱和醋等调味品的生产,生姜、葱、桂皮、花椒等在周代之前已普遍使用,多种谷物酿造的酒则在商代就已出现。《周礼·天官》一书中还记载了根据季节的不同总结出"凡和,春多馥、夏多苦、秋多辛、冬多咸,调以滑甘"应用调味品的规律。由于对调味品的不断认识和应用,为我国烹饪技术的发展及地方菜风味特色的形成起了重要的作用。

　　对调味品作用的认识和应用是烹饪技术发展的重要标志之一。它不仅为美味食品的制作提供了物质条件,丰富了烹饪的内容,而且为烹饪中调味手段、方法和规律的深入研究提供了实践的基础。我们学习和研究各种调味品的性质、特点、作用及其应用等方面的知识,对提高烹饪技术,制作出口味完美的菜点,具有重要的指导作用。本章就调味品原料的基本特点分析它们呈味的有机成分,阐明其性质和作用,并介绍在烹饪中常用的调味品原料品种。

第一节　　调味品的特点和作用

　　调味品的品种很多, 但每一个品种都含有区别于其他原料的特殊的呈味成分,这是调味品共同的基本特点。在烹饪中,准确地使用调味品,运用不同的调味手段和方法,便能使调味品充分发挥其调味的作用。根据调味品的特殊呈味成分,调味品的作用主要表现在以下几个方面:

一、除去烹饪食品的腥臊异味,调和并突出正常的口味

　　因为调味品也像其他原料一样,在烹饪过程中发生各种物理和化学变化。一方面,调味品的特殊成分能溶解、分化、挥发食物中不良的异味;另一方面,调味品的特殊成分渗透并停留在食物中,以至改变食品原有口味,增加了美味。比如酒、姜等,通过它们的挥发性物质使食物中的一些异味挥发,起到调味的作用。

二、改善食品的感官性状,增加菜点的色泽光彩

各种调味品本身都具有一定的色观,根据菜肴制作所需要的色彩要求便可选择相应的调味品,如有色的炒菜、烧菜,可使用酱油、红糖、番茄酱等。

三、增加食品的营养成分,提高食品的营养价值

调味品与其他烹饪原料一样,一般具有可食性,含有人体所需要的营养物质。通过对调味品的使用,不仅起到调味和增强色观的作用,而且也使食品的构成成分发生变化。比如,盐能为人体提供丰富的氯化钠等矿物质,酱油、味精、糖等含有不同种类的氨基酸和糖类,某些调味品还具有增强人体生理功能和治病防病的功用。因此,随着人们对调味品作用的认识不断深化,一些既具有调味作用又有营养价值的调味品相继问世,如含碘量大的碘盐、补血酱油、维生素 B_2 酱油等。

四、杀菌消毒,保护营养

有些调味品的成分具有杀灭或抑制微生物生长繁殖的作用。比如,在冷菜制作中,利用食盐、姜、葱等调味品就能杀死微生物中的病菌,提高食品的卫生质量。又如,食醋的醋酸成分既能杀灭病菌,又能保护维生素不受损失。

除此之外,由于调味品能有效地发挥其作用,使食品在色、香、味及营养卫生等方面达到良好的效果,从而可以诱人食欲,促进人体对食物的消化和吸收。

第二节　　调味品呈味的种类及化学成分

各种调味品具有不同的调味作用,因为它们有自己特定的呈味成分,即化学成分。化学成分的呈味性与其化学成分的特性有极密切的联系。不同的化学成分可以通过对人们不同部位的味觉器官的作用引起不同的味感,这就是我们通常感觉的咸、甜、酸、苦、辣、鲜和香等味感。现将可以引起人们各种味感物质的化学成分分析如下:

一、咸　　味

咸味主要来源于氯化钠。氯化钠通常称为食盐,是由化学元素氯和钠化合而成的结晶体,也是具有安全性的一种盐类矿物质。其咸味较其他盐类显著和纯正。其他的一些盐类物质一般都有咸味,但由于化学成分不同往往杂有苦味,例如,粗盐发苦,是因含有钾、镁的缘故。调味品中的酱油及酱类也具有咸味,其实它们都是含有食盐成分的加工制品,其咸味仍是氯化钠成分所致。

二、甜　　味

甜味调味品有食糖、蜂蜜和糖精。食糖和蜂蜜的甜味主要由具有生甜作用的氨基(—NH₂)、羟基(—OH)、亚氨基(==NH)等基因与负电性氧或氮原子结合的化合物质产生。自然界中有机化合物的糖类,如葡萄糖、果糖、半乳糖、蔗糖和麦芽糖等是由上述含有甜味的不同化学成分所构成,所以都具甜味。食糖由人工种植的甘蔗、甜菜等植物中的糖类成分提炼而成,主要成分为蔗糖。蔗糖的甜度,除果糖及木糖醇之外,较其他糖类为甜。但与温度有一定的关系,当温度高于 50℃ 时,蔗糖较果糖甜。食糖的甜度因加工提炼的方法和加工程度不同而有差异,如红糖一般比白糖、绵白糖甜。蜂蜜是由人工养殖的蜜蜂采花粉酿成,其成分比较复杂,含有多种糖类,甜度较强。糖精是人工合成的甜味调味品,甜味由化学生成物糖精钠产生,在味感上有很强的甜味,但对人体毫无营养价值,甚至对人的生理机体有所危害,现被限用或禁用。

三、酸 味

酸味是由有机酸和无机酸盐类分解为氢离子所产生。不同种类的酸有不同的酸味感,在同样的 pH 值下,有机酸比无机酸的酸感要强。调味品中有酸味的品种主要有食醋、番茄酱等,变质的酱油及酒也存在酸味。食醋的酸味来源于醋酸,番茄酱的酸味主要为柠檬酸所致,它们都属有机酸类。有机酸是一种弱酸,能参与人体正常代谢,一般对人体健康没有影响,能溶于水和乙醇。

四、鲜 味

鲜味是食物的一种美味感。调味品中的味精、虾子、蚝油、鱼露、酱油等都有鲜味,呈味成分有核苷酸、氨基酸、酰胺、三甲基胺、肽、有机酸等物质。如味精、酱油的鲜味感主要由氨基酸类的谷氨酸钠所致。虾子、蚝油、鱼露的鲜味为核苷酸的组氨酸酯、氨基酸、肽、酰胺、三甲基胺、琥珀酸等成分综合产生。调味品中的鲜味成分,不仅能增加食物的美味感,而且也是人体所需要的营养物质的来源之一。

五、辣 味

具有辣味的调味品品种很多,它们的呈味成分很复杂。辣味是一种强烈刺激性味感,由一些不挥发的刺激成分和有一定挥发性成分刺激口腔黏膜所产生,一般可分火辣味和辛辣味两类。火辣味在口腔中能引起一种烧灼感的辣味,辣椒和胡椒的辣味属此类。辛辣味是有冲鼻刺激感的辣味,除作用于口腔黏膜外,还有一定的挥发成分刺激嗅觉器官,姜、葱、蒜、芥子等辣味属此类。但不同的品种辣味感与具体的辣味成分有关,比如辣椒的辣味由辣椒素和三氢辣椒素成分产生;胡椒中的辣味却是胡椒碱形成;姜的辛辣味则由姜酮和姜脑构成;葱、蒜的辛辣成分为硫醚化合物的蒜素所致。

六、香 味

香味是挥发性香气物质气流刺激鼻腔内嗅觉神经所产生的刺激感,其成分主要是挥发性的芳香醇、芳香醛、芳香酮以及酯类和萜烃类等化合物质。常用的香味调味品大茴香、小茴香、丁香、桂皮、花椒以及黄酒、香糟、芝麻油、桂花酱等都含有上述不同香气成分的化合物质。香味一般要在烹调过程中才能产生。不同的香气成分,使有不同特点的香味形成。根据不同菜肴的要求,使用不同香味的调味品,是促使菜肴形成具有不同香味的关键。

在食品加工中广泛运用的人工合成的香精也有香味。香精的香味是根据天然花果的香味类型,运用各种酯类、醛类、酮类、醇类物质,按不同的比例加工而成的,其成分与天然香料的成分基本相同,因此香精往往具有各种天然花果的香味,如香蕉味型、茉莉花味型、薄荷味型等。

七、苦 味

苦味是分布广泛的味感,最易被感知。它来源于许多有机和无机的物质,其本身并不是令人愉快的味感,但当与甜、酸或其他味感恰当组合时能形成一些食物的特殊风味,如苦瓜、莲子、白果等都有一定苦味,但均被视为美味食品。食物中的苦味物质,重要的有生物碱和糖苷两大类,如咖啡碱、可可碱或苦杏仁苷等。调味品陈皮就是典型的苦味,它主要的苦味物质是糖苷的柚皮苷和新橙皮苷成分,在烹调中使用有独特的作用。

第三节　调味品的分类方法

调味品的种类很多,它们各自的来源、外观形态、内部化学成分以及特性各不相同,具体的调味作用也不相同。因此,对各种调味品加以合理的分类,是熟悉调味品的性质及掌握其运用方法的重要内容。调味品的分类方法较多,可以从不同的角度进行划分,从目前的情况看一般有以下3种方法。

一、按调味品加工分类

(一)酿造加工类

即以粮食原料通过发酵酿制的调味品,如酱油、酱类、酒、醋、味精、香糟等。

(二)提炼加工类

即从某些原料中熬制提炼而成的调味品,如食用糖、食盐等。

(三)采集加工类。即通过对植物的花、果、子、根、皮、叶等采集加工的调味品,如花椒、胡椒、桂皮、陈皮、丁香、茴香及葱、姜、蒜等。

(四)复制加工类

即以调味品原料经进一步加工的调味品,如芥末粉、胡椒粉、咖喱粉、五香粉、番茄酱等。

二、按调味品形态分类

(一)固 态 类

如糖、盐、味精等。

(二)液 态 类

如酱油、酒、醋、辣椒油等。

三、按调味品的呈味性分类

(一)咸味类

如食盐、酱油以及以咸为主或带有咸味的各种酱类等。

(二)甜味类

如食糖、蜂蜜、饴糖等。

(三)酸味类

如食醋、番茄酱等。

(四)鲜味类

如味精、虾子、蚝油、虾油、鱼露等。

(五)辣味类

如胡椒粉、辣椒粉、芥末粉、辣椒酱、辣椒油等。

(六)香味类

如酒、酒糟、桂皮、八角、花椒、丁香、五香粉、桂花和香精等。

(七)苦味类

如陈皮、茶叶等。

上述调味品分类的 3 种方法,各有优点和不足。以调味品加工方法分类,能较全面地反映调味品的来源和基本特点,但不能反映其固有的特性和作用。以调味品的形态来分类,比较简单,但也不能反映调味品的全貌,不利于对调味品全面系统地认识。以调味品呈味性分类是目前较为合理的一种,已经被饮食业所接受,它比较明了、准确,能全面地反映各种调味品的特性和作用。

关注大众健康,倡导科学饮食,是我们的工作宗旨!

第七章　鲜活原料的初步加工

常用于烹饪的鲜活原料是指新鲜的蔬菜、水产品、家禽家畜类及野生动植物等。这些鲜活原料，一般都不能直接用于烹饪制作，必须根据烹调或面点制作的需要，按其种类、性质进行不同的初步加工处理。对动、植物原料进行宰杀、去皮、除污、解腥臊气味或扔掉不能食用的部分，再进行洗涤整理，使之达到烹调、面点制作备用材料要求的过程，叫做对鲜活原料的初步加工。

鲜活原料的加工在整个烹饪中占有极其重要的地位。它是烹调或面点制作前必须进行的准备工作，是烹饪技术必不可少的组成部分。

初步加工的内容，主要包括宰杀、摘剔、洗涤、剖剥、拆卸和初步熟处理等。进行鲜活原料的初步加工，必须符合以下基本要求。

第一，符合卫生要求。鲜活原料在市场购进时，一般都带有污秽、杂物，多数还带有一些不能食用的部分，因此，必须经过刮削、洗涤和整理，加以清除。对于一些可以生食的原料，如黄瓜、萝卜、白菜等，必须采取适当的措施，将细菌杀死，方可食用。总之，加工后的原料应确保清洁卫生。

第二，保存原料的营养成分。各种原料所含的营养成分，在初步加工时应尽可能地加以保存，避免不必要的浪费。如一般的鱼初步加工时须刮净鱼鳞，但新鲜的鲥鱼和白鳞鱼则不可刮去鱼鳞，因为它们的鳞片中含有一定量的脂肪，加热后熔化，可增加鱼的鲜美滋味，其鳞片柔软可以食用。

第三，使菜肴的色、香、味、形不受影响。鲜活原料在进行初步加工时，必须根据其性质和烹制菜肴的要求，采取正确的加工方法，使其制成菜肴后在色、香、味、形各方面不受影响。例如，为了去掉新鲜蔬菜的苦涩味和保持颜色碧绿，可经过焯水，但焯水后必须用凉水浸透，否则在高温的作用下叶绿素会氧化而使蔬菜的色泽变黄。宰杀鸡、鸭时，血必须放尽，否则会使鸡、鸭肉色泽变红，影响菜品的质量。用于制作干烧鱼、红烧鱼等菜肴的鱼，在取内脏时，不宜从腹部剖取，而须从口腔中卷出，剖腹取内脏的鱼加热后其腹部收缩，鱼体显得瘦小，影响菜肴的形态完美。鱼在加工时，腹内的血液和黑衣必须除净，因其腥味较重。动物内脏在初步加工时，须用盐醋揉搓、里外翻洗，洗净黏液和污秽，并恰当地进行焯水，以除去异味，确保菜肴口味的正常。

第四，合理使用原料，减少损耗。原料在洗涤、刮削、拆卸、整理过程中，既要除净污秽和不能食用的部分，还要使用合理，做到物尽其用，切不可将可食的部分去掉,造成浪费。如:鲟鱼的头骨可干制成为高档的"明骨";虾的卵可干制成虾子;雌性乌鱼的缠卵腺,可干制成乌鱼蛋;鸡胗、鸭肝、鸭肠均可用于烹制菜肴。只有正确使用各种原料,合理烹调,才能在确保菜肴质量的基础上,降低成本,增加企业的收益。

第一节　新鲜蔬菜的初步加工

　　新鲜蔬菜是人们日常膳食中不可缺少的副食品,它除含有能促进人体胃肠蠕动、以利排泄的纤维素外,还含有丰富的维生素和无机盐,这些都是人体不可缺少的营养成分。新鲜蔬菜是烹制各种菜肴的重要原料,它既可以广泛用作各种菜肴的配料,也可单独制作某些菜肴品种,如炝芹菜、拌黄瓜、奶汤蒲菜、油焖冬笋等。烹调中还可以用蔬菜制作出高档的菜品,如素鱼翅、素燕菜、素虾仁等。一些著名的素菜馆,还可以完全用蔬菜制作出整桌筵席。

　　由于蔬菜的品种繁多,可食用的部分又各不相同,有的食用种子,有的食用叶子,有的食用根茎,有的食用花蕾等,所以新鲜蔬菜的初步加工,也必须分门别类地进行。

一、新鲜蔬菜初步加工的一般原则

　　新鲜蔬菜初步加工,必须遵循以下原则:

　　(一)黄叶、老叶必须清除干净

　　蔬菜上的黄叶、老叶、老帮一般不能食用,必须清除干净,以确保菜肴的质量不受影响。

　　(二)虫卵、杂物必须清除干净

　　蔬菜在摘剔时,除将黄叶、老叶、老帮去掉外,夹杂在蔬菜内的杂草污物也必须清除干净,特别要除尽新鲜蔬菜叶片的背面和根部的虫卵。

　　(三)要先洗后切

　　蔬菜的初步加工,不但要洗涤清洁,而且在程序上最好先洗后切。如果先切后洗,不仅在原料改刀的刀口处流失较多的营养成分,而且也增加了细菌的感染面积,所以在保证菜肴风味特点的前提下,尽可能先洗后切。

二、新鲜蔬菜初步加工的方法

　　新鲜蔬菜的种类繁多,加之产地、上市季节和食用部位的不同,初步加工方法也不完全一样。现就蔬菜的食用部分,分别说明它们的初步加工方法。

　　(一)叶菜类

　　叶菜类是指以肥嫩的茎叶作为烹调原料的蔬菜。常见的品种有大白菜、小白菜、菠菜、油菜、卷心菜、韭菜、香椿等。其初步加工的步骤是:

1.摘剔。新鲜的蔬菜在食用前,应将黄叶、老叶、老根、老帮、杂物等不能食用的部分摘除,并剔掉和清除泥沙。

2.洗涤。新鲜蔬菜,一般用冷水洗涤,也可根据情况而采用盐水或高锰酸钾溶液洗涤。

(1)冷水洗涤。将经过摘剔整理的蔬菜,放入清水中略浸泡一会儿,洗去蔬菜上的泥土等污物,再反复清洗干净。

(2)盐水洗涤。将加工整理的新鲜蔬菜先放入2%浓度的食盐溶液中浸泡5分钟,再用清水反复洗净。夏秋季节上市的新鲜蔬菜,栖息在菜梗和叶片上的虫卵较多,用冷水洗一般清洗不掉,放入适当温度的盐水中浸泡后,则可使虫卵的吸盘收缩脱落,便于清洗干净,因此盐水洗涤蔬菜具有特殊的作用。

(3)高锰酸钾溶液洗涤。将加工整理过的新鲜蔬菜放入0.3%的高锰酸钾溶液中浸泡5分钟,然后再用清水洗净。这主要用于洗涤供凉拌食用的蔬菜。用此种方法洗涤可将细菌杀死,同时避免蔬菜加热处理改变风味。

(二)根茎类

根茎类是指以肥嫩变态的根茎为烹饪原料的蔬菜。常见的品种有冬笋、茭白、莴苣、土豆、山药、山芋、圆葱、葱、姜、蒜、萝卜等。它们的初步加工方法是:

1.土豆、山药、山芋、莴苣等带皮的原料。用刀削去外皮,用清水洗净,再用凉水浸泡备用。

2.冬笋、茭白等带毛壳和皮的原料。先将毛壳去掉,削去老根和硬皮,再放入开水锅内用慢火煮透,捞出放入冷水中浸泡备用。鉴别冬笋是否煮透的方法,是从冬笋加热前后颜色的变化来区别,加热前呈白色,熟透后呈浅黄色。冬笋必须煮透,去掉涩味。

3.姜、蒜、葱。姜刮去外皮,用清水洗净。蒜剥去外皮洗净。大葱剥去外皮切去根洗净。

根茎类蔬菜,大多数含有多少不等的鞣酸(单宁酸),去皮时与铁器接触容易氧化变色,所以在去皮后应立即放入凉水中浸泡,或去皮后立即使用以防变成锈斑色。

(三)瓜　　类

瓜类是以植物的果实为烹调原料的蔬菜,常见的品种有黄瓜、丝瓜、苦瓜、冬瓜、西葫芦等。初步加工的方法是:

1.冬瓜、西葫芦。刮去外皮,由中间切开,挖去种瓤,洗净。

2.黄瓜。嫩时用清水洗净外皮即可。质老时可将外皮和种瓤去掉,再用清水洗净。

(四)茄果类

茄果类是指以植物的浆果为烹调原料的蔬菜,常见的品种有茄子、番茄、辣椒等。初步加工的方法是:

1.茄子。去蒂并削去外皮,洗净即可。

2.辣椒。去蒂、子瓤,洗净。

3.番茄(西红柿)。先用清水洗净,再用开水略烫,入凉水中浸凉,剥去外皮。

(五)豆　　类

豆类是指以豆科植物的豆荚(荚果)或子粒为烹调原料的蔬菜,常见的品种有豌豆、毛豆、刀豆、豆角、扁豆等。初步加工的方法是:

1.荚果全部食用的。掐去蒂和顶尖,同时撕去两边的筋,洗净即可,如刀豆、扁豆、豆角等。

2.食其种子的。剥去外壳取出子粒,放入开水锅中煮透,捞出用凉水浸泡,如毛豆、豌豆等。

(六)花 菜 类

花菜类蔬菜是以某些植物的花蕊为烹调原料的蔬菜, 常见的品种有韭菜花、白菊花、黄花菜、花椰菜等。这些原料最大的特点是质嫩而易于人体消化吸收,是较为理想的蔬菜烹调原料。初步加工的方法是:

1.黄花菜。去蒂和花蕊洗净,经蒸或开水焯后,再用凉水浸洗,方可现用或晒干备用。

2.白菊花。将花瓣取下,用清水洗净。

3.花椰菜。去其茎叶洗净,入开水锅烫透,然后放入冷水中浸凉即可。

4.韭菜花。用冷水洗净,一般腌制后食用。

第二节　　水产品的初步加工

水产品的种类很多,性质各异,因此。初步加工的方法也较为复杂,必须认真细致地加以处理,才能成为适合于烹调的原料。

一、水产品初步加工的一般原则

水产品在切配、烹调之前,一般须经过宰杀、刮鳞、去鳃、去内脏、洗涤、分档等过程。至于这些过程的具体操作,则须根据不同的品种和具体的用途而定。水产品的初步加工必须符合以下几项原则:

(一)注意除尽污秽杂质

水产品在加工时,对于鱼鳞、内脏、鱼鳃、硬壳、沙粒、黏液等杂物,必须除净,特别要尽量除去腥臭异味,保证菜肴的质量不受影响。

(二)注意不同品种和不同用途

　　鱼类取内脏的方法通常有两种，一种是剖开鱼腹取出内脏，另一种则是从口腔中用筷子将内脏卷出。一般用于整条鱼上席的应从口腔中取内脏，出肉的则剖开鱼腹取内脏。鳝鱼也因烹制菜肴的品种不同，而采用生杀或煮杀。

　　(三)注意合理使用原料，减少浪费

　　对一些形体比较大的鱼，初步加工时应注意分档取料，使用合理。如青鱼的头尾、内脏可以分别红烧，中段(鱼身)则可出肉加工成片、条、丝以及制茸等。狼牙鳝的肉内带有许多硬刺，如用整段红烧、干烧、清蒸等，食用极不方便(硬刺太多)，而且造型亦不美观。但狼牙鳝鱼肉色泽洁白、味道鲜美，因此最适宜于出肉制馅(制馅的过程中将鱼刺去掉)。水产品在加工时，还要注意原料的节约。如剔鱼时，鱼骨要尽量不带肉；一些下脚料要充分利用。总之，在水产品的初步加工时，要充分合理地使用各种原料，避免浪费。

　　二、水产品初步加工的方法

　　水产品的种类，大致可分为鱼类、虾类、贝类。它们的初步加工方法是：

　　(一)鱼类的初步加工

　　鱼的品种很多，形状、性质各异，加工的方法也不相同。主要有刮鳞、去鳃取内脏、煺沙、剥皮、泡烫、斩刮、宰杀等。

　　1.刮鳞。将鱼身表面的鳞片刮净，主要用于加工属于骨鳞、片鳞一类的鱼，如大黄鱼、小黄鱼、鲈鱼、鲤鱼、草鱼等。

　　2.去鳃取内脏。取内脏的方法，要根据鱼的大小和烹调的不同菜品而定，一般情况有两种：一种是将鱼的腹部剖开取出内脏，再去净鱼鳃和腹内的黑衣，洗净，主要用于形体较大和出肉的鱼。另一种是从鱼的口腔中将内脏取出，方法是先在鱼的脐部割一刀口，将内肠割断，然后用两根筷子由口腔插入，夹住鱼鳃用力搅动，使鱼鳃和内脏一同搅出，用清水洗净。此种方法，主要用于形体较小和需保持完整造型一类的鱼，如红烧鱼、干烧鱼等。

　　3.煺沙。主要用于加工鱼皮表面带有沙粒的鱼类，如鲨鱼。煺沙的第一步先将鱼放入热水中略烫，水的温度要根据原料的老嫩而定，一般质老的用开水，质嫩的水温可低一些。烫的时间，以能煺掉沙粒而鱼皮不破为准。若将皮烫破，则在煺沙时，沙粒易嵌入鱼肉，影响食用。第二步是煺沙，鱼烫好后，用刮刀刮净沙粒，洗净即好。

　　4.剥皮。主要用于鱼皮粗糙、颜色不美观鱼类的加工，如鲽目中的宽体舌鳎、斑头舌鳎、半滑舌鳎等。此类鱼的加工方法是，先将腹部鳞片刮净，由背部靠鱼头处割一刀口，捏紧鱼皮用力撕下，再除去鱼鳃和内脏洗净即可。

　　5.泡烫。主要用于加工鱼体表面带有黏液且腥味较重的鱼类，如海鳗、黄鳝、鳗鲡等。

海鳗、鳗鲡除去鳃、内脏后,放入开水锅中洗去黏液和腥味,再用清水洗净即好。

黄鳝的泡烫方法是,锅中加入凉水,将黄鳝放入,加适量的盐和醋(加盐的目的是使鱼肉中的蛋白质凝固,"划鳝"时鱼肉结实,加醋则是去其腥味),盖上锅盖,用急火煮至鳝鱼嘴张开,捞出放入冷水中浸凉洗去黏液,即可用于"划鳝"。"划鳝"又称鳝鱼的出肉加工,详见出肉加工章节。

6.宰杀。主要用于加工活养的鱼类。下面主要介绍甲鱼和黄鳝的宰杀方法。

甲鱼的初步加工过程是:　宰杀→烫皮→开壳取内脏→煮制→洗涤→半成品。宰杀的方法有多种。一种是将甲鱼放在地面,待其爬动时用脚使劲一踩,待头伸出时,用左手握紧头部,然后用刀割断血管和气管,放入凉水盆中将血泡出。另一种方法是将甲鱼腹部向上放在菜墩上,待其头伸出时将头剁下。甲鱼宰杀放血后,放入70℃～80℃的热水中烫2～5分钟取出(水的温度和烫泡时间,可根据甲鱼的老嫩和季节的不同而灵活掌握),搓去周身的脂皮,从甲鱼裙边下面两侧的骨缝处割开,将盖掀起取出内脏,用清水洗净,再放入开水锅内煮去血污,用清水洗净即为半成品。

鳝鱼的宰杀方法,应视烹调用途而定。鳝片:先将鳝鱼摔昏,在颈骨处下刀斩一缺口放出血液,再将鳝鱼的头部按在菜板上钉住,用尖刀沿脊背从头至尾划开,将脊骨剔出,去其内脏,洗净即可切片。鳝段:用左手的三个手指(拇指、中指和无名指)掐住鳝鱼的头部,右手执尖刀由鱼的下颚处刺入腹部,并向尾部顺长划开,去其内脏,洗净即可切段备用。

7.摘洗。主要用于软体产品的加工,如墨鱼、鱿鱼、章鱼等。具体方法是:

墨鱼(又名乌鱼,乌贼鱼)。将墨鱼放入水中,用剪刀刺破眼睛,挤出眼球,再把头拉出,除去石灰质骨,同时将背部撕开,去其内脏,剥去皮,洗净备用。雄墨鱼腹内的生殖腺干制后称为"乌鱼穗",雌墨鱼的缠卵腺干制后称为"乌鱼蛋",均为名贵的烹调原料。墨鱼加工时,一般须在水中进行,防止墨汁溅在身上。

鱿鱼体内无墨腺,加工方法与墨鱼大致相同。

章鱼(又名八带蛸)。先将章鱼头部的墨腺去掉,放入盆内加盐、醋搓揉,搓揉时可将两个章鱼的足腕对搓,以去其足腕吸盘内的沙粒,再用清水反复洗去黏液即成。

(二)虾类的初步加工

1.对虾(又名明虾、斑节虾)。将虾洗净,用剪刀剪去虾枪、眼、腿、须,挑出头部的沙袋和脊背的虾肠、虾筋即好。也可将虾皮全部剥掉。

2.沼虾(也称青虾)。沼虾产于淡水中。加工方法是剪去虾枪、眼、须、腿,洗净即好。也可用于挤虾仁(虾仁的挤法,详见出肉加工章节)。沼虾4～5月份产卵,在加工时要加以利用,方法是:将沼虾放入清水中漂洗出虾卵,去其杂物后用慢火略炒,再上笼蒸透,取出弄散晾干,即为虾子。

(三)贝类及其他水产品的初步加工

1.扇贝。将两壳分开,用小刀剔下贝壳肌,去其内脏,摘掉附着在上面的硬筋,洗净。

2.蛏子。将两壳分开,取出蛏肉,挤去沙粒,用清水洗净。

3.鲍鱼。将鲍鱼放入开水锅内煮至离壳,取出鲍鱼肉,去其腹足和内脏,用竹刷刷至鲍鱼肉呈白色后用清水洗净,放入盆内加高汤、葱、姜、料酒上笼蒸烂,用原汤浸泡即好。

4.蛤蜊。用清水洗净,入开水锅中煮后捞出,取出蛤蜊肉,再用澄清的原汤洗净沙粒即可。

第三节　　家禽家畜的初步加工

家禽、家畜为重要的烹调原料,初步加工比较复杂,而且处理得恰当与否直接影响到菜肴的质量。

一、家禽初步加工的一般原则

用于烹制菜肴的家禽有:鸡、鸭、鹅、鸽等。其初步加工主要有 4 个步骤,即宰杀、煺毛、取内脏和洗涤。在对家禽进行初步加工时,应遵循的原则是:

(一)宰杀时血管、气管必须割断,血要放尽

割断血管、气管,目的是将家禽杀死,让血液流出。如没将气管割断,家禽不能立即死亡,血管没割断,血液流不尽,则会使禽肉色泽发红,影响质量。

(二)煺毛时要掌握好水的温度和烫的时间

这主要应根据家禽的老嫩和季节的变化而灵活掌握。一般情况,质老的烫的时间应长一些,水温也略高一些,质嫩的烫的时间可略短一些,水温也可低一些;冬季水温应高一些,夏季水温应低一些,春秋两季适中。另外,还要根据品种的不同而异,就烫的时间而言,鸡可短一些,鸭、鹅就要长一些。

(三)必须洗涤干净

家禽宰杀后必须洗涤干净,特别是家禽的腹腔必须反复冲洗,直到血污冲净为止,否则会影响菜肴的口味和色泽。

(四)注意节约,做到物尽其用

家禽的各部分均可利用,头、爪可用于煮汤、酱、卤;鸡内金可供入药;肝、肠、心和血液可用来烹制菜肴;羽毛可缝制衣、被。因此,家禽的各部分在初步加工时不能随意丢弃,应了合理使用。

二、家禽初步加工的方法

家禽的初步加工,主要有宰杀、烫泡、煺毛、开膛取内脏及内脏洗涤等。

(一)宰　杀

宰杀鸡、鸭、鹅前,先备好一盛器,盛器内放适量的冷水(冬季可用温水)和少许食盐。以鸡为例,宰杀时用左手握住鸡翅,小拇指勾住鸡的右腿,用拇指和食指捏住鸡颈皮,向后收紧颈皮,使手指捏到鸡颈骨的后面,以防下刀时割伤手指,在落刀处(鸡颈部)拔净鸡毛,然后用刀割断气管和血管,即将鸡身下倾,放尽血液,血要流入盛器内,待血全部流尽后,用筷子将盛器内的鸡血和水调匀。

(二)烫泡、煺毛

家禽宰杀后即可烫泡煺毛。这一步骤必须在家禽刚停止挣扎,即死后进行。过早因肌肉痉挛皮紧缩,不易煺毛,过晚则躯体僵硬羽毛也不易煺净。水温应根据季节和鸡、鸭的老嫩而定,一般情况下,老鸡用开水,嫩鸡用80℃左右的水,冬季可用开水,夏季水的温度可低一些。烫泡后要趁热将羽毛煺净。总之,烫泡、煺毛的过程中,以煺净羽毛而不破损鸡皮为原则。

鸭、鹅羽毛比较难煺,根据经验,宰杀前可先给鸭、鹅灌一些凉水,并用冷水洗透全身,煺毛就比较容易。鸭、鹅泡烫有温烫、热烫两种。

1.温烫。将水烧到60℃~70℃时,放入鸭或鹅烫透全身,并使水温始终保持在此温度上,先按顺毛方向煺净翅膀羽毛,逆毛煺净颈毛,再煺净全身羽毛,用清水洗净。温烫用于当年嫩鸭、嫩鹅羽毛的煺除。

2.热烫。将水烧至80℃时,把鸭或鹅放入,并用木棍不断搅动,由于木棍的不断搅动,鸭鹅相互碰挤(禽的数量要多),使大部分羽毛脱落,捞出后再煺掉余毛,洗净即可。热烫适用于加工质地比较老的鸭、鹅。

(三)开膛取内脏

开膛取内脏的方法,可视烹调的需要而定。较常用的有腹开、肋开和背开3种。

1.腹开。先在鸡颈右侧的脊椎骨处开一刀口,取出嗉囊,再在肛门与肚皮之间开一条为6~7厘米长的刀口,由此处轻轻拉出内脏,然后将鸡身冲洗干净。腹开用途较为广泛,凡用于剁块制作菜肴以及剔肉后切片、切丝、切丁制菜的,均可采用腹开。

2.背开。由鸡的脊背处剖开取出内脏。具体方法是,左手按住鸡身,使鸡背部朝右,鸡头部朝里,右手执刀,由臀尖处插入刀尖用力向后劈开至颈骨处,翻开鸡身取出内脏,冲洗干净。背开适宜于整鸡(鸭)制作菜品,如清蒸鸡、清蒸鸭、红扒鸡等。习惯上整鸡(鸭)制作的菜品,装盘时腹部朝上。采用背开的方法取内脏,使鸡(鸭)上席后既看不见刀口,又显得丰满,较为美观。

3.肋开。在鸡或鸭的右肋下开一个刀口,然后从开口处将内脏取出,同时取出嗉囊,冲洗干净。肋开主要用于烤鸡或烤鸭。鸡、鸭不在腹部或背部开刀,烤制时不致漏油,使鸡、鸭的口味更加肥美。

以上3种取内脏的方法,不论采用哪一种,操作时均应注意勿碰破鸡肝和鸡胆。鸡肝为烹调菜肴的上等原料,破碎后无法使用;鸡胆苦味较重,破碎后,鸡肉可因沾染胆汁而出现苦味,影响质量。

(四)禽类内脏的洗涤加工

禽类的内脏除嗉囊、气管、食管和胆囊不能食用外,其他均可以食用,其初步加工方法是:

1.肫。先割去前段食肠,剖开肫去其污物,剥掉黄皮洗净即可。

2.肝。摘去附着在上面的苦胆,洗净即好。

3.肠。先去掉附在上面的两条白色胰脏,然后顺肠剖开,加盐、醋、明矾搓洗去肠壁上的污物、黏液,再反复用清水洗净,入开水中烫熟(烫的时间不要过久,久烫则质老)。

4.血。将已凝结的血块,放入开水锅中煮熟捞出即好。煮时须注意火候,煮的时间过长则会使血块起孔,食之如棉絮,质量差。

5.油脂。鸡腹内的油脂,经加工后称为"明油"。此油煎熬后色泽不易浑浊。明油的制作方法是:先将油脂洗净切碎,放入碗内,加上葱、姜、花椒(花椒要放入葱内,便于取出)上笼蒸至油脂溶化取出,去掉葱、姜、水分和杂质,取得的油即为明油。

(五)鸽子的初步加工

鸽子有驯养和野生两种,驯养的质量较好。烹调中用的鸽子大都采用活杀。活杀的方法有摔死、闷死、酒醉等。煺毛也有干煺和湿煺两种:干煺就是待鸽子完全死去而体温尚未散尽时将羽毛拔净, 体温如完全消失, 毛则难煺;湿煺就是用60℃的水烫后,将羽毛煺净。鸽子皮嫩,浸烫时水的温度不能太高,否则皮易烫破。鸽子煺毛后即可开腹取出内脏,将鸽身用清水洗净即好。

三、家畜内脏、四肢的初步加工

家畜的内脏和四肢,泛指心、肝、肺、肚、腰、肠、头、尾、舌和脚爪等。由于这些原料黏液较多、污秽较重并带有油脂和腑脏臭味,故在加工时要特别认真,处理干净方可食用。内脏、四肢的加工方法有:里外翻洗法、盐醋搓洗法、刮剥洗涤法、清水漂洗法和灌水冲洗法等。有时一种原料的加工,往往需要几种方法并用才能洗涤干净。现将几种洗涤方法分述如下:

(一)里外翻洗法

主要用于肠、肚等内脏的洗涤加工。因为肠、肚里面黏液较多,外面带有油脂和污物,如果不里外翻洗则无法洗净,而且在一面洗净后,还须将另一面翻转过来再洗,将肚、肠洗涤干净。

(二)盐醋搓洗法

主要用于洗涤油腻和黏液较多的原料。如肚、肠等。具体方法是:先将肠、肚上的污物、油脂去掉,放入盆内加盐搓揉去黏液,再加醋搓揉(去其臭味),用清水洗一遍,然后再采用如上方法搓洗,直到肠、肚没有黏液和异味为止。在使用过程中,此法和里外翻洗法两者是结合进行的,缺一不可。

家畜的肠、肚除肚头生时可直接改刀用于烹制菜肴外,其他均须煮至熟烂后才能用于烹制菜肴。现将白肚、肥肠的加工方法介绍如下:

第一,将洗涤干净的肚、肠冷水入锅煮透取出,切去猪肠端部的余毛,用刀刮净猪肚上面的黄皮,再用清水分别洗净。

第二,锅中加入适量清水,放入洗净的肠、肚和适量的葱、姜,用急火烧开,打去浮沫,用微火煮至熟烂,用原汤或清水浸泡好(如不用原汤和清水浸泡,则会使猪肠、猪肚色泽变黑,影响质量)。

(三)刮剥洗涤法

主要用于去掉原料外皮的污垢、硬毛和硬壳。如猪爪的加工,须刮去爪间的污垢,拔净余毛,去其爪壳,入开水锅中氽透后用清水洗净即可。猪舌、牛舌,一般先用开水焯一下,然后放入凉水中浸透,再刮去舌苔,洗净即好。

(四)清水漂洗法

主要用于洗涤家畜的脑、筋、脊髓等。这些原料因质地极嫩,容易破损,应置于清水中轻轻漂洗,并用牙签将其中的血衣、血筋剔去,洗净即可。

(五)灌水冲洗法

主要用于洗涤猪肺和猪肠等。猪肺的洗涤方法有两种:

第一,将猪肺的大小气管和食管剪开,用清水反复冲洗干净,入开水锅中氽去血污,洗净。

第二,将猪肺的气管套在水龙头上,灌水冲洗数遍,直到血污冲净,肺叶呈白色为止,再入开水锅中氽去血污,洗净。

第八章　出肉、取料和整料去骨

第一节　　出肉加工

出肉加工,就是根据烹调的要求,将动物性原料的肌肉组织从骨骼上分离出来。出肉是烹调前的一道重要工序,它不但涉及原料的利用率,而且也直接影响到菜肴的质量。

出肉有生出和熟出两种。生出,是将未经加热的生料进行出肉加工;熟出,是将已加热成熟的原料进行出肉加工。不论生出还是熟出,都要达到如下的基本要求:

第一,要为烹调目的和美化菜肴服务。如制作"红肘子"时选用的猪肘子(蹄髈)必须完全取用其肘肉,而去掉肘骨。又如做"排骨"菜肴,在出排骨时,却必须把肋条骨和骨下连接的一层五花肉一起出,而不能只要肉不要骨,也不能全是骨而没有肉。

第二,出肉必须出得干净。要做到骨不带肉,肉不带骨,尽量避免浪费。因此,出肉时,下刀要做到刀刃紧贴着骨骼操作。

第三,熟悉家畜、家禽的肌肉和骨骼的结构及其不同部位的位置,做到下刀准确。

下面介绍几种常用原料的出肉加工方法。

一、猪的出肉加工

猪的出肉加工也叫"剔骨"。先将半片猪肉放在案板上(皮朝下),用砍刀将脊骨砍为几段(不要砍断肉),然后依次剔去各种骨骼。

(一)剔 肋 骨

用刀尖先将肋骨条上的薄膜划破,将肋骨条推出肉外,直到脊骨,然后连同脊骨一起割下。如果要出排骨时,则需用砍刀把肋骨从脊骨根部砍断,连带肋骨下的一层五花肉一起片下。

(二)剔前腿骨

先在前腿内侧从上到下用刀割开,使骨头露出,再割出"锨板骨"下关节,将上面的肌肉分开,用于掰下锨板骨,然后再沿前腿骨骼用刀划开,把腿骨剔出。

(三)剔后腿骨

从髋骨处下刀割开,再沿棒子骨处下刀,将肉分开,割断关节上的筋,将两侧的肌肉分开刮净,取出髋骨和棒子骨,再剔小腿骨。划开皮肉后,可以看到在腿骨侧面并行一条小细骨,应先去掉,再剔去小腿骨。剔棒子骨(大腿骨)与小腿骨时应交替进行,才能较快地将骨剔出。

经过上述 3 个步骤,整片猪的出肉加工即告完成。牛羊的出肉加工与猪大体相同。

二、水产品的出肉加工

主要介绍一般鱼类、虾类、蟹类、贝类的出肉加工。

(一)一般鱼类的出肉加工

所谓一般鱼类,是指常用于烹制菜肴的鱼类。鱼的出肉加工,有直接将生鱼去骨、去皮而用其净肉的;也有先将鱼煮熟或烹熟再去骨去皮而用净肉的。用来出肉的鱼,一般选择肉厚、刺少的,如偏口鱼、黄花鱼、鳜鱼、鲤鱼等。

1.棱形鱼类的出肉加工。棱形鱼类,是指鱼体外形像织梭一样的鱼类。这类鱼多是肉厚刺少,适宜用来出肉,如大黄鱼、小黄鱼、黄姑鱼、鲤鱼、鳜鱼等。以黄花鱼为例,将黄花鱼头朝外,腹向左放在菜墩上,左手按着鱼,右手持刀。从背鳍外贴脊骨,从鳃盖到尾割一刀,再横片进去,将鱼肉全部片下,另一面也如法将肉片下。最后,把两块鱼肉边缘的余刺去净,再将皮去掉(也有不去皮的)。

2.扁型鱼类的出肉加工。以牙鲆(偏口)鱼为例,将鱼头朝外,腹向左平放在菜墩上,从鱼的背侧线划一刀直到脊骨,再贴着刺骨片进去,直到腹部边缘,然后将鱼肉带皮撕下,背部的出肉需两次才能全部取下。再将鱼翻过来,出另一面的肉,方法相同。最后将余刺和皮去掉。

3.长型鱼类的出肉加工。长型鱼类多是长圆柱体型,如海鳗、鳗鲡、黄鳝。

长型鱼类的脊骨多是三棱形的。以鳝鱼的出肉加工为例,有生出和熟出两种。生出肉加工的操作过程是:将鳝鱼宰杀放尽血后,用左手捏住鱼头,右手将刀尖从颈口处插入,随即紧贴脊椎骨一直向尾部剖划,划为两条,去掉全部脊骨。鳗鲡和海鳗的生出肉加工方法与此大体相同。鳝鱼的熟出肉加工操作过程是:将烫死的鳝鱼进行"划鳝"。"划鳝"有划"双背"和"单背"之分,划双背,就是将鳝鱼划成鱼腹一条,鱼背一条(即整个背部肌肉连成一片,中间不断开)。划单背,就是划成鱼腹两条,鱼背两条(即整个背部肌肉中间断开成为两条)。

应当注意,鳝鱼的骨头不要丢弃,可用于制取鲜汤。

鳗鲡和海鳗的出肉加工,都是生出,基本方法和黄鳝的出肉加工相同。

(二)虾的出肉加工

出虾肉也叫出虾仁,有挤、剥两种方法。挤的方法一般用于小虾,可捏着虾的头尾,用力将虾肉从脊背处挤出。剥的方法一般用于大虾,将虾头去掉(另作他用),再将虾皮剥下,虾尾留否应根据菜肴的要求而定。

另外,还有将虾煮熟再剥出虾肉的。

河虾在4～5月中旬有虾子及虾脑,在出肉加工中应加以利用。取子时应将虾放在清水中漂洗,去掉杂物,将虾子上笼蒸透成块,然后弄散备用。也可用慢火炒熟后再用。虾脑也可取出,盛入碗内,另作他用(其色泽红艳,可代替人工色素)。

(三)蟹的出肉加工

出蟹肉也叫剔蟹肉,是先将蟹蒸熟或煮熟,然后分部位出蟹肉和蟹黄。

1.出腿肉。将蟹腿取下,剪去一头用擀面杖在蟹腿上向剪开的方向滚压,把腿肉挤出。

2.出螯肉。将蟹螯扳下,用刀拍碎螯壳后,取出螯肉。

3.出蟹黄。先剥去蟹脐,挖出小黄,再掀下蟹盖,用竹签剔出蟹黄。

4.出身肉。将掀下蟹盖的蟹身,用竹签剔出蟹肉。也可将蟹身片开,再用竹签剔出蟹肉。

(四)贝壳类的出肉加工

1.海螺的出肉加工。将海螺壳砸破,取出肉,摘去螺黄,取下厣,加食盐、醋搓去海螺头的黏液,洗净黑膜。用此法出肉,肉色洁白,但出肉率低,适用于爆、氽等烹调方法制作菜肴。另一种方法是将海螺洗净后,放入冷水锅内煮至螺肉离壳,用竹签将螺肉连黄挑出洗净。用此法出肉,螺肉色泽较差,但出肉率较高,适用于红烧等烹调方法制作菜肴。

2.鲜鲍鱼的出肉加工。鲍鱼贝壳大,椭圆形,单面壳。鲜鲍鱼的出肉较为简单,用薄利刃紧贴壳里层,将肉与壳分离,然后将鲍鱼肠等洗净。

3.蛤类的出肉加工。一般都先洗净,后放入冷水锅中煮沸,捞出后将肉剥下。另一种方法是生出,将个大的蛤类(如文蛤)洗净后,一片两片,将肉取下。

4.贻贝、毛蚶、蛏类的出肉加工。大多是洗净后放入冷水锅内煮开,捞出将肉取下。

5.牡蛎的出肉加工。牡蛎出肉加工也分生出和熟出两种。熟出是将海蛎子带壳洗净,放入冷水锅中煮熟,将肉取出。熟出的优点是肉中无残壳、干净,但不及生出的鲜美。生出,是用一种专用工具,将附在岩石上的牡蛎上壳掀掉,将肉取下,然后去净残壳。

第二节　　分档取料

分档取料就是把已经宰杀的整只家畜、家禽,根据其肌肉、骨骼等组织的不同部位进行分类,并按照烹制菜肴的要求,有选择地进行取料。分档取料是切配工作中的一个重要程序,它直接关系到菜肴的质量。

一、分档取料的作用

(一)保证菜肴的质量,突出菜肴的特点

由于家畜各部位肉的质量不同,而烹调方法对原料的要求也多种多样,所以在选择原料时,就必须选用其不同部位,以适应烹制不同菜肴的需要。只有这样,才能保证菜肴的质量,突出菜肴的特点。

(二)保证原料的合理使用,做到物尽其用

根据原料各个不同部位的不同特点(质量)和烹制菜肴的多种多样的要求,选用相应部位的原料,不仅能使菜肴具有多样化的风味、特色,而且能合理地使用原料,达到物尽其用。

二、分档取料的关键

(一)熟悉原料的各个部位,准确下刀

例如,从家畜、家禽的肌肉之间的隔膜处下刀,就可以把原料不同部位的界限基本分清,这样就能保证所取不同部位原料的质量。

(二)必须掌握分档取料的先后顺序

取料如不按照一定的先后顺序,就会破坏各个部分肌肉的完整,影响所取原料的质量,并造成原料的浪费。

三、分档取料的方法

(一)家　　禽

鸡、鸭、鹅等家禽的机体构造和不同部位肌肉的分布大体相同。下面以鸡为例,来说明家禽的各部位名称、用途和分档取料的方法。

1.鸡的各部位名称与用途。

鸡头:多用于吊汤或煮、酱。

鸡颈:可用于煮、炖、烧等烹调方法。

脊背:脊背两侧各有一块肉,俗称"栗子肉"或"腰窝肉"。此肉老嫩适宜,无筋,适用于爆炒等。脊骨多用于制汤。

胸脯肉和里脊肉:里脊肉俗称"鸡芽子",是鸡全身最嫩的肉。胸脯肉仅次于里脊肉,宜用于拉鸡丝或制成大片。多用于爆、炒或制茸等。

鸡翅膀:不宜用于出肉,多带骨用于煮、炖、焖、红烧、酱等。

腿肉:肉厚,但较老,多用于烧、扒、炖等。

鸡爪:用于煮汤、制冻或卤酱等。

2.鸡的分档取料方法。鸡的分档取料亦称"剔鸡",主要步骤与方法是:左手握住鸡的右腿,使鸡腹向上,头朝外。右手持刀,先将左腿根部与腹部相连接的肚皮割开,再将右腿同部位的皮割开,把两腿向背后折起,把连接在脊背的筋割断,再把腰窝的肉割断剔净,左手握住两腿用力撕下,沿鸡腿骨骼用刀划开,剔去腿骨。然后,左手握住鸡翅,用力向前顶出翅根关节,右手持刀将关节处的筋割断,将鸡翅连同鸡脯肉用力扯下,再沿翅骨用力划开,剔去翅骨,将鸡里脊肉(鸡牙子)取下即成。鸭、鹅的出肉加工与鸡基本相同。

(二)家　　畜

主要介绍猪、牛、羊各部位名称及用途。

1.猪

头:从宰杀刀口至颈椎顶端处割下。

尾:从尾根处割下。

以上合称头尾部位。头和尾一般用于酱、烧、煮等。

上脑:位于背部靠近颈处。在扇面骨上面。这块肉质地较嫩,瘦中夹肥,俗称"第二刀前槽",适用于炸、熘、炖、焖等。

夹心肉:位于前槽、颈和前蹄膀的中间肉,有老筋,吸水性强,适宜制陷、做丸子等。在夹心肉部位内有小排骨。在剁去前蹄膀的落刀处,用刀在肋骨下面向上推过去,剔下胸前的排骨,即是小排骨。小排骨肉不老不嫩。最适宜烹制糖醋排骨、椒盐排骨,也可煮汤等。这块肉的前部俗称"硬肋"。在小排骨的下面有一长条瘦肉,称为"梅子肉",宜用于制馅及做肉丸等。

前蹄膀:可在骭骨处割下取得。蹄膀皮厚筋多,胶质重,适宜于红烧、清炖等。

颈肉:俗称"血脖""槽头肉",可沿脑顶骨直线切下取得。肉老质次,肥瘦不分,多用于制馅等。

前脚爪:可在爪部的骭骨处割下取得。只有皮、筋、骨,而没有肉,胶质蛋白丰富,剥去蹄壳后才能烹制,多用于红烧、酱、煮汤、制冻等。从脚爪中可抽出一根粗筋,晾干即为"蹄筋"。从前脚爪抽出的蹄筋涨发性差,质量不如后脚爪的好。

脊背:猪的脊背部位,包括里脊、外脊、大排骨。外脊附着在大排骨上面,在剔大排骨时,要注意外脊的完整,并把外脊肉取下。大排骨筋少肉嫩,可用于炸、煎、烤等。外脊俗称通脊、硬脊、扁担肉,是猪身上较嫩的肉,可用于炸、熘、爆、炒等多种烹调方法。里脊肉是位于外脊的内侧(肋骨的下面),从腰子到分水骨之间的一条肉,呈一头稍细的圆长条形,肉质细嫩,适用于炸、熘、爆、炒。

五花肋条:一般带排骨的称为方肉,不带骨的称为"五花肉"。五花肉又分为硬肋、软肋,亦叫"硬五花""软五花"。五花肉的特点是肥瘦肉有规则地间层排列,呈"五花三层"。硬五花肉一般多用于煮、氽、红烧、粉蒸等。软五花一般用于炖、焖等。在此部位还有猪板油、网油等,剥下可熬油或作他用。

奶脯:俗称"肚囊子",在猪腹部位。此部位的肉质量较差,都是些泡泡状的肥肉,皮可制冻,肉可炼油。

以上自脊背至奶脯 3 个部位统称"方肉"部位。

臀尖:位于猪臀的上部,都是瘦肉,肉质细嫩,可代替里脊肉。适用于爆、煎、熘、炒、炸等。

坐臀:后腿上面紧贴肉皮的一块长方形肉,一端厚、一端薄,肉质较老,丝缕较长,一般用于煮、酱、炒等。

外裆:又名后腿肉、弹子肉。位于分水骨下面。后腿前部的瘦肉,肉质较嫩,可代替里脊肉,多用于炒、炸、熘等。

后蹄髈:又名后肘把。可从骱骨处卸下,肉质坚实,可用于红烧、清炖等。在蹄髈下面和脚上面还有一块膝踝筒,俗称"蹄圈",可用于清炖、酱等。

后脚爪:可从膝股骨处割下取得,从中抽得的蹄筋,干制后涨发性较强,比前爪的好。脚爪只有皮、筋、骨,剥去蹄壳后才能烹制食用,多用于酱、煮、制冻等。

以上自臀尖至后脚爪 5 个部位,统称后腿部位。

"火腿"的部位名称及用途:

油头:宜用于烧、扒等。

升肉:宜用于切丝。

草鞋底:适用于冷拼。

手袖:宜用于煮、烧、制汤。

脚:宜用于炖、烧。

皮、肥肉、骨(要敲碎):宜于制汤。

2.牛

牛的各部位名称和用途与猪相仿,但有些部位肉的质量与猪有所不同,用途也不一样。

头:皮多,骨多,肉少,有瘦无肥,适宜酱、烧。

尾:肉质肥美,适宜于炖、煮、烧、酱。

以上合称头尾部位。

上脑:位于脊背前部,靠近后脑。肉质肥嫩,可用于烤、炒、涮等。

前腿:位于颈肉后部,包括前胸和前腱子的上部。肉质较老,适用于红烧、煮、酱、制馅等。

颈肉:即牛脖子肉。质较差,可用作红烧、炖汤、酱、制馅等。

前腱子:肉质较老,多用于酱、红烧、煮等。

以上自上脑至前腱子 4 个部位统称前腿部位。

脊背:包括牛排、外脊、里脊。外脊是附着在脊骨外侧,在上脑之后,仔盖之前的两条长条肉。肉丝斜而短,质松肥嫩,通常用于烤、炸、炒、爆等。

腑肋:位于胸部的肋骨处,相当于猪的五花肋条肉。肉中夹筋,一般用于红烧或制汤等。

胸脯：又名"白奶"。位于腹部，呈带状。肉层较薄，附有白筋，一般用于烧，较嫩的部分也可炒。

以上自脊背至胸脯3个部位统称腹背部位。

米龙：位于牛尾根部，前接牛排，相当于猪的臀尖。肉质较嫩，表面有膘，适宜于切丝做牛肉饼，多用于炸、熘、爆、炒等。

里仔盖：位于米龙的下面。用途与胸脯、米龙相仿。里仔盖旁边还有一块由五条筋合成的肉，俗称"和尚头"，肉质较嫩，多用于炒、爆等。

后腱子：肉质较老，多用于红烧、酱煮等。

以上自米龙至后腱子3个部位统称为后腿部位。

另外还有：①"牛鞭条"(即雄牛生殖器，又称牛鞭)。位于雄牛腹下，近肛门处。取出剖开除去尿膜和腻质后可以炖、煨等。②牛骨髓。从脊骨或腿骨中挖出，熬油去渣，烹制成牛骨髓粉。二者均有丰富的营养。

3.羊

头：肉少皮多，可用于酱、扒、煮等。

尾：绵羊尾多油，用于爆、炒、氽等。山羊尾尽是皮，可用于红烧、煮、酱等。

以上合称头尾部位。

前腿：位于颈肉后部，包括前胸和前腱子的上部，羊胸肉脆，适宜烧、扒，其他的肉多筋，只宜用于烧、炖、酱、煮等。

颈肉：肉质较老，夹有细筋，可用于红烧、酱、炖以及制馅等。

前腱子：肉老而脆，纤维很短，肉中夹筋，适宜酱、烧、炖等。

以上自前腿至前腱子3个部位统称前腿部位。

脊背：包括里脊肉与外脊肉等。外脊肉(又称扁担肉)，位于脊骨外面，呈长条形，外面有一层皮筋，纤维斜长细嫩，用途较广，可用于涮、烤、熘、炒、煎烹等。里脊肉位于脊骨内面两边，形如竹笋，纤维细长，是羊身上最嫩的两条肉，外有少许筋膜包住，去筋膜后用途很广。

肋条：又名方肉，位于肋骨的内部，方形无筋，外附一层云膜，肥瘦兼有，适宜于涮、烤、爆、烧、焖、扒等。

胸脯、腰窝：胸脯肉位于前胸，形长似海带，直通颈下，肉质肥多瘦少，肉中无皮筋，性脆，用于烤、爆、炒、烧、焖等。腰窝肉位于腹部肋骨后近腰处，纤维长短不一，肉内夹有三层筋膜，是肥瘦互夹的五花肉，肉质老，质量较差，宜于酱、烧、焖、炖等。腰窝中的板油叫"腰窝油"，内蒙古、青海、新疆等地均作食用油。

以上自脊背至胸脯、腰窝3个部位统称腹背部位。

后腿：羊的后腿比前腿肉多而嫩，用途较广，适用于多种烹调方法。其中，位于羊的臀尖的肉,亦称大三叉(又名一头沉),肉质肥瘦各半,上部有一层夹筋,去筋后都是嫩肉,可代替里脊肉。臀尖下面位于两条腿裆相磨处,叫磨裆肉,形如碗状;肌肉纤维纵横不一,肉质粗而松,肥多瘦少,边上稍有薄筋,宜于烤、炸、爆、炒等。与磨裆相连处是黄瓜肉,肉色淡红,形状如两条相连的黄瓜。每条黄瓜肉上肌肉纤维一斜一直排列,肉质细嫩,一头稍有肥肉,其余都是瘦肉。在腿前端与腰窝肉相近处有一块凹圆形的肉,纤维细紧,肉外有三层夹筋,肉质瘦而嫩,叫"元宝肉""后鸡心"。以上部位的肉均可代替里脊肉使用。

后腱子:肉质和用途与前腱子相同。

以上后腿、后腱子两个部位统称后腿部位。

此外尚有:

羊爪(蹄):去皮、蹄壳后可用于制汤。

脊髓:在脊骨中,有皮膜包住,青白色,嫩如豆腐,用于烩、烧、汆等。

羊鞭条:即肾鞭,质地坚韧,可用于炖、焖等。

羊肾蛋:即雄羊的睾丸,形如鸭蛋,外有薄花纹皮包住,嫩如豆腐,可用于爆、酱等。

奶脯:母羊的奶脯,色白,质软带脆,肉中带"沙粒"并含有白浆,一烫就脆,可用于酱、爆等,与肥羊肉的味相似。

第三节　　整料去骨

为了烹制出选料精细、造型美观的菜肴,往往要将鸡、鸭、鱼等整只原料,进行"整料去骨"。这是将整只原料去净或剔其主要的骨骼,而仍保持原料原有的完整外形的一种处理技法。原料经去骨后不仅易于入味和便于食用,还可在去掉骨骼的空处填入其他原料,这既便于营养的互补,又可使造型美观,引起人们的食欲。原料去骨后较柔软,可以适当地改变其形状,而制成象征性的精致菜肴,增加人们的美感享受。

一、整料去骨在选料和技术方面的要求

(一)注意选料

凡作为整料去骨的原料,必须精选肥壮多肉、大小老嫩适宜的原料。鸡应当选用一年左右而尚未开始生蛋的,鸭应当选用8~9个月的肥壮母鸭。这种鸡、鸭不老不嫩,去骨和烹制时皮不易破裂,成菜口感适宜。选用鱼时,也应当选用500克左右、肉厚而肋骨较软的,如黄鱼、鳜鱼,并且要求新鲜程度高。

(二)初步加工必须认真

鸡、鸭烫毛时,水的温度不宜过高,烫的时间也不宜过长,否则去骨时皮易破

裂。鱼类在刮鳞时,不可碰破鱼皮,以免影响质量。鸡、鸭等先不要剖腹取内脏,而是等去骨时随着躯干骨骼一起除去。鱼的内脏,也可以从鳃处卷出。

(三)操作精细,下刀准确

整料去骨要注意不破损外皮,选准下刀的部位,做到进刀贴骨,剔骨不带肉,肉中无骨。

二、整料去骨的方法

下面介绍整鸡和整鱼去骨的具体方法。

(一)整鸡去骨

1.划破颈皮,斩断颈骨。沿鸡颈在两肩相夹处直划一条约 6.5 厘米长的刀口。把刀口处的颈皮扳开,将颈骨拉出,在靠近鸡头处将颈骨剁断,刀不可碰破颈皮。

2.去翅骨。从颈部刀口处将皮翻开,使鸡头下垂,然后连皮带肉缓缓往下翻剥,分别剥至翅骨的关节处,待骬骨露出后,用刀将关节上的筋割断,使翅骨与鸡身脱离。先抽出挠骨和尺骨,然后再将翅骨抽出(小翅骨不出)。

3.去鸡身骨。一手拉住鸡颈骨,另一手拉住背部的皮肉,轻轻翻剥。要将胸骨凸隆处按下,或用剪刀从内里将龙骨剪断,使其低凹,以免翻剥时将皮戳破。翻剥到脊部皮骨连接处时,用刀紧贴着脊骨割离再继续翻剥,到鸡腰窝肉处时,应把鸡腰窝肉剔下,剥到腿部时,将大腿筋割断,使腿骨脱离。再继续向下翻剥,剥到肛门处,把尾尖骨割断(不要割破鸡尾),鸡尾仍留在鸡身上。这时,鸡身骨骼已与皮肉分离,随即将骨骼、内脏取出,将肛门处的直肠割断,洗净肛门处的粪便。

4.出鸡腿骨。将大腿骨的皮肉翻下一些,使大腿骨关节外露,用刀绕割一周,断筋,将大腿骨向外抽拉至膝关节时,用刀沿关节割下,再在近鸡爪处横割一道口,将皮肉向上翻,将小腿骨抽出斩断。至此骨骼已全部出完。

5.翻转鸡肉。去净鸡的骨骼后,将鸡皮翻转朝外,形态仍然是一只完整的鸡。

鸭、鸽的整料去骨与鸡的去骨方法和步骤大体相同。下面再顺便讲一下鸭掌的去骨:将鸭掌去净黄皮、洗净,剁去趾甲,放入冷水锅内煮熟,捞出把筋抽掉,放入冷水过凉,取出用小刀在掌面上沿掌趾骨一条条地划开,把骨头取出备用。

(二)整鱼去骨

1.不开口式整鱼出骨。整鱼(一般指棱形鱼类)出骨 (刺),需用一把长约 30 厘米、宽 2 厘米以上、刀尖略狭、两刃锋利的剑形刀具。出骨的方法步骤是:取黄鱼一尾洗净后,不要剖腹,从鳃部把内脏取出,擦干水分,放在菜墩子上,掀起鳃盖,把脊骨斩断(勿把肉和皮斩断),再将鱼尾处的脊骨斩断 (不要把鱼尾断下)。然后将鱼头向里,尾向外,放在菜墩子的中心,左手按住鱼腹,右手持刀具,将鳃盖掀起,沿脊骨的斜面推进,平片向腹进刀,先出腹部一面,再出脊背部。然后把鱼翻过来,用同样的方法出另一面。至两面都进行完时,也可把鱼头斩下,再把剔去脊骨的鱼肉翻过来(应注意不要弄破鱼皮),再用刀片净小刺,然后再翻转恢复原状。

2.开口式整鱼出骨。主要介绍出脊椎骨、出胸肋骨的方法。

(1)出脊椎骨。将鱼头朝外,腹向左,放在菜墩子上,左手按住鱼腹,右手持刀,沿鱼背翅紧贴鱼的脊骨,横片进去,从鳃后直到尾部划开一条长刀口。用手按紧鱼身,使刀口张开,刀继续紧贴鱼骨向里片,直到片过脊骨。再贴骨平片到腹部(不要弄破腹部的皮),使鱼骨与一面的肉分离。然后,将鱼翻身,用同样的方法使另一面的脊椎骨也与针肉分离出来。在靠近鱼头和鱼尾处,将脊椎骨斩断,但头、尾仍与鱼肉相连。

(2)出胸肋骨。将鱼腹皮朝下放在菜墩子上,翻开鱼肉,使胸骨露出根端。将刀略斜紧贴刺骨,往下片进去,使胸骨脱离针肉。然后,将鱼身肉合起,仍然保持鱼的完整形状。

这种整鱼出骨方法较简单,但不足之处是留下背部的长刀口,在制作菜肴时,需把鱼背部缝合。

由于当前科学技术的发展,机械化生产程度的不断提高,上述有关操作内容多被现代化的生产所代替,烹饪所需原料有些已加工成了半成品,不需再进行"出肉"或"分档取料"。然而从事烹饪专业的新老技术人员,了解这些知识,掌握这些技能,仍然是非常必要的,不应有所忽视。为了继承、发展、开拓我国的烹饪技术,创新具有中国特色的美馔珍馐,离不开烹饪的基础知识和基本技能,更离不开烹饪工作者灵巧的双手。这是机械化所代替不了的,至少在现阶段还是如此。因此,我们应该认真地学习钻研这些知识,努力掌握这些技能,为继承和弘扬中国烹饪文化作出新的贡献。

第九章　食品雕刻

第一节　食品雕刻的意义及特点

一、食品雕刻的意义

食品雕刻,是将某些烹饪原料用特殊刀具、刀法雕刻成花卉、虫鸟等具体形象的一门技艺。食品雕刻是在食用原料范围内进行的,属于艺术雕刻范畴,它与石雕、玉雕、木刻等有着共同的美术原理。食品雕刻的目的是:装饰菜肴,美化宴席,增加菜肴色、形的感染力,诱人食欲,给人以高雅优美的享受。目前这门技艺得到了广泛的应用,深受广大食用者的欢迎和喜爱,已发展成为我国烹饪技术中一项宝贵的遗产。它是在石雕、木刻等雕刻的基础上逐步形成和发展起来的,也是劳动人民在长期实践中创造出来的一门餐桌上的艺术。最初的食品雕刻仅仅用于敬神、祭祖,所以用一些蔬菜仿造某些物体形象,以表达心愿。到了宋代,食品雕刻已开始用在酒宴场合。在元代周密的《武林旧事》中就有过明确的文字记载。明清时期,扬州等地出现了瓜雕。据专家们分析,那时,这类雕刻大多数专供观赏,也是富人炫耀富贵的一种方式,可以说,从那时起我国的食品雕刻技艺已经形成。新中国成立后,这门技艺才得到人们的重视并得以迅速发展。最初也只是用于西餐酒席和招待外宾等重要场合。近几年来,随着我国国际地位的提高,人民生活日益丰富,旅游事业空前兴旺,加之食品雕刻技艺的良好影响,使这门技艺得到迅速发展和普遍应用,而且艺术性越来越高,品种花样更加丰富多彩。中国菜已驰名中外,而当今中国的食品雕刻也在国际上享有很高的声誉,使很多国外友人赞叹不已。用发展眼光看,食品雕刻这门技艺有着广阔的前景。

二、食品雕刻的特点

食品雕刻是烹饪技术与造型艺术的结合,是一项非常精细的操作技术,具有较高的艺术性。其主要特点是:

(一)构思的形象适应饮食习俗,富有生活情趣

雕刻的实物形象一般都是从正面去表现,给人以欢快、赏心悦目的感受,从而达到装饰菜肴、美化宴席的目的。

(二)雕刻的原料大多选用含水分多、脆性、具有天然色彩的瓜果蔬菜

这些原料既取材方便,价格低廉,又便于雕刻,具有烹调特色。但是这类原料

容易腐烂变质和萎缩,不宜久藏,在雕刻使用中都要采取有效措施,尽量延长使用时间和保持雕刻成品的形象。

(三)雕刻的刀具特殊,与一般的冷热菜切配工具和操作方法有着明显的区别

这些刀具一般都具有轻薄锋利、小巧灵便的特点,有的刀具还需厨师根据雕刻需要自行设计制作。

(四)雕刻成形的品种大体可分为两大类

一类是专供欣赏而不作食用;另一类是既供欣赏又可食用。但由于雕刻成品欣赏价值高,就餐者一般不舍得下箸,很少有人去食用。

第二节　　食品雕刻的工具及执刀方法

食品雕刻的工具,统称为雕刻刀。它品种繁多,形态、大小各有差异,有些是由厨师根据需要用铜片、不锈钢片等自己设计制作的,没有统一的标准和规格。目前虽有专业生产厂家开始生产,一时也难以实现标准化。从使用范围上,大体可把刀具分为刻刀和模型刀两大类。雕刻刀小巧玲珑,使用方便,用途广泛,技术性强;模型刀本身带有某种图案实体,操作简便。成形速度快,比较实用,但立体感略差。现将常用的几种刀具介绍如下:

一、刻　　刀

(一)平口刀

平口刀一面有刀刃,刀背呈直线状,刀刃有斜口尖刀,刀身基本形成三角形;还有一种是刀口后平直,前尖倾斜,形似普通的水果刀。刀把有折叠和固定式两种。主要用于切片、削皮、刻花、雕鸟等,是雕刻的必备工具之一。根据用途可分为大小两种规格。

1.一号平口刀。此刀有两种样式,一种是刀身长约 14 厘米,宽约 2.8 厘米,刀刃后段平直,前段刀尖略带有斜度。另一种是刀身长约 10 厘米,后宽前尖,宽段约为 2.2 厘米,刀刃直斜成尖刀状。它们主要用来切割分形、削皮,给花瓣或某些雕刻分线打槽等,是雕刻的必备刀具之一。

2.二号平口刀。形状与一号平口刀相同,也有两种样式。刀身长 7~8 厘米,后部宽为 1.6 厘米,刀身长短以便于操作为度。此刀是食品雕刻主要的常用工具,多数花卉、鸟兽、人物等造型都离不开它。

执刀法:用食指、中指、无名指、小拇指弯曲握住刀把,刀刃从食指和大拇指间伸出,刀刃的用力及活动范围主要靠四指关节的上下运动,大拇指掌握运动的力度,有时伸开贴在原料上,有时辅助四指执于刀身上。当然,执刀法不是固定不变的,有时要根据雕品的需要略加改变。

（二）圆口刀

圆口刀的刀身长约 13 厘米,两端都是刀刃。刀刃口径一头大一头小,均呈半圆弧形,中间部分为刀把,刀把有圆柱形和略阔于两端的弧形。这种刀从大到小一般由 5 把组成一套。刀口最宽处的直径为 21 毫米,最窄处的直径为 3 毫米,每一号两端刀口处的直径相差 2 毫米,号与号之间依次类推。其用途较广,是一些细条形、半圆形的花卉,如菊花、西番莲、部分动物羽毛、冬瓜盅和西瓜盅的打沟、戳孔等雕刻工序所必须的刀具。具体刀号规格的选用要根据所雕图案形象的需要而定。

执刀法:大拇指、食指捏住刀把,指肚紧压在刀把上。小拇指、无名指、中指 3 指靠拢中指前端托着刀把,所要用的刀口朝下,凹面朝上,保持稳定,用刀要均匀,使用要灵活。

（三）三角口凿刀

这种刀具一头是刀刃,一头镶有木把,刀刃口倾斜呈三角形,刀身长 6～7 厘米,刀槽深度 0.6 厘米,宽有 1 厘米和 2 厘米两种,每套由大小两把组成。其用途主要是雕刻一些带角度的花卉、鸟类羽毛、浮雕品的花纹等。

执刀法:与圆口刀相同。

（四）方口凿刀

这种刀具,刀身与刀口均呈半正方形的槽形,一端镶有木把,每套由大小口径的 3 把组成。主要用于雕刻瓜盅,打方槽、方孔等。

执刀法:与圆口刀相同。

（五）单槽弧线刀

这种刀具一头为刀刃口,一头镶有木把,刀口有向上弯曲和向下弯曲两种,刀身长 5～6 厘米,弧度一般为 150° 左右,槽深 0.3 厘米,宽为 0.5 厘米。用此刀雕刻有一定难度,多用于雕刻一些鸟类的颈部羽毛和弧度大的菊花等。

执刀法:与圆口刀相同。

（六）多槽曲线刀(又称水纹刀)

多槽曲线刀是由多个圆口刀槽组成的。刀身高、宽均为 8.5 厘米左右,一头是刀刃,一头是圆柱形刀把,刀口处形成多槽曲线状。主要用于切割一些锯齿、水纹状的块、片、花边等食物原料,操作简便,形成的花纹图案美观。

执刀法:将刀身站立,大拇指捏紧刀把的左面,其他四指并拢,紧贴在刀身的右面,雕刻时对准原料由上向下用力。

（七）圆筒刀

圆筒刀的刀身长约 8 厘米,一头粗,一头细,中间空心,两头都是刀刃,主要用于刻花蕊轮廓及鱼、鸟的眼睛等。

执刀法:将圆筒刀直立,所需要的刀口朝下,大拇指和食指捏紧刀身中间,由上向下用力。

二、模型刀

(一)动植物模型刀

动植物模型刀,种类繁多,形态大小各异。它是仿照自然界某种动植物的形象,用铜片、不锈钢片制成的一类象形刀具。共同的特点是一头有刀刃,中间是空心,为模型实体,操作简便,成形速度快,形态逼真,其仿照制成的模型,都是人们生活中所喜爱的一些物像。

执刀法:将选好整理后的原料放在菜墩或案板上,然后手持模具刀,刀刃朝下对准原料用力向下挤压透即成。取出的象形物,有的不经改刀直接使用,有的需要切片后再用,还有的需要修整一下再用,以增加象形的立体感。具体成形的处理,要根据需要灵活掌握。

(二)文字模型刀

文字模型刀也是用铜片或不锈钢片制成的汉语文字、英语字母等字样的一类刀具。它是选用一些宴会中常用的富有乐趣、寓含吉祥的文字,如喜、寿、欢迎、龙凤呈祥等,用这种模型刀具雕刻出来,既快又好。

第三节　　食品雕刻的原料

用于食品雕刻的原料很多,大体可分为生熟两大类。凡质地细密、坚实、色泽鲜艳的瓜果、根茎类蔬菜及某些结构细腻、无骨无刺的固态熟食品,都可作雕刻的原料。在选用时,要根据雕刻的实物形象,从宴席需要出发,合理选用生料或熟料。选用生料时,要选择嫩而不软、皮薄无筋、肉实不空、色泽鲜艳、光洁的。选用熟料时,要选择比较结实细腻而有韧性、不易破碎的原料。下面介绍一些常用的生熟原料。

一、生原料

(一)萝　卜

萝卜是食品雕刻最主要最理想的原料。其品种、颜色、形态多样,质地脆嫩,水分足,易雕刻,便于成形。常见品种有白萝卜、青萝卜、胡萝卜、紫心萝卜(又名心里美)等。不仅可以雕刻各种花卉,也可以雕刻多种动物、山石、亭阁等。

(二)薯　类

用于食品雕刻的薯类原料,主要有马铃薯(又名土豆)、红薯(又名地瓜)等。它们颜色、形态各有不同,主要用于雕刻一些花卉、盆景和动物形体。这两种原料都含有大量的淀粉和鞣酸,遇氧后易变成褐色或黑色。因此,在雕刻中要求速度快,及时用水冲洗,以保持成形的色彩。

(三)瓜　类

瓜类原料一年四季均有,品种也较多。常用的瓜类有冬瓜、西瓜、倭瓜、南瓜、黄瓜、香瓜等。这些瓜类不仅可以雕刻大型的瓜盅、人物、花瓶、盆景,也可以雕刻一些小型的如蝈蝈、蝴蝶、青虾、花蕾等。瓜类雕刻形式多样,不仅可供欣赏,同时具有食用价值,如冬瓜盅和西瓜盅等都是深受食用者喜爱的艺术佳品和甜味佳肴。

(四)水 果 类

用于食品雕刻的水果较少,其主要原因:一是成本高,二是雕刻难度大,三是有果核,四是易碎易变色。所以一般只限于雕刻一些小型的粗线条的动物、花卉及组装中的某一部分。常用的有白梨、苹果、马蹄等。

(五)叶 菜 类

用于食品雕刻的叶菜,主要是大白菜和油菜。常用来雕刻一些菊花品种和作花坛、盆景的填衬物等。如用大白菜雕刻的卷毛菊、银丝菊,形态色彩都特别逼真。

(六)葱　类

用于食品雕刻的葱,主要是圆葱(又名洋葱)和大葱。圆葱有白、浅紫和微黄 3 种颜色,常用来雕刻荷花、睡莲、玉兰花等。大葱常用葱白雕刻小型菊花等。

(七)苤　蓝

苤蓝近似于球型,两头略尖,外皮颜色有紫、红两色,紫色苤蓝又称紫菜头,红色苤蓝又称红菜头,是雕刻月季、牡丹花的理想原料。

二、熟原料

(一)糕　类

用于食品雕刻的糕类,主要是厨师根据雕刻的需要蒸制的蛋白糕和蛋黄糕。常用来雕刻凤凰头、孔雀头、白兔、宝塔及简单的花卉等。这类原料雕刻难度大,必须耐心,不仅要考虑原料性质,更要考虑艺术效果、卫生消毒等因素。雕品多用于热菜的工艺菜中。

(二)蛋　类

用于食品雕刻的蛋类很多,如盐水鸽蛋、咸鸭蛋、松花蛋、鹌鹑蛋、熏蛋、茶蛋等。常用这些蛋类雕刻荷花、雪莲、菊花、仙桃、白兔、小鹿、金鱼等。

(三)肉 制 品

用于食品雕刻的肉制品主要有火腿、午餐肉、香肠、灌肠等,主要用来雕刻一些简单的花朵和小型动物。

除上述介绍的原料外,还有一些生料和熟料也可用于雕刻,这要根据季节、地区的不同,因题选料,因料施艺。

第四节　食品雕刻的种类

食品雕刻从用料和表现形式上可分为以下4大类:

一、整　雕

整雕是指用一块原料雕刻成一个具有完整形体的实物形象。整雕的特点是:具有整体性和独立性,不需其他物体的支持和陪衬,自成其形。不管从哪个角度观看,立体感都很强,具有较高的欣赏价值。这种雕刻难度大,需要具有一定的雕刻基础。常见的雕品,如花瓶、松鹤等。

二、组装雕刻

组装雕刻是指用两块或两块以上的原料,分体雕刻成形。集中组装成某个完整物体的形象。其特点是:选料不受品种限制,色彩多种多样,雕刻方便,成品特别富有真实感。是一种比较理想的雕刻形式,尤其适宜一些形体较大或比较复杂的物体形象雕刻。用这种方式雕刻,要有整体观念,有计划地分体雕刻,部分一定要服从于整体,组装时互相衔接,拼装应密切配合好,使组装成的物体完美逼真。常见的组装雕刻如孔雀开屏、喜鹊登枝等。

三、浮　雕

浮雕是指在烹饪原料的表面,雕刻出向外突出或向里凹进的花纹图案。根据其表现形式,可把浮雕分为凸雕和凹雕两大类。

凸雕(又称阳纹雕):凡是把要表现的花纹图案向外突出刻画在原料上的称为凸雕。

凹雕(又称阴纹雕):凡是把要表现的花纹图案向里凹陷刻画在原料上的称为凹雕。

浮雕的两种表现形式,雕刻原理相同,只不过表现手法不同。同一种花纹图案既可采用凸雕,也可采用凹雕。雕前要根据原料性质、图案形象等情况选择其表现形式,然后精心设计,明确要去掉和保留的部分。初学者可把要刻的图案先画在原料表面,然后再动刀雕刻,以保证雕刻的效果。浮雕最适于冬瓜盅、西瓜盅、瓜罐等品种的雕刻。

四、镂 空 雕

镂空雕是指用镂空透刻的方法,把所需要的花纹图像刻画在原料上。其操作大体和凹雕相似。镂雕技术难度大,操作时下刀要准、行刀要稳,不能损伤其他部分,以保持花纹图像的完整美观,如各种西瓜灯、冬瓜灯、宝塔等,均可采用这种雕刻方式。

第五节　　食品雕刻的刀法及步骤

一、食品雕刻的刀法

食品雕刻的刀法是指在雕刻某些品种的过程中所采用的各种施刀方法。这类刀法不同于热菜和冷菜中所使用的刀法,具有一定的特殊性。具体使用,要根据原料的质地、性能及雕品需要灵活选用。要使雕品成形快,形象逼真,必须勤学苦练,熟练掌握各种刀法,注意技巧的灵活运用。下面介绍几种常用的刀法。

(一)切

切一般是用平口刀或小型切刀操作,就是把原料放在案板上切成所需要的形状,或者是把用模型刻出的实体切成片。在食品雕刻中,切主要是一种辅助刀法,很难单独使雕品成形。

(二)削

削是在进入正式雕刻前使用的一种最基本的刀法。主要用来将原料削得平整光滑,或者削出雕品所需要的轮廓,这实际上是用于对雕刻原料的初步加工。削的刀法可分为推削和拉削两种。所谓推削,是指刀刃向外,刀背向里,紧贴原料用力向前推削。所谓拉削,其刀刃向里,刀背向外,方向正好与推削相反。

(三)刻

刻是食品雕刻中的主要刀法,可采用平口刀、斜口刀、圆口刀进行操作。不仅适用雕刻一些花卉、鸟类,而且还可雕刻一些人物、山石及楼阁台亭等,用途极广。根据刀与原料接触的角度可分为直刻和斜刻。直刻,是指刀刃垂直于原料,平直均匀地刻下去;斜刻,是指刀刃倾斜于原料,有一定的角度用力斜刻下去,刻成的雕品有一定的弧度。

(四)旋

旋是一种用途极广的刀法。它既可以单独旋刻成某些雕品,又是多种雕刻所必须的一种辅助刀法,多采用平口刀操作。具体操作:一般是左手持原料,右手持刀,刀刃倾斜向下,左右两手密切配合,随滚动原料随进行旋刻。主要用于雕刻一些弧度大的花卉,或旋去废弃部分。

(五)戳

戳一般用圆口刀或凿刀操作,主要用于雕刻某些花卉和动物羽毛等,用途很广。具体操作是:一般用左手托住原料,右手拇指和食指握住刀把,刀身压在中指上,对准要刻的原料,一层层整齐地排戳下去,两层以上的要插空进行,有时要戳透原料,多数是深而不透,具体应用要根据雕品要求而定。

(六)挤　　压

挤压是一种比较简单的刀法,主要适于模型刀的操作。具体操作是:将原料放在案板上,右手拿刀,刀口向下对准原料,手掌用力向下挤压下去,然后取出模型中的原料即是要雕刻的实物形象。

二、食品雕刻的步骤

食品雕刻技术比较复杂,必须有计划地分步骤循序进行,才能达到预期的目的。具体步骤如下:

(一)命　题(又称选题)

要根据使用的场合及目的来确定雕品合适的题目。必须考虑到国家、民族的习俗,时令季节及宾客身份、爱好等因素,使选择的题目新颖,恰到好处,富有意义。

(二)定　型

根据题意确定雕品的类型,如雕品的大小、高低及表现形态等。这一步是雕品能否达到形象生动和确切地表现主题的关键。

(三)选　料

所用原料,要根据题目和雕品类型进行合理选择。选择时,要考虑到原料的质地、色泽、形态、大小等,是否有利于完成题目和符合雕品类型的要求,做到心中有数,选料恰当,色泽鲜艳,便于雕刻,物尽其用。

(四)布　局

选定原料后,要根据主题内容,雕品的形象,对雕品进行整体设计。先安排好主体部分,再安排陪衬辅助部分。各部分都要恰到好处,使主题突出,形象逼真,决不能喧宾夺主或主次不分。

(五)雕　刻

这是实现雕品总体设计要求的决定性一步。因此,雕刻时要全神贯注,一气呵成。先划出雕品大体轮廓,然后再动刀。先整体,后局部;先雕刻粗线条,后雕刻细线条。下刀要稳准,行刀要利落,按雕刻运刀顺序精雕细刻,直至完成雕品设计的形态。

第六节　雕刻成品的配色、保管及应用

一、雕刻成品的配色

雕品的配色是食品雕刻中不可忽视的一道工序。雕品通过配色可以更加鲜明地表现物体色彩的美观,增加艺术形象的感染力,提高欣赏价值。通常配色的方法有以下两种。

(一)利用天然色配色

天然色配色是利用原料本身固有的颜色,相互搭配来满足雕品色彩需要的一种方法。例如,用紫心萝卜雕刻一朵月季花或牡丹花,其原料的自然色调近似于实体的花色,但若单独使用会显得色彩单调,如果加以芹菜叶或其他绿菜叶相配。红绿相映,色彩就显得特别自然逼真。再如把凤尾装上不同色彩的原料,凤凰就会显得更加鲜艳夺目。总之,利用原料天然配色,优点很多,是一种值得提倡的配色方法。

(二)人工染色

人工染色是利用食用色素染色于雕品,用以满足雕品色彩需要的一种配色方法。这种方法一般用于大型的雕品如花坛等。此外,因季节和原料的限制,有时只能用萝卜、土豆之类浅色原料来雕刻,如用白萝卜、土豆雕刻成月季花、牡丹花、金丝菊等,直接上席色调单一,与实花色彩不符,有损于雕品的使用效果,如依花的实际颜色加以染制,就显得色彩绚丽夺目,形象格外逼真。所以在一些时候对一些雕品进行必要的人工染色,有利于提高雕品的使用效果。染色的方法有泡和刷两种。染色前必须将雕品用凉水冲洗干净,防止雕品变色影响染色效果,然后把雕品放入按一定比例对制的染色溶液中浸泡或刷色。

食用色素颜色鲜艳,并含有少量对人体有害的成分,因此,在染色时必须掌握有色溶液的浓度,染出的色要清爽利落,不影响其他雕品或食物。染色得当能增加雕品的真实感;相反运用不当,人为夸张,必然失真,失去染色的意义。

二、雕刻成品的保管

雕品原料中大多含有较多的水分和某些不稳定物质,如果保管不当,很容易变形、变色以至于损坏。雕品又是一件艺术性很高且操作复杂的作品,必须加以珍惜,妥善保管,使之尽量延长使用时间。对雕品的保管通常有水泡法和低温保管法两种。

(一)水泡法

1.冷水浸泡法。将雕刻好的生料成品直接放入冷水中浸泡。此种方法只适于较短时间的保管,若浸泡时间稍长,雕品就容易起毛,并出现掉色、变质、变软等现象。所以用这种方法浸泡时,时间不宜过长,否则影响雕品质量。

2.矾水浸泡法。将雕好的生料成品放入1%的白矾水中浸泡。浸泡前要将雕品用清水冲洗。这种方法能较长时间地保持质地新鲜和色彩鲜艳。保管过程中,要避免日晒和冷冻现象,如出现白矾水发浑,应及时换新矾水继续浸泡,并要防止盐、碱混入溶液中,否则雕品易腐烂变质。

(二)低温保管法

将生料雕成的成品放入盛器中,注入凉水(水量以浸没雕品为宜),然后放入冰箱内,温度保持在1℃左右,以不结冰为宜,这样可以保存较长时间,并且可以持续用 2～3 次。如大型花篮、花坛之类,一时不用最好不组装,分开保管;组装过的要拆散保管。

熟料雕品的保管,都是采用低温保管法。具体保管要求是:直接装在盘内放入冰箱,以不结冰为宜,否则雕品容易变形、变质。

三、雕刻成品的应用

雕品花样繁多,其用法也灵活多样,并无固定的格式和规则。一般应用有以下几种情况:

(一)雕品在冷菜中的应用

雕品在冷菜中主要用来点缀、衬托冷盘,给普通冷盘增加艺术色彩,给花色冷盘增加艺术感染力,提高欣赏价值。例如,在普通的冷盘中,适当点缀一些花朵或花边,就能使冷盘增色不少。在花色冷盘中雕刻某个关键部位,就能增加立体色彩,如在"孔雀开屏"冷盘中再放上一个雕刻的孔雀头部,形象就会显得特别生动。又如在结婚酒席冷盘中放上一个雕刻得很精美的"红双喜",就更加突出了喜庆的美好气氛。在夏天的酒席上摆上一个西瓜盅,即显得特别雅致,招人喜爱。在高级宴会上,用上几个带雕刻的花色冷盘,更增添了富丽堂皇的色彩。

(二)雕品在热菜中的应用

雕品在热菜中一般用于一些汤汁少或无汤汁的菜肴中。其中以在大件菜和造型菜中应用较多。如在烤鸭或烤乳猪的大盘边放上一朵牡丹花或月季花,就显得特别美观雅致。在炸制的一类菜中,适当点缀雕品,也能使菜肴生色不少。雕品要应用得当,要注意应用效果,一桌酒席中只能出现 1～3 个带雕品的菜肴,过多反而显得累赘。

(三)雕品在席面上的应用

雕品单独出现在席面上,一般都是高级宴会或筵席,特别是大型宴会使用得比较多。主要的形式是组装的花坛、迎宾花篮等。一般筵席上,只摆设一些盆景、鸟兽等小型的立体雕品。在席面上适当运用一些雕品装饰,可以渲染活跃筵席的气氛,提高筵席档次,为宾客增添欢快、愉悦的情趣。

第十章 营养学基础知识

第一节 营 养 素

食物能不断地供给人体必需的物质,以维持正常发育,供给能量,维持健康及修补损失等,这些作用的总和就叫"营养"。食物内所含的能供给人体营养的有效成分,称为"营养素"。简单地说,营养素的功用就是保持人体正常发育和健康。

营养素可分为 6 类,即糖类、脂肪(包括类脂物)、蛋白质、维生素、矿物质、水。这些营养素,是由化学元素碳、氢、氧、氮、磷、硫、钾、钠、钙、镁、铁等组成的。它们的功用各有专司,但是也有几种营养素兼有几种功用。概括地说,营养素的主要功用,就是构成躯干,修补组织,供给热能和调节生理功能。

营养素是不可缺少的,我们每天所需的营养素,有一个最低的需要量。如果不足,时间长了,健康就发生问题,不是瘦弱,就是生病。例如,儿童在饮食中长期缺少钙质,就会得佝偻病或软骨病;缺少维生素 B_1,就会食欲不振,生长停滞。但是,如何使我们的饮食中含有各种适量的营养素,这就应当知道这些营养素的主要来源。因为只有知道了各种食物含有的营养素,然后才能选择适当的食物,配制和烹调出合乎营养原理的平衡膳食。

各种营养素各有其主要来源。糖类的主要来源是五谷、块根类和块茎类蔬菜以及豆类。蛋白质的主要来源是乳类、蛋类、肉类和大豆以及米、麦。脂肪的主要来源为动、植物油脂及硬果和种子等。维生素的主要来源是蔬菜、水果、乳、蛋、肝和鱼肝油等。矿物质的主要来源是蔬菜、水果、乳类、肉类等。

一、糖 类

糖是由碳、氢、氧 3 种元素组成的,而且绝大多数分子中的氢原子是氧原子的 2 倍,与水分子的组成相同,所以糖又称为碳水化合物。糖在自然界中分布很广,种类也很多。日常所吃的水果内的果糖,葡萄内的葡萄糖,奶里的乳糖,甘蔗里的蔗糖(俗称白糖),米、面等主食中的淀粉等,都是属于这类营养素。人体所需的糖类主要是从淀粉中摄取的。人们每日进食的糖量,远比蛋白质和脂肪为多。糖是人体主要的供给热能的物质,占人体每日所需总能量的 60%～70%,有时超过 80%。

(一)糖的性质

糖类按分子组成的大小(化学结构的繁简)和能否被水解,又可分为单糖、双糖、多糖 3 大类。

1.单糖。单糖是分子结构最简单并且不能水解的糖类。单糖为结晶物质,一般无色,有甜味和还原性,易溶于水,不经消化过程就可为人体吸收利用。其中以葡萄糖、果糖、半乳糖对人体最为重要。

(1)葡萄糖:广泛分布在植物和动物之中。在植物性食品中含量最丰富,葡萄中含量高达 20%,所以称为葡萄糖。在动物的血液、肝脏、肌肉中也含有少量的葡萄糖。葡萄糖是人体血液中不可缺少的成分,也是双糖、多糖的组成部分。

(2)果糖:存在于水果和蜂蜜中,为白色晶体,是糖类中最甜的一种。食物中的果糖在人体内转变为肝糖,然后分解为葡萄糖。

(3)半乳糖:在自然界中单独存在的较少。它是乳糖经消化后,一半转变为半乳糖,一半转变为葡萄糖。半乳糖稍具甜味,白色晶体,在人体内可转变成肝糖而被利用。它是神经组织的重要成分,琼脂(冻粉)的主要成分就是多缩半乳糖。半乳糖的醛酸是植物中的果胶和半纤维素的成分之一。软骨蛋白中也含有半乳糖的化合物。

2.双糖。双糖是由两分子单糖失去一分子水缩合而成的化合物,水解后能生成两分子单糖。双糖多为结晶体而溶于水,不能直接为人体吸收。必须经过酸或酶的水解作用,生成单糖后,才能为人体吸收。和人们日常生活关系密切的有 3 种,即蔗糖、麦芽糖、乳糖。

(1)蔗糖:它是一个分子的葡萄糖和一个分子果糖化合失去一个水分子所组成,为白色晶体,易溶于水,加热至 200℃时变成黑色焦糖。烹调中的红烧类菜肴的酱红色,就是利用这一性质将白糖炒成焦糖着色而成。蔗糖可被酵母发酵。或被酸、酶水解生成一分子葡萄糖和一分子果糖。甘蔗和甜菜中含蔗糖最多,果实中也含有蔗糖。蔗糖味甜。

糖类不都是很甜的,各种糖的甜度也不相同。通常以蔗糖的甜度为 100 作标准,葡萄糖为 74.3,半乳糖为 32.1,果糖为 173.3,麦芽糖为 32.5。

(2)麦芽糖:麦子在发芽时产生的淀粉酶,能将淀粉水解并生成中间产物的麦芽糖。麦芽糖是由两个葡萄糖分子所组成,为针状晶体,溶于水。唾液、胰液中含有淀粉酶,也能将淀粉水解为麦芽糖。我们在食用含淀粉类的食物(如米、面制品)慢慢咀嚼时感到有甜味,就是唾液淀粉酶将淀粉水解生成麦牙糖的缘故。麦牙糖是饴糖的主要成分,而饴糖是常用的烹饪原料,如烤鸭、烧饼等食品在制作时常用饴糖。饴糖加热时,随温度的升高而产生不同色泽,即由浅黄——红黄——酱红——焦黑。

(3)乳糖:乳糖存在于哺乳动物的乳汁中,是由一分子葡萄糖和一分子半乳糖所组成,为白色晶体,溶于水。人乳中含 5%～8%,牛乳中含 4%～5%,羊乳中含

4.5%～5%。

3.多糖。多糖是由多个单糖分子去水组合而成的,如淀粉、植物纤维、动物淀粉(肝脏淀粉和肌肉淀粉)等都是多糖。

(1)淀粉:在全世界范围内,人类膳食最为丰富的碳水化合物是淀粉。淀粉是以葡萄糖为单位构成的多糖。淀粉中含有两个性质不同的组成成分,能够溶解于热水的可溶性淀粉,叫直链淀粉;只能在热水中膨胀,不溶于热水的就叫支链淀粉。淀粉不溶于冷水,但和水共同加热至沸,就会形成糊浆(俗称浆糊),这又叫淀粉糊化,具有胶黏性。这胶黏性遇冷产生胶凝作用,淀粉制品如粉丝、粉皮就是利用淀粉这一性质制成的。烹调中的勾芡,也是利用淀粉的糊化性质使菜肴包汁均匀。当淀粉加稀酸或淀粉酶处理后,最初形成可溶性淀粉,然后即形成能溶于水的糊精。淀粉在高温(180℃～200℃)下也可生成糊精,呈黄色。

(2)动物淀粉:又名糖原或肝淀粉(肝糖)、肌淀粉,是在动物的肝脏和肌肉中找到的多糖。它和淀粉一样,经过水解生成葡萄糖分子。

人体内贮藏的肝淀粉和肌淀粉的数量不多,一般只有350克左右。例如体重70千克的男子,体内约贮存370克,所供热量只为其全天需要量的60%。因此,必须每日按餐供给人体足够需要量的碳水化合物食品,否则就会动用体内贮备的脂肪、蛋白质来满足机体热量的消耗。

(3)纤维素:这是最复杂的多糖,是构成植物细胞壁的主要物质。它的分子式恰好和淀粉一样,但其理化性质却和淀粉不同。它不溶于水,仅在水中膨胀,不能被人体消化吸收。纤维素常和其他碳水化合物,如半纤维素、果胶质、木质素等,结合在一起,故名"粗纤维"。

(二)糖的生理功用

1.供给热能维持体温。供给人体能量的材料,就是食物中所含的营养素。碳水化合物是供给热能的营养素中最经济的一种,因为碳水化合物的经济价值比蛋白质低,而发热量则相等。我们吃进单糖,到了小肠全被吸收,在体内氧化,吃进双糖和多糖(如淀粉等),在人体消化道内经过各种糖酶的消化,亦同样被吸收。糖在体内氧化时,即产生热能。这种发热的现象,可用化学反应式来表示:

$$葡萄糖 + 氧 \rightarrow 二氧化碳 + 水 + 热$$

碳水化合物的氧化程序,需要维生素 B_1 来促其完成。食物中缺少维生素 B_1,纵然吃了碳水化合物,也不能完全达到发生热能的功效。吃进 1 克碳水化合物在体内完全氧化后,可以产生 4 千卡的热量。每天吃 500 克碳水化合物,就可以产生 2000 千卡的热量。这些热,一部分是用来供给人们工作的能量,一部分是用来维持人们的体温。所以碳水化合物的主要功用是供给热能,维持体温。

2.构成身体组织。所有的神经组织、细胞和体液中都有糖。半乳糖是神经组织的重要成分,肝脏内含有肝糖原,肌肉内含有肌糖原,血液中含有葡萄糖。而体脂的一部分,也是碳水化合物所变成。

3.辅助脂肪的氧化。如果在饮食中碳水化合物和维生素 B_1 供给不足,则体内脂肪酸在氧化过程中不能完全氧化成二氧化碳和水而产生酮体并从而发生酸中毒。所以糖有抗生酮作用。

4.帮助肝脏解毒。糖类还与机体的解毒作用有关。实验证明,肝糖原不足时,动物对四氯化碳、酒精、砷等有害物质的解毒作用明显下降,所以人患肝炎时,要多吃一点糖。

5.能促进胃肠的蠕动和消化腺的分泌。近代医学认为:含有多糖成分的粗纤维对人体可发挥特种功能,能促进胃肠蠕动和消化腺的分泌,有助于正常消化和排便功能,使粪便在肠道内滞留的时间缩短,减少细菌及其毒素对肠壁的刺激。多吃含纤维素多的食物(如蔬菜等),还有利于防止痔疮、阑尾炎、大肠癌等疾病。据报道,非洲人大多取食富含纤维素的食物,很少患有上述疾病;欧洲人的膳食中一般纤维素少,患有上述疾病的较普遍。营养学实验证明,纤维素常会以某种方式同饱和脂肪酸结合,从而阻止血浆中血胆固醇的形成。但是,纯纤维素则不能达到天然食物中所含混合纤维(即粗纤维)所起的那种作用。

此外,糖还有促进儿童生长发育的作用。在烹调中也常用它调味、增色。

(三)糖的需要量及来源

糖的实际需要量,成人随工作种类而异。一般做普通轻便工作的人,每人每天需 400～500 克;重体力劳动者还应增加。平均说来,由糖所供给的热量,应占每日所吃食物总热量的 60%～70%为宜。

供给糖的最好的食物是五谷(如稻、麦、高粱等)、豆类和块根类(如土豆、芋头等)(表 2)。此外,水果、瓜果中亦含有糖,蜂蜜中含糖也很多。

二、脂　肪

我们日常食用的猪油、豆油、芝麻油、菜子油等都是脂肪。脂肪是人们饮食中不可缺少的营养素。此外,还有属于脂肪一类的物质,称为类脂物,它们的营养价值和脂肪一样,其性质与脂肪也很相似。

(一)脂肪的组成及其性质

脂肪是由脂肪酸和甘油所组成,所含的元素有碳、氢、氧。但是脂肪所含碳、氢的比例比糖类要多,而氧的比例要小,因此脂肪比糖的发热量要高。当脂肪经酸、碱、酶或热的作用水解后,可得出一分子的甘油与三分子的脂肪酸,故脂肪亦称甘油三酯,简称甘油酯。甘油对人体没有营养价值,而对人体有用的部分只是脂肪酸,同时也只有把脂肪经过消化过程,分解出来的脂肪酸,才能被人体吸收变为营养。脂肪酸有若干种,一般分为两类:一类叫做饱和脂肪酸,另一类叫做不饱和脂

表2　主要食物碳水化合物含量

食物种类		碳水化合物含量(%)	热量（千卡）	
			每100克	每500克
五谷类	米(中等)	78.2	353	1765
	面　粉	74.6	352	1760
	高　粱	70.5	369	1845
	玉　米	74.9	374	1370
豌　豆		57.5	337	1685
根块茎类	土　豆	19.9	90	450
	芋　头	13.6	63	315
干果	莲子(干)	61.9	340	1700
	栗　子	41.5	201	1005
	花　生	15.5	616	3080

肪酸。这两类中，每一类又有若干种，如硬脂、软脂、油脂等。我们所食用的油脂和食品中所含的脂肪是许多种甘油三酯的混合物，因此甘油酯又分为混合甘油酯与单纯甘油酯两类。在这两类的每一类中又分若干种，如三油酸甘油酯、三软脂酸甘油酯、三硬脂酸甘油酯。

油脂的性质与其中所含脂肪酸的种类关系甚大，主要的脂肪酸有下列几种：

1.低级饱和脂肪酸(挥发性脂肪酸)。低分子量的脂肪酸，分子中碳的原子在10个以下，为挥发性的脂肪酸，如酪酸、己酸、辛酸等。这些脂肪酸在奶油及椰子油中较多。

2.高级饱和脂肪酸(固体脂肪酸)。分子中含有10个以上碳原子、在常温下呈固体的为固体脂肪酸，如月桂酸、豆蔻酸等。

3.不饱和脂肪酸。在分子结构中有一个以上双键的脂肪酸为不饱和脂肪酸，通常为液体。

有一个双键的主要有：十二碳烯酸，奶油中有微量；十四碳烯酸，含于奶油、鱼油中；十六碳烯酸，含于鲸油、鱼油、豚脂、牛脂、羊脂、奶油、鸟类脂肪、两栖类脂肪和植物油中；油酸，各种动植物油中均含有；二十碳烯酸，含于水产脂肪中；菜油酸，含于芸薹及芥菜种子油中。

有两个以上双键的主要有：亚油酸，含于动植物油脂(人体必需脂肪酸)中；次亚油酸(亚麻油烯酸)，含于亚麻仁油、棉子油、大豆油(人体必需脂肪酸)中；十八碳四烯酸，含于鱼肝油中；二十碳四烯酸(花生油烯酸)，含于豚脂、牛脂、羊脂、奶油(人体必需脂肪酸)中；二十二碳烯酸，许多水产类油中均含有。

脂肪一般不溶于水,比重也小于水,故能浮在水的表面。含不饱和脂肪酸较多的脂肪,在普通室温下是液体,如各种植物油类;反之,含不饱和脂肪酸较少者,在常温下多呈现固体状态,如猪油、牛油、羊油。

这是因为前者熔点低,后者熔点高。脂肪虽不溶于水,但经胆汁、盐的作用,变成微小的粒状,可以和水混合均匀,形成乳白色的混合液。生成乳状液的这一过程,称为乳化作用。脂肪的消化要先经过乳化作用,后被脂肪酶水解才便于吸收利用。脂肪的消化率与熔点有密切的关系。凡熔点低于人的体温(37℃)者,就比较容易为人体吸收。例如,花生油、芝麻油,熔点都低于37℃,其消化率高达98%;而羊脂的熔点为50℃,其消化率只为88%;牛油熔点是45℃,消化率是93%。

类脂物也是由碳、氢、氧所组成,有的还含有磷、硫等元素,例如,卵磷脂含有碳、氢、氧、氮、磷5种元素。卵磷脂是组成动植物细胞的一种重要成分。另外,胆固醇也是由碳、氢、氧等元素组成的。这类物质在神经组织和肌肉里的分布均极广,在营养上也很重要。

(二)脂肪的生理功用

1.供给热量。脂肪经过消化,到了小肠就会被分解为甘油和脂肪酸。脂肪酸经吸收后,一部分会再变成脂肪,贮藏在体内;另一部分则被吸收入血液,并输送到肝脏及其他细胞内,经氧化发生热能。其化学反应式如下:

$$脂肪酸 + 氧 \rightarrow 二氧化碳 + 水 + 热$$

每克脂肪能产生9.3千卡的热,比糖类和蛋白质的发热量高得多(约为糖的2倍)。

2.组成机体细胞。脂肪是构成人体内细胞的一种主要成分,脂肪在细胞中主要以油滴状的微粒存在于胞质中,类脂是细胞膜的基本原料,体内所含的脂肪称为体脂。体脂在生理上是很重要的,因为它不传热,故可防止热量的过分外散。胖人体内脂肪多,冬天较不怕冷而夏天怕热,就是这个道理。脂肪还有保护和固定体内器官以及滑润的作用。

3.溶解营养素。脂肪是脂溶性维生素(A、D、E、K)及胡萝卜素等的溶剂。上述维生素只有溶解于脂肪才能被人体吸收,而且脂肪中也常含有脂溶性维生素。

4.调节生理功能。在不饱和脂肪酸中有亚油酸(亚麻油酸)、亚麻酸(亚麻油烯酸)、花生四烯酸(花生油烯酸)3种脂酸,对维持正常机体的生理功能很重要,但人体内不能合成,必须由食物中供给,称为“必需脂肪酸”。动物实验表明,缺乏这些脂肪酸,会产生皮肤病、生育反常等。食物中的胆固醇经吸收后与必需脂肪酸结合,才能在体内进行正常代谢。必需脂肪酸能促进发育,能增强皮肤微血管壁的活力,阻止其脆性增加,对皮肤有保护作用,能增加乳汁分泌,还可防止放射线照射所引起的损伤。必需脂肪酸还有降低血小板的黏附性作用。必需脂肪酸缺乏可引起皮炎。

此外,卵磷脂是构成细胞膜和原生质及神经组织的重要成分,有防止内脏脂肪堆积过多的作用。

(三)脂肪的需要量

一个普通工作者,每天摄入 50 克脂肪(包括食物中所含的脂肪在内),在营养上就不会发生严重问题。重体力劳动者,当然要多吃一点。脂肪不能吃得太多,太多会妨碍肠胃的分泌及活动,引起消化不良。过多的脂肪还会贮藏在体内,贮藏过多了,就会得肥胖病、高血压病和心脏病等疾病。但是如果脂肪太少,那么从饮食中摄取碳水化合物势必增加,过量的碳水化合物有减少摄取其他营养素机会的可能,并且还有妨碍脂溶性维生素的吸收和发生皮肤干燥病的危险。

(四)衡量脂肪营养价值的标准

脂肪的消化吸收率、必需脂肪酸的含量、维生素的含量是衡量脂肪营养价值的标准。一般认为,植物油如豆油、花生油、芝麻油等营养价值高,因为它们所含的不饱和脂肪酸多,熔点低,容易消化吸收,尤其是必需脂肪酸含量高,还含有维生素 E、维生素 K 等。动物性脂肪中的奶油、肝油、蛋黄油,不仅含有各种脂肪酸和维生素(A、B、D、E),还因为脂肪呈分散细小的颗粒状,很容易消化吸收,所以它们的营养价值也很高。动物性脂肪的牛、羊、猪油,因为所含的饱和脂肪酸多,熔点高,不易消化吸收;更兼其必需脂肪酸含量少,不含维生素,所以,一般认为它们的营养价值较低。

三、蛋 白 质

蛋白质是构成生命不可缺少的物质。蛋白质是细胞的主要成分,人体的肌肉、内脏、血液、皮肤、毛发和指甲等都是由蛋白质所组成。此外,酶和一部分激素如胰岛素、脑下垂体激素等,也是由蛋白质所组成。

蛋白质的分子量很大(如蛋清蛋白为 34000 碳单位,血红蛋白为 63000 碳单位),因此,食物中的蛋白质必须消化分解成氨基酸才能为人体吸收。蛋白质溶液在受热(60℃～70℃)后,则起变性作用,遇酸、碱和乙醇也起变性作用。变性后蛋白质多不溶于水,但容易消化吸收。

(一)蛋白质的化学组成

蛋白质是一种很复杂的高分子化合物,分子量极大,最小的也在 10000 以上,有的高达几千万之多。经过元素分析,知道构成蛋白质的化学元素,主要是碳、氢、氧、氮 4 种,大多数蛋白质还含有硫。有些含有磷,少数含有铁、铜、锰、锌、钴等金属元素,也有个别蛋白质含有碘。

蛋白质与糖类、脂肪相同之处是都含有碳、氢、氧 3 种元素,不同之处是蛋白质还含有氮元素,所以蛋白质又叫做含氮有机物。大多数蛋白质的含氮量在 16%

左右。氮是蛋白质构造的特征,因此,任何营养素也不能代替蛋白质。

(二)氨基酸

各种蛋白质都是由氨基酸组成的。蛋白质经过酸、碱、酶的作用进行水解时,先生成一种能溶于水的蛋白酶,再生成第二步的中间产物蛋白胨,继续分解即得第三步的中间产物——肽。肽是一类分量较小的化合物,它由两个以上的氨基酸分子缩合而成。肽继续水解则生成蛋白质的最后产物——氨基酸。

人体蛋白质由20多种氨基酸组成,其中有些氨基酸体内需要,但人体不能合成,必须由食物蛋白质来供应,这些氨基酸称为"必需氨基酸";另一类氨基酸也是体内需要的,但能够在体内合成,不一定通过食物供给,称"非必需氨基酸"。人体需要的必需氨基酸共有8种,即亮氨酸、异亮氨酸、赖氨酸、甲硫氨酸(蛋氨酸)、苯丙氨酸、苏氨酸、色氨酸和缬氨酸。此外,组氨酸与精氨酸对婴幼儿的生长也是必要的。当食物中任何一种必需氨基酸缺乏或不足时,即可造成体内氨基酸的不平衡,使其他氨基酸不能被利用,出现负氮平衡,使机体生理功能失常,生长停滞,发生疾病。

食物中蛋白质营养价值的高低,主要决定于食物所含必需氨基酸的种类、含量及其相互比例是否与人体内的蛋白质相近似,愈相近似的营养价值愈高。一般说来,动物蛋白质所含的必需氨基酸从组成和比例方面都较合乎人体需要,植物蛋白质则差一些,所以,动物蛋白质的营养价值比植物蛋白质高。如肉类、家禽、蛋、鱼、奶等动物性食品,所含的必需氨基酸比较适合人体需要。米、面蛋白质所含的必需氨基酸除了个别较低外,一般说来也能合乎人体需要。

1.必需氨基酸有下列几种:

(1)缬氨酸:在人乳、卵类和花生的蛋白质中含量较多,肉类次之,小麦及玉米比肉类的含量少,其他谷类则与肉类差不多。

(2)亮氨酸:玉米蛋白质含量较高(22%～24%),一般食物的蛋白质中含6%～15%,白明胶蛋白质含量最低(3%)。

(3)异亮氨酸:在肉类的蛋白质中含5%～6.5%,在卵及乳的蛋白质中含量较多,谷物及蔬菜的蛋白质中,其含量较肉类蛋白质为少。

(4)苏氨酸:所有的食物蛋白质中都含有,在肉类、乳及卵中有4.5%～5.0%,白明胶蛋白质中仅含2.5%,谷物蛋白质中含2.7%～4.7%,其他食品蛋白质中含1.5%～6.0%。醇溶谷蛋白中的含量较低,因此小麦及玉米中的苏氨酸的含量也相应较低。

(5)赖氨酸:一般的动物性蛋白质中均含有,尤以肉皮中含量较多,肉类蛋白质中含7%～9%,白明胶蛋白质中含量较少,乳、卵蛋白质中的含量与肉类基本相同,谷类蛋白质中特别是醇溶谷蛋白中赖氨酸的含量甚少。但谷类胚芽部分的含量和肉类差不多,大豆及叶菜类的蛋白质中的含量和肉类差不多。

(6)蛋氨酸:所有食品的蛋白质中均含有蛋氨酸,肉类蛋白质中含 3%～3.5%,白明胶蛋白质中只含 1%以下,乳的蛋白质中含量与肉类相似,卵蛋白中的含量在 4%以上。谷类蛋白质中的含量为 1%～1.5%,但米的蛋白质中蛋氨酸的含量又与肉蛋白质中的含量差不多,其他种子中蛋氨酸的含量比谷类少,芝麻和葵花子中的含量多于谷类,酵母和叶菜类中的含量约 2%。

(7)苯丙氨酸:在食品的蛋白质中,苯丙氨酸的含量是较高的,尤以卵蛋白中含量较多(6%),一般的蛋白质中含 4%～5%。

(8)色氨酸:所有的蛋白质中都含有少量的色氨酸,肉类、乳及卵的蛋白质中约含 1.5%,谷类蛋白质中含 1.3%～0.7%甚或以下,玉米蛋白质中含量更少,叶菜类中的含量和动物差不多。

(9)组氨酸:在一般蛋白质中的含量为 1%～3%,以白明胶蛋白质及玉米醇溶蛋白中含量最少,血红蛋白质中含量最多。

(10)精氨酸:它是一种强碱性氨基酸,广泛地分布于各种食品的蛋白质中。许多肉类及卵的蛋白质中含 5%～8%,乳蛋白质中含 3%～4.5%,小麦、稞麦、玉米蛋白质中含量和乳差不多,其他谷类及许多种子的蛋白质中精氨酸的含量为 7%～9%,叶菜类的蛋白质中含量也很多。

主要食物的各种必需氨基酸含量见表 3。

表 3　主要食物的必需氨基酸含量(每 100 克所含毫克数)

食物名称	缬氨酸	苏氨酸	亮氨酸	异亮氨酸	蛋氨酸	苯丙氨酸	色氨酸	赖氨酸
籼　米	403	283	662	245	141	343	119	277
粳　米	394	280	610	257	125	344	122	255
糯　米	461	274	658	338	146	381	88	233
面　粉	454	328	763	384	151	478	122	262
大　豆	1823	1645	3631	1607	409	1800	462	2293
蚕　豆	1375	1270	2400	1060	174	1218	211	1996
绿　豆	1110	784	1818	775	247	1179	205	1443
豌　豆	1120	937	1827	796	164	1114	142	1352
土　豆	113	71	113	70	30	81	32	93
猪肉(瘦)	1134	1019	1629	857	557	805	268	1629
羊肉(瘦)	962	939	1451	735	485	698	203	1460
牛肉(瘦)	1040	926	1459	765	508	700	208	1440
兔　肉	1007	1032	1637	996	524	854	259	1138
带皮鸡肉	1200	1182	1842	955	646	903	266	—
带皮鸭肉	1649	954	1542	778	495	762	233	1571
鸡　蛋	866	664	1175	639	433	715	204	715

续　表　3

食物名称	缬氨酸	苏氨酸	亮氨酸	异亮氨酸	蛋氨酸	苯丙氨酸	色氨酸	赖氨酸
鸭　蛋	853	806	1175	571	595	801	211	704
牛　奶	215	142	305	145	88	150	42	237
黄花鱼	895	815	1423	823	476	631	149	1331
加吉鱼	960	836	1598	994	460	739	—	1419
带　鱼	940	788	1474	927	484	688	148	1238
淡　菜	2816	2849	4919	3044	1304	2157	556	4200
对　虾	1021	842	1561	781	574	823	213	1530
豆　腐	481	392	768	401	114	505	129	475

2.非必需氨基酸有：甘氨酸、丙氨酸、正亮氨酸、丝氨酸、天门冬氨酸、谷氨酸、鸟氨酸、瓜氨酸、胱氨酸、羊毛硫氨酸、酪氨酸、二碘酪氨酸、甲腺氨酸、脯氨酸、羟脯氨酸。

(三)蛋白质特性

由于蛋白质有很大的分子量 (如蛋清蛋白为 34000，血红蛋白为 63000)，因此，食物中的蛋白质必须在肠道内经过消化液中酶的作用而分解才能被吸收。

蛋白质溶液遇热(60℃～70℃)或经酸、碱及乙醇的作用后，则起变性作用，变性后多不溶于水。

蛋白质与某些化合物接触后产生各种颜色反应，借此可以鉴定蛋白质的存在与否。

纯蛋白质的性质是相当稳定的，但在温暖和潮湿的条件下，由于酶的活动和细菌的繁殖等因素使蛋白质分解，使其酸度增高，同时会产生氨、硫化氢及其他带有不良气味的分解物，故含蛋白质较多的食品如肉、鱼、蛋、奶等应贮存于清洁干燥低温处，才能防止或延缓其分解作用。

(四)蛋白质的种类

蛋白质含有碳、氢、氧、氮和硫、磷、铁等元素，这些元素分别组成各种不同的氨基酸，再由氨基酸组成各种不同的蛋白质。由于蛋白质所含氨基酸的种类与数量不同，因而营养价值也有区别。在评价一种食物中蛋白质的营养价值时，往往看它所含必需氨基酸的比例。在营养学上，根据蛋白质所含氨基酸的种类和分量的不同，把蛋白质分成 3 类：

1.完全蛋白质。这类蛋白质中所含的必需氨基酸适合于人体的需要，故膳食中有了此类蛋白质就可维持身体健康和促进生长。例如乳类、蛋类、大豆及瘦肉中所含的蛋白质都是。

2.半完全蛋白质。这类蛋白质中所含必需氨基酸的种类虽适合人体的需要，但比例不适合,故其营养价值要比上一类蛋白质为差。若膳食中只有此种蛋白质时,则只能维持生命,不能促进人体的正常生长。如米、麦、土豆和干果等中的蛋白质多属于此类。

3.不完全蛋白质。这类蛋白质的组成中所含的必需氨基酸不完全具备,它不能维持人体的正常发育和健康,因此不是一种良好的蛋白质。玉米、豌豆中的蛋白质,肉皮、蹄筋中的胶质蛋白质等,都是不完全蛋白质。

一般说来,动物性食物比植物性食物中所含有的完全蛋白质较多,所以动物性蛋白质比植物性蛋白质要好些。

(五)蛋白质的生理功能

1.构造机体,修补组织。蛋白质是生命的基础,是细胞的重要成分,因而也是构成全身各种器官和组织的基本成分,修补各种组织的主要原料。人体肌肉、血液、皮肤、毛发等,没有一样不是由蛋白质形成的。儿童的生长发育需要有充足的蛋白质。成人虽不再发育,但人体从诞生到死亡,各种器官和组织的细胞都不断地衰老、死亡与新生,如有疾病,细胞的破坏就更严重,这就需要更多的蛋白质来修补组织。

2.调节生理功能。蛋白质也是体液的主要成分,如酶、激素、抗体和血浆蛋白等,都直接或间接来自蛋白质。激素能调节生理功能,酶能调节新陈代谢,抗体能增加人体对感染的抵抗力,血浆蛋白能维持血液内的胶体渗透压。

3.供给热能。蛋白质在人体内也能氧化供给热能,是人体热能的来源之一,每1 克蛋白质在体内氧化放出 4 千卡热能;但利用蛋白质作为供给热能的来源,很不经济,并能增加某些器官的负担。假如我们每天饮食中含有充分的糖类和脂肪,以供给热能,人体内的蛋白质就可以有一部分不被消耗用以供给热能,这种作用叫做"庇护作用"。但是由于人体内的新陈代谢,细胞的衰老和死亡,必然要有一部分蛋白质被消耗掉,这部分蛋白质也能产生热量。蛋白质在体内也可以转变成碳水化合物或脂肪。

(六)蛋白质的生理价值和互补作用

蛋白质的生理价值,又称生物价值,是衡量蛋白质被人体利用程度的重要指标。简单说,就是从食物中摄取的蛋白质能在体内存留或能代替被破坏的肌肉蛋白质的百分数,实际上也就是蛋白质的营养价值。其表示式为:

蛋白质的生理价值＝保留在人体内的氮量 / 从食物中吸收的氮量×100%

蛋白质生理价值之高低,主要依其所含氨基酸的种类和数量而定。凡是含必需氨基酸种类完全、数量充足、比例适当的蛋白质,其生理价值就较高。但与食用方法也有关系,如果将两种以上的食物混合食用或先后(相隔时间不超过 5 小时)食用,其食物中的蛋白质可以互相补充它所缺乏或含量不足的氨基酸,因而提高混合食物中蛋白质的营养价值,这叫蛋白质的互补作用。

两种以上不完全蛋白质混合食用,也可以提高营养价值,在含不完全蛋白质的食品中加入少量完全蛋白质,其营养价值提高更为明显(表4,表5)。

表4 常用食物中蛋白质的生理价值

食物名称	含蛋白质(%)	生理价值	完全与否
大 米	8.5	77	完 全
小 麦	12.4	67	完 全
黄豆(熟)	39.2	64	完 全
猪肉(瘦)	16.7	74	完 全
牛肉(瘦)	20.3	76	完 全
鸡 蛋	12.3	94	完 全
牛 奶	3.3	85	完 全
玉 米	8.6	60	不完全
鲜豌豆	6.4	—	不完全

表5 混合蛋白质的生理价值(蛋白质的互补作用)

食物名称	单独食用时的生理价值	混合食物中所占的百分比(%)	混合后蛋白质的生理价值
玉 米	60	75	76
大 豆	64	25	
玉 米	60	40	73
大 豆	64	20	
大 豆	64	33	77
小 麦	67	67	
大 豆	64	70	67
猪 肉	74	30	
大 豆	64	70	77
鸡 蛋	94	30	

为了充分发挥蛋白质的互补作用,应提倡食品种类多样化,避免偏食。在我们日常膳食中,常用的荤素杂吃,粮菜兼食,粮豆混食,粗粮细作等方式,都可以提高蛋白质的生理价值。利用这个原理来选配膳食,可以使廉价食物的营养价值提高。例如,生理价值低的植物蛋白质,在加入少量生理价值高的动物蛋白质(如蛋、肉之类)后,其生理价值即有显著提高。

(七)蛋白质的消化率

各种食物或者同一种食物加工及烹调方法不同,其消化率均不同。一般植物性蛋白质的消化吸收率较动物性蛋白质低,所以植物蛋白质的营养价值不如动物蛋白质高。按常用方法烹调的食物,蛋白质消化率为:肉类92%～94%,蛋类98%,米饭82%,窝头(玉米面做成)66%,土豆74%。

(八)蛋白质的需要量

一般讲,成人每日需要80克蛋白质。按体重,每日每千克体重需要1.3～1.5克,一般应占进食总热量的10%～15%。儿童、疾病恢复期、孕妇、乳母、劳动强度大者,都应相对增加。其中,动物性蛋白质应占一定的比例,如只吃植物性蛋白质,则还应适当增加供应量(表6)。

表6　供给蛋白质的主要食物

食物名称	蛋白质含量(%)	蛋白质的营养性质
牛　奶	3.3	完　全
鸡　蛋	12.3	完　全
牛肉(瘦)	20.3	完　全
猪肉(瘦)	16.7	完　全
猪肉(半肥瘦)	9.5	完　全
米(整)	8.5	完　全
麦(整)	12.4	完　全
黄豆(干)	69.2	完　全
豌豆(鲜)	6.4	不完全
玉　米	8.6	不完全

蛋白质摄取不足或过量,对人体健康都不利。当蛋白质摄取量不足时,可以出现生长发育迟缓,体重减轻,容易疲劳等现象。由于白细胞和抗体量减少,对传染病的抵抗力降低,组织器官受损后恢复迟缓,严重的可引起营养性水肿,甚至发生休克。蛋白质缺乏往往与能量缺乏同时发生,称为蛋白质能量营养不良。如果长期大量摄入蛋白质,超出人体维持氮平衡的需要,那么过量的蛋白质不但不能被吸收利用,而且增加消化道、肝脏和肾脏的负担,反而对健康不利。

四、维 生 素

维生素是维持身体健康所必需的一类低分子有机化合物,它们既不是构成组织的原料,也不是供应能量的物质。人体对各种维生素的需要量很小,但却是维持机体正常生命活动所必需的营养素。大多数维生素在人体内不能合成,必需由食物来供给。当机体内某种维生素缺乏时,就会导致新陈代谢某些环节的障碍,影响正常生理功能,甚至引起特殊的疾病,如"维生素缺乏病"。患有此病的人,初期没有明显临床症状,称为"维生素不足症"。长期轻度缺乏维生素,可使劳动能力下降和对传染病的抵抗力减低。一般在临床上常见的是混合型的多种维生素缺乏症,所以在防治时要加以注意。

引起维生素缺乏的因素较多,有时由于食物摄入量不足或食物中维生素含量不足,或由于食物的贮存、烹调不当,使维生素遭受破坏或损失,都可导致维生素的缺乏。

(一)维生素的命名与分类

维生素的名称,常根据发现的先后,在"维生素"之后加上英文字母 A、B、C、D 等来命名;也有根据它们的化学结构特点或生理功能而命名的,例如硫胺素、抗坏血酸等。

维生素通常按其溶解性质分为脂溶性及水溶性两大类。

1.脂溶性维生素。它溶于脂肪而不溶于水,其吸收与脂肪的存在有密切关系,吸收后可在体内储藏。脂溶性维生素有维生素 A(视黄醇,抗干眼病维生素)、维生素 D(钙化醇,抗佝偻病维生素)、维生素 E(生育酚,抗不育维生素)、维生素 K(凝血维生素)等。

2.水溶性维生素。它溶于水而不溶于脂肪,吸收后在体内储存很少,过量的维生素多从尿中排出。水溶性维生素有维生素 B_1(硫胺素,抗脚气病维生素),维生素 B_2(核黄素),维生素 PP(尼克酸或尼克酰胺或烟酸,抗癞皮病维生素),维生素 B_6(吡哆醇,吡哆醛和吡哆胺,抗皮炎维生素),泛酸(遍多酸),生物素,叶酸,维生素 B_{12}(钴胺素,抗恶性贫血维生素),维生素 C(抗坏血酸)等。

(二)维生素 A

1.维生素 A 的性质。维生素 A 又名抗干眼病维生素,化学性质活泼,易被空气氧化而失去生理作用,紫外线照射亦可使之破坏。对热安定,对酸、碱亦安定,在新鲜而稳定的油脂中更稳定。一般烹调方法对食物中的维生素 A 无严重的破坏作用,但长时间剧烈加热,如油炸,以及在不隔绝空气的条件下长时间地脱水,可使维生素 A 破坏。

维生素 A 只存在于动物性食品中。植物性食品中含有维生素 A 原——胡萝卜素,黄、红色素菜中含量最多,其中最重要的是胡萝卜素。在一般动物的机体内,胡萝卜素都能在小肠黏膜内经酶转变为维生素 A。在我国,人们膳食中维生素 A 的来源主要是胡萝卜素。

维生素 A 在食物中常和脂肪混在一起,食物中如果含有脂肪,可帮助其吸收。例如,生吃胡萝卜,其胡萝卜素 90%以上不能吸收;烹调时多加油,可明显地增加其吸收率。食品中缺乏维生素 E 或蛋白质,亦可影响维生素 A 的吸收。

2.维生素 A 的功用。

(1)促进体内组织蛋白质的合成,加速生长发育。维生素 A 能促进生长发育,是因为维生素 A 有提高幼小动物对氮的利用的特殊作用,故能促进体内组织蛋白的合成,加速细胞分裂的速度和刺激新细胞的生长。如果儿童缺乏维生素 A,会导致体内肌肉和内脏器官萎缩,体脂减少,发育缓慢,生长停滞,还易感染其他疾病。

(2)参与眼球内视紫质的合成或再生,维持正常视觉,防止夜盲症。眼球壁内层感光组织视网膜上的感光物质视紫质,是一种结合蛋白质,由维生素 A 和视蛋白结合而成,能感受弱光,使人在昏暗光线下看清事物。如果缺乏维生素 A 就影响了视紫质的合成和更新,使视紫质的再生过程受到抑制或者完全停止,这就会引起夜盲症(中国古时称雀目),使眼的视觉反常,暗适应能力较弱,在昏暗光线下看不见东西。供给充足的维生素 A,症状即可消失。

(3)维护上皮细胞组织的健康,增加对传染病的抵抗力。维生素 A 有维护上皮细胞组织结构健全和完整的重大功用。缺乏维生素 A,能使皮肤、黏膜的上皮细胞发生萎缩、角化和坏死,降低机体防卫细菌、病毒入侵的能力,从而引起皮肤、黏膜组织一系列疾病。

(4)具有防止多种类型上皮肿瘤的发生和发展的作用,缺乏时会增加对化学致癌物的易感性。

此外,维生素 A 能促进细胞新生,在生殖上以及血的生成、外伤的治疗上亦有功用。

3.维生素 A 的来源。动物性食品中含维生素 A 丰富的是肝、奶、奶油、蛋黄、鱼肝油等。植物性食物中的蔬菜如菠菜、苜蓿、番茄、豌豆苗、扁豆、茄子、白菜以及胡萝卜、红心甜薯等含有维生素 A 的前身——胡萝卜素。在水果中如杏、李、葡萄、香蕉、红枣等都含有很多胡萝卜素(表 7,表 8)。

表 7　含维生素 A 较丰富的食物

食物名称	维生素 A(单位)	食物名称	维生素 A(单位)
猪　肝	8700	鸡蛋黄	3500
牛　肝	18300	鸭　蛋	1380
羊　肝	29900	咸鸭蛋(熟)	1480
鸡　肝	50900	鸡蛋粉(全)	4862
鸭　肝	8900	牛奶粉	1400
河螃蟹	5960	黄　油	2700
鸡　蛋	1440	乳　酸	1280

表8　含胡萝卜素较多的食物

食物名称	胡萝卜素 (每100克所含毫克数)	食物名称	胡萝卜素 (每100克所含毫克数)
太古菜	2.63	蕹菜	2.14
油菜	3.15	苋菜	3.71
油菜薹	1.83	荠菜	3.20
甘蓝	2.00	莴苣叶	2.14
菠菜	9.87	金花菜	3.48
韭菜	3.21	南瓜	2.40
茼蒿菜	2.77	豌豆苗	1.59
茴香菜	2.61	甜薯	1.31
芹菜叶	3.12	胡萝卜(红)	2.94
香菜	3.77	胡萝卜(黄)	3.62
雪里蕻(鲜)	1.50	杏	1.79
芥菜头	2.38	芒果	3.81
小红萝卜(缨)	2.89	冬寒菜	8.98

(三)维生素D

1.维生素D的性质。维生素D又名抗佝偻病维生素,为类固醇衍生物,其种类很多,以维生素D_2(麦角钙化醇)及维生素D_3(胆钙化醇)较为重要。人体内可由胆固醇转变为7—脱氢胆固醇,并贮存于皮下,在日光或紫外线照射下,可转变为维生素D_3,所以7—脱氢胆固醇常被称作维生素D_3原。植物油或酵母所含的麦角固醇,虽不能被人体吸收,但在日光或紫外线照射后,则转变成可以被人体吸收的维生素D_2,因此麦角固醇也被称为维生素D_2原。所以,多晒太阳是预防维生素D缺乏的主要方法之一。

维生素D_2和D_3皆为无色晶体,其性质比较稳定,耐热,对氧、酸和碱较为稳定,不易被破坏。

2.维生素D的功用。维生素D有促进肠内钙、磷吸收和骨内钙的沉积的功能,与骨骼、牙齿的正常钙化有关。缺乏时,儿童易引起佝偻病,成年人易引起软骨病,特别是孕妇和乳母更易发生骨软化症。如果维生素D吃多了,也会引起血钙过高,导致血管及其他器官不必要的钙化。长期地和不适当地过量服用维生素D,可引起中毒。

3.维生素D的来源。鱼肝油、肝、奶、蛋黄等是含维生素D丰富的食物。

(四)维生素E

维生素E又名抗不育维生素,是酚类化合物,对热和酸、碱稳定。它的生理功用是维持肌肉正常发育生长,也是抗氧化剂,与动物的生殖功能有关。维生素E多存在于植物组织中,麦胚油中含量最多,豆类和蔬菜中含量亦丰富。

(五)维生素 K

维生素 K 具有促进凝血的功能, 故又名凝血维生素。它最易被碱和光所破坏。如缺乏此种维生素,出血凝固时间延长,医学上常以其作为止血剂。凡是绿叶蔬菜如苜蓿、菠菜、白菜等以及蛋黄都含有维生素 K。

(六)维生素 B_1

1.维生素 B_1 的性质。维生素 B_1 又名硫胺素,溶于水,对热相当稳定,在酸性溶液中更稳定。在一定烹调温度下,维生素 B_1 破坏并不大,但遇碱易被破坏。所以在烹调食物时,应尽量不放或少放碱。

2.维生素 B_1 的功用。

(1)预防或治疗脚气病(多发性神经炎)。

(2)增进食欲,帮助消化。硫胺素能增加肠胃蠕动以及胰液和胃液的分泌,故可增进食欲。

(3)促进生长发育。

(4)预防心脏肿大症。

(5)促进碳水化合物的代谢。碳水化合物在代谢中有一个重要的中间产物叫丙酮酸,如缺乏维生素 B_1,在组织(特别是脑组织)和血液中丙酮酸积存多了,就会出现神经机能障碍。丙酮酸还有一部分会变成乳酸,使能量供给发生障碍。维生素 B_1 能使丙酮酸氧化为二氧化碳和水,从而使症状消失。

3.维生素 B_1 的来源。维生素 B_1 在食物中分布较广,含量最多的是米麦的皮、胚芽和麦芽。此外,酵母、肝、肾、蛋类、豆类、瘦肉、白菜、芹菜、核果等亦含有相当多的维生素 B_1(表9)。

表9　常见食物中硫胺素(VB$_1$)的含量 (毫克 / 100 克)

食物名称	硫胺素	食物名称	硫胺素
稻米(籼)(糙)	0.34	花生仁(生)	1.07
稻米(籼)(精)	0.15	猪　肝	0.40
面粉(富强粉)	0.13	猪　肉	0.53
面粉(标准粉)	0.46	猪　心	0.34
小　米	0.57	牛　肝	0.39
高粱米(红,三级)	0.26	鸡蛋黄	0.27
玉米(黄鲜)	0.34	牛　奶	0.04
黄　豆	0.79	酵母(干)	6.56
豌　豆	1.02		

(七)维生素 B_2

1.维生素 B_2 的性质。维生素 B_2 因色黄而含核糖,故又名核黄素。它在自然界分布较广,但其含量并不多。纯粹的核黄素是黄橙色结晶,不溶于脂肪,能溶于水。核黄素对热稳定,在酸性溶液中加热到 $100℃$ 时仍能保存,在碱性溶液中破坏较快。核黄素的稳定程度可因温度的高低、加热时间之长短、酸度之强弱而有所不同,温度高、加热时间长、pH 值高时损失则大。

以普通的方法烹调食品时,核黄素损失不大。核黄素对光很不稳定,受光作用时,容易失去生理效能。食品中还含有一部分非游离状态的核黄素,主要是与磷酸和蛋白质结合在一起,这种结合型的核黄素对光比较稳定。为了避免食品中核黄素的损失,食品应尽量避免在阳光下暴露。

2.维生素 B_2 的功用。维生素 B_2 是构成黄酶的辅基成分,参与生物氧化酶体系,可维持机体健康,促进生长发育。缺乏维生素 B_2,就会影响生物氧化,引起物质代谢的紊乱,表现为口角溃疡、唇炎、舌炎、角膜炎、阴囊炎、视物不清、白内障等症状。

3.维生素 B_2 的来源。富含维生素 B_2 的食物主要是动物的肝脏、肾脏、心脏以及蛋黄、鳝鱼、奶类,各种新鲜蔬菜,黄豆、蚕豆等各种豆类和糙米、粗面也是重要的来源(表 10)。

表 10　含维生素 B_2 较丰富的食物 (毫克／100 克)

食物名称	维生素 B_2	食物名称	维生素 B_2
猪　心	0.52	鸡蛋(全)	0.31
猪　肝	2.11	鸭蛋(全)	0.37
猪　肾	1.12	咸鸭蛋(熟)	0.38
牛　心	0.49	鸡蛋粉(全)	1.28
牛　肝	2.30	牛乳(鲜)	0.13
牛　肾	1.75	牛乳粉	0.69
羊　心	0.56	乳　酪	0.50
羊　肝	3.57	酵　母	3.35
羊　肾	1.78	黄　豆	0.25
鸡　肝	1.63	豌　豆	0.12
鸭　肝	1.28	蚕　豆	0.27
鳝　鱼	0.95	豆　豉	0.34
芹菜叶	0.18	葵花子(炒)	0.20
荠　菜	0.19	榛子仁(炒)	0.20
金花菜	0.22	口蘑(干)	2.53
胡萝卜缨	0.15	紫　菜	2.07
花生(炒)	0.14		

维生素 B_2 是一种比较容易缺乏的维生素。特别是膳食中动物肝脏、蛋和奶较少时，机体所需要维生素 B_2 必须多方设法补充才能满足。为了能充分满足机体需要，除尽可能利用动物肝脏、蛋、奶等动物性食品外，应该多吃新鲜绿叶蔬菜、各种豆类和糙米粗面，还要根据维生素 B_2 之化学性质，采取各种措施，尽量减少其在食品烹调与储藏中的损失。因为维生素 B_2 虽然在食品中分布甚广，但相对说来它在普通食品中的含量皆不甚丰富，忽视任何一种来源和环节，都可能引起机体中维生素 B_2 之不足。

(八)维生素 PP

维生素 PP 化学名称为烟酸或尼克酸，又名抗癞皮病维生素。它是一种白色晶体，易溶于水和乙醇，耐热性较强，在空气中也很稳定。

人体缺乏烟酸会发生癞皮病，其主要病症是神经衰弱、腹泻、对称性皮炎。

烟酸在体内可变成辅酶，与其他酶合作可促进体内的新陈代谢。

牛肉、猪肝、酵母、腰子、奶、蛋、花生及有色蔬菜中皆富含烟酸。

(九)维生素 B_6

维生素 B_6 又名吡哆醇，为无色晶状粉末，略带苦味，溶于水、酒精及酮，能耐热，对酸、碱也稳定，但易被光破坏。

维生素 B_6 与不饱和脂肪酸、氨基酸的代谢有关，蛋白质在体内变成脂肪是需要吡哆醇的。

蛋黄、麦胚、酵母、肝、肾、肉、奶、大豆、整米、整麦，都含有相当多的维生素 B_6。

(十)维生素 B_{12}

维生素 B_{12} 又名钴胺素、抗恶性贫血维生素，是红色针状晶体，对治疗恶性贫血有特效。肝、牛肉中含量较多，猪肉次之。

(十一)维生素 C

1.维生素 C 的性质。维生素 C 具酸性，因为它能防治坏血病，故又称抗坏血酸。这种维生素在酸性溶液中比较稳定，在水溶液里易溶解，遇热和碱均能被破坏；与某些金属特别是与铜接触破坏更快。它由于具有这些特性，所以在烹调过程中大部分损失掉。

2.维生素 C 的功用。

(1)维生素 C 是一种活性很强的还原性物质，是构成机体生理氧化还原过程的重要成分，因此是机体新陈代谢不可缺少的物质。

(2)参与细胞间质的生成，维持牙齿、骨骼、血管、肌肉的正常功能和促进伤口愈合。

(3)能增加机体抗体的形成，提高白细胞的吞噬作用，增强对疾病的抵抗力。

(4)具有解毒作用。维生素 C 能促进肠道内铁的吸收,在临床上治疗贫血时常作为辅助药物。

维生素 C 缺乏的典型症状是坏血病,主要病变是出血和骨骼变化。其症状是缓慢地逐渐出现的。维生素 C 缺乏数月,患者会感到全身乏力,食欲差,容易出血,小儿可有生长迟缓、烦躁和消化不良,以后逐渐出现齿龈萎缩、浮肿、出血。此外,维生素 C 缺乏,还可引起骨骼脆弱、坏死,常易发生骨折。

3.维生素 C 的来源。维生素 C 广泛存在于蔬菜及水果中,尤其是绿叶蔬菜、酸性水果如橘子、酸枣、番茄等含量更为丰富(表 11)。谷类和干豆类不含维生素 C,但豆类在发芽时就含有维生素 C。有些蔬菜(如黄瓜、白菜)含有较多的抗坏血酸氧化酶,能加速维生素 C 的氧化破坏,所以蔬菜贮存过程中,往往要损失一些维生素 C。

表 11　含抗坏血酸较丰富的食物

食物名称	抗坏血酸 (每 100 克所含毫克数)	食物名称	抗坏血酸 (每 100 克所含毫克数)
大白菜	46	羊角菜叶	73
小白菜	40	苋　菜	48
瓢儿白	42	软　叶	107
矮白菜	56	豌豆苗	53
塌株菜	75	冬寒菜	55
紫菜薹	66	辣　椒	185
红油菜薹	86	柚(沙田柚)	123
莲花白	48	橙	54
荠　菜	76	枣(鲜)	540
芥　蓝	90	红　果	89
青　菜	86	桂圆(鲜)	60
雪里蕻	83	桂圆(干)	356

由于维生素 C 在食物烹调和加工过程中易被破坏,而摄入量高将更有益于身体健康和增进对疾病的抵抗力,因此,我国的供给量标准比 FAO / WHO 推荐的需要量标准(成人每天 30 毫克)要高得多。成人每天 70～75 毫克,孕妇、乳母和正常成长期的青年,供给量标准还要高于一般成年人。

五、矿 物 质

矿物质又称无机盐或灰分。人体中存在化学元素有 20 多种,除碳、氢、氧、氮外,其余的元素都属于矿物质。无机盐的功用有 3 种:一是构成骨、齿的主要物质;二是构成柔软组织(如血管、肌肉等)不可少的成分;三是调节生理功能,如调节体液酸碱度及渗透压与供给消化液的酸碱元素等。钙磷两元素兼有第一、第三两种功用;铁和碘兼有第二、第三两种功用;钾、钠、硫、氯、镁、锰等则主司第三种功用。人体内如果缺乏这些矿物质,就会发生严重的疾病。这些矿物质不断地由各排泄器官排出体外,其消耗需要不断地补充,而补充的来源,就是靠食物。

(一)钙

1.钙的功用。钙是构成身体骨骼及牙齿的主要成分,人体中99%的钙存在于骨、齿之中,1%是在体液里。此外,钙对血液的凝固、心肌及随意肌的收缩以及神经细胞的调节都有重要关系。钙能降低神经肌肉的兴奋性,所以当体液中钙浓度稍微降低时,便使神经肌肉的兴奋性增高,可引起肌肉的自发收缩,此现象在医学上叫"搐搦",俗称"抽风"。

2.影响钙吸收的因素。在人们的营养问题上,矿物质中最容易供给不足的是钙,我国膳食构成以粮食、蔬菜为主,尤其容易缺乏钙,所以改进营养状况时常常要设法解决钙不足的问题。在考虑膳食中钙的供应量问题的同时,还要采取措施以提高食物中钙的吸收率。因为影响钙吸收的因素很多,如不注意即很难收到好的效果。

钙进入人体后,主要在酸度较大的小肠上段,特别是十二指肠,被主动吸收。食物中的钙仅有小部分由肠吸收,大部分随粪便排出。影响钙吸收的因素有以下几个方面:

(1)食物中钙的浓度和机体需要的情况。肠道中钙的浓度愈高,被吸收的也愈多,钙的吸收量在一定程度上还与机体对钙的需要相一致。

(2)肠内的酸碱度。含钙的盐类,尤其是磷酸盐及碳酸盐易溶于酸性溶液中,而难溶于碱性溶液中。只有溶解钙盐才能被吸收,否则不被吸收。因此,凡能增加肠内酸度的因素就有利于钙的吸收,如乳酸、醋酸、氨基酸等均能促进钙盐的溶解,即有利于钙的吸收,如常食乳类食品即能获得如此效果。

(3)年龄与肠道的状态。钙的吸收随年龄的增长而逐渐减少。所以老年人多发生骨质疏松,易骨折,难愈合。腹泻和肠道蠕动太快,致使食物在肠道停留时间过短,则有碍于钙的吸收。

(4)维生素 D。维生素 D 有助于钙的吸收。

(5)胆汁。钙的吸收只限于水溶性的钙盐,但非水溶性的钙盐因胆汁的作用可变为水溶性。胆汁存在时,可以提高脂酸钙(一种不溶性钙盐)的可溶性,帮助吸收。

(6)植酸。植酸(六磷酸肌醇)易和钙化合成为不溶性的钙盐,含植酸较多的食物是谷类,应在谷类的加工、烹调和调配上,注意除去植酸或供给含较多量的钙的食物。

(7)草酸。钙和草酸可形成不溶解的钙盐(草酸钙),从而影响钙的吸收。

(8)磷酸盐。磷酸盐能在肠道中与钙结合成难溶于水的正磷酸钙,从而降低钙的吸收。一般而言,成人膳食中钙、磷比例以 1:1.5 为适宜。肠道的 pH 值低,有利于钙的吸收,这可能是由于容易形成溶解度较高的酸性磷酸钙的缘故。

一般膳食中的钙因受上述因素影响,只有 40%～50% 被吸收。因此,在选配食物时,要考虑影响钙吸收的因素,少用含草酸多的蔬菜如菠菜、茭白、竹笋等。注意选用含钙丰富的食物,如虾米、虾皮、肉骨头汤等以及含钙量高、含草酸少的蔬菜和豆类(表 12),乳及乳制品不但含有丰富的钙,而且由于与酪蛋白结合形式存在,所以容易被吸收。

表 12　几种蔬菜中的草酸和钙含量比较

菜　名	含钙量低于草酸量的蔬菜		
	水　分（%）	钙	草　酸
		毫克 /100 克新鲜样品	
菠　菜	90.37	130	1353
冬　笋	85.99	19	195
茭　白	89.77	24	83
四季豆	91.32	45	78
	含钙量高于草酸量的蔬菜		
甘　蓝	85.14	316	21
小青菜	93.04	200	5
大白菜	93.42	205	20
小白菜	93.65	158	10

据实验报道,蔬菜中所含的草酸,经沸水烫,可除去 60%;旺火热油急炒,可减少 25%。

3.钙的来源。钙的分布很广,含钙丰富的食品有虾皮、海带、奶类、芝麻酱、豆类、硬果等。主要食物来源除上述食品外,还有白菜、土豆、芹菜、油菜等。动物性食品中的钙较植物性食品的钙易于吸收,特别是乳类中的钙最易吸收(表 13)。

(二)铁

1.铁的功用。

(1)铁是构成人体细胞的原料,特别是构成血红蛋白质制造红细胞的原料。人体内血液中的红细胞含有血红蛋白,其主要成分是铁。人体内 72% 的铁存在于血红蛋白中。血红蛋白的功能是输送氧气和二氧化碳,把从肺吸收的氧气输送到全

表13　含钙丰富的食品 (毫克／100克)

食品名称	含钙量	食品名称	含钙量
虾　皮	2000	青　豆	240
海带(干)	1177	黑　豆	250
牛　乳	120	西瓜子(炒)	237
牛乳粉	900	南瓜子(炒)	235
芝麻酱	870	核桃仁(干)	119
黄　豆	367	白菜(未卷心)	114
豆腐(老)	277	土　豆	99
豆腐(嫩)	240	芹　菜	79
豆腐丝	284	红油菜	74

身各种组织,以供细胞氧化之用,又把细胞氧化产生的二氧化碳输送到肺部呼出去。缺铁时则造成贫血,面色苍白。此外,铁也是肌肉、肝、脾和骨髓的成分。

(2)铁是一些酶(细胞色素酶、细胞色素氧化酶等)的主要成分,能参加体内的氧化还原过程。

2.影响铁吸收的因素。

(1)凡容易在消化道中转变成离子状态的铁,都易吸收,所以无机铁比有机铁易吸收。用铁锅烹饪,可有微量的铁混入食物,亦可被人体吸收利用。

(2)植物性食品中的铁比较难吸收。植物中的植酸、草酸、磷酸、鞣酸等都能和铁形成难溶的沉淀物,从而抑制其吸收,例如饮浓茶,因茶内含有鞣酸,会影响铁的吸收。

(3)盐酸、抗坏血酸、柠檬酸、果糖等能促进铁的吸收。

(4)胃酸缺乏、腹泻等亦可影响铁的吸收。

3.铁的来源。铁的分布很广,主要食物来源有肝、腰、蛋黄、豆类和一些蔬菜。动物性食品中含铁量较高(表14)。

由于上述各种因素,各种食物中的铁在人体内的吸收率不同,其差别可达1%～30%(表15),故在选用烹调原料和配膳时应予注意。

(三)碘

碘在人体内的含量比前面所讲的几种矿物质都少,但它在体内的功用却是不可忽视的。碘是甲状腺素的主要成分,甲状腺所分泌的甲状腺素能促进体内的氧化作用,调节体内的新陈代谢。缺乏碘可使甲状腺素分泌减少,新陈代谢率下降。在幼年期缺碘,会影响生长发育,思维比较迟钝;成年期缺碘,则皮肤干燥,毛发零落,性情失常,同时发生甲状腺结构的增殖性变化,即甲状腺肿,也就是通常说的大脖子病。缺碘常有地方性,有些内陆山区由于土壤中或水中缺碘以致所产的食

表 14 几种食品的含铁量 (毫克／100 克)

食品名称	含铁量	食品名称	含铁量
猪 肝	25	标准粉	4.2
猪 腰	7.1	小 米	4.1
猪 血	15	黄 豆	11
排 骨	14	黑 豆	10.5
牛 肝	9.0	小白菜秧	5.0
牛 腰	11.4	小油菜	7.0
羊 舌	14.4	芹 菜	8.5
羊 肝	6.6	香 菜	5.6
鸡 肝	8.2	西瓜子	8.3
蛋 黄	7.0	芝麻酱	58

表 15 食品中铁的营养有效性

食品名称	总铁含量 (毫克／100 克)	有效性铁 (总铁量的百分数)
猪肝(干)	65.22	67
牛肝(干)	26.08	70
牛肉(干)	14.08	50
大豆(炒)	190	60
蛋(生)	2.5	100
血	37.5	11
白菜(生)	0.98	72
胡萝卜(生)	0.56	100
胡萝卜(煮)	0.41	98
芹菜(生)	0.14	100
葱(生)	0.40	100
菠菜(煮)	4.15	57
菠菜(干)	56.28	20
花生	1.19	100
香蕉(生)	0.47	100
桃(生)	0.39	100
梨(生)	0.21	100
葡萄(黑、生)	0.27	85

物中也缺碘,或者其他原因,便形成了地方性甲状腺肿。在膳食中增加碘,则有明显的防治效果。

碘的最好来源,为海产食物,如海鱼、海虾、海带、紫菜、海盐等(表16)。

表16 含碘丰富的食物

食品名称	碘含量(微克／千克)	食品名称	碘含量(微克／千克)
海带(干)	240000	龙虾(干)	6000
紫菜(干)	18000	海蜇(干)	1320
发菜(干)	11800	干贝(干)	1200
海参(干)	6000	海鱼(鲜)	(平均)823

(四)磷

磷和钙都是构成骨骼和牙齿的重要材料。骨骼组织中的磷含量约占机体中总磷量的80%。磷还是构成人体各种组织很重要的原料,如核酸、磷脂、辅酶等。磷不仅是构成组织的成分,而且还有很多重要的生理功能,如碳水化合物和脂肪的吸收及中间代谢都需要磷酸化合物作为桥梁。此外,磷酸盐在维持体液酸碱平衡上有缓冲作用,还可调节维生素D的代谢作用。

磷广泛地存在于动植物组织中,存在的形式主要是与蛋白质、脂肪结合成为核蛋白、磷蛋白和磷脂等,也有少量的有机磷和无机磷。影响磷的吸收因素大致与钙相似,钙在体内的利用情况亦能影响磷的吸收率。有些植物性食物的磷不能被吸收,因为植酸形式的磷,不能被消化液中的酶所水解,还有植酸能与磷结合成不溶解的磷盐,不能被肠吸收,所以植物中的磷有效度较低。由于磷广泛地存在于各种动植物中,所以膳食中通常不会感到缺乏。但是,膳食中磷的供给,也是不可忽视的。食物中的蛋、鱼、肉、豆、蔬菜等是磷的丰富来源。

膳食中钙与磷的比例,与骨骼的钙化作用有很大关系。如钙磷比例适当,则骨骼的发育就迅速完全。据研究认为,钙与磷的最好比例是1:2。

(五)钾、钠、氯

钾、钠与氯在自然界分布极广。在动植物组织中,钾比钠多;但在各动物体液(如血、淋巴液等)中,则含钠较多而含钾少。人体所得的钠,大部分是从食盐中来,一个成年人每天需吃8～10克的食盐,就能维持体内氯化钠的平衡。

钾、钠与氯在人体中有很重要的生理功能,如细胞的水分、渗透性、敏感性、伸缩性、分泌与排泄诸作用,都与钾、钠、氯有密切的关系。氯能吸收水分变为盐酸,故对体内酸碱平衡的维持及身体各部位水分的分布也有重要作用。同时,氯还是制造胃酸的主要原料。

缺少钾、钠、氯任何一种,不但可以影响上面所说的各种功能,而且可以引起生长停滞、生殖反常等现象;如缺钠,会影响蛋白质代谢作用,而使奶汁分泌不好;缺钾可使脉搏缓慢;钠与氯不足,则食欲不振。

人体出汗过多,会使体内的氯化钠及水分遭到严重损失,引起疲乏、头痛、四肢痉挛及食欲不振等症状。饮用 10% 的食盐水,可减轻症状。夏天从事体力劳动或在高温车间工作的工人,如常饮淡盐水可预防中暑和因氯化钠损失过多而引起的病症。但是食入过量食盐,则会因血液及组织的渗透压及离子成分起变化(浓度增加),需以水分来调节,所以发生口渴。另外,据有关医学杂志报道,常年食入过多的盐,会导致高血压病。

六、水

(一)水的生理意义

水是人体组织的重要组成成分。人体内的生理活动,如各种化学反应、新陈代谢等,都需要有水。人体体重的 65% 是水,分布在各组织器官中,血液中含水约 80%,人体如果损失了 20% 的水便无法维持生命。体内含的水分布于细胞外的,叫细胞外水;在细胞内的,叫细胞内水。幼年人细胞外水多于细胞内水,老年人则相反。

人体在正常情况下,经皮肤、呼吸道及排泄器官,都有一定数量的水排出体外,所以必须要补充水。每人每天排出的水与所进的水几乎相等,称为"水平衡"。一般说,一个人每天需要 2.5 千克以上的水,水少和水多对人体都有影响。缺水或失水过多时,消化液分泌减少,对食物的消化率、吸收率会降低。当供水过多时,则对消化液稀释,减弱了消化功能,所以单从水这个角度来说,饮茶不宜过多。由于热水可使食物软化,增进胃的收缩,促使胃液分泌,所以供给一定数量的热水有利于食物的消化。

(二)水的功用

第一,水作为营养素的溶剂而使之便于吸收。

第二,水作为代谢产物的溶剂使之便于由体液带至排泄器官排出体外。

第三,水在体内形成各种体液来润滑各器官、肌肉、关节。

第四,血液中含大量的水,由于水的潜热大,随血液循环能调节体温。

(三)水在烹饪中的意义和作用

蔬菜类食品含水量大,有 90% 左右。水产类食品含水量在 80% 左右。肉类食品含水量在 60%~70%(瘦肉含水多,肥肉含水少)。因此在烹饪中,1 只鸡或 500 克肉煮熟后,由于水分析出,其重量就减少了。刚烧熟的鸡、肉等,吃起来又香又烂;被风吹干后,因其失水,瘦肉就像干柴一样,口味也差。肉、鸡的汤味很鲜美,这是水从食品中析出时,随之带出了一些可溶性物质而形成的。

七、各种营养素之间的相互关系

在研究营养理论问题和解决合理平衡膳食的实际问题时,还必须注意各营养素在机体内代谢过程中和对机体营养作用上的错综复杂的关系。

(一)生热营养素之间的关系

碳水化合物、脂肪和蛋白质这三者之间的相互关系表现最为突出的是在碳水化合物和脂肪对蛋白质的节约作用上。碳水化合物是最经济的生热营养素,脂肪是生成热量最大的营养素,由于补充了碳水化合物和脂肪,也就补充了热量,从而减少了蛋白质单纯作为产生热量而代谢分解。但是绝不能因为碳水化合物和脂肪对蛋白质有节约作用而过分降低饮食中蛋白质供给水平,也不能在热量供给尚且不足的情况下,片面强调蛋白质的营养,三者之间保持适当比例是很重要的。

(二)维生素与生热营养素之间的相互关系

1.核黄素、脂肪和蛋白质之间的关系。动物实验证明,膳食中脂肪的含量对核黄素的需要量有重大影响。高脂肪膳食对核黄素的需要量比低脂肪膳食高2倍。低蛋白膳食对核黄素的需要量比高蛋白要高1倍。

2.硫胺素与生热营养素之间的关系。硫胺素的需要量决定于膳食中热量的高低,特别是碳水化合物的含量,如碳水化合物多,则对硫胺素的需要量也多。

3.脂肪对维生素需要量的影响。脂肪可提高对核黄素的需要量而降低硫胺素的需要量。另外,某些脂肪酸有轻微的抗佝偻病作用,从而可以降低对维生素 D 的需要量。

(三)几种营养素对钙利用的关系

1.脂肪。膳食中脂肪含量过高,对钙的吸收减少。

2.蛋白质。在膳食中蛋白质缺乏时,对钙的吸收也差。

3.维生素 D。可以促进钙的吸收和骨骼的钙化。

4.其他。乳糖、山梨糖、葡萄糖、蔗糖、果糖、半乳糖、木糖都可以大大提高钙在回肠段的吸收。半乳糖若过多,可因代谢异常使钙非正常沉积,在眼球内形成晶体浑浊,而导致白内障。饮食业、食品工业常用的冻粉(即琼脂),其主要成分就是半乳糖。

(四)各种维生素之间的关系

第一,维生素 C 与维生素 P 不仅常共存于天然食物中,而且在维持血管正常脆性和渗透性上也是二者共存时效果较好。大量的维生素 C,有预防维生素 B_2 缺乏症的作用。

第二,硫胺素和核黄素能帮助体内合成维生素 C。

第三,维生素 E 有促进维生素 A 在肝内储留的作用。

第四,硫胺素缺乏时,可影响到核黄素在体内的正常利用。

第五,各种维生素之间在剂量上保持平衡是很重要的。

第二节　　热　量

一、营养学的热量单位

营养学所用的法定热量计量单位和物理学一样也是焦(耳)。过去通常是用卡,或大卡。它和焦耳的关系是每 1 大卡 (千卡)等于 4.1868 千焦(耳)。过去所说的 1 卡热,是使 1 克水的温度升高 1℃所需的热量。

二、人体对热能的需要量

人体的热量消耗在以下几个方面:①供给体内生理活动。人体的细胞、器官和组织总在不断地活动,即使是睡眠,生理活动也在进行,如心脏跳动、肺部呼吸、胃肠蠕动及血液循环等都在不停地活动。②维持一定的体温。③生长发育的需要。④特别动力作用所消耗的热能。⑤劳动、工作的消耗。在劳动工作时,肌肉运动越多,消耗热能就越多。热量的来源是靠每日的饮食或体内组织氧化后放出的热。一个人每天所需的热量,随其职业、性别、年龄和劳动强度等方面而有所不同(表17)。

表 17　　人体热量需要表(参考数)

热量　千焦　性别 类别	成年男子 (体重 60 千克)	成年女子 (体重 50 千克)	职业 (参考)
轻体力劳动	10885.68	10048.32	医生、教师、营业员、缝纫工等
中等体力劳动	12560.40	11723.04	木工、纺织工等
重体力劳动	15072.48	14235.12	锯工等

膳食中产生热量的营养素是糖类、脂肪、蛋白质,糖类是经济的热量来源。我国饮食习惯糖类是主要热源,总热量的 60%～70%由糖类供给,17%～20%来自脂肪,13%～14%来自蛋白质。

第三节　　食物的消化与吸收

食物是非常复杂的混合物,其中只有部分而不是全部都具有营养价值。营养素是指食物中那些具有生理价值的物质,如蛋白质、糖、脂肪、矿物质和维生素。食物并不能全部被吸收,而只有一部分通过血管、淋巴,自消化道被吸收,为组织器官所利用;未被吸收的随着粪便排出体外。营养素的吸收率是以食进量和排出量之间的差异来表示的,食物的吸收率又与烹调和消化有密切关系。

食物在体内有两种变化:一种是在口腔和肠胃内所起的变化,叫作消化作用;一种是在身体各组织所起的变化,叫作代谢作用。

一、烹调与消化的关系

(一)烹调帮助消化

烹调方法中,大多数要加水加热。此种加水烹调处理,或多或少地都可增加食物中的碳水化合物、脂肪和蛋白质的水解作用,间接有助于消化。另外,烹调还可使食物变软,易于咀嚼,对于食物消化也有帮助。

(二)烹调促进食欲

凡是出色的烹调,又加上调味品,能够增进食物的色、香、味,令人喜悦的色、香、味又能引起消化液的分泌,促进消化和食欲。食物中的蛋白质在烹调时有一部分可溶性蛋白质溶解到汤里,不但味道鲜美,并且还有刺激消化器官增加分泌的功用。

二、食物的消化与吸收

食物除单糖外,都要经过消化以后才能被人体吸收。消化作用可分为三个阶段:

(一)口腔内的消化

食物经牙齿咀嚼和唾液混合,唾液中有一种消化酶名叫唾液淀粉酶,使淀粉变成麦芽糖。例如,吃米饭或馒头,久嚼不咽,即觉有甜味,这就是淀粉在口腔内变成麦芽糖了。如果食物在口腔内停留的时间短,食物的淀粉不能在口腔内完全消化,由于唾液中缺少这种酶,因此蛋白质和脂肪在口腔内无变化。

(二)胃内消化

食物咀嚼后咽下,经过食道由贲门入胃。进到胃底。胃液中有两种重要物质,一种是盐酸,一种是胃蛋白酶。胃蛋白酶在酸性溶液中,能使蛋白质分解为蛋白酶和蛋白胨。还有一个是凝乳酶,能使乳类蛋白质凝结成块。这种凝结作用对消化有益,因乳是流体,在胃里停留时间短,凝成块后,在胃内停的时间长,消化较为充分。

食物在胃里,成为糊状,叫食糜。食糜因胃壁的伸缩,向幽门推动,徐徐入肠。

(三)肠内消化

食糜入肠后,因带酸性,间接刺激胰腺分泌胰液,胆囊分泌胆汁,胆汁由输胆管入肠。同时肠黏膜也分泌肠液。肠液中有肠蛋白酶、肠脂肪酶、肠淀粉酶。

胰液中有胰蛋白酶、麦芽糖酶、蔗糖酶、乳糖酶和胰脂肪酶。

胆汁中无酶,但其所含的胆酸盐能使脂肪乳化,有协助对脂肪的消化和吸收的功用。

　　食糜中的蛋白胨经胰蛋白酶和肠蛋白酶的作用,分解为氨基酸。淀粉经胰肠淀粉酶的作用,变为麦芽糖,麦芽糖和食物中的蔗糖与乳糖,分别经蔗糖酶和乳糖酶的作用变成单糖,脂肪经脂肪酶的作用变为甘油和脂肪酸。

　　食物经消化后绝大部分被小肠吸收,食物变成的氨基酸、单糖、脂肪酸由肠膜吸收入血液,经门静脉到肝脏再到人体各组织中。

　　民以食为天,厨师就是那天上的神仙,神仙下凡做饭,把幸福带给人间……

——张仁庆

第十一章　食品卫生基础知识

第一节　微生物的有关常识

微生物是一群形体极小、结构简单的生物体。由于这些生物躯体微小,人们的肉眼往往看不见,要用显微镜才能看见,甚至要用电子显微镜才能观察清楚。因此,把这类生物叫做微生物。微生物是自然界中各种微小生物的总称。

微生物尽管微小,肉眼看不见,但在日常生活里,微生物所引起的许多现象是经常可遇到的。例如:夏天牛奶容易变酸、凝固,天热时吃的食物容易腐败发馊、发霉、发臭,春天多雨季节衣服容易长霉,人喝脏水容易得肠胃病和各种传染病,用粮食酿酒、制醋、造酱油,发面做馒头,食品厂做面包等,都是利用了微生物的作用或是由于微生物的活动引起的。这是因为微生物是属于生物体,它们能够进行生命活动,即物质代谢、生长、繁殖和适应环境,并能积极地参加自然界的物质转化活动。

食品是微生物良好的培养基,有的微生物参加食品的制造过程(如发酵微生物);有的微生物能使食品破坏(如腐败微生物);还有的微生物会引起食物中毒和传染疾病(如病原微生物)。因此,自然界微生物的生命活动与食品的质量变化或卫生状况有密切的关系。我们应当了解微生物生命活动的一般规律和基础常识,从而在食品制作和保藏过程中采取措施,控制腐败微生物的影响,避免食品的变质和中毒。

一、微生物在自然界的分布

(一)空气中的微生物

空气中的微生物主要来自土壤表面,微生物随尘埃、气流卷扬到空中,也可由动物和人的呼吸道或口腔排出。

空气中的微生物种类繁多,其中以真菌的孢子和其他霉菌、酵母、好气性芽孢杆菌、产生色素的细菌等最常见,一般为非病原菌。这些微生物是饮食被污染变质的根源。在病人周围的空气中往往可以找到病原微生物,如溶血性链球菌、脑膜炎或肺炎双球菌、结核杆菌、流行性感冒和麻疹病毒等,这些菌可以造成传染病的传播。

空气适于霉菌生长,而不适于细菌生长,原因是干燥有杀灭细菌营养细胞的倾向,但霉菌孢子能抵抗干燥;在阳光曝晒下细菌及其芽孢会死亡,但光线对霉菌孢子无多大影响。酵母也能抵抗干燥和光线。

(二)水中的微生物

水中的微生物大部分来源于土壤,小部分来自空气和动植物体。由于水中含有有机物,适合于许多微生物的生存与繁殖,水中有机物多,微生物的含量也相对增多。水中微生物大多是死物寄生菌,但如果被人或动物的排泄物污染,就可能有传染病原菌存在。

死物寄生菌是天然水中的微生物,常见的有荧光杆菌、色素生产杆菌、阴沟杆菌、产气杆菌、枯草芽孢杆菌等(由土壤带给水中的细菌)。

当水被人畜排泄物污染时,也可存在大肠杆菌、肠球菌、产气荚膜杆菌、变形杆菌等,甚至含有伤寒、副伤寒和痢疾杆菌、霍乱弧菌、钩端螺旋体及脊髓灰白质炎病毒等。

二、微生物引起食物腐败变质的种种现象

引起食物腐败变质的原因较多,最普遍最活跃的是微生物。微生物又常和其他因素结合在一起,在食品腐败变质中起主要作用。

广泛分布于自然界的微生物,因种类和外界条件不同,对食品的作用性质和引起的感官变化也不同。

(一)腐　败

在腐败微生物分泌的蛋白酶的水解作用下而引起的蛋白质分解过程称为腐败作用。在有氧的条件下,微生物常常使蛋白质彻底分解(即有机物的完全矿质化),在缺氧条件下,蛋白质分解过程中经常出现有毒性和臭气的产物。引起蛋白质分解的微生物很多,如枯草杆菌、肉毒杆菌、香肠杆菌、大肠杆菌、变形杆菌、土豆杆菌、霉菌等。

(二)霉　变

霉菌在食品中生长繁殖,从而改变了食品原有的外观、滋味、品质等,称为霉变。引起霉变的微生物有青霉、毛霉、根霉和曲霉,它们主要是分解碳水化物,使食品成分和感官性质改变。

(三)酸　败

在微生物的作用下,食品中的脂肪被水解为甘油和脂肪酸,脂肪酸又氧化成酮酸,酮酸再失去二氧化碳,而形成低分子酮,使食品产生哈喇味,这就叫酸败。

(四)变　色

有些细菌可在食品内产生色素,使食品染有各种颜色。如嗜盐性细菌可使咸鱼变红,泡菜变红(赤酿母);黏质沙氏霉菌、玫瑰色细球菌等也能使食品变红;荧光假单胞菌、黄色杆菌属、黄细球菌等可使食品变黄色至橙色和绿色;黑色假单孢菌能引起肉的表面变蓝色。

(五)发　光

发光菌属中的磷光发光菌,可使肉、鱼产生磷光,荧光杆菌(典型的腐败菌种)在晚间使鱼产生荧光、磷光。

(六)黏液化

黏液产碱杆菌、类产碱杆菌、无色菌属和气杆菌属等细菌,可使食品产生黏液或黏丝;耐热的枯草芽孢杆菌、土豆芽孢杆菌、巨大芽孢杆菌和荸状芽孢杆菌等,可引起米饭腐败、面包的黏液化。

(七)被　膜

接合酵母属有的对食盐的抵抗力强 (耐盐酵母), 有的在酱油的表面形成被膜,使酱油变质;有的在酸泡菜等酸性食品表面生膜,氧化有机酸,为不耐酸的腐败菌败坏食品创造条件。

(八)红　斑

赤酿母可产生色素,使食品变红,如肉上的红斑(由神灵芽孢杆菌的繁殖所致)。

(九)黑　斑

蜡叶芽枝霉是冷冻肉产生黑色斑点的原因。

(十)发　酸

发酸是火腿变质的行业术语,其变化过程为:先分解为无臭的肮,然后引致腐败,继而产生非常讨厌的硫醇、硫化胺和吲哚等。这是由许多嗜冷性细菌和耐盐性细菌所引起的。无色杆菌属、芽孢杆菌属、假单孢菌属、变形杆菌属、赛氏杆菌属、梭状芽孢杆菌属和产生硫化氢的有孢链杆菌属等,是引起火腿发酸的原因。

(十一)油　臭

火腿暴露于空气中,引起曲霉和青霉的侵入,能使火腿的脂肪分解,产生油臭。

(十二)败　坏

糖浆、蜂蜜的败坏是由耐高糖酵母所引起的;酒精败坏是由耐高浓度酒精酵母(毕氏、汗氏酵母)氧化饮料酒中的酒精所致。皮膜酵母可在葡萄酒、啤酒、干酪、泡菜中发育使之败坏。

(十三)腐　烂

菜、果表皮如有损伤,霉菌、酵母、细菌皆能进行繁殖,分解有机物导致菜、果腐烂。如土豆、红薯、苹果、梨、柑橘、甘蓝等腐烂、干腐、软腐、黑斑等病害。

(十四)发　酵

食品发酵有酒精发酵、醋酸发酵(酒精酸化过程)、乳酸发酵、丁酸发酵(令人讨厌的气味)、果胶质发酵等。

发酵菌属按照食品的种类来分,大致如下:

1.在鲜鱼贝类中主要是水中菌:球菌、假单孢菌、黄色杆菌、无色杆菌、赛氏杆菌等。

2.在畜肉中主要是土壤菌:好气性和嫌气性芽孢杆菌、变形杆菌等。

3.经过加热的食品中主要是空气中的菌:好气性芽孢杆菌、球菌、霉菌、酵母等。

三、温度对微生物活动的影响

微生物的生长繁殖跟环境温度有密切关系,每一类微生物只能在一定的温度范围内生存,高于或低于这个温度便不能很好地生长,甚至不能生存。从微生物这一总体看,生长温度的范围可在0℃~80℃。但按各类微生物生长最适温度区分,大致分为嗜冷性微生物(最适生长温度5℃~10℃)、嗜温性微生物(最适生长温度为25℃~37℃)、嗜热性微生物(最适生长温度为50℃~60℃)3大类。

嗜温性微生物在自然界中分布最广,数量最多,引起各种食品发霉发酵和腐败变质的微生物大多属这一类。存在于土壤或空气中的发酵微生物和腐败微生物大多是在25℃~30℃温度范围内生长最快,寄生于人体病原菌以37℃最合适。嗜热性微生物在食品中不多见,主要存在于温泉、热带地区及农业堆肥中。嗜冷性微生物常见于寒带、海洋及冷藏冰箱中,引起冷藏食品发霉和腐败变质就是这一类微生物活动的结果。高温和低温对微生物的损害作用不同,低温对微生物起抑制作用,冷库就是利用低温抑制微生物发育的原理进行食品贮藏的。但微生物对于低温的抵抗力一般较强,特别是杆菌的芽孢和霉菌的孢子具有更大的耐寒性,因此低温只能暂时阻止微生物的生命活动,而没有使其丧失生命力(通常在0℃~5℃温度下微生物便处于休眠状态),当温度增高时,又恢复活动。因此冷冻食品一旦离开冷库,仍可以腐坏,但反复冷冻与溶解对微生物有致死作用。高温能使菌体的蛋白质凝固变性,同时能破坏菌体内酶的活性。因此,微生物在高温度中比在低温度中受害大,一般的菌体在100℃的情况下均可被杀死,所以人们常利用高温来进行灭菌。

四、水分对微生物活动的影响

任何微生物的细胞内都含有75%~85%的水分,水是细胞胶质体的重要组成部分。营养物质的溶解和细胞的吸收,代谢产物的排出,都必须在水溶液中进行,所以水分是微生物生存的必要条件。

细菌在食品上生长发育所需要的水分为20%~30%,霉菌在食品含水量为15%时即可发育。

一切微生物都必须有水分才能进行生命活动,如水分减少或干燥时,则细胞失去膨胀性,生命活动减弱甚至死亡。

微生物对干燥的抵抗力因种类不同而异。从营养菌丝或营养细胞来说,霉菌菌丝的抵抗力最弱,细菌以螺旋菌的抵抗力最弱,球菌最强;酵母菌的营养细胞的抵抗力最强,干燥酵母虽经一年至一年半干燥仍可生存。

细菌芽孢、霉菌芽孢等,一般对于干燥抵抗力强。当食物含水量少时,孢子可在食物中潜伏而不发育,当条件适宜时,孢子即可迅速发育为活的菌体。枯草杆菌、土豆杆菌在干燥土壤中有生存 92 年的;灰绿曲霉虽经过 16 年的干燥也不失去发芽力。

在实际工作中,常利用干燥使微生物停止生长繁殖,如干鱼、干菜、果干、饼干等就是减少食物的含水量,达到长期保存的目的。

五、光线对微生物活动的影响

光线对微生物有很强的杀伤作用。由于菌种和光照的时间不同而有差异,一般照射 1～4 小时,大多数微生物完全死亡。因此,利用太阳光照晒衣物、床铺、器具、包装物品,就能达到杀菌目的。但食品一般不能受阳光照晒。

光线中以紫色和青色的杀菌力较强,红色和黄色极弱,几乎没有。波长 2537 埃的紫外线杀菌力最强,如波长 3500～4900 埃的光线在同一能量下,显示 10 万倍的杀菌力。因此,紫外线杀菌灯广泛地使用于室内杀菌。其缺点是只有照射过的表面有杀菌的效果。

根据紫外线的作用机制,证明紫外线被原生质的核蛋白所吸收能使微生物发生变异。如果吸收程度强烈,对微生物会起破坏作用。

紫外线的杀菌作用被用来对水、牛乳、各种器皿等进行消毒,照射时间一般为半小时。

六、氧气对微生物活动的影响

微生物根据其对氧的要求可分好气性微生物、兼性嫌气微生物、嫌气性微生物 3 大类。因为不同微生物的呼吸方式不同,因而对氧气的要求也不同。

好气性微生物对氧气是必要的,如果没有氧气(分子态的氧)就不能生长繁殖,绝大多数的微生物属于这一类,如醋酸菌、枯草杆菌、结核菌、白喉菌等,霉菌也属于这一类。

兼性嫌气微生物,不论有氧无氧都能繁殖,如葡萄球菌、大肠杆菌等大部分细菌,酵母菌也属于这一类。

嫌气性微生物如果有氧存在,就不能繁殖,如破伤风杆菌、肺炎双球菌、丙酮丁醇梭菌等。

七、化学物质对微生物活动的影响

化学物质包括各种杀菌剂、防腐剂和植物杀菌素等。食品中一般不用人工合成的化学杀菌剂(如氯、漂白粉、高锰酸钾、甲醛、石炭酸等)。而防腐剂在某些食品中可以添加,例如果汁、酱油、醋等有时加入苯甲酸钠。防腐剂一般对微生物起抑制作用。植物杀菌素主要是指葱、姜、蒜中所含的有机化合物,植物杀菌素对微生物有杀灭作用,对人体无害。

第二节 食品的污染

人们每天都需要摄取食物。食物供给人体各种营养物质,以维持正常代谢,满足生长发育需要,保障身体健康;但食物有时也可能带来一些有害物质,使人体健康受到危害。

食品污染途径主要是从作物的生长到收获,从生产加工、贮存、运输、销售、烹调直到食用前整个过程的各个环节。由于各种条件和各种因素的作用,可使某些有害物质进入食物,以致使食物的营养价值和卫生质量降低,如污染病原菌还会引起各种传染病的流行。

污染食物的有害物质,按其性质可概括为以下3类:

一、生物性污染

(一)微生物污染

微生物污染的菌源主要包括细菌及细菌毒素、霉菌及霉菌毒素等。这些微生物都富含分解各种有机物质的酶类,污染食物后将在适宜的条件下大量生长繁殖。食物中的蛋白质、脂肪及糖类在各种酶的作用下分解,产生一系列复杂的变化,可使食物的感官性质恶化,营养价值降低,甚至引起严重的腐败、霉烂变质,完全失去食用价值,而且某些细菌或霉菌还可能产生各种危害人体健康的毒素。

(二)寄生虫及虫卵污染

通过污染食物而危害于人类的寄生虫,主要有蛔虫、绦虫、蛲虫、肺吸虫、肝吸虫、旋毛虫等。污染源主要为病人、病畜及水生物。污染方式常是由于病人、病畜的粪便污染水源或土壤,从而使家畜、鱼类及蔬菜受到感染或污染。

(三)昆虫污染

粮食仓库的清扫、消毒、灭虫,是粮食仓库的重要卫生措施。食物贮存的条件不良、缺少防蝇防虫设备,食物很容易被昆虫卵污染。如果温度、湿度适宜,则各种害虫迅速繁殖,如粮食中的甲虫类、蛾类、螨类等,肉、鱼、酱、腌菜中的蝇蛆,腌鱼中的干酪蝇幼虫等。干果、枣、栗及含糖多的制品(如饼干、点心)特别易受侵害。昆虫污染食物的特点是:食物大量被破坏,感官性质恶化,营养质量降低,甚至完全失去食用价值。

二、化学性污染

化学性污染包括各种有害金属、非金属以及有机、无机化合物,如汞、镉、铝、砷、氰化物、有机磷、有机氯、亚硝酸盐及亚硝酸胺类等,涉及范围极广,情况十分复杂。有害物质污染食物,有的是偶然性的,如管理、使用不当,麻痹大意,误用误食;有的则是持续长期的,如各种原因的环境污染,对食物的影响往往数量较大,范围也较广。化学性污染一般有以下几种来源和方式:

一是农业用化学物质的广泛应用。由于喷洒、熏蒸、拌种、施肥等使用不当,而使食物受到污染或一定程度的残留。

二是不合卫生要求的食物添加剂的使用。由于添加剂本身含有的杂质作为有害物质而进入食物中。

三是质量不合卫生要求的容器、器械、运输工具及包装材料等。由于其含有不稳定的有害物质,在接触食物时可被溶解而污染食物。盛装过有害化学物质的容器、包装材料,不经洗刷处理即存放食物而造成污染也经常发生。

四是工业三废不合理的排放,可造成环境的污染,特别是工业废水中的某些有害化学物质,往往能通过食物链而对人体健康引起危害。由于这种污染往往是数量微小,作用长期持续,影响范围较广,所以对人体危害是慢性的,必须加以重视。

三、放射性重金属污染

食物中放射性物质的来源主要有两个方面:一是来自宇宙线和地壳中的放射性物质,即天然污染;二是来自核试验和原子能和平利用所产生的放射性物质,即人为的放射性污染。某些鱼类能蓄积重金属,在同样情况下也蓄积金属的同位素。目前食物实际污染以 ^{137} 铯和 ^{90} 锶最为严重。特别是 ^{90} 锶,半衰期较长,多蓄积于骨肉,影响造血器官,且不易排出,对人体健康有严重危害。某些海产动物,如软体动物能蓄积特别危险的 ^{90} 锶。此外,牡蛎能蓄积大量 ^{65} 锌,某些鱼类能蓄积 ^{55} 铁。

第三节　　食物的腐败变质

任何事物总是不停地变化的,食物的质量也是如此。当食物的质量变化到对人有害时,即称为变质的食物。食物从生产加工、运输、销售、贮存到消费食用经过很多环节,每个环节都有发生变质的可能。变质的原因很多,主要是由于食物本身的性质,食物受外界的影响,以及两者相互作用,而导致腐败变质。其主要原因有:

一、微生物的作用

微生物的作用是食物变质的一个主要原因,许多食物往往又是微生物的良好培养基。一般情况下食物总要与微生物接触,细菌和酵母菌在适当的条件下,都可在食物中大量繁殖,使食物发生一系列变化。

食物是否容易变质,决定于食物本身的内在因素,即食物组成成分是否适于微生物繁殖。一般微生物在动物性食物中比在植物性食物中容易繁殖。由于食物化学成分的不同,引起腐败变质的微生物的种类也不大相同。例如,引起肉类等动物性食物变质的,大多为能分解蛋白质和脂肪的细菌。霉菌和酵母菌在 pH 值较低、温度较高的条件下繁殖,蔬菜水果的腐烂,粮食、花生、辣椒等类的食物变质、腐败大多由霉菌引起。其中尤其是黄曲霉菌,它们不仅使食物发生霉变,同时还产生一种毒性很强的致癌物质黄曲霉毒素。食物一旦污染上了黄曲霉素,是难于除去的,它耐高温(150℃高温数小时也不被破坏),一般加热烹调方法破坏不了它的毒性,因此已经腐烂霉变的食物不能食用。

二、酶的作用

动植物组织本身都含有丰富的酶类。酶在适宜的环境下起催化作用,在初期这是正常现象,而且常常带来一定的好处,例如,鱼、肉等食物由于分解酶引起的僵直、成熟等生化变化,使鱼、肉产生自溶现象,增强食物的风味。但如果不加控制,让其继续发展,则给微生物提供生长繁殖的良好条件,以致引起腐败。植物性食物的腐败变质,多是自身酶的作用,如广柑等。

三、化学物质的作用

食物中含有一些不稳定的物质,如色素、芳香族物质、维生素和不饱和脂肪酸等。它们都容易被氧化,引起食物感官性质和营养成分的改变。如不饱和脂肪酸经氧化后产生醛、醛酸和过氧化物,不仅降低脂肪的营养价值,而且产生异味,使食用者不愿食用,食后对健康有害。

四、其他外界因素

其他外界因素有阳光、热、湿度以及不合卫生要求的食物包装,或不按卫生要求使用农药或化学添加物糖精、色素、化学防腐剂等,都可使食物受到对人体有害物质的污染,发生变质。

食物变质以后,食物的感官性状发生变化(例如肉类腐败),营养价值也随之被破坏(例如维生素的破坏),甚至会含有对人体有害的物质(例如铅、砷、农药等)。人们不慎吃下这些食物,会发生中毒或引起其他病症。

第四节　　食物的保藏

食物保藏的目的,就是通过各种方法使食物能经受长时间保存而不变质。

食物保藏的方法很多,其基本方法不外物理的、化学的或生物学的等。主要方法如下:

一、低温保藏

一般原料都采用低温保藏,因为低温(4℃以下)可以制止微生物的生长繁殖,同时能延缓或完全停止其内部组织的变化过程。因此一般原料都可以用这种方法,如冷冻、冷藏等。冷藏的温度要随不同原料而定,如鱼类可以掌握在0℃以下,而蔬菜就不宜过低。

二、高温保藏

食物经高温处理,可杀灭其中绝大部分微生物,破坏食物中酶类;并结合密闭、真空、冷藏等手段,可以明显地控制食物腐败变质,延长保存时间。细菌、酵母和霉菌等各种不同的菌种,对高温的耐受力虽有不同,但一般说来,繁殖型微生物绝大部分可在60℃左右30分钟内死亡。高温灭菌效果,不仅取决于温度高低,时间长短,而且取决于微生物种类、食物特点和加热方式。例如,湿热效果比干热好;食物pH值偏低或偏高和食盐偏高或食盐浓度较高,均可增强杀菌效果;但食物的正常组成成分则对微生物有保护作用。高温处理前,食物中微生物的数量对杀菌效果有较大影响,即微生物污染越严重,杀菌效果越差。因此,在实际工作中,不能放松对微生物污染和传播的防治措施。

控制食物腐败变质所用的高温方法主要有高温灭菌和巴氏消毒。高温灭菌的目的,在于杀灭一切微生物,获得无菌食物。但实际上只能是接近无菌。在实际工作中,常用100℃～120℃温度对罐头食物进行灭菌。罐头以高温灭菌为主,并配合密闭等措施来控制食物腐败变质。巴氏消毒是高温防腐的另一方法。具体做法一种是在60℃温度下加热30分钟,另一种是在80℃～90℃温度下加热30秒或1分钟。前者称为低温长时间巴氏消毒法,后者称为高温瞬间消毒法。巴氏消毒法的特点是可以杀灭食物中绝大多数繁殖型微生物(以牛奶为例,可杀灭99%以上繁殖型微生物),同时又可最大限度地减少加热对食物质量的影响。巴氏法主要应用于牛奶、酱油、果汁、啤酒及其他饮料。经巴氏法消毒后的食物应迅速降温,否则继续在消毒温度下会影响食物质量,失去巴氏消毒法的意义。巴氏消毒法与前述高温灭菌不同,它只能杀灭繁殖型微生物,并不能完全灭菌,可能有少数芽孢残留,故应特别注意消毒后的包装与保管。

三、干燥脱水保藏

用晒干、吹干、烘干、晾干等办法,使原料中所含的水分,部分或全部脱出,保持一定的干燥状态。微生物在这种干燥的食物上,由于缺乏水分而繁殖困难,即能达到保藏食物的目的。肉松、鱼松、鱼肚、虾片、墨鱼干、干海参、黄花菜、木耳、脱水土豆、脱水蔬菜等干燥食物,就是干燥脱水保藏的。

四、盐腌、酸发酵保藏

盐腌是一种简便的食物保藏方法。一般是在食物表面撒上食盐或把食物浸入浓盐液中。食盐有很高的渗透压力,可使内部存在的微生物死亡,并可阻止蛋白质分解酶起作用。肉、鱼、蛋、蔬菜等用盐腌后,可以存放较长时间,而且具有特殊风味。

酸发酵是将原料用食醋来酸渍,或者是利用原料本身所含糖分发酵成酸进行酸渍。由于酸发酵有控制细菌繁殖的作用,因而原料经酸渍后可保藏较长时间。用前一种方法酸渍的糖醋大蒜等,用后一种方法酸渍的酸黄瓜、酸白菜、酸豆角、泡菜、酸牛奶等,均具有独特的风味。

五、化学防腐剂保藏

主要利用一些化学物品,如用苯甲酸、亚硫酸、醋酸等来抑制细菌的生长。此外也可用硼酸保存食品。一般家庭或餐馆里制作的酸豆角等食物,就是用乳酸和醋酸菌产生乳酸和醋酸来保藏食物的,所以酸豆角等酸菜一般不易坏。酱油为了防止变质,在生产过程中可加进 0.1% 的苯甲酸钠(也称安息香酸钠)。

总之,在选用保藏方法时,应根据各种食物的特性以及当时可能达到的条件,应以食用价值(包括感官性状及营养素的含量)受到的影响最少为原则,同时也应考虑节约开支,尽量采取花钱少,保藏好的方法。

第五节　　食品添加剂

我国最新标准 GB 2760—1996《食品添加剂使用卫生标准》的品种已达 1150 多种,并还将逐年增加。我国将食品添加剂分为 21 类,按英文字母顺序排序依次为:酸度调节剂、抗结剂、消泡剂、抗氧化剂、漂白剂、膨松剂、胶姆糖基础剂、着色剂、护色剂、乳化剂、酶制剂、增味剂、面粉处理剂、被膜剂、水分保持剂、营养强化剂、防腐剂、稳定和凝固剂、甜味剂、增稠剂及其他类。因香料种类繁多,暂未包括,而以标准附录列出目前允许使用的食品用香料 574 种,暂时允许使用的香料 163 种。同时,标准提示附录亦列出胶姆糖中胶基物质及其配料 59 种,食品工业用加工助剂推荐名单 106 种。上述食品添加剂已基本上适应我国现代化食品生产机械化、连续化和自动化的需要。但是,必须注意的是食品添加剂毕竟不是食品的天然成份,其中绝大多数为化学合成物质,大量长期摄取会呈现毒性作用,只有在允许限量之内合理使用才能保证消费者的健康。

当前,国内外食品添加剂总的趋势是向天然型、营养型和多功能型及安全、高效、经济的方向发展,动、植物及微生物发酵法是提取天然食品添加剂的主要来源。对一些毒性较大的食品添加剂将逐步予以淘汰,如现在世界各国均转向高效安全的天然甜味剂的研究与开发,糖精等甜味剂的使用量迅速减少。尽管天然色素的色泽不够理想,成本高,但因其较安全,具有取代合成色素的趋势,如从紫菜、海藻、蔬菜、山楂叶等原料中提取各种天然色素。天然香料开发前景也十分广阔，如肉食味、海味香料等。

一、糖　精

我国目前允许使用的人工甜味剂只有一种，就是糖精。其化学名称为邻磺酰苯甲酰亚胺。糖精的甜度相当于蔗糖的 300～500 倍，使用时用量不能大，否则有金属苦味。我国规定糖精及其钠盐在食品中的用量是 0.15 克 / 千克，至于馒头、发糕等经常大量生产的主食品种，应尽量不用或少用。糖精一般只用于清凉饮料及人造果子露。在乳儿糕、炼乳等婴儿营养品中不得使用糖精。糖精钠是糖精和钠生成的钠盐，在水中的溶解度高。因为糖精在水中的溶解度很低，所以商品糖精是糖精钠。糖精只有甜味，没有任何营养价值。在体内不改变酶系统的活性，也不影响维生素的利用。

由于食用糖精对人体健康有害无益，所以西方一些发达国家都对糖精严格控制使用，其控制标准一般为不超过消费食糖总量的 5%，且主要用于牙膏等工业用途。而我国与发达国家相比，我国糖精使用量超出正常使用量的 14 倍。

糖精钠是有机化工合成产品，是食品添加剂而不是食品，除了在味觉上引起甜的感觉外，对人体无任何营养价值。相反，当食用较多的糖精时，会影响胃肠消化酶的正常分泌，降低小肠的吸收能力，使食欲减退。

二、食用色素

我们常用的食用色素有两种，即天然色素和人工合成色素。红曲、糖色等是天然色素，苋菜红、柠檬黄等是人工合成色素。

从卫生学角度来分析，天然色素对人体较为安全，许多人工合成色素对人体有显著致癌作用。如果不加选择，任意滥用，将会危害人体健康。因此对人工合成食用色素的使用，必须加强卫生管理。我国国务院于 1960 年 1 月 18 日批准颁布了《食用合成染料管理暂行办法》，对提高食品卫生质量，保障人民健康起了重要作用。

(一)天然食用色素

天然食用色素是直接来自动植物组织的色素，对人体健康一般无害。我国常用的天然食用色素，主要有红曲、叶绿素、姜黄素、胡萝卜色素、糖色等。

1.红曲。又名红曲米，是我国特有的天然色素。它是将一种霉菌接种在米上培养而成的。红曲色素，性质无毒，对蛋白质有很强的着色力，如红豆腐乳、卤肉、卤鸡等肉类食品常用，其色泽鲜艳，惹人喜爱。在酥点应用上若经油炸，色泽会变暗变深，这是因为酥点原料主要是面粉和油脂，面粉中含蛋白质在 9% 左右，所以着色差，再经高温油炸，色即变暗。有些地方在使用红曲卤过的食品时再加番茄酱，使颜色更艳丽，味道更鲜美。

2.叶绿素。饮食业常用叶绿素做翡翠色菜肴,如彩色鱼丸等。用菠菜或青菜叶捣烂挤汁,此汁水即含叶绿素。有时还在这绿色的汁水中滴一点碱液,以保持绿色的稳定性。

3.糖色。糖色又名酱色、焦色,常用于制酱、酱油、醋等食品。烹调常用白糖炒成酱色做红烧菜的色素,这种方法生成的色素,对人体无害,可广泛使用。但是在以食品工厂的副产品为原料(如葡萄糖厂的下脚料),用工业生产法制成的糖色,要慎用。因为有的在生产过程中,为了加快反应,常加入硫酸铵作催化剂。有报道指出,用加铵法生产的糖色中含有一种含氮的杂环类化合物,即4-甲基咪唑,此物有强惊厥作用,若用量过高对人体有害。所以国外规定用加铵法生产的糖色,其中4-甲基咪唑的含量不得超过200毫克/千克。我国老法生产的糖色,不存在这个问题。

4.姜黄素。用生姜黄的地下茎姜黄经加工制成的色素,称为姜黄素,它常用于配制酒和桂圆等饮食品种的着色。

5.胡萝卜色素。胡萝卜色素是从胡萝卜和其他植物的叶中提炼出来的,常用于人造奶油或奶油着色,安全无害,它本身还是一种营养素。

(二)人工合成食用色素

合成色素是以从煤焦油中分离出来的苯胺染料为原料制成的,故又称煤焦油色素(煤焦油染料)或苯胺色素。这类色素多数对人体有害。据研究,人工合成食用色素对人体毒害作用有3个方面:即一般毒性、致泻性和致癌性,所以要严格管理,慎重使用。

我国颁布的《食用合成染料管理暂行办法》中规定只能使用5种,就是苋菜红、胭脂红、柠檬黄、靛蓝和苏丹红。其最大允许使用量都是0.01%。其后又规定停止使用苏丹红。

合成食用色素准许使用的范围,1978年5月1日国家规定的最大使用量:苋菜红、胭脂红是0.05克/千克,柠檬黄、靛蓝是0.1克/千克,红绿丝可加倍使用。色素混合使用应根据最大使用量按比例折算。

汽水、冷饮食品、糖果、配制酒和果汁露,均可使用合成食用色素,但应尽量少用或不用。

凡是肉类及其加工品(包括内脏加工品)、鱼类及其加工品、调味品(醋、咖喱粉、酱油、豆腐乳)、水果及其制品(包括果汁、果脯、果酱、果子冻、山楂糕和酿造果酒等)、乳类及乳制品、婴儿食品、饼干、糕点都不能使用合成食用色素。但是糕点上花朵装潢可用。

另外,青梅、红瓜及青丝、红丝属水果制品,这些用于糕点装潢配色的原料,使用量和食用量都不大,允许用合成食用色素。

　　我们在使用青、红丝时,常感色泽不艳,这是因为在加工时只允许用 0.01% 的合成色素,同时,这些色素也易褪色,故而色淡而不艳。1968 年天津市卫生防疫站根据用户意见加大用色量的建议,向卫生部请示,经该部卫生防疫司同意,在制作青、红丝时,用色素量可加大到 0.04%,青梅可加大到 3%。

　　在制作面点时,常用到青、红丝和其他合成色素,例如,千层油糕要撒青、红丝,还有的甜菜要用青梅等,一定要注意用量。

　　在制作苹果包子和其他面点时,常用到红色色素和绿色色素。有的单位到化工颜料商店买所谓"洋红"、"洋绿",这是不允许的,需要红色,只能买胭脂红等人工合成食用色素,而且要严格按规定限制使用量。不能使用国家没有允许使用的绿色色素,要用绿色时,可将菠菜叶或青菜叶制成绿色菜汁使用。

三、食用香料

　　常用的食用香料有丁香、桂皮、花椒、大料(八角)、葱、姜、小茴、胡椒、桂花、玫瑰花等。这些都是天然香料,它们一般对人体安全无害。但是,有一种物质叫黄樟素,是香料中呈香的成分之一,在肉豆蔻、茴香、桂皮等香料中含有此物质,据实验证明,黄樟素对动物有致癌作用。虽然黄樟素在香料中含量少,并且食用量也小,世界卫生组织认为可以不加限制,但是仍然值得注意。

　　在制作卤菜和虎皮扣肉等菜肴时,要注意香料的用量,不要"喧宾夺主"。扣肉中放一颗整八角,在制作过程中和食用时均感香气特浓,如果放得过多,就会掩盖主料猪肉的肉香。

　　人工合成香料,就是我们常说的香精。是用两种或两种以上的食用香料单体与稀释剂、乳化剂调配而成的复合型食品添加剂,在制作冷饮、锅炸类(如玫瑰锅炸、香蕉锅炸等)菜肴和琼脂(冻粉)胶冻类(如杏仁豆腐、香蕉冻等)菜肴以及面点中都要使用香精。

　　人造香精的成分比较复杂,多由一些酯类或醛类物质溶于酒精或油类等溶剂中配制而成,含有多种成分。由于所用的原料和比例不同,配制的香精即具有不同的气味,如香蕉香味、橘子香味等。

　　国家 1978 年规定能使用的香精单体:酯类有甲酸戊酯、乙酸乙酯、乙酸戊酯、乙酸丁酯、丁酸乙酯、丁酸丁酯、戊酸戊酯、戊酸乙酯、辛酸乙酯、苯甲酸乙酯、对氨基苯甲酸甲酯、水杨酸甲酯等 34 种。醛类有桂醛、大茴香醛、杨梅醛、椰子醛、洋茉莉醛、苯甲醛等 18 种。禁止使用的香精单体有黄樟油素、香豆素、柳酸甲酯等 13 种。

四、发色剂——亚硝酸盐

　　制作水晶肴蹄、叉烧肉、糖醋排骨等菜肴,常在腌制时放一些硝水,目的是使制品在经烹调后,能显现出鲜艳的淡玫瑰红色,惹人喜爱。另外亚硝酸盐能抑制肉毒杆菌的繁殖,并具有一定的防腐作用,所以多年来在肉制品中都放入硝或硝水。硝或硝水是人们常叫的俗名,学名是硝酸钠或硝酸钾,硝酸钠又名皮硝,硝酸甲又名火硝。在食品工业中,为了显色快,还使用亚硝酸钠或亚硝酸钾。硝酸钠(钾)于肉制品中经细菌的还原作用,可使硝酸盐变成亚硝酸盐。

胺类存在于食物和人体中,如海鱼中含有相当数量的二甲胺、三甲胺和氧化三甲胺等物质,墨鱼、鲱鱼、干鱿鱼等都含有仲胺。胺类的前身物质,如蛋白质、氨基酸、磷脂等有机化合物,在人体的新陈代谢中可以产生,肉类一般都含有脯氨酸、腐胺等。在有些地方产的玉米、薯粉、面粉等食物中,含有不同量的仲胺类物质。

亚硝酸盐和胺类这两种物质,经科学研究证明,无论在人体内或人体外均可生成亚硝胺,亚硝胺对动物有强烈的致癌作用。但亚硝胺对人体的致癌性至今尚没有直接的证据。

我们通常说的亚硝胺,是两类亚硝胺化合物的泛称,一类是亚硝胺,在哺乳动物体内经酶的作用,变为有致癌活性的代谢产物。另一类是亚硝酰胺,化学性质活泼,经水解后,生成烷化重氮键烷,有致癌作用。

关于对亚硝胺的预防,1973年在荷兰召开的关于肉制品亚硝酸盐国际座谈会的决议中指出:①亚硝酸盐目前还是肉制品中致病菌(肉毒杆菌)的必不可少的抑制剂,对发色和风味形成起着关键的作用,目前还没有合适的代替物。②使用抗坏血酸能降低产生亚硝胺的危险,而不影响抗菌作用……抗坏血酸是目前抑制和减少亚硝胺形成的最好方法。

我国规定硝酸盐的最大用量是,每千克肉不许超过0.5克;若用亚硝酸盐,则不得超过0.15克。一般来说,只要含量在安全的范围内,不会对人产生危害,一次性食入0.2～0.5克亚硝酸盐会引起轻度中毒,食入3克会引起重度中毒。

抗坏血酸(即维生素C)包括抗坏血酸盐类的作用是,能改善制品的发色、香气和风味,且使肉制品切开面在爆光时不易褪色。抗坏血酸具有很强的还原性,使氧化络肌红朊还原成肌红朊,以利与亚硝基结合,其用量是200毫克／千克。

亚硝胺可被紫外线光照分解,遇醋也被分解。因此,在制作肴肉时,若是今天煮,头天晚上就要泡,中间最好要换一次水。熟肴肉在食用时,还要配上生姜丝和醋同食才好。在制作叉烧肉、糖醋排骨时,一定要加入足量的醋。但醋下锅不宜过早,以避免醋酸挥发过多。总之,凡是加硝腌制的制品,在食用时都要配醋,这样不仅可分解亚硝胺,减少对人体的危害,还可增加风味。

此外还应注意,夏季切不可因怕肉臭而多加硝,冬季也不可因显色慢而多加硝。

五、有害化学物质的污染和卫生问题

(一)多环芳烃类

每当炎热的夏季到来时,人们食欲减弱,总想饮用清凉饮料和食用一些清鲜爽口的食品,而烟熏肉、鱼类食品(如熏鱼、熏肉、熏豆腐干等)不仅爽口不腻,并且还具有特殊的烟熏芳香,令人喜爱。

烟熏的方法是:将松枝、柏枝、杉木锯屑、竹叶、茶叶、红糖、饭锅巴等燃烧而生烟。以烟熏制食品,烟里含有焦油、酚类(木馏油酚)、醛类、有机酸类等。

烟熏的作用是:①能使食品部分组织脱水。②增加风味和色泽。③有效地起抗氧、抑菌和杀菌的作用。在烟熏食品的表面上形成保护膜。

可是,熏烟却含有一种对人体有致癌作用的物质,叫做多环芳烃类,其中最主要的是 3,4-苯并芘。多环芳烃类存在于各种烟中,食品在熏烤时直接与熏烟或炭火接触,可受到多环芳烃的污染。熏制食品时,表面附着的多环芳烃可渗入食品内部,其渗入的量与食品的性质和熏制的时间有密切的关系。有人认为,短时间(3小时以内)烟熏可能是无害的。同时还要注意,熏烤时食品不要离火太近,温度不宜高于 400℃,不要让熏制食品的油脂滴入炉内,这样能较好地预防污染。

(二)塑　　料

在我们日常生活中有一些食具、容具和包装材料是塑料制品。如聚乙烯是由许多乙烯分子聚合而成,它是一种由许多单体聚合而成的高分子聚合物。塑料制品具有质轻、绝缘、坚固、不透水、性质较稳定、耐腐蚀、易成形等优点。所以在工业上和日常生活中应用日益广泛,特别是塑料薄膜,用来包装食品,易于密封、防尘、防湿、防油,减少食品受外界的影响和污染。但是有的塑料制品本身有毒,有的因受外界因素影响(如温度、酸等)分解出有毒物,还有的是在加工制造时,加入的增塑剂有毒。因此,在使用时要选择那些无毒和不易受外界因素影响而分解的塑料制品。

经卫生和有关部门鉴定,以下两种塑料制品是无毒的:

1.聚乙烯。聚乙烯薄膜可加工成塑料袋,用来包装食品。另外,聚乙烯还可制成食具、奶瓶、盆和水桶。优点是化学性稳定、良好,耐腐蚀,不透水,吸水率很小,耐寒,加工过程一般不使用增塑剂和稳定剂,对人体无害。缺点是具有一定的透气性,薄膜只能在 80℃ 以下使用,容器可耐 1000℃ 的温度,但不能高温消毒。

2.聚丙烯。聚丙烯可制作食具、食品容器、筷篓、罐盒盖及茶杯等。其优点是耐油脂,耐 1000℃ 以上的温度,能高压消毒,质轻,加工过程中不加增塑剂,无毒。缺点是耐低温性能差,易老化。

还有的塑料制品是无毒的,但我们不经常用,就不详述了。总之,在选购塑料制品的食具、用具和包装材料时,要问清是不是用聚乙烯或聚丙烯制成的,并在掌握其优缺点及用途后再选购。

第十二章　营养卫生与安全饮食知识

第一节　几种主要烹饪原料的营养卫生

一、谷类的营养卫生

我国常用的谷类,主要是大米、小麦、玉米、小米和高粱等。

(一)谷粒的组成和营养的分布

谷粒是由皮层、糊粉层、胚乳和胚芽等几部分组成。各部分所含的营养素也不相同。皮层含有大量的纤维素、维生素和矿物质。糊粉层含蛋白质、维生素和纤维素。糊粉层的内部为胚乳,占谷粒的比例最大,主要是淀粉粒,并含有蛋白质及少量其他营养素。胚芽位于谷粒的一角,是发芽部分,含有发芽时需要的多种营养素,如蛋白质、维生素、矿物质、脂肪等。

(二)谷类的营养素

谷类所含的营养素因种类、品种、地区、加工方法不同而有差别,现将所含主要的成分分述如下:

1.糖类(碳水化合物)。在谷类中含糖类70%～80%,主要存在于胚乳内。谷类所含的糖类被机体利用率很高,如整小麦有93%被利用,大米有95%被利用,是供给热能最经济的来源。谷类淀粉有糖淀粉和胶淀粉两种,其含量随品种而异,并直接影响到食用时的风味。

2.脂肪。谷类含脂肪量很低,约为1.5%,玉米和小米的含量较高,约为4%,主要含于糊粉层和谷胚部。

3.蛋白质。谷类的蛋白质是人体蛋白质来源的重要部分,粮谷蛋白质所含的必需氨基酸不完全相同。一般说,赖氨酸、苯丙氨酸、蛋氨酸都比较偏低,玉米及面粉中赖氨酸含量最少,玉米中缺色氨酸,小米中色氨酸又较丰富。所以各种粮食混合食用,可获得氨基酸平衡,而使蛋白质的利用率提高。

4.维生素。谷类中主要是含维生素 B_1,而维生素 B_2、尼克酸等 B 族维生素较少;也还有一点维生素 A 和 E,这两种存在于胚内。B 族维生素则多存在于胚和皮内,所以加工出的精白米、精白面里含 B 族维生素很少。

5.矿物质。米、麦、玉米中含有钙、磷、硫、铁、钾、钠、镁、锰等矿物质,以磷、钾、镁、钙含量较高。全麦、全米含钙量高,加工后则减少,加工愈精制,含钙量愈少。

6.水。谷类中水分的含量有很大的卫生学意义,通常是 11%～14%。水分含量高时,能增加酶的活动,促进谷类的代谢。水分和温度高时,可造成微生物或害虫繁殖的有利条件,从而引起谷类的霉变。

(三)饮食业常用的粮食

1.大米。米的品种较多,一般分籼米、粳米、糯米 3 种。籼米粒窄长,黏性差,饭粒松散,出饭率高,比粳米粗糙,蛋白质含量略高于粳米。粳米粒短圆,黏性强,出饭率比籼米低。糯米黏性更大,所含蛋白质略低于粳米。

米的蛋白质中的氨基酸,品种比小麦多,吸收利用率也比小麦高,但蛋白质的含量比小麦少。米中含丰富的维生素 B_1 和少量的其他维生素、矿物质。

2.小麦。小麦的淀粉含量和米差不多,蛋白质含量在 10%左右,比米高。但是蛋白质中的赖氨酸含量少,色氨酸和蛋氨酸也稍低于米。

面粉的等级有富强粉、建设粉、标准粉和全麦粉等数种。富强粉没有专一生产,只是根据麦子的好坏和保证面粉质量,在生产中适当提取而已。100 斤小麦加工生产出 81 斤面粉就叫"八一粉",其等级相当于建设粉。100 斤小麦加工出 85 斤面粉就叫"八五粉",也就是标准粉。这些等级的划分和生产加工标准的制订,是国家根据粮食加工对营养素保存程度而规定的,标准粉、标准米,从营养观点上看是符合人体需要的,是国家为了保障人民身体健康而采取的有效措施。

二、豆类与豆制品的营养卫生

(一)豆类的营养价值

豆的种类很多,人们日常食用的有大豆、蚕豆、豌豆、绿豆、赤豆等。豆类蛋白质含量很高,一般在 20%～50%,而以大豆为最高。脂肪和碳水化合物含量不等,大豆含脂肪量为 18%左右,可作食用油脂原料,其他豆类仅含 1%左右;蚕豆、豌豆、绿豆、赤豆等含碳水化合物在 50%～60%,而大豆仅含 25%。豆类都可与粮食混合作为主食,可提高膳食中蛋白质的质和量,也提高维生素 B_1、维生素 B_2 和矿物质的供给量。在面粉中加入 3%～5%的黄豆粉,不仅可提高营养价值,并且还有改善口味的优点。

大豆种类很多,如黄豆、黑油豆、青豆等,一般所说的大豆是指干黄豆而言。大豆的食用方法很多,在我国人民膳食和蛋白质来源方面,占很主要的地位,大豆蛋白质不仅含量很高(40%左右),而且其必需氨基酸组成与动物性蛋白质相近似,所以营养价值较高。大豆蛋白质的消化率,随着烹调方法不同而有所不同。据科学研究证明,生大豆中含抗胰蛋白酶影响蛋白质消化;熟大豆因抗胰蛋白酶被破坏,可以提高消化率。大豆的吃法不同,其消化率也不同。整大豆(熟)的消化率是 65.3%,豆腐的消化率是 92%～96%,豆浆的消化率是 84.9%。大豆营养价值之所以高,还不单是蛋白质,其矿物质如钙、磷、铁等含量都很丰富。维生素 B_1 在豆类中含量最多,维生素 B_2 次之。豆油中含不饱和脂肪酸很多,几乎占脂肪的85.4%,其中又以亚麻油酸最丰富,此外还有磷脂等,吸收率也高,是营养价值很高的脂肪。人们常在煮豆时加食碱,为的是缩短煮豆时间,快些煮烂,可是这样却破坏了水溶性维生素。

蚕豆的食用方法较多,鲜蚕豆是良好的烹饪原料,干蚕豆也可做很多食品。

豌豆除了连豆荚一起煮食外,也常与粮食混合食用,豌豆和豌豆苗是良好的烹饪原料,也可加工成淀粉制品。

绿豆常与粮食混合食用,也是做糕点的原料,因其含碳水化合物较多,常加工成淀粉制品。还可以做豆沙。据安徽省蚌埠葡萄糖厂化验数据,绿豆淀粉中含有1%以上的蛋白质,粗纤维较少,其淀粉质量比其他豆类及谷物类、薯类等的淀粉都好。

赤豆是做豆沙最常用的豆类品种,其食用方法也不少。

(二)豆制品的营养卫生

1.豆腐。我国做豆腐的历史悠久,大约有2000多年。若将制豆腐的原料再给予不同的加工,即可制成千张(又名百页)、豆腐衣(或称豆油皮等)、豆腐干和油豆腐泡等多种豆制品。豆腐的营养好,含水量也高,若污染了微生物,很易繁殖,致使豆腐变馊变酸。因此在运输出售过程中一定要讲究卫生,防止污染。食用前需先经煮至水沸后再沥水烹调,这样既可杀菌也可除去苦味。若豆腐干丝、千张在水煮时加碱少许,可使质地柔软,但却破坏了维生素。凉拌豆腐最好是用泉水做豆腐,食用前应以冷开水清洗才好。为防止微生物污染,常于凉拌时加入大蒜或生葱,既调味又杀菌。

2.豆浆。豆浆是人们喜爱的食品,其制法与豆腐"点卤"沉淀前相同。大豆与水的比例一般是1:7~9为宜。豆浆中所含的蛋白质并不低于鲜奶,铁的含量比牛奶更高,可是所含的脂肪和碳水化合物少,其他如维生素也比鲜奶少,因此必须补充其不足的营养成分。如加钙豆浆,加芝麻或花生豆浆,营养价值可提高很多。

3.豆芽。豆芽有黄豆芽、绿豆芽、发芽豆(蚕豆),其所含维生素C均比原来干豆多。根据初步试验,大豆生豆芽后,干物质损失在20%左右,并且豆芽的豆瓣不易消化,影响对蛋白质吸收,所以用大豆生豆芽来作蔬菜,从大豆营养素的利用来看,是不合适的。500克黄豆可生豆芽2000~2500克,500克绿豆可生豆芽4000~4500克。绿豆芽不仅产量高,而且维生素C含量也比黄豆芽为高,在供给维生素上更加优于黄豆芽。

一般烹调豆芽是旺火急炒,快速操作,有的在起锅时还烹入食醋,对保存维生素C有很大好处。

三、畜肉的营养卫生

畜肉食品包括牲畜的肌肉、内脏及其制品。它们的化学组成与人体的肌肉很接近,能供给人体所必需的氨基酸,也供给人体需要的脂肪、矿物质和维生素。畜肉食品的吸收率高,饱腹作用大,味美,可以烹调成各种各样的菜肴,所以它的营养价值和食用价值都很高。

(一)蛋　白　质

畜肉食品蛋白质含量在 10%～20%,是完全蛋白质,其必需氨基酸的含量及利用率与全鸡蛋较为接近。

瘦肉类蛋白质中含有各种必需氨基酸, 一般植物性食品中所缺少的精氨酸、组氨酸、赖氨酸、苏氨酸和蛋氨酸的含量都特别丰富,所以畜肉蛋白质的营养价值是很高的。

(二)脂　　肪

肉品中脂肪含量为 10%～30%,其主要成分是各种饱和脂肪酸以及少量卵磷脂、胆固醇、游离脂肪酸及色素。脂肪的熔点与牲畜的体温一致。

(三)糖

肉品中的糖以糖原形式存在,其量约占牲畜总糖原量的 5%,健康牲畜若宰前休息好,糖原含量就高。牲畜宰后,其肉在保存过程中由于酶的分解作用,糖原含量下降,乳酸含量相应增高,因而畜肉的 pH 值逐渐下降。

(四)矿　物　质

畜肉矿物质的总量为 0.6%～1.1%,其中钙含量为 7～11 毫克,磷含量多达 127～170 毫克, 且吸收率高, 畜肉中铁的含量与屠宰过程中放血程度有关,为 0.4～3.4 毫克。猪血中铁含量约为 1.5 毫克,但其利用率仅 11%,猪肝的铁含量为 25～62 毫克,利用率高达 67%(以上均指 100 克样品肉中所含的毫克数)。

(五)维　生　素

肉品中的维生素以硫胺素、核黄素和尼克酸较多。肝中除含有较多的 B 族维生素外,还有丰富的维生素 A 和维生素 D。猪、牛、羊肌肉和内脏中主要营养素含量见表 18。

(六)水

瘦肉中含水量为 50%～75%。

畜肉食品营养很丰富,它是微生物生长繁殖的良好基地。据调查,畜肉食品是引起食物中毒及疾病最多的食品, 牲畜的某些疾病也可以通过肉品传播给人,因此对肉品的卫生保护和卫生鉴定工作应予以重视。凡死因不明的死畜肉,一律不准食用。死畜肉的特点,肉呈暗红色,肌肉间毛细血管淤血,切开肌肉,用刀背面按压,暗紫色的淤血由毛细血管中溢出,肌肉的刀切面光滑如豆腐状。

表18　猪、牛、羊肌肉和内脏中主要营养素(每100克可食部分含量)

种类	蛋白质 (克)	脂肪 (克)	钙 (毫克)	铁 (毫克)	维生素A (单位)	硫胺素 (毫克)	核黄素 (毫克)	抗坏血酸 (毫克)	维生素D (单位)
猪肉	9.5~17.4	15.3~90.8	11~171	0.4~3.4	—	0.53	0.12	—	—
猪肝	21.3	4.5	11	6.2~25	8700	0.4	2.11	18	10~17
猪腰	12~15.9	2.8~4.8	微	6.8~7.1	—	0.38	1.12	5	—
牛肉	12.6~20.3	1.3~6.2	6~12	1.2~6.5	18300	0.07	0.15	18	10
牛肝	18.9~21.8	2.6~4.8	5~13	6.2~9.0	18300	0.39	2.30	18	10~17
牛腰	12.8	3.7	17	11.4	340	0.04	1.75	6	—
羊肉	11.1~17.3	13.6~55.7	7~15	0.9~3.0	—	0.07	0.13	0	—
羊肝	18.5~21.7	7.3	9	6.6	29900	0.42	3.57	17	—
羊腰	16.5	3.2	48	11.7	140	0.49	1.78	7	—

(七)畜肉制品卫生

畜肉制品包括香肠、火腿、腌肉、肉松等。它们各有其特殊风味,且能保存较长时间,但这些肉类制品因保存时间长,生产过程中杀菌又不彻底,容易引起厌氧菌的繁殖。故肉制品的加工首先必须注意原料的卫生质量,除对高温加工的熏香肠、肉松等,可以允许用经过无害化处理的肉品作原料外,其他应要求用优质肉品为原料。为了预防畜肉中毒,在加工过程中应尽量防止细菌的污染。

腌肉在生产过程中,均加入硝(硝酸盐),其目的是使食品保持鲜红颜色。硝酸盐在亚硝基化细菌作用下,可以还原成亚硝酸盐,而亚硝酸盐与肉中肌红蛋白结合变成亚硝基血红蛋白,烹调后可变成稳定的红色化合物,即为亚硝基——肌色原,因此使肉品呈鲜红色。如果肉品中没有亚硝基化菌存在时,虽加入硝酸盐亦不能变成亚硝酸盐,故有的就直接加入亚硝酸盐。亚硝酸盐的毒性比硝酸盐大,在人体内与血红蛋白结合,可产生变性血红蛋白而引起中毒。硝酸盐与亚硝酸盐均为白色结晶,极易与食盐混淆,可因误食而发生中毒。所以,直接使用亚硝酸盐时,应特别小心。

在制腌肉或香肠时,如使用亚硝酸盐,必须配成溶液加入,以便均匀分布在制品中,在腌肉的盐卤中,亚硝酸盐最大使用量不得超过 150 毫克／千克。火腿系用鲜猪后腿肉经过干腌加工腌制而成的肉制品,其中亚硝酸盐最大使用量每千克亦不得超过 150 毫克。

四、禽肉和蛋类的营养卫生

(一)禽肉和蛋类在营养上的意义

1.禽肉的营养特点。禽肉通常指鸡、鸭、鹅肉。此外,还有野禽肉即野鸡、野鸭等,它们所含的营养成分与家禽肉接近。

禽肉能供给人体各种必需的氨基酸、脂肪、矿物质和维生素。一般禽肉比家畜肉有较多的柔软结缔组织,而且均匀分布于肌肉组织内,所以禽肉比家畜肉味道更鲜美柔嫩,并且易于消化。

禽肉的水分含量和各种畜肉的含量很近似,以幼禽水分含量较多。禽肉中蛋白质约占 20%,脂肪含量很不一致,鸡肉中占 1.5%～15%,较肥的鸭和鹅中脂肪可高达 40%～50%。禽肉的脂肪熔点低(在 33℃～40℃),容易消化,且含有 20%左右亚麻油稀酸和 90～400 微克的维生素 E。维生素 E 有抗氧化作用,可以防止脂肪酸败,所以一般脂肪在-18℃冷藏一年不致酸败。禽类的脂肪均匀分布于全身组织,这也是禽肉味道比畜肉好的原因之一。禽类的内脏还含有丰富的维生素 A(如鸡肝中所含维生素 A 比牲畜肝脏高 1～6 倍),维生素 B_1 和维生素 B_2 也很丰富。禽肉也是矿物质的良好来源,所含钙、磷、铁都较多。禽类所含氮浸出物随其年龄而异,就同一种禽肉来说,幼禽肉的汤汁不如老禽肉汤汁鲜美,这也是一般人喜欢用老母鸡煨汤,用仔鸡小炒的原因。就不同禽类来比较,野禽肉比家禽肉含有较多的浸出物质,能使肉汤带有辣嗓子的刺激味。因此,野禽肉最好用煎、炒、焖的方法烹调。

2.蛋类的营养价值。蛋是营养价值很高的食品,常见的蛋类有鸡蛋、鸭蛋、鹅蛋、鸽蛋等,其中以鸡蛋最为普遍。各种禽类的蛋在结构和营养成分的组成方面大致相同,仅大小与其含量略有差异。鸡蛋平均每个重量为40～50克,鸭蛋为50～60克。其中蛋黄占32%,蛋清占57%,蛋壳占11%。在可食部分中平均含水分70%,含蛋白质13%～15%,脂肪为11%～15%。由于蛋清所含的水分比蛋黄多,因此,蛋黄的蛋白质含量(16%)较蛋清(11%)为多。禽蛋主要提供蛋白质,其所含必需氨基酸的含量较畜肉更理想,是优质蛋白质。禽蛋的蛋白质利用率很高,其生物价为94,是已知天然食物中最优良的蛋白质。

蛋中的脂肪绝大部分含于蛋黄内,而且分散成细小颗粒,故容易吸收。蛋黄中含有32%的脂肪,其中大部分为中性脂肪(39%),还有卵磷脂(15.8%)和胆固醇(3%～5%),一个蛋约含胆固醇200毫克。蛋黄的脂肪中还有大约4%卵磷脂蛋白,冰蛋能形成胶状与所含卵磷脂蛋白有关,加10%食盐后可使胶状部分破坏。

蛋类也是矿物质的良好来源,主要集中在蛋黄内。钙、磷、铁含量甚高,特别是钙和铁不仅含量高而且也容易吸收,尤其是铁几乎是百分之百被机体吸收,所以蛋黄是婴幼儿铁的良好来源。

蛋类的维生素也绝大部分在蛋黄内,以维生素 A、维生素 D 和维生素 B_2 较多,所以蛋黄的营养价值较蛋白高。

鸽蛋、鹌鹑蛋所含成分基本相同,其中尤以磷脂较丰富。

对蛋的各种烹调方法进行比较,各种蛋类容易消化吸收,但油煎蛋和炒蛋或煮得过分老的蛋比较难于消化,消化力弱的人以多吃蒸蛋为宜。

生蛋清中含有抗生物蛋白酶和抗胰蛋白酶,这两种物质在煮熟后即被破坏。所以吃生蛋除了不卫生外,还可影响蛋白质的消化和对生物素的利用。

(二)禽肉和蛋类的卫生

1.禽肉的卫生。禽肉屠宰后肌体表面的杂菌,如假单孢菌、变形杆菌、沙门氏菌等在适宜的条件下可以大量繁殖,引起禽肉腐败变质和感官性质的改变。由于禽肉表面的细菌大多数(50%～60%)能产生颜色,所以腐败的禽肉表面有各种色斑。冻禽在冷藏时腐败往往产生绿色,因为在冷藏温度下只有绿色的假单孢菌能繁殖。若禽肉未取出内脏,则腐败变质的速度更快。禽肉在腐败变质的同时,也伴随着沙门氏菌和条件致病菌的繁殖,而且这些细菌往往可以侵入肌肉深部,如食前未经彻底煮熟,就可引起食物中毒。为了保证禽肉卫生,防止食物中毒,必须注意以下几点:

第一,加强检查,宰前如发现病禽应及时处理,隔离或急宰,宰后发现有病变者应根据情况作高温处理。

第二,食用时必须彻底加热。鸡、鸭肠是味美的食品,一定要洗净,加热彻底,不可为了片面追求鸭肠质地清脆而缩短加热时间。

2.蛋类的卫生。鲜蛋的主要卫生问题是沙门氏菌污染和微生物引起的腐败变质。

禽类往往带有沙门氏菌。根据调查,禽类带沙门氏菌以卵巢最为严重,因此不仅蛋壳表面受沙门氏菌污染比较严重,而且蛋的内容物也可能有沙门氏菌。如果不注意饲养场的卫生,可促成沙门氏菌感染的发生。水禽(鸭、鹅)的沙门氏菌感染率更高。为了防止沙门氏菌引起食物中毒,不允许以水禽蛋作为糕点原料,水禽蛋必须煮沸 10 分钟以上才能食用。

自然界微生物(细菌、酶菌等)可通过不同的途径侵入蛋内,与蛋内的酶一起分解内容物,而造成蛋的腐败变质。

蛋壳表面细菌很多,曾有人调查,干净蛋壳外表面约有 400 万～500 万个细菌,而脏蛋壳细菌高达 1.4 亿～9 亿个。这些细菌主要来自泄殖腔和不清洁的产卵处所。不清洁草窝上的细菌可通过蛋壳毛细孔进入蛋内,特别是当外界温度骤变造成气流出入时更容易发生。此外,蛋壳损伤时,也可受到污染。使用鸡蛋时要将蛋壳洗净再用。

蛋的内部通常也有少数细菌,特别是受精卵,由精液可带入微生物。但是新鲜蛋的蛋清中有占蛋清总量的 3.7%的杀菌素,因而新鲜蛋清有杀菌作用,此种杀菌作用在 37℃时可保持 6 小时,温度低则保持时间长。如果保存在较高气温下,则新鲜蛋很快失去杀菌作用,以致微生物大量繁殖,使蛋腐败变质。使用流清蛋、红靠蛋,要延长烹调时间。黑靠蛋不能使用。

(三)禽肉制品和蛋类制品的卫生

1.禽肉制品的卫生。禽肉制品主要是板鸭、风鸡和风鸭。

板鸭是我国的特产,加工方法是将宰后的鸭在右翅下开一长为 4～5 厘米的小口,放入食盐,大约每 500 克重放盐 50 克,然后放入缸中,经 12 小时后,则鸭的水分与血液均已渗出,此时将鸭取出。同时在每 50 千克血水中加入食盐 2.5 千克(饱和溶液),煮沸后加入香料。等冷却后,再将鸭放入,腌 24 小时取出,吹干后即可销售。

风鸡、风鸭是一种别具风味的禽肉制品,也是比较好的保藏方法。其方法是盐腌(500 克禽肉用盐 25～30 克),取出内脏后,在腹腔内涂擦盐和香料,然后将开口处缝合,或将开口处堵上,再以麻绳将鸡、鸭捆扎紧,挂于通风处。风鸡、风鸭在制作时,不煺鸡毛、鸭毛,因而可以减少细菌侵入的机会。凡冬季制作的,可保藏 3 个月左右。

为了保证禽肉制品的卫生质量,用来制作板鸭、风鸡和风鸭的禽类必须是优质的,病死的禽类不能用来制作板鸭、风鸡和风鸭。成品应挂于阴凉通风处,一般可保存 3 个月。

2.蛋类制品的卫生。蛋类制品有冰蛋、蛋粉、咸蛋、皮蛋和糟蛋。这里主要介绍咸蛋、皮蛋和糟蛋。

腌咸蛋是我国民间常用的一种加工方法。它是将蛋放在浓盐水中或以黏土食盐混合物裹在蛋的表面,放置 1 个月左右,即可煮熟食用。用来制咸蛋的禽蛋,必须是新鲜的,不能用搭壳蛋、流清蛋、裂缝蛋来制作咸蛋。咸蛋的营养成分没有多大变化,其味道鲜美,与鲜蛋一样容易消化。咸蛋可保存 2～4 个月。

皮蛋(又称松花蛋)具有凉爽可口的独特风味,故食用很普遍。在制造过程中由于加入烧碱使蛋白凝固,并有蛋白质分解生成二氧化碳和氢等。二氧化碳可与蛋白中的黏液蛋白发生作用,生成暗黑色的透明体,蛋黄中生成硫化氢或硫化铁,使成褐绿色。在制作过程中。由于烧碱的作用,维生素 B 族被破坏,但维生素 A 和维生素 D 与鲜蛋接近。制成的皮蛋在 20℃室温下可存放 2 个月,在 20℃以下可存放 3 个月。据研究,皮蛋中可能有枯草杆菌及其他细菌、霉菌等存在,这些细菌可能来自包裹蛋的泥灰及糠壳,故皮蛋如已破损污染,则不能食用,否则有引起食物中毒的危险。皮蛋如贮存过久,可因水分蒸发过多而使皮蛋硬如橡皮,不易消化。食用皮蛋时要加醋,一是可除去碱味,增加风味,二是醋有杀菌作用。除蛋壳前最好先用水浸泡除泥,洗净再剥壳。

糟蛋是将蛋放醋中浸泡至蛋壳变软后,埋在酒糟中经 2 个月后制成。在糟渍过程中所产生的醇类可使蛋黄、蛋白凝固变性,并使蛋具有轻微的甜味。在产生醇的同时,还能产生醋酸,使蛋壳软化,蛋壳中的钙盐因渗透作用渗入薄膜内,故糟蛋含钙质特别高,比普通鲜蛋高 40 倍。

五、鱼及其他水产品的营养卫生

(一)鱼及其他水产品的营养价值

鱼类的化学成分与肉类相似,是人体所需蛋白质的重要来源。鱼类的肉质柔嫩,味道鲜美,利用率高。其他水产品含蛋白质也很丰富,其蛋白质含量如海虾为20.6%,河虾 17.5%,河蟹 14%。有些海味如海参、鱼翅等的蛋白质含量也很高,但属于不完全蛋白质,其营养价值不是人们所想象的那么高,然而医药价值颇高,如海参含胆固醇极低,有滋阴补肾的功效。鱼类的脂肪含量为 1%～3%。一般说,海产鱼类的脂肪含量比淡水鱼类多,如鲥鱼含脂肪高达 11%。鱼类中所含的矿物质为 1%～2%,海产鱼类含碘很丰富。一般水产品的含钙量比畜肉高。如果将鱼做成酥鱼或炸酥,所用的调味品中都有醋,则钙的吸收利用率更高。鱼中的铁含量也不少。鱼类肝脏中富含维生素 A、维生素 D,鳝鱼、海蟹中含核黄素。鱼肉中含硫胺酶,能分解硫胺素,所以对死鱼应尽快加工烹调,以免硫胺素损失。

鱼的结缔组织和软骨组织中的含氮物主要是胶原和黏蛋白。胶原经加水煮沸成溶胶,所以鱼汤有黏性,冷后成凝胶,就是我们常说的鱼冻子。著名海味——鱼翅,就是典型的软骨组织,软骨组织的成分是软骨硫酸黏蛋白、骨胶原蛋白和软骨硬蛋白 3 种。鱼翅的蛋白质含量虽高,但属不完全蛋白质(缺少色氨酸等),消化吸收率也低。干海参即干燥的凝胶块。鱼皮和鱼唇是典型鱼胶原组织。

(二)鱼及其他水产品的卫生

鱼体表面、鳃和肠道中都有一定数量的细菌。当鱼离开水时,从鱼皮下分泌出一种透明黏液(主要是蛋白质),用以保护机体。由于鱼体营养丰富,是细菌繁殖的良好培养基,再加上自身所含酶的作用,鱼体自死后,经僵直、后熟、自溶等一系列生物化学上的变化,以及细菌和酶的分解作用,渐渐腐败变质,最后产生恶腥臭而不能食用。

河虾在鲜活时,体透明,胶质大,饮食业为了挤虾仁方便和挤出虾肉率高,常在虾体上洒些水盖上湿布捂一捂。虾死后,体色转白离壳易于挤出虾仁,这就是以人工加速虾的后熟、自溶作用。用此法挤出的虾仁不耐保存,必须加微量的盐和干淀粉少许抓拌均匀冷冻保存,否则比鲜虾更易腐败变质。

炝虾是我国用独特的烹调方法制成的菜肴。其味特鲜,虽然经剪去须爪,又以清水漂洗,但因灭菌要求达不到,故不能食用。如在其调味品中加入生姜和胡椒粉或醋,借助它们的杀菌作用,则少食无妨。

醉虾、醉蟹等菜,必须在食用时配以生姜和醋。在腌醉时,酒的度数要高,盐不可少,时间不要少于一星期,特别是醉蟹时,要掀开脐盖,放入一颗丁香。因为我国所用的调味原料,大部分比石炭酸杀菌力强,经腌醉并使用调料拌制的虾、蟹等菜肴,少食无妨。

(三)鱼及其他水产品中的寄生虫

有很多寄生虫能寄生在鱼、蟹等水产品体内,由食用鱼等水产品而引起的寄生虫病,在我国较常见的有华支睾吸虫(肝吸虫)、魏氏并殖吸虫(肺吸虫)两种,受染原因是吃了半生不熟的带有囊蚴的鱼等引起。肝吸虫的囊蚴多寄生在鱼体内,由于烹调加热的时间或温度不够,以致受染。这种病多见于广东、广西等处,受染原因主要是喜吃"鱼生"。肺吸虫尾蚴多寄生在蟹中。我国浙江、福建、台湾和东北某些地区发病较多,以浙江和台湾居民感染率最高,病因多系喜食醉蟹。因此,为了防止和减少细菌及寄生虫病的传播,要求做到:

第一,不论新鲜鱼或冻鱼购进后,应立即进行初加工,然后放入冰箱保存,初加工时必须注意不要弄破内脏,以免污染鱼体。活鱼活养例外。

第二,新鲜鱼做炒鱼片或火锅烫鱼片需加热熟透。

第三,半新鲜鱼或冷冻较好的鱼,宜油煎后小火久烧。

第四,不新鲜的鱼宜油炸后再烹调。

第五,不吃死蟹(淡水蟹)、死鳝鱼、死甲鱼,以及离水不易死的死鱼。有创伤的鱼应将创伤组织去掉。

六、食用油脂的营养卫生

(一)食用油脂的来源及食用价值

我国地大物博,食用油脂的种类异常丰富。食用油脂的来源主要有动物脂肪(动物体脂及乳脂,海洋鱼类脂肪)和植物油。植物性的油脂有豆油、菜子油、花生油、芝麻油、棉子油等。全国解放后,还开辟了新油源,增加了不少食用油脂的新品种,例如向日葵子油、米糠油、核桃油和亚麻油等,增加了我国人民食用油脂的品种和来源。近年来,更引种了含油量非常丰富的木本植物油橄榄,为今后扩大食用油源开辟了新园地。

食用油脂是人们膳食的重要组成部分,为高热能的营养食品,每 100 克能产热为 900～930 卡。油脂在胃内停留的时间较长,一般含油脂多的食物在胃中停留的时间可长达 5～6 小时,故油脂类食物的饱腹作用强,用油脂烹调食物能增强其感官性质,并可使食物种类多样化。

油脂是脂肪酸和甘油的混合物,可供给人体必需的脂肪酸,如亚麻油酸(十八碳二烯酸)、亚麻油烯酸(十八碳三烯酸)及花生油烯酸(廿碳四烯酸)等。它还含磷脂类及胆固醇,有时也含油溶性维生素(A、D、E 等),并有利于它们的吸收。

油脂的营养价值,视其吸收率的高低而不同。一般说来,熔点在 37℃ 以下者吸收率最高, 可达 97%～98%;熔点在 37℃～ 50℃者吸收率为 90%;熔点超过 60℃者则难于吸收。植物油中含不饱和脂肪酸,如油酸、亚麻油酸等,故植物油在室温下呈液态,其吸收率较动物体脂为高,一般吸收率可达 95%以上。动物体脂如牛奶和羊奶等,常含较多的饱和脂肪酸,如软脂酸、硬脂酸等,故熔点高,吸收率也较低(表 19)。

从表 19 可以看出, 植物油中所含人体必需脂肪酸和维生素 E 都较动物性油脂多,因此植物油的营养价值较高于动物油脂(除黄油外)。黄油及酥油熔点低,吸收率高,其中还含维生素 A 及维生素 D,这是其他动植物油脂所缺少的。

(二)油脂的变质及其预防措施

1.油脂的酸败

(1)油脂酸败的原因。油脂长期贮存于不适宜的条件下,油脂中就会产生一系列的化学变化,致使油脂的感官性质发生不良的影响,这种变化称为油脂酸败。油脂酸败的原因。可能有两方面:一方面是由于动植物组织(油脂原料)残渣和微生

表 19　几种油脂的熔点(℃)脂肪酸组成(%)和吸收率(%)

油脂名称	熔点	吸收率	豆蔻酸	软脂酸	硬脂酸	油酸	亚二麻烯油酸	亚三麻烯油酸	维生素E(毫克/100克)
猪　油	36~46	94	11	30.2	17.9	41.1	6.4	0.7	2.7
牛　油	42~50	89	2.5	31.7	24.5	44.5	2.3	0.5	—
羊　油	44~55	81	4.5	24.6	30.5	36.5	4.3	—	—
黄　油	28~36	97	16.4	14.8	3.2	46.1	0.5	—	2~3.5
豆　油	在室温下呈液态	97.5	—	6.8	4.4	35.6	50.7	6.5	92~280
花生油		98.3	—	8.3	3.1	56	26.0	—	22~59
菜子油		99	1.5	—	1.6	20.0	14.5	7.0	55
橘子油		98	2.1	21.7	2.9	32.1	40.3	—	83~110
芝麻油		98	—	8.2	3.6	45.3	41.2	—	50
米糠油			0.5	13.2	2.1	40	30.5	—	55~100

物产生酶引起的酶解过程(生物学的);另一方面是纯化学过程,即在空气、阳光、水等作用下发生的水解过程和不饱和脂肪酸的自身氧化。此两种过程往往是同时发生,但也可能由于油脂本身的性质和贮存条件的不同而主要表现在某一方面。这些变化过程的结果,使油脂分解出游离脂肪酸,产生酮醛类以及各种氧化物。这些物质不但使油脂的感官性质改变,而且可能对人体产生不良的影响。

(2)酸败油脂的食用价值。已经酸败的油脂,由于感官性质的改变,其强烈的不良味道和气味可使油脂完全不适于食用。但有时油脂虽已酸败,其感官性质的改变尚未达到不能食用程度。因此,酸败油脂中的氧化或分解产物对机体的作用如何,此种油脂能否食用,是当前值得重视的问题。

酸败的油脂除了破坏食物中的营养素外,对机体的几种酶亦有损害作用。根据体外组织培养实验的结果,酸败过程的氧化产物对体内的主要酶系统如琥珀酸氧化酶、细胞色素氧化酶等都有损害作用。另据某些研究报告指出,油脂的高度氧化产物还能引起癌肿,虽然此种现象尚需要进一步证实,但不能不引起重视。

(3)防止油脂酸败的措施。防止油脂变质,首先油脂的纯度要高,贮存条件要符合卫生要求。油脂变质的基本原因是油脂中存留的动植物组织残渣和污染的微生物中的脂肪氧化酶引起的。因此,在加工过程中,要防止动植物残渣的存留。尽量避免微生物的污染,或设法破坏脂肪氧化酶的活动,可使其在贮存期间的酸败变质减少到最小程度。

水分对油脂的变质关系极大,水可作为微生物繁殖的媒介,水又可以促进酶的活动,因而水能加速油脂的酸败。我国规定油脂中的水分不得超过0.2%,煎炸等使用后的油,含水分多,不可倒在新鲜油脂中,宜单独存放。

阳光和空气对油脂变质的影响也很重要。紫外线、紫色、蓝色等光线能加速油脂的氧化,高温能促进氧化过程,故油脂应贮存在较阴凉、干燥和通风的仓库内。

微量金属如铁、铜、锰、铬、镍、铅等,能加速油脂的酸败过程,因为这些微量金属起着触媒剂的作用。因此加工时的机械设备及贮存容器等都不应含有铜、铝、锰等元素,铁器贮存油脂亦不适宜。大量贮存食用油脂可用不透水的材料作油池,少量可装在缸或涂漆的木桶内。

2.油脂高温加热后的营养价值及其毒性作用。油脂经过高温加热,可以产生一系列的化学反应。由于油脂的氧化,必需脂肪酸和维生素遭破坏,因而影响油脂的食用价值,并且产生一些对机体有害的物质。

(1)油脂经过高温加热后,营养价值降低。高温加热,可使油脂中的维生素A、胡萝卜素、维生素E等破坏。以加热到100℃的棉子油饲养大白鼠,结果大白鼠出现维生素A缺乏症。高温加热后油脂被氧化,其中的必需脂肪酸亦遭破坏,在动物饲料中如果添加核黄素,可以减轻高温加热油脂的不良影响,吡哆醇(维生素

B_6)亦有同样的效能。高温处理过的油脂的热能供给量只有生油脂的1/3左右,这可能是由于高温加热将油脂的分子结构改变了,因而它在体内氧化时不能产生同等的热能。此种经过加热的油脂,根据动物实验结果,不但不为机体所吸收,若与其他食物同时进食时还可妨碍其他食物的吸收率。在一般的烹调过程中,油脂加热的温度不高,时间短暂,对营养价值的影响可能不显著;但在饮食企业中,炸油反复地使用,且加热温度较高,则有损害食油营养价值的可能。

(2)高温加热油脂对机体的毒性作用。最初在各个不同的实验室里,从不同的目的出发研究高温加热油脂的问题时,都得到一个共同的结果,即以高温加热的油脂饲养动物,经过一段时间后,动物生长停滞,肝肿大。当时学者们认为,这种不良的影响是由于加热时油脂中的营养素破坏所致,但有人在动物饲养中添加维生素E亦不能改善这种不良影响,可见这不只是由于营养素破坏所致,可能是加热的油脂中还有其他氧化产物,这些物质对机体有害。有的学者在动物实验中,发现用高温加热油脂饲养大白鼠,几个月后,胃溃疡及乳头状瘤出现在"前胃"的情况很普遍。除了乳头状瘤之外,还发现有肝瘤、肺癌、腿肉瘤及淋巴肉瘤、乳腺瘤等。

(3)甘油的热解作用。油脂中的甘油受高温分解后,产生丙烯醛等物质,丙烯醛有极强的臭味,并且对黏膜有刺激性。

(4)对高温加热油脂产生不良作用的预防。油脂在高温加热的过程中,由于温度较高,重复使用,或加热时间过长,因而产生有害物质。但若在油炸食物时,不使温度过高,或在重复使用炸油时,每次添加新油脂,则能避免产生聚合物。

(三)油脂中的非甘酯成分

油脂中的非甘酯成分有好几种,现将与烹调、健康有关的磷脂、色素、棉酚、固醇分述如下。

1.磷脂。磷脂是一种和油脂相类似的化合物,是动植物细胞中的一种重要成分。它是亲水胶体,这一点和油脂有着本质的区别。它广泛地存在于动植物组织中。如蛋黄、脑子、肝、心脏以及植物的种子。以大豆和棉子含量为多,其次是油菜子。按其化学构造可分为3种:一种是脑磷脂,一种是卵磷脂,一种是神经磷脂。

磷脂最重要的特点之一,是它能降低水溶液的表面张力。成为很好的乳化剂,能使糖和油、水等物质混合得很完全,形成稳定的乳浊液。其次磷脂可以防止油脂的氧化,从而减缓油脂的酸败过程。

磷脂与烹调的关系:

(1)磷脂能形成白汤。水和油在一般状况下是不相混合的,但受到外界因素影响(如乳化剂、机械搅拌或加热等),也能均匀地混合。如镇江白汤面的白汤(豆油炒小鲫鱼再加豆油和其他物质熬成的汤),就是利用磷脂的乳化作用,把溶解在汤里的蛋白质、小油滴等均匀地混合在一起,而形成浓厚、色白如奶的乳浊液。

(2)磷脂能影响烹调的颜色和滋味。磷脂在空气中容易被氧气氧化而变黑,在有铁的情况下,变黑的程度更大。另外,磷脂在贮藏时会发生自然水化作用,产生油脚沉淀,在煎熬时,因受高温而产生大量泡沫,并开始焦化,使烹制的食品(如油炸)变为褐黑色,同时产生苦味。因此含磷脂多的油脂不宜用做炸油(表20)。

表20　几种油脂中的磷脂含量表

品　　名	含　量(%)	品　　名	含　　量(%)
猪　油	0.05	豆　油	1.1～3.2 (通常约为 1.8)
牛　油	0.07	棉子油	1.4～1.8
羊　油	0.01	芝麻油	0.1
花生油	—	菜子油	0.1

2.色素。大部分油脂都带有深浅不一的颜色。这是由于溶解在油脂中的脂溶性色素所形成的。一般地说,类胡萝卜素呈金黄至深红色;叶绿素呈绿色;棉酚和棉子油含有的丙体生育酚受氧化呈红色;棉嘌呤呈黑紫色;棉酚呈黄色。色素在新鲜油脂中较明显,如果放置时间过久,则因油中所含的色蛋白质、糖类等物质的分解而呈棕褐色。我们可以从油脂的颜色来帮助了解油脂的新鲜程度。

(1)豆油颜色。豆油比别的油容易变色,豆油中含有叶绿素和类胡萝卜素而呈黄绿色且带有绿色的荧光,含磷脂少的稍带红色,含磷脂多的被氧化后则呈红褐色,受霜的大豆榨出的油因含有嘌呤而呈很深的绿色,此色不易褪去。一般豆油每500克约含叶绿素1500微克。

(2)棉子油的颜色。毛炼棉子油的颜色很深,这主要是含有黑紫色的棉子嘌呤的缘故。碱炼后的棉子油因含有棉酚而带有黄色,加热后,棉酚和丙体生育酚受氧化而变成红色。粗炼棉子油含棉酚量为 0.2%～0.8%,其颜色与含量成正比。在90℃～100℃时颜色最浓,在 120℃～150℃时反而有些褪色。

(3)橄榄油的颜色。因含有叶绿素而呈绿色,新鲜油较为明显。

3.棉酚。在粗炼棉子油中,含有一种有毒物质(对动物有毒性)叫棉酚。棉子油中的棉嘌呤受酸分解后就变成棉酚。它是一种复杂的酚类,有抗氧化作用,也是棉子油中主要色素之一。用粗炼棉子油炒菜,食用时会感到有点麻嘴,严重时会引起腹泻,这就是棉酚所致,但经高温熬炼,棉酚也会分解。精炼棉子油含棉酚很少。

4.固醇。固醇是类脂物。固醇类化合物中主要包括胆固醇、7—脱氢胆固醇、麦角固醇等。胆固醇与蛋白质结合构成细胞膜,神经组织中也有它的成分,还参与血浆脂蛋白的合成, 也可以转化成维生素 D 等。人体血液胆固醇总量每千克约 2 克,血内胆固醇过量可使动脉硬化,人体所需胆固醇一部分来自动物性食品,如蛋黄、脑、内脏等,一部分是由自身肝脏等组织合成。

七、蔬菜的营养卫生

蔬菜是人们膳食中的重要食品,在饮食业里蔬菜也占有重要地位。有些菜肴是用蔬菜作主料,有很多菜肴用蔬菜作配料,蔬菜中含有丰富的维生素和矿物质,是膳食中胡萝卜素、维生素 C、维生素 B_2 等和钙、铁的主要来源。由于含有丰富的矿物质,它对维持体内的酸碱平衡起着重要作用。蔬菜的种类很多,现将每类中主要的蔬菜在营养上的功用及卫生要求简略介绍如下。

(一)蔬菜的营养

1.荚菜类。荚菜类中以四季豆、扁豆、豇豆、刀豆等较为常用。四季豆含维生素 C 甚多,新鲜的四季豆所含的维生素 C 约等于番茄。上述豆类的维生素 C 含量甚至比苹果还高,含矿物质也很多。

2.根茎类。这一大类包括洋葱、大蒜头、百合、荸荠、慈菇、藕、土豆、芋艿、山药、甘薯、萝卜、胡萝卜以及莴苣、竹笋等。这些蔬菜含淀粉甚多,还有胡萝卜素以及一部分维生素 B 和维生素 C。

3.叶菜类。叶菜含淀粉很少,含纤维素较多,一般叶菜类均为铁、钾和维生素(B_1、B_2、C)及胡萝卜素的优良来源。绿色叶菜含胡萝卜素相当丰富,绿色越深含量越多,其原因是因绿色植物自身能制造胡萝卜素。胡萝卜素在人体的肠黏膜或肝内经过一种酶的作用,可变成维生素 A。

4.花芽菜。这一类中常食用的花椰菜,所含的维生素(A、B、C)和矿物质相当丰富。

5.瓜果类。这一类有冬瓜、南瓜、丝瓜、黄瓜、番茄、茄子、辣椒等,瓜果类含水分最多,番茄含胡萝卜素和维生素 B、维生素 C 均多,黄瓜和青椒含维生素 C 丰富。

6.食用菌类。食用菌的品种很多,大体分为野生和人工栽培两大类。野生食用菌有美味牛肝菌、鸡油菌、口蘑、羊肚菌和大红菇、猴头蘑等。我国人工栽培食用菌历史悠久,元朝时就有记载了,其品种有香菇、草菇、洋蘑菇、银耳、黑木耳等。

食用菌味道鲜美,既有一定的营养价值,又有一定的医药价值。不同的食用菌所含蛋白质、维生素、矿物质也不同。其中所含的菌糖和甘露醇是构成鲜味的来源。

(二)蔬菜的卫生

1.微生物问题。由于对蔬菜施肥常用人、畜粪尿,所以蔬菜上常带有寄生虫卵与胃肠道传染病的病原菌。因此,在食用蔬菜时不能过分强调保存营养素,应当先采取措施除去微生物的污染。据研究认为,蔬菜经充分洗涤,叶菜类上的细菌可减少 82.2%,根菜类可减少 97.7%。根菜在 98℃热水中通过,可消灭伤寒菌,其菜味不变。叶菜在 80℃ 热水中,经 10 秒钟,亦可消灭伤寒菌,滋味则稍有改变。蔬菜经充分洗涤和热水烫可达到消毒的目的。饮食业也可用 0.05% 的漂白粉溶液浸泡整棵蔬菜,然后先整棵洗涤再分片(瓣)洗涤,最后用清水冲洗一次。切配备料不要烫过再置于冷水盆中浸泡,最好是将现切配的生蔬菜(指叶菜类),在烹调前用沸水烫过,立即投入锅中进行烹调。此外,腌制菜类中也存在寄生虫卵问题,炒熟食用的腌制菜,可杀死某些虫卵;有些生吃的腌菜(如泡菜),必须在泡制前经过充分洗涤才好。

2. 农药残留和污水灌溉问题。农药是杀害农作物上害虫的,但是使用农药后,在蔬菜等农作物上还残存着少量的有害物质,如有机氯和有机汞等。未经处理的生活污水和工业废水,不仅含有有毒物质,还含有细菌和寄生虫卵。因此瓜果必须彻底洗净,用开水烫洗或用消毒水洗后再吃;其他蔬菜应除去烂菜叶,充分洗涤、加热后再食用。

八、调味品的营养卫生

(一)食　盐

食盐学名叫氯化钠,是人们日常生活中必不可少的调味品之一,在烹调上把盐称为百味之主。盐不单是调味品,而且是构成人体的重要元素之一,在人的血液中,每 100 毫升里含盐 0.79～0.89 克,才能保持人体正常的渗透压,以及多种生理功用。饮食中缺乏盐的成分,就会引起食欲减退、消化不良、精神委靡等不正常生理现象。正常人每天需盐量为 8～10 克。如果在饮食中长期吃盐过多(即口味过咸),则易患高血压病。

最常见的盐是粗盐(原盐)和精盐(又名再制盐)两种。粗盐含杂质多,其中所含的钙盐、镁盐,会使咸味变苦涩,而且吸湿性较大,增加了食盐的潮解性。

饮食业用的盐水,是用鸡蛋清(或动物血水)净化的,看上去很干净,其实食盐中所含钙、镁离子并未除去,不免还有苦涩味,所以不如用精盐好,因精盐含钙、镁量甚微。

食盐里所含杂质有不溶于水的泥沙、硫酸钙等;水溶性杂质主要是硫酸镁、氯化镁、氯化钙、氯化钡等。其中,钡盐的含量不得超过 20 毫克／千克,过多会引起氯化钡中毒,因患者四肢麻木,故俗称"痹病"。氟含量不得超过 5 毫克／千克,否则会引起氟中毒。

(二)酱　油

酱油是人们最常用的调味品,也是一种成分复杂的调味品。制造酱油的方法有普通酿造法、老法(传统)酿造法和化学酿造法等几种。

酱油在生产过程中虽经巴氏消毒,但都不能完全控制酱油"生霉"(俗称白醭)和传播肠道传染病,因此在生产和使用过程中都应避免不清洁容器及空气中的尘埃污染。酱油生霉变质后，原有的香气逐渐消失，味道也由咸中微甜变成咸中微苦酸了，质量降低，严重时不能食用。处理方法，将生霉的酱油过滤一下，然后加热到80℃几分钟就好了，如能再加一点味精，那就能弥补滋味不好的缺点。

酱油中添加的酱色，是以饴糖采用加铵法生产的。铵是指化肥铵，即硫酸铵等作催化剂高温熬炼焦化而成。此法不但破坏饴糖的营养成分，而且还含有铅、锌、砷和4—甲基咪唑等有害的化学物质。现商业部、卫生部规定，生产酱油一律不准添加此种酱色。

(三)食　　醋

食醋也是常用的调味品，是谷物淀粉发酵制成。食醋中含有醋酸3%～5%，具有特殊芳香，而且越陈越香。醋酸虽是弱酸，但对金属有腐蚀性，应注意装醋的容器，防止产生有害的金属盐类(铅、砷等)。

对食醋的要求：应具有正常酿造食醋的色泽、气味和滋味，不涩，无其他不良气味和异味，不浑浊，无悬浮物及沉淀物，无霉花、浮膜，无"醋鳗"、"醋虱"。

(四)味　　精

味精的化学名称叫谷氨酸钠或麸酸钠(谷氨酸一钠、右旋)。微有吸湿性，易溶于水，味道极鲜美，特别是在弱酸性(食醋)溶液中，具有强烈的肉鲜味。但在碱性溶液中(如食碱、小苏打等)，不仅没有鲜味，反而有不良气味，原因是谷氨酸一钠在碱性溶液中变成谷氨酸二钠，此物无鲜味，若在高温下，还可变成焦谷氨酸钠，不但没有鲜味而且有毒性。

有人说味精不能常吃，这是没有根据的。味精本身是营养品，又是药品。其道理：

第一，味精是由蛋白质分解或淀粉发酵而来的氨基酸，可直接为人体吸收。

第二，味精能改变机体的营养状态，使神经系统的乙酰胆碱增加，从而治疗神经衰弱。

第三，儿童发育不良，食用味精可有一定的改善作用。但1岁内的婴儿，不食为好。

第四，味精能和血液中的氨结合生成谷酰胺，可以治疗因血氨增高而引起的肝性昏迷。

但是，味精也不宜多吃，用多了会使菜肴味道不良，回味不爽，口腔不舒服。据有关部门规定，每人每天摄入量不应超过120毫克／千克，以体重60千克计算是7200毫克／天左右。

九、几类烹饪原料卫生方面的主要问题

一般说来，为了保障人们身体健康，要求各种食品均符合以下要求：第一，食品应具有其本身所固有的营养价值，以满足人体营养素的需要；第二，在正常情况下,食品不应对人体健康产生任何不利影响,即"无毒无害";第三,食品的感官性质即色、香、味、外观等方面不应给人以任何不良感觉。

上述第一、第二两个方面存在的任何问题,统称为食品卫生问题。几类烹饪原料卫生方面的主要问题是:

(一)粮食、豆类和豆制品

主要是霉变和霉菌毒素中毒,农药污染和残留,工业"三废"的污染,葡萄球菌肠毒素中毒等。

(二)蔬　菜

存在着腐烂变质,农药污染及残留,工业"三废"的污染,寄生虫病和肠道致病菌污染等。

(三)肉类及肉制品

主要是腐败变质,人畜共患的传染病与寄生虫病,细菌性食物中毒,亚硝酸盐中毒等。

(四)鱼类及其他水产品

主要是腐败变质,淡水鱼类的寄生虫,细菌性食物中毒,工业"三废"的污染,生物毒素和氨胺中毒(个别食品)等。

(五)家禽、蛋类及其制品

主要是腐败变质,细菌性食物中毒和残留农药中毒等。

(六)食用油脂

主要是酸败,棉酚(棉子油)残留和过量抗氧化剂中毒等。

(七)调 味 品

主要是金属盐类、蝇蛆、霉变、防腐剂等污染。

十、食品腐败变质的控制和处理

很多食品可能出现腐败变质,如粮食的霉变,蔬菜的腐烂,鱼、肉的腐臭,油脂的酸败,这些都是食品卫生工作中经常、普遍遇到的实际问题。为了深入了解食品的腐败变质过程、处理办法和应采取的控制措施,现归纳讨论以下几个问题:

(一)食品腐败变质的原因与组成成分的分解

1.食品腐败变质的原因。食品腐败变质的原因,一般可以从食品本身的因素及外界的微生物等方面来考虑。从食品本身来讲,大多数食品是动植物组织,含有一定的水分、几种营养素以及能分解食品组成成分的酶类,还含有一些不稳定的物质,如不饱和脂肪酸、芳香物质和色素等。这些物质又常常是胶体状态,其胶体结构极易破坏和改变。外界污染和微生物在适当的环境因素影响下,使食品组成成分分解,是食品腐败变质的基本因素。微生物广泛存在于自然界中,其中以非致病细菌为主,其次是霉菌,再次是酵母菌。凡是适合微生物生长繁殖的诸如营养素、水分、酸碱度和适宜渗透压,组织结构疏松或破溃食品等,特别容易腐败变质,这些食品一般称为易腐食品,如肉、鱼、蛋、奶、水果和蔬菜等。

2.食品腐败变质过程中组成成分的分解。蛋白质:经过一系列的分解,分解成硫化氢、吲哚和粪臭素(这三样都有臭味),还有进一步的分解物,如氨(有臭味)、酚、二氧化碳和水等。这是蛋白质含量丰富的食品如肉、鱼、蛋和豆类及其制品的腐败变质的基本变化。在生物化学上所谓"腐败",就是指蛋白质的一系列分解变化而言。

脂肪:脂肪的变质主要是酸败。脂肪酸分解成具有不良气味的酮类和酮酸即俗称的"哈喇味";不饱和脂肪酸分解成具有特臭味的醛类和醛酸。

糖类:糖类的分解通称酸酵或称酸解。它的分解主要是导致酸度增高。

在食品腐败变质的过程中,其所含的芳香物质、色素等不安定物质,胶体系统以及组织结构等,都可遭到破坏。

(二)食品腐败变质的表现及其卫生鉴定

1.粮食。粮食的变质主要是霉变。引起霉变的主要微生物就是腐生微生物,其中又以曲霉、青霉为主,此外还有毛霉、根霉、镰刀霉、酵母霉、放线霉及细菌等。霉变粮食的表现主要是有霉臭气,失去原有的光泽甚至变色,并可见到各种霉菌色素,其营养成分分解,酸度增高等。

2.肉类。肉类食品从宰杀后起,一般经过尸僵、后熟、自溶和腐败这4个阶段,前两个阶段是新鲜肉,后两个阶段从自溶阶段开始后,即有轻度的腐败变质。

(1)尸僵。刚宰后的畜体,组织挺硬(禽体不如畜体明显)。此时的肉体如烹调则难消化,且味不甚香。

(2)后熟。即肉体逐渐变软,具有一定的弹性,表面有光泽,烹调时芳香浓烈。

(3)自溶。在后熟的阶段中,由于微生物侵入,在适宜的条件下大量繁殖,肉体失去弹性,色暗无光,湿润甚至变黏,有轻微的臭味。此时的肉,可因煮沸而消失臭味,但肉汤油脂不呈大片油珠而是散碎油滴,甚至无油珠。

(4)腐败。臭味重,表面有绿色。

禽体表面常有带产色菌附着,故禽体表面可形成污绿色斑。

3.鱼类。鱼类死后的变化与畜肉大致相同。鱼死后体表有一层主要为黏蛋白的黏液,以后表皮结缔组织分解使鱼鳞脱落,眼球周围组织的皮分解而使眼球下陷、浑浊无光,鱼鳃经细菌作用由鲜红而变成暗褐色,且较早有臭味,同时肠内微生物大量繁殖产气,使腹部膨胀,肛门处的肠管脱出,若放在水里,鱼体上浮。鱼脊骨旁的大血管被分解而破裂,周围出现红色。随着细菌侵入深部,肌肉被分解碎裂并与鱼骨脱离(俗称离刺,用手按脊背可感到肉滑动),还有腥臭味,这表明鱼已严重腐败。

4.蛋类。禽蛋的腐败,主要是由于外界微生物通过蛋壳毛细孔进入蛋内造成。一般先是蛋黄游动,其次是蛋黄散碎(即散黄)。与此同时,蛋白质分解产生硫化氢、氨类,使蛋内变色和有恶臭,霉菌侵入蛋壳,常使蛋壳内壁出现黑斑。如蛋壳破裂可加速腐败。以上各种腐败变质的表现均可在灯光下用照蛋法加以识别。

冰蛋和蛋粉更易受污染而腐败变质。

5.其他。其他较常见的食品腐败变质,还有油脂的酸败,蔬菜和水果的腐烂等。

(三)腐败变质食品的卫生意义及其处理原则

从食品卫生学角度,我们应注意食品腐败变质的卫生意义和腐败变质食品能否食用的问题。食品腐败变质是受到微生物污染而造成的。污染的微生物中包括致病菌和产毒霉菌。它们可能引起消化系统传染病(如肠炎等)、细菌性中毒和霉菌毒素中毒等。因此,必须注意到腐败变质食品对人体健康的危害性。我们在日常的烹调工作中,对于腐败变质食品的处理原则是:第一,按照卫生"五四"制原则办事;第二,对即将腐败变质、轻度腐败变质和局部腐败变质食品,在保证人民健康的前提下,根据实际情况要格外地慎重处理,可采取限期出售、削去腐败部分。并尽快处理加工和消除轻度腐败等方法来处理。总的原则是确保人民健康,尽量减少国家财产损失。

(四)食品腐败变质的控制措施

控制食品腐败变质的措施,主要是消除和减少微生物的污染,抑制微生物的繁殖。

第一,工作间、工具等做到防尘保洁,卫生工作经常化。

第二,对购进的肉类应及时清洗,再分档下料,最后冷冻保藏;对禽类、鱼类应及时加工,然后再冷藏。

第三,熟食品在收市后,需回锅回笼加热的,一定要加热,然后再冷藏。

第四,调味品及其容器在收市后要端离炉台,过滤后加盖置放,淀粉一定要换水,防止变酸。

第二节 筵席配菜的营养卫生

所谓筵席(现专指酒席),是众人欢庆聚餐的一种形式。筵席菜点繁多,大体上包括冷碟、热炒、大菜、汤菜、点心、水果 6 个基本内容组成,其菜肴大都取自动物性原料。从营养的观点来看,是属于高蛋白、高脂肪型的膳食。传统筵席则更讲究荤菜的制作和山珍海味的应用,相对而言不太注重素菜或蔬菜的制作;注重菜点的调味与美观,而忽略菜肴的营养组成和配合。所以,应当运用现代营养卫生学的观点及平衡膳食的原理,适当加以改进,努力做到既要保持我国筵席的传统特色,又要提高整个菜肴的营养水平。

一、应注重选用多种烹调原料来设计筵席

自然界的烹调原料虽有成千上万,但没有任何一种单独食用可以满足人体所需的全部营养素。因为每种菜肴原料所含营养素的种类及数量都有差异,在营养上都有各自的特长和缺陷。因此在配菜时最基本的一点要求是菜肴的原料应当多样化,只有运用多种原料来进行配菜,才有可能使配出的菜肴所包含的营养素种类比较全面。因此在配菜时,应该按照每种原料所含营养素的种类数量来进行合理选择和科学搭配,只有使各种烹饪原料在营养上取长补短、相互调剂,才能改善与提高整席菜肴的营养水平,达到平衡膳食的目的。

为此,除选肉类和提倡选蔬菜、瓜果以外,还应注意取用以下几类原料:

(一)内脏类

动物内脏器官(如肝、肾、心、胃)一般比其他器官生理代谢作用快,因此所含的营养成分较丰富,不仅含有量多质优的蛋白质,而且所含的矿物质和维生素一般都较肉类丰富,肝脏含的维生素 A、维生素 B_1、维生素 B_2 比肉类多很多倍,特别是内脏食品含有丰富的维生素 A,还含维生素 C,这正是肉类食品所缺乏的。同时内脏的花色品种较多,色泽、形态、味道各异,别有风味,能烹制出各种式样的菜肴,故食用价值也较高。在配菜中应多加选用。

(二)大豆及豆制品

大豆中含有高达 40%的优质蛋白质, 这是获得优质蛋白质最经济的来源,大豆含的维生素 B_1、维生素 B_2 和钙、磷、铁很丰富,还含有肉类及许多动物性食品所缺少的不饱和脂肪酸。大豆含有人体的 3 种必需脂肪酸及卵磷脂,豆芽含维生素 C 较丰富,因此,能弥补动物性菜肴的缺陷,对改善营养极为有益。豆制品种类较多,豆腐、豆腐干、千张、豆棍等不仅含有丰富而又易于消化的蛋白质,而且能丰富我们的菜肴品种和调剂荤菜的口味。豆类及其制品历来在我国人民的膳食生活中占有重要地位,我国各大菜系中也都有以豆制品为主辅料的传统名菜,按营养学的观点则更应提倡多选豆类及豆制品入肴或配菜。

(三)鱼虾类

鱼类蛋白质含量 15%～20%,和肉类相近,鱼肌肉蛋白组织结构松软,比肉类蛋白容易消化;鱼类脂肪与肉类不同,大部分是由不饱和脂肪酸组成,通常呈液体状态,易消化,吸收率可达 95%左右。鱼中钙、磷、碘含量比肉高,含维生素 B_1、维生素 B_2 也比较多。虾、虾皮中蛋白质和钙的含量也很高,所以应注意选用。

(四)鸡　　蛋

鸡蛋中含蛋白质的数量多、质量好,其氨基酸组成与人体组织蛋白质的氨基酸组成接近,因此利用率高,生理价值可高达 94,消化率亦可高达 98%,故鸡蛋是目前已知天然食物中最优良的蛋白质,它还含有丰富的易被人体吸收利用的钙、磷、铁、必需脂肪酸、卵磷脂以及维生素(A、D、B 族),所以比肉类的营养价值高,是较理想的营养保健品,在配菜时应该首先考虑选用。

(五)食用菌类

食用菌类不仅鲜美可口,是佐味之上品,而且含有丰富的蛋白质、多种氨基酸和维生素,还含有抗菌毒、抗癌、降低胆固醇的物质,所以近年来它在世界上有"健康食品"之称,亦应注意采用。

此外,花生、核桃仁、松子、芝麻都同大豆一样,不仅含有丰富的优质脂肪,而且含有较多的蛋白质、矿物质和维生素,特别是植物脂肪多由不饱和脂肪酸、必需脂肪酸、卵磷脂组成,对弥补荤菜荤油的缺陷和改善筵席的营养构成极为有利,应当在配菜中尽量选用。

二、应注重蔬菜、水果的营养作用

新鲜蔬菜、瓜果含有丰富的维生素 C,是人体维生素 C 的主要来源,因此用它能弥补筵席动物性菜肴缺乏维生素 C 的缺陷。并且它还含有较丰富的维生素 B_2 及胡萝卜素。

蔬菜、瓜果富含钾、钙、钠、镁等成分,不仅能提供动物性菜肴所不足的矿物质,而且这些碱性元素可以中和肉、鱼、禽、蛋在体内代谢时所产生的酸性,对调节人体内酸碱平衡起着重要的作用。

蔬菜、瓜果是供给人体植物纤维素和果胶的重要来源。纤维素和果胶能促进肠胃蠕动,调节消化功能,有助于食物的消化,利于排便,并可加速某些有害物质的代谢过程,因此是合理膳食必不可少的组成部分。

蔬菜、瓜果不仅在合理营养上或平衡膳食中有其重要的地位,而且有些蔬菜、水果鲜香酸甜,别有风味,有的色丽形美,惹人喜爱,因此用于配菜或点缀席面有增色、添香、调味与造型的特殊作用,能给人以美感,增进食欲。在我国的菜肴中,有些蔬菜不仅是不可缺少的配料,而且在某些高级菜肴中还用时令蔬菜作为主料使用。

三、应注重对易缺易损及有特殊意义的营养素配给

(一)维生素 C 的配给问题应当引起重视

维生素 C 的性质极不稳定,遇高温、碱性及空气中氧气均易遭受氧化破坏,与某些金属(铜、铁、镁)接触则更易促进其氧化破坏,食物中某些酶(抗坏血酸氧化酶、多酚氧化酶)都能促进其氧化破坏,食物在切洗时也会有一部分维生素 C 溶解于水而流失,所以食物中的维生素 C 在烹调加工和保藏过程中均会有一部分甚至大部分遭受损失,加之目前饮食行业大都选用动物性的烹饪原料,所以容易造成维生素 C 的缺乏。据近年有关部门报道,维生素 C 在体内具有解毒能力,吸烟、饮酒都会使人体内的维生素 C 消耗增多。为此,我们应当在选料配菜中注重对维生素 C 的配给,在烹饪过程中注意提高维生素 C 的保存率。

(二)维生素 B_1 的配给量应当酌情增大

维生素 B_1 一般说来不易缺乏,饮食行业的配菜均能达到供给量的正常标准,但要考虑如下几个因素,尽量增大维生素 B_1 的配给量。

1.人体的维生素 B_1 的需要量与热能代谢有关。膳食中热量高时,对维生素 B_1 的需要量也高, 一般酒席的用餐均属高热能膳食, 应适当增大维生素 B_1 的供给量。

2.维生素 B_1 能促进胃肠蠕动,增强消化功能。因为它有抑制胆碱碱酯酶分解乙酰胆碱的特性,能使乙酰胆碱更好地增强对肠胃的蠕动;维生素 B_1 还能促进胰液与胃液的分泌,所以人体多摄入维生素 B_1 对荤油食物的消化是较为有益的。

3.摄入较多的维生素 B_1 还能缓解酒精中毒,减轻因酒精过量使脑细胞受损。并且维生素 B_1 在烹调加工中也会损失一部分。因此,在配菜中注意增大维生素 B_1 的配给,对于筵席上饮酒和蔬菜缺少(指维生素 C)的问题也将是有意义的。

(三)维生素 B_2 的供给量应当相应增加

因为维生素 B_2 在食物中的分布面不太广泛, 在我国人们日常膳食中供应常不充足,在烹调加工过程中也会损失一部分。同时当人体进食脂肪量过高时,对维生素 B_2 的需要量也随之增高,当增大维生素 B_1 的供给量时,也要相应增加维生素 B_2 的供给。

(四)应注意维生素 A 的配给量

因为维生素 A 在动物性烹调原料中的分布不平衡,畜禽肉类含量很少,在植物性原料中则不含维生素 A,只含维生素 A 原(即胡萝卜素),而胡萝卜素的吸收率和转化率较低,其生理效价只相当于维生素 A 的 1/6,因此在选料和配菜时,要注意对它的配给。

(五)必需脂肪酸的配给量亦应予以注意

必需脂肪酸是组成人体的磷脂、胆固醇脂和细胞膜的重要成分,是维持细胞的正常生理功能和代谢活动所必需的营养素,它主要存在于植物油中。而饮食业大都采用动物油脂,所以必需脂肪酸往往供应不足,应当在配制菜肴时酌情增大植物油的比例,并尽量采用大豆、芝麻、花生、核桃等油料作物来入肴配菜,以弥补这一缺陷。

四、应注意汤菜、面点和水果在筵席中的作用

鸡、鱼、肉汤中都含有一定量的营养成分,还溶有"含氮浸出物"(一些能溶于水的含氮物质的总称,如肌凝蛋白原、肌肽、肌酸、肌酐、嘌呤碱和少量的氨基酸),

它能使汤汁浓稠,鲜美可口,有刺激胃液分泌、增进食欲和促进消化的作用。温度适宜时,这种作用愈加显著,所以应该讲究制汤的技术,提高汤的质量。俗话说"唱戏要好腔,厨师要好汤"。这说明制汤不仅是厨师的基本功,也说明汤在酒席中的重要地位。目前有些厨师只注重菜而不注重汤,往往是采用"汤味不够,味精来凑"的简单做法,值得注意。

习惯上,有的筵席配一道汤菜(座汤),就是在吃饭时上一道汤菜;有的筵席为变换就餐者的口味,还配一道甜汤(中汤),即插在上菜顺序的中间上席。这种"甜汤"或"座汤",既符合筵席的格式和人们饮食习惯,又合于人体消化生理的要求,应当提倡。还应当考虑,加配一道清淡鲜汤或水果汁羹(每人一小碗),放在头菜前上席(称为头汤)。这样做,可以防止进餐者进食时口干舌燥之感,又能增进消化液分泌和食欲,也是符合消化生理的。

目前有些筵席是菜肴过于丰盛,有的则不配备点心和水果,进餐者往往因油荤腻人或者因胃纳量有限而中途退席。由于很少吃米饭和面点,所以碳水化合物这类营养素就摄取得少,这与平衡膳食的要求是不相宜的。因此对主食,特别是面食点心,也应注意合理安排。面食、点心应与菜肴一样。力求花色品种多样化,感官性状良好,并且要适时或提前上席,以便吸引进餐者选食。同时应当注重席间的水果菜或餐后上水果。新鲜水果,不经烹调加热,维生素的保存率高,并且水果中还含有各种有机酸(如柠檬酸、石榴酸和苹果酸等),因此它对弥补筵席蔬菜的不足,减轻菜肴的油腻感和帮助进餐者消化及其合理营养均具有一定的意义。但筵席上的水果,应当清洗、消毒、去皮、切片、插签,然后食用,以防止致病菌、寄生虫卵及残留农药的污染和危害。

五、应注重冷盘菜、凉拌菜和雕花食品的饮食卫生

冷盘菜的操作程序与热菜不同,其配菜是在烹调和刀工之后,配好的菜不再加热(消毒),便上席食用。凉拌菜常用生冷原料制作,亦不经加热,直接食用。这样,冷盘菜和凉拌菜在制作过程中,微生物易于侵袭繁殖,稍不注意,便引起胃肠道疾病和食物中毒。因此,在制作冷盘菜和凉拌菜时,要特别注意饮食卫生,并应严格遵守食品卫生"五四"制的各项规定。

筵席上的雕花食品既供欣赏又供食用,即使是本身不作食用,但因为它非常接近食用的菜肴,也应注意卫生。特别是它在手工雕刻过程中,易遭微生物的污染,有时也不经加热便直接上席,所以要切实保证其卫生质量。

另外,有人在制作雕花食品时,过于追求色泽的美观,而滥用化学色素,也应予以纠正。应当尽量运用原料和配料本身所具有的色泽配色。

六、应注重季节特点及菜肴的烹调配合

外界气温的改变,在一定程度上,可以影响到人体热量的消耗、人体对食物的消化吸收以及人们的饮食心理状态。因此,应根据不同季节特点进行配菜。夏季,气候炎热,使人昏沉,食欲减退,热量消耗相对减少,排汗多而使水溶性维生素和矿物质损失增加,此时应减少脂肪多的肉类和菜肴,配给一些能增进消化液分泌及符合天热食欲习惯的菜肴(例如冷盘、凉菜、风味小吃、酱菜、咸菜、泡菜、卤菜、鲜汤及水果菜等),菜点应注意花色变换,口味多样,荤素相间,冷热配合,并应增加维生素(B、C)及矿物质(铁、钙)的配给。冬季,气候寒冷,人们易感饥饿和热量不足。此时必须供给足够的热量,并利用浓稠的热食物(如沙锅菜、火锅菜)御寒,在调配上可适当增加脂肪量,并注意新鲜蔬菜的配给,以防止维生素 C 和纤维素的不足。

七、应注重"荤素搭配"菜的应用与研制

(一)少配"单料菜"

单料菜是指一份菜没有辅料搭配,由单一的原料构成。由于它只包含一种菜肴原料,因此,这种菜所含营养素的种类不全,应该在配菜时尽量少配。除某些具有特色风味的单料菜外,一般都应提倡在主料中搭配辅料,特别是应注意搭配蔬菜、瓜果类。搭配辅料,能起到增补主料所含营养成分的不足或缺陷,并增添色、香、味、形的效果。这对于改善和提高菜肴的营养质量和食用价值均有一定好处。例如,烧菜类的红烧肉加土豆、萝卜等;炒菜类的炒蛋添葱头、番茄及其他蔬菜;汤菜类的氽丸子汤加绿叶蔬菜、冬瓜等,均值得提倡。在不影响传统风味的情况下,菜肴都应尽可能地加入数量不等的辅料,以求营养较为全面。

(二)适当改变"主辅料"菜的比例

主辅料菜是指这份菜肴在主要用料以外,还配以一定数量的辅助原料。目前配主辅料菜通常以动物性原料为主料(约占 2/3 或 4/5),植物性原料为辅料(约占 1/3 或 1/5)。应当酌情增大素菜在整个菜肴中所占的比例,以充分发挥素菜的营养特长,或者增添以植物性原料为主料、动物性原料为辅料的菜肴。

(三)提倡对"荤素菜"的应用与研制

从营养学的角度来看,应当提倡素菜或蔬菜的制作和应用。除对我国目前十大菜系和各个地区特有风味的素菜加以发掘、提倡外,还要依据营养学及现代科学技术的知识,应用精湛的烹饪技艺及巧妙的艺术构思来研制或创造新菜肴,尤其应注意对"荤素搭配"或"以素为主"菜肴的研制。

第三节　合理烹调

一、合理烹调的意义

合理烹调是保证膳食质量和营养水平的重要环节之一,食物在烹调过程中必

然会发生一系列的物理、化学变化。由于食物组成成分复杂和烹调方法的多样,所以食物在烹调时所发生的变化是十分复杂的综合性理化变化的过程。例如食物中一部分营养素可以发生不同程度的水解,如淀粉变成糊精,蛋白质分解成肽以及其他更小的分子。再有,加热对蛋白质的凝固,淀粉粒的加水膨胀,植物细胞间果胶的软化,细胞的破坏,水溶性物质的浸出,芳香物质的挥发,有色物质的形成等等,都会在烹调过程中发生。通过以上的各种变化,以及加入调味品的配合,可以使食品除去原有的腥膻气味,改变不好看的颜色,增加令人愉快的色、香、味等,同时也使食品更容易消化吸收,提高所含营养素在人体内的利用率。在烹调过程中,由于要进行洗涤、加热等,可将食物中存在的有害微生物、寄生虫卵等除去,起到消毒作用,使食品"无毒无害"。食物在烹调时,也可能发生一些营养素的损失破坏。例如,不大安定的维生素会在加热时失去原有的生物学活性,水溶性维生素和矿物质也会在切洗过程中溶于水内而遭受损失。因此,在菜肴烹调过程中,一方面要提高感官性质,促进消化吸收,另方面也要尽量设法保存食物中原有的营养素,避免破坏损失,这就是合理烹调。

二、食物在烹调中的变化

食品原料在烹调过程中的变化极为复杂,概括来说,可分为化学变化和物理变化两种。其变化的程度可因原料性质和烹调方法以及温度的不同而有所不同。所以必须很好掌握,以便更好地进行合理烹调,最大限度地保存菜肴的营养素,并合于色、香、味、形的要求。

(一)蛋白质变性

1.凝固作用。肌肉中的蛋白质,在受热后即开始逐渐凝固而变性,如煮熟的鸡蛋,烫过或经滑油的肉丝等。

2.脱水作用。随着蛋白质的凝固,亲水的胶体体系受到破坏而失去保水能力,因而发生脱水现象,食品原料的总重量减少。脱水作用取决于蛋白质的凝固程度,各种蛋白质的凝固温度各不相同。实验表明,脱水率随着加热温度的增高而增高。

3.缩合作用。在蛋白质发生变性、脱水的同时,伴随有多肽类化合物的缩合作用。缩合作用的直接后果是造成溶液的黏度增加。

4.水解产生动物胶。属于结缔组织的固态胶原蛋白受热水解而成为胶态的动物胶。动物胶易溶于水,当溶液中含有1%的动物胶时,该溶液在15℃左右时即凝结成胶冻。如汤包馅心中的肉皮冻、镇江水晶肴蹄的冻子、鱼汤冻子等,就是汤汁中含有动物胶的缘故。汤汁内含的胶质越多,其凝结度越强。

(二)蛋白质分解

凝固的蛋白质继续加热,即有一部分逐渐分解,生成蛋白胨、缩氨酸等中间产物,进而生成氨基酸(表21)。

表 21　　　肉类加热过程中蛋白质的分解情况

品　名	生肉中的含量 （占总氮量的%）	加热 120℃70 分钟后 （占总氮量的%）
可溶性含氮物	22.4	13.2
水溶性蛋白质	10.7	微量
水溶性多种中间体	6.0	9.0
水溶性氨基酸	1.1	1.2

在滑熘、滑炒肉类原料时,油温不宜超过 130℃。如必须用高温烹制,那么主料要用鸡蛋清或干、湿淀粉上浆而加以保护。

(三)脂肪的变化

脂肪在加热过程中质的变化较小,有一部分发生水分解作用而生成甘油及脂肪酸,因而使油脂的酸价有所增加。

(四)淀　粉

淀粉在水中加热到一定的程度,一部分就会水解成糊精。

(五)矿物质

肉类在加热过程中,其所含矿物质溶于汤水中较多。各种矿物质的流失量如下:

钾:64.4%　　　铁:6%

钠:62.5%　　　锰:10.3%

钙:22.5%　　　氯:41.7%

镁:11.5%　　　硫:7.3%

铝:58%　　　　磷:32%

(六)维生素

食物在烹调加工时损失最大的是维生素类,各种维生素中又以维生素 C 最易损失。在烹调过程中,维生素的破坏和损失可归纳为以下几个方面:

1.因溶解而损失。某些维生素易溶于水,因此,在烹调过程中用水时,这类维生素可能遭到损失。

2.因加热而损失。食物烹调时,加热可使维生素分解而被破坏,加热的温度越高,时间越长,维生素损失越多。

3.因氧化而损失。某些维生素遇空气易被氧化分解而损失。

4.因加碱而损失。多数维生素在酸性环境中比较稳定,而在碱性环境中则很容易被分解。

三、烹调对食物中营养素含量的影响

食物经过烹调后,其中营养素的含量有一定程度的改变。但是由于各种营养素的性质不同,因而在烹调中含量改变的程度也不同。就一般烹调方法而言,食物的维生素最易损失,各种矿物质次之,蛋白质、脂肪、碳水化合物在通常情况下量与质的改变不太显著。以几类主要食物为例,将其在常用的烹调情况下各种营养素含量的变化叙述如下。

(一)粮食类

1.大米。在淘洗时,搓淘可使维生素和矿物质损失,用力搓洗和淘洗次数多,均会使损失加大。但是,由于农药残留量对人体有害,从健康的观点来看,必须多次淘洗才行。至于维生素和矿物质的损失,可由副食品或强化食品来补充。水煮捞米蒸饭,弃去米汤,此法不好,水溶性物质都损失了。容器蒸饭,维生素 B_1 约损失38%。水磨糯米粉,由于米先经较长时间的浸泡,再和水一起磨,然后装入布袋中压榨除水,其所含水溶性维生素和矿物质受损失严重,另外还有一部分可溶性淀粉也随水流失。

2.面粉。用水和成面团对营养素无妨,但由于烹调方法的不同而有不同的损失。如烙饼(家常饼、多层饼等),对于维生素 B_1 的损失不显著,而对维生素 B_2 则损失约20%。用面粉加工面筋,如果洗出的淀粉水不全用,那么水溶性物质则有损失。在煮面条时,有部分水溶性维生素溶于面汤中,煮水饺也是这样,所以要喝面汤和饺子汤。如制面条时加碱,营养素的损失也大。炸油条的面团中加有碱、盐,有的地方还加矾,经高温油炸而成油条,维生素 B_1 被完全破坏,维生素 B_2 和尼克酸也损失一半左右。发酵面团加碱,可使维生素 B 族遭受损失,用鲜酵母发酵的面团对维生素却没有什么损失(表22)。

表22　米面制品烹调后维生素保存率 （%）

名　称	原　料	烹调方法	硫胺素	核黄素	尼克酸
米　饭	精制稻米	捞、蒸	17	50	21
米　饭	标一稻米	捞、蒸	33	50	24
米　饭	标一稻米	碗、蒸	62	100	30
粥	小　米	熬	18	30	67
馒　头	富强粉	发酵、蒸	28	62	91
馒　头	标准粉	发酵、蒸	70	86	90
面　条	富强粉	煮	69	71	73
面　条	标准粉	煮	51	43	78
大　饼	富强粉	烙	97	86	96
大　饼	标准粉	烙	79	86	100
烧　饼	标准粉、芝麻酱	烙、烤	64	100	94
油　条	标准粉	炸	0	50	52

由表 22 可看出,采用一般蒸、烤、烙等烹调方法,硫胺素、核黄素及尼克酸的损失都比较小。水煮面条有 30%～40% 的营养素溶于汤中。油条在制作时因加碱和高温油炸,使硫胺素全部破坏,核黄素和尼克酸损失在 50% 左右。

(二)蔬 菜 类

烹调可使蔬菜所含的维生素受到不同程度的破坏,矿物质溶于水,糖、脂肪、蛋白质一般无甚影响。受到破坏最大的的是维生素 C。一般说来,烹调对维生素的影响是;蒸比煮小;温度高、时间短比温度低、时间长小。但是有的蔬菜,如土豆、胡萝卜、花菜、白菜、四季豆、南瓜、葱及豌豆等,在适当烹调中其所含的维生素 C 反而有增加。

烹调中加碱或使用铜器对维生素有很大的损失。

生食蔬菜虽可减少维生素的损失,但缺点是消化率低,吸收率也低。若洗涤不洁,消毒不净,还有感染寄生虫病和传染病的危险。

烹调好的蔬菜再回锅加热,其所含维生素损失较大(表 23)。另外,烹调成熟的蔬菜如不及时食用,维生素也有部分损失。

表 23　几种蔬菜烹调后维生素保存率 （%）

名　称	烹　调　方　法	总抗坏血酸	胡萝卜素
绿豆芽	水洗、油炒 9～13 分钟	59	—
豇豆菜	切段、油炒 23～26 分钟	67	93
土　豆	去皮、切丝、油炸 6～8 分钟	54	—
土　豆	去皮、切块、加水小火烹 20 分钟	71	—
土　豆	去皮、油炒 5～16 分钟再加水煮 5～6 分钟	98	—
胡萝卜	切片、油炒 6～12 分钟	—	79
胡萝卜	切块、加水炖 20～30 分钟	—	93
苤　蓝	切丝、油炒 15 分钟	45	—
大白菜	切块、油炒 12～18 分钟	57	—
小白菜	切段、油炒 11～13 分钟	69	94
包心白	切丝、油炒 11～14 分钟	68	—
油　菜	切段、油炒 5～10 分钟	64	75
雪里蕻	切段、油炒 7～9 分钟	69	79
菠　菜	切段、油炒 9～10 分钟	84	87
韭　菜	切段、油炒 5 分钟	52	94
西红柿	去皮、切块、油炒 3～4 分钟	94	—
辣　椒	切丝、油炒 15 分钟	28	90

蔬菜在烹调前,由于水洗和切碎,可使一部分维生素和矿物质损失。在原料的初加工过程中,切碎的程度,切后放置的时间,切后是否浸泡或水洗,对维生素 C 和矿物质的损失都有密切的关系。一般说来,原料比较完整,切后放置的时间短,切后立即烹调,维生素 C 和矿物质损失较少,反之则损失较多。

(三)动物性食物类

1.重量。水分在加热的过程中从内部流出,原料总重量减少;如若原料本身含脂肪多,脂肪也会流出,总重量更要减少。

2.可溶性物质。食品原料中所含的矿物质、可溶性蛋白质等,从内部流入汤中,汤味鲜美。整只或大块原料,溶出物少,小块原料则溶出物多,汤味更佳,但小块原料的味道却差些。

3.维生素。不耐热的和水溶性的维生素在烹调中所受影响与蔬菜大致相同。

概括来说,肉、鱼、蛋类等动物性食物在烹调中,除维生素外,一般营养素变化不大。中国医学科学院试验结果见表 24。

表 24　不同烹调方法的动物性食物维生素保存率 （%）

食物名称	烹调方法	硫胺素	核黄素	尼克酸	维生素 A
猪　肉	炒肉丝 1.5～2.5 分钟	87	79	55	—
猪　肉	蒸丸子约 1 小时	53	13	70	—
猪　肉	炸里脊约 1.5 分钟	57	63	47	—
猪　肉	清炖:加水 5 倍大火煮沸 后小火炖 30 分钟	35	59	25	—
猪　肉	红烧:油煎 3 分钟大火煮沸 后小火烧 1 小时	40	62	50	—
猪　肝	炒:油炒 5 分钟	68	99	83	50
猪　肝	卤:大块放沸水中煮约 1 小时	45	63	45	50
鸡　蛋	炒:油炒 1～1.5 分钟	87	99	100	—
鸡　蛋	煮:整蛋煮沸 10 分钟	93	97	96	—

(四)烹调及加工方法对营养素的影响

1.烹调方法对营养素的影响。

煮:煮对糖类及蛋白质起部分水解作用,对脂肪则无显著影响,对消化作用有帮助。但水煮往往会使水溶性维生素(如 B、C 等)及矿物质(钙、磷等)溶于水中。根据实验结果,一般青菜用水煮 20 分钟,则有 30%的维生素 C 被破坏,另外有 30%溶于汤内。苋菜煮 25 分钟后,有 35%的维生素溶于汤内;其他耐热性不强的维生素 B_1 等,也会遭到破坏。煮的时候如果加点碱,则维生素 B、维生素 C 全被破坏。水煮面条有部分蛋白质和矿物质转入汤内,B 族维生素可有 30%～40%溶于汤内。所以饮食店里的青菜煮面,不仅味道好,而且营养素保存得也多。

蒸:蒸对营养素的影响和煮相似,部分维生素 B、维生素 C 受到破坏,但矿物质则不会受到损失。

炖:炖可使水溶性维生素和矿物质溶于汤内,仅维生素受部分破坏。肌肉蛋白质部分水解,其中的肌凝蛋白、肌肽以及部分被水解的氨基酸等溶于汤中而呈鲜味。结缔组织受热遭破坏,其部分分解成白明胶溶于汤中而使汤汁有黏性。烧和煨这两种烹调方法和炖差不多。

焖:此法引起营养损失的大小和焖的时间长短有关。时间长,则维生素 B 和维生素 C 的损失大;时间短,维生素 B_1 的损失即少。但食物经焖煮后消化率有所增加。

卤:此法可使食品中的维生素和矿物质部分溶于卤汁中,部分遭受损失,水溶性蛋白质也跑到汁中,脂肪亦减少一部分。

炸:由于油炸的温度高,对一切营养素都有不同程度的损失。蛋白质可因高温油炸而严重变性,营养价值降低。脂肪也因炸受破坏而失其功用。炸甚至可产生妨碍吸收维生素 A 的物质。如果烹饪原料在油炸时,外面裹一层糊来保护,可防止蛋白质炸焦。

熘:一般先炸再熘的,因原料外面裹上一层糊,在油炸时受热而变成焦脆的外壳,从而保护了营养素少受损失。软熘方法与蒸法差不多。

爆:这种烹调方法动作迅速,旺火热油,一般是原料先经鸡蛋清或湿淀粉上浆拌均匀下油锅滑散成熟,然后沥去油再加配料,快速翻炒。原料的营养成分因有蛋清或湿淀粉形成的薄膜保护,所以没有什么损失。

炒:炒是烹调方法的一大类,包括多种炒法。凡经蛋清或湿淀粉浆拌的原料,营养成分没有什么损失。配料通常是蔬菜,维生素 C 损失较大,其他也没有什么损失。干炒法则对营养素损失较大,除维生素外,蛋白质因受干热而严重变性,影响消化,降低吸收率,如干炒黄豆、干煸牛肉丝等。一般说,"旺火急炒"是较好的烹调方法。

烤:烤一般分两种,一种是明火,一种是暗火。明火就是用火直接烤原料,如烤鸭、烤方、烤肉、烧饼等。暗火就是火从火墙中穿过,不直接烤原料,此法又叫烘。烤可使维生素 A、维生素 B、维生素 C 受到相当大的损失,也可使脂肪受损失,另外直接火烤,还导致被烤食物含有 3,4－苯并芘致癌物质,烤的时间与 3,4－苯并芘的含量成正比,3 小时以下的烘烤影响很小。

熏:这种烹调方法虽然别有风味,由于用间接加热和烟熏,也存在着 3,4－苯并芘污染的问题,同时会使维生素(特别是维生素 C)受到破坏及使部分脂肪损失。

煎:煎的烹调方法用油虽少,可是油的温度比煮、炖高,对维生素不利,但损失不太大,其他营养素亦无损失。

2.加工方法对营养素的影响。

泡:盐水(有的还加入香料)浸泡过的食品,其中所含的维生素 B 和维生素 C 溶于水中而部分损失,维生素 A 和维生素 D 则没有什么损失。

腌:腌制的食品中的维生素 B、维生素 C 在腌制过程中受到破坏。腌蔬菜如雪里蕻、芥菜等的盐腌菜卤中含亚硝酸盐,用来腌肉有与加硝同样的效果。另外,腌咸鸭蛋、鸡蛋对营养素无甚破坏。腌制鸡蛋、松花蛋(皮蛋),则因在腌制中用碱,使所含的维生素受到破坏,其中维生素 B 受破坏最大。

蜜饯:这种加工方法通常用于水果和蔬菜,维生素 C 经糖浸后,则损失无遗,其他营养成分无大改变。

干制:这种方法分两种,一种直接将食物曝晒、烘干、阴干或脱水干燥。另一种是加入调味品一起风干或晒干。食物曝晒的时间愈长,维生素 B 受破坏就愈大;氧化时间愈长,维生素 A、维生素 C 受破坏就愈大。烘干和阴干的时间愈长,氧化程度就愈大,维生素 A、维生素 C 破坏也愈大。脱水干燥法是将食物置放于特殊容器内加热(低温),并用抽气设备减低容器内的压力,使食物中的水分在低温下蒸发,此法对一切营养素均无显著破坏,特别是维生素 C 受破坏也不多。风干是食物加调味品搓擦后,置于阴凉通风处风干,如风鸡、风鱼等。此法可使肉中的组织蛋白酶对肌肉蛋白质起部分消化作用,使肌肉变得柔软,产生特殊芳香,对维生素 A、维生素 B 无多大损害。腌咸肉干燥时间过长,可使脂肪产生哈喇味。

(五)食物在烹调中减少营养素损失的措施

食物烹调时营养素的损失,虽然不能完全避免,但在烹调过程中,要根据现有的知识,尽量设法保存更多的营养素,从而达到合理烹调的目的。

1.保护措施

(1)上浆挂糊。原料先用淀粉和鸡蛋上浆挂糊,烹调时浆糊就在原料表面形成一层外壳(保护层)。一则可使原料中的水分和营养素不致大量溢出,以减少营养素与空气接触的机会,因而营养素受氧化损失亦减少;再则,原料受浆糊层的保护(间接传热),不会因高温而使蛋白质过于变性,又可使维生素少受高温分解破坏。因此,这样烹制出的菜肴味道鲜嫩,营养素保存较多,消化吸收率也较高。

(2)加醋。很多维生素不怕酸,酸能保护食物原料中维生素少受氧化。凉拌蔬菜宜提前放醋,烹调动物性原料,亦可先放醋,如红烧鱼、糖醋排骨等。先放醋还可使原料中的钙被醋溶解得多一些,从而促进钙在人体内的吸收。骨头敲碎成段加醋少许煮汤,可促进钙的溶解和吸收。煮粥时,为了增加黏稠度,煮牛肉、豆类、粽子时,为了加速熟软,而加碱烹调,会造成食物中维生素和矿物质的大量损失。因此,在烹调各种食物时,应尽量不加碱。

(3)酵母发酵。制作面食时,应尽量使用酵母发酵面团。面团经过酵母发酵后,不仅可增加面粉的 B 族维生素等,还可破坏面粉所含的植酸盐,以减少对某些营养素消化吸收的不良影响。制作面食时,应尽量少加碱或不加碱。有些面食在发酵时产酸过多必须加碱中和时,则以能中和过多的酸度为准,不宜多加,否则会使维生素 B₁、维生素 C 等大量破坏损失。面食采用蒸和烙的方法,维生素损失较小;而煮和炸的方法,维生素损失较大。

(4)勾芡。勾芡亦可减少营养素的损失。这是因为淀粉中含有谷胱甘肽,其所含的硫氢基(—SH)具有保护维生素 C 的作用,有些动物性原料(如肉类)中也含有谷胱甘肽。所以,肉类和蔬菜在一起烹调是一种好的方法。

2.操作措施

(1)清洗。各种食物原料在烹调前要清洗。清洗能减少微生物,除去寄生虫卵和杂物,有利于食物的卫生。米在淘洗时,应尽量减少淘洗次数,不要流水冲洗或用热水淘洗,并避免用力搓洗,这样可减少维生素和矿物质的流失(如果米面有可疑霉变或农药残留,则应用温水多次搓洗)。各种副食原料在清洗时,不要改刀后再洗,不要在水中浸泡,洗的次数不宜过多,洗去泥沙即可。

(2)切配。各种副食原料应清洗后再切配,以减少水溶性营养素的流失。原料切块要大,如果切得太碎,则原料中易氧化的营养素与空气的接触机会增多。因此,这些营养素的氧化损失也必然增多。原料应尽量做到现切现烹,现做现吃,以保护营养素少受氧化损失。对烹调原料切配的数量,应当计算准确,如果原料切配得过多,不及时烹调或食用,则会增大营养素在保存期的氧化损失。例如:蔬菜炒熟后,放置 1 小时,维生素 C 损失 10%;放置 2 小时则损失 14%;5 小时后再回锅烹煮,其损失率则更严重。

(3)水烫。由于烹调的需要,有些蔬菜原料要经水烫处理。操作时一定要火大水沸,加热时间宜短,操作迅速,原料分次下锅,使水温不致降得过低。由于火旺水很快又沸,原料在沸水中翻个身就可捞起,这样不仅能减轻原料色泽的改变,同时可减少维生素的损失。例如:蔬菜原料含有某些氧化酶易使维生素 C 氧化破坏;而氧化酶仅在 50℃～60℃时的活性最强,温度若达到 80℃以上则活性减弱,或被破坏。经试验测定,原料如此出水后,维生素 C 的平均保存率为 84.7%。又如土豆放入热水中煮熟,维生素 C 约损失 10%,若放在冷水中煮熟,维生素 C 则可损失 40%。蔬菜在沸水烫后虽然会损失一部分维生素,但也能除去较多的草酸,而有利钙在体内的吸收。原料出水后,不要挤去汁水,否则会使大量水溶性营养素流失。例如,白菜切后煮 2 分钟捞出,其营养成分即被破坏。原料(一般是大块原料)在投入水中时,因骤受高温,蛋白质凝固,从而保护内部营养素不致外溢,否则,水溶性物质跑出,脂肪流失。

(4)旺火急炒。减少营养素损失的烹调原则:菜要做熟,加热时间要短,火大油热快炒是符合这个原则的。各种副食原料通过旺火急炒,能缩短菜肴的成熟时间,便可使原料中营养素的损失率大大降低。例如,猪肉切成丝,旺火急炒,其维生素 B_1 的损失率为 13%、维生素 B_2 为 21%、维生素 PP 为 45%;而切成块用文火炖,则维生素 B_1 的损失率为 65%、维生素 B_2 为 41%、维生素 PP 为 75%。再如,西红柿去皮切成块,经油炒 3~4 分钟,其维生素 C 的损失率只有 6%;而大白菜切成块,油炒 15 分钟,其维生素 C 的损失率则可达到 76%~96%。同时在旺火急炒时加盐不宜过早,过早则渗透压增大,会使水溶性营养物质跑出而遭受氧化或流失。

第四节 预防食物中毒

食物中毒是人们由于吃了各种有毒的食物而引起的中毒性疾病,多数以急性肠胃炎症状为主要特征。

一、食物毒性产生的原因

第一,食物在加工、运输、销售等过程中受到致病性微生物的大量污染(如沙门氏菌和条件致病菌的污染等)。

第二,食物受细菌污染后产生大量细菌毒素(如葡萄球菌肠毒素和肉毒杆菌毒素等)存在于食物中。

第三,有毒化学物质污染并达到中毒的剂量(如农药、金属和其他化学物质等)。

第四,食物本身含有有毒物质(如土豆中的龙葵素、毒蕈、毒鱼类等)。

凡是吃了有毒的食物,均有可能引起食物中毒。

二、食物中毒的特点

不论是细菌性中毒或是非细菌性中毒,一般都具有很多共同的特点,如潜伏期较短,突然地和集体地爆发;多见于急性胃肠炎的症状和某种食物有明显关系;其流行范围和可疑食物的分布相符合,停止食用这种有毒食物或是除去污染源后发病也停止;食物中毒的病人和健康人之间不直接传染等。

三、食物中毒的种类、症状及预防

食物中毒的种类很多,按病原学的分类方法可分成 3 大类:

(一)细菌性食物中毒

细菌性食物中毒,一般在食物中毒中占有较大的比重。引起细菌性中毒的食品主要是动物性食品(如肉类、鱼类、奶类和蛋类等)和植物性食品(如剩饭、糯米凉糕)。豆制品、面类发酵食品亦可引起细菌性食物中毒。

细菌性食物中毒多发生在气温较高的季节,即 5~10 月份。其发生的规律,往往是食品被致病细菌污染后,在适宜的条件下(如温度、水等),细菌在食品中大量繁殖。食用前对食品加热不彻底或加热后又受到细菌污染,吃了这样的食品就有可能发生食物中毒。在夏季,肉类表面已经发绿(此即受细菌污染了),用水洗洗又做烹调原料,这样很容易引起食物中毒。

1.沙门氏菌属食物中毒。沙门氏菌属食物中毒在我国城乡时有发生,在细菌性食物中毒中占有较大的比重,是预防食物中毒的重点。

沙门氏菌属食物中毒多由动物性食品特别是肉类而引起,如肉馅、肉冻等。此外也可由鱼类、家禽类、蛋类和奶类食品引起。由植物性食品如豆制品和糖果、糕点等而引起者较少。肉类等动物性食品营养丰富,含水分多,含盐量少,酸碱度接近中性,再加上适宜的温度,细菌就可能大量繁殖(在18℃~20℃时大量繁殖,37℃时繁殖最快)。因沙门氏菌不分解蛋白质,被沙门氏菌污染的食品通常没有感官性质上的变化,易被忽视。所以在食品卫生鉴定时,对于没有感官性质变化的肉类食品也应予以注意。

沙门氏菌属食物中毒潜伏期为12~24小时,有时可短到几个小时,长至2~3天。中毒后多表现为急性肠胃炎症状。开始恶心、头痛、全身乏力、脸色苍白、出冷汗,以后出现腹痛,多数病人发热。病程长短取决于病情轻重,多为3~7天,一般不会死亡。

沙门氏菌污染肉类食品分两个方面:一是宰前感染,就是猪、牛、羊等宰前患病带有沙门氏菌;另一方面是宰后污染,就是从宰杀到烹调处理的各个环节中受到污染。这种污染因素很复杂,如水、土壤、冰块、炊具、容器等接触已被污染过的食品,苍蝇、老鼠和带菌的人等都可造成食品污染。

造成沙门氏菌属食物中毒有3个基本因素:首先是肉类等动物性食品被污染;其次是沙门氏菌在食品中大量繁殖;最后是加热处理不彻底,未能消灭病原体。从这3个基本因素来看,加强卫生管理,防止食品受污染是积极措施,将被污染的食品彻底加热是重要的手段(加热至70℃时保持5分钟沙门氏菌就死亡)。对于有污染怀疑的肉类,烹调时不要讲究鲜嫩,一定要高温烹调。此外,还要将食品原料及时放进冰箱保存。

2.致病性大肠杆菌和变形杆菌属食物中毒。大肠杆菌、副大肠杆菌和变形杆菌属等,在一般情况下是非致病菌,只有在某些特定情况下,才具有致病性,因此,又称"条件致病菌"。

大肠杆菌属和变形杆菌属广泛存在于自然界中(如土壤、污水等)。一般认为,这类致病菌引起的疾病多是感染型食物中毒,是由于随食物摄入大量活的致病的菌株而引起的。引起中毒的食品,主要是动物性食品(肉类、水产类),也见于蔬菜和豆制品等。据研究报道,引起食物中毒较多的是熟肉类(熟内脏、猪头肉、鱼制品、鸡制品)和凉拌菜等。

熟肉类和凉拌菜都是在食用前不再加热的食物。如果原料不新鲜、不卫生，就很可能带有这类细菌，当烹调加热不彻底，或虽是新鲜原料但在烹调加工时受到污染，如生熟食品没有严格分开，都可引起食物中毒。在引起中毒的食品中，以熟后污染的肉类和凉拌菜较为多见，特别是切成小块的熟肉类，如熟肉、卤肉、卤猪杂碎等。

这种食物中毒的症状与沙门氏菌属基本类似。其预防措施是：①认真贯彻执行卫生"五四"制，做到生熟分开，防止交叉污染。②对生熟原料食品购进后要及时加工处理，并及时放入冷藏设备中，如无冷藏设备，可放于阴凉通风处并盖上清洁的芹菜叶或大葱叶。③烹调时要充分加热，对存放时间稍长的熟料，在食用前应回锅加热，特别是已经过夜存放的熟料必须回锅。总之，预防措施可归纳为三点：即防止污染、控制细菌繁殖和彻底消灭病原体。

3.副溶血性弧菌食物中毒。副溶血性弧菌广泛分布于海水中，这种菌在食盐浓度为3%～3.5%时，最适宜生长繁殖，故又称为致病性嗜盐菌。副溶血性弧菌食物中毒在我国沿海地区发生较多，又以6～8月发病为最多。

副溶血性弧菌食物中毒主要由海产食品引起(如鱼、蟹等)，肉类、家禽和蛋类食品亦可引起。另外，还有报告说由卤菜和食盐也可引起这类中毒。

副溶血性弧菌在干燥的食盐中能活几天，在含盐10%以下的卤菜上能存活一个月以上。其中毒的主要原因是：①生吃海产品和食用凉拌菜。②海产鱼虾没有充分加热，或是半熟的鱼虾，在适宜的温度下放置较长时间，有的经过交叉污染，在食用前又未回锅加热。③熟食品(主要是卤菜)熟后污染，又在适宜的温度下放置时间较长，食前未回锅加热。

预防措施：凡接触海产食品的手、容器和用具等，应及时消毒，防止交叉污染；用低温来保存海产食品，因副溶血弧菌在10℃以下即停止生长，在2℃～5℃以下即逐渐死亡；这种菌在酸性条件下，不能生长，如凉拌海蜇，在食用前将海蜇用醋浸泡10分钟即可杀灭细菌，对海蟹则需旺火蒸半小时，食用时还要蘸姜末醋同食；蚶子在食用前要先用淘米水浸泡，再多清洗几次，食用时一定要加醋。

4.葡萄球菌肠毒素中毒。细菌毒素中毒是由于某些细菌在食物中生长繁殖而产生的外毒素引起的，它与活菌感染的食物中毒不同。这种中毒的症状主要是：激烈的反复呕吐和上腹部疼痛，腹泻多是1～2次，体温一般不高。

实验表明，该菌在含蛋白质和淀粉比较丰富的食品中最易繁殖，并大量产生毒素。例如，被葡萄球菌污染的生肉馅在37℃下，经18个小时，即能产生毒素；当肉馅中加入50%馒头屑后，在同样温度下，只经过8小时即能产生毒素。饮食行业制作肉食品较多，不仅含蛋白质多，有的还加入一定量淀粉(上浆挂糊)，更应引起注意。除肉类食品易引起中毒外,还有报告说糯米凉糕、凉粉、剩米饭、剩米酒等,也易引起葡萄球菌肠毒素中毒。

葡萄球菌耐热不耐寒。在预防时要注意:①防止污染和防止肠毒素的形成,对易腐食品和加工后的熟食品要低温贮藏。②剩饭要弄松散,放阴凉通风干净处。食用前必须彻底加热,或是蒸30分钟,或是同生米一起再煮,不可用剩饭同面粉一起发酵做馒头。

5.肉毒中毒。肉毒中毒是由肉毒杆菌在食物中生长繁殖产生毒性很强的外毒素所引起的。一个成年人吃进0.01毫克的毒素就可以致命。肉毒杆菌生长繁殖的条件必须有厌氧环境、适宜温度(保证在15℃~55℃,最适宜的温度为25℃~37℃)和适宜的食品。

在我国引起此类中毒的食品,以家庭自制的豆酱、臭豆腐为最多,其次为面酱和豆豉等。肉类罐头、腊肉、香肠、熟肉等,也曾经引起过中毒。

肉毒中毒的症状,主要是引起神经麻痹,先是眼肌麻痹,以后出现咽肌、胃肠肌等麻痹,体温和脉搏成反比。这类中毒死亡率高。

肉毒菌及其芽孢常随泥土或动物粪便污染食品。因此对于原料的贮存、运输,一定要严格执行卫生制度,减少污染。在加工前一定要清洗,生料和熟料都要冷藏保存,发酵腌制的食品和熏制食品,应选用优质原料。由于肉毒杆菌毒素不耐热,对食品应充分加热(如香肠、火腿等),一般认为在80℃下加热30~60分钟即可破坏毒素。

(二)有毒动植物中毒

1.河豚鱼中毒。我国古代有不少诗词称赞河豚鱼的美味,可是也有不少关于食用河豚鱼中毒和解毒方法的记载。如明朝医学家李时珍在《本草纲目》中记载:"河豚鱼有大毒,而云无毒何也?味虽珍美,修治失法,食之杀人"。根据现在的科学研究,认为河豚鱼中毒主要是由于河豚毒素和河豚酸引起,此外还有卵巢毒素和肝脏毒素,以卵巢毒素的毒性最强。有的河豚鱼的肉也有毒,如虫纹河豚、暗色东方豚和双斑东方豚等。一般河豚鱼的肌肉无毒,其他组织则有毒,如卵、卵巢、皮、肝、肾、肠、脑、髓、鳃、眼睛、血液等,都含有强弱不等的毒素。

国家卫生部门除大力宣传,使广大群众了解河豚鱼的形态特征及其危害性,防止误食中毒外,还规定水产部门统一收购鲜河豚鱼,去掉鱼头和内脏,剥去鱼皮,并将肌肉反复冲净后加工制成盐干品,再经检验鉴定合格后方可出售。对不新鲜的河豚鱼,不得加工成盐干制品,因为腐烂的鱼的内脏毒素已经侵入肌肉里,故不能加工食用。还规定鱼头、内脏和皮不得随意丢弃,要妥善处理。

在我国,由于卫生部门加强了管理,河豚鱼中毒基本得到了控制。在资本主义国家(自日本海至印度洋),每年因食河豚鱼中毒而死的人为数甚多。

2.鱼类食品引起的组胺中毒。组胺是蛋白质的分解产物,也就是鱼肉中组胺酸在脱羧酶的作用下,脱去羧基即成组胺和秋刀鱼素。当鱼不新鲜或腐败时(亦即受细菌污染使组胺酸脱羧),所含组胺增高,食用后即可引起组胺中毒。

一般鱼类食品是引起组胺中毒的主要食品。其他食品虽经细菌污染,但不易产生大量组胺。经有关部门检验认为,青皮红肉的鱼含组胺多,如鲐鱼(又名鲐巴鱼、青花鱼等)、沙丁鱼、金枪鱼等。淡水鱼中的鲤鱼含组胺也不少。

组胺是碱性物质,加醋可减少其含量。据研究,容易产生组胺的鲐鱼等进行烹调时,如加入雪里蕻或山楂(500克鱼加25克),然后进行清蒸或红烧,可使鱼中组胺显著下降。总之,烹调鱼时要加醋,另外腐烂变质的鱼,切勿食用。

3.毒蕈中毒。蕈是高等菌类,又名蘑菇或蕈子和香菌。有的可食,有的不可食。我国的蕈类资源很丰富,由于蕈类味道鲜美,且有一定的营养价值和药效,因此大家都喜欢食用。除野生蕈外,还有人工培植蕈。毒蕈中毒往往是因误食采集的野生毒蕈引起的,多发生在夏秋季节。

毒蕈的有毒成分较为复杂,一种毒素往往存在于几种毒蕈中,一种毒蕈又可能含有多种毒素。毒蕈中毒时,往往是几种毒蕈混合食用,故症状较为复杂,如不及时抢救,死亡率较高。

关于食用蕈和毒蕈的鉴别,目前尚缺少精确可靠的方法。有人认为,毒蕈有以下几个特点:菌体具有各种色泽,很美丽,菌盖有肉瘤,菌柄上有菌环和菌托。菌体多数柔软多汁,汁浑浊如牛奶,弄破后显著变色,采集后也易变色,菌体表面黏脆,多生于腐物或粪肥上。菌体与灯芯共煮可使灯芯变成青绿色或紫绿色,若与银器共煮,可使银器变成黑色。食之味多辛酸且苦辣。但是这些特点并不全面,并非一般规律。有的毒蕈是如此,但也有的不是这样,而的确是毒蕈。现将几种常见毒蕈分述如下:

(1)蝇蕈。又名扑蝇菌、扑蝇鹅膏、蛤蟆菌等,其有毒成分为蝇菌碱等。形态特征是:菌盖表面圆而扁,色鲜艳,为鲜红、橙红、橘黄,具有白色鳞片,还有黄色或白色的瘤状突起,菌柄(俗称伞把子)生有菌环,形如袖口,其膜质下垂,白色至淡黄色。我国东北吉林和黑龙江省一带地区的山地森林中可见到。蝇菌碱是生物碱,有剧毒。

(2)裂盖毛锈伞蕈。又名裂丝盖菌,其有毒成分为蝇菌碱等。形态特征是:菌盖宽2~3厘米,圆锥形或钟形,伸展后中央凸起,有丝状毛,后期有辐射状开裂。色赤酱,菌肉白,边薄中间厚,菌柄圆锥形,无菌环和菌托,内部实,色近白色。我国华北各地和湖北、江苏等省有之。

(3)白帽蕈。又名白毒菌、春生鹅膏、白鹅膏等,其有毒成分为毒肽类。形态特征是:菌体初生如鸡蛋形,长成菌伞后为镜形,老后平展,菌褶白色,菌柄也是白色,因全部白色,无其他杂色,较易识别。菌体较细长,孢肥大。河北、河南、江苏、安徽、江西、吉林、广西等省、自治区均有。

(4)飘蕈。又名蒜叶菌、鬼笔鹅膏菌、天狗菌、绿帽菌等,其有毒成分为毒肽类。形态特征与白帽蕈相似,菌伞扁平,表面有细纤毛,色灰绿或橄榄绿色,菌褶白色或带绿色,菌柄白色有波纹,上部有一菌环,下部有一粗大瘤囊孢。福建、广东、广西等地有之。

(5)褐磷小伞蕈。其有毒成分为原浆毒,可能还含有毒菌溶血毒。形态特征是:菌盖如伞形,上有褐色鳞片状斑点,菌柄淡紫色。上海、湖北等地生长。

其他毒蕈还有假芝麻菌、牛屎菇、黄色晕菇、毒红菇、臭晕菇、毛头乳菌、牛肝菌属的一部分品种等等。

预防毒蕈类中毒,应从菌类的采集、收购、销售和加工等各个环节加以控制。饮食业应当只食用某些在经验中业已证明无毒的蕈类。对可疑的蕈类,应送卫生部门化验鉴定。

4.毒鱼类中毒。我国鱼类资源丰富,有 2000 余种,其中海产鱼类有 1500 余种,淡水鱼类 700 多种。绝大部分的鱼可供食用,但有的鱼类的肌肉或内脏等含有毒素,误食后便会中毒,严重者危及生命,每年都有因误食毒鱼而中毒的事件发生。现分述如下:

(1)肉毒鱼类。肉毒鱼类含毒原因十分复杂,有些鱼类在某一地区是无毒的食用鱼,但在另一地区则成为有毒的鱼;也有平时无毒,在生殖期则产生毒素;有的幼体无毒,而大型个体却有毒。对其毒素形成,较普遍的看法是鱼类毒素的产生与摄食习惯有关。如藻食性肉毒鱼类摄食含毒的藻类,而将毒素积聚在体内,但毒素本身对鱼无毒。这类毒鱼被食肉性凶猛鱼类捕食,毒素也就转移在它的体内,于是这两类鱼都有毒了。肉毒鱼类是指生活在热带海域,肌肉和内脏含有"雪卡"毒素的鱼。"雪卡"毒素对热十分稳定,是不溶于水而溶于脂肪中的外因性和积累性新型神经毒素。具有胆碱脂酶的阻碍作用,与有机磷农药毒性相似。

我国的肉毒鱼类约 20 多种,分布于南海的有:花斑裸胸鳝,肉有毒;斑点九棘鲈,肉有轻毒;棕点石斑鱼,肉有微毒;侧牙鲈,肉有轻毒;白斑笛鲷,肉和内脏均有毒。分布于东海和南海的有:黄边裸胸鳝和斑点裸胸鳝,肉有剧烈毒性;云斑节鳡虎鱼,皮肤、内脏、肌肉均有毒,以皮肤毒性最大。

(2)有毒鱼类。有毒鱼类是指其内脏含有河豚毒素的鱼。以闭目科东方属俗称的河豚鱼最具有代表性。我国的有毒鱼类分布于沿海,少数种类上溯江河,共有 40 余种。但渤海湾里的绿鳍马面鱼俗称"象皮鱼""剥皮鱼",无毒,供鲜食或制咸干品;非食用部分(皮等),还可加工制成饲料。

(3)血毒鱼类。血毒鱼类是指血液中含有鱼血毒素的鱼。鱼血毒素能被热和胃液所破坏,故煮熟后食用不会中毒,大量生饮鱼血才会中毒。

我国血毒鱼类现仅知两种,即广泛分布于江河中的鳗鲡和黄鳝。民间说黄鳝滋补强身。生喝鳝血能长劲。经动物实验证实,其血清有毒,如以新鲜鳝血对小白鼠进行腹部皮下注射,数小时后即开始死亡。

生饮鱼血的中毒症状为腹泻、恶心、呕吐、皮疹、紫绀、感觉异常、麻痹和呼吸困难等,严重者可危及生命。口腔黏膜触毒鱼血时,局部黏膜潮红,唾液过多,并有烧灼感。眼部则为结膜变红,重度烧灼感,流泪和眼睑肿胀等。

(4)胆毒鱼类。胆毒鱼类是指鱼胆有毒的鱼类。我国部分地区有吞服鱼胆治病的习惯,认为胆有"清热解毒""明目""止咳平喘"的功效。据不完全统计,1970~1973年我国胆毒鱼类中毒病例仅次于河豚鱼中毒,而居有毒鱼类中毒第二位。中毒地区主要发生在长江下游,如上海、江苏等地。

具有胆毒的鱼类是鲤科鱼类,即青鱼、草鱼、鲤鱼和黑鱼等。这种鱼类胆汁有毒,烹调时都要除去胆,切勿认为胆具有一定的药效而误服之。中医常将青鱼胆干燥后作为外用药。

5.木薯中毒。烹调中使用的淀粉,有一种是木薯淀粉,质地细白、干爽、无毒。我国南方的广东、广西、湖南、江西等省、区,普遍种植木薯。其食用部分是块根,内中含有大量淀粉和少量蛋白质、脂肪和维生素等成分。木薯的块根中含有一种氰苷,如在食用前处理不当,易引起食物中毒。

预防木薯中毒,除在种植时选取毒性较低的品种外,在食用前必须剥去薯皮,洗涤薯肉,以除去部分有毒物质。煮木薯时不盖锅盖,使木薯中的氢氰酸(有毒物质)蒸发。然后捞出用水浸泡再行蒸煮,方可食用。

6.含氰苷果仁中毒。有些果仁中含有氰苷(有毒物质),如苦杏仁、苦桃仁、苦扁桃仁、樱桃仁、枇杷仁、梅仁、李子仁和苹果仁等,如误食之,即可能发生中毒。含氰苷果仁中毒事件已屡见于国内外的报道,其中以苦杏仁中毒较为多见。多发生于儿童生吃这些核仁,或不经医生处方自用苦杏仁煎药治小儿咳嗽而引起中毒(表25)。

含氰苷果仁水解后,产生氢氰酸(剧毒),氢氰酸遇热易挥发。我国有些地区爱喝杏仁茶,是将杏仁磨成浆再煮熟,使氢氰酸挥发掉,即可免中毒。甜杏仁因含氰苷量很少,故可放心使用。苦杏仁炒熟后可去毒。

7.白果中毒。白果又名银杏,是人们喜食的零食和烹调常用的原料,多食则可引起中毒,多发生于儿童。

关于白果的毒性问题,我国古代即有记载。据李时珍《本草纲目》记载:"白果食满千个者死";又"昔有饥者,食以白果代饭食饱,次日皆死也。"

白果中毒的原因尚未完全明了,其有毒成分认为是银杏酸、银杏酚。加热后能

表 25　各种核仁毒性和致死量

核 仁种 类	含 毒成 分	含毒量	相当于氢氰酸含量	致 死 量
甜杏仁	苦杏仁苷	0.11%	0.0067%	10～25 克(相当于 20～50 粒)/ 千克体重
苦杏仁	苦杏仁苷	3%	0.1～0.25%	0.4～1 克(相当 1～3 粒)/ 千克体重
苦桃仁	苦杏仁苷	3%	0～17%	0.6 克(相当 1～2 粒)/ 千克体重
枇杷仁	苦杏仁苷	0.4～0.7%	0.023～0.041%	2.5～4 克(相当 2～3 粒)/ 千克体重

使毒性减弱。白果中毒与食者年龄、身体抵抗力强弱和所食数量、食用方法(如炒、煮、蒸)有密切的关系。

预防白果中毒,在于食用时一定要加热,还要少食,切不可生食。

8.四季豆中毒。四季豆又名豆角、梅豆、菜豆、芸豆等,是人们经常食用的蔬菜。凡炒得不够熟透的四季豆,食后就有中毒的可能。关于四季豆中毒事件国内各地已有报道,认为中毒原因和豆角的品种、产地、季节以及烹调方法有关。据西安市卫生防疫站调查,发生食物中毒的品种为架生白菜豆和矮生菜豆等。

引起四季豆中毒的物质有两种:一种是皂素(皂苷),一种是豆素。豆素为豆类的毒蛋白,具有凝集红血球(红细胞)和溶解红血球的两种作用,该毒素经长时间煮沸后则被破坏,加热不彻底或生食四季豆,可引起吐泻和出血性肠炎。

预防四季豆中毒,在烹调时,宜将四季豆放在开水中烫后再做菜;如做凉拌梅豆,必须在开水中煮 10 分钟以上才行。

9.鲜黄花菜中毒。黄花菜又名金针菜,是人们熟知的一种蔬菜。近十几年来,国内有些地区已有关于食用鲜黄花菜中毒的报道,引起了人们的注意。

鲜黄花菜中毒与食用方法和食用量有关。中毒原因主要是多量进食未经煮泡去水或急炒加热不彻底的鲜黄花菜所致。据报道,黄花菜中含有秋水仙碱,其致死量是 3～20 毫克。秋水仙碱本身无毒,在胃肠吸收缓慢,但在体内被氧化成为二秋水仙碱,有剧毒。预防措施:在食用鲜黄花菜时,必须用开水烫后捞出沥干水分,再加以烹调,或是先用水浸泡,然后再彻底加热也行。

干黄花菜是将鲜黄花菜蒸煮后晾干而成的,无毒。

10.其他食物中毒。

(1)苦瓠子中毒。其有毒成分尚未明了。有人认为是苦瓠子苷。为预防苦瓠子中毒,在购买瓠子或加工时,要用手指甲抠一小块放在嘴里尝尝,味不苦再买或加工。

(2)黑斑甘薯中毒。黑斑甘薯味苦,其中毒成分未明。我们在日常生活中,要注意保存甘薯,防止霉变,不要吃已经有黑斑、发霉、发硬的甘薯和甘薯干。

(3)发芽土豆中毒。保存不善的土豆会长芽,此芽和芽周一小部分有毒,食之麻嘴,其有毒成分是龙葵素。遇有发芽的土豆一定要将芽和芽眼周围挖去,烹调时还要煮透。保存土豆要放在干燥的阴凉处。

(三)其他方面中毒

1.砷中毒。砷的化合物一般都有毒,如三氧化二砷(俗名砒霜、白砒、信石等)有剧毒。三氧化二砷为白色粉末,无臭、无味,容易与面粉、食碱、白糖等混淆而被误食。引起砷中毒的原因:

(1)食品原料中含砷量过高。如化学酱油,是用盐酸分解含多量蛋白质的原料,再用碱来中和而成,如在生产中使用不纯的盐酸和碱,就使酱油中含砷量过高。1947 年日本曾发生酱油引起的砷中毒。

(2)食用色素和有机酸(如柠檬酸)的生产中,能混入砷。

(3)用砷化物杀虫剂杀灭蟑螂或老鼠以及在水果、蔬菜上灭虫致污染食品。

为预防砷中毒,烹调菜肴不用化学酱油。食物与药物分开房间置放,以免误用。对污染的食品,先浸泡半小时再清洗。

2.铅中毒。

(1)锡制器皿常是锡铅合金制作的,如锡酒壶、酒桶等,如放置时间长和温度较高,食品或饮料的含铅量就会增加,所以不要用锡酒壶烫酒和用锡制酒桶长期装酒。

(2)锡铅合金器皿,不要用来盛放醋或其他有机酸,因为酸能与器皿起分解作用,致含铅量增加,污染食品或原料。

(3)劣质陶釉或劣质搪瓷器皿,不要用来长时间盛放食品,更不要盛放酸类如醋等,因为它们可使食品含铅量增加。盛放调味品容器要买优质的。劣质陶釉是因在制作中加入过量的氧化铅,以降低其熔点,使制造简便,可是多余的氧化铅遇酸分解,以致污染食品,使含铅量增加。劣质搪瓷是因不遵守制作配方,以致含有少量的铅化合物,遇酸能分解而污染食品。

3.锌中毒。锌中毒是由于镀锌容器或机械中的锌混入食品而造成的,锌易溶于酸性溶液,醋酸、柠檬酸等对锌的溶解度相当大。溶解后的锌以有机盐的形式存在于食品中,吃了这种食品即可引起中毒。我国曾有用镀锌白铁容器盛煮酸性食品,时间过久而发生锌中毒者,如用镀锌铁桶制作柠檬水、酸梅汤和醋拌凉菜等。据报道,成年人一次摄入 80～100 毫克的锌盐即可中毒,小儿对锌盐中毒更敏感。

有的饭店用镀锌白铁桶当汤锅用,有的用来盛放稀汤类品种如汤菜、辣汤等,用后一定要洗净,干燥放置。有盐的稀汤类品种用镀锌白铁桶盛放时间不宜过久(表26)。

表 26　几种液体放置在镀锌铁桶里的含锌量 (毫克 / 升)

种　类	放置 17 小时后	放置 41 小时后
自来水	5	21
蒸馏水	9	27
汽　水	193	281
牛　奶	438	1054
橘子水	530	854
柠檬水	1411	2700

从表 26 即可看出,几种液体放置时间与含锌量的关系。放置时间愈长,含锌量愈大;液体酸性大,含锌量也大。

4.亚硝酸盐中毒。据有关资料报道,腐烂的蔬菜最易形成亚硝酸盐。腌肉制品如咸肉、香肠等,为了使肉红色显色快和红色深,用了过量的硝酸盐、亚硝酸盐(俗称快硝),食后可引起中毒。用不洁净的器皿盛熟菜(蔬菜),存放时间过久,细菌大量繁殖,可生成亚硝酸盐。

亚硝酸盐中毒量为 0.2～0.5 克,致死量为 3 克。为预防亚硝酸盐中毒,在日常工作中必须妥善保管蔬菜,不吃腐烂的蔬菜,剩的熟菜不要存放过久。不用苦井水蒸饭。腌咸菜的食盐在 12%浓度以下的易产生亚硝酸盐。有些人腌菜怕咸,放盐少,这样不仅易形成亚硝酸盐,且到立春后菜易变酸变臭。腌肉最好不要放硝,而要多放点盐。腌咸菜要腌透,至少要腌 1 个月以上再食用。减少亚硝酸盐和亚硝基化合物的危害,专家建议,一方面要减少摄入量,包括多吃新鲜的蔬菜和肉类;少吃或不吃腌腊制品、酸菜;不吃腌制时间在 24 小时之内的咸菜;胡椒和辣椒等调味品与盐分开包装;不喝长时间煮熬的蒸锅剩水。另一方面要阻断亚硝酸盐向亚硝基化合物转化。如低温保存食物,以减少蛋白质分解和亚硝酸盐生成;多吃一些含维生素 C 和维生素 E 丰富的蔬菜、水果以及大蒜、茶叶、食醋等。

5.碳酸钡中毒。安徽省和江苏省先后发生过几起碳酸钡中毒事件,引起了人们的关注。

碳酸钡是制造杀老鼠药的主要原料。它的颜色与食碱相同,易混淆。另外食碱的学名叫碳酸钠,也仅一字之差。

安徽省的中毒事件是以碳酸钡当作碱用来在发酵面团中施碱做包子,结果引起中毒。

江苏省中毒事件是在和油条面时,把碳酸钡当作食碱放入而引起中毒。

预防措施：食物与杂物、药物要分开置放。在和面用碱时要注意观察，施碱后面团的性状若与平时不同，即应考虑到购买来的碱有无问题。

第五节　　饮食卫生

饮食行业与人民群众的生活有着密切的关系。加强饮食卫生管理，对提高食品质量，防止食品污染，预防食品中有害因素引起食物中毒，防止肠道传染病和其他疾病的传染，增进人民身体健康，更好地为四个现代化服务，具有重要作用。

由饮食品不卫生引起的传染病很多，主要有伤寒、痢疾、霍乱、传染性肝炎、食物中毒及肠道寄生虫病等。

导致饮食品不卫生的因素(在饮食行业)主要是食具消毒不严格，环境(包括厨房、餐厅、贮藏室、冰箱等)污染和从事饮食品加工和服务人员的个人卫生不好。下面就这几方面作些简要介绍。

一、食具卫生

常用的食具消毒有以下几种方法：

(一)煮沸消毒法

先将碗筷等餐具用温水洗净，并用清水冲干净后用筐装好，煮沸15～30分钟，将筐提起，将碗放在清洁的碗柜里保存备用。

(二)蒸汽消毒法

用密闭木箱(或笼屉代替)，木箱一端连着汽管，消毒时将洗干净的食具或用具放在木箱里盖严后，打开蒸汽管，蒸15～30分钟即可取出。

(三)高锰酸钾溶液消毒法

此法只限于消毒玻璃器皿和不耐热的用品。取高锰酸钾5克放入5千克开水(温凉)中，充分摇荡，混合制成0.1%的溶液，将洗净的餐具浸泡在溶液中，5～10分钟，即可使用。高锰酸钾溶液必须现配现用，才能起到消毒作用，当紫红色变浅时，即需更换。

(四)漂白粉溶液消毒法

用5克新鲜的漂白粉溶化在10千克的温水中，然后将用具、餐具洗刷干净，放入此溶液中浸泡5～10分钟，即可达到消毒的目的。

(五)新洁尔灭消毒法

新洁尔灭的消毒原理是凝固菌体蛋白和妨碍细菌代谢。消毒时可先配成0.02%溶液，然后将拟消毒的餐具放在此溶液中浸泡5分钟，再用清水洗净。使用时应注意浓度适中，因为浓度过低，达不到杀菌效果；浓度过高，则可能具有余毒。

餐具消毒后(无论何种消毒法)都不要再用抹布去抹，以免再受污染。消毒的溶液要经常更换,否则会影响消毒效果。据卫生部门化验测定,煮沸消毒和蒸汽消毒这两种方法消毒效果好。

二、环境卫生

环境卫生是指工作地点的室内外及四周环境的卫生,它包括厨房卫生、贮藏室卫生以及室外的卫生等。

(一)厨房卫生

一般说,厨房的面积和餐厅面积的比例以不小于1:1为宜。

1.房间配置。厨房包括初加工间(又叫杂务间)、切配间、冷菜间、烹调间、面点间和主食间、洗涤间以及出菜和回收餐具窗口。

初加工间宜与切配间相连但又要隔开,切配间当然也要与烹调间相连又要间隔开来,留窗口传送菜肴生料。冷菜间又称熟食间,一定要和切配间分开,还要有防尘防蝇设备。面点间最好是和包括蒸灶的主食间相连。烹调间的炉灶宜于采用隔壁灶。墙壁这边烹调菜肴,那边出炉灰和堆煤炭。烟囱最好是在房屋的西北角上。

2.厨房卫生设备的要求

(1)水道设备。初加工的水道设备要单独有一阴沟,沟口要有细孔不锈金属网,以便淘米、择洗蔬菜、宰杀鸡鱼等。洗涤间的下水道也要单独一条,下水道要有阴井,可使洗涤出来的油脂浮在上面,便于回收利用。厨房地面要有坡度,最好用混凝土或水磨石板块铺设,易于冲刷和干燥。炉灶上的下水道和厨房下水道都要有阴沟。

(2)冷藏设备。厨房的冷藏设备宜有两套,一套在切配间,一套在熟食冷菜间。如只有一套设备,一定要生、熟食品分开放置,定期冲刷。用地下室或地窖来短暂贮存食品,贮室内应备有木架,食品放在竹筛内,盖上洗过的大葱叶或芹菜叶,然后置于架上,并保持通风。

(3)排烟、排气、通风设备。炉灶上应有排烟罩,以排出油烟和烟灰。蒸灶上要有排汽罩,以排出蒸汽。厨房要有通风电扇(或称排气扇),通风设备最好放在防空洞或大地窖里,这样抽进的空气是习习冷风,既凉爽降温,又新鲜。

(4)厨房建筑应光线明亮,自然通风良好。

(二)餐厅卫生

餐厅卫生包括两个方面,一是日常清洁卫生,一是餐厅进食条件卫生。

1.日常清洁卫生。卫生工作的范围是地面、桌面、墙壁、门窗和玻璃等。重点是清除桌面、地面油污和保持座位排列整齐,使卫生工作经常化。严禁在顾客用膳未完时清扫地面。

2.餐厅进食条件卫生。人的进食活动,受精神和体液等多种因素影响,精神愉快,情绪开朗,饮食品的色、香、味、形等感官性状,都可诱发食欲并增加食欲。反之,精神郁闷忧伤,则不思饮食。餐厅的环境卫生与人的精神情绪有密切关系,因此必须搞好餐厅进食条件的卫生工作。

(1)餐厅美化。餐厅美化要把经营的菜肴、点心及所属菜系的风味和当地名胜古迹结合起来,品种宣传和艺术加工结合起来。例如,经营安徽风味菜系的菜馆,餐厅里可布置黄山风景图画;经营江苏风味菜系可配上虎丘、太湖、玄武湖等图画。餐厅美化应根据条件,可富丽堂皇,可古香古色,也可简单明快,清雅大方。适当地摆上盛开的时令花草,可使人赏心悦目,精神舒畅。

(2)服务态度。基本要求是服务工作要主动、热情、耐心、周到,使顾客心情舒畅,就餐愉快。

(3)服务质量。菜肴点心要做到色、香、味、形、器俱佳,符合规格质量要求,价格合理,使顾客进餐后感到满意。

(4)结合文明经商,增加音乐设施。这样做能增加就餐者愉快的情绪;嘈杂的声音,使就餐者厌烦。所以,应根据条件,在尽力减少嘈杂声的同时,可适当放一些轻音乐。

(三)贮藏室卫生

饮食店里消灭病媒虫害是一项重要的卫生工作。以往有些地方曾发生过多起误用杀虫药而造成的中毒事故,因此,必须防止误用、误食药物。要求贮藏室里最好不放药物,假如要放,应与食品、杂物分开。药物置放的地点要有醒目的标记,并应远离食品,避免忙中错拿。瓶装药物要放在最下层,固体药物要写清名称,用盒子、小箱包装,并画上毒物标记。

此外,还应注意通风、防潮、防霉、合理堆放等。

(四)冰箱卫生

一般饮食店里都有冷藏设备,是供烹饪原料短期贮存用的。冰箱不是保险柜,如对贮存的食物卫生管理不善,就会造成食物的腐败变质,因此必须认真搞好冰箱卫生工作。

冰箱卫生要求:

(1)熟悉烹饪原料的性质与贮存温度的高低,减少原料所含的营养素在冷冻贮藏时的损失,抑制微生物的繁殖。

(2)生熟原料分开。先存放与后存放的分开,特别是已经初加工的原料,一定要与生料分开,熟料要晾凉后方可放入冰箱。

(3)合理存放。冰箱内要有隔架,无血水的原料放在上面,有血水的放在下面,原料存放不要贴在蒸发(冷冻)的排管上。

(4)定期冲刷冰箱。夏季每天一次,冬季每三四天一次。在夏季,每半个月要用热碱水冲刷一次,以除油污和杀灭在低温下生长的霉菌。还要定期冲刷排管上的厚霜冻,以增强冷冻效果。

(5)烹饪原料宜经初加工后放入冰箱,如鸡、鸭、鱼等,应先除去肠杂。

三、个人卫生

个人卫生除了勤剪指甲、勤理发、勤洗澡、勤换洗衣服(包括工作服)以外,还应注意饮食操作卫生。其内容与要求如下:

第一,严禁在操作时吸烟。

第二,切配和烹调实行双盘制。配菜用的盘、碗在原料下锅烹调时撤掉,换用消毒后的盘、碗来盛装烹调成熟的菜肴。

第三,在烹调操作时,试尝口味应用小碗或汤匙,尝后余汁一定不能倒入锅中。假如用手勺尝口味,手勺必须用干净抹布揩拭干净后再用。

第四,配料的水盆要定时换水,案板菜橱每日刷洗一次,菜墩用后应立放。炉台上盛调味品的盆(钵)、油盆、淀粉盆等在每日打烊后,要端离炉台并加盖置放。淀粉盆要经常换水。油盆要新、老分开,每日滤油脚一次。酱油、醋要每日过罗筛一次,夏、秋季每日两次。汤锅每日清刷一次。

第五,冷餐原料切配、操作人员,工作时应戴口罩。

第六,抹布要经常搓洗,不能一布多用,以免交叉污染。消毒后的餐具不要再用抹布揩抹。

第七,操作人员要特别注意防止胃肠道和皮肤传染病的感染,定期检查身体,接受预防注射。

民以食为天,厨师就是那天上的神仙,神仙下凡做饭,把幸福带给人间……

——张仁庆

第十三章　饮食成本核算

第一节　　饮食行业成本核算的意义和作用

饮食业是专门从事加工、烹饪和出售饮食制品,并提供消费场所、设备和服务性劳动,以满足顾客需要的行业。饮食业是国民经济的组成部分,对繁荣经济,活跃市场,丰富人民生活,起着重要的作用。它对合理使用和节约社会劳动,搞好国民收入再分配,吸收社会购买力,安排劳动就业等,亦有着积极的作用。它和人民的生活密切相关,凡是人群聚居和进行生产活动的地方,如城市、工矿区、农村集镇、交通要道、车站码头以及风景游览名胜区,都需要有饮食业。没有饮食业就会给生产、生活带来不便。办好社会主义饮食业,不仅可以丰富人们的物质文化生活,而且可以为国家提供一定的积累。随着经济建设的发展和人民生活水平的不断提高,必须相应地发展饮食业,进一步做好饮食生产经营和管理等各方面的工作。

在社会主义初级阶段,必须以公有制为主体,大力发展商品经济。在多种经济成分、多条流通渠道、多种经营方式并存的形势下,国营饮食业要在经营中真正做到为经济建设服务,为人民生活服务。具体地说,在多种经济成分的竞争中,国营饮食业要坚持饮食市场的主导地位,正确指导消费,既要保质保量,又负有稳定饮食品价格的重大责任。为了完成和超额完成饮食生产和经营计划,不断提高经济效益,必须加强核算与管理。

一、成本核算的概念

(一)成本和产品成本

成本,广义地说,就是从事某种生产或经营时企业本身所耗费用或支出的总和。企业在生产或经营过程中的各项费用和支出,如原材料消耗、劳动报酬、燃料和动力消耗、固定资产折旧、家具用具消耗等,就是企业的成本。所以,企业的经营分工不同,成本构成也就不同,一般有工业成本、商业成本、交通运输成本和饮食服务成本等。产品成本,即生产成本或制作成本,是由企业用于生产或加工某种产品所消耗的一定数量的生产资料和劳动量构成的。这些转移到产品上的已被消耗的生产资料价值,以及用工资形式支付的必要劳动量的价值,就是产品成本。饮食业是生产饮食品的行业,它用于制作饮食产品的消费支出,就是饮食产品成本。

为生产某种产品所支出的费用,是该种产品的成本。全部产品的生产费用总和,称为总成本;单个产品的生产费用总和,称为单位产品成本。饮食业计算成本的对象,是单件饮食产品,所以,饮食业的产品成本,乃是单位成本。

要知道产品的成本是多少,首先必须对产品的成本(生产成品的各项费用)进行计算,那就要记账、算账、建立和健全各种制度,以便对企业的经济活动过程进行记录和分析,对生产支出和生产成果进行比较。这种记账、算账、分析、比较的过程,就是一般意义下的成本核算。

(二)成本核算的任务

成本核算是企业经济核算工作的组成部分,对任何企业来说,都是非常重要的。其任务包括以下几个方面:

第一,精确地计算各个单位产品的成本,为合理地确定产品的销售价格打下基础。

第二,促使各生产、经营部门不断提高操作技术和经营服务水平,加强生产管理,严格按照所核定的成本耗用原料,保证产品质量。坚持规定的服务程序,不断提高服务质量。

第三,揭示单位成本提高或降低的原因,指出降低成本的途径,促进改善经营管理,努力降低成本,提高企业经济效益。

二、饮食业的成本核算

(一)饮食业的经营特点

饮食业不同于纯商业,也不同于工业,它具有生产加工、劳动服务、商业零售三方面的职能。这是饮食业独具的经营特点。在业务方面,它生产加工的过程较短,随做随卖,销售与生产是密切结合的。所配备的原材料和自制的饮食品,品种繁多,随着市场、季节、消费者的要求经常变化,以适应广大消费者的不同需要。虽然企业的规模有大、中、小型,等级不同,设备条件不同,经营方式不同,但是,总的要求是在保证规格、质量的前提下,食品色、香、味、形俱佳;环境舒适,餐具清洁卫生;服务人员热情周到,礼貌待客。有的饮食企业还兼营外购商品,如烟、酒等零售业务,供顾客购买。

(二)饮食业的资金来源和资金周转

国营饮食企业的资金,由国家根据企业的规模和经营范围等具体情况拨给定额资金,作为企业的自有流动资金。饮食企业的资金多是来自交纳所提税后留利基金。节日采购或季节性采购临时需要资金,可向银行借贷。企业税后留利除用于补充流动资金之外,还可用于更新固定资产、技术革新、科研、技术培训和扩建、改建、新建小型营业网点。

企业的资金在经营过程中反复不断地循环运动,叫做资金周转。饮食业的资金周转一般较快，从购入原材料到烹制加工以至销售，整个经营过程时间较短，一般是当天购进当天销出，或者一天购进在几天内销出。

饮食业的资金和资金周转，可用图 12 表示：

注：这是一个简略的过程，只表明它的周转情况。

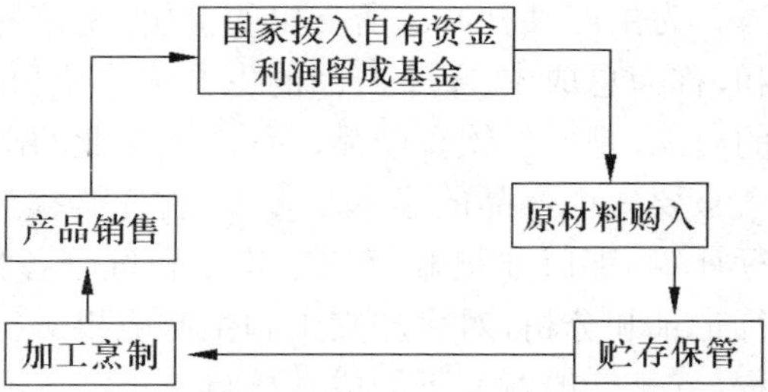

图 12　饮食业资金和资金周转示意

(三)饮食业的成本

饮食业的成本，根据其业务性质，划分为生产、销售和服务等 3 种成本。但是，由于饮食业的基本特点是产、销、服务统一在一个企业里实现，除原材料进价成本外，其他如职工工资、管理费用等，很难分清是哪个环节，难以分别核算，所以饮食业生产成本——产品成本，习惯上就只以原材料作为其成本要素，不包括生产过程中其他一切费用。原材料以外的其他各种费用，均另列项目，计入饮食企业的经营管理费用中计算。原材料成本的构成，包括饮食产品的主料、配料、调料和这些原材料的合理损耗。在加工制作过程中包裹菜点的用料，视同配料列入成本。在外地采购原料的运输费用以及在外单位仓库贮存原料的保管费，亦应列入成本。

(四)饮食产品成本的三要素

饮食业用以烹制饮食产品的原料有粮、油以及鸡、鸭、鱼、肉、蔬菜等。根据其在饮食产品中的不同作用，这些原料大致可分为 3 大类，即主料、配料(也称辅料)和调味品。这 3 类原料是核算饮食产品成本的基础，我们称之为饮食产品成本的三要素。

1.主料。主料是制成各个单位产品的主要原料。以面粉、大米和鸡、鸭、鱼、肉、蛋等为主，各种海产、干货、蔬菜和豆制品次之。

2.配料。配料是制成各个单位产品的辅助材料。其中以各种蔬菜为主，鱼、肉、家禽等次之。

3.调味品。调味品是制成品的调味用料，如油、盐、酱油、味精、胡椒等，主要起味的综合或调节作用。它在单位产品里用量很少，但却是必不可少的。

三、饮食业成本核算的意义

加强饮食业的成本核算，具有十分重要的意义。

(一)正确执行物价政策

饮食行业的价格政策，是通过执行规定毛利率来实现的，也取决于成本核算及实际操作用料的精确与否。不然，即使按规定的毛利率核定产品销价，也不可能正确执行物价政策。其结果不是损害消费者的利益，影响政府和人民群众的关系，就是影响企业盈利。因此,搞好成本核算工作,是正确执行物价政策的重要一环。

(二)维护消费者的利益

饮食业是为广大人民群众服务的行业。要服务得好,不但要改善服务态度,提高菜品质量,重视营养卫生,而且还要维护消费者的利益,实行合理负担,做到买卖公平,价廉物美。否则,即使其他方面工作做得很好,群众也不会满意。而要做到买卖公平,首先要精确地核算饮食产品的成本。因此,认真搞好成本核算乃是维护消费者利益的必要前提。

(三)为国家提供积累

饮食业在为人民生活服务的同时,还担负着为国家提供积累的任务。如果成本核算不准,偏高了,就会损害群众的利益;偏低了,则将影响企业经营效益,使企业减少盈利,甚至造成不应有的亏损。因此,必须正确把好成本核算工作这道关,使企业能得到合理盈利。

(四)促进企业改善经营管理

成本核算是饮食企业经营管理的重要内容之一。只有建立了严格的核算制度,才能彻底考查企业的经营是否有利,管理水平是否先进。因此,做好成本核算工作,对于促进企业经营管理的改善有深刻意义。

四、学习和搞好成本核算工作

成本核算是企业经营管理的一项重要内容。饮食业的职工是饮食成本核算的具体执行者。因此,一定要积极学习,认真搞好成本核算工作。

(一)思想上提高认识

成本核算既是经济核算工作的组成部分,同时就饮食业成本核算来说,也是烹饪技术的一个组成部分。因为饮食产品成本的核定,不能没有烹饪技术人员的参与。而要使核定的成本在每一件饮食食品中得到精确的体现,尤其有赖于烹饪技术人员在实际操作过程中严格掌握。因此,任何只会生产操作,不懂成本核算,不会合理地计算并使用原料的厨师,其业务技术的发展都受到一定的限制;只有既会操作,又懂核算,能合理选料、用料,制作适合群众需要的物美价廉的饮食产品,才是全面发展的烹饪技术人员。

(二)学习上扎扎实实

要刻苦学习,真正理解饮食产品成本的构成要素,懂得各个经营环节对成本的影响。要反复运算,切实掌握主、配料和调味品的成本核算方法,精通各种毛利率的换算,才能迅速、准确核定各种饮食产品的成本和价格。

(三)技术上精益求精

要搞好饮食业成本核算,必须勤学苦练,熟练地掌握各种操作方法。要合理使用原料,准确投料,努力提高净料率,并充分利用下脚料,不断降低生产成本。

(四)制度上严格把关

成本核算和其他各项经营管理制度有着密切的关系,特别是如果进、销、存制度不健全,成本也就难以核算正确。因此,要做好成本核算工作,必须把它同有关经营管理工作结合起来,严格地建立和健全各项制度,加强基础工作,如标准化工作、计量工作等,把好关口,堵塞漏洞,确保企业各项计划指标的完成。

第二节　主配料成本核算

主、配料是构成饮食产品的主体。主、配料成本是产品成本的主要组成部分。所以要核算产品成本,必须首先从核算主、配料成本做起。

饮食产品的主、配料,一般要经过拣洗、宰杀、拆卸、涨发、初熟、半制等加工处理之后,才能用来配制成品。没有经过加工处理的原料称为毛料;经过加工,可用来配制成品的原料称为净料。

净料是组成单位产品的直接原料,其成本直接构成产品的成本,所以在计算产品成本之前,应算出所用的各种净料的成本。净料成本的高低,直接决定着产品成本的高低。影响净料成本的因素,一是原料的进货价格、质量和加工处理前的损耗程度。二是净料率的高低(净料率即加工处理后的净料与毛料的比率),净料率越高,即从一定数量的毛料中取得的净料越多,它的成本就越低;反之,净料率越低,即从一定数量的毛料中取得的净料越少,它的成本就越高。

一、净料成本的核算

原料在最初购进时,多系毛料,大都要经过拆卸等加工处理才成为净料。由于原料经拆卸等加工处理过程后重量都发生变化——损耗或增涨 (如部分干货原料),其单位成本也因而发生变化,所以必须进行净料成本的核算。饮食业中对净料成本一般以 100 克或千克为单位进行计算,所以净料成本都是单位成本。具体计算方法,有一料一档和一料多档以及多渠道采购原料的核算方法等。

(一)一料一档的计算方法

一料一档的计算方法有两种情况:

第一,毛料经过加工处理后,只有一种净料,而没有可以作价利用的下脚料和废料,则用毛料总值除以净料重量,求得净料成本。其计算公式是:

$$净料成本 = \frac{毛料总值}{净料重量}$$

第二,毛料经过处理后取得一种净料,同时又有可以作价利用的下脚料和废料,则必须先从毛料总值中扣除这些下脚料和废料的价款,再除以净料重量,即可求得净料成本。其计算公式是:

$$净料成本 = \frac{毛料总值 - 下脚料价款 - 废料价款}{净料重量}$$

(二)一料多档的计算方法

如果毛料经过加工处理后,得到一种以上的净料,则应分别计算每一种净料的成本。分档计算成本的原则是:质量好,成本应当略高;质量差的,成本应当略低。

其计算方法:

第一,如果所有这些净料的单位成本都是从来没有计算过的,则可根据这些净料的质量,逐一确定它的单位成本,而使各档成本之和等于进货总值。

用公式表示,即:

净料(1)总值＋净料(2)总值＋……＋净料(n)总值＝一料多档的总值(进货总值)

第二,在所有净料中,如果有些净料的单位成本是已知的,有些是未知的,可先把已知的那部分的总成本算出来,从毛料的进货总值中扣除,然后根据未知的净料质量,逐一确定其单位成本。

第三,如果只有一种净料的单位成本需要测算,其他净料成本都是已知的,则可先把这些已知的净料总成本计算出来,从毛料的进货总值中扣除后,再按千克或100克平均计算,其计算公式是:

$$净料成本 = \frac{其他各档价款总和 - 下脚料和废料价款}{净料重量}$$

第四,如果所有这些净料单位成本都是按照事先规定价格计算,出现差额,则按比例分配到各档价值中去。

其计算公式是:

毛料总值差额＝毛料总值－其他各档价值总和－下脚料和废料价值

$$净料成本 = [本档价值 + (毛料总值差额 \times \frac{本档净料数量}{各档净料数量总和})] \div 本档净料数量$$

(三)多渠道采购原料的成本计算方法

随着经济的发展,多渠道采购原料已很普遍,但是在多渠道采购同一种原料时,其购进单位往往是不尽相同的,这就要运用加权平均法计算该种原料的平均成本。凡在外地区采购的原料,还应将其所支付的运输费列入成本计算。

二、净料成本核算的分类

净料可根据其拆卸加工的方法和处理程度的不同,而分为生料、半制品和熟品3类。其单位成本各有不同的核算方法。

(一)生料成本的核算

生料就是只经过拣洗、宰杀、拆卸等加工处理,而没有经过任何半制或成熟处理的各种原料的净料。计算出单位(100 克)生料成本,是核算单位产品成本的另一个步骤。其核算的程序是:

第一,拆卸毛料,分清净料、下脚料和废料。

第二,称量生料总重量。

第三,分别确定下脚料、废料的重量与价格,并计算其总值。

第四,核算生料成本。

生料成本的计算公式是:

$$生料成本 = \frac{毛料总值－下脚料总值－废料总值}{生料重量}$$

(二)半制品成本的核算

半制品是经过初步熟处理,但还没有完全加工成制品和调味半制品两种。不言而喻,调味半制品的成本高于无味半制品的成本。大部分原料在烹调前都需要经过半制,所以,半制品成本的核算,是主、配料核算的一个重要方面。

1.无味半制品成本核算。无味半制品又称水煮半制品,它包括的范围很广,如经过焯水的蔬菜和经初步熟处理的肉类等,都属于无味半制品。

无味半制品成本计算公式是:

$$无味半制品成本 = \frac{毛料总值－下脚料总值－废料总值}{无味半制品重量}$$

2.调味半制品成本核算。调味半制品即加放调味品的半制品,如鱼丸、肉丸、油发肉皮等。构成调味半制品的成本,不仅有毛料总值,还要加上调味品成本,所以其成本计算公式是:

$$调味半制品成本 = \frac{毛料总值－下脚废料总值＋调味品总值}{调味半制品重量}$$

例 1:干肉皮 1 千克用油炸,发成 3 千克(干肉皮油发后又用水浸泡,故重量增加),在油发过程中耗油 200 克,已知干肉皮每千克进价为 4.80 元,油每千克进价 2.84 元,求油发肉皮每 100 克的成本。

解:将数值代入公式:

(1×4.80＋2.84×0.2)÷(3×10)=5.368÷30=0.18(元)

答:油发肉皮每 100 克成本为 0.18 元。

例 2:鲜鱼 3.5 千克,每千克 4.10 元,40%为鱼皮、鱼杂,折 1.40 元,20%为肠肚废料,40%为鱼肉剁成的鱼茸。每千克鱼茸加猪油 100 克,每千克 4.60 元,鸡蛋 4 个,每个 0.15 元,酒 50 克,每千克 3.00 元,淀粉 100 克,每千克 1.40 元,又加味精、葱等调料价款共 0.60 元,制成鱼丸 198 个。求每个鱼丸的成本。

解:第一步,分别计算各料的价款和数量。

毛料总值＝3.5×4.10＝14.35(元)

鱼茸重量＝3.5×40%＝1.4(千克)

用猪油重量＝0.1×1.4＝0.14(千克)

用猪油成本＝0.14×4.60＝0.64(元)

用蛋清量＝4×0.5×1.4＝2.8(个)

用蛋清成本＝2.8×0.15＝0.42(元)

用酒重量＝0.05×1.4＝0.07(千克)

用酒成本＝0.07×3.00＝0.21(元)

用淀粉量＝0.1×1.4＝0.14(千克)

用淀粉成本＝0.14×1.40＝0.196(元)

味精等调料成本＝0.60×1.4＝0.84(元)

第二步,代入公式:

$$\frac{14.35-1.40+0.64+0.42+0.21+0.20+0.84}{198}=0.077(元)$$

答:鱼丸每个的成本是 0.077 元。

(三)熟品的核算

熟品也称制成品或卤味品,系由熏、卤、拌、煮等方法加工而成,可以用作冷盘菜肴的制成品,其成本与调味半制品类似,由主、配料成本和调味品成本构成。

熟品成本的计算公式是:

$$熟品成本＝\frac{毛料总值－下脚废料总值＋调味品总值}{熟品重量}$$

由以上公式可以看出,熟品成本核算和调味半制品核算公式相似。由于习惯上对熟品的调味品成本都采用估算法,所以熟品单位成本的核算也可以采用下列公式:

熟品成本＝(毛料总值－下脚废料总值)÷ 熟品重量＋调味品成本÷ 熟品重量

三、净料率及其运用

从主、配料核算的基本方法可以看出,不论哪一种主、配料,要计算其成本,首先必须知道其拆卸、半制和熟处理后的重量,否则就不可能计算出它的单位成本。但是,饮食店不论规模大小,每天购进原材料的品种和数量都很多,对于净料处理后的重量,不可能每一样都进行过秤。饮食行业在实践中总结出一个规律,就是在净料处理技术水平和原料规格质量相同的情况下,原料的净料重量和毛料重量之间构成一定的比率关系,因而通常都用这个比率来计算净料重量。

(一)净料率的定义和计算方法

所谓净料率,就是净料重量与毛料重量的比率。其计算公式是:

$$净料率 = \frac{净料重量}{毛料重量} \times 100\%$$

净料率以百分数表示,但饮食业师傅也有习惯于用"折"或"成"来表示的。

净料率在饮食业中又称为拆卸率,按习惯用语,就是几折或几成。其实拆卸率这个概念不够确切,因为拆卸仅是净料处理的一种方式而已。

如前所述,净料有生料、半制品和熟品 3 类,相应地净料率也有生料率、半制品率和熟品率 3 种,但其计算公式是完全相同的。

与净料率相对应的损耗率,也就是毛料在加工处理中所损耗的重量与毛料重量的比率。其计算公式是:

$$损耗率 = \frac{损耗重量}{毛料重量} \times 100\%$$

从以上两式可知:

损耗重量＋净料重量＝毛料重量

损耗率＋净料率＝100%

(二)净料率的应用

利用净料率可直接根据毛料的重量,计算出净料的重量。其方法如下:

毛料重量×净料率＝净料重量

这样,净料的平均单位成本也就易于计算。

利用净料率还可以根据净料重量,计算出毛料的重量。其计算公式是:

净料重量÷净料率＝毛料重量

根据净料的应耗数量,利用净料率计算出所耗毛料的数量,这是饮食业日常工作中,根据生产任务计算原料需要量,以便及时采购原料所经常运用的办法。

此外,还可利用净料率,直接由毛料成本单价计算出净料成本单价,这就大大方便了各种主、配料成本的计算。

其计算方法是:毛料单价÷净料率＝净料单价

(三)精确掌握净料率的重要性

应用净料率计算成本,精确度是关键问题。原料规格质量和净料处理技术是决定净料率的两大因素。这两大因素如有变化,净料率就有变化。同一个品种的同一种规格质量的原料,由于净料处理者的技术水平不同,净料率就不可能完全一致。同样,净料处理者的技术水平相同,但原料的规格质量不同,净料率也肯定不一样。在具体工作中,绝不能用一种技术情况下的净料率来代表一般技术情况下的净料率,也不能用某一种规格质量的净料率代表同一品种的一般规格质量的净料率。

除了加工处理者的技术水平这一因素外,原料的净料率一般要受质量、规格、产地、季节等几种因素的影响。例如,公鸡和母鸡,大鸡和小鸡,来亨鸡和一般鸡,净料率都不一样。蔬菜也是如此,例如,竹笋1月份的净料率不高于20%,但2月份可达30%,3月份可高到37%。因此对净料率的测算,必须从实际出发,实事求是,认真负责,尽可能符合实际,以保证成本核算的精确度。

(四)几种主要主、配料的净料率

净料率是核算产品成本的重要依据。掌握了它,可给我们在进行成本核算时带来许多方便。所以,熟悉和掌握一些主要主、配料的净料率,对于学习成本核算的人来说,是完全必要的。

现将一般情况下,各种主要主、配料的净料率,按蔬菜、肉类、水产类、禽蛋类、干货类等5大类汇总如表27～32,供大家在操作实践和核算成本时参考。

表27　蔬菜类原料净料率

毛料品种	净料处理项目	净　料		下脚、废料损耗等占毛料%
		品　　名	净料率(%)	
丝　瓜	刨皮、去子、洗涤	净丝瓜	55	45
大黄瓜	同　上	净黄瓜	65	35
小黄瓜	同　上	净黄瓜	75	25
冬瓜南瓜笋瓜	同　上	净　瓜	75	25
瓠　子	同　上	净瓠子	70	30
葫　芦	同　上	净葫芦	70	30
茄　子	去头、洗涤	净茄子	90	10
刀　豆	去尖头、除筋、洗涤	净刀豆	90	10
蚕豆、毛豆	去壳	净豆米	30～40	60～70
毛　豆	剪尖头	去尖带壳毛豆	90	10
豇　豆	去头、洗涤	净豇豆	90	10
带壳茭白	剥壳、刨皮、洗涤	净茭白	50	50
无壳茭白	刨皮、洗涤	净茭白	80	20
带叶莴苣	去叶、削皮、洗涤	净莴苣	40	60
无叶莴苣	削皮、洗涤	净莴苣	60	40
刚上市春笋	剥壳、去老根	净春笋	19	81
时令春笋	同　上	净春笋	31～37	63～69
刚上市冬笋	同　上	净冬笋	25	75
时令冬笋	同　上	净冬笋	31～37	63～69
白菜(菠菜)、(芥菜)	除去老叶、根,洗涤	净　菜	80	20
白　菜	除去叶、根,洗涤	白菜帮	50	50
白　菜	除去外叶、根、帮,洗涤	白菜心	38	62
卷心菜	除去老叶、洗涤	净卷心菜	70	30

续 表 27

毛料品种	净料处理项目	净料		下脚、废料损耗等占毛料%
		品 种	净料率(%)	
卷心菜	除去老叶、梗,洗涤	卷心菜叶	50	50
芹 菜	除去老叶、根,洗涤	净芹菜	70	30
豌豆苗	择除老头,洗涤	净豆苗	50	50
青椒、红椒	去根、子,洗涤	净 椒	70	30
菜 花	去叶、去梗,洗涤	净菜花	80	20
大葱、小葱	去老皮、根,洗涤	净 葱	70	30
圆 葱	同 上	净圆葱	80	20
大 蒜	同 上	净 蒜	70	30
蒜 苗	去头,洗涤	净蒜苗	80	20
菜 薹	去老叶、老梗,洗涤	净菜薹	80	20
山 药	削皮,洗涤	净山药	66	34
莲 藕	同 上	净 藕	75	25
红、白萝卜	同 上	净红白萝卜	80	20
土 豆	同 上	净土豆	80	20
芋 头	去皮、洗涤	净芋头	80	20
红 苔	同 上	净红苔	80	20
芥蓝头	同 上	净芥蓝头	70	30
荸 荠	同 上	净荸荠	60	40
番 茄	去蒂、洗涤	净番茄	90	10

表 28 肉类原料净料率

毛料品种	净料处理项目	净料		下脚、废料损耗等占毛料%
		品 种	净料率(%)	
片 猪	拆卸分档	方 肉	36	
		后 腿	30	
		前 腿	34	
方 肉	拆卸分档	奶 面	54	损耗1
		带皮大排	33	
		碎 肉	12	
后 腿	拆卸分档	后 蹄	12	损耗1
		带骨腿肉	87	

续　表　28

毛料品种	净料处理项目	净　料		下脚、废料损耗等占毛料%
		品　　种	净料率(%)	
前　腿	拆卸分档	前　蹄	11	损耗 1
		小　排	10	
		带骨夹心	78	
带骨腿肉	拆卸分档	汤　骨	8.6	损耗 1
		肉　皮	6.3	
		精　肉	51	
		碎　肉	9.3	
		壮　膘	23.8	
带骨夹心	拆卸分档	汤　骨	2.7	损耗 1
		肉　皮	2.3	
		精肉壮膘	71.5	
		碎　肉	8.1	
		血脖肉	14.4	
出骨腿肉	拆卸分档	肉　皮	11	损耗 1
		纯精肉	23	
		一般精肉	54	
		肥　膘	11	
出骨夹心	拆卸分档	肉　皮	11	损耗 1
		一般精肉	58	
		小　排	14	
		肥　膘	16	
出骨腿肉	煮熟(带皮)	白切肉	65	加热损耗 35
出骨夹心	烤熟(去皮)	叉　烧	50	加热损耗 50
小　排	烧熟加糖醋	糖醋小排	75	加热损耗 25
大　排	去皮、去血水	净　排	90	损耗 10
猪　头	煮熟出骨	熟头肉	56	去骨热耗 44
猪　肝	去筋、去血水、去胆	净　肝	90	损耗 10
	煮　熟	熟　肝	50	损耗 50

续　表　28

毛料品种	净料处理项目	净　　料		下脚、废料损耗等占毛料%
		品　　种	净料率(%)	
猪　心	去心、耳根	净猪心	90	损耗 10
	煮　熟	熟猪心	63	损耗 37
猪　肺	烫　熟	熟肺	50	损耗 50
	煮　烂	烂熟肺	30	损耗 70
猪　肚	煮　熟	熟肚	66	损耗 34
	煮　烂	烂熟肚	55	损耗 45
猪　腰	去筋、去血水、去腰臊	净腰	75	损耗 25
	去筋、去血水、煮烂	熟腰	33	加热耗 67
猪大肠	洗涤、煮烂	熟大肠	28	加热耗 72
猪直肠	同　上	熟直肠	33	加热耗 67
猪　脚	去爪壳、洗涤	净猪脚	80	损耗 20
猪板油	加热炼油	熟猪油	85	加热耗 15
猪花油	加热炼油	熟猪油	70	加热耗 30
牛　肉	去筋、煨熟	熟牛肉	50～55	热耗 45～50
	去筋、卤烂	卤牛肉	40～45	热耗 55～60
活　兔	宰杀、剥皮、去内脏	净兔	70	损耗 30
兔　肉	卤　烂	卤兔肉	60	损耗 40
羊　肉	去筋、煮熟	白切羊肉	60	损耗 40
	去筋、煮熟、卤冻	带冻羊羹	85	损耗 15
牛　心	去筋、煮熟	熟牛心	55	损耗 45
牛　舌	去筋、煮熟	熟牛舌	55	损耗 45
牛　肝	去筋、煮熟	熟牛肝	60	损耗 40
牛　尾	去筋、煮熟	熟牛尾	60	损耗 40
牛　肚	去筋、煮熟	熟牛肚	70	损耗 30
猪　肚	取肚尖	净猪肚尖	9	损耗 91
猪　舌	去筋、洗涤	净猪舌	90	损耗 10
	去筋、煮熟	熟猪舌	55	损耗 45

表29　水产类原料净料率

毛料品种	净料处理项目	净料品名	净料率(%)	下脚、废料损耗等占毛料%
鲭、鲤、鲢鱼	宰杀,去鳞鳃内脏,洗涤	净全鱼	80	内脏等20
鲫、鳜鱼	宰杀,去鳞、鳃、内脏,洗涤,剁块	净鱼块	75	内脏等25
大黄鱼、小黄鱼	宰杀,去鳞、鳃、内脏,洗涤、油炸	炸全鱼	55	加热等耗45
鲭、鲤鱼	拉片	净鱼片	35	皮盉等65
鳜鱼	拉片	净鱼片	40	皮盉等60
才鱼	拉片	净鱼片	43	皮盉等57
鲢鱼	拉片	净鱼片	30	皮盉等70
鲭、鲤、鲫鱼	炸熟、糖醋	熏鱼	65	皮盉等35
鳜鱼	剁鱼茸	净鱼茸	40	皮盉等60
活鳝鱼	宰杀,去头、尾、肠、血	鳝段	62	内脏等38
活鳝鱼	宰杀,去头、尾、肠、血、骨	鳝丝	50	内脏等50
活甲鱼	宰杀,剥壳除内脏等,煮熟	熟甲鱼	60	内脏等40
海鳗	宰杀,去内脏,洗涤	净鱼	86	内脏等14
目鱼	宰杀,去内脏、皮骨,洗涤	净鱼	59	内脏等41
梅子鱼	宰杀,去鳞、鳃、内脏、头	无头净鱼	60	内脏等40
鲳鱼	同上	无头净鱼	80	内脏等20
带鱼	同上	无头净鱼	74	内脏等26
鲨鱼	宰杀,煺沙,去头、尾、内脏	中段鲨鱼	50	内脏等50
烤子鱼	宰杀,去鳞、鳃、头、内脏	净鱼	76	内脏等24
马鲛鱼	宰杀,去鳞、鳃、内脏	净鱼	76	皮盉等24
海鲛、黄鳝、鲨鱼、米鱼	宰杀,去头、尾、肠、骨、皮	净鱼肉	37~47	鱼皮盉等53~63
虾子	去须脚	净虾	80	虾须脚等20
虾子	去须脚、油炸、糖醋	油虾	65	虾须脚等35
虾子	去须脚、壳	虾仁	30~34	虾须脚壳等66~70

续 表 29

毛料品种	净料处理项目	净料		下脚、废料损耗等占毛料%
		品 名	净料率(%)	
海 螃 蟹	除壳、鳃、内脏	蟹肉蟹黄	25~35	蟹壳内脏等65~75
蛏 子	洗净、去壳	蛏 肉	50	杂物蛏壳等50
蚶 子	去净泥沙	净蚶子	90	杂物泥沙等10
蛤 蜊	洗净、去壳	蛤蜊肉	62	杂物蛤壳等38
江 蟹	去净泥壳、内脏	蟹 粉	30	损耗70
河 蟹	去净泥壳、内脏	蟹 粉	38	损耗62
乌 龟	去壳、内脏,洗涤	八卦肉	75	损耗25

表 30 禽类原料净料率

毛料品种	净料处理项目	净料		下脚、废料损耗等占毛料%
		品 名	净料率(%)	
活母鸡(1.75~2.25 千克)	宰杀分档	净 鸡	70	13
		肫	7	
		肝、心	3	
		油	2.5	
		肠	2	
		脚	2.5	
活公鸡(1.75~2.25 千克)	宰杀分档	净 鸡	67	15
		肫	7	
		肝、心	4	
		腰、丸	1.3	
		肠	2.7	
		脚	3	

续 表 30

毛料品种	净料处理项目	净料		下脚、废料损耗等占毛料%
		品　名	净料率(%)	
光 统 鸡	整理分档	净 鸡	88	12
		其中 鸡 肉	43	
		鸡 壳	30	
		头 脚	11	
		肫 肝	4	
毛 统 鸡	宰杀,除头、爪、骨、翅、内脏	鸡 丝	32	68
	宰杀,除头、爪、背、骨、内脏	鸡 块	50	50
	同上并煮熟	白 鸡	49～55	45～51
毛 鸡	宰杀,去头、脚、内脏	净 鸡	62	38

表 31　禽蛋类原料净料率

毛料品种	净料处理项目	净料		下脚、废料损耗等占毛料%
		品　名	净料率(%)	
光 鸡	整理分档	净 鸡	94	6
		其中 肫	5	
		心、肝	3	
		肠	3	
		脚	8	
		带骨鸡肉	75	
光 鸭	挂 炉	挂炉鸭	55～60	热损耗 40～45
	煮 熟	酱鸭	60	热损耗 40
		卤鸭	60	热损耗 40
		盐水鸭	56	热损耗 44
		糟鸭(带卤)	63	热损耗 37

续 表 31

毛料品种	净料处理项目	净料		下脚、废料损耗等占毛料%
		品 名	净料率(%)	
鸭肫	去黄皮垃圾	净肫	85	损耗 15
	去黄皮肫皮	去皮肫	65	损耗 35
	煮熟(带肫皮)	卤肫	68	热耗 32
	煮 熟	盐水肫	44	热耗 56
光 鸭	整鸭出骨	净肉	58	损耗 42
鸡、鸭肝心	去血筋、血水	净肝心	71～80	损耗 20～29
野鸡、野鸭	宰 杀	净野鸡野鸭	75	损耗 25
獐 鸡	宰 杀	净獐鸡	65	损耗 35
净野鸡、野鸭	卤 熟	卤野鸡野鸭	60	热耗 40
鸡、鸭蛋	去壳分档	蛋清	58	损耗 12
		蛋黄	30	

表 32 干货类原料净料率

毛料品种	净料处理项目	净料		下脚、废料损耗等占毛料%
		品 名	净料率(%)	
干蘑菇	拣洗泡发	水发蘑菇	200～300	
黄花菜	同 上	水发黄花菜	200～400	
竹荪	同 上	水发竹荪	300～800	
冬 菇	同 上	水发冬菇	250～350	
香 菇	同 上	水发香菇	200～300	
黑木耳	同 上	水发黑木耳	500～1000	
笋 干	同 上	水 发 笋	400～500	
玉兰片	同 上	水发玉兰片	250～350	
银 耳	同 上	水发银耳	400～800	
干肉皮	油氽水发挤干	水发肉皮	300～450	
干蹄筋	油氽水发挤干	水发蹄筋	300～450	

续 表 32

| 毛料品种 | 净料处理项目 | 净　料 | | 下脚、废料损耗等占毛料% |
		品　名	净料率(%)	
干鱼肚	油氽水发挤干	水发鱼肚	300～450	
鱼　翅	拣洗泡发	净水鱼翅	150～200	
刺　参	同　　上	净水刺参	400～500	
干　贝	同　　上	净水干贝	200～250	
海　米	同　　上	净水海米	200～250	
蜇　头	同　　上	净蜇头	130	
海　带	同　　上	净水海带	500	
粉　条	同　　上	湿粉条	350	
带壳花生	去壳衣	花生仁	70	30
带壳白果	去壳衣心	白果仁	60	40
带壳栗子	去壳衣	净栗子	63	37

第三节　调味品成本核算

调味品是饮食产品不可缺少的组成要素之一，它的成本是产品成本的一部分。因此,要精确地计算产品的成本,就必须精确地计算调味品的成本。

一、调味品用量的估算方法

调味品用量的估算方法,大致有3种,即容器估量法、体积估量法和规格比照法。

(一)容器估量法

容器估量法就是在知道了某种容器容量的前提下,根据调味品在容器中所占部位的大小,首先估计出其重量,而后根据其价格,算出成本。这种方法一般都是用来估量液体的调味品,如油、酱油、汤汁、料酒等。由于烹调时用手勺加放调味品,因此,可以用手勺来估计这类调味品的用量。

(二)体积估量法

体积估量法就是在知道了某种调味品在一定体积内重量的前提下,根据体积直接估计其重量,而后按其进价,算出成本。这种方法,大都用于粉质或晶体的调味品,如盐、糖、味精、干淀粉等。由于烹调时用手勺等加放这些调味品,故可用手勺等来估计调味品的用量。

(三)规格比照法

规格比照法就是比照烹调方法相同、用料质量相仿(指主、配料)的某些老产品的调味品的用量,来确定新产品调味品用量的方法。这种方法优点是简便易行,但如对老产品的调味品用量掌握不够精确,那么误差也就随之产生。所以,要熟悉不同规格老产品的调味品的准确用量,作为运用这一方法的基础。

以上讲的,是关于直接用于饮食产品的调味品用量。至于供顾客随意取用的常用调味品,目前饮食业中习惯上都忽略不计。

经过测试,几种常见调味品在水溶液中的效应及在菜肴中较适宜的用量标准如下:

砂糖 20 克,溶于 150 毫升水中,甜度适中。

精盐 1 克,溶于 150 毫升水中,咸度适中。

酱油 5 毫升,溶于 200 毫升水中,色好、味宜。

味精 0.1 克,溶于 100 毫升水中,鲜味适宜。

胡椒 0.05 克,放入 100 毫升水中,辛辣适宜。

一份甜汤或咸汤(以 400 毫升汤液计算)或一份菜肴(体积亦相当于 400 毫升溶液),其较经济、较适宜的主要调味品用量标准为:砂糖 53 克、精盐 2.7 克、酱油 10 毫升、味精 0.4 克、胡椒 0.2 克。

二、调味品成本核算的方法

饮食产品的生产和加工,基本上可分为两种类型,即单件生产和成批生产。单件生产的以各类热菜为主,成批生产的以卤制品和各种主食、点心为主,生产类型不同,调味品的核算方法也不同。

(一)单件成本核算法

单件成本指单件制作的产品的调味品成本,也叫作个别成本。各种单件生产的热菜的调味品成本都属于这一类。核算这一类产品的调味品成本,先要把各种惯用的调味品的用量估算出来,然后根据其进价,分别算出其价格,并逐一相加就行了。

单件产品调味品成本计算公式是:

单件产品调味品成本=单件产品耗用的调料(1)成本+调料(2)成本+……+调料(n)成本

(二)平均成本核算法

平均成本,也叫综合成本,指批量生产(成批制作)的产品的单位调味品成本。点心类制品、卤制品等都属于这一类。计算这类产品的调味品成本,应分两步来进行。

首先用容器估量法和体积估量法估算出整个产品中各种调味品总用量及其成本。由于在这种情况下调味品的使用量一般较多,应尽可能过秤,以求调味品成本核算的精确,同时也能保证产品质量的稳定。

第二,用产品的总重量来除调味品的总成本,求出每一单位产品的调味品成本。

批量产品平均调味品成本的计算公式是:

批量产品平均调味品成本＝批量产品耗用调味品总值÷产品总量

如果调味品的规格、质量和进价不变,则其成本也不变。用于成批制作的产品的调味品规格、质量应尽可能稳定不变。这不仅使产品的成本、售价、毛利保持相对稳定,而且有利于保证产品的质量。

第四节　饮食产品成本核算

饮食产品成本核算是饮食业成本核算的主要一环,是制定饮食产品价格的基础。产品的成本不精确,销售价就难以合理,其结果不是影响企业收益,就是侵害消费者的利益,原料成本的一切核算,也都将完全失去意义。所以,精确地核算产品成本是十分重要的。

一、主食、点心的成本核算

(一)核算主食、点心成本的方法

主食、点心如米饭、馒头、包子、油条、烧卖等大都是成批生产的。但也有少数品种,如炒面、甜汤等是单件生产的。根据不同的生产方式,可以用不同的方法核算各种主食、点心的成本。

例1:小笼包子每100份的用料是:富强粉5千克,腿肉6.5千克,肉皮2千克,味精40克,胡椒10克,红糖100克,小磨麻油125克,生姜0.4千克,酱油1千克,红醋0.5千克,黄酒、碱、盐各少许,求一份的成本。

解:根据小笼包的制作方法,可知是成批加工的,适宜于用先总后分法进行核算。

第一步,按投料定量和单价先求出100份产品所耗用的各种原料的总成本,见表33。

第二步,代入计算公式:

$$\frac{3.80+41.60+2.80+0.67+0.36+0.18+0.55+0.64+0.72+0.36+0.20}{100}=0.5188（元）$$

答:每份小笼包的成本是0.5188元。

例2:三鲜炒面每份用料是:水切面0.15千克(单价0.60元),肉丸0.03千克(单价5.80元),熟猪肉0.03千克(单价5.40元),熟猪肝0.03千克(单价6.20元),

表 33　小笼包成本核算

耗用原料品种	数量(千克)	单价(元)	金额(元)
富强粉	5	0.76	3.80
腿　肉	6.5	6.40	41.60
肉　皮	2	1.40	2.80
味　精	0.04	16.80	0.67
胡　椒	0.01	36.00	0.36
红　糖	0.1	1.80	0.18
小麻油	0.125	4.40	0.55
生　姜	0.4	1.60	0.64
酱　油	1	0.72	0.72
红　醋	0.5	0.72	0.36
料酒、碱、盐	少许		0.20
合　计			51.88

食油 0.07 千克(单价 4.20 元),各种调味品适量(共 0.08 元)。求三鲜炒面每份的成本。

解:由于三鲜炒面是单件生产的,因此,它的成本必须运用先分后总法进行核算。其计算公式是:

面条成本＋丸子成本＋猪肉成本＋猪肝成本＋食油成本＋调料成本＝产品成本

代入计算公式,可知每份成本是:

$0.15 \times 0.6 + 0.03 \times 5.8 + 0.03 \times 5.4 + 0.03 \times 6.2 + 0.07 \times 4.2 + 0.08 = 0.986$(元)

答:三鲜炒面每份成本是 0.986 元。

(二)核算主食、点心成本的基本要点

第一,必须坚持单一品种核算。要建立"产品成本核算单",逐日记载原料领用和实际耗用量,逐日结出余额,表示已领而未用完的原料、半成品和尚未售出的制成品数额,见表 34。

第二,必须坚持凭单发料的制度。保管部门必须凭生产部门的领料单,严格按每个品种的"五定"(定品种、定价格、定份量、定质量、定粮色)标准或其他核算标准发料,以控制各个产品的配料定额,贯彻节约用料的原则。

第三,必须坚持每天盘点的制度。生产部门领用的原料并不等于实际耗用的原料,所生产的制成品也未必当天全部售完。因此,必须在生产和销售工作结束后进行盘点,并对已领而未用完的原料按进价计算价值,对未售的制成品和在制的半成品折合原料计算价值,以便计算已售出的产品原料耗用数量,从而精确地确定其成本,并检验其是否同原来定的投料量和成本相符。

第四,生产部门各品种间相互调拨的原料,也必须及时作拨入或拨出转帐,以免造成产品成本的虚增或虚减,影响核算的准确性,见表34。

表34　面点产品成本核算单

产品名称:　　　　　　　　　年　　月　　日　　　　　　　　金额单位:元

原料品名	单位	单价	上日结存	本日领料	本日耗用	本日结存	拨入或拨出量		
			数量金额	数量金额	数量金额	数量金额	拨入	拨出	来源或去向
合计									

核算员:　　　　　　　　保管员:　　　　　　　　生产员:

二、菜肴制品的成本核算

(一)菜肴制品成本核算的方法

菜肴品种繁多,基本上可分为两大类,即热菜和冷盘。不论哪一类菜大都是单件生产的。但也有少数品种,如珍珠丸子、卤制品等则是批量生产的。要核算个别配制、单件生产菜肴的成本,只要把在这份菜里所耗用的各种原料的成本,逐一相加就行了。

例1:炸猪排一盘,耗用原料计净猪肉0.2千克(单价5.80元),面粉0.05千克(单价0.60元),鸡蛋1个(单价0.25元),食油0.1千克(单价4.40元),盐、味精等调味品各少许(共0.10元),求每盘的成本。

解:这份菜既有主料(净猪肉),又有配料(面粉、鸡蛋)和调味品(食油、盐、味精等),其成本是由这三种原料的成本所构成,可运用先分后总法进行核算。其计算公式是:

猪肉成本＋面粉成本＋鸡蛋成本＋食油成本＋调味品成本＝产品成本

代入计算公式,可知每盘成本是:

$0.2 \times 5.80 + 0.05 \times 0.60 + 1 \times 0.25 + 0.1 \times 4.4 + 0.1 = 1.98$(元)

答:炸猪排每盘的成本是1.98元。

例2:珍珠丸子每1000个的用料是净猪肉15千克(单价6.80元),糯米2千克(单价0.80元),鱼茸0.5千克(单价9.40元),鸡蛋20个(单价0.30元),小葱1千克(单价1.60元),味精0.05千克(单价18.40元),胡椒0.02千克(单价36.00元),

盐等其他调料各适量(计 0.86 元),求每个珍珠丸子的成本为多少元?20 个丸子为一盘,其每盘成本又为多少元?

解:珍珠丸子系批量制作生产的,运用先总后分法进行核算。

代入计算公式,可知珍珠丸子每个的成本是:

$$\frac{15\times6.8+2\times0.8+0.5\times9.4+20\times0.30+1\times1.6+0.05\times18.4+0.02\times36+0.86}{100}=0.1184（元/个）$$

0.1184×20=2.368(元/盘)

答:每个珍珠丸子的成本为 0.1184 元,每盘的成本为 2.368 元。

(二)核算菜肴制品成本的基本要点

第一,要在历史经验的调查研究以及实际试制结果的基础上,核算各个菜品的原料耗用定量及成本。

第二,原料耗用定量和成本定额合理地确定下来以后,应保持相对稳定,并挂牌公布,便于群众监督,认真做到主料过秤,辅料合理,定份下锅,均衡装盘,逐日盘存,坚持日结日清,算做一致,以使毛利准确,质价相符。

第三,在执行原料耗用定量的成本定额中,既要防止短斤少两、以劣充优的弄虚作假经营作风,也要防止用料偏松、不讲核算的错误倾向,避免成本忽高忽低、毛利时大时小的现象。

在生产部门往往以填报"菜肴产品核算单"方式,直接计算出菜肴产品成本,见表 35。

表 35　菜肴产品核算单

产品名称：　　　　　　　年　　月　　日　　　　　　　金额单位:元

原料名称	单　位	数　量	单　价	金　额	备　注

核算员：　　　　　　　　保管员：　　　　　　　　生产员：

三、筵席的成本核算

筵席是由冷盘、热炒、大菜、点心等各类菜点按一定规格组成的,筵席是一组系列化菜点。在掌握了主食点心和菜肴制品成本核算方法以后,只要将组成筵席的各产品成本相加,其总值即为该筵席的成本。在前者的基础上,这种核算是较易掌握的。此外,由于在实际经营中,筵席往往是由顾客预定的,这就要根据预定筵席的标准,先核算出筵席的成本总值,再依各种组合菜点所占筵席成本总值的比重。核算出各种菜点的成本。

(一)中餐筵席成本的核算

第一,根据组成筵席的各种菜点的成本,计算筵席成本。其计算公式是:

筵席成本＝菜点(1)成本＋菜点(2)成本＋……＋菜点(n)成本

第二,根据顾客预定的筵席标准(指筵席销售单价),计算筵席成本和各类菜点成本。

第一步,根据筵席等级和售价,按照规定的成本率计算该筵席的成本。其计算公式是:

筵席成本＝筵席售价×成本率

第二步,根据筵席成本总值和该等级筵席各类菜点成本所占比重,计算出各类菜点成本。

在实际业务工作中,还应在分类菜肴成本的基础上,按各类菜肴所应有的件数,进一步核定各种菜点的成本。

(注:成本率＝$\dfrac{\text{成本}}{\text{售价}}\times 100\%$)

(二)西餐宴会成本的核算

西餐,有冷餐会、酒会、宴会等多种形式。西餐宴会成本的核算方法与中餐筵席成本的核算程序和方法,基本上是一致的。只是其等级标准,不是按每席的费用来划分,而是按参加宴会的每人的费用来划分。另外,由于中外饮食习惯不同,所以筵席的菜点结构类别也不尽相同,成本构成比重也有较大差异。一般西餐宴会其菜点分为(1)面包、黄油、小吃;(2)冷菜;(3)汤菜;(4)热菜;(5)点心;(6)水果;(7)饮料等。其成本结构一般面包与小吃约占10%,冷菜占15%,汤菜、热菜占60%,水果、点心、饮料占15%左右。

第五节 饮食产品价格核算

价格是商品价值的货币表现。核定饮食产品价格,是饮食业进行成本核算的直接目的。

一、饮食产品价格的构成

(一)构成饮食产品价格的要素

由于饮食业是产、销、服务3个过程统一在一个企业内实现,所以,饮食产品的价格应当包括从生产到消费的全部费用和各环节的利润、税金。饮食产品的成本可分为生产成本、销售成本、服务成本3种。但是,各种饮食产品在加工和销售过程中,除原材料成本可以单独按品种核算外,工资和经营费用很难分开核算。所以,长期以来,人们要核定饮食产品价格时,只把原材料成本作为成本要素,把生产经营费用、利润、税金合并在一起,称为"毛利",用以计算饮食产品价格。因此,从计算角度讲,饮食产品价格的构成,通常用下面公式来表示。

即:饮食品价格＝原材料成本＋利润＋税金＋生产经营费用

或:饮食品价格＝原材料成本＋毛利

根据饮食业的特点,饮食产品价格是通过毛利率来控制和体现的,即由企业按照各级物价管理部门规定的毛利率幅度(即最低毛利率与最高毛利率之间的差值),根据"按质分等论价,时策时价"的原则,结合本企业的特点,逐一确定具体经营品种的毛利率和销售价格。

(二)利润率和毛利率

饮食产品的利润,是由产品的销售价格扣除产品成本之后所得的毛利中形成的。从毛利中扣除费用和税金就是利润(通常也称为产品的纯利)。利润与成本的比率叫成本利润率,利润与销售价格的比率叫销售利润率。其公式分别是:

$$成本利润率＝\frac{产品利润}{产品成本}×100\%$$

$$销售利润率＝\frac{产品利润}{产品销售价格}×100\%$$

饮食产品的毛利,即产品销售价格减去产品原材料成本(进销差价)。毛利与成本的比率叫成本毛利率,毛利与销售价格的比率叫销售毛利率。其计算公式分别是:

$$成本毛利率＝\frac{产品毛利}{产品成本}×100\%$$

$$销售毛利率＝\frac{产品毛利}{产品销售价格}×100\%$$

它分别反映每百元产品销售额和产品成本取得的毛利额。它对物价、对饮食企业盈利都有重要影响。

毛利率同成本率、费用率、利润率有密切联系。用公式表示则为:

毛利率＋成本率＝1

毛利率－费用率－税率＝利润率

(三)毛利率和费用率在价格计算上的意义

产品的成本和价格确定以后,能否在这个产品中获得盈利,就要看其毛利是否大于生产经营费用与税金之和。凡毛利大于二者之和,企业就有所盈余;反之,毛利小于二者之和,企业就要发生亏损。因此,企业在安排确定毛利率幅度的同时,还应根据本企业的具体情况制定出费用率,即费用与销售额的比率。在费用率比较稳定的情况下,如果出现盈利不足或亏损的情况时,应立即检查毛利率的执行情况,在原材料耗费或在价格上作出相应的调整措施;反之,如果毛利率稳定在规定的幅度内,而费用率偏高,导致盈利降低时,则不能采取调高价格的措施。而应该注意节约开支,降低费用,以保证企业有一定的盈利,不断提高企业的经济效益和社会效益。

二、饮食产品毛利率的确定

(一)毛利率与价格的关系

毛利率是毛利与成本或销售价格之间的比率。它不但在一定程度上反映产品的利润水平,还直接决定产品的价格水平,决定企业的盈亏,关系着消费者的利益。毛利率越高,价格越低,企业利润也越高;反之,毛利率越低,价格也越低,利润也相对减少。所以说合理地制定饮食产品的价格,除了必须精确地核算产品成本外,还必须正确地确定各个产品的毛利率。只有这样,才能正确处理国家利益、企业利益、职工利益和消费者利益各方面之间的关系,才能使饮食产品的价格既能保证企业的合理盈利,也能更好地为工农业生产和人民生活服务。

(二)确定产品毛利率的原则

根据饮食业的特点,饮食产品价格是通过毛利率来控制和体现的,即以原材料的合理成本为基础,分不同企业等级和品种类别,加不同幅度的毛利率而核算的。所以,确定产品的毛利率必须贯彻合理稳定、按质分等论价、时策时价的定价原则。

所谓合理稳定,就是说饮食产品的价格要适应不同的消费水平,并在各类价格之间保持适当的比率;饮食企业的毛利率和各类毛利率的掌握,要力求稳定在一定的水平上。

按质分等论价,是指按照产品的不同质量,确定不同的毛利率;同时,还指按照不同饮食企业的烹调技术、选用原料、服务设施和服务质量等的不同;划分类型等级,对不同等级饮食企业和产品分等确定毛利率。大中城市饮食业经营类型,大体上可以划分为:酒菜、西餐、便饭、点心、冷热饮食等。企业等级则可根据经营特色、社会声誉等条件划分为高级餐厅、中级饭馆、大众饭店、小吃店等。大城市可多划几个等级,中等城市少划几个等级,县城和农村集镇可不划等级。

(三)综合毛利率与分类毛利率

饮食业的毛利率在实际运用中,又分为综合毛利率与分类毛利率两类。

1.综合毛利率。是指某一地区或某一等级某一类型饮食店的平均毛利率。它是按照一定地区或某一类型饮食店的毛利总额和销售总额来计算的,也就是毛利总额占销售总额的百分比。用公式表示为:

$$综合毛利率 = \frac{销售总额 - 原材料成本总额}{销售总额} \times 100\%$$

综合毛利率是由各级物价主管部门核定的,是掌握和考查不同地区、不同饮食店在某一时期内销售价格总水平是否符合政策规定、是否合理的综合指标,也是检查企业经营方向的重要尺度。

2.分类毛利率。是指某一地区、某一等级饮食企业的各类饮食产品的毛利率。它是按饮食产品的不同类型(米、面制品类、带馅制品类、普通菜肴类、高级菜肴类等)分别核定的。一般也由各级物价部门或商业行政管理部门核定。规定饮食产品的分类毛利率,可以使同一市场、不同饮食企业经营的同类饮食产品价格,相互之间保持平衡和衔接,有利于市场物价的稳定。用公式表示为:

分类毛利率＝

$$\frac{(本类饮食品销售额－本类饮食品原材料成本)}{本类饮食品销售额}×100\%$$

综合毛利率与分类毛利率是相互联系、相互制约的。其关系是:在分类毛利率的基础上形成综合毛利率;综合毛利率一经确定,又控制着分类毛利率。综合毛利率是按分类毛利率和各类饮食品的经营比重制定的。因此,它可以控制和制约分类毛利率;分类毛利率是综合毛利率的基础,它构成综合毛利率。在确定分类毛利率时,要考虑到综合毛利率的水平,以使不同地区、类型、等级的饮食企业的综合毛利率保持合理差别。综合毛利率与分类毛利率的关系,见表36。

表36　　××餐馆综合毛利率和分类毛利率统计表

经营种类	销售额	毛利额	分类毛利率(%)	各类销售比重(%)	综合毛利率(%)
	(1)	(2)	(3)(2)/(1)×100%	(4)(1)/(1)×100%	(5)=(3)×(4)
大众化菜肴	50000	15000	30	50	12
合　菜	15000	4800	32	15	4.8
特色风味	25000	8750	35	25	8.75
粮食制品	7000	1960	28	7	1.96
代销卤制品	3000	750	25	3	0.75
合　　计	100000	31260	—	—	31.26

综合毛利率＝∑……(分类毛利率×各类饮食产品销售比重)

合理规定毛利率水平,是正确贯彻饮食产品价格政策,促进企业改善经营管理,安排好市场饮食产品销售价格的重要条件。应当根据国家关于对饮食毛利水平掌握的原则和控制幅度,妥善地加以安排。

(四)饮食产品毛利率的具体确定

由各级地方物价管理部门和商业行政管理部门制定的饮食业综合毛利率与分类毛利率,是企业确定各种产品毛利率的重要依据。也就是说,各种产品的毛利率,必须受综合毛利率与分类毛利率水平的制约,一般可在分类毛利率±5%的幅

度内掌握,不能过多降低或超出。饮食企业在确定各种产品毛利率时,还必须切实遵循以下具体原则:

第一,凡与人民生活关系密切的大众化饭菜,毛利率应低一些。

第二,筵席和特色风味名菜、名点的毛利率应高于一般菜点的毛利率。

第三,时令品种的毛利率可以高一些,反之应低一些。

第四,用料质量好、货源紧张、操作过程复杂的精致产品,毛利率可以高一些,反之应低一些。

第五,原料成本价值低、起售点小的产品,毛利率可适当高一些。

各种饮食产品毛利率的确定, 还应贯彻统一领导与分级管理相结合的原则。凡名菜、名点和各种销售量大、影响面广的大众化菜点的毛利率,应由饮食企业报呈有关物价主管部门核准;对比较普遍的品种,如一般的冷盘、热炒菜和汤菜等可由基层企业自行掌握确定,报业务主管部门备案。

为了更好地贯彻饮食价格政策,在具体确定每一种新产品的毛利率时,除必须认真实际测试和核算外,还必须严格履行报批手续,产品毛利率一经批准,非特殊情况不得轻易变动;必须变动时,仍应报请上级审核批准。

三、饮食产品价格的计算

在精确地核算产品的成本和合理地确定产品的毛利率之后,就可以计算出产品的价格了。由于毛利率有成本毛利率和销售毛利率之分,计算价格的方法也就有成本毛利率法(外加法)和销售毛利率法(内扣法)两种。

(一)成本毛利率法(外加法)

成本毛利率法,就是以产品成本为基数,按确定的成本毛利率加成计算出价格的方法。

设 C 表示产品成本,r_1 表示成本毛利率,S 表示销售价格,m 表示毛利, 其公式推导如下:

我们知道,成本毛利率就是毛利除以成本的比值:

$$\frac{m}{C} = r_1 \quad \cdots\cdots\cdots\cdots\cdots\cdots\cdots\cdots\cdots\cdots(1)$$

我们又知道,产品成本与毛利之和构成饮食产品的价格:

$$S = C + m \quad \cdots\cdots\cdots\cdots\cdots\cdots\cdots\cdots\cdots\cdots(2)$$

由此式(1)可得:

$$m = Cr_1 (注:r_1 与 C 并列) \quad \cdots\cdots\cdots\cdots\cdots(3)$$

以式(3)代入式(2)即得:

$$S = C + Cr_1$$

$$S = C(1 + r_1) \quad \cdots\cdots\cdots\cdots\cdots\cdots\cdots\cdots(4)$$

即:产品销售价格＝产品成本×(1＋成本毛利率)

这个方法在饮食业习惯上称之为"外加法"。

为了使核定价格的工作规范化,并促使各种饮食产品的投料用量严格符合核定的标准,可以编制外加法《产品定量定额和售价计算单》,见表37。

表37　产品定量定额和售价计算单(外加法)

产品名称:甜酸肉

项　　目		计量单位	定量	单价(元)	金额(元)
原料成本	合　计				2.70
	猪　肉	千克	0.2	9.20	1.84
	砂　糖	千克	0.075	2.00	0.15
	生　油	千克	0.075	4.40	0.33
	鸡　蛋	个	1	0.20	0.20
	调味品				0.18
加成率					48%
销售价格					4.00

用外加法计算价格,简单明了,易于掌握,饮食业师傅多运用此法计算价格。但不足的是在会计核算上,不易反映产品销售总额中毛利所占的比重,所以饮食业财会人员多不采用此法。

用成本毛利率法计算价格的公式,还可以在已知价格和成本毛利率的条件下计算出成本。

因为 $C(1+r_1)=S$

所以 $C=\dfrac{S}{1+r_1}$

即:成本 $=\dfrac{产品销售价格}{1+成本毛利率}$ ……………………………………(5)

(二)销售毛利率法(内扣法)

销售毛利率法,是以产品销售价格为基础,按照毛利与销售价格的比值计算价格的方法。设以 r_2 表示销售毛利率,其公式推导如下:

我们知道,销售毛利率就是毛利除以售价的比值:

$\dfrac{m}{S}=r_2$ ………………………………………………………(6)

由此可得

$m=Sr_2$ ………………………………………………………………(7)

以式(7)代入式(2)得

$S=C+Sr_2$

即　$S-Sr_2=C$

$S(1-r_2)=C$ ………………………………………(8)

$S=\dfrac{C}{1-r_2}$ ………………………………………(9)

即：产品销售价格$=\dfrac{成本}{1-销售毛利率}$

这个方法在饮食业习惯上又称之为"内扣法"。

用内扣法计算价格，对毛利在销售额中的比重一目了然，有利于核算管理，故为饮食企业财会人员计算价格所普遍采用的方法。

计算出产品的成本和销售价格后，应立即编制《产品定量定额和售价计算单》，见表38。

表38　产品定量定额和销价计算单(内扣法)

产品名称：拔丝苹果　　　销售单价：5.05元　　　毛利率：40%

原材料名称	计量单位	定　量	单　价(元)	成本金额(元)
苹　　果	千克	0.5	3.20	1.60
糖	千克	0.2	2.00	0.40
面　　粉	千克	0.05	0.60	0.03
淀　　粉	千克	0.05	2.40	0.12
食　　油	千克	0.2	4.40	0.88
合　　计				3.03

此计算单由财会人员、生产管理人员和厨师共同制定。烹制菜点时，必须按计算单上规定的定额标准使用原料，生产管理人员应经常据以检查配料定额的执行情况，以防止原料的浪费，保持产品的质量。我们应当在积极节约原材料的情况下，拟定更先进的配料定额，从而进一步减少顾客的开支，并为企业增加盈利。

利用式(8)可以在已知价格和销售毛利率的条件下，计算出产品成本。

四、饮食产品毛利率的换算

从上面内扣毛利率和外加毛利率计算方法来看，各有其优点，但从分析财务成果上看，内扣毛利率法优于外加毛利率法。因为财务会计中的各项指标，如费用率、税金率、资金周转率、利润率等，都是以销售额(即销售价)为基数计算的，这和内扣毛利率的计算口径一致。为了便于比较，可以把这些重要财务指标相互之间的关系，用下列公式表示：

内扣毛利率＝费用率＋税金率＋利润率

如果用外加毛利率计算的话，上列公式就不适用(即不相等)，因为外加毛利率计算是以成本为基数，这对于分析、检查和编制计划来讲都很不方便。

但从计算售价上看,外加毛利率法却比内扣毛利率法手续简便,因为外加毛利率法是用加法和乘法[售价＝成本×(1＋毛利率)];而内扣毛利率法是用减法和除法[售价＝成本÷ (1－毛利率)]。一般用笔算也好,珠算也好,习惯使用加法和乘法比较方便,而不愿用减法和除法。为了解决这个矛盾,计算售价时,经常把内扣毛利率换成为外加毛利率。其换算公式如下:

$$外加毛利率＝\frac{内扣毛利率}{1－内扣毛利率}$$

$$内扣毛利率＝\frac{外加毛利率}{1－外加毛利率}$$

若以前述所用符号,上两式可表示如下:

$$r_2＝\frac{r_2}{1－r_2} \quad \cdots\cdots\cdots\cdots\cdots\cdots\cdots\cdots\cdots (10)$$

$$r_2＝\frac{r_1}{1＋r_1} \quad \cdots\cdots\cdots\cdots\cdots\cdots\cdots\cdots\cdots (11)$$

为了证明上述公式的正确性,可以(11)代入(10)式验证:

$$r_1＝(\frac{r_1}{1＋r_1})÷ (1－\frac{r_1}{1＋r_1})＝\frac{r_1}{1＋r_1}÷ \frac{1}{1＋r_1}＝r_1$$

民以食为天,厨师就是那天上的神仙,神仙下凡做饭,把幸福带给人间……

——张仁庆

第 三 编

烹饪知识高级部分

第一章　　烹饪化学反应

第一节　　热量在原料中的反应

物理学中已经告诉我们，传热的方式大致可分为 3 种，就是传导、对流和辐射。在烹调过程中，对食物加热时传热的方式是非常复杂的，传导、对流、辐射往往同时存在。燃料燃烧时所发生的热量传到菜肴原料的内部中去使菜肴成熟，基本上可分为两个过程，一是原料外部热的传播过程，另一个是原料内部热的传播过程。后者是受原料本身的性质所决定，而前者热的传播则要借助于各种传热介质。

一、原料外部热的传播过程

燃料在炉膛内燃烧，造成炉膛内很高的温度。这是因为，一方面火焰直接接触锅底，把热量传给铁锅；另一方面通过炉膛内强烈辐射的空气对流也把热量传给锅底，而铁的传导能力很强，因此铁锅也就迅速地把热量传给锅内的原料。可是，绝大多数原料并不直接放在锅内。由于各种热源在燃烧时氧气供应充分均可产生很高的温度，如煤、煤气均可达千度以上，这样的高温可以熔化矿石、金属等，用于直接烧烤食物，很快就会烧焦炭化而失去食用价值。因此，对各种热源燃烧发生的高温，除通过供氧压力、燃烧量的投放等一系列措施加以控制管理外，还需要用一些缓冲物质，这既可获得烹制所需的理想温度，又可以传热并发挥出其他的功能。经过人们长期的实践，终于选用了水、油、蒸汽等作为传热与缓冲的介质，也有一部分菜肴的烹制加热，选用了泥、盐、砂等，但水、油、蒸汽使用比较广泛。所以，传热介质的传热性能和传热状况是很值得研究的。

(一)用水做加热体的传热情况

水的传热能力很差，它在受热后温度所以能全部升高并使水中的食物受热，主要是靠对流作用。因为水的性能是能够在不断受热过程中，使自身的温度上升到 100℃而沸腾起来；一般的菜肴原料在这样的温度中，即会发生质的变化，而达到成熟。水的沸点是 100℃，也就是说，不论火力怎样旺，水的温度只能达到 100℃，超过了 100℃，它就要变成为蒸汽而逸散到空间。如果我们需要提高锅中水的温度，使水的沸点高于 100℃，一般有两种办法。

第一，盖紧锅盖，甚至在锅盖的四周用桑皮纸密封以增加锅内的压强。根据物理学知识，容器内的压强增加，容器内水的沸点就会升高，也就是到了 100℃还不会汽化,使锅中水的温度可以高于100℃。当然,盖紧锅盖,用纸密封的方法,只能使锅内的压强略为增加一些,因此锅中水的温度也只能略高于100℃,为102℃～105℃。

第二,在锅内溶解一些可溶性的固态物质,如食盐,也可使水的沸点略为升高,比100℃略高一些。

(二)用油做加热体的传热情况

油是不良导体,传热能力较差,它在受热后温度的升高也是靠着对流作用。但是油在锅中受热后温度变化的幅度较大,一般常温可上升到300℃以上,最高可达350℃左右(即油的闪光点),这是水所不及的。由于油的沸点不同,计算油温的基数就有差异,例如以沸点为300℃,三成热的油温就为90℃,四成热的油温为120℃,依此类推。各地选用的基数沸点不同,因而标明油温就存在着差异,所以除了确定烹制加热所需的温度外,还要对油在不同温度下的状况加以注明,使理论温度数据和直观物理状况的变化结合起来参照掌握。

由于各种油脂内含有不同的化合物质,油的发烟点也不同,见表39。用油做传热的介质,可以达到较高的温度,可以使锅中的菜肴原料表面迅速地达到100℃～120℃而成熟得更快。另外,较高的油温可以迅速驱散原料表面或内部的水分子,使菜肴达到酥脆的特色。

表39　各种油脂的发烟点

油的种类	规　格	发烟点(℃)
豆　油	精炼的	236
	一般的	213
菜子油	精炼的	227
	一般的	211
芝麻油		184～172
棉子油		229～216
猪　油		221
牛　油		208

注:油脂不具有直接由液态变为气态的物态变化特性,不能直接沸腾,在达到沸点之前,已形成分解产物,只有这种分解产物才能挥发,肉眼可见其蓝色烟状,只有油脂的温度超过分解温度时才能蒸发。油脂加热时产生的最重要的分解产物是丙烯醛。

(三)用蒸汽做加热体的传热情况

蒸汽,也称温压汽。利用水加热沸腾后汽化的水蒸汽作为传热的介质,将食物加热成熟,传递方式主要是热湿汽的对流。如果将蒸汽烹具密封,不使热湿气外泄,内部压力增大,沸点可以提高,温度可达102℃。如果用高压锅,水的沸点可达到120℃。所以,它的温度随压强的增大而略高于水。

(四)用盐、砂粒或泥做加热体传热情况

盐或砂粒在锅内加热后,所获得的最高温度可达 600℃ 以上,比水、油的最高获得温度高,但盐和砂是固体物质,热的传递的主要方式是传导,而不能对流。盐、砂粒在锅中受热时,燃料燃烧时的热量通过辐射、对流传递给铁锅。金属铁锅通过传导和辐射再传至靠近锅底的盐、砂,下部盐、砂受热后将热再传导至上部的盐、砂就需要有一定的时间,因为盐、砂之间有空隙,空隙中有空气,而空气是不良导体。因此,在用盐、砂作为传热介质时,要不断地进行翻拌,否则受热不均匀,上部分盐、砂接触室温,热量被空气吸收,很快冷却,下部分热量不断增大,形成高温,很快将加热原料脱水炭化而不能食用。因此,除了少数风味菜肴采用盐和砂外,一般因其难于控制温度而不能普遍使用。

泥也能获得较高温度,与盐、砂相近,不同的是泥具有可塑性、黏性,含有一定的水分。常用于将要加热的原材料用泥包裹起来,放在一定加热炉灶中,用燃料燃烧的辐射和热空气对流方式,将热量传递给原料外部的泥,泥在受热后用传导方式将热从外部传向内部,从而把内部原料加热成熟,能很好地保留菜肴的原汁原味,并具有特殊的干香风味。

(五)用干热空气做加热体的传热情况

干热空气加热,主要是指各种烘箱、烤炉。其传热过程是,一定容积中的空气,在热源发出热量时,首先以辐射的方式将热传递给加热的原料,同时也将炉、箱内的空气逐渐加热,不断发生对流,而使热量达到平衡,并将热传递给原料而使之成熟。

二、原料内部热的传播情况

菜肴原料在不同的传热方式下受热以后,原料表面的热量继续向内部传播,使原料内外部完全达到成熟。这一过程也是极为复杂的。所以,我们要尽快地了解它、掌握它,做到既能保证食物成熟和充分杀菌消毒,又能保证食物的色、香、味、形俱佳和营养成分不致过多损失。我们知道,一般食物原料都是一些热的不良导体,本身的传热能力都很差,虽然经加热后的菜肴原料表面温度已经很高,但由于加热的时间长短不同,原料内部不可能随外部的温度同时达到相应的温度。根据实验:一块 1500 克重的牛肉放在沸水内煮一个半小时,才能把牛肉内部的温度提高到 62℃;一只重 3000 克左右的火腿,放在冷水锅中逐渐加热,当水达到沸点时(即 100℃),火腿内部的温度仅有 25℃ 左右;一条拍上干粉的大黄鱼放在油锅内炸,当油的温度达到 180℃,鱼的表面也达到 100℃ 左右时,鱼的内部也还只是 60℃～70℃。可见,菜肴原料的传热性能是很差的。所以,在烹调中,对食物原料加热时,必须掌握好以下几项原则:

第一,如果是运用旺火短时间的烹调方法,应把原料尽量切得小些,薄些。如原料略大略厚,应在原料上剞一些花刀,以便使热能容易传播到原料的内部。

第二,如果是大块肉加温,均要采用小火长时间加热的烹调方法。要使鱼、肉的内部呈灰白色无红色血迹(即断生)才能保证充分杀菌消毒。因为动物的血色素要达到 85℃ 左右时才能破坏,由红色转变成灰白色。当鱼、肉的内部呈灰白色无红色血迹时,也就说明它的内部至少已达到 85℃ 左右,在这样的温度下,细菌一般都可以杀死了。要使鱼、肉的内部达到这样的温度,加热时间相对较长,但如用旺火一直烧下去,锅中的水分要大量蒸发,锅中的水分可能很快耗干,而鱼、肉的内部还没有成熟,因此长时间加热应采用小火。炖、焖、煨、烧等烹调方法都有一个用小火加热的过程,就是这个道理。

第三,在菜肴加热过程中,必须注意原料各部分受热均匀,使原料表面的温度能同时向原料内部传播。例如炸、熘、爆、炒等旺火短时间加热的烹调方法,更应注意这一点,也就是要加以翻锅或用手勺翻拌。

第四,烫、泡食物时水均需烧至沸腾,而且水量要尽可能多一些,以便在较短的时间内,达到菜肴成品的要求及特点。

观察菜肴表面和内部受热的程度,对掌握火候有重要作用,它是一个优秀厨师的基本功。

第二节　食物受热时的物理与化学变化

由于烹饪原材料都是有生命的动、植物,它们都含有各种营养素。从物理形态上看,它们是以固体形态存在,但其中含有呈液体的水溶液,有的也含有气体。各种可食性原料、配料、调料、辅料,所含营养素的量,比重各不相同,因此其物理、化学性质也各不相同。

在加热过程中,由于加热的温度、传热的介质、pH 值等条件不同所发生的物理、化学的具体变化有先有后,有的同步进行,这种变化是极其复杂的。烹制加热,是由多种原材料在一起进行,它们的变化也各不相同。总的来说,物理变化中有化学变化,物理变化为化学变化创造条件,化学变化时各种化学元素、化合物之间发生一系列的变化生成新的化合物,并形成了菜肴新的物理性状。因此,物理和化学变化是相互联系的,互为条件的。

一、加热过程中食物的一般变化

菜肴原料在受热以后,由于其性质、形态的不同及烹调方法的不同,质变的状态也是非常复杂的,一般来说,可分为下列几种变化。

(一)物理分散作用

食物受热后所发生的物理分散作用,包括吸水、膨胀、分裂和溶解等。例如,新鲜的蔬菜和水果细胞中充满了水分，并且在细胞与细胞之间有一种植物胶素粘连着各个细胞，所以在未加热以前大部分都较为硬而饱满。原料受热到一定温度时，胶素软化，与水混合成胶液，同时使细胞破裂，内部所含的一些物质，如矿物质、维生素等就溶于水中，而使整个组织变软，所以蔬菜加热后，锅中会出现汤汁，这些汤汁中含有很丰富的矿物质和维生素。

淀粉不溶于冷水，但在温水或沸水中能吸水膨胀。例如一般的米粉或面粉中含有 12%～14% 的水分，但它们的最大吸水量可达 35% 左右，所以它们在温水或沸水中能继续吸水而膨胀，膨胀的结果使构成淀粉粒的各层(淀粉粒的结构是一层一层的)分离，终至破裂而成糊状(这一现象，称为糊化)。糊化温度随淀粉粒的种类不同而异，甘薯、芋芳的糊化温度较低容易煮熟，米麦的糊化温度较高煮熟就需要较长的时间。淀粉糊中包含 3 个部分，一部分为真溶液，一部分为淀粉糖，另一部分为淀粉胶。淀粉糊中所含淀粉胶的胶粒愈多，黏性也愈大。生长在根茎中的淀粉(如藕、甘薯，马铃薯等)，所含淀粉胶粒往往较谷类(如米、麦等)为多，所以它们的淀粉糊黏性较大，可做羹汤或作为挂糊、上浆、勾芡之用。

(二)水解作用

食物在水中加热时，内中很多成分会起水解作用。如淀粉会水解为糊精和糖类，故成熟后带有甜味；蛋白质会水解而产生各种氨基酸，故成熟后带有鲜味；肉类中的生胶质会水解为动物胶，故冷却后可成冻状。

淀粉在水中加热时，一部分就会水解成糊精，并进一步生成麦芽糖和葡萄糖，所以成熟后黏性较大且带有甜味。蛋白质在受热后即进一步水解而产生具有鲜味的氨基酸。肉类在受热后，结缔组织便渐渐水解，结缔组织主要为韧带质和生胶质所组成，韧带质不易水解，但生胶质却易水解为动物胶。其作用可表示如下：

$$C_{102}H_{149}N_{51}O_{38} + H_2O \xrightarrow{\text{加热}} C_{102}H_{151}N_{51}O_{39}$$

　　(生胶质)

$$C_{102}H_{128}N_{31}O_{39} + 2H_2O \xrightarrow{\text{加热}} C_{55}H_{58}N_{17}O_{22} + C_{47}H_{70}N_{14}O_{19}$$

　　(动物胶)

动物胶和植物胶虽然都是蛋白质，但动物胶的分子比较简单(如上式)，有较大的亲水力，能吸收水分而成凝胶，在加热时可溶为胶体溶液，冷却后即凝成为冻胶。所以当肉类(特别是含胶质较多的肉)在炖焖后，结缔组织(生胶质)被水解破坏后，蛋白质纤维素便分离，使肉呈柔软酥烂状态。同时，汤汁中便含有多量的水解产物——动物胶，冷却后就成为肉冻或鱼冻。

(三)凝固作用

食物受热后，有些水溶性蛋白质即逐渐凝固，如溶液中有电解质存在时，便易迅速凝结。我们知道蛋白质的种类是很多的，有许多蛋白质是水溶性的，多数水溶性蛋白质受热后即逐渐凝固,例如鸡蛋的蛋白质受热后便凝成硬块,血色素也是一种水溶性蛋白质,加热到 85℃左右便凝成块状,凝固的程度随加热时间的加长而增加。所以煮蛋或鸡鸭血汤、猪血羹等,加热时间应避免过长,否则食品变硬,不仅鲜味减少,也不利于消化。蛋白质胶体溶液在有电解质存在时,凝结更加迅速,例如在豆浆中加入石膏(CaSO₄)或盐卤(MgCl₂)等电解质,即可凝结成豆腐。因为食盐(NaCl)是电解质,所以在煮豆、烧肉或需要汤汁浓的菜均不可加盐太早,因为加盐太早就会使豆、肉或制浓白汤的原料中的蛋白质凝结过早,水分便不易渗透进豆、肉内部,不能使它们吸水膨胀,组织破坏,因而不易酥烂,在制汤的原料中也因蛋白质凝结过早,不能溶于汤中和使汤汁浓白。当然,这种电解质对各种原料、各种蛋白质的影响是不同的,所以放盐的早迟,应根据菜肴的具体情况而定。

(四)酯化作用

脂肪与水一同加热时,一部分水解为脂肪酸和甘油,如再加入酒、醋等调味品,即能与脂肪酸化合而成有芳香气味的酯类,这种作用,叫做酯化作用。它的反应过程如下:

$$RCOOH + C_2H_5OH \longrightarrow RCOOC_2H_5 + H_2O$$
(脂肪酸)　(酒精)　　　　　(酯类)

酯类比脂肪容易挥发,并具有芳香气味。因此鱼、肉原料在烹调时加酒后即有香味逸出,就是这个道理。

(五)氧化作用

多种维生素在加热或与空气接触时均易氧化破坏,在碱性溶液或有少量铜盐存在时,更易迅速氧化。在食物烹调时损失最大的就是维生素类,多种维生素在与空气接触时容易被氧化破坏而失去营养价值,在受热时氧化更快,特别是维生素 C 最易破坏,其次是维生素 B₁ 和维生素 B₂ 也易破坏,在酸性溶液中比较稳定,在碱性溶液中更易氧化,极少量的铜盐可成为维生素 C 氧化的催化剂,所以含维生素 C 较多的蔬菜在烹调时应尽量避免与空气接触和加热时间过长,不宜投放碱和苏打,不宜用铜锅铜铲。

(六)其他作用

食品在加热时除了上述几种主要变化,还会发生其他各种各样的变化。例如淀粉和糖类在不同介质、不同温度、不同加热时间可发生部分的炭化而变成黄色或焦黑色。又如绿色蔬菜放在 100℃水中焯水其色更绿,这是由于蔬菜中的水和空气被排除而形成。如果将绿色蔬菜放在锅中煸炒,蔬菜受热后分解出各种有机酸及硫化物,当这些物质遇到叶绿素上的镁原子时,就会发生化学反应,菜色由绿变黄褐色,如果将这些酸类物质散发掉或加入碱性物质和酸中和,菜就能保持绿色。

二、不同火候、物料及加热方法对食物的影响

食物在加热过程中所发生的变化,有的是好的,我们需要利用,有的是不好的,我们需尽可能加以防止。在烹调过程中运用不同火候、不同的物料以及不同的加热方法,也就是为了达到这一目的。在火候和加热时间方面,首先应掌握下列几方面的措施。

一般来说,性质坚韧的大块原料,宜用中火或小火进行较长时间的加热,才能使组织松软、肉质酥烂。性质柔嫩的小块原料,宜用旺火进行较短时间的加热,否则容易糜烂或变韧。下面将运用不同的火候、原料及加热方法对食物变化产生的影响分别介绍如下:

(一)用油做加热体

油能产生高温,适合于短时间加热烹制菜肴。在其他烹饪工艺配合下,既可防止菜肴原料内部的水分因高温加热而汽化脱水,保持其鲜嫩的质感,也可使其脱去较多的水分而获得松、酥、脆的质感。短时间、高温加热,又能很好地保持菜肴原料的本味和防止营养成分的破坏与损失。由于油的比重小于水,油在水中迅速扩散形成厚薄均匀的油膜,漂浮在汤液上面,在炖鸡清汤中当鸡加热烹制半成熟时,鸡内部的油脂溶化在汤液中形成一层油膜,使汤内的温度和香味不易散发。改用小火加热,不但可以缩短加热时间,同时可获得良好的鲜味与保存菜肴原料中的营养素。

在制作酥性糕点时,掺入油脂搅拌,油迅速将淀粉颗粒用形成的油膜包围起来,使淀粉的颗粒不容易膨胀、凝结,因而产生成熟后的酥、松的质感。同样在茸泥菜肴制作过程中掺入油脂,加热时油脂溶化,流动性也增快,很快均匀地分布在茸泥菜肴的各个部分,防止茸泥内在的水分流失,因而有柔嫩的质感。食物中所含的香料,在高温下容易汽化而散发出芳香气味,成为干香味美的菜肴。同时,利用油的高温,还可以使经过一定刀工处理的韧性带脆的原料,成为各式各样整齐美丽的形状。

(二)用水做加热体

从菜肴味、质、养、香、色、形角度要求,其加热的所需温度与加热时间,则各有不同,因此用水作为加热体,由于温度、加热时间、原料投入所需温度等不同而产生了许多不同的烹法。例如高温(100℃)的烫、汆的短时间高温加热法,也有用中、低温度炖、焖、煨等长时间的综合加热方法。原料投放所需的水温要求也各不相同,有的是冷水下锅,有的是沸水下锅。例如蔬菜中的形态较小、质地较嫩、皮带色的原料(尤其是绿叶菜),就必须在水沸后下锅加热。因为蔬菜在加热后细胞膜破坏,会产生一种氧化酶,这种氧化酶对维生素 C 有很强烈的破坏作用。可是氧化酶本身也不耐高温,它在 65℃时活力很强,但当温度达 85℃以后就破坏了,如蔬

菜在冷水中下锅加热,当水的温度升至 65℃ 左右时,氧化酶活性增大,蔬菜中重要的营养成分维生素 C 就遭受到严重破坏。但这种氧化酶在水温达到 100℃ 时,其活性便会受抑制,这时候将蔬菜放入沸水锅内加热,就可以大大减少维生素 C 的损失。

(三)用蒸汽做加热体

用蒸汽做加热体制成的菜肴,柔软鲜嫩,能保持原料的形态完整、美观。例如在加热前,将各种原料按照一定要求塑成形,在加热过程中不会发生散乱失形,这是由于蒸制时不翻动原料的缘故。要使蒸制的菜肴保持原料的柔软鲜嫩,原汁原味,必须要有足够的蒸汽充盈在蒸笼内部,使其湿度基本达到饱和点,原料的水分不易蒸发,故养料损失也较少。但蒸也有一个缺点,就是不易入味,由于蒸笼内的湿度呈饱和状态,原料内部的水分不易向外蒸发,所以调味品的分子也不易渗入到原料内部。因此,蒸的菜肴往往在加热前或加热后要进行调味。

(四)烘、烤的方法

烘烤的火力必须均匀。它的特点是可使菜肴外部干香,内部鲜嫩。烘、烤的方法,是使食物原料在干燥的热空气中受热,原料表面的水分极易蒸发,浆汁溢出后在原料的表面由于干热空气的作用,立即凝成薄膜,这种薄膜能阻止原料内部的水分继续向外蒸发,所以使菜肴外部干香,内部鲜嫩。但如果是封闭的烤炉,水分蒸发较慢,溢出的浆汁也不易凝固在原料表面层,会一滴一滴地落在烤炉内。因此养料的损失也较敞开烘烤的方式为多。至于泥烤,则是一种间接烘烤的方式,因为原料用泥层层密封,不直接接触火焰,只是慢慢地外烤内焖使原料成熟,原料的水分当然不易蒸发,可保持较多的养料,所以口味特别鲜嫩,具有一定的风味。

第三节　动物性原料组织、形态、理化性质

一、肉类的组织形态物理性质

肉品的感官及物理性质包括:颜色、气味、韧度、保水性及嫩度等。它们不但代表肉的动物种属特性,而且是人们识别其品质的依据。

(一)肉的颜色和影响它的因素

一般肉的颜色依肌肉与脂肪组织的颜色来决定,它因动物的种类、性别、年龄、肥度、宰前状况而异,也和放血、冷却、冻结、融冻等加工情况有关,又以肉的内部发生的各种生化过程如发酵、自体分解、腐败等为转移。

一般家畜肉的颜色:兽类的肉均呈红色,但色泽及色调有所差异;家禽肉有红白两种,如腿肉为红色,胸脯肉为白色。

蓄积大量脂肪的肉常呈淡红而带白色或淡黄色大理石样花纹,如半腱肌(后

腿)即呈淡红色。

肌肉红色的由来:横纹肌有暗红色和淡红色两种颜色,暗红色的肌肉比淡红色的含有更多的肌浆,而肌肉组织的颜色则以其中所含肌红蛋白和残留在毛细血管里的红血球的血红蛋白的多少为先决条件。肉中肌红蛋白的分量稳定,而血红蛋白的分量变化很大。

血红蛋白和肌红蛋白都属于色蛋白类。是由球蛋白与含铁的辅基结合而成。球蛋白是单纯蛋白质,属于组蛋白类,动物血红蛋白的种属特异性及其结晶状态决定于球蛋白的组成。所以血红蛋白的蛋白质为球蛋白,其红色是由于亚铁血红素所形成。肌红蛋白平均占肌纤重量的 0.8%左右,其分子量为 16700,仅为血红蛋白的 1/4,对氧的亲和力大于血红蛋白。猪肉形成氧肌红蛋白的速率比牛肉快。肌红蛋白的数量及分配:

1.动物的种类关系:

鲜猪肉:0.06%~0.4%的肌红蛋白;

家禽肉:0.02%~0.18%的肌红蛋白;

羊　　肉:0.20%~0.60%的肌红蛋白;

牛　　肉:0.30%~1.00%的肌红蛋白。

2.动物品种的关系:如野兔的肌红蛋白比家兔多。

3.年龄与性别的关系:肌红蛋白的含量随着动物年龄的增长而增多,所以成年与老年家禽的肉色比幼禽深暗,公牛比母牛多。

4.肌肉类型:经常工作运动的肌肉,例如膈肌,含量较其他肌肉高。猪肌肉中的大腰肌含量最高,背长肌最低。牛肌肉的含量,股二头肌>背长肌>大腰肌>半腱肌。

其他如饲料中含铁量、供氧程度、宰杀放血不良、肉的成熟过程理化变化、冻结、解冻、贮藏等因素均有影响。

(二)肉的气味

肉的气味是肉质量的重要条件,烹饪加工工艺要求特别受到重视。肉的气味主要来自肉中所含的多种特殊挥发性脂肪酸,成熟适当的肉各有其特殊芳香气味,决定于在酶的影响下出现在肉中某些具有挥发性而易于溶解的芳香物质,如醚类和醛类。鲜肉保存温度高,易发生不良气味,如陈腐气、硫化氢臭及氨气臭等。

肉的异常味,主要由于动物品种、生理、性别、饲料等方面的不同而受影响。

(三)肉的水分

水是肉中含量最多的成分。畜禽愈肥,水分的含量愈少;老年动物比幼年的含水量少,如小牛肉含水 72%,成年牛肉含量为 45%,相差很大。

肉中水分存在形式大致上有 3 种:

1.结合水。是指在蛋白质分子周围,借分子表面分布的极性基团与水分子之间的静电引力而形成的一薄层水。结合水与自由水性质不同,它的蒸气压极低,失去流动性,冰点约为$-40℃$,不能作为其他物质的溶剂。肉中结合水含量不多,由于动物种类、肉的部位以及分析方法的不同,占水分总量的15%~25%。

2.不易流动的水。是指存在于纤维、肌原纤维及膜之间的一部分水,肉中的水大部分可能以这种形式存在。这些水能溶解盐及其他物质,肉的pH值状况及向肉中添加盐、蛋白质变性,均影响肉保持不易流动水的能力。

3.自由水。是指能自由流动的水,存在于细胞间隙及组织间隙之中,其量不多。

肉的持水性高低,直接关系到肉的品质,以及肉制菜肴的风味、质感。在烹饪工艺中经常利用肉的不同持水性制作各种菜肴,如在肉中增加水分,提高肉的嫩度质感;也可将肉中的水除去,使肉的质地香脆可口。

(四)肉的pH值变化

动物生活时肌肉的pH值为7.1~7.2,近乎中性。动物宰杀放血后1小时,肉的pH值下降到6.2~6.4,呈酸性,在24小时后pH值为5.6~6.0,并在此水平维持到细菌性分解初期。

肉的pH值的意义很大。这是因为宰杀后新鲜肉pH值的变化关系肉的成熟,肉的持水力随pH值的上升而增进,肉的乳化溶量也随着pH值的上升而增加,肉中蛋白质在烹饪加工中随pH值的变化加速或延缓其变性,腌制肉制品的颜色变化随着pH值降低而加深,肌肉中细菌的生长随pH值的降低而减少。肉在不同的pH值条件下的变化,对烹饪加工特别重要。不论从鉴别肉类品质,保管贮藏,以及在烹饪加工中创造适当pH值条件,均可控制或促进原料的变化,达到菜肴品质的要求。

(五)肉品在宰杀后和贮藏过程中的变化

当牲畜、家禽被宰杀以后,其组织多已不能维持其正常的生理现象(主要由于血液及氧的供给断绝),肉及内脏器官在宰杀后与贮藏过程中会发生一系列理化性质的变化,如处理不当,则会发生微生物学的变化,从而危害人体健康。

1.尸僵阶段。畜禽刚死时,其肌肉有弹性,但几小时后即发僵(禽类要短一些)。在尸僵前肌肉很柔软,肌肉蛋白质的保水性能很高,肌纤维在刚死时呈松弛状态,尚未冷却。

在生活体内自体分解酶与氧化酶之间不断的抗击,自体分解酶(糖解酶、ATP—酶、组织蛋白酶)引起活细胞组成的破坏,而氧化酶又限制这种破坏。当生命停止以后,细胞没有氧的供给时,则自体分解酶就占优势而首先作用于肉里的碳水化合物,使肝糖转变为葡萄糖,再分解为乳酸。含糖原高的猪肌肉宰杀后1小时在 30℃ 温度下糖原分解的强度也大。宰后肉品的糖解速率的变化很大,快速的糖解和肌肉中高水平的 6-磷酸葡萄糖及葡萄糖有关联,并伴有低水平的二磷酸果糖、ATP 与磷肌酸。有些猪的素质趋向于宰后快速糖解,且死亡时处于缺氧状态中。

刚宰杀后的牲畜的胴体,其肌肉组织会由于组织内糖酵解酶的作用而发生理化性质的变化,在外观上即表现为尸僵即死后强直。尸僵开始的时间因季节气候而不同,在夏季于宰后起约 1.5 小时便开始发生,冬季则须经 3～4 小时以后才开始。其机制系由于肌肉内的糖变成乳酸,酸使肌纤维变硬和缩短。

尸僵时肌肉中的 ATP 消失,磷肌酸被分解,组织硬化,同时肌肉纤维的伸展性和收缩性也消失了。其速度取决于肌肉中的糖的储存量和肌肉细胞间液体的 pH 值(因乳酸的生成而呈酸性反应),如果产生乳酸越多,尸僵出现得更快。由于尸僵期间热的产生,致宰后肉的温度通常上升,牛肉宰杀后 4 小时可达 41℃,水分蒸发多,因而胴体重量减少。

2.肉的成熟。如将屠宰后最初几小时的鲜肉进行烹饪加工,其肉味不美而且粗韧,肉汤混浊而缺乏风味,相反,同样的肉在宰后的适当温度经过相当时间(猪肉 18℃～20℃ 1 天、0℃ 2～4 天,1℃～3℃ 牛肉 14 天、羊肉 7～8 天)后,则肉变得柔嫩多汁而味美,肉汤透明而风味适佳,而且可消化程度增高,此时的肉就称为成熟的肉。

畜禽肉尸僵以后,肌肉内的变化并不停止。随着糖原不断分解,乳酸增加,胶体保水性减少,肌肉内蛋白质与水分离而收缩,而尸僵停止。在这期间由于肌肉本身自溶酶的作用,使部分蛋白质分解生成水溶性蛋白质、肽及氨基酸等,这一过程即称为自溶过程。

在肉的成熟过程中,由于酸的作用,使胶原蛋白潮湿而变柔软,在加热时容易变成胶状,肉比较容易消化。此外,在成熟过程中产生的大量乳酸,对病原微生物有抑止作用。

但自溶过程必须严格控制,当肌肉中蛋白质分解成水溶性蛋白质,肽及氨基酸达到平衡状态时,即行停止。如使其继续进行,则上述平衡状态被破坏,氨基酸再分解为胺、硫化氢等。这都是由于微生物活动所引起的,因为此时的条件最适宜微生物细菌的繁殖生长。

肉的成熟处理在肉食品工艺中已广泛采用,而对烹饪工艺加工来说,却尚未引起重视,普遍存在着一种非科学的观点,即认为畜禽肉现宰杀、现烹是最好的。

二、水产原料的组织形态物理性质

水产品的范围很广,包括所有的水产动、植物。这里我们所要研究的主要是水产品中动物性的鱼、贝类等产品。

鱼、贝动物性水产品作为食物,其重要的价值在于提供各种人体所需的蛋白质。鱼中所含的蛋白质与瘦肉中的大体相同,但是鱼蛋白中的结缔组织较少,没有坚韧的弹性蛋白。烹饪时胶原蛋白转化成明胶,故做熟的鱼蛋白很容易消化。鱼肉的水分含量多,占总重的 70%～80%,脂肪含量则较少,维生素 B_1、维生素 B_5、维生素 B_6 等的含量极少。鱼在产卵前养分充实,产卵后蛋白质及脂肪等的消耗很大,风味降低。

此外,鱼是磷、钙的良好来源,主要存在鱼骨中。除沙丁鱼以外,鱼中铁的含量不高。海鱼是碘的有效来源。鱼中脂溶性维生素 A 和维生素 D 的含量较高,特别是在鱼肝油中,这两种维生素的含量最丰富。

甲壳动物和软体动物的肉与畜禽鱼肉不同,缺少肌酸和肌酸酐,但含有较多的糖类,肉质粗而多含厚膜纤维,故肌肉硬而难消化,但味道鲜美,为人们所喜食。贝类常生于淤泥中,含有寄生虫,若不小心处理,容易感染。

贝类维生素含量以维生素 A 最多,维生素 C、维生素 B 亦有之。食用之贝类有虾、蛤、牡蛎、蟹、蚌等,其中以牡蛎营养最丰富,肉亦鲜美,富于动物淀粉,含有铜、铁、碘等,是极优良的食品。

(一)水产原料的特性

1.水产原料的多样性。水产原料种类很多,有节足动物、软体动物、棘皮动物、脊椎动物等。

水产品的品种复杂,种类不同,可食部分的组织、成分也不同。同一种类的鱼,由于鱼体的大小、年龄、成熟期、渔期、产地等的不同,其组成亦不一样。

2.鱼体的大小、部位对成分的影响。一般动物,同一种类中,因年龄及肥度不同,其肌肉成分的组成也不同,同一体中因部位不同也有差异。这一点对于鱼类来说较为明显。

鱼体的大小、部位对其所含成分的影响,直接关系到烹饪加工中对原料的使用。加工中往往根据鱼体的大小、含水量的高低,确定其用途是整烹或是分别不同的部分烹。对体型较大(重量大)的鱼,采取分烹的方法,如人们熟知的拆烩鲢子头、红烧头尾、七星鱼丸等。对体型较小(重量小)的则宜整烹。体形较大的鱼,因年龄的关系,体内所含的各种成分已基本定型,而形成不同的特点,对其分而烹之可以吃出不同的味道。

鱼体成分、部位不同,脂肪含量有特别明显的差别,脂肪存于腹肉、颈肉较多,背肉、尾肉较少。脂肪多的部位则水分少,水分多的部位则脂肪少。

鱼体除普通肉外,还有暗红的肉称为"血合肉",这种血合肉在不同鱼类中所占比例不同,同一鱼体中越是近尾部,血合肉的比例越大。

鱼的肌肉组成见表40,表41。

表40 鲴鱼的大小和肌肉组成的关系

鱼体的大小	年龄	平均体长 (厘米)	平均体重 (克)	水分(%)	对应物质(%)		
					脂肪	蛋白质	灰分
大	7	36.3	1855	76.5	9.6	84.5	5.7
中	5	26.6	902	76.9	6.5	87.2	6.2
小	4	21.4	495	78.6	1.4	91.8	6.7

表41 鲴鱼不同部位的成分

部位	水分(%)	脂肪(%)	蛋白质(%)	灰分(%)
头肉	71.66	7.94	18.98	1.21
背肉	73.99	4.12	20.53	1.37
腹肉	73.08	6.02	19.65	1.23
尾肉	74.27	4.95	19.54	1.23

(二)不同季节鱼体的成分变化

在一年中鱼类有一个味道最鲜美的时期,这就表明鱼体成分随着季节有很大的变化。

洄游鱼类中,洄游与产卵没有直接的索饵洄游时,鱼体变大,肥度增大,肌肉中脂肪含量增加,但是在洄游中产卵时,鱼体脂肪含量在产卵前后发生急剧变化。一般鱼体脂肪含量在刚刚产卵后为最低,此后逐渐增加,至下次产卵前2~3个月时为最高。

鱼类生长的这一特性应用到烹饪加工中,就是要根据不同的季节使用不同的鱼类品种,因为各种鱼类的索饵洄游或肥美期是不同的,如清明时节的刀鱼,端午时的鲫鱼,中秋时的鲴鱼风味最美。

(三)容易腐败变质

由于下列两个因素的存在,而使鱼肉比畜禽肉易于腐败变质。

1.收获水产品的办法。禽畜一般在清洁的屠宰场杀后立刻除去脏器(或洗涤干净),而鱼类捕获后一般不立即清洗,大都带着易腐败的内脏器官和鳃运输。另外,在捕鱼时极易造成鱼品的死伤,即使是在低温的条件下,可以分解蛋白质的水中细菌侵入肌肉的机会也多。

2.水产品本身的因素。鱼类一般比陆上动物的组织软弱,容易腐败。而且因外皮薄,鳞易脱落,细菌容易从受伤部位侵入。鱼体表面被覆的黏液,也是细菌的良好培养基。再加上肌肉死后的变化与酶的作用比畜禽类迅速、剧烈,因此鱼类死后僵直的持续时间短,自溶迅速发生,很快就会腐败变质。

鱼贝类由于自身的特性易于腐败变质,所以对于烹饪加工来说,特别强调原料的新鲜程度。

(四)鱼贝类死后的变化

烹饪加工十分重视鱼贝类的新鲜程度,但由于捕捞、运输、保鲜技术的问题,上市的鱼贝类大多已经死亡,所以我们对鱼贝类死后的变化,必须有一定的了解。鱼贝类从死到其腐败变质,有一个发展的过程,也是理化综合变化的过程。客观上对鱼的新鲜度的评定,常常是指其从活体到腐败变质以前,在这段时间之内,我们都把它看作是新鲜的。

1.体表黏液的继续分泌。活体鱼分泌黏液是正常的生理功能。在其死后至僵直,黏液仍在分泌,这是因为在鱼体组织细胞内像小颗粒般的黏液体因吸收水分而膨胀,进而逐渐向体外分泌。它对微生物失去防御作用,却成了腐败菌的良好培养基。鱼体黏液的成分主要是黏蛋白,温度在3℃~5℃或更高时,产生腐臭味,但鱼肉组织尚不致有腐败现象。

2.僵直期。一般鱼类死后,1~7小时僵直开始,持续5~22小时。但由于僵直前的经历不同,以及季节的差异,僵直持续的时间有较大的差距。少脂鱼类,捕获时因疲劳死亡,受机械损伤,僵直的时间早,僵直完成的时间短;多脂鱼和死亡处于低温环境下的鱼,僵直发生迟,延续时间长。夏季僵直不超过数小时,冬季可达数天。因为鱼类的僵直关系到它的新鲜程度,一般希望捕获后即采用冰藏或低温贮藏,以保其新鲜度。

3.自溶和腐败。鱼类经过僵直期以后,其成熟阶段较短,很快进入自溶阶段。自溶使畜类组织软化,并有抑制细菌的增殖、增进肉的风味的作用,但是鱼肉组织原来就很软弱,肉质软化是不受欢迎的。自溶阶段,鱼体因酶的作用使肌肉中的蛋白质分解,其肌肉组织进一步变软,逐渐失去固有的弹性,这时鱼体尚未腐败,但鲜度质量已降低。

自溶作用使蛋白质分解成氨基酸等物质,为腐败微生物的繁殖提供了有利条件,加速了腐败过程的到来。腐败使鱼体中的蛋白质等物质进一步分解发生腐臭味而不能食用。

鱼体的自溶作用与温度条件有关,在适温范围,温度越高,自溶作用越快。而低温则可延缓自溶过程,甚至使自溶完全停止。基于上述原因,应尽量延长鱼类死亡的僵直期,抑制自溶过程。

(五)鱼类加热前的理化变化

1.冷冻的变化。某些鱼种是季节性捕捞,常年食用。特别是海洋产鱼类,从捕捞到市场销售都要经历一段时间。鱼是鲜活商品,容易腐败变质,不论是生产捕捞部门,或是加工烹制单位,都需要将鱼冷冻保鲜。

鱼肉冷却到10℃左右时,不起大的变化,如果温度进一步降低,肉质就发硬,肌肉中的自由水部分先开始冻结。海产鱼冻结冰点是-1℃~-2℃,淡水鱼稍高一些。同一种鱼因鲜度不同其冰点也不同，一般鲜度低的冰点偏高，这是由于新鲜的鱼肉比鲜度下降的肉中结合水比例多，自由水中溶质浓度高的原故。

鱼肉中生成的水结晶，受冷却温度、冷却速度的影响而变化。一般冷却速度快，水结晶数多，形状小而圆，多数在肌纤维内生成；冷却速度慢，结晶数少，形状大而呈棒状、叶片状等，多数在肌纤维间生成。肌肉中大型结晶，由于机械破坏组织，解冻时失去吸收水分的能力，肉浸出物和水分一起滴失，组织风味也差。由于缓慢冻结比急速冻结通过水结晶最大生成带需要的时间长，因此产生的水结晶大，品质不好。

水变成冰，体积要增加 7%～8%，因此鱼的冻结体积必然要涨大。体积涨大，冻结组织损伤的程度依组织内生成水结晶的大小、数量和分布而不同，因肌纤维有很大的弹性，生成多数细的结晶，对肉的组织基本上没有影响。

2.鱼肉糜能吸收较多的外来水并能加以亲和。蛋白质有较大的持水能力，鱼肉和畜禽肉的成分都是蛋白质，但它们的持水能力不同。一般鱼肉在烹饪工艺加工时，如采取适当的方法，其持水量可达自身的 1.6～2.5 倍。其原因：

(1)鱼肉中肌纤维蛋白质和肌溶蛋白质总量占鱼肉中蛋白质总量 97%，而畜禽肉只有 65%～70%，这部分蛋白质能溶于盐溶液。

(2)鱼肉中基质蛋白质只有 3%，而畜禽肉高达 20%～25%，基质蛋白质不溶于水和食盐液。

(3)畜禽肉中基质蛋白质像一个大小网络分布在肉纤维中，阻碍了水的吸收，所以就是不外加水的鱼肉也要比畜禽肉嫩。

由于每一种鱼肉的含水量和各种蛋白质构成比例的不同，鱼肉糜含水量也不相同。一般食肉性鱼类的肉糜持水性强。

3.盐渍的变化。鱼肉盐渍时食盐渗入鱼肉内，同时鱼肉的水分和重量均发生变化。食盐渗入鱼肉内的速度和渗入量受到食盐浓度、温度、盐渍方法、食盐纯度、原料鱼的性质等条件的影响。

(1)盐渍方法的影响。根据实验，用 18%以上的食盐水盐渍时的食盐渗入速度比干腌大。

(2)用盐量的影响。干腌时，用盐量多少支配着食盐渗入量。湿腌时，食盐水浓度高的其食盐渗入的速度及最高渗入量都大。用足够的食盐水长时间盐渍鱼肉，鱼肉中水分的食盐浓度无论如何也达不到所用食盐水的浓度，这是由于鱼肉中的水分一部分是作为结合水存在的，不起溶媒作用。

(3)温度的影响。盐水温度高，渗入食盐量大。例如以 17%盐水腌渍牛肉，在 15℃～24℃时牛肉中含盐量为 8.86%。而在 30℃～35℃时含盐量为 10%。

(4)原料对鱼体组织结构的影响。一般鱼体的脂肪含量多，皮下脂肪层厚，明显地妨碍着食盐的渗入,特别在盐渍初期影响显著。

在中国烹饪工艺加工中,除了腌制咸鱼、糟鱼用盐渍外,在烹制清蒸鱼、烧瓦块鱼等时,为了保持鱼形完整、入味,加热前也先用盐渍。因此,掌握食盐用量、盐渍方法、温度的控制,都是很重要的。

(六)鱼贝类加热中的变化

1.蛋白质热变性。鱼贝类蒸煮时,当鱼肉达到35℃~40℃时,透明的肉质变得白浊,当加热到50℃以上时,组织收缩,重量减少,含水量下降,硬度增加。

鱼贝类加热时发生的重量减少,因加热温度、时间、鱼种、鱼体大小、鲜度等而不同。一般在45℃左右是重量减少的第一阶段,在60℃附近是重量急剧减少的第二阶段。一般硬骨鱼肉在100℃下蒸煮10分钟,重量减少15%~20%,墨鱼、章鱼、鲍鱼等重量减少可达35%~40%。同一种鱼,鱼体大、鲜度良好的重量减少小,一般在11.5%左右,鱼体小、鲜度差的重量减少约30%。

一般鱼肉加热从50℃开始,硬度逐渐增加,硬度增加是由于肌纤维的内外充满着热凝固的蛋白质,这种热凝固肌纤维相互间作用力增强,强化了肉的整体。

烹饪工艺加工的方法不同,对鱼的体重、脱水也有很大的影响。如沸腾水氽鱼、蒸鱼,脱水率低,体重减少小,煮、烧鱼则相反。这是因为氽鱼在高温下,表面外层蛋白质迅速凝固,蛋白质浸出物不易渗入;蒸鱼是由于蒸笼内湿度高,水分不易蒸发。

2.热凝着性。鱼放在烹具中加热时,鱼身和烹具粘结在一起,或鱼在烹制过程中烹具上沉淀一些物质,这都是热凝着性的一种表现。温度高热凝着力强,黏附在烹具上的物质多,粘着紧。热凝着一般在加热时使鱼肉达50℃时开始发生。肌溶蛋白质中的肌凝蛋白在42℃~51℃就发生凝固,在凝固前从鱼体中溶出的氨基酸、盐类、氢类等化合物,经过聚合反应生成了肽类化合物,再和烹具金属发生反应而粘在烹具上面,很不容易把它除去。

3.鱼皮收缩。有皮鱼在加热烹制时,常发生鱼皮收缩,鱼身弯曲,鱼皮破损。这是由于鱼皮层主要是由胶原蛋白质构成,而鱼皮的胶原蛋白含有羟基氨酸,因此急剧收缩的温度较低,在37℃~58℃下收缩率在1/3~1/4。故一般整条鱼加热时,首先在鱼身上用刀剞成各种花纹,防止鱼皮急速收缩而破损,并美化鱼的形态。

4.胶原蛋白质生成明胶。鱼皮的真皮层和肌肉中的肌膜是鱼肉结合组织的胶原蛋白质,在水中加热成为水溶性明胶。一般加热到30℃时开始变化,至90℃时完全变成明胶。在烹饪工艺加工中的无芡烧鱼、制鱼冻,也是利用明胶这一特性。

5.脂肪的变化。鱼在水中加热,皮下脂肪一部分脱离鱼浮在水面上,脂肪与鱼肉内的浸出物和调味料混合,发生一系列的生化反应,形成特有的风味。

6.色的变化。带有甲壳类的虾蟹,在加热后从青、褐、灰等色而变成不同深浅的红色。这是由于虾蟹壳中含显色的类胡萝卜素、虾青素、虾红素,这些显色的物质同蛋白质结合在一起,加热后其中的类胡萝卜素、虾青素部分被破坏,部分氧化而变为虾红素。同时遇热后蛋白质变性凝固,由于虾红素的沸点高达40℃左右,在一般烹制温度情况下不会被破坏,仍保留在细胞内,使加热成熟的虾蟹壳呈红色。

第四节　碱、酸、盐在烹饪加工中的作用

一、碱在烹饪加工中的作用

碳酸钠($NaCO_3$)俗称"纯碱",碳酸氢纳($NaHCO_3$)俗称"小苏打",氢氧化钙[$Ca(OH)_2$]俗称"熟石灰",碳酸钾(K_2CO_3),是加工原料中使用的四种食碱。常用的是纯碱和小苏打。

食碱虽然不是调味品,但在某些食品加工中合理使用,可带来极佳的色香味形,增进人们的食欲。如透明光亮的水晶虾仁,脆爽的油爆肚球,碧绿的菜胆,滑嫩的肉片,疏松的饼干、馒头、油条等食品,都与食碱的作用分不开。

食碱的作用归纳起来有以下几个方面:

(一)能使干货原料迅速涨发

干货原料在脱水干制时,由于自然加热使蛋白质变性,失去一部分结合水。泡发时水中加入适量的食碱,成为电解质溶液的水溶液,能使蛋白质分子上的某些集团离子表面带有电荷,这样带有电荷的蛋白质分子大大增强了蛋白质的亲水能力,从而使干货原料吸水迅速。由于吸水加快,就缩短了泡发时间,干货原料也就迅速地恢复了原来状态,达到了泡发回软的目的。

(二)具有脱脂作用

油脂能被食碱分解、乳化成细小的微粒溶于水中,一些干货原料(如鱼肚、蹄筋、肉皮等)经油发后,表面上还附着油脂。为保证菜肴质量,必须将多余的油脂去掉。这时可在水中加适量的食碱,反复搓洗几次,即可达到去脂目的。但要注意,油发原料不能放到碱液里浸漂,否则极易腐烂。

(三)能保持绿色蔬菜或菜汁的本色

蔬菜焯水时水中加适量食碱,或给菠菜、青菜汁加一点食碱水,就能保持其碧绿的色泽;青团或翡翠烧卖在使用麦苗等染色时加一定量的石灰,也是为了保持其绿色。这是因为蔬菜和其他绿色植物茎叶中都含有一定量的有机酸或硫化物,加热时叶绿素便被这些物质破坏掉,加了食碱后,中和了有机酸和硫化物,使绿色得以保持。但用碱量过大,多余的碱也能与叶绿素的醇基发生反应,蔬菜则呈褐黄色,菜肴的滋味和营养素(主要是维生素)也会随之受到影响或破坏,故保色用碱

宜少不宜多。

(四)具有软化纤维作用

食碱能使动植物原料中的纤维软化变酥。食碱有微弱的腐蚀性,腌制原料(如肚球、肚片、鲜墨鱼、牛肉片)时,能排除肌纤维的黏液,刺激纤维软化而酥软,并对纤维有一定溶解作用,使各层之间产生一定的分离。这样经短时间旺火快炒之后,菜肴爽脆软嫩。

(五)能释放尼克酸

有些粮食例如玉米,尼克酸含量虽高于大米,但它属于结合型,不能被人体吸收利用。某些地区因长期食用玉米而患一种地方病——癞皮病,就是因为尼克酸不能被利用所致。而有的地区在食用玉米时,常要加食碱,虽长期食用玉米也未发现患癞皮病,就是尼克酸被释放出来的结果。

(六)能除去油中的哈喇味

油脂如发生轻微酸败,可将油倒入锅内,加热到烫手时,放入一定量的纯碱水,用筷子慢慢搅拌,油中的游离脂肪酸遇碱进行皂化反应,哈喇味也随之消失。油温降低后用滤纸过滤,除去油中皂碱即可。

(七)能去掉面团的酸味并起膨发作用

这也是食碱用量最多的一项。中国传统的面点制作,多经过面团发酵,产生的酸味用食碱来中和。同时产生的大量二氧化碳气体和其他物质,使面团膨松富有弹性,形成致密的多孔性组织。面点用碱量很重要,应以能中和面团的酸性为度,或以在加热中能完全分解为准。过少,达不到目的;过多,成品呈碱性,表面带黄斑,味道苦涩。

二、酸味在烹饪加工中的作用

酸味是由氢离子刺激味觉神经引起的,因此,凡是在溶液中能离解出氢离子的化合物都具有酸味。食品中常用的酸味主要成分有醋酸、乳酸、柠檬酸、酒石酸、苹果酸等。这类酸性物质都属有机酸。

一般酿造食醋含醋酸3%～5%,食用醋精含醋酸30%,是使用广泛的酸味剂。乳酸最初是在酸奶中发现的,故称乳酸,但糖类发酵同样也可产生醋酸。柠檬酸、酒石酸、苹果酸等大都存在于柠檬、葡萄、苹果等水果中。

酸性物质不仅能调味,而且对原料的加工及调节原料中的pH值等都具有一定的作用。

酸的作用,归纳起来有以下几点:

第一,解腥。鱼类的腥味主要来自胺类物质和不饱和脂肪酸,水洗鱼时可除去一部分,尚残留部分经过醋的作用发生酯化等反应,基本可将腥味除去,再结合使用酒、姜等调味料,在加热的情况下发生一系列复杂的化学变化,可以将腥味绝大部分除去。生鱼、生虾、糖醋鱼、清蒸鱼,放入适量酸醋,既可杀菌,又可除腥,并调和各味,形成很好的风味。

第二,解腻。吃脂肪含量重的菜肴,加一点醋吃起来可减少油腻。因为醋与脂肪相加后,能溶解脂肪生成新酸及甘油。

第三,食醋在水中形成自由离子 H^+,因此,一些结缔组织含量大、老韧的原料,加入食醋后加热容易成熟、软烂。

第四,在烹制含维生素 C 多的植物性原料时,加适量醋,可更多地保存维生素 C,减少其损失。

第五,酸味调味料可溶解食物中的磷和钙等物质,促进这些物质为人体所吸收。

第六,掌握好烹制成熟食物的 pH 值,是保证烹好菜肴的技术关键。现将各类物质及菜肴的 pH 值列表以供参考,见表 42。

表 42　部分原料和菜肴 pH 值参考表

种　类	pH 值	种　类	pH 值
食　醋	2.5～2.8	番　茄	3.9～4.4
味　精	3.2	烧青鱼	4.3～4.6
辣酱油类	3.3～3.5	酱　油	4.6～4.8
薄肉片煮汁	5.55	煮金枪鱼	5.7～6.1
鸡　汤	6	豆腐烧芋头	5.5

第七,在烹制脆性植物性原料时,在适当时候加入适量的食醋溶液,使醋溶液迅速向植物内部渗透,植物细胞因吸收醋溶液膨胀而产生脆感。

第八,酸味可以帮助消化,增进食欲。因此,在安排菜肴时搭配含有酸味的菜,可以调节味觉与振奋食欲。组合菜筵席中酸味菜的比例与排列顺序,对提高人们的味觉和振奋食欲极为重要。

第九,食醋可以抑止细菌繁殖,防腐消毒,因此,生食的原料要加入适量醋拌和。

第十,食醋加热蒸熏可防止流行性感冒,并可治胆道蛔虫等病。醋具有很强的渗透力,用醋和药外敷可消肿化脓。

三、盐在烹饪加工中的作用

盐是主要咸味物质,百味之首,绝大部分菜肴、糕点都少不了,它是在烹饪工艺加工过程中复合菜肴滋味的基础。在调味中盐与其他呈味物质的关系,盐的使用量,盐的使用方法等,都是首先要特别关注的。

盐的作用,归纳起来,有以下几个方面:

(一)盐具有渗透的特性

可以用盐腌制动、植物性原料以改善风味。如腌制火腿、泡菜、雪里蕻,用盐和其他调味的混合盐溶液能够渗透到食物原料的细胞内部,使食物的味分布更均匀。

(二)盐是一种电解质,化合力很强

在一定的条件下(温度、pH 值),盐能和其他物质进行化合组成新的盐类物质,如糖与醋混合,则成混合游离状态,加入一定量的盐后则化合生成新的盐和酸,其甜、酸更加融合适口,所以说鲜味没有盐就显不出来。

(三)盐可以加速蛋白质凝固和蛋白质的溶化

蒸鸡蛋、做蛋糊都用盐使其加速凝固,煮破壳蛋为了防止蛋汁溢出,加盐后外层蛋白质迅速凝固,内部的蛋汁就不会溢出。

第一,在用动物性原料制汤汁时,为了防止加盐后动物原料表面凝固,内部不显味物质不易溢出,汤味不鲜美,盐总是在即将成熟前放入。奶汤、白色汤料,盐加多了则破坏了汤中的油、水、蛋白质等的脂化与乳化作用,不能获得白色和汤浓、味醇的味感。

第二,盐在一定条件下能溶解蛋白质中的肌浆蛋白质和肌动球蛋白,因此在制作鱼圆、鱼饼时要加入 2%～3%的盐,使蛋白质溶解出,并加水搅动,以增加蛋白质水化能力。

第三,在制作面点的面团时,用盐可使面粉中的植物蛋白质——面筋从面粉中溶离,经过搅拌,使面团中的面筋质地变紧,增强弹性、韧性与强度,同时也增加面团的白色色度。

(四)对各种微生物、细菌有抑止作用

因为盐具有渗透性,一般微生物、细菌对盐的渗透压抵抗力都较弱,所以用适量的盐对各种微生物、细菌有抑止作用。用盐腌制的食物能较长时间贮藏。也可用盐水清洗食物原料中吸附的各种虫卵、寄生虫。将含虫较多的蔬菜放在 2%食盐水中浸泡,由于盐的渗透性将盐分渗透到虫的肌体,虫的肌体水分丧失,虫的附着器吸盘收缩而脱落。盐也可作为防腐剂、杀菌剂使用。

(五)保护维生素 C 不受损失

盐可以抑止植物性原料酶褐变,有抗氧化作用,并能很好地保存与减少维生素 C 的损失。

(六)盐有潮解的特性

盐能吸收空气中的水分而潮解,这主要是由于盐中所含氯化钠和镁的吸湿作用。因此,制作质感要求酥脆的菜肴,不能放置很长时间,要现做现吃,有些要蘸着盐吃。才能有香脆感。

第二章 味、味觉与味感

第一节 味

一、味的概念

味是一种化学物质,普遍存在于自然界一切的动、植、矿物的物体中。现在生理科学已经测定:人的味觉器官——味蕾,已能辨别出十多种味,其中主要的有甜、咸、酸、辛、苦、鲜、涩、金属等味。同一呈味的不同物质,它们的化学分子、分子结构都不相同,它们又和其他化学物质组成化合物,或溶解于溶液中,很纯的、单一的呈味物质是没有的,仅是纯度的差别不同而已。

现在用于烹饪的可食性的动、植物原料,都含有各种呈味化学物质。如将动物蛋白质分离,就可获得呈不同味的氨基酸,将含糖植物原料进行提炼可获得各种甜度的物质。但每一种原材料所含的呈味物质的含量有多有少,有浓有淡。有的含蓄,用舌接触也辨别不到,有的显露,香味四溢,未尝而知其味。所以,所有动、植、矿物原料中所含的呈味物质极不平衡。人们经过长期的生产劳动实践,掌握了将呈味物质从物体中分离、提炼的技术。如用海水煮晒获得盐,办法经济简单。我国几千年来一直在生产从甜菜、甘蔗中提炼出的糖,现在又可以从一种植物甜叶菊中提取甜叶菊苷,它的甜度为蔗糖的 300 倍,人吃了还可以降低血压。而目前仍然普遍使用的糖精,其甜度为蔗糖的 700 倍,早在 100 年前就有人用化学的方法合成生产了。谷氨酸钠是日本首先从一种鲣鱼中发现并提炼出来的产品,以后又从海藻中分离出来,而现在可大量从淀粉中合成提炼。目前,各种复合调料像雨后春笋,世界各国都在普遍发展、制造与使用。随着科学技术的发展,将分离、合成出更好更美的各种调味料,以满足人们饮食生活的需求。

因此可以说,现在世界各国所使用的呈味化学物质都是经过工业加工方法取得的。呈味仅有十多种,而含味物质的动、植、矿物体则有千千万万,哪一种物体提取工艺简单,成本低,经济效益高,就会得到发展。

二、食物菜肴的味

随着社会生产力的发展,物质、文化生活水平的提高,人们对食物的味的追求也不断提出新的要求。上面我们已讲到,每一种可食性原料含味的物质是不平衡的,都有局限性,大多数可食性原料如单独吃,不但味不美,而且有异味。这就需要通过烹饪加工加进其他含味物质与之调和,使之变化产生新的美味,并将异味除去。在探求可食性原料经过多种调味方法,调制加工生成新的美味并除去异味这一全部过程中,关于菜肴味的这个概念有了新的充实和发展。现在我们可将这一过程中味的变化和对味的概念分别用基本味、复合味、本味、滋味、风味来加以论述。

(一)基 本 味

凡是人们进食时所喜欢的,能够接受的,是组成食物菜肴特定滋味不可缺少的,味蕾能感觉到它独立存在的单一味,均应列为基本味。具体讲,有 3 条标准。这 3 条标准的划分根据是:

(1)基本味应是人们的味觉器官——味蕾能辨别出是独立存在的。

(2)这种味是绝大多数人在生理状况正常情况下所喜欢的,认为它是构成食物所不可缺少的一种味。

(3)应是组成菜肴滋味的基本味的单位。

上面讲的 3 条是相互联系缺一不可的。首先是味蕾能感觉到它的存在。凡是属于其他感觉器官感觉得到的,不能与此混为一谈,如什么香、腐、臭气等它们是属于嗅觉器官感觉的物质,虽然它与人们的味感(另有论述)有紧密联系,但不能属于味觉的基本味。人们味觉器官感受到的味有多种,并不是所有辨别得到的味,都是人们所喜欢的,因为我们是要把它制成食物菜肴的美味,而不是搞化学实验、分析化学物质成分,故凡是为大多数人所不喜欢、不能接受的,就不应列入。各个国家对基本味的规定也不完全一样。如日本对基本味的规定有两种意见,第一种意见是咸、甜、酸、苦、辛,第二种意见是咸、甜、酸、苦、鲜。印度将基本味规定为甜、酸、咸、苦、辣、涩。我们国家历史传统的规定为咸、甜、酸、苦、辛。目前,人们对基本味的认识尚有争议。

(二)复 合 味

是由两种或两种以上的原料、调味料,在烹饪工艺中通过加热加工或不加热搅拌进行调味的情况下,发生一系列化学的、生化的反应而生成的一种新的呈味物质。每一个菜点的味,都是由原料和调味料复合而生成的一种新的呈味物质,称为滋味。所以说,滋味也是复合味。

由于我国菜肴所使用的调味料品种、性能很多,全国饮食行业各帮、各系都有自己的选择,各自形成了自己的风味特征。即使是使用同样的调味料,由于产地、规格不同,用量不同,调味时投放的先后有别,制成的菜肴也会有不同的风味。我国菜肴一菜一格,百菜百味,万品千种,它们的区别主要在复合味的差异方面。

现在我国主要大菜系(帮),试图从使用调味料的品种、新的复合味的特点方面加以归纳,用味型这个概念表示。这种归纳方法有一些参考价值,但尚不能概括菜肴味的本质,有一定局限性。因为中国菜肴是一菜一格,味不类同,一个菜就是一种味型。如糖醋味型,用以烹制鱼则和鱼的味生成一种滋味。同样是糖醋味型,各大菜系对构成糖醋味型的各种调味料的品种、性质、数量、调制方法也不相同,因此形成该味的各自的特征。因此,对按调味料的品种、多少形成味的特征而加以归纳,尚待进一步加以研究。

(三)本 味

是可食性原料所具的特殊的、自然的一种美味。在烹饪加工过程中要保留、突出其本味,这样菜点才是味美可口的佳肴。如果在烹饪加工过程中把原料的本味掩盖了,菜点不但失去其真味,而且也不利于健康。因此,本味是任何菜点所应具有的特性,一旦失去这种特性,那就不能成为一菜一格、味不类同了。为了获得原料中的本味,在烹饪加工当中必须注意以下几个方面:

(1)食物原料在烹饪过程中要保持基本味。

(2)食物原料的本味是淡味,菜肴也宜淡,加了调味料把淡味改变了,就不可取。

(3)浓、厚味的菜肴对人体有害,清淡的食物不仅味美,而且有益于健康。

(四)滋 味

是每一菜肴、点心所应具有的味。它是菜肴与菜肴之间区别的重要标志,否则就不可能形成中国菜肴的一菜一格、味不类同的风格。例如,用同一类调味料(数量、比例均一样)去烹制不同的原料,则形成不同滋味。如用糖、醋原料去熘鱼,则形成糖醋鱼滋味,去熘猪肉,则生成不同于鱼的味。相反,用同一原料,而用不同的调味料,生成的滋味也不相同,但其滋味中一定有原料本味的基本特征。

(五)风 味

严格地说,它不是属于味的概念范畴之内,而是包括了味的并具有多种要素构成以味为主体的综合性的一种菜肴特征。它也是一种菜肴所固有的一种客观存在的,用人体各种感觉器官能感觉到它的存在并相互联系、相互影响的一种综合性实体——风味菜肴。见表43。

表43 风味特征感官比照表

感觉器官	刺激性质	知觉判断	感 觉 判 断	
视 觉	物理的	色彩形状	外观组成	
			第一判断	
嗅 觉	化学的	香、……气	第 二 判 断	综合判断
味 觉	化学的	……味		风味:美味、不美
触 觉	物 理 的 化学的	口腔内接触 硬、软、酥、松	↑习惯、生理、嗜好、气候等	
听 觉	物理的	各种声		

　　烹制成的菜、点要达到味、质、养、香、色、形俱美。这 6 个要素都是菜点的一种客观的物质以不同的形式存在于菜、点之中。每一个不同的菜、点，这 6 种要素的表现形式各不相同，6 种要素在每一菜、点中的地位也各不相同，但它们之间和谐地完美统一则是任何一种菜、点所必须具备的，缺一不可，否则就会失去菜点的特定风味。听觉就菜点来说，听其声而知其味的仅是一小部分，如把它扩大将进餐的音乐也包括进去，那就不是菜点本身的问题，而是环境、意境、温度、光线、色彩、音乐与进餐心理的问题了。

　　菜肴的风味是烹饪大师将可食性原料经过物理的、化学的、生物化学的艺术工艺加工而构成的。这种风味是不是符合要求，要受到人们感觉器官的连动统一感觉后，才能得出判断，同时还受到判断人的生理、心理等条件的制约，某些菜、点，有些人认为好的，有些人则认为差。"适口者珍"，各人要求不同，时间空间变化，口味的要求有变动，这也是菜肴之所以有万千品种，去适应人们口味变化，供其选择的道理所在。但从一个菜肴来说，风味应当是相对固定的，不能经常变动。

　　上面所讲的味，包括基本味、复合味、本味、滋味、风味，都是独立的关于味的一些概念，但它们又是相互联系的。弄清楚这些概念，对指导烹饪工艺加工的实践有重要意义。

第二节　　味觉与味感

　　味觉是人的生理感味器官——味蕾，对食物或药物的化学物质属性——味的感觉功能。味感是人们进餐时，对食物的风味通过生理器官视觉、味觉、嗅觉、听觉、触觉等连动统一感觉的反映，对食物的风味作出自己的判断。目前，国内外生理、心理学家正在研究这个问题，这是烹饪美学所引出来的。过去心理学家把人的视觉、听觉归属高级的感觉器官，因此把画、音乐都归为艺术类，它给人以精神的满足。而把味觉、嗅觉归为低级器官，是满足人的生理食欲需要，谈不上是艺术。两者的差别是距离、联想的不同。现在有人对这种论点提出了挑战，因为这个问题牵涉到心理学领域中许多问题，最后解决要靠各种试验来论证。

一、味　觉

　　上面讲过，味觉是人的生理味觉器官——味蕾，对食物、药物的化学物质的属性——味的感觉的特定功能。现在具体地讲一讲。

　　第一，味蕾。人口腔内舌面上分布有很多"乳头""系状乳头"，成年人有 150～400 个，分布在舌面的不同部位，每个人的情况也不完全相同。每个乳头中有数量不等的味蕾，一般成人约有 2000 多个味蕾，每个味蕾由 50 个左右细胞组成。儿童在软腭、会咽喉头上有一小部分味蕾分布。老人随着生理功能的衰退，味蕾萎缩，感觉功能减弱。

味蕾能够感觉到物质的味是有条件的。

(1)物质体的呈味化学物质必须具有水溶性,溶解于水。凡不能溶于水的,味蕾就感觉不到。因为呈味物质溶于水后。溶液通过味蕾中的孔浸入刺激味细胞神经,经过鼓索神经、三叉神经、弧束核,直至中枢神经大脑,产生味觉反映。

(2)呈味物质在溶液中必须有一定的浓度,才能感觉到。其测验结果见表44。

表44 呈味物质的浓度测验表

味 名	测验物质	最低呈味值(%)
咸 味	食 盐	0.2
甜 味	蔗 糖	0.5
酸 味	醋 酸	0.0012
苦 味	奎 宁	0.000015
鲜 味	谷氨酸钠	0.03

(3)呈味物质的温度对味蕾感味的影响。一般甜味,在接近人的体温28℃～33℃,同样值的糖溶液,感觉最甜。咸味,温度愈高,人们的味蕾感觉愈迟钝。一个咸味菜在热的时候吃正好,待冷却后再吃,又感到太咸了。苦味也和咸味一样,温度愈高值愈低;温度愈低值愈高。而酸的温度变化对味蕾感觉的影响不大。

(4)人们进餐时的生理状况,或进餐中的生理状况变化。这也有几种情况:

①转换现象。当你吃过苦的药后,立即喝白开水,会觉得水有甜味。当你吃过甜味食物后,再吃酸味等,感到酸味特别强烈。这是两种不同呈味物质刺激味蕾后所产生的味觉现象。这种生理味觉变换现象。对我们在各种味的菜肴组合与上菜顺序上均有指导意义。

②疲劳现象。味蕾在同一种味或不同味的刺激下,会产生疲劳现象,美味也感到无味。多食无滋味,就是味疲劳的一种生理现象。

③累积现象。同样的呈味食物比如咸味菜吃多了,有些咸味物质会累积在味蕾上,当你再吃同一浓度的咸味菜时,就感到太咸了。

第二,人的舌面各个部分,感觉味的敏感度不同。如甜味舌尖最敏感,鲜味、苦味舌根为敏感区,酸味敏感区在舌缘两侧的后部,咸味在舌缘两侧的前部(表45)。这说明味蕾对味感的刺激有选择性,舌的各个部分对不同味刺激敏感与味蕾的分

表45 舌的各部位对化学味的味觉值 (%)

分 类	呈味物质	舌 尖	舌 缘	舌 根
咸 味	食 盐	0.25	0.24～0.25	0.25
酸 味	盐 酸	0.01	0.006～0.007	0.016
甜 味	蔗 糖	0.49	0.72～0.76	0.79
苦 味	奎 宁	0.00029	0.00020	0.00005

布有关。

第三,人的大脑在承受各种呈味物质刺激后,反应快慢的速度也不同,其中咸味最快,需 1.1~1.6 秒,苦味最慢,1.6~2.1 秒(表 46),所以人们在吃一些带有苦味的食物时,总是最后才感到苦味,且苦味滞留的时间也最长。

表 46　味觉的反应时间

味　　觉	呈味物质	反映时间(秒)	浓度(%)
咸　　味	食　盐	1.1~1.6 秒	450
酸　　味	盐　酸	1.4~1.7 秒	200
甜　　味	蔗　糖	1.2~1.7 秒	170
苦　　味	奎　宁	1.6~2.1 秒	60

第四,呈味物质的各种物理、化学现象是物质的。我们将两种以上的呈味物质,以不同比例进行掺和,产生了许多现象,这些变化是物理的,还是化学的变化,还是两者兼而有之,这个问题目前尚未作进一步研究。一般说,应是一种化学反应,但这种现象是客观存在的,不是因为人们生理现象的变化而产生的。因此,它对指导我们的调味实践,具有重要意义。

1.对比现象。两种呈味物质按一定浓度比例混合时,其中一种呈味物质的值降低,也就是味更浓,这种现象称对比现象。例如,将 15% 的蔗糖溶液渗入溶液总量 0.017% 的盐,则溶液的甜味比不加盐前更浓更甜,这就是中国一句古语说的:"要保甜,加点盐"。这种对比现象已在食品业制甜食品中广泛运用,可节约成本。鸡汤的味很鲜美,是由于加入适量盐以后才呈鲜味的。苦味物质加了一定量的盐其味更苦,这也是对比现象。

2.抑止现象。又叫相杀现象。两种呈味物质按一定浓度、比例混合时,两种呈味值均升高,也就是味的浓度都降低了,这种现象叫抑止现象。如菜肴中苦味太重,加点糖苦味就减弱了,甜味也减弱了。我们做菜时盐放多了,补救的方法就是加点糖,使咸味有所减弱,同样甜味也不突出。

3.相乘现象。两种味相同而化学物质分子的组织结构、成分不同,按一定比例相加而得出的味浓度,不是两种味的相加,而是相乘的结果。例如,在核甘酸中,以 5－肌甘酸及 5－鸟甘酸的鲜味最强,此外 5－脱氧肌甘酸及 5－脱氧鸟甘酸也是鲜味,这些 5－核甘酸单独在纯水中并无鲜味,但与谷氨酸钠并存时则谷氨酸钠鲜味增强,呈肉味,如用 5－肌甘酸与谷氨酸钠以 1:5～1:2 的比例混合,谷氨酸钠的鲜味可增至 6 倍。用 5－鸟肌甘酸与谷氨酸钠混合则呈鲜的效果更显著,并对苦味与酸味也有抑止作用。

各种呈味物质以不同比例混合而发生抑止、对比、增强的效果,已引起世界食品科学工作者的关注。对中国调味中的一些现象也可用以从理论上进一步加以科学的阐明,这对发展烹饪工艺的调味理论具有一定的意义。

二、味　感

味感是在人们进餐摄进食物时,人的生理器官视觉、嗅觉、味觉、听觉、触觉受到食物本身的色彩、形状、形态、气味、软、硬、松、脆、味道、声音等刺激,将刺激信号输入中枢神经大脑,进行综合分析,作出判断,这个菜肴的味是美或是不美。这种多感觉器官在进餐时连动的统一的感觉反映,比之欣赏一幅画,或听一首音乐要复杂许多,高级得多。这也是我们把中国烹饪称之为是一门科学、一种文化艺术的理论根据。

当第一道菜或一组菜展示在进餐者的面前时,视觉器官——眼睛就把菜肴的形状、形态、色彩、色调等信号输入中枢神经大脑,就产生了许多联想。今天是进餐者主人的生日,菜肴有"寿"字图案,反映了主人宴请的主题,下面的菜肴形态、形象都围绕主题而展开,而使整个宴会气氛,通过形象、色彩的调度,有起伏、有节奏、有主题、有烘托,使进餐者从心理上感到主人的盛情。

第二个感觉到的是嗅觉器官鼻子,从菜肴散发出的香气味,觉得今天的菜不但形象切合主题,而且菜肴的香味引人馋涎欲滴,引起了强烈的食欲冲动。

第三个感觉到的是口腔内的触觉器官舌、腮部肌肉、上下腭肌肉的触觉神经,尝到菜肴脆、酥、松、滑、软、糯的美感和温度,而且在菜肴质感组合上很协调,时而咀嚼,时而轻咬,耐人寻味,而不感疲劳。

第四个感觉器官是舌部的味蕾,几乎与触觉器官动作的同时,把味觉输入大脑,觉得今天菜肴的味是主味突出,调和得当,层次分明,味中有味,味不类同,产生了今后还想品尝这种美味的想法。

当然,按照主人宴请的主题,能设计并烹制出味、质、香、色、形俱美、和谐统一的菜肴,以满足进餐者生理上、心理上需要而获得最大的享受,是一件不容易的事,关键是设计和烹制者的科学文化、艺术的素质和修养。同时受到进餐者的生理状况、健康、饱腹、饥饿、民族、风俗、爱好等一系列个人因素的制约,这在进行菜肴设计时都是需要考虑的。

人们的饮食行为是受生理和心理两大因素支配的,现在我们用饮食行为的诸因素关系对此加以说明。

第一,人的饮食行为是由人的生理需要和进餐前的心理因素支配的。

1.生理需要。人的机体每时每刻都在不断地进行新陈代谢,将体内的废料排泄出体外,同时获得新的营养物质。因此,人是通过每天的进食来补充新的物质供生理之需。人的劳动、运动、活动,都在不同程度上加速了新陈代谢,那就需要获得更多的物质加以补充。吃什么营养素的食物、吃多少,又要受人的年龄、性别、职业及进餐前生理状况,如饱腹、饥饿、兴奋、疲劳等许多因素的制约。对上述的因素还可以分出若干层次,如年龄可分为老年、中年、青年、少年、童年;女性中还可另分孕期、哺乳期;职业可分为:体力劳动、特殊职业、宇宙飞行员、航空飞行员、高空作业、水下作业、井下作业等;还可对其中若干层次再进行划分。因为每一层次的人由于劳动消耗和劳动环境的差异,其机体消耗营养物质的状况不同。需要得到新物质的补充,其质和量的要求也各不一致。人的生理需要形成了一种生理条件反射,如饥饿要吃,口渴要喝,这是一种条件反射。人对食物的味的浓厚清淡、食物品种的选择也是一种生理条件反射,如劳动量大消耗体内的热能多,就需要吃热量高的、肥厚的食物,劳动流汗体内盐的排泄多了,就需从食物中获得较多盐分,对菜的咸味就要求重一点。

关于人的生理营养需要、保健需要,现代营养学和祖国医学都有完整的理论体系和实践,不但能计算出不同年龄、性别、职业的营养物质需要及每日的摄进量,而且对保健身体、延年益寿也有食物品种组合的方案,对各种食物营养的组合、进食方式都有比较成熟的意见。中国烹饪所加工的菜、点都是准备好从各个方面去满足人的生理营养需要,营养保健是中国菜、点质量标准的主要要素,一直受到重视。

2.心理需要。营养全面,味、质、香、色、形俱美的菜、点,并不一定都为每一个人所需要,每个人喜欢吃什么、吃与不吃、吃多吃少,也受到心理因素的制约。营养素再全面、保健功能再好的菜点,如果人不吃它,它也就失去作用。

心理需要也是由多方面的因素形成的,大体上可分低、高两个层次,每一层次还可分出若干因素。

(1)低层次。人的嗜好各异,吃咸、甜、酸、辣及不同风味的菜点自有选择,"适口者珍",当吃到自己嗜好的食物时,才认为是美味佳肴,这是一方面。另外,对食物种类、形态、形状、色彩的喜爱和禁忌,各个国家、各个民族由于宗教、历史传统、风俗习惯等原因,在长期历史发展中形成了对食物的约束性禁忌和规定。

(2)高层次。这个层次表现比较复杂。

①食行为的动机要求。就宴请的动机来说,可分出若干类型,如联欢、友谊、庆祝、品尝等等,都要求菜点的内容和形式能与宴请的主题吻合,达到和谐地统一,从而使食者感到精神上、心理上最大的满是,这是一种高级的享受。

②价值观。人们对菜点的评价,总是从自己所持的文化、艺术观的角度出发的。人的文化、艺术素养的形成,也是受到社会诸因素的影响。对菜点的造型、色彩、命名、历史典故等,都有自己的理解。

③联想。从进餐的菜点联想到历史、文化、友谊等等,而感到精神的慰藉与最大的欢乐。

④印象。对风味名点、名厨、名菜的向往,过去品尝风味名菜点悬念的满足等

等。

生理需要与心理需要是选择食物的两个要素,相互依存,统一于选择具体食物的行动中,而在进餐后达到两者完美地统一。

第二,人们的生理需要与心理需要是受社会、经济、自然环境等因素制约的。

1.文化。是人类在对自然界长期斗争实践中创造的物质财富和精神财富的总和。一个国家在长期历史发展过程中的不平衡性而形成的不同文化带,都具有自己的特征。如中国历史上形成东方文化,黄河、长江、珠江等文化带,由于文化的继承性,一直到今天,各个文化带的风俗习惯、气质、性格、爱好、美学观点等都有自己的特征,反映在饮食爱好心理因素方面就有所区别。

2.民族。中国现有 50 多个民族,各个民族都有自己独特的饮食风俗习惯、进餐方式、进餐菜点选择、可食性动植物原料爱好和禁忌,饮食动、植物原料构成也有区别等等。如蒙古民族以牛羊肉为主,藏族不食鱼,回族不食猪,具体菜肴风味也不相同。某些民族认为是珍贵、最美味的食物,而其他民族的人对此就接受不了。

3.经济发展水平。工业、农业、第三产业的结构,商品经济发展水平,对食物原料的生产、食品工业的发展、饮食市场和烹饪技术的发展、菜点风味的形成等等,都有着很大的影响。

4.交通。交通发展,商品流通畅达,促进地区之间的经济发展,对食物原料、饮食市场、烹饪技术的交流,都有促进和推动作用。

5.教育。教育发展,人民科学文化水平的提高,饮食习惯、食物结构更趋于合理,对提高人民身体素质方面的影响。

6.环境。自然气候、地域环境的不同,生产食物原料品种的特殊性,对饮食习惯、食物的选择都有明显的区别。高原地区气候寒冷干燥,要求食物浓厚,喜食脂肪含量高的动物性原料。平原地区气候温和,空气湿润,喜食清淡鲜的食物。由于长期摄进食物的结构不同,对人的体质、体位、感官、性格、气质、价值观都有影响。

7.人口、婚姻、家庭。这些因素,对一个地区、一个民族的生理体质、体位、遗传、感官、器官的形成发展都有着密切的关系。

8.内外交流。各个国家的民族饮食习惯随着经济的发展开放,贸易往来,都在相互交往中互相渗透,互相影响,都有着缓慢的不同程度的变化。但这种变化又都是带有本国、本民族的特征。

第三,由于各个地区的自然条件,如气候、土壤、高山、平原、临海、近湖等诸因素的影响,各地区动、植物品种、营养素和风味都有差异,这些都是形成各地风味食物的物质基础。

第四,各地区将各种食物原料,通过烹饪工艺加工成菜点,形成本地区的独特的烹饪工艺加工的流派和风格,以及菜点风味的特征,营养素的组合,这决定于这个地区经济发展水平、产业结构、饮食市场、教育信息、商品流通等许多因素综合的影响。

(1)从全部烹饪制作的菜点总体上看,它是能够满足进餐者的各种特殊需要的。

(2)从一个地区、一个饭店所制作的菜点看,它又是有局限性的,并不一定能完全满足进餐者的需要。

(3)解决问题的途径。

①在保持风味特色的前提下,还要了解进餐者的国家、民族、生理、心理等多方面需要,烹饪出能使进餐者满意的菜点。因此,烹饪工作者的文化素质是极其重要的,要懂得历史、民俗、美学等社会科学方面的理论与知识。

②从一个饭店来说,可以扩大菜点风味的经营面,多设置不同风味的专门餐厅,给顾客以选择余地。

③宣传。缩短进餐者与饭店之间的距离。

第三节　　各种味型的调配

一、鱼香味型

由盐、酱油、糖、醋、泡红辣椒、葱、姜、蒜组成。

盐、糖、醋的比例为 1:2～2.5:1.5～2。

其中包括酱油、泡红辣椒的盐分。

此味型的特点是咸甜酸辣适口,葱、姜、蒜味突出。

二、荔枝味型

由盐、酱油、糖、醋、葱、姜、蒜组成。

盐、糖、醋的比例为 1:3:1.5～2。

其中葱、姜、蒜仅取其香味,不宜重。

三、家常味型

由盐、酱油、(醋)、豆瓣酱、(胡椒)、麻油、(青蒜)、(泡红辣椒)、(甜面酱)、(豆豉)等组成。其中带括号者有的菜肴无。

家常味以咸鲜微辣、回味略甜为特点。

四、麻辣味型

由盐、辣椒(郫县豆瓣、干辣椒、红油辣椒、辣椒面等任选)、花椒(粒、面等)、葱、麻油等组成,有的还略加白糖、醪糟等。

此味型以咸、辣、麻、香为特色,含盐率较重,约为 2%。糖的施加量,以提鲜为目的。

五、怪 味 型

由盐、酱油、辣椒油、花椒末、白糖、醋、芝麻面、麻油、姜末、蒜末、葱花等调制而成。

盐、糖、醋的比例为 1:1.9:1.5～3.2。

其中咸味由盐和酱油合成。其实怪味并不怪,只是酸、甜、辣、咸、鲜、麻、香各味皆有,盐、糖、醋的比例和谐,仅此而已。

六、红油味型

由酱油、辣椒油、白糖、麻油调制而成,有的加蒜泥。

盐、糖的比例为 1:0.3～0.7。

其中酱油的量,已折合成盐量。

该味型以咸、辣、香、鲜为特点,其中鲜味主要由原料的本鲜,佐以糖提鲜构成。其中辣味要比麻辣味型为轻,甜味可以比家常味略重一些。

七、酸辣味型

由盐、醋、胡椒、(泡菜)、(辣椒油)、(元红豆瓣)调制而成。

盐、醋的比例为 1:4～7。其中辣味只起辅助调味作用。不能突出。此味型特点为咸鲜,酸辣味浓。

八、糊辣味型

由盐、酱油、醋、白糖、干红辣椒、花椒、葱、姜、蒜组成。

盐(包括酱油)、糖、醋的比例为 1:2:2。

此味型的特点是在荔枝味型的基础上,加上干红辣椒(辣)、花椒(麻)而成。烹调开始时,要以热底油将干辣椒节、花椒粒炸香,出香味为好。

九、陈皮味型

由陈皮、盐、酱、(醋)、糖、醪糟汁、花椒、干辣椒节、葱、姜、辣椒油、麻油调制而成。

其中糖的分量仅为提鲜,盐(包括酱油折合的盐)、糖的比例为 1:0.3。醋的分量与糖的用量相当。陈皮的用量不宜过多,以免苦味突出。

此味型的特点是陈皮芳香,咸鲜麻辣味厚。

十、椒麻味型

由盐、酱油、花椒、葱花、醋、麻油组合而成。其中醋的用量甚微,小于盐。

此味型的特点为咸鲜,椒麻辛香味浓。

十一、酱香味型

由盐、酱油、甜酱、麻油等调制而成,略加白糖以提鲜,加胡椒面、葱、姜以增香。

此味型的特点是咸鲜,酱香浓郁。

十二、姜汁味型

由盐、酱油、醋、姜汁、麻油组成。

此味型的风味要突出姜、醋,特点为咸鲜辛辣。

盐(包括酱油折合成盐)、醋、姜(或姜汁)的比例为 1:5 以上:5～20。

十三、蒜泥味型

由蒜泥、酱油、辣椒油、麻油调制而成。

本味型的特点是咸鲜微辣,蒜香味浓。

十四、酱爆味型

由黄酱、白糖、植物油、姜汁组合而成。

主料、黄酱、糖、油的比例为 10:2:1.6:1。

此味型对油脂与酱的比例有所规定,若油多酱少,则调料汁包不住菜料,油少酱多则易煳锅。糖不可下得过早,要在主料将熟时放糖,这样甜鲜味和光泽均好。

此味型特点,咸甜香味浓。

十五、葱酱味型

由生葱、甜面酱、麻油组合而成。是烤鸭、锅烧肘子、清炸大肠、炸脂盖等菜肴的味碟。

其味型特点为咸辣微甜。

十六、醋椒味型

由盐、醋、胡椒、麻油、葱丝、香菜段组成。

其特点为酸辣香,开胃提神。

盐、醋、胡椒的比例为 1:10～30:2。

十七、葱香味型

由熟大葱、盐、酱油、鲜汤、香菜组成。根据烹调方法的不同,有葱扒(还须加鲜汤)、葱爆(还须加少许醋、胡椒粉、香油)、葱烧(还须加糖)等。

其中葱扒与葱烧的用葱量为主料的 1/5,葱爆的用葱量为主料的 2/5～4/5。

此味型的特点为咸鲜,葱香味突出。

十八、蒜香味型

由盐、酱油、熟蒜为主要调料组成,根据菜肴的需要还可以加胡椒粉、白糖、葱、姜、鲜汤等。

蒜可以为蒜末或蒜瓣,用底油炒香后,再加主料和其他调料制成为熟蒜。蒜的用量为主料的 1/10。

此味型的特点为咸鲜,蒜香味浓。

十九、鲜汤味型

以盐、清汤(或奶汤)组成。

味型的特点是醇香鲜美。

二十、纯甜味型

由白糖、(冰糖)、(蜂蜜)、(桂花酱)等组成。其中带括号的,有的菜肴无。

此味型的特点是甜香或甜鲜。

二十一、咸酸味型

由盐、酱油、醋组成。特点为咸酸爽口。

二十二、腐乳味型

由红腐乳汁、酱油、盐、白糖、葱、姜等组合而成。此味型腐乳香味突出,色泽绛红诱人,味道咸鲜而浓郁。

二十三、酒香味型

又分为啤酒味型和甜酒味型。

啤酒味型如啤酒鸭块汤、啤酒鸡块、啤酒鸡翅等。

甜酒味型如酒酿蒸鲥鱼等。

二十四、芝麻味型

在咸鲜菜肴调料中加芝麻而成,由此味型调制的菜肴芝麻香味浓郁。

芝麻味型菜肴一般用炸制方法成菜,操作时要使芝麻在主料上附牢。

二十五、虾子味型

是在咸鲜味型的基础上再加虾子增鲜而成的一种味型,具有虾鲜浓郁的特点。

二十六、咖喱味型

由咖喱粉、面粉、洋葱粒、蒜末、盐等组成。

二十七、果汁味型(茄汁味型)

由番茄汁、喼汁、白糖、盐调制而成。

二十八、西汁味型

由番茄、洋葱、胡萝卜、芹菜、香菜、蒜粒、猪骨或牛骨汤、茄汁、喼汁、果子汁、盐、食用色素等组成。

二十九、豉汁味型

由豆豉、生抽、老抽、白糖等组成。口味咸鲜,富有豉汁的醇香、甘美。

三十、柱侯味型

由大豆、面粉、白糖、芝麻油和猪肉熬炼的柱侯酱烹调而成。该酱褐色,咸中带甜,有浓郁香味。

三十一、柠檬汁味型

由柠檬汁、白糖、白醋、盐溶解而成。味酸甜,富有柠檬酸香。多用于煎炸肉类菜肴的最后调味。

盐、糖、醋、柠檬汁的比例为 1:13:17:33。

三十二、椰奶味型

由椰汁、牛奶、盐,或者再加上黄油、香叶等组成。此味型调制的菜肴具有椰奶香味,如椰子盅、竹圆奶鸡等。

三十三、糖醋味型

由盐、糖、白醋(或醋精)、番茄汁(或番茄酱)、红油汁(即辣椒油)等混合而成。具有酸甜鲜香的特点,与其他菜系的糖醋味型稍有不同。

第四节　汁芡的配备

见表 47。

我们在饮食与文化间探索,研究人类的第一需求——吃的学问!

——张仁庆

表47　汁　芡　配　备

味型	味名	所用主要调料	调制方法	色泽	适应原料	例菜名称	备注
咸	盐味汁	精盐、味精、麻油	加鲜汤调和	白色	禽、畜、蔬、水产	盐味莴笋、盐味鸡脯、盐味豆米、盐味虾等	汤量适当,以拌食为主
	酱油汁	酱油、味精、麻油	加鲜汤调和	红黑色	荤原料较多	酱油鸡、酱油肉	蘸食、拌食
	虾油汁	虾子、盐、味精、麻油、绍酒、鲜汤	虾子用麻油炸香后加调料烧沸	白色	荤多素少	虾油鸡片、虾油冬笋	拌食为主
	蟹油汁	熟蟹黄、盐、味精、姜末、绍酒、鲜汤	蟹黄先用油炸香加调料烧沸	浅橘红色	荤料较多	蟹油鱼片、蟹油鸡脯、蟹油鸭脯	拌食为主
鲜	蚝油汁	蚝油、盐、麻油	加鲜汤烧沸	咖啡色	荤料较多	蚝油鸡、蚝油鸭、蚝油肉片	拌食
	韭味汁	腌韭菜花、味精、麻油、精盐、鲜汤	腌韭菜花排成茸加调料、鲜汤调和	浅绿色	荤素原料均宜	涮肉蘸料、拌菜调料	拌食
咸	红油汁	红辣椒油、盐、味精、油、鲜汤	调和成汁	红色	荤素原料均宜	红油鸡条、红油鸡、红油里脊笋条、红油鸡条等	拌食
	青椒汁	青辣椒、盐、味精、油、鲜汤	青辣椒成茸加调料成汁	绿色	荤素原料均宜	椒味里脊、椒味鸡(脯)、椒味鱼条等	拌食
辣	胡椒汁	胡椒粉、盐、味精、油、蒜泥、鲜汤	调和成汁	白色	荤水产较多	鲜辣鱿鱼、炮腰片、拌鱼丝等	炝、拌

续表 47

味型	味名	所用主要调料	调制方法	色泽	适应原料	例菜名称	备注
酸辣	胡椒汁	青辣椒、盐、味精、油、鲜汤	调和成汁	白色	荤水产较多	鲜辣鱿鱼、拌长鱼、拌鱼丝等	炝、拌
酸辣	鲜辣汁	糖、醋、辣椒、姜、葱、盐、味精、麻油	辣椒、姜、葱切丝炒透加调料、汤成汁	浅咖啡色	蔬菜多用	酸辣白菜、酸辣黄瓜	炝腌法
酸香	醋姜汁	黄香醋、生姜	生姜成米或丝加多量香醋调和	淡咖啡色	鱼虾蟹童宜	姜米蟹、姜米虾、姜米肴肉、姜汁肴肉等	拌食
多味	三味汁	蒜泥汁、姜味汁、青椒汁	三味调和	浅绿色	荤素原料均宜	炝菜心、拌肚仁、三味鸡	具有特殊风味
多味	麻辣汁	酱油、醋、糖、盐、味精、辣油、麻油、花椒面、芝麻粉、葱、蒜、姜	调和	红黑色	荤素原料均宜	麻辣鸡条、麻辣黄瓜、麻辣腰片、麻辣肚	拌食
多味	五香汁	丁香、茺茉、花椒、桂皮、陈皮、草果、良姜、山楂等及生姜、葱、盐、酱油、绍酒及汤	加汤煮沸入原料煮浸至烂等凉原	酱红色	荤原料(包括内脏及畜、禽类)较多	五香牛肉、五香扒鸡、五香口条	如不加酱油即为白色
甜	糖油汁	白糖、麻油	调和	白色	蔬菜较宜	糖油茭笋、糖油黄瓜	拌食
甜	桂花汁	白糖、桂花酱	调和(桂花法)	白色	果仁最佳	桂花桃仁、桂花花生仁	
香	玫瑰味	白糖、玫瑰酱	调和	玫瑰红	豆沙果酱	玫瑰豆沙卷、玫瑰果糕	卷糕形

第三章　冷　　拼

第一节　　拼摆技术的由来和发展

冷菜又叫凉菜,是指经过加工成熟晾凉或只调味不加热(即原料成熟冷却后,切成各种刀口再调入口味的一种方法)所食用的一种菜肴。其特点是口味甘香、清脆爽口、回味无穷,是各种大小宴席不可缺少的菜肴之一。冷菜不但以丰富的口味脍炙人口,而且用多种原料拼摆成的彩色、象形冷盘,更是代表凉菜装盘艺术的又一大特色。它以具有的图形美和色彩美,得到广大食客的普遍喜爱,在各种酒席宴中也起到重要作用。人们常说,良好的开端,等于成功的一半。由于冷菜是宴席中的第一道菜,其质量的好坏对于整个宴席菜肴的评价,有很大影响。因此,一桌高水准冷菜不但能起到烘托宴席气氛,给人以精美食物、艺术享受的作用,同时也提高了整个宴席的水平。冷菜(拼摆)现已成为我国烹饪技术中不可缺少的一个重要组成部分,使用上也越来越广泛。

冷菜拼摆艺术历史悠久。它是我国烹饪技术的宝贵遗产,是劳动人民在长期实践中创造出的一门食品艺术。早在先秦时就已出现了早期拼盘,但只做祭品陈列,而不供食用。到了唐宋,拼盘则成了酒席宴上的佳肴。当时有用五种肉拼制的"五生盘",还有用鱼类食品拼成形似牡丹花的"玲珑牡丹"。最有代表性的为大型风景冷盘《辋川小样》二十景,是用鲊、臛、脍、脯、酱、瓜、蔬等多种原料拼制而成。此拼盘不但用料丰富,而且构思巧妙,将每只盘内拼制一景,然后将二十盘风景浑然一体地构成"辋川别墅"风光。这说明早在1000多年前的唐代,我们先人就能以丰富的原料和巧妙的构思,加以精湛的刀工,拼制出如此高水平的风景冷盘,充分显示出古代劳动人民的聪明才智。

现在我国厨师在继承传统的技艺上有了更大的发展。尤其改革开放后饮食业发生了巨大变化,烹饪高手不断涌现,冷菜拼摆艺术更是推陈出新,繁花似锦。近年来,随着人民生活水平的不断提高和旅游事业的不断发展,冷菜拼摆艺术逐渐普及起来,全国各大饭店、宾馆、饭庄、饭馆相继培养了很多专门从事冷菜烹饪的技术人员。其目的,不仅是让中国人享受这一精美的菜肴艺术,而且为世界人民服务。中国菜肴之所以驰名中外,除了有色、香、味显著的特点以外,凉菜拼摆艺术的精巧造型、娴熟刀工、丰富口味,也是一个重要的原因。在今后的发展中,冷菜拼摆艺术将不断完善、不断改进,会使这朵古老的技艺之花开放得更美丽、更鲜艳。

第二节 冷菜拼盘主要原料的制作方法

由于用在冷菜拼摆的多为加工成熟的原料,制作方法也各不相同,品种多样,风味各异,因此我们只列举冷拼实例所需的部分原料加以介绍。着重介绍用卤、拌、炝、腌、卷、冻等技法所制作的菜肴,同时根据具体的拼摆要求,也介绍一些其他的菜肴制作,供读者参考。

一、卤菜的制作

卤菜,就是将加工好的原料,放入配制而成的卤水中煮熟,使食物渗透卤汁,增加香味和色泽的一种制作方法。用这种方法卤制的菜肴,具有独特的风味,在各种冷菜拼盘中,也是必不可少的主要品种之一。

卤菜所用的卤水分 3 种,即:红卤水、白卤水、一般卤水。

(一)卤水的配制方法

红卤水的配制

【配 料】 清水(烧开)5000 克,酱油 1000 克,黄酒 500 克,冰糖 750 克,精盐 100 克,甘草 15 克,花椒 25 克,丁香 25 克,葱 50 克,生姜 50 克,大小茴香、桂皮共 30 克。将各种香料装入布袋内扎好备用。

【操作方法】 将葱姜、大料放入油锅内炝锅,出香味后加入盐、黄酒、酱油、糖和水,烧开后撇去浮沫,放入五香料袋,用文火煮 1 小时左右,卤水即成。

白卤水的配制

【配 料】 清水 5000 克,盐 200 克,大小茴香、桂皮各 25 克,甘草 50 克,姜 25 克,花椒 25 克,绍酒 500 克。

【操作方法】 先将盐放入水中搅拌,再上火烧开,撇去浮沫倒出。去掉锅底泥沙杂质后,再倒回锅中。加入五香料袋、绍酒、姜(拍破),与原料一同下锅卤制。

一般卤水的配制

【配 料】 清水(烧开)5000 克,精盐 200 克,草果 50 克,甘草 50 克,花椒 25 克,姜 25 克,大小茴香、桂皮各少许,红曲米 200 克。

【操作方法】 将各种香料装入口袋扎好,放入开水锅中,红曲米另装一口袋扎好放入锅中,然后放入各种调料,用文火煮 1 小时即成。

(二)卤水的使用与保管

一般使用过的卤水含有丰富的可溶性蛋白质,使用次数越多,卤水味道越香醇。再加上不断地更换新的香料和调味品,所以卤汁保持的时间越久越好。这种长期保存而且反复使用的卤汁就是老卤。保管卤汁应做到 3 点:

一是使用卤汁时,首先将生鲜原料用开水煮一下,除去血水,然后放入卤汁中卤制。

二是卤好原料后要撇净汤面的油脂,捞净锅内的原料,除去残渣。每隔几天进行清底加热。

三是清理干净的卤汁避免用手接触,防止污染变质。

二、凉菜的制作

(一)卤 牛 肉

①将牛腱子肉用水洗净,改刀成大块放入开水锅中煮10分钟捞出。②将牛腱子肉放入红卤锅中,大火烧开,去浮沫后,用小火煮4～5小时,至牛肉用手掐即透为止。捞出抹麻油晾凉即成。

(二)白 卤 鸡

①将加工处理好的肉鸡洗净,放入开水锅中煮3分钟,捞出。②再将鸡放入白卤水中大火烧开,改中火煮40分钟,捞出抹麻油晾凉即成。

(三)卤猪口条

①将猪口条洗净,放开水中稍烫,用小刀刮净硬舌苔洗净。②将口条放入开水锅中煮10分钟捞出。再放入红卤锅中,用大火烧开,移小火上煮90分钟,捞出抹麻油晾凉即成。

(四)卤　　鸭

①将加工处理好的净填鸭,放入开水锅中煮10分钟捞出。②将填鸭放入一般卤水中(红曲卤)煮45分钟,捞出抹麻油晾凉即成。

(五)卤 猪 肉

①净猪瘦肉改刀成大块洗净,放入开水锅中煮10分钟捞出。②将瘦肉放入红卤水中煮2小时,捞出抹麻油晾凉即成。

(六)卤 猪 肚

①将猪肚用盐和醋反复搓揉,除去黏液及腥臊味,洗净。②将肚里翻出向外,放入锅内加少许明矾煮10分钟捞出放入开水中,再煮1小时后捞出,再将肚里翻回,撕去外表脂肪洗净。③将处理好的猪肚,放入白卤水中煮3小时后捞出,抹麻油晾凉即成。

(七)卤 猪 心

①将生猪心放入清水中,用手挤压出内部的血水洗净,放入开水锅中煮10分钟。②再将猪心放入红卤水中煮90分钟,捞出抹麻油晾凉即成。

(八)卤 猪 肝

①将猪肝用刀在厚的部位划出刀口,洗去血水,放入开水锅中煮5分钟捞出。②放入红卤锅中,用大火烧开后,改小火煮60分钟,捞出抹麻油晾凉即成。

(九)罗 汉 肚

①将加工处理好的猪肚洗净放入开水中煮 10 分钟捞出。②将猪瘦肉、猪口条、猪肉皮煮六成熟,前两种切片,肉皮切条,放入容器内加入糖色、甜面酱、精盐、香油、料酒、五香粉、白糖、葱姜米、花椒泥,搅拌均匀成馅。③把拌好的馅装入肚内,用竹签或筷子别好口,或用线缝好口,放入卤锅中,大火烧开,改小火煮 2 小时捞出,用重物压平抹麻油,凉后切片上桌。

(十)炝黄瓜皮卷、黄瓜心卷

①将黄瓜洗净切段放容器内加盐稍腌,然后用刀片出瓜皮和瓜心片,用开水稍烫后用凉开水过凉,放入容器内加少许精盐、味精拌匀,再逐片卷成瓜皮卷整齐排在容器内。②炒勺上火放入花生油,烧热放入葱段,改小火炸出葱油后放入花椒炸香,滤去葱和花椒,趁热浇在瓜皮和瓜心卷上。

(十一)炝发菜

①将发菜用冷水发透,摘去杂质洗净,放开水中加盐、毛姜水煮 3 分钟,捞出控去水分。②将炸好的葱椒油浇在发菜上,放少许味精拌匀即成。

(十二)炝海带

①将发好的海带切宽条洗去黏液,放开水中煮透,捞出控去水分,放入盐、味精、葱椒油,10 分钟后捞出。②勺上火炸出葱椒油浇在海带上,再加入盐、味精拌匀即成。

(十三)葱油草菇

①将草菇罐头打开倒入开水锅中,加葱、姜、料酒煮 3 分钟,捞出控净水分。②另起锅下入花生油,烧热放入葱段,移小火炸出葱香味。捞出葱段将油倒在草菇之上,加味精、少许盐拌匀即成。

(十四)炝猴头蘑

①将发好的猴头蘑去掉老根,片成片,放入碗内,加精盐、味精、料酒、葱、姜、高汤,上屉蒸透,取出控出汤水。②起锅放入花生油烧热,下入花椒、葱段,移小火炸出香味后捞出花椒、葱段,将油倒入猴头蘑之上,拌匀即成。

(十五)葱油鸡脯

①将肉鸡洗净放入锅内,用开水煮 5 分钟捞出,放入盆内加葱、姜、料酒、盐、香菇、高汤上屉蒸透,取出晾凉后拆下鸡脯,片成片码入盘中。②起锅放入花生油烧热,下入葱段,改小火炸出葱油,捞出葱段,再下入高汤、葱米、味精、盐,调成葱油汁,浇在鸡脯上即成。

(十六)盐水虾钱

①将虾去皮、去沙线洗净,下入开水中焯过捞出。②勺内另入水,水烧开放入盐、花椒、葱、姜,放入虾钱、料酒,去掉浮沫,连汤倒入盆中,冷后食用。

(十七)盐水鸡蛋、盐水鸽蛋

①鸡蛋上火煮熟后,去皮放入容器内。②鸽蛋打入小勺内上屉蒸熟,取出放入碗中。③将水烧开,放入葱、姜、盐烧开,去掉浮沫,分别将盐水倒入放鸡蛋的容器中和放鸽蛋的碗中,腌渍入味即成。

(十八)盐水冬笋

①将嫩笋尖一剖两开,放入开水锅中煮3分钟捞出。②另起汤勺放入清水烧开,放精盐、绍酒、味精、葱、姜、冬笋,煮10分钟,连汤一起倒入容器内浸泡入味即成。

(十九)醉腌冬笋

①将冬笋嫩尖改刀成条,入勺上火加清水烧开,煮2分钟捞出。②锅内入清水烧开,放入精盐、糖、姜,煮10分钟,倒入容器中,再将黄酒倒入搅匀,浸泡入味即成。

(二十)泡青红椒、胡萝卜

①将泡菜坛洗净晒干。再将青红椒、胡萝卜洗净,大椒去子蒂,胡萝卜去皮切条,放入容器中,加盐腌出一部分水分,挤干放置通风处晾干水气备用。②将清水烧开,放入红糖搅化,再放入洗净的干红辣椒,然后下入精盐、花椒搅匀晾凉后,放白酒、胡萝卜、青红椒,然后盖上盖,在坛沿口加少量水密封,放温暖处泡1～2天即可食用。

(二十一)酸辣黄瓜皮

①将黄瓜洗净,切成段加盐腌制5分钟,皮表面稍软时用刀片出瓜皮,放入容器内加白糖、白醋。②干辣椒泡开去子去把切成丝,上锅炸成金红色,倒入瓜皮之上拌匀,腌1天即可食用。

(二十二)糖醋萝卜卷

①将心里美萝卜去皮洗净,顶刀切大薄片,用盐腌出水分后挤干,放入容器内。②将白糖、白醋放入容器内,腌透后卷成卷即成。

(二十三)拌鸡丝黄瓜丝

①将熟鸡脯肉用手撕成细丝,黄瓜洗净消毒切成丝。②将两种丝放入碗内,用盐、味精、香油、高汤调成的卤汁倒入拌匀即成。

(二十四)拌黄瓜青笋

①青笋去皮洗净入开水中焯过切片, 黄瓜洗净消毒后一剖两开顶刀切片。②将两种片放入容器内,加精盐、味精、香油拌匀即成。

(二十五)油吃黄瓜

①将黄瓜洗净消毒,用刀将黄瓜打成蓑衣花刀,放入容器内加盐稍腌去掉盐水。②起锅放花生油、白糖炒化,加少量水烧开后点少许醋,调成油汁。然后将油汁

倒入容器内,将炸好的辣椒丝和红油浇在黄瓜之上,腌透即成。

(二十六)拌 银 耳

将水发银耳去掉老根,洗净,用开水焯过,控干水分,再加入盐、味精、香油,拌匀即成。

(二十七)鸡油冬笋

净冬笋尖切滚刀块,用开水焯过,另起锅,加入花生油,烧热放入葱、姜,煸出香味,放入少量高汤、盐、绍酒、味精,调成汁,放入冬笋,用火煨至入味后,滤出汤汁,倒入容器内,淋上鸡油即成。

(二十八)叉 烧 肉

①将猪后腿肉洗净切条,打一字刀口放入容器内,加盐、绍酒、白糖、葱、姜、花椒、酱油腌4小时。②炒勺上火,注入花生油烧热,将肉块下锅炸成金黄色捞出控净油。③将红曲米放入汤勺中加水煮出红色,再将红曲米滤去,加入糖、盐、酱油少许和葱、姜、绍酒,烧开打去浮沫。放入肉块,用大火烧开改小火焖煮至熟,再用大火将汁收浓,取出晾凉即成。

(二十九)黄 蛋 松

①将鸡蛋打开去掉蛋清,取蛋黄倒入碗中加盐打匀。②炒勺擦净,放入花生油上火烧至三四成热时,一手向锅内倒蛋黄液,一手用筷子向一个方向快速搅动,蛋黄呈茸状浮到油面时稍炸几秒钟立即捞出。控净油倒在干净布上包好,用手拧去油脂,放入盘中抖散晾凉即成。

(三十)蒸蛋黄糕、蛋白糕

①将鸡蛋打开分别将蛋黄、蛋清装入两个碗中,加入盐、味精搅散打匀。另取两个碗抹一层花生油,将蛋清、蛋黄分别倒入。②将两个碗放入蒸锅大火顶上气后,用小火慢慢蒸熟,中间可放几次气,以免起蜂窝眼影响质量。蒸熟后,出屉取出蛋糕晾凉即成。

(三十一)酱汁鱼条

①将整鱼用刀沿大脊骨两侧剔下鱼肉,去皮切成鱼条。②锅中放入蒸过的黄酱、料酒、姜水,煸出香味,放入白糖、高汤调成酱汁后,将鱼条下锅,大火烧开改小火煨熵,待鱼入味熵透之后,将鱼条起出,再将部分余汁用大火收浓淋上香油浇在鱼条上,再撒上姜末即成。

(三十二)油焖香菇

①将水发香菇去把洗净泥沙,上屉蒸透。②炒勺上火放入花生油烧热,下入香菇滑一下捞出。③勺内留底油,加糖稍煸,放入绍酒、葱姜水、酱油、盐、高汤、味精,然后下入香菇,用小火焖制,改用大火将汁收浓,起勺淋入明油,倒入盘内晾凉即成。

(三十三)鸡 蛋 卷

①将鸡脯肉洗净,去筋,斩成茸,放入容器内,加绍酒、盐、味精、蛋清、湿淀粉、大油、葱姜水,向一个方向搅打上劲。②鸡蛋去清留黄打匀,摊出蛋皮铺平,将鸡茸摊在上面抹平,然后从一端卷起,用布包好,上屉蒸熟,取下晾凉,剥去布即成。

(三十四)如意鱼卷

①将鱼洗净用刀沿大脊骨两侧剔下鱼肉,去皮洗净斩成细茸放入容器内,加绍酒、盐、味精、淀粉、蛋清、葱姜水,向一个方向搅动,边搅边下入大油直到打上劲为止。②鸡蛋打开去蛋清,留蛋黄倒入碗内抽匀,用炒勺摊成蛋皮,铺平将鱼茸在蛋皮上抹匀,取紫菜铺在鱼茸之上,紫菜上再抹薄薄一层鱼茸,从两端向中间对卷,包上净布上屉蒸熟取出。去掉布晾凉,切后刀口处花纹呈如意形。

(三十五)紫菜肉卷

①将猪通脊去掉板筋洗净斩成茸,加盐、绍酒、葱姜水、湿淀粉、蛋清,边抽打边倒入化好的大油,直到打上劲为止。②取紫菜一张铺平,将肉馅铺在紫菜之上抹平,卷成卷,上屉蒸熟晾凉即成。

(三十六)核 桃 粘

①将核桃仁用温水泡 10 分钟,用竹签剥去外皮晾干。②炒勺上火,加入花生油烧热,放入核桃仁炸酥。③汤勺上火,放入白糖,加适量水将糖熬化呈金黄色,变浓时将炸好的核桃仁放入,翻勺使桃仁均匀裹满糖液,倒入盘中晾凉,用手掰开即成。

(三十七)猪 皮 冻

①将生猪皮用刀刮去油污杂毛洗净,放入开水中煮 2 分钟捞出切成条。②取容器将猪皮放入,加适量水、姜片,上屉蒸 5 小时后取出,将蒸烂的猪皮捞出,汤汁过滤晾凉,放入冰箱即凝结成猪皮冻。用此方法可制作水晶肘、水晶鸡、水晶鸭等。

(三十八)琼 脂 冻

将琼脂洗净泡软,放入容器内加适量水上屉蒸化,取出晾凉即可凝结成琼脂冻。用此方法可制成什锦果冻、西瓜酪、杏仁豆腐等。但制作时要根据品种不同适量加水,来决定食品的老、嫩。

第三节　刀工在冷菜拼盘中的运用

冷菜的制作一般包括刀技加工和拼摆,不论制作冷菜,还是冷菜拼盘,都离不开刀工处理。所以,刀技的发挥,主要表现在冷菜制作和冷盘拼制的过程中。刀工运用得当,可使冷菜入味三分;拼制冷盘可使其外形完整,美观大方,以达到增进食欲的目的。

冷菜所用的刀法讲究细腻、精致。只有对要加工的原料心中有数，才能做到下刀准确，得心应手。由于要加工的多为熟料，因此各种刀法在具体运用中也有所不同，根据不同的原料、性质，施以不同的刀法，才能达到预期目的。下面介绍制作冷菜和拼盘常用的几种刀法与特殊刀法。

一、常用刀法

(一)锯　切

锯切的方法在冷菜制作中运用较多。但在实际应用中根据原料的性质，还要采用与其他刀法相结合的方法加以运用。如：切煮白肉时，就要先锯切肥膘，待刀刃切进瘦肉时再直刀切下。这样才能保证刀面光滑、细腻，形状美观利落，也防止了肥瘦肉相脱节和瘦肉撕碎起毛现象。

(二)滚刀切

大多用于经过腌渍或卤、拌而成的素料。冷菜中的滚刀切要求细致、均匀，切出的块形较小，因而又叫"小滚刀切"和"梳子背"。也就是将原料切成一端薄、一端略厚的块形，如拌冬笋、拌青笋就采取这种刀法。其目的主要起到入味均匀、食用方便的作用。

(三)拍劈剁

这种刀法属于混合刀法，其中以剁为主。剁原料时，为防止原料跳动，有时要进行拍或劈的方法，然后再剁。如剁鸡，首先从鸡肉厚的地方劈至胸骨部位，再竖起直刀用手拍击刀背使其分开，找出刀面，一刀一刀剁下去，最后按鸡的原型码在盘中。

二、特殊刀法

在拼制冷盘过程中，除用以上 3 种常用刀法之外，还要根据拼摆的具体要求施以特殊刀法。这种刀法大多用于彩色冷盘中的点缀与装饰，以及使彩拼主要原料外形产生各种变化的一种方法。其刀法分为 3 类：

(一)雕刻刀法

主要有以下两种：

1.立体雕刻法。就是将整块成熟的原料，雕成各种立体或半立体造型。比如，大型彩拼"龙凤呈祥"中的龙头及凤头等，均采用这种方法雕刻而成。

2.平面雕刻法。就是用各种不同造型的模具刀，采用挤压方法，将原料刻出不同形状的实体，再切出不同形状的薄片和厚片。如彩色冷盘"凤凰展翅"中的凤尾，就是将黄白蛋糕用凤尾模具挤压成实体，顶刀切成凤尾片码置而成。又如禽兽类的眼睛及各种花瓣、花叶等，都采用这种方法做成。

(二)美化刀法

美化刀法又称花刀法，用途广泛。用这种方法切制而成的原料，多呈各种美丽的形状,既能美化菜肴,又便于原料入味。常见的有麦穗花刀、荔枝花刀、梳子花刀、蓑衣花刀、菊花刀、球形花刀等。这些花刀在冷热菜中均可应用,具体用于冷菜拼盘中,就要根据不同的需要,采用不同的刀法配制。如梳子花刀用黄瓜切成,就可以在冷盘中作为松叶、水草等点缀用。菊花刀在冷盘中可做既能食用又供欣赏的美丽花朵、麦穗、荔枝、蓑衣。球形花刀则可按具体要求用于单盘或彩色拼盘之中。

(三)原料整形

这种刀法一般根据具体的拼摆要求,将原料用刀片切或用模具挤压成不同形状的实体,然后顶刀切成不同形状的片。拼制冷盘中常用的有柳叶片、月牙片、象眼片等,现将常用的几种加以介绍。

1.月牙形。就是用刀将原料片出月牙形实体,顶刀切成月牙片。这种片一般多用在以禽类为主的彩拼之中,使其巧妙地代替各种禽类的短形羽毛,如"雄鹰展翅"中的三至四级翅膀短羽。

2.柳叶形。就是用刀片或用模具挤压成形似月牙的原料实体,顶刀切出柳叶片。它的用途,大多用于彩拼中禽类的长形尾羽或翅膀的羽毛。如"凤凰展翅"中的尾部长羽毛,又如"松鹤延年"中的仙鹤翅膀等。

3.象眼形。一般在彩拼或单盘中多以水晶冻及块形原料为主切制而成。主要表现冷拼中的花卉及装饰等。彩色冷盘中的大丽花的花瓣均用象眼片或块拼制而成。

以上介绍的刀工刀法,只是烹饪业中各种刀工刀法的点滴。刀工运用得当,可使菜肴更加美观,给人以美的享受。另外,刀具和模型刀的选择也很重要,如选择恰当,不仅能使菜肴拼摆更加精美,还能提高操作速度,节省时间。也可以自己设计制作各种刀具。只要熟练掌握基本刀工刀法,掌握各种刀具的用法,在制作冷菜彩拼中就能得心应手,达到预期目的。

第四节　　拼盘的要求

一、颜色的搭配与衬托

拼制冷盘的原料各有不同颜色,在拼制过程中要从色彩的角度选用不同原料,做到成品色彩鲜明、协调。要合理安排不同颜色的原料,加以相互衬托,以达到色调明快、美观的目的。如深颜色的五香鱼应配以浅色的凤尾鸽蛋,这样使人一目了然。

二、软、硬面的结合

软、硬面一般指刀工处理后的原料形状而言。硬面即用整块原料修成实体,切成的刀面叠成各种不同的形状。软面则是用刀将原料加工成不同形状的丝、条、粒等。所谓软硬面结合是指一盘之内装入两种刀工处理后的不同形状原料,如酱牛肉、海蜇丝的双拼就是软硬面的结合。

三、冷盘形式多样化

一桌好的酒席,冷菜的拼制要多样化。单用一种形式或手法,显得呆板沉闷,所以要根据不同的宴席要求进行多种手法的处理,才能使席面的冷盘形式活泼、多彩多姿,引人喜爱。但拼摆当中的装饰物点缀要适度,不要追求华而不实的形式,否则就会降低冷菜的实用价值。

四、选择合适的容器

容器的选择也是冷盘制作中的重要内容之一,正如俗话所说“美食配美器”。适宜的容器可起到自然点缀作用。拼制彩色冷盘,就应选择白色或浅色花纹的容器,这样可使拼出的图案形象清晰、悦目,富有艺术美。

五、注意不要串味

不论是双拼、三拼、花拼,最主要的是防止菜肴之间互相串味。因此带有汤汁的菜肴如泡菜、辣白菜、拌芹菜等,不宜拼在一盘之中,否则汤汁流动混在一起,就影响了各菜的滋味。

六、注意清洁卫生

拼制冷盘之前,要进行双手、刀、墩、容器的清洗消毒,对所要切配的原料事先检查是否变质。特别要注意生熟分开。保存的熟料时间不宜过长,否则容易变质腐败。所以,对一次用不完的原料要做到每 24 小时加热一次。拼制中要保持容器的清洁,避免肉屑、碎料、油滴粘在盘内,不宜反复修修改改,才能达到盘内洁净、色彩清晰美观、引人食欲的目的。

第五节   冷拼的手法

一、排

就是将原料切成或处理成不同形状的块或片,或是原料加热后形成的自然形状,并列排在盘内。排有并行排列、弧形排列、四角形排列等多种形式。排的方法有锯齿形、半圆形、圆形等。总的要根据不同原料和设计构思进行排列。

二、堆

就是将刀工处理好的原料堆入盘内。这种方法多用于单拼或双拼。在盘内可堆出不同形状的简单图案,既明快又美观。

三、叠

一般是将原料切成片叠在一起。用这种方法可叠出叶形、梯形、桥形、马鞍形、蚌形等多种形式。制作时可在墩子上直接叠好用刀铲入盘内,也可切成片在盘内叠成。

四、围

将原料切成片在盘内排围一圈,中间可放置其他原料或点缀物。如盘内围一圈松花蛋,中间可放置拌好的鸡丝、黄瓜丝。这样使冷盘菜看既清爽又美观。

五、摆

就是运用精细的刀工技巧,把各种原料切成不同形状,拼摆成各式各样的彩色图案或图形。运用这种方法要掌握扎实的匹配技术,拼摆出的图案、图形才能清爽利落,形象逼真。

六、覆

就是将整齐原料切成片或丝,覆在垫底用的原料之上。如"牡丹彩拼",就是将花瓣形的原料切成花瓣形的片,整齐地覆在垫底的鸡丝之上呈一朵牡丹花形,既美观又大方。又如,拌粉皮上覆一层黄瓜丝、鸡丝等。

第六节　　冷拼的类型

冷盘的类型从内容上分为单拼、双拼、三拼、什锦拼摆、图案拼摆等。

一、单　拼

也叫独盘、独碟。就是每盘中只放一种冷菜原料。单拼讲究各种形式的装盘,有圆形、桥形、马鞍形、三角形等。

二、双　拼

是将两种不同原料拼在一起。不但要讲究刀工整齐,而且要合理安排色彩,适当搭配原料,使冷盘丰满美观。

三、三　拼

是将 3 种不同原料拼在一起。要求与双拼同。四拼、五拼也是同样方法,只是多加几种原料。

四、什锦拼摆

是将许多不同色彩的原料,经过切配拼置在一大盘之中。这种拼摆类型技术要求严格,刀工熟练,拼成的冷盘才美观大方、精巧细腻、色彩绚丽。

五、图案拼摆

就是将各种成品原料加工切配好,在选好的盘内拼成各式各样的图形或图案。这种拼摆要求加工精细,选料严格,拼成的图案要实用、形象生动逼真、色彩鲜艳、引人食欲。

第七节　冷拼的制作步骤

下面主要讲具有代表性的花色冷盘,其制作步骤是:

一、构　　思

拼制冷盘之前,要根据酒席的要求、规格、内容确定题目。题目确定之后,开始构思图案。如是初学者可事先用笔勾出图形,然后进行下一步。

二、选　　料

选料时要根据客人的风俗习惯和图案的要求,从质地、色彩和刀工处理后的形状等方面加以考虑,做到主、辅料分清。哪部分用什么料,选用什么样的容器,一切做到心中有数以后,才能进行拼摆。

三、拼摆成形

按设计好的图形和原料,开始拼制。在拼制过程中,要认真做到边拼边审料,看原料设计是否合理,如发现某种原料不合适,应立即选用合适原料替换。拼好之后如形象不生动应认真修改,直到完成为止。

总之,制作花拼不但要掌握刀工技巧和设计选料能力,还要掌握随机应变的能力,才能使拼盘生动自然、美观谐调。

民以食为天,厨师就是那天上的神仙,神仙下凡做饭,把幸福带给人间……

——张仁庆

第四章 宴会知识

第一节 宴会的起源及形成

一、宴会的起源

宴会是社会生产发展的产物。人们必须有了剩余的和积贮的丰富食物,才能举行宴会。宴会是指宴饮的聚会,是为一定目的而举办的筵席。宴会在我国古文中已有记载,其方式有以下 3 种:

(一)饮食的聚会

在原始社会,当人们的食物有了积余的时候,才可能产生宴会。这种现象,我们从现代尚留存的少数民族生活习惯中可以看到,他们在各种节日庆祝活动后,部族的人共同会食,这就是宴会的起源。当然,这时的宴会比较简单,可以说是一种最早的聚餐方式。

(二)以酒肉款待宾客

这种方式大约在原始社会末期开始出现。这时私有制已在逐渐形成,不同的民族部落之间,在生产上也有所分工或各有侧重,因此,民族部落之间,或同一氏族内的不同家庭之间相互往来,主人接待客人,"以酒肉款待宾客"的宴会就自然产生了。

(三)宴 飨

宴飨则是奴隶社会形成以后才出现的。宴飨也有两种不同的意思:一是"酒肉祭神",包括祭天地、神灵、祖先,这也可能是从原始社会末期开始形成的;二是"饮宴群臣",最初可能是部落联盟的首领,召集各部落的酋长,为了商讨事宜,事后共同宴饮,奴隶社会以后,就成了"饮宴群臣"。虽然那时宴会已有多种,但由于物质生产水平的局限性,总的来讲,仍然是相当简单的。

二、宴会的形成

宴会的形成过程,是随着社会的发展和物质基础不断提高而发展成熟的。宴会的形成大致可分为以下 3 个时代:

(一)殷商时代

随着时代的进展,生产的日益丰富,祭祀和宴会也就日渐丰富了。当时由于"殷人尊神,率民以事神,先鬼而后礼"的礼仪风俗习惯,朝廷的这些祭祀几乎都是殷王亲自参与和率领大臣们进行的。祭典完毕以后,那些丰盛的"祭物"(酒食),自然成了殷王对陪祭的王族、大臣和参加祭祀的执事们的一次宴飨了。然后,大家跪坐而食,畅饮美酒。在殷商时代,人们虽然有了房屋宫室,但在生活习惯上仍保留着原始时代的遗风。随着手工业的发展,已知道把各种草荐编织成席铺于堂室之内。人们进入堂内,坐于席上,卧于席上,饮食时跪坐于席上,这种习惯一直相沿至床、凳、椅、桌的出现。在祭祀和宴飨时,为了把饮食器具摆得整齐一些,则按参加的人的身份等级安排坐次,所以,对席的铺设自然形成一定的规定,而且纳入了礼的范围。《周礼·春官·司几筵》郑玄、贾公彦等的注疏:"凡敷席之法,初在地者一重即为之筵,重在上者谓之席。"即先在地上铺以草荐编织或竹编的垫子,称为筵,在筵上加铺的草垫称为席。在殷商时代筵席的铺设,最初可能是为了祭祀,继而为了宴飨亦铺设筵席。但在地上铺设筵席之后,人们感到饮食起居时极为方便,特别是在宴飨时,更有利于清洁卫生的改善,所以铺设筵席就逐渐成了宴飨时所必需。同时由于祭祀宴飨或宴会必须陈设酒器和饮酒,用酒代礼,因此,"筵席"后来也称为"酒席"、"酒筵"。现在,"筵席"的词意更发展成为专指宴饮的酒席。

筵席出现以后,人们在进行宴飨时还是坐地或跪地而食,时间稍久,体力消耗很大,因此筵席时还有"几"的设置,以便于尊者或长者凭几而食。《周礼·春官·司几筵》:"司几筵掌五几五席之名物,辨其用,与其位"。根据注疏,五几为玉几、雕几、彤几、漆几、素几,玉几为王及神所凭者,故左右皆备,其他四几则或左或右。司几筵的职能即掌握五几五席的名类,辨别它们的用处与陈列在筵席上的位置等事。

(二)西周时代

到了周代,由于生产的发展,食物资源进一步丰富,周王室和诸侯国君除了继承殷商以来的祭祀宴飨外,并把宴会发展到国家政事及生活的各个方面,朝会、朝聘、游猎、出兵、班师等都要举行宴会,甚至民间招待亲朋好友也举行宴会。宴会的名称也就日益增多。这时(西周至春秋)各种宴会都要按照制度举行礼仪,所以各种宴会也通称为"礼",如《觐礼》《聘礼》《燕礼》《大射礼》《乡饮酒礼》等。在这些不同的"礼"中,对宴会的仪式和内容都做了详细的规定。如举行一次《乡饮酒礼》,在《仪礼》中规定的节仪,从"谋宾戒宾""陈设""送客""迎宾""拜至"到最后拜赐、拜宴、息司等共有24节程序。而举行一次《大射礼》程序更多,有40多节。如此烦琐的节仪,似乎非一整天不能完成,这说明了周代宴会规格要比殷商时代更进一步了。

(三)春秋时代

根据《春秋》经传的记载,诸侯各国的朝聘宴飨确实有严格的礼的规定,甚至于在宴飨中的问答辞令、赋诗言志都有一定的准则。如果失言失态失坐都认为是有辱君命、有失身份的事,所以参加宴飨或宴会的人都必须知礼节。这种习惯一直为长期的封建社会相沿下来,自然随着时代的变化,从形式和内容上也是不断发展变化的。

西周至春秋、战国宴会筵席的肴馔及饮食品种,自然也是根据礼的不同,而作了不同的规定。据经传中的记载,当时的奴隶主贵族们宴飨,常是"累茵而坐,列鼎而食","食前方丈,罗致珍馐,陈馈八殷,味列九鼎"。这说明鼎的多少是象征宴的等级和肴馔丰盛的标志。

鼎还有大小之分,鼎的大小与鼎内所盛的鼎食(肴馔)是相配合的。奴隶主的等级越高,用鼎也越多,肴馔的品种也越多。

肴馔在宴飨上也有一定规格。如《礼记·曲礼》:"凡进食之礼,左殽右胾(殽,骨体也,即带骨熟肉。胾,切肉也,即纯肉切的)。食(饭)居人之左,羹(汤)居人之右,脍炙(细切烤肉)处外,醯酱处内。葱渫(蒸葱)处末(旁边),酒浆处右,以脯脩置者,左朐(弯曲的)右末(挺直的)"。此种宴饮的规格,据郑玄注疏:"此大夫士与宾客燕食之礼"。意思是小型便宴的规格。当然,不同的宴飨肴馔在筵席上的规格,是完全不相同的。

从这一时期宴飨的内容、规格、程序、礼节来看,已经比较完善地从宴飨形成为后来的宴会,为宴会的发展奠定了一定的基础。

随着人们生活水平的不断提高和对外关系的日益发展,宴会正在国内国际的社交活动中发挥越来越大的作用。同时,宴会的方式、内容、规格等,也将随着社会物质基础和精神文明的不断提高而进一步改革、发展。

第二节 宴会的种类

宴会是由宴飨和筵席发展而来,古代人们摆设肴馔奠祭先人,事后亲朋好友就聚在一起会餐,这就是最初的宴会形式。我国传统的宴会或筵席,采取以若干人(如 10 人)组成一席,围坐共食。但随着我国的改革开放和旅游事业的发展,目前宴会的形式也突破了传统的格局而多样化了。下面,就目前常见的宴会或筵席形式作一个概要的介绍:

一、国　宴

是现代国家最高最隆重的宴会形式之一。一般由国家元首或政府首脑在盛大节日或宴请他国元首或政府首脑时举行,有国家其他领导人作陪,并邀请驻外使团和有关人士参加。

二、正式宴会

是国宴的一种形式,通常在晚上,由国家或地方主要首脑举行,招待应邀的国

家元首或政府首脑等贵宾。另外,接待外交使团也举行正式宴会,它比国宴的规格
低一级。

三、一般宴会

属非官方性的宴会,由民间人士或商界宴请招待国内外的团体组织、著名人
士或商人,是相互交往、互相了解、增进友谊的一种形式,较正式宴会随意。

四、招待会

现代宴会的一种,规格大小不等。用于国内外宴请,有时与国宴相同,宴请来
自各方的高贵客人,有时也举办一般性的招待会。

五、冷餐会

也称酒会,是招待会的一种形式。规格大小不等,通常采用长桌,不设主宾席,
也没有固定的座位。宾主可以自由走动,相互敬酒和交谈。冷菜、饮料、点心、水果、
餐具等放在宴会两边的长桌上,由宾客自取自吃,服务员只管斟酒。

另外,还有一种地方风味宴席,比较适应旅游观光团的需要,它能够反映出一
个地方的特点,如全鸭席、全鱼席、全蟹席、全鹿席等,都具有一定的特色。

第三节 宴会菜单的制定

一、菜单制定的意义

现在的宴会,是由古老的宴馔演变而来,它是一种比较隆重的多人聚餐的招
待形式,在我国有着悠久的历史。当今的宴会比起古代的筵席,不论从菜点安排、
烹调技术、餐厅服务等各方面都有较大的变革,体现出社会在不断前进,推动了烹
饪事业的发展和提高。

宴会菜单通常是由厨师长来安排的,称为开菜单或制定菜单。对厨房来说,菜
单是加工、切配、烹调菜肴的依据,安排得合适与否,对完成宴会任务有直接的影
响。如标准的高低、菜肴品种的多少、口味的调制、烹调方法及色彩的搭配、厨师技
术力量配置等,都是要考虑到的。所以,能否制定出合适的菜单,是体现厨师技术
水平高低的一个重要因素。

二、制定宴会菜单的原则

根据厨房的实践,制定菜单有以下几个原则:

(一)遵守宴会标准,尊重客人生活习惯

标准的高低是宴会内容的依据。标准的高低只能在原料使用上有所选择,宴
会的效果不能受到影响。也就是说要在规定的标准之内,把菜点搭配好,使宾主都
满意。这是高级厨师的责任,也是安排菜点的宗旨。现在宴会所使用的各种原料有
高低之分、贵贱之别,但应本着粗菜细做、细菜精做的原则,把菜肴调剂适当,标准

高的菜肴不宜过多,要体现精致的效果,标准低的菜肴也要够吃,体现丰满大方的效果。

(二)了解市场供应和应时季节

在制定菜单时,对所要安排的菜肴,应考虑市场供应情况和当时的季节。了解这些情况对安排好菜单有直接的关系,因为菜肴所用的各种原料都是来自市场供应,安排什么菜要想到有没有货源,以免发生菜单定下后加工无货的现象。

(三)使宾客品尝多种味道

菜单上安排的菜肴,无论是冷菜还是热菜,都要选择多种原料和烹调方法,才能使菜肴丰富多彩,口味多样化,满足宾主要求。

(四)色彩和荤素的搭配要协调

一桌宴席所安排的菜肴,色彩要协调,菜与菜之间的颜色要各有不同,主辅配料的颜色、菜肴烹调后的颜色,安排时都要注意到,才能使菜肴色彩协调,层次分明,鲜艳悦目,决不能千篇一律。

(五)考虑厨房条件的限制

菜单所安排的各种菜点,要考虑到厨房的设备和宴会人数的多少。设备是完成任务的物质保证,只想到菜肴的安排如何,不想具体条件,就会出现设备不够或其他故障,而使任务受到一定影响。如厨房面积的大小,炉灶的多少,是用煤气还是烧煤,烤箱、蒸锅有没有及大小、好用与否等,都是应考虑到的。

宴会菜单的制定是一项很重要的工作,它要求制定者既要掌握烹饪技术,还要有一定的组织能力。随着旅游事业的不断发展,对中餐宴会的要求也越来越高。参加一次宴会,既是一次美味的品尝,又是一次艺术美的享受。尽管中国菜有多种多样的地方菜,但就菜单的制定、编排而言,基本要求是一致的。

三、宴会的准备

为使宴会工作顺利进行,避免忙乱现象,凡能预先准备的工作均应积极做好,部分不能提前准备的工作,也必须有适当的安排。主要的准备工作有以下几个方面:

(一)备　　料

根据制定的菜单,检查全部主料、辅料是否齐备,然后着手进行选料、整理、分档、清洗、涨发等。

(二)原料切配

根据烹调需要,切配各种动植物原料,如丁、丝、片、条、块、茸、酿、雕刻等。有些还需要进行腌渍、上浆、挂糊、焯水和准备点缀原料等。

(三)用火准备

做好用火的准备,如炖、焖、煨、熏、烧、烤等。有些原料需要经过较长时间的烹调,应预先进行。

(四)点心、水果准备

备齐需要的点心、水果。包括切面包,摆花色点心、酥点、蛋糕,清洗水果等。

(五)餐具、厨具准备

检查全部餐具、厨具是否配齐,并进行整理、清洗、消毒工作。

以上工作做得好坏,对整个宴会是极为重要的,它不仅反映厨师的技术水准,也反映厨师的业务水准。这些需要在平时的实践中,不断加以总结。

第四节　　宴会菜肴创新要求

所谓菜肴创新是指没有特定的菜肴品种,在这种情况下,厨师根据菜肴原料的特点、性能、口味、形状,设计出达到要求的创新菜品。

中国的烹饪技艺是珍贵的文化遗产,近年来,行家学者对此作了不少的整理研究。但是,如何在新的社会经济条件下,根据原料的变化,人们生活习惯、口味的变化,来改革、发展传统的烹饪技艺,大胆运用各种烹饪工艺手法及理论知识,结合菜肴烹制特点,制作出具有一定艺术感染力和营养丰富的菜肴,使食者在饱享口福的同时增添美的享受,从而增进食欲,却是一个亟须解决的问题。目前,各地厨师都在搞创新菜肴,品种繁多,但要使创新的菜肴得以肯定,还必须符合菜肴创新的要求。

一、菜肴创新要求

(一)创新依据

任何一种菜肴,不管历史如何悠久,有什么优美的故事传说,也不管装饰得如何漂亮,首先要符合营养和卫生的要求,满足口腹之欲,得让人吃得愉快,吃得顺心。如果闭门造车搞什么烹饪艺术,脱离现实,势必误入形式主义的歧途。要创新菜肴,发展烹饪,最可靠、最现实的依据就是人们的口味。由于经济不断发展,文化程度不断提高,人们对菜肴的要求也在不断变化。这就需要经常征询客人的意见、要求,了解客人喜欢吃哪些类型的菜肴,不喜欢吃哪些类型菜肴,然后进行比较分析。另外,还应作些实验,把同一种菜做成各种不同的口味,请客人品尝,来评定优劣。

(二)注重构图

这里所说的构图,是指将各种食物原料经过合理的加工、设计,组合成具有一定形象的过程。

绘画中,构思的原则一般是指多样统一、对比谐调、主次分明等。创新菜肴构图除了掌握上述原则外,还需要掌握原料性能、烹调方法与质量要求的有机结合。创新菜肴构图不可能像绘画那样组合得十分精巧、逼真,而应根据实际情况,采取夸张、简化的艺术手法,使菜肴构图新颖、奇特,有形似之感。夸张是用加强的手法来突出对象的特征,简化就是提炼和概括,两者的目的都在于使整个菜肴有一种新颖感,一下子就能抓住客人的好奇心理状态,使他在未下箸之前就感受到菜肴的美。

创新菜肴的构图要注意两点:一是不要七拼八凑、胡乱堆塞,显得主次不分,必须形态大方、优美、和谐。二是不要老是步别人的后尘,一味模仿他人的构图。

(三)色彩配合

一般创新菜肴,只有好的构图,而无好的色彩,犹如"伟豹无纹,则鞟同犬羊"。

色彩学中很讲究色的统一变化,对比谐调。菜肴创新制作就是要求以一种色调为主体,在统一中求变化。而且用色不宜过多,只要注意色彩对比谐调能给人以轻松、明快感觉即可。色彩的对比谐调犹如一部交响乐曲,既有高昂激越的乐章,又有优美抒情的旋律,有张有弛,给人以美的感受。

由于创新菜肴制作的特点及原料的限制,其色彩运用只能从烹饪原料固有的色加以考虑,结合色彩运用规律组合色彩。如制作"熊猫嫩笋"菜肴,在色彩运用上就要考虑到熊猫本身是什么色彩。切忌不顾熊猫本身的固有色泽,用大红大绿色彩来加以组合,绘画中讲究"随类赋彩"就是这个原理。

(四)菜肴命名

对创新菜肴的命名,既要名副其实,又要雅致贴切。俗话说"子不离母,菜不离谱"。命名要全面考虑原料的名称,主辅料的搭配,烹调方法的选择,口味的特点,菜肴的形态等诸方面情况。如有大虾、鲜贝、鲍鱼,要用这3种原料创新一款菜肴,定名时应综合考虑这3种原料的特点,采用哪些刀法,运用什么烹调方法,怎样组合创新,最后定出恰当的名称。

(五)味型变化

随着社会的不断发展和生活水平的日益提高,人们对食物的需求已不仅仅是为了充饥,而是要求吃得更好些,特别对菜肴的味型变化更为注重。这就要求厨师在实践过程中,运用有关理论知识,熟悉各种调味品的性能及原材料固有的本味。如芹菜里含有一种使人特别喜欢的清香味,果酱食品中含有果汁香味,黄油中含有奶油香味等,而且不能停留在原来的基础上,而应有所变化和发展。

目前各地的复合味很多,我们可以在复合味的基础上加入其他一些调味料,再进一步复合,这样味的变化就更多了。在调制味型中,只要控制咸味的标准,其他的味都可以随意调制。当然,调制出来的味型应得到人们的喜爱。如糖醋卤汁的配制,种类很多,除糖与醋之外,有的加番茄酱、山楂汁、柠檬汁,有的还加些咖喱粉、薄荷、什锦果条等。

(六)加热成形

经过加工整理后的菜肴原料,在加热过程中会发生一系列变化。有形态的变化,色泽的变化,原料质地老、嫩、脆爽、酥烂等变化,如鱿鱼经刀工美化处理后加热会产生各种形状。我们可以利用这一现象来创新菜肴,使它的形状更加美观、大方。有的厨师就是利用原料在加热中收缩的特点,创新出"菊花红肠"的菜肴,其形态相当逼真,酷似菊花。

(七)便于操作

创新菜肴,首先应考虑其实用性,而实用性就必须在制作工艺流程中尽可能考虑到操作的简便,保证客人随点随有,不使创新菜肴只具有一种表演性质。如果准备工作时间很长,这样就难以推广,失去其食用价值。

(八)营养配合

自然界的烹饪原料虽有成千上万,但没有任何一种单独食用就可以满足人体所需要的全部营养。每种菜肴原料所含营养素的种类及数量都有差异,在营养上都有各自的特长和缺陷。因此在配料时应考虑到营养成分合理和科学的搭配,才能实现创新菜肴自身的价值。创新菜肴必须适应时代的需要,注重营养配合。

以上8点要求,说明了只要厨师具备了制作菜肴的基本功,再辅以艺术修养等各方面知识,就能够在烹调菜肴时酌情加减,随意创新,不必拘泥于一招一式。这样就会使我国烹饪在继承发扬传统的基础上,不断创新并走向世界。

二、菜肴命名的方法

(一)在主料前冠以调味方法

这是一种常见的命名方法。其特点是从菜名可反映其主料的调味方法,从而了解菜肴的口味特点,例如"糖醋排骨""咖喱牛肉"等。

(二)在主料前冠以烹调方法

这是一种较为普遍的命名方法。菜肴用这种方法命名,可使人们较容易地了解菜肴的全貌和特点,菜名中既反映了构成菜肴的主料,又反映了烹调方法。如"扒海参",主料是海参,烹调方法是扒。又如"红烧大裙翅",主料是裙翅,使用红烧方法烹制。

(三)在主料前冠以主要调味品名称

如"蚝油鸭脚",就是在主料鸭脚前冠以主要调味品蚝油而构成的菜名。

(四)在主料和主要调味品间标出烹调方法

如"果汁煎鸽脯""豉汁蒸排骨"等。

(五)在主料前冠以人名、地名

如"东坡肉"是在主料前冠以人名组成菜名,"北京烤鸭"则是在主料前冠以地名。

(六)在主料前冠以色、香、味、形、质地等特色

如"五彩蛇丝"是在主料蛇丝前冠以颜色特色"五彩","五香肉"反映菜肴香的

特色,"麻辣鸡"反映味的特色,"松鼠黄鱼"反映形的特色。

(七)以主辅料配合命名

如"生根鸭脯"主料为鸭脯,辅料为炸生根。又如"菜胆莲黄鸭",鸭为主料,芥菜胆、莲子、蛋黄均为辅料。此外"圆葱板鱼""辣子鸡"等也都用此法命名。

(八)主辅料之间标出烹调方法

实际上许多菜肴都用这种方法命名,从菜名可直接了解主辅料和所使用的烹调方法。如"蟹肚烩果狸",从菜名中可知果狸为主料,蟹肚为辅料,烹调方法是烩。

(九)在主料前冠以烹、制器皿的名称

如"瓦鸡",主料为鸡,用瓦制器皿烹制。

(十)以形象寓意命名

如"虎穴藏龙""桃花泛""雪里埋炭""凤凰串牡丹"等,皆以形象寓意命名。

我们在饮食与文化间探索,研究人类的第一需求——吃的学问!

——张仁庆

第五章　饭店的经营与管理

第一节　名词解释

一、硬件、软件

硬件。在饭店管理中,专指建筑、设备、设施、用具、装备、资金等。

软件。专指烹调技术、服务技术、服务质量、服务态度、管理水平等。

此名词为外来词,常见于计算机管理系统。

二、三　论

三论就是系统论、控制论、信息论。

三、管　理

管理就是经营管理。管理水平高即经营有方,管理有序,经济效益、社会效益就好;反之,经营无方,管理混乱,效益就低,乃至倒闭。

第二节　预　测

预测是在现代管理中的基础工程。预测的准确、细致,对有利的方面与不利的条件都能预测到,就能掌握准确的信息。为企业的建立与发展打下牢固的基础。

例如,日本管理人员在预测确定一项衣着产品品种时,曾派人到车站、码头,数点过路人穿戴的类型和款式。在现代管理中,预测具体包括:人员(组织)、资金、交通、通信和水、电、暖的供应以及客流量、原材料的供应、当地人的消费水平与生活习惯等。

第三节　人、财、物的管理

人、财、物的管理,就是对人、财、物的控制。

在此3项中,人尤其重要。

人。马克思讲:"人是社会关系的总和"。在现代管理中,管理水平的高低,主要取决于人的素质。因此,人的管理起着决定性的作用。例如:部门经理、财会主管、采购员、服务领班、总厨,这些人的水平高低,素质如何,直接影响到饭店的总体管理水平。

财。就是资金。它是经济效益的总体现。资金包括:固定资金、流动资金两类。资金的合理使用、快速周转就能产生较高的经济效益,同时,厉行节约、艰苦创业是企业之本。俗话讲:"坐吃山空"。因此,在现有资金的情况下,合理使用,创造较好的经济效益,才能为国家和企业作出应有的贡献。

物。就是设备、装备、车辆、用具等。如何管理使用好,对企业负责对人民负责,这是管理人员应尽的责任和义务。

随着现代工业的发展,许多先进设备将不断进入企业,它所占用的资金也是较高的,如果管理不善,将会给企业造成很大的经济损失和负担,乃至造成人员的伤亡。因此,管理好现有的设备尤其重要。例如汽车的管理,正规的企业司机下班汽车入库,交钥匙;煤气的管理专人负责,定期检查等。各企业设备条件不同,管理办法各有千秋,管理水平不一,但人员必须责任心强,有制度、有落实、有检查,才能少出问题或不出问题。

第四节　质量管理

一、质量的作用

质量是企业的生命,这已成为当今社会生产经营者的一句名言。但如何认识这一句话的内在含义,并真正达到这句话的要求,却是一件十分复杂的工作,可谓之"系统工程"。

质量好坏是产品或工作优劣程度的一种反映。厨房内加工生产的菜肴、点心,也有优劣之分,给人们造成一种"某种菜肴好,某种点心差"的感觉,这就是菜点质量的反映。如果人们在某家宾馆、饭店经常吃到一些不合口味的菜肴、点心,对这家宾馆、饭店的整个菜肴、点心就会产生质量差的印象;反之,经常能吃到色、香、味、形俱佳的菜肴点心,则会对这家宾馆、饭店的整个菜肴、点心产生质量好的印象。可见,厨房管理之重要,必须予以重视。

二、质量的概念和衡量方法

(一)质量的概念

所谓菜点的质量,就是加工后的菜肴、点心符合标准和规范规定的程度。菜肴和点心,虽然是厨师经过加工后生产出来的一种产品,但是它毕竟与工厂生产的零件是不一样的。后者的生产加工都有较明确的数量尺寸,有的加工精密度甚高,不能相差几丝。换言之,工厂生产的产品,可以用"量"的概念来说明其质量标准要求,而厨师生产加工的产品即菜肴、点心,是无法全部用量的概念来说明其质量标准要求的。菜肴、点心的质量标准也不同于餐厅服务员的劳务质量标准,后者只有一种模糊的规范要求,而菜点既有一定的"量"的标准,还有一定的"规范"要求。例如,香酥鸭要1250克重的,要香、要酥,这"1250克"是"量"的标准,而"香""酥"只能说是"规范"的要求,不是量的概念。尽管对它的要求不是量化的,但人们又能通过品尝等感觉,实实在在地感受到"香"和"酥"。诸如此类的情况很多,如干烧鱼块要多少克鱼块,红烧明虾要放几只,炒鳝丝要多少克鳝丝,往往都有一个"量"的要求,至于做到什么样的程度,才是真正达到了干烧标准、红烧标准、清炒标准等,这就难以量化了。点心质量,50克可以是1个包子,可以是2个包子,甚至可以做4个、6个、8个等,这也都是量的概念,但点心要做得皮薄、馅足、汁多,这又难以用数量表示。可见,无论是菜肴还是点心,其质量要求有两个方面,一方面是可以"量"化的标准,例如多少克或几只;另一方面是不可以"量"化的规范,例如香、酥、薄、脆等等。所以菜肴、点心质量的概念可表述为加工后的菜肴、点心产品符合标准和规范规定的程度。菜肴、点心的质量,还可以具体用色、香、味、形等要素衡量,也有色、香、味、形、声、器等之说。但不管怎样,其中"味"为基本。质量还具体反映在继承发扬传统特色,保持和创造本企业的特色等方面。

(二)质量的衡量方法

菜点质量的好坏,不同对象有不同衡量方法。一个是生产加工者对菜点质量的衡量标准,另一个是消费者对菜点质量的衡量标准。同一种商品,由于生产加工者和消费者是从不同的角度来看待其质量,则衡量的结果就会产生不完全一样的看法,这是很自然的。又由于菜肴、点心质量的好坏并没有一种特定的仪器可测定,只能通过人们的感官衡量,由于人的感觉受到各种条件的影响,故必然会有不同的反映。比如老年人由于味觉反应差,喜欢咸一点;青年人由于味觉反应好,对咸味敏感,一般来说就不愿意吃得太咸。所以,对同一种菜往往有人说咸过了头,有人说咸得适度,有人却说咸得不够,这就是由于各人的感官条件不同,衡量手法也不相同的结果。此外,还由于人们习惯、爱好、社会条件等的不同,也会对同一种菜肴点心产生不同的衡量结果。

三、企业必须有质量标准和规范

宾馆、饭店都应有本企业菜肴、点心质量的标准和要求。尽管菜肴、点心质量有不同的衡量方法和结果,但对一个企业来说,还是应当有它本企业的标准和要求,这样就使厨房的加工生产有了一个工作的尺度和依据,否则就会使人无所适从。任何一个加工生产者,如果不了解自己加工生产的产品的标准,则无法生产出符合规定的产品,只有熟练掌握标准和要求,才能熟练地加工生产出符合标准和要求的产品。厨师也必须熟悉本厨房加工生产的全部菜肴或点心的标准和要求。企业的标准和要求,要符合本企业的特点和具体情况。宾馆有星级之类的划分,这种划分除了硬件的设施设备之外,还有软件技术上的差别。例如,同样一个菜肴,围边与不围边,既体现了操作者的技术水平,也体现企业对这个菜肴的标准要求。点心亦然,同样一种包子,可做成 100 克一个的,也可做成 50 克两个的,还可做成更细巧的。做包子在打褶上,越粗糙的包子褶子越少,越精细的包子褶子越多。当然多也好,少也好,都有一定的限度,超过限度也是不行的。菜肴是否围边,包子 50 克面团做多少个、打多少褶,这一定要从企业的实际出发,考虑星级企业的要求,符合企业的特点,否则必将有损于企业的社会影响,有损于企业的声誉。

质量的作用反映在各个方面。菜肴质量的好坏与高低,影响企业的声誉、经济效果和社会效果,关系到职工的利益,消费者的得失。从一定意义上说,菜肴、点心质量也反映操作者的技术水准,反映企业经营者的管理水平。可通过对质量的分析,反映各方面的作用和结果。重视质量有着一系列的作用,必须从各方面去重视质量管理。要运用全面质量管理的理论和方法来加强质量管理。要发动厨房全体职工树立质量意识,关心质量,重视质量,确立质量是企业生命的观念。要加强质量管理的基础工作,搞好菜肴、点心质量标准和规范的建设,每个人都在自己岗位上把好质量关,按照企业标准和规范完成每一道工序,做好每一件事情,以保证厨房的质量管理达到预期的目标。

第五节 技术人员管理

一、技术人员的概念

厨房的技术人员,这里是指菜肴、点心的直接加工生产者,包括厨师、点心师。由于饭店内菜肴、点心的加工生产有一定流程,要经过多道环节才能完成,每道环节上工作的人员都有着一定的技术要求,上道环节的技术结果都会对下道工序的质量产生影响,对最后的成品产生影响,所以要十分注意对厨房内技术人员的管理。

全体厨房技术人员的管理主要是抓岗前选择、培训和在岗管理两个方面。岗前选择和培训要按照各类技术人员的具体要求进行,在岗管理要不断提高所有技术人员的技术水平,充分发挥他们的积极作用。

厨房内的主要工作总体可分两大类,即烹调和面点。技术人员就是根据这两大类工作而分类的,一类是烹饪师(技工),另一类是面点师(技工)。

对这两类技术人员,根据他们的技术水平可分成若干等级,目前有高、中、低级和技师、高级技师之分,又有特级、一级、二级技工等等之分。一个对厨房工种一窍不通的人,能精通某一菜肴或几种菜肴的全部烹调技术,并能旁通其他菜系,识别其方法和特点,需要近 20 年左右的时间。只要在工作的实践中潜心钻研,日积月累,就能逐步掌握高超的烹饪技术。

二、厨房技术的特点

(一)模 糊 性

厨房内各工种技术有其一定的特点,即不确定性,模糊性,活动性。各工种的技术虽然有不同的等级划分,但是在划分标准中很难找出一条是具体而明显的差别和要求,下一级别和上一级别之间,无法从定量的角度来区分两者的高低,只能说是一种大致的差别。例如,肉丝很难划分出切到何等地步算是高级的、低级的,烹制一款菜肴、制作一种点心等,也都难于在一定程度上具体地明显地划分出上、下级别的差异,所以厨房技术的特点有一种不确定性或者说模糊性。但是人们在品尝各种菜肴、点心的时候,通过自己的感官会有一种好和坏的反映,这又能体现出技术人员技术水平高低的结果。

(二)经 验 性

厨房技术还有一个特点是经验性。厨房的技术虽然很难从具体内容来划分高低,但是这也不是一学就能全部学会的。这种技术是一种手艺,要通过操作者本人不断努力,不断实践,才能逐步掌握其技术的要领、关键,逐步深化技术操作水平。师傅一脱离岗位,离开实践,技术水平必将倒退。目前,有些师傅达到一定技术职称,就去谋求一定官职,放弃本人的手艺,这是很可惜的、不可取的。中国有句古话"曲不离口,拳不离手",可谓极好之喻。作为厨房工种的具体操作者,要提高技术水平,精通本工种的技术,就得在实践中积累知识,在摸索中增加经验。只有这样,才能不断提高自己的操作水平。

由于厨房的技术属于手艺一类的技术,是手工操作为主的,有一定的地方特色,操作过程中还要讲究一定的艺术性。这些也都是厨房技术特点的一部分。

三、技术人员的管理要点

既然厨房技术具有上述特点, 那么对掌握技术的一些操作者即技术人员,又如何进行管理呢?

从人员来说,要采用选择、培训、考核、再培训、再考核,逐步提高的方法进行动态性管理。

从技术来说,要从基本功着手,从初加工开始,逐步深化,精益求精。

(一)选 　 择

具有什么条件的人才能担当厨房的厨师呢?具体地说,就是要有健康的身体,具有一定的文化水平,至少在初中以上,用两年左右的时间学习专业技术并参加一定的实践,这样才能担任厨房各工种的工作。通过专业技术的学习,要懂得一些烹调原料、辅料和调料的名称、性能、用途、保管要求,懂得原料的加工方法,掌握一般烹调菜肴、制作点心的基本技能,会核算成本,能正确使用厨房中常见的设备设施,能烹制一般菜肴、点心,保证一定的质量。凡此种种,都要通过一定的培训,才能将符合条件的人培养成合格的厨师。

(二)培 训

通过一般的培训,仅能使一个一窍不通的人刚刚入门。要想成为一个精通本工种技术的人,则还要通过实践、使用、培训、考核、再培训、再考核的方法,逐步提高技术水平。技术人员的每次培训,都要注意基本理论学习和基本功的训练。

(三)合理分工,积极使用

技术人员在实践中,还有一个合理分工、积极使用的问题。厨房工种尤其是烹调师傅,其分工是否合理,往往影响其积极性的发挥。点心、切配、烹调都要有把关的人,即把桌师傅。在烹调分工中有头炉、二炉、三炉、四炉等等之分,"炉灶"站位反映一位师傅的身份,一般来说,站头炉的是本店最高级别的师傅,其余依此类推。其他还有排菜的师傅、专门烧烤的师傅等的分工,也都要视企业规模的大小、厨房设备的情况而定。

分工合理仅仅是一个方面,使用是否恰当是另一个方面。这就涉及企业领导、部门领导等能否积极使用有关人才,充分调动每位师傅的积极性。领导要充分考虑每个人的长处,发挥其主观能动作用,要为每一位师傅创造条件,使他们做出有特色的菜肴、点心或者是创新的菜肴、点心。在每位技术人员取得进步时,要积极为其晋级提供必要条件,让他们进修,参加必要的考核和一定范围的比赛、表演,甚至可以送出国外去进行技术交流,增强他们的责任心、荣誉感,减少技术人员的流失。

技术人员使用过程中,还有一个岗位人员比例的确定问题。各个岗位都应有人,每个人都应有工作,决不能有事没人做,有人没事做,要做到比例恰当,人员配备齐全,各人有各人的职责,上下工序完全能衔接,并且忙闲适度。

总之,对技术人员的管理,要按照条件进行选择,加强培训,合理分工,积极使用,及时晋升,促使他们在自己的岗位上安心工作,认真工作,积极工作,为企业作出更大贡献。

第六章　烹饪美学

第一节　　烹饪美学的基本原理

　　烹饪美学是受食者视觉和味觉共同检验的一门艺术。作为一门艺术,对于艺术品的色彩和造型,在构思、塑造工艺、艺术表现、意境处理等方面都有严格的要求,使烹饪美学达到全社会所要求的艺术标准。要想达到这一点,单凭厨师熟练的烹饪技术是远远不够的,还要对烹饪工作者或烹饪学校的学生进行科学的美学知识与基本功训练,提高他们的审美能力和艺术修养,以备在烹饪美学实践中,得心应手地进行工作并有所创造。

一、烹饪美学的色彩方法

　　色彩,因光照而产生,如果没有了光,也就没有了色。大地万物,色彩最先映入人们的眼帘,又最深印于人们的印象之中,人们往往把色彩同思想和感情紧密联系在一起。那“纯洁的白雪”“鲜艳的花朵”“无边的大海”和“辽阔的蓝天”,无不在色中生情,在情中见色。

　　食品色彩却有另一番含义,无论是翠绿的黄瓜、金黄的面包、鲜红的大虾,还是乌黑的熏鱼,人们在观察这些色彩的同时,总是同其本身的滋味联系在一起,从而自然地引起味觉的条件反射和食欲的连锁反应。这便是食品色彩区别于绘画色彩的主要特点,也是食品色彩的基本特性。

(一)食品色彩的特性

　　食品色彩由于组成原料的多变和在实践中的独特运用,具有以下几种特性。

　　第一,食品色彩的基本色素,全部采用食用原料。凡不能食用或食用后对人体无益的一切色素、化学颜料,都不能成为食品色彩的基本色素。

　　第二,在菜肴和糕点中的色彩变化和色调处理,主要是靠烹饪原料本身颜色的拼摆、组合或利用个别食品色剂调和形成,食用原料之间不能像美术绘画那样任意调和、覆盖或涂抹。

　　第三,食品色彩在加热处理和加盐(加口)处理的过程中,存在着普遍的理化变化,从而改变了食品本来的颜色(色相)。因此,研究并掌握食品原料加盐和加热后的色彩变化,是搞好食品色彩变化的关键。

　　第四,食品色彩的变化效果,往往要在原料成熟后才能显露出来。因此研究食品色彩,应以食品成熟后或直接食用时的色彩效果为准。例如,生鱼肉为青灰色,熟后即变白;生蟹黄为暗红色,熟后即变成鲜艳的金黄色,等等。

第五,食品色彩的研究和运用,最终目的是为了食用。因此,它的学术研究和探讨应以刺激人们的食欲、增进食者健康为前提。通过色彩加工后的烹饪成品是既供欣赏又为食用的艺术品,它与美术中的绘画、彩陶等艺术品有着截然不同的艺术效果。

(二)食品色彩的术语和名称

烹饪美学中包括丰富的色彩原料,有着复杂而独特的色彩变色,在变化中又包括广泛的理化知识。因此研究和学习烹饪美学,应确立本学科自己的专业术语和名称。

1.光色。光色即光源本来颜色。光色是直接影响食用原料的色彩,所以应对光色有所了解。例如,早晚的太阳呈现红光,中午的阳光则是白色,黄色的灯光,银白色的荧光灯以及舞台照明的红、绿光束和彩灯等。

2.原色。大地万物,色彩万千,这些绚丽的颜色都由3种最基本的颜色变化组成,即红、黄、蓝3种最原始的色。在烹饪美学中则为食品五原色,即红、黄、绿、白、黑。

3.复色。由两种或两种以上的食品原色调和后,出现的新色彩,即为食品复色。例如,暗红色的生虾脑加透明的鸡蛋清调和,成熟后出现新鲜的浅橘红色,便是红色加白色而出现的浅红复色。

4.本色。各种食品原料在其自身的生长过程中,由于性能和生长的条件不同,因此各自呈现出许多不同色彩,即食品本身所固有的色彩——本色。例如,绿色的青椒,紫色的茄子,白色的面粉等。

5.色度。色度指食品颜色的深浅程度。例如,绿色的冬瓜,墨绿色的西瓜,前者色度低而后者色度高。色度往往随阳光照射或加热、加口而起变化,如鲜绿的黄瓜等蔬菜加盐腌后,绿色变重,其色度变高;鲜扇贝生时为青灰色,加热后变白,其色度变低。

6.色相。色相即食品颜色的相貌。例如,鲜红色的草莓,黑色的木耳,淡绿色的油菜,紫色的茄子等。熟食品的色相要看加热后的效果,如蟹子的金红色、鸡蛋黄的纯黄色等。

7.色调。为表现某种形式和气氛,由多种食品颜色组合在一起所呈现的色彩的浓淡,称为色调。例如,"番茄蟹黄炒蛋"一菜,由红色、金黄色和黄色组合,呈现出一种热烈的金黄色调;"鸡茸干贝"一菜,由鸡茸的洁白和干贝的乳黄组合,呈现出淡雅的银色调;北京的"葱辣鱼脯"一菜,由鱼脯的鲜红和葱丝的素白组合,呈现出一幅明快的色调。

8.色剂。色剂是利用一些含色素浓厚的深色原料制成的。例如,在食品色彩中,绿蔬菜汁液用作绿色剂;鸡蛋汁液用作黄色剂;鲜对虾的生脑汁用作红色剂等。这些色剂同其他浅色原料调和,可改变原料本来的色相,如鲜鱼茸泥加入适量的生脑汁调拌,熟后出现一种浅红色。

9.热色。热色是能给人以热烈而温暖的颜色。一般指大红色、朱红色、橘红色、金黄色、鲜黄色等原料的颜色,如虾的鲜红色,蟹子的金红色、炒鸡蛋的金黄色等。但是,食品色彩的凉热还要看原料本身的质地、性能和与季节的关系等,如西瓜瓤虽然颜色鲜红,但在炎热的夏季却是防暑解渴的清凉食品。

10.凉色。凉色是能给人以凉爽感觉的颜色。如黄瓜的鲜绿、生菜的淡绿、芹菜的草绿色等。但是,凉色、热色的概念不是绝对的,热色中也有凉热之分,凉色中也有热凉之别,这要看具体的使用和工艺处理。青绿的蔬菜做冷菜处理自然凉爽,用油焖、爆炒又必然热烈;同是白色,冰激凌会给人带来凉爽惬意,煮白肉却使人有燥热油腻之感。所以,食品色彩的凉热是相对而言的,在应用中要根据气候、习惯、用途等统筹考虑,灵活使用。

11.对比色。色度、色相差别大的食品色彩在菜点中同时出现,从而产生一种较强烈的对比效果,即为对比色。例如,黑色的海参与白色的鱼丸,黄蛋糕与紫菜,鲜红的虾与翠绿的黄瓜等原料同时出现,会产生一种醒目的对比效果。

12.统一色。统一色即色度、色相比较接近的颜色。例如,青绿的菜椒与浅绿的莴苣,鲜红色的番茄与金黄色的蛋糕,金红色的大虾与深红色的酱肚,洁白的虾仁与雪白的肉丁等原料分别组合在一起,呈现出一种协调统一的效果。

13.色积。色积是指某一种食品色彩在一组成品色彩中所占的面积和体积。例如,"乌龙银珠"一菜,黑色海参与白色鸡茸的投料比例为 7:3,即黑色积大,白色积小;"双色蛋饺"一菜,白黄两色各半,即白黄两色的色积相等。

14.加热。加热是食品原料经水烫、汽蒸、油炸、勺炒等热处理的过程。原料经加热后呈现出的色彩,是与食者直接见面的颜色,也是我们烹调菜肴所需要的颜色效果。例如,鸡蛋清呈半透明的青灰色,这种颜色对于食品色彩的应用毫无价值,只有通过加热后呈现出可食的洁白色,才是我们在实践应用中所需要的色彩。通常把这种色彩变化叫做热变。

15.加口。口指盐,系烹饪术语。加口通常指给食品加盐等调料的过程。食品经加口后会改变自己的本色,一般规律是原料加口后比加口前的颜色变重、变浓。尤其是冷拼艺术菜中的植物性原料,只有经加口处理后的颜色,才是食品色彩中所需要的颜色。掌握原料加口后的变化规律,可在烹饪实践中更好地运用食品色彩。

以上食品色彩的术语和专业名称,在烹饪实践中经常用到,统一这些术语和专业名称,会给今后食品色彩的学习和研究带来极大的方便。

(三)食品色彩的分类

食品色彩种类繁多,几乎每一种原料,都固有一种不同的色相。为便于学习和掌握,现将常用的食品色彩进行如下分类。

1.白色食品

(1)动物性原料:熟蛋白、熟猪外脊肉、熟猪里脊肉、熟猪精瘦肉、熟净鱼肉、熟乌鱼、熟鱿鱼、熟扇贝、熟蟹肉、熟海蜇、熟猪白肉、熟虾仁、熟鸡里脊、熟鸡脯肉、熟牛里脊肉、熟羊里脊肉、熟猪白肚等。

(2)动物性制品:鱼松、鸡蛋白松、鱼肉灌肠等。

(3)乳类:牛奶、奶油等。

(4)植物性原料:熟白薯、熟山药、熟山芋、大白菜内茎、包心菜、茭白、黄豆芽茎、绿豆芽茎、白果、莲子、藕、白萝卜等。

(5)粮食类:精粉、淀粉、大米粉、糯米粉等。

(6)植物性制品:油炸粉丝、水发龙口粉丝、豆腐、白豆腐干、豆腐皮等。

(7)食用菌类:银耳、白蘑菇等。

(8)调味品:精盐、味精、白胡椒面、白糖、白腐乳等。

(9)果制品类:糖藕、蜜饯瓜条、花生饯、糖姜等。

2.黑色食品

(1)动物性原料:海参。

(2)植物性原料:黑木耳、发菜、熟冬菇等。

(3)动物性制品:松花蛋。

3.红色食品

(1)动物性原料:熟火腿(深红色)、大虾(鲜红色)、排骨 (酱红色)、酱肚(酱红色)、酱猪肠(红色)、酱肉(酱红色)、酱蹄 (酱红色)、熟虾脑(金红色)、熟虾黄(橘红色)、熟咸鸭蛋黄(金红色)。

(2)动物性制品:红肠(粉红色)、腊肠(深红色)。

(3)植物性原料:番茄(鲜红、朱红色)、胡萝卜(朱红色)、红芥头(玫瑰红色)、红辣椒(鲜红色)、山楂(深红色)、樱桃(鲜红色)、草莓(鲜红色)、红枣(大红色)、西瓜瓤(鲜红色)等。

(4)果制品类:樱桃脯(鲜红色)、苹果酱(鲜红色)、西瓜酱 (鲜红色)、番茄酱(朱红色)等。

(5)调味品类:酱油(红褐色)、甜酱(茶红色)、虾子(深红色)、红腐乳(大红色)、辣椒油(朱红色)等。

4.绿色食品

(1)植物性食品：水烫菠菜(深绿色)、油炸菠菜(墨绿色)、水烫芹菜(嫩绿色)、水烫油菜叶(中绿色)、生香菜叶(嫩绿色)、水烫香菜(中绿色)、水烫莴苣(鲜浅绿色)、大青辣椒(鲜绿色)、豌豆苗(中绿色)、青萝卜(浅绿色)、大葱叶(中绿色)、大葱嫩叶(浅绿色)、生黄瓜皮(深绿色)、加口黄瓜皮(墨绿色)、黄瓜肉瓤(淡绿色)、韭菜(浓绿色)、水烫芸豆(嫩绿色)、加口芸豆(鲜绿色)、冬瓜皮(中绿色)、冬瓜瓤(浅绿色)、蒜苗(中绿色)、熟豌豆(鲜绿色)、西瓜外皮(墨绿色)等。

(2)植物性制品：菠菜松(墨绿色)。

5.黄色食品

(1)动物性原料：煮虾(金黄色)、炸虾(金黄色)、熟鲍鱼 (浅黄色)、油发蹄筋(浅黄色)、油发鱼肚(浅黄色)、油发猪皮 (浅黄色)、蒸蛋糕(中黄色)、熟鸡蛋黄(纯黄色)、肉松(灰黄色)、各种油炸品(金黄色)、各种糖制"琉璃"品(金黄色)、熟蟹黄(金黄色)等。

(2)植物性原料：橘子(橘黄色)、杏子(浅黄色)、黄番茄 (中黄色)、胡萝卜(中黄色)、黄花菜(深黄色)、芹菜嫩叶(嫩黄色)、生姜(浅黄色)、竹笋(浅黄色)等。

(3)调味品类：芥末粉(土黄色)、咖喱粉(灰黄色)、黄酱 (褐黄色)、五香粉(浅黄色)、米醋(褐黄色)。

6.褐色食品

(1)动物性原料：酱牛肉(红褐色)、酱猪肝(深褐色)、熊掌 (灰褐色)、水发海蜇头(红褐色)、茶蛋(深褐色)等。

(2)植物性食品：冬菇(深褐色)、口蘑(茶褐色)、香菇(茶褐色)、海带(深褐色)、石花菜(褐色)。

7.紫色食品

带皮茄子(深紫色)、圆葱(浅紫色)、紫菜(深紫色)、红小豆(红紫色)、豆沙(褐紫色)。

(四)食品色彩的搭配

我们对食品往往是先看色、后看形,远看色、近看形,色彩总给人第一印象。

烹饪美学中的丰富色彩,由红、黄、绿、白、黑五原色搭配而成。要完成这种色彩的搭配,需要进行色彩原理的学习和以严格的方法进行训练。

1.五原色搭配练习。进行五原色相互搭配进行练习,加深对色彩的进一步认识,然后进行统一色和对比色的练习。

2.统一色搭配练习。统一色搭配就是在统一色之间进行搭配,从而产生一种和谐统一的色调。例如,由大红、深红、桃红、橘红等色组成的红色调,或由橘红、橘黄、纯黄等色组成的橙色调,或由白、乳黄、粉绿等色组成的浅绿色调,从而产生一种柔和、清雅的色调。

(1)圆心与围边练习。选择淡绿色、白色、淡黄色、浅红色4种色度低的颜色组成一个圆。以白色或淡黄色为圆心,圆心用图案装饰,圆外围用其他几种颜色,进行对称变化练习。

(2)套圆练习。由每一种颜色组成一个圆。先以红为圆心,由黄过渡到白,可给人开阔、奔放和舒畅的感觉;以白为圆心,由黄过渡到红,可给人以统一集中的感觉。在过渡中,可加进褐、橙、橘黄等过渡颜色,还可选浅玫瑰红、淡橘红、淡黄赭石和白等色度相近的颜色,组成不同色积、里外交替的圆。在各种圆的变化中,应掌握整体是圆、具体有变、变中有圆、圆中有变的原则。

3.凉热色搭配练习。凉热色相互搭配产生的对比色调,能给人以醒目、欢快、热烈的感觉。在对比色调中又分强烈对比和调和对比两种。

(1)强烈对比。采用色相、色度相差大的两种或两种以上的色彩组合在一起,如红与绿、蓝与橙、黄与紫、深红与浅绿、酱紫与乳黄、墨绿与浅红等。凉热两色的同时出现,会使两种颜色的色感相互加强,例如,红与绿并列在一起,红会显得更艳,绿会显得更鲜。这种搭配或者会使一种颜色变得深沉,而另一种颜色则更加明快。

(2)调和对比。将色感较弱的凉热色(在鲜色中加入白色使色感减弱)相互搭配,从而产生一种既柔和统一又清晰对比的效果。例如,浅绿与浅红的对比,浅紫与乳黄的对比,浅红、橘红与浅绿的对比等。

(五)食品色彩练习实例

在食品色彩搭配的一般练习中,同时进行一些水彩或水粉写生练习是非常有益的。色彩写生可以练习在色中求形的能力,并对色彩的变化及色相、凉热色的处理,有进一步的认识和了解,以备在今后的实践中更好地运用食品色彩。

1.静物写生。开始写生最好在室内进行,可先选择一些色彩较单纯的静物进行练习。例如,几个鲜红的番茄和一个浅绿色的冬瓜,空隙中摆上两棵白色的小葱,静物后面衬一块深褐色的挂布。先用铅笔或淡彩起稿,起稿要注意静物的明暗安排,将冬瓜、番茄的布局搞好,然后,开始着色,尽量把色画准,力求画出色感,在色中求形。色彩的层次也不求过多,要画出物色与底色的对比效果。

练习可分几组进行。

(1)统一色调的写生练习。选择一些色彩较接近的静物进行写生练习,在统一中求变化。例如,一颗白中透绿的大白菜,几根墨绿的黄瓜,两个白色的蒜头,在一块深重的绿灰色衬布上,纵横交错地安排好位置,以在不同的绿色对比中发现色彩的微妙变化,从而加强写生者对统一色调的认识。还可选一组热色静物进行写生练习。例如,在一块红褐色的台布上,一半切开的西瓜呈现出鲜红的肉瓤,西瓜旁边堆放着几只淡红色的桃子,深重色的台布在乳黄色的暖墙衬托下,显得格外醒目,使鲜艳的红、浅色的红和茶褐的红,组成一幅暖红的色调,让写生者在不同的红中表现形体的色彩美。

(2)对比色调的写生练习。选择一组凉热色对比的静物进行写生,以表现醒目明快的色调。例如,选一组黄、白色的野花,插在蓝色的花瓶里,后面衬一块紫色的挂布,通过黄与紫、黄紫与蓝、紫红和蓝与白色之间的不同对比,产生一种醒目显亮的色调。再如,一个黑褐色的陶瓷花瓶里,插着几朵深红色的小花,在银色的墙壁下显得格外引人注目。这种练习力求让写生者在强烈的色彩中发现形体的对比美。

2.野外写生。如果在室内对静物已能较准确地绘出颜色,画出色调,便可到大自然中去面对活生生的花卉、动物和风景,描绘出生动新鲜的色彩,以便进一步训练眼睛的色感和抓形能力。例如,将玫瑰、牡丹和各色菊花,在现场用水粉或水彩真实而生动地描绘下来,既是练习又是积累。还可画一些简单的风景,如:"金黄的秋林""碧海与沙滩""白果树与松林""蓝天与白帆"等。开始,只要求画准几块大的颜色,随着色彩的不断深入和丰富,便可逐步培养以色表形,以形传神,以神抒情的能力,力求通过柔和协调的色调和强烈明快的色彩来表现美的景色。

写生是提高抓形和着色能力的一种手段,也是一件长期的工作。坚持写生与实践结合的学习方法,既可陶冶烹饪工作者的艺术情操,又可通过各种形式的写生,提高认识和运用色彩的能力。

二、烹饪美学的造型方法

烹饪艺术造型尽管与雕塑、工艺陶瓷、木刻、牙雕等美术形式有着类似的艺术原理,但由于所采用的原料和食用价值的不同,因而有着适应本学科特点的一套独特的训练方法。其具体方法包括勾线、明暗体面、实物塑造、摄影、以形传神处理等方面。在训练中又分为临摹、写生、以形传神练习等步骤,最后达到创作成品的目的。

(一)勾线练习

线,是我国传统绘画的主要表现手法之一。线在中国绘画中的运用,可追溯到6000年前仰韶文化时期彩陶上的纹样,这些纹样,是先民们用线来表现对象和表达思想的开始。大地在自然形成中,存在着形形色色的线,有静止的、曲折的,规律的、零乱的,我们的祖先从这些线中得到了启示和感受,并将这种感受表现在原始的绘画中。我国历史上曾有顾恺之、吴道子、展子虔、阎立本、李公麟、张择端、陈洪绶、任伯年等闻名于世的线描大师,他们在作品里勾画出的线,已不是自然形态中的线,而是经过提炼,概括为有生命、有节奏、有韵律感、有规可循的线。

勾线在中国画中又称白描,是绘画的结构和"骨子",也是中国画"捉形"的基本手法,中国传统的造型方法是依靠线来捕捉对象。实践证明,烹饪美学的造型方法,同样需要通过严谨的线来找出准确的形体。因此,进行严格的线描训练是烹饪工作者的一门必修课。

烹饪美学所需要的艺术形体,不外乎各种动物、花卉和器物,可广采各种优秀的绘画图片、彩陶、雕塑、古器等实物进行练习。花卉中像月季花、牡丹花、玉兰花、大丽花、菊花等,动物中像孔雀、天鹅、仙鹤、雄鹰、鸳鸯等。动物、花卉线描及图案的优秀范本很多,练习者可从临摹开始,逐步发展到对实际存在的花朵、鸟兽进行勾线写生,培养写生者的观察能力和抓形能力。在写生中要采用速记的方法,用线尽快抓住对象的姿态、动势、神情,这就是人们常说的速写。

在勾线练习中,力求准确、简练,要以最精练的线条最准确地表现最准确形体。这是以后在烹饪实践中塑造艺术形体所必需的基础训练,也是提高抓形能力成效最快、效率最高的一种方法。

(二)明暗体面

勾线可以准确地表现物像大的动式的主要形态,但对于局部的刻画,还需要配合写生开始点、线、面的综合练习。首先用线勾画出淡淡的轮廓,再逐步加上表现明暗体面的黑白层次,以求对形体结构的深度有进一步的了解。这种练习类似西画中简单的素描。

前面讲过,烹饪美术所需要的艺术造型,多取自优美悦目的动物、花卉、风景、器物等,它除供欣赏外,主要目的是为了刺激食欲。因此,不允许做工太细,费时太长。它要求练习者既有较高的审美观,又具备娴熟的塑造能力。西洋绘画中长时间的素描练习,并不适用于烹饪艺术造型的教学训练。烹饪美学的造型方法,在对象的选择方面有着明显的针对性。开始,尽量在室内选一些简单的动物、陶瓷工艺品、花卉模型,进行明暗写生练习。

初步写生可分以下几个步骤:

1.构图。构图在中国画中称为布局。即在一张纸上先安排好拟画物像的位置,纸的上下左右要留出适当的空间。例如,画一个苹果,画得过大会使画面形象显得堵塞,画得过小显得干瘪,左右上下的大小空间绝对均等又显得呆板。合适的构图要根据苹果的动向、光线、明暗等因素具体安排。一般受光部的空间应大于阴影部空间,主要动式的去向部空间应大于背向部空间,这样才能使构图稳定、平衡、协调。

定好位置后,先用点做出标志,然后依照这些点用直线打轮廓,因为直线便于比较和定位。也可用十字线确定动向和位置。开始先画几条直线概括出物体的大形,然后把大直线变成短的小直线,最后找出较为准确的曲线轮廓。

2.明暗层次。在构图中所描绘出的轮廓线,实际上就是形体某一种位置的边缘线,一个缩小的面。烹饪美学中的形体塑造,就是通过物像的外形轮廓来表现其实质,是一种研究物像结构的立体刻画方法。这也是同西洋素描教学的主要区别之一。

表现物像的明暗层次,在西洋画中通常分受光部(高光)、侧光部、明暗交接部、暗部、反光部5大调子,归纳起来又分黑、白、灰3大部分。白即受光部,又分受光部和高光部(与光垂直的面);黑即背光的暗面,又分背光部和反光部(其他环境物反射到暗部的光);灰即中间色调。进一步概括又可分为受光部和背光部两大部分,即明部和暗部。而烹饪美学中造型的明暗处理,却要以轮廓线为主要依据,逐步加进明暗层次。多采用自然光或正面顺光,着重描绘物像本身的层次结构,而不强调光影的效果,也不过多地渲染背景。在写生过程中,要始终采取比较的方法,遵循"整体——局部——整体"的原则。所谓整体与局部,是指在描绘中一方面不脱离实体的大形,一方面又按照顺序来描绘各个细部,善于不断地把某个局部同整体形体对照比较。只有这样,才能立体地领会画中的每个局部,以达到绘画的完整性。

通过室内的写生练习初步掌握了抓形能力后,便应走出室内,到丰富多彩的现实生活和大自然中去采集新的对象,增加新鲜的感性知识,掌握捕捉活的形象的写生本领。

明暗体面训练总的原则是:由简入繁、从静至动、由概念的现成样品到活生生的实物描写。烹饪美学中的明暗层次写生,不同于纯绘画技法。我们研究明暗体面的目的,是为了训练练习者的眼睛,加强对形体结构的塑造能力。

(三)实物塑造

勾线和明暗体面的练习,对于纯绘画来说,已经是创作的第一步,但对于烹饪美术来说,还只算是预习。因为烹饪中的艺术造型,不能在纸上进行,也不能用笔去塑造,只有实物练习才是烹饪艺术造型的正规训练。

实物塑造练习,开始可选取一些造型逼真、姿态优美的花卉、动物、器具实物或摄影、绘画图案等作样品。采用黄泥、萝卜、土豆等廉价物品作原料,进行模拟、仿造训练。训练时,应注意手法和刀法的正确使用。把在纸上经过勾线、明暗体面的反复描绘所掌握的技能,通过手和刻刀表现出来,以便更实际、更有效地提高对塑造对象的塑造能力。

1.利用黄泥等材料进行塑造练习。用黄泥模拟鱼茸、鸡茸等原料,塑造熊猫、金鱼、花瓶、猴子、桃子等形象。先挖一堆黄土,放到盛器中加水调开,使碎石沙粒沉底,然后将黄泥稀浆用布过滤到另一盛器内沉淀,再滗去浮水,余下的细腻黄土便可使用。若塑造一只熊猫形象,可先找来熊猫的照片或图案,也可先到动物园去速写,用笔在纸上先默画数遍留下印象,然后用黄泥塑造。塑造时,先捏出大形,再逐步修改。在修整过程中,要不断地将"熊猫"放到离眼远一点的地方观察对照,直至塑好。欲求"熊猫"的表面光洁,可用手指蘸水将表面抹光、晾干。对于塑造满意的作品,还可用水粉颜料涂上四肢和皮毛的颜色,最后涂几遍清漆,干后作为标本供以后参考。

黄土不但造价低,而且便于获取。反复用黄泥进行练习,会给今后用茸泥原料塑造艺术形象打下牢固的基础。

2.利用萝卜、土豆等材料进行雕刻练习。使用雕刻专用工具,反复在一些廉价的植物性原料上作雕刻练习,以提高造型能力,熟练雕刻技术,会给今后的宴席食品雕刻带来极大的方便。

唐代张彦远在《历代名画记》中说:"夫象物必在于形似,形似须全其骨气,骨气形似,皆立于立意而归于用笔"。古人沈宗骞在《芥舟学画篇》中也说:"笔乃作画之骨干也"。可见笔和用笔对于绘画造型的重要性。烹饪艺术造型的"笔"就是手与刻刀,其立意也取决于用手和用刀。用刻刀在脆嫩的萝卜上雕刻薄如纸的花瓣、细如发的羽毛,如果没有严格的抓形能力和纯熟的刀法,是绝对办不到的。

开始时,要从握刀、下料等基本功练起,一面继续培养抓形能力,一面深入熟练刀法的运用。例如,刻一朵月季花,要先用直刀削出大形,坯形要削圆,一次不行反复几次,直至能尽快将坯料削圆为止。然后用大弯刀由上往下铲出花瓣。开始可厚一点,逐步练习铲薄。再如雕刻仙鹤、天鹅的细长脖颈,用小尖刀一层层转削,在不断地训练中,练就一套灵活熟练的刀法。只有经过严格的刀法训练,才能在今后的烹饪实践中做到:意在刀先、意到手到,意境在刻刀中运行,感情随手法流露。

(四)摄影辅助

在科学高速发展的今天,摄影技术已达到了一个极高的水平,它可以极其精确、全面无漏地把物像的全貌如实地反映出来,这种精确的机械功能是人的眼睛无法比拟的,也是写生所无法完成的。因此,正确地借助摄影,对那些瞬息万变的动态、大型的繁忙场面、细密复杂的植物枝叶,加以精确的记录,以便在塑造烹饪艺术形体时用来参照,是烹饪美学中不可忽视的一种手段。

我们提倡烹饪工作者经常带照相机到大自然中去抢拍那些生动的镜头,如含苞待放的花蕾、展翅欲飞的雄鹰、开屏的孔雀、戏耍的熊猫、飞翔的天鹅,等等。将这些瞬间即逝的镜头抢拍下来,会成为我们日常应用中十分珍贵的资料。

但是,摄影只是辅助,不能依赖和照搬。因为烹饪所需要的艺术形体,往往要在写实的基础上进行简化、夸张、变形和图案处理,从而取得生动的艺术形像,或以意代形或只求神韵,而摄影却只能拍下物像的表面。因此,对照片的使用,还应进行去粗取精的提炼加工,通过照片的外貌,去挖掘物像内在的神质。

(五)以形传神处理

烹饪艺术造型的基本训练可分为两个阶段:一是着重形体的训练,也就是"形似"的阶段，这是最根本的基本功练习阶段；二是着重艺术表现阶段，也就是"神似"的阶段，这是艺术的创造阶段。

晋代大画家顾恺之早在1500多年前就提出了"以形传神"的理论。六朝谢赫在《六法》之首也指出了"气韵生动"的道理。唐代张彦远在评论颐恺之的画时说"顾恺之之迹紧劲联绵，循环超忽，调格逸易，风趋电疾，意存笔先，画尽意在，所以全神气也"。他主要称颂了顾恺之画中的意境，笔中藏意，意中见情，画中充满了内在的精神。在我国历史绘画中有过许多以形传神的范例，像洛阳西汉卜千秋墓壁画中的虎，将虎的凶猛悍威描写得生动逼真。唐代韩滉《五牛图》则注重表现牛的朴实雄健。清初八大山人朱耷以精练的笔锋描绘出静立在枯枝上炯目凝视的鹳鸲。西汉霍去病墓石雕中的"跃马"，通过马的眼神表现出马驰骋奔腾的急切神情。现代齐白石的对虾，徐悲鸿的奔马，都以不同的艺术手法，赋动物以感情，达到了传神的目的。现代国画家潘天寿说过："写形是手段，写神是目的"。要达到"传神"的目的，还要从写形开始。"物"的外貌、表象是可视的，画出物之"表"也无太多的艰苦，而要表现"物"的精神和本质却是不易的，因为内在深藏的东西，是不能以简单的直观去发现的。如何把具体的感受和激情，生动而深刻地表现出来，这便是"着重艺术表现阶段"的主要任务。

烹饪美学中的艺术造型，欲达到"传神"的高度，单凭技法的熟练是远远不够的，往往需要感受激情以后的深刻理解和理性的高度认识。例如，一朵月季花的美丽，是通过花瓣的和谐组合和叶片的衬托显露出来的。如果把每片花瓣都面面俱到、不偏不倚地表现出来，反而显得不美。这就需要在不断的观察和认识中，在反复表现的过程中，去发现花瓣的组合规律和排列美，而这种美又是在不同角度、不同光线下显露出来的。再如，要塑造一只天鹅形象，就要通过对天鹅洁白的羽毛、弯曲的脖颈和娉婷委婉的姿态来表现天鹅纯净高雅、娴淑温和的性格。塑造一只鹰，首先要对鹰的外貌加以研究，对鹰的性格有所了解，以便对其突出的部位重点描绘。我们可以夸张双翅的动势来表现鹰的力量，以突出嘴的勾形和爪的锐利来表现鹰的雄悍，而对那些无关紧要的细部，则可进行简化和省略。

所谓"以形传神"处理，就是通过真实而生动的花卉、动物、器具的外形，来表现内在的精神特点，把现象和本质、形式和内容有机地结合起来。

龙是中华民族的传统象征，在我们心目中，留有较为深刻的印象，但谁也没有亲眼看见过龙。我们对龙的印象只是从古代留下的建筑雕塑上，在画册中，以及从节日里扎制的龙灯、龙船等印象中取得一些概念。我们把龙的特征归纳为"狮鼻、马面、鹿角、鹰爪"，也是对龙外形的一种概括。人们在雕刻龙的形象时，既要符合人们的习惯印象，让人看后可信，又要使造型符合食用的特点，给人以美和舒服的感觉，还要通过龙的外形，表现出龙的气质和特点，这就是"以形传神"的处理方法。

"以形传神"的具体表现,又往往包括夸张、简化、图案装饰等方式,在变形过程中还包括构图知识、透视原理和点线面的运用,以及在运用中涉及的大小、疏密、虚实、轻重、主从、简繁、聚散、浓淡、刚柔、纵横、呼应、开合等多种关系,在形的表现中又包括形与色结合的统一等问题。至于在烹饪中的运用,还要根据内容、条件、对象等方面的不同要求具体而定。

三、宴席菜肴的构图法

早在我国六朝时期,南齐谢赫就在《六法》中提出了"经营位置"的理论,这就是说的构图问题,即章法和布局。

构图在造型艺术中,是一门不可忽视的基础知识。构图普遍存在于烹饪实践中,如宴席花坛的摆设,花台的组合,冷拼艺术菜的布局,热食艺术菜的设计等,都离不开构图的原理和技法。构图的章法千变万化,总结起来可归纳为:平行垂直线构图(可增加稳定、沉着和庄重之感);平行水平线构图(给人以平静、安宁和宽阔之感);平行斜线构图(可增加动势、紧张和雄伟之感);十字对角构图(可增加稳定、肃穆和庄严之感);圆形构图(给人以饱满、完整和严密之感);三角形构图,被称为黄金分割式构图(给人以充实、稳定和高耸宏伟之感)。另外,还有起伏线、对角线、螺旋形、"S"形及各种形式线的掺杂综合运用,都以不同的形式美给人以艺术的享受。

烹饪美学中的构图多为圆外形的内部变化构图,这是由烹饪实践的特定条件和特定环境所决定的。例如,桌面的圆形、花台的环形、盘碟的圆形等,几乎一切图案造型和色彩都围绕着圆来变化。这样构图就需要有对称性的变化,以便于圆外转动而使构图各方和谐统一。烹饪美学中的构图很少像绘画那样分天地左右等格式,因为一方定位的构图只能照顾一面,存有一定的局限性,所以不提倡定位定向式构图。

烹饪美学的构图法是以圆为构思场地,以圆为核心,上下左右、东南西北各方对称呼应的构图方法。据此在严紧而完整的设想中进行构图,便决定了烹饪美学的圆形构图手法,从而突出表现了烹饪构图的独特风格和形式美。

烹饪构图有以下 10 种具体方法:

(一)圆心与圆周的对称变化构图

这种构图方法是以圆中心的凸面原料为轴心,圆周摆以对称相等的其他原料组合而成的方法。

这种方法是利用变化着的圆体的一种内在向心作用,使构图产生一种整体的均衡美。在构图处理中,应注意圆心与圆周的松紧疏密关系和色积关系。例如,圆心变化一些,圆周就统一一些;圆心疏松一些,圆周就繁紧一些,以造成一种强弱、快慢、松紧、虚实的对比而又统一的韵律美。辽宁热菜“鲜贝原鲍”，洁白的小鲜贝聚于盘心，给人以散点的感觉；而圆周的鲍鱼花用鲍壳整装10份，克服了零乱，既体现了壳与肉的亲邻关系，又做到了疏密匀称的和谐统一。新疆的“桃仁肉卷”一菜，桃仁置于圆心，面包肉卷围圆周，桃仁繁点，肉卷整齐，给人以清晰整洁的感觉。

(二)用各种环形进行套摆的构图

这种构图方法是以圆心为轴心，用大小不同的各种圆套摆组成，能给人以环圆的紧密感和光环的旋转美。在设计时，既要考虑环的大小形体变化，又要注意色彩的配合。环与环之间，尽量选择一些对比色原料进行搭配，既使用统一色原料，又要在色的深浅程度上有所对比，这样才能显得醒目清晰。在各种不同色彩的安排上，尤其要注意色积的处理，尽量避免均等排列，力求在统一中有变化，使构图生动活泼。例如，青岛甜菜“翡翠金橘银耳”，盘中心用糖渍银耳堆一圆心，银耳外用蜜汁橘瓣摆一金黄色圆，最外围翠绿色的“辣黄瓜”摆满圆周，银耳中心用5枚甜樱珠点缀，整个构图既协调又醒目。再如，冷菜“姜汁八仙”，采用8种鲜嫩清脆原料，在盘中组成大小、色彩不等的圆，盘中心是一高置的海螺壳，内盛姜汁调料，壳周围菜松围摆一绿色翠环，绿色翠环外用海螺肉顺向围摆一周，再用香菜梗围一圈青绿色环，青绿色环外用乌鱼花摆出一个银色花环，再用鲜红色的鸡胗隔摆一周，红鸡胗外用海螺、鲍鱼、干贝、肚头4种白色原料摆一宽圆，用发菜做色界，最外围用红蛎虾摆出一大圆。此菜有8种形状的原料，摆出了8个不同色彩的圆，圆圆相套，构成了一个造型活泼饱满、色彩丰富鲜艳、食用方便的特殊圆形构图。

(三)均等排列的对称构图

这种构图采用的是将各种形体、大小、色彩较一致的原料，均匀整齐地排列在圆中的方法。

这种构图方法给人以整洁、均衡的感觉。在构图中，既可平行摆开，又可交叉排列，还可平错围摆，构图力求整齐均匀。例如，江苏菜“知了白菜”，一排排白褐色相间的“知了”均匀地排列在盘中，仿佛是在列队齐鸣，又仿佛在课堂上聆听老师的教诲，给人以轻松愉快的感觉。北京的“柴把鸭子”，将鸭肉等原料一捆捆地均匀排列在圆盘中，造型别致大方，构图整齐统一。夏季宴点“凉糕”制成后，切成菱形均匀排列在宴席的冷盘中，能引起人们的强烈食欲。

(四)两半圆形的对称构图

这是用一种或两种以上原料组成两个相对半圆的构图方法。

这种构图由于形体对等均衡，给人以“平分秋色”之感。在两个半圆的处理中也可稍有变化，在色彩的安排上应尽量避免一边色太重，而使重心偏堕，圆体不稳。相对称的两个半圆内部可有形体的变化，也可均匀排列。例如，湖北的“双色蛋饺"一菜,将蛋饺按黄白两色摆成相对的两个半圆形,给人留下整洁舒适的印象。再如,山东烟台的冷拼艺术菜"孔雀开屏",有意识地将孔雀尾屏部分组成一个半圆,头颈和双翼部分又组成一个半圆,两个半圆间用身躯相连,既完整统一,又丰富多彩。

(五)对角对称的构图

这是选用两种或三种以上的原料,组成不同的三角形或四边形,使角与角相对排列的方法。

这种构图采用几个几何图形组合而成,一般多用三角形,各个图形虽各自独立,但角角相对又构成了尖端相连的纽带,显得明快稳定。例如,陕西冷拼艺术菜"古城四季花"中,4 种原料制作 4 个扇形组成中心"宝塔"的拼摆,显得典雅而庄重。甘肃热食艺术菜"绘荤素",口蘑、油菜心、椭圆蛋、鱿鱼花等 6 种原料,全用窄长的小三角形对角处理,中心置红、白蒸花,使菜肴产生一种诱人食欲的韵律感。

(六)两端对称的椭圆形构图

这是在椭圆形中,左右两端对称呼应,中间用相等的原料整齐排列,或突出一端的艺术形象,而另一端遥相呼应的构图方法。

这种构图一般用在整料的菜品中,在形式变化时要处理好强弱对比、虚实对比、松紧对比等关系,但在具体排列中又要求整洁、均衡与和谐。例如,青岛名菜"鹰喜参翅",椭圆形长盘的一端是一只居高临下的海鹰正展翅俯视,而另一端则是排列整齐的黑色"扒海参"和白色的"蒸扒鱼翅"。占全盘 4/5 的参翅与海鹰在高度、面积和色彩上都形成了对比,黑色的海参均匀地围在盘周更增加了布局的稳定性。青岛的"绣球全鱼"一菜,椭圆盘两端分别置放头尾,盘中是 12 个整齐排列成 3 行的鱼丸,显得整洁而风趣。再如,山东名菜"鲤鱼跳龙门",鱼与龙门之间在位置、高度和距离上都形成了对比,使菜肴构图活泼生动,产生了一种动感。

(七)"S"形的对称构图

这是用不同色彩的原料在圆中组成相应的"S"形的构图方法。

这是一种较独特的布局式样,两种不同色彩的原料,通过弯曲扭转的交错变化,从而出现一种"S"形的对称构图,赋予菜肴以传统的韵味。例如,山东甜菜"炒二泥"就是将苹果和山药泥分别用糖和油炒香,然后以"S"形组装到盘内。北京的"翡翠羹"一菜,则用绿、白二色原料摆出"S"形,产生一种雅典的韵律感。

(八)马鞍桥形的构图

这是选用一种或几种原料先组成两边半圆,然后在中间盖一长桥状图案的构图方法。

这种构图给人以整齐悦目和舒适大方的感觉。例如,青岛冷拼"火腿长桥",选用火腿肠切出细薄均匀的片,先在盘内摆出两个整齐的扇面,使边缘与盘边平行,最后在中间码出工整的"长桥",盖在上面,显得格外整洁美观。这是一个体现刀工技术的构图,在拼摆中,中央的"长桥"面力求匀而长,齐而整,两侧可予以破格变化,以增加活泼感。

(九)独立形体的完整构图

这是用整原料或茸泥状软原料,组成一个完整图案或独立艺术形体的构图方法。

在多种构图的形式中,美往往不在于局部而在于整体。就像一个人的面容,如果只有鼻子美,而其他器官闭、缺、歪、斜,那么这个面容便称不上美。只有各个局部的恰当配合,步调一致,出现一个和谐的整体,才算得上美。如山东菜"扒鸳鸯驼蹄", 一只蒸驼蹄红白两半置于盘中心, 洁白的炒鸡茸和鲜红的炒虾茸又分置于红、白驼蹄两侧,用清脆的莴笋作"热带沙漠植物"点缀,菜盘中虽然原料各异,但因配合得当,取得了和谐完整的构图效果。再如,河南菜"芙蓉海参",在雪白的蛋羹上用海参片摆出椰树、朝阳、船帆、海鸥等热带风光,构图完整,颇有情趣。

(十)自然排列的不规则构图

这是将组成菜品的各种原料,自然地放置在圆盘中,从而形成一种天然美的构图方法。例如,安徽的"梅花鱼圆汤",由五瓣三色(浅红、浅绿、乳黄)鱼圆自然地浮置在汤中,显得自然大方。

充分利用组成菜品原料的各种形状,构成一种不规则的变化美,是构图的又一种方法。例如,四川的"宫保鸡丁"一菜,金黄色的花生米和雪白的鸡丁自然地组合出一种菜肴的和谐美;湖南以刀工见长的"酸辣乌鱼花",麦穗状的乌鱼花自然地排列,克服了人工组摆的矫揉造作;青岛的"掐菜滑炒龙凤丝"一菜,各种不同质地、不同口味的银丝呈现在盘中,素雅悦目,诱人食欲。

构图是烹饪美学中的一种表现形式,构图形式的优劣直接影响着烹饪成品的艺术水平。烹饪构图法是一门科学,一门有自己一整套艺术规律的科学。因此,认真学习烹饪美学的构图法,是搞好烹饪的一种重要手段。以上介绍的构图法,只是在烹饪实践中反映出来的一部分,属一般性的基础知识。要深入探讨各种不同形式的构图法,需在不断的烹饪实践中加以总结和提高。

第二节　烹饪美学的色彩应用

烹饪美学中的色彩应用,是一门科学性强、应用范围广、难度大的学问。在具体实践中又存在着许多特殊的问题, 这些问题有时单凭色彩方面的知识是不够的,还必须结合丰富的烹饪技术加以解决。因此,烹饪美学中的色彩应用,是美术色彩原理与烹饪技术的综合应用,是烹饪与美术的科学结晶。

一、食品色彩的可变性

各种不同的食用原料都具有不同的颜色，尤其植物性原料的色彩更为突出。这是因为蔬菜和果品中含有丰富的叶绿素、番茄素、叶黄素、花青色素、花黄色素等多种色素的缘故。但是，这些色素及动物性的肉色又极不稳定，普遍存有一种可变性。食用原料的色彩因季节、气候、质地、时间的变化，而不停地变化。青绿色的番茄，存放几天后便由青变黄、又由黄变红，通过加热或加口后，其色彩变化尤为明显。因此，必须熟悉和掌握动、植物原料色彩的可变性，从而更好地运用这种变化效果，来打扮和装饰菜点。

(一)植物性原料

烹饪中的植物性原料种类繁多，大都含有一种不稳定物质——色素。各种不同的色素，很容易氧化，被酸破坏，受光照改变本来的色彩。其中叶绿素最容易被破坏。因此，植物性原料经加热后或加口后，就会很快改变原来的色彩。例如，黄瓜加盐后会使色泽加重；菠菜遇热后会使绿色变浓，经油炸后便呈墨绿色；鲜红的番茄经加热处理后颜色变得污浊，从而失去本来的鲜美。厨师们为了保持并加强蔬菜的色彩，常常在沸水中加入微量的碱，再进行热水处理，这样便使蔬菜的颜色鲜艳起来，从而起到促食欲、开胃口、助消化的作用。再如，大青辣椒、黄瓜等蔬菜凉拌时，经盐稍腌，就会使绿色加强，并保持一定时间的新鲜。但是，用盐的数量要适当，存放时间也不宜过长，刀工处理时的形体也不能太薄太小。

对于植物性原料的加热或加口处理，要掌握一条原则，即及时加工、及时使用。加热或加工后存放的时间越长，叶绿素被破坏越严重，其色泽越暗淡。

总之，蔬菜类食用原料本身的颜色极不稳定，为了取得成熟后理想色彩效果，必须对植物性原料色彩的可变性知识有所了解，并在烹饪实践中逐步掌握其规律，总结出具体的解决办法。

(二)动物性原料

动物性原料的主要成分是脂肪和蛋白质，因此，加热后大部分颜色由深变浅，有的完全呈洁白色。例如，猪的通脊肉生时为粉红色，经过加热后都变为洁白色。实践证明，凡结构细密、质地软嫩的禽畜类原料，熟后都可变为不同程度的白色。

动物性原料因部位不同，熟后的颜色也有所不同。例如，鸡、鸭、鹅的里脊和脯肉，生时呈半透明的浅黄色，熟后呈白色；猪、牛、羊的外脊结构紧密，分子排列均匀，生时为粉红色，熟后为白色；而猪的前腿夹心、外裆等部位以及鸡鸭的腿肉，粗糙带筋，生时为深红色，熟后则变为浅红色。

在海产品原料中，鲜扇贝和大对虾生时为青灰色，鲜扇贝熟后变为白色，大对虾熟后变为朱红色，其精肉为洁白色；鲜鲍鱼生时为淡青色，熟后变为淡黄色；海蟹生时为绿褐色，熟后其肉则变为洁白色。海产品原料的色彩变化，同禽畜原料大体相同,都与本身所含成分有关。海蟹和大对虾所以煮熟后变红,是因为本身蟹黄色素和虾黄色素的染变。

鸡蛋生时为半透明的液体,熟后则变为结构细密的固体,蛋清变成洁白色,蛋黄变成纯黄色,并且是黄色原料中最纯正的颜色。

总之,只有了解这些知识,并掌握动、植物原料在加热或加工后的色彩变化,才能在实践中更好地搭配使用,取得食品成熟后的理想色彩效果。

二、菜点的色剂应用

丰富的食用原料,各自具有不同的颜色,但许多原料却因本身的结构、性能和口味的不同。又不能随意搭配调和,因此,就造成了烹饪美学在色彩方面的单调和不足。为了取得较理想的色彩效果,往往需要借助一些含有丰富色素的原料汁液,对一些无色或浅色的食用原料进行调和,改变原料本来的色相,从而出现烹饪美学中所需要的新色彩。这一变化过程就是烹饪美学中的调色,而被用来调色的原料则称为色剂。

常用的色剂有黄色剂、白色剂、红色剂、褐色剂、绿色剂、黑色剂等。这些色剂可互相调配成新色剂。

(一)红 色 剂

红色是色彩中色感最强、色度最亮的颜色,给人一种热烈、欢快和朝气向上的感觉。用作红色剂的原料有红曲米、糖色、虾脑液、番茄酱、什锦果酱、蟹黄汁液等。也有用赤色素作红色剂的。对于含有化学成分的色素颜料,因为食用后对人体无益,所以不提倡使用。

红色剂还要根据组成菜肴、糕点的原料和口味来选择使用。红色剂的使用方法如下:

第一,加热前掺入其他茸泥状原料,调制均匀后制熟,即呈现各种深浅不同的红色原料。面点中使用红色剂大多选用此法。例如,上海糕点"硕果粉点"中各种不同颜色的"水果",如鲜红的草莓、透红的苹果等,都是加入了不同数量的食用红色剂同面粉反复调拌后制成的。再如,青岛菜肴"睡莲初放"中的莲花瓣,则是用虾脑液加鱼茸调和上色后蒸制而成的。

第二,在原料加热过程中加入红色剂,使色剂与菜肴溶化,最后将溶化后的菜品汁液包裹在原料表面,使菜品呈现红色。例如,"番茄鱼片"一菜中,先将淡黄色的鱼片制好,然后将红色剂——番茄酱在勺中炒匀,趁热放入鱼片,使鱼片染裹成橘红色。再如,青岛名菜"葡萄虾仁",将洁白的虾仁簇制成一串葡萄状,然后趁热浇上炒好的番茄汁,使虾仁呈现悦目优美的红色。

第三,将红色剂先溶化在烧沸的汤汁中,然后放入原料,经较长时间烧煮,最后使原料染为红色。例如,山东的"糟乌鱼"一菜,是先将红曲米加水煮出红色汤汁，然后放入加工后的乌鱼板，用慢火㸆至汤尽，乌鱼即成为鲜红色。

(二)绿 色 剂

绿色是一种对人的眼睛有益的色彩，中性偏凉，给人以清新凉爽的感觉，能刺激人们的食欲。尤其在炎热的盛夏，绿色是不可缺少的食品色彩。用来作绿色剂的原料有菠菜或油菜等绿色菜叶的汁液。这种汁液同面团或动物性茸泥原料调和使用，会出现各种深浅不同的绿色食品。在绿色剂原料中以菠菜叶最佳，它不但含叶绿素丰富，而且质软无异味，是提取色剂率最高的一种蔬菜原料。具体方法是，先将菠菜制成泥，挤出绿菜汁，再适量地溶于其他原料中。例如，在洁白的鱼茸、鸡茸或蛋白中加入不同数量的绿色剂，会出现深绿、鲜绿、粉绿等不同颜色。辽宁的“翡翠全虾”和北京的“翡翠羹”中，都是在软原料中加入绿色剂后取得“翡翠”效果。也可将绿菜叶切成细丝或细末，然后粘裹在茸泥原料的表面呈现出绿色。

(三)黄 色 剂

黄色是烹饪美学中五原色之一，是带有刺激性的醒目色彩。在烹饪食品中黄色原料居多，瓜果中有柠檬、橘子、柑子、杏子、番茄等，动物性原料中以各种禽蛋的黄为最好。

在我国历史上，南北朝时期就有栀子染黄食品的先例。实践证明，在适合烹饪口味需要的黄色剂中，以鸡蛋黄为最佳。

黄色剂的使用方法如下：

第一，将鲜鸡蛋液同其他原料调和后制熟呈现各种黄色。例如，面粉、鱼茸、虾茸、鸡茸等原料加进不等量的鸡蛋液，就会出现不同程度的黄色。

第二，将鸡蛋液放油锅中摊成鸡蛋皮，或放蒸锅中蒸成鸡蛋糕，然后切成细丝、细末，撒或裹在原料的表面，再进行烹制，使成品呈现黄色。

第三，将鸡蛋黄原样地直接用在菜肴和糕点中。例如，四川糕点“朝霞映玉鹅”中的“朝霞”，就将整个生蛋黄放置在冻粉溶液中，蒸熟后作为太阳的倒影出现在菜肴中，收到了理想的效果。

(四)黑 色 剂

黑色是菜肴中不可缺少的颜色，能给人以庄重的感觉，尤其在统一色中出现适量的黑色，能使沉闷和模糊的色调变得明朗清晰。在冷热菜肴和糕点中，常用木耳、发菜或黑芝麻等原料点缀。

黑色剂主要用黑木耳、发菜等原料剁成细末，或用黑芝麻撒、粘裹在茸状原料的表面，或用发菜、木耳等原料喂口调味后，直接放置或拼摆在原料及盛器中。例如，菜肴中“熊猫”的耳朵，就是把黑木耳安放在“熊猫”头上，“熊猫”的四肢则用发菜细末或海参等原料粘裹在四肢上，以求得黑白分明的效果。此外，还有一种乌饭叶，自古以来便用作黑色剂，用乌饭叶将米染黑，俗称乌米饭。

(五)白色剂

白色，纯正高洁而素雅。在水彩画中，白色用留出空白纸表现；在粉画和油画中，白色是用白色颜料。而烹饪色彩中的白色，最基本的是白色瓷盘与深色菜肴的对比。常用的白色原料有面粉、淀粉、蛋白、鱼肉、鸡脯肉、猪通脊肉等，这些原料经加工后都可用作白色剂。淀粉的使用，多先用水调开，在菜肴快成熟时搅入汤中，使汤汁变为乳白色。精鱼肉、鸡脯肉或鸡里脊肉、猪通脊肉制成细茸泥，熟后都呈现洁白色，与其他原料掺和即会出现一种悦目的粉色。在液体原料中，牛奶和禽蛋白都是极好的白色剂，尤其是鸡蛋清，使用最方便，应用极广泛，任何有色原料加鸡蛋清包裹或调和都会出现优美淡雅的粉色。例如，暗红色的虾脑汁加入蛋白调和，蒸熟后即成鲜美的淡红色。鸡蛋清蒸熟后，色洁白纯净，质细密软嫩，是菜肴中所需要的极好的白色原料。

烹饪中许多清雅素美的色彩效果，多是因为用了白色剂调和的结果。例如，菠菜汁中的绿，是一种污浊的绿色，并不受食者的欢迎。如果加入鸡蛋清或鸡、鱼茸等白色剂调和，就会出现非常优美的淡雅绿色。实践证明，白色剂同任何一种色彩调和，都能减弱那种颜色的色相和色度，使其变得柔和素雅。

(六)褐色剂

褐色是一种复色，庄重而和谐。用红色加绿色即产生褐色。目前，在甜菜和冷菜中，取咖啡粉加糖与其他原料调和使用，便会在菜肴或糕点中出现优美可食的褐色。例如，青岛甜菜"花篮什锦泥"，其中褐色的篮边图案，就是用枣泥加山药制成的。北京糕点"小酥合"的盘中，装有褐色葡萄叶，在浅红色粉糕的衬托下，显得醒目典雅，其褐色叶片就是用可可粉调成的。山东名菜"梅雪争春"，在洁白的底面上，有点点红梅与褐色枝头相映，显得优美清晰，"红梅"用番茄酱点缀，"枝干"则用番茄酱加适量绿菜汁和少许蛋泡糊调制成，出现了较为理想的效果。

褐色的出现面积不宜过大。小面积出现时褐色可重些，大面积出现时褐色可弱些，以求得色彩明快，起到刺激食欲的作用。

(七)各种色剂的调和使用

烹饪实践中所需要的色彩，往往不单纯是几种单色的使用，还需要一些微妙而优美的颜色，来丰富烹饪色彩。

根据烹饪美学中的色彩原理，将 5 种色剂相互调配或与其他色彩的原料调和，会出现一些新的复色。例如：

红色剂＋绿色剂＝褐　色

红色剂＋黄色剂＝朱红色

红色剂＋黑色剂＝褐红色

红色剂＋白色剂＝粉红色

绿色剂＋黄色剂＝草绿色

绿色剂＋黑色剂＝墨绿色

绿色剂＋白色剂＝粉绿色

黄色剂＋白色剂＝淡黄色

黑色剂＋白色剂＝灰　　色

以上出现的复色与基本色调和，又会出现淡橘黄、浅草绿、淡茶褐、淡粉红、土黄、乳黄等多样的食品色彩。但是，在调配中应注意色彩优美的原则，使食品色彩既灿烂又统一，既绚丽又和谐，从而达到刺激食欲的目的。

总之，色剂的应用，为丰富、开拓烹饪美学的色彩领域提供了新的天地，解决了烹饪食品色彩在使用中的局限和不足。色剂的应用为寻找烹饪食品色彩丰富和微妙的变化提供了新的途径，也向烹饪美学的更高、更深的领域迈出了可喜的一步。

三、菜点统一色的应用

根据宴席和菜肴的内容要求，有时往往需要一种淡雅的色调出现，这时应选用一些颜色相接近的统一色原料进行设计和制作。例如，白色、淡黄、橘黄等色，或红色、鲜红、朱红、橘红等色分别组合，都属于统一色的组合。宴席上食用过油腻和浓重色彩的菜肴后，便需要更换一种清淡的色彩和口味，可选择质地清脆、口味清淡、色泽素雅的原料。如"口蘑扒油菜"一菜，淡黄色的口蘑和青绿色的油菜，不但口味相合，而且色彩相近。再如，"油爆三素"一菜，选淡黄色的冬笋、淡绿色的莴苣和鲜绿的芸豆3种原料，进行合理烹制后，不但口味清淡，而且颜色相近、色调统一，和谐的浅绿色调，起到了刺激食欲的作用。又如，"掐菜炒龙凤丝"一菜，3种原料皆为白色，但又有区别，烹制后满盘银白，显得尤其清新素雅。

青岛海味菜"炸海四鲜"，选用"清炸乌鱼球""炸蟹黄虾球""雪丽大蟹"和"软炸贝串"四菜相拼。乳白色的乌鱼球居于盘心，金黄色的蟹黄虾球围摆一周，红白色的海蟹和淡黄色的扇贝串相间拼摆于盘边，构成一种辉煌而热烈的色调，极大地刺激了食者的食欲。统一色在菜肴和糕点中相互运用，会出现柔和清雅的画面，从而产生一种轻快和谐的美。

山东名菜"荷花鱼翅"，全部采用统一色原料制成。大而丰硕的荷花由粉红色和白色的花瓣组成，配以淡黄色的花蕊，用淡褐色的鱼翅作衬底，整个菜肴的色调协调优美。

青岛名菜"雪丽大虾扒鸡茸银耳"，全部由白色原料组成。洁白的鸡茸酿以银耳，如朵朵银花高耸于大圆盘中心，长长的雪白大虾整齐地围摆一周，满盘银白，高洁清雅，统一而不单调，整齐而有变化，是一个较理想的统一色菜例。

"一品豆腐"，在橘黄的色调中，选用统一色原料摆出一盘具有国画写意的花鸟形式的艺术菜,取得了较满意的效果。

统一色也经常应用于面点中。例如,在糕点"花塔"上,乳白色的连续图案布满了整个高塔;在乳黄色的蛋糕上,用奶油挤出朵朵银花;等等。这些都给人一种洁净、清雅的感觉,并引起极大的食欲。反之,大红大绿的频频出现,不但显得平庸俗气,而且会影响食欲。

总之,统一色的应用,是在统一和微妙差异中求得变化的色彩学问,如果应用得当,会取得对比色所得不到的理想效果。

四、菜点对比色的应用

对比色在烹饪实践中,应用极为广泛。几种色度、色相差别较大的颜色,同时在菜点中交替出现;或者在统一色中加进一定色积的对比色,就会产生一种醒目的对比效果。例如,白色食品中出现小面积的深褐色或黑色原料,满盘红色中出现几片翠绿,都会给平淡的色调带来生气。在实际运用中,对比色又可分为凉热色对比、黑白对比和色相对比三种。

(一)凉热色对比

凉色能给人清凉爽快的感觉,特别是在热色食品过多的情况下或在炎热的夏季,巧妙而恰当地使用凉色,能极大地刺激人们的食欲。凉色食品多用植物性瓜果蔬菜原料,如黄瓜、青椒、芸豆、香菜、油菜、菠菜、芹菜,以及苹果、橘子、西瓜、番茄等。

热色能给人以热烈温暖的感觉,是宴席菜肴中的主色,尤其在寒冷的冬季或喜庆的宴席中,热色食品是最受欢迎的。植物性原料中的胡萝卜、南瓜、吊瓜等;动物性原料中的大虾、海蟹、海蜇头、扒鸡、叉烧肉、烤虾、酱肚以及各种油炸面点、菜肴等,都是典型的热色食品。

凉热色食用原料的交替对比使用,可增加食品的色感和凉热程度。例如,满满的一盘"叉烧肉"金红油亮,往往给人一种油腻的感觉。如果将"叉烧肉"与"炝青椒"双拼起来,将酱红的叉烧肉整齐地摆入盘心,盘周用翠绿的青椒三点簇装,红色的肉"花"与绿色的菜"叶",荤素相配,清新解腻,就给菜肴带来了生气。

在凉热色对比中又可分为强烈对比和调和对比两种。

1.强烈对比。在凉热色的对比中,选择色度、色相差别较大的原料组合在一起,即出现一种强烈的对比效果。例如虾与炝芸豆拼盘,鲜红色的虾在盘中摆出了两个扇面,鲜绿色的炝芸豆在空隙中簇成两个菱形,在红与绿的对比中虾越显鲜红,芸豆越加青翠,"红"与"绿"相互间增加了色感,加强了对比效果。

2.调和对比。在凉热色的对比中,选择色度相近、色相较弱的色彩原料进行搭配,会产生一种轻松和谐的对比效果。例如,安徽的"梅花鱼圆汤"一菜,选用了淡绿色、淡红色和白色等鱼茸做成梅花状的鱼圆,熟后浮在汤面上,红与绿本是对比色,但在白色的映衬下出现,却取得了十分柔和清雅的色彩效果。

(二)黑白对比

黑白对比是色彩对比中最基本的对比,没有黑白对比就没有显亮的色彩。黑白对比能给人以醒目和清晰的感觉,经常被用在宴席的花坛、菜肴和糕点中。例如,在宴席花坛中的"紫玫瑰与白天鹅""翠松与仙鹤""银塔与树丛"等许多生动画面,都是充分利用了黑白对比的效果。在冷拼艺术菜"二龙戏珠"中,白色的"盐水虾仁"与墨褐色的"酥海带"形成了强烈对比。在一般冷菜中,黑白对比的应用更为广泛,如松花蛋与鱼松、熏鱼与咸鸭蛋、辣黄瓜与蛋卷等。在浙江的冷拼艺术菜"双喜临门"中,两只用黑色原料贴鹊头、白色原料拼鹊身的喜鹊,异常醒目地出现在餐桌上,黑白对比的效果给人留下了难忘的印象。

黑与白的强烈醒目效果,是通过对比而产生的,任何一方单独出现,都会显得单调平庸、毫无生气。黑白之间需要相互依赖,相互补充。熊猫所以可爱,除圆滚的身躯外,黑白分明的对比色首先吸引了人们的视线;仙鹤所以高雅,是因为洁白的身躯与黑色脖颈、翅羽所产生的对比效果;白天鹅再美,如果放在浅黄色或浅灰色的环境里,就显不出其本身的美丽,一旦白天鹅从墨绿的树叶中出现,幽雅婀娜的体态会自然地显露出来。这就是色彩的黑白对比效果。

(三)色相对比

色相对比,就是美术中通称的补色对比。补色即三原色红、黄、蓝中的其中两色之和,如纯黄与紫、鲜红与纯绿、金黄与蓝等。在烹饪美学中,色相对比的颜色有酱紫与黄、金黄与墨黑、茶褐与浅绿、酱红与浅绿、鲜红与翠绿等。在色相对比中,墨紫与黄是最强烈的对比。陕西传统名菜"遍地锦装鳖"。长盘中放置一只油黑发亮的黑色甲鱼,背上置一朵纯黄色的五瓣鸡蛋花,黑鱼与黄花的强烈对比透出阵阵醇香,给人以极大的食欲刺激。

如果把同样大小的紫色和黄色、红色和绿色同时放在阳光下,会感到一种刺眼的对比,能使紫的更艳、黄的更纯、绿的更翠、红的更鲜。烹饪工作者应根据色相的对比效果,在具体的烹饪实践中灵活运用。例如,墨绿色的辣黄瓜配以玫瑰红色的火腿肠,紫褐色的酱肝配以黄白色的蛋卷,鲜红色的樱桃肉配以翠绿的油菜心,在洁白的鱼片中加几粒翠绿的青豆,都会显得格外醒目清晰。这就是色相对比的效果。

五、菜肴的色积处理

色积问题,早在我国古代绘画中就已作为主要理论提出来了,可见它与构图的关系是很重要的。经常流传在我国民间的一句谚语:"万绿丛中一点红",也说明了色积的重要。在万绿丛中红呈一点则为精而其美,红呈一片、红绿平分秋色就显得躁而其乱。唐代大诗人杜甫的诗句"一行白鹭上青天"是描写在一片青蓝之中,有一丝精白横升而去,这其中也包含对色积对比的形容。

在宴席菜点中,无论是黑白色还是凉热色,凡是对比出现的,都存在一个色积美的问题。色积处理要针对不同原料的具体要求区别对待,即使相同的对比色原料,在不同的条件下,也需要不同的色积比例。例如,冷菜"虾拼辣黄瓜",鲜红的虾与墨绿的辣黄瓜之间,既有黑白对比又有色相对比。在冷菜的设置中,除造型的不同处理外,色积的恰当比例是决定这盘菜是否美的主要因素。我们就色积的比例可做两次拼摆试验:取红色的虾和绿色黄瓜,一种按5:5排列,一种按7:3排列。结果,第一种色积比例显得刺眼而不舒服,因为鲜红与墨绿已失去了协调;而第二种将虾围圆居中,量多而高簇,辣黄瓜切扇面连刀片,量少而低围,从而使红色更鲜美、绿色更沉着,取得了较理想的效果。再如,冷菜"鱼蛋卷拼炝青椒",取黄白紫相间的"鱼馅紫菜蛋卷"配以鲜绿的炝青椒,采用两种造型方法:一种将蛋卷在盘中横摆长桥形,青椒居两侧摆两个扇面;另一种将蛋卷居中围圆,青椒在盘边围摆一周。两种摆法其黄绿色积各为5:5,都取得了较满意的效果。

四川冷拼艺术菜"熊猫戏竹",在大面积的浅绿色"草坪"中,一行红色"阶梯"横贯盘心,显得突出而明快;青岛热菜"熘鱼片",在一盘白色的鱼片里有几片黑色冬菇点缀,便显得格外清新;山东名菜"蟹黄鱼翅",在满盘的淡黄色鱼翅中,点点蟹黄晶莹透红,尤其醒目;而"扒口蘑菜心"一菜,口蘑与油菜心色积相等,绿黄各半,因为布局合理,菜肴原料扒出后,也十分整洁悦目。

事实证明,色积的比例大小,既要看食用原料的具体情况,又要根据菜点的形体变化灵活掌握,设计出9:1、8:2、7:3、6:4或5:5等不同比例的色积。一句话,色积的比例大小与食用原料造型菜肴的布局密切相关。

六、菜肴的色界运用

色界即色与色的分界。色界是根据菜肴整个色调的需要,用特殊的色线将原来的食品的颜色间隔区别开,使菜肴的色调悦目、分明。

听久了钟摆的嘀嗒声,会感到困倦、厌烦,这是因为钟摆的节拍太平均,太缺少变化。一片蓝天空旷单调,飘来一朵白云,飞来一行白鹤,蓝天马上活跃起来。色界就是在菜肴的单调中求变化的一种极好形式。色界大多采用点线或条状处理,用线来分割形象,成为形与色的边缘。

色界多用于由统一色原料组成的菜肴中。有时为了口味的需要,将几种口味相合而颜色接近的原料组合在一起,这时色彩单调平庸、没有生气。如果用某种对比色原料在原色中设色界,菜肴的色调就会立刻丰富清晰起来。例如,辽宁的"猴头飞龙"一菜,浅黄色的圆形飞龙与盘心圆形的猴头相拼置,不但造型单一,而且色性相似,厨师巧妙地用翠绿色的菜心,在每个黄色飞龙中夹一条绿线,整个菜肴马上变得生动起来。再如,冷菜原料中熏鱼、酱肝和酱牛肉的色彩灰褐而深重,如果这 3 种原料拼在一起,不管刀工如何讲究,搭配如何巧妙,菜品总是黑糊糊、灰蒙蒙的一片,如果我们用鲜绿色的青椒丝和淡黄色的鸡蛋丝在这 3 种原料交界处分割拼摆,整个菜肴的色调马上醒目起来。青岛风光艺术菜"湛山风光",高高的湛山"宝塔"下,由粉红色、鲜黄色、白色的花环绕塔一周,红、黄、白 3 色由于色度相近,显得平淡模糊,我们在黄与白、红与黄之间加两条墨绿菜松"草坪",整个花环马上鲜艳起来。

由此可见,色界在烹饪实践中起着十分重要的作用,正确地运用色界,是烹饪美学的一个重要内容。

七、宴席菜点的色调

食品色彩经过艺术组合后,便形成了各种不同的色调。例如,以白色为主调的较淡雅的色调;以金黄为主调的较热烈的色调;以绿色为主调的凉爽色调;以黄色为主调的明亮色调;以对比色为主的较为欢快的色调;以统一色为主的较为柔和的色调,等等。不同色调的席面、菜肴和面点,会给宴席带来不同的效果。

组成红色调的颜色有:大红色、枣红色、酱红色、鲜红色、玫瑰红色、橘红色等;组成黄色调的颜色有:金黄色、淡黄色、杏黄色、乳黄色等;组成绿色调的颜色有:果绿色、草绿色、翠绿色、中绿色、深绿色、浅绿色、墨绿色等深浅不同的绿色。组成各种不同色调的色彩也可适当选用一些中间色和对比色,在合理的色积处理下以求变化。在色调处理中,还要考虑到原料多样化的选择、口味的精美,以及利用食用色剂达到色调的要求等一系列问题。

制定了宴席色彩的基调后,厨师们便可有目的地选择原料,设计菜点谱,从而制作为主色调服务的顺色菜点。一桌喜庆的宴席,适于设计一桌暖色调的菜肴,其中包括金红色的"金鸡送喜"、橘红色的"蟹黄鱼翅"、鲜红色的"鲤鱼跳龙门"、金黄色的"软炸鱼条"、红白色的"油爆双菊"、油黄色的"栗子焖鸡"、酱红色的"酱爆鸡丁"、橘黄色的"金橘银耳"、淡黄色的"鲍鱼汤"和金黄色的"拔丝苹果"、鲜红色的"西瓜盅"等。灿烂的菜肴色彩造成一种热烈的节奏和欢快的气氛。同样一桌酒席,因为色调的不同变化,会带来完全不同的效果。例如,雪白的"芙蓉干贝"、银白色的"鸽蛋燕菜"、洁白的"爆乌鱼花"、精白的"雪丽大蟹"、白绿相间的"青椒鸡片"、白中透亮的"鸡蓉海蜇"、清素洁白的"浮油鸡片"、银白晶莹的"清炒虾仁"、黑白相间的"熊猫戏竹"、乳白色的"奶扒蹄筋"以及清澈见底的"鸳鸯干贝汤",等等。这些素雅洁净的菜肴色彩给宴席带来了宁静优雅、和谐舒服的气氛。当然,一桌宴席中的菜肴,并非一种颜色,在主色调内适当添加一些不同色彩的菜点,会丰富宴席的色彩变化。

宴席菜肴的本身也呈现出一种色调。例如,广东的"罗岗煎软鸭",呈现给食者一种酱红色调,而"牡丹鲜虾仁",则呈现一种金黄的色调,广西的"邑川角鱼"又是一种洁净的白色调。

根据不同的宴席内容和食者的不同要求,以及季节气候的变化,设计不同色调的宴席菜点,会收到理想的效果。

八、菜肴色彩与口味的关系

烹饪是为满足人们的食用而存在的,烹饪美学中的色彩知识是为了增加菜点的美观,提高菜点的质量而产生的。因此,烹饪美学的色彩运用要立足于食用,一定要在菜点口味精美的前提下,努力提高色彩的艺术效果。一句话,烹饪色彩的原理就是追求实用美的价值。

烹饪实践告诉我们,要取得烹饪色彩与口味的共同最佳效果,决不是一件容易的工作。在形形色色的食用原料中,有的虽然具备你所需要的满意色彩,但不一定是合适的原料,也不一定有理想的口味。这是因为在组成菜点的食用原料中,适合于口味、色彩双重要求的理想原料是有限的。在使用方面也存在着极大的局限性。因此,在烹饪实践中,当色彩与原料、口味发生矛盾时,应当立即改变原来的色彩设计和处理,服从烹饪方法和口味的需要,从而找出补充和代替的方法。例如,我们要设计一组具有花卉造型的色彩优美的热食艺术菜,而宴席菜肴又需要用海味原料时,就参照菜单,选择鱼、虾、鲍、贝、参、翅等必要的原料。经过选择,确定用鱼虾等原料,设计组成一幅"睡莲初放"的菜肴。我们决定采用鱼茸泥制作花瓣,用虾茸泥制作荷叶。为了达到"莲花"和"荷叶"的色彩效果,又选用红色剂——虾脑汁与白色的鱼茸调和,做10枚由艳至浅的粉红花瓣;用绿色剂——菠菜汁与白色的虾茸泥和鸡蛋清调和,做出4片十字对称的粉绿色荷叶。然后,采用蒸的方法使菜品成熟,成为一件味鲜美、质软嫩、色艳丽、意高雅的热食艺术菜。

烹饪美学的色彩追求,是通过美的色彩来反映美的原料,体现美的口味的。例如,山东热食艺术菜"鲤鱼跳龙门",就是通过鲤鱼的金黄色来体现脆焦甜香的口味,而黄白相间的素雅"龙门",又反映出软嫩清鲜的美味;江西的"全丝甲鱼"一菜,在那油黄闪亮的色彩中透出醇香和鲜美;江苏的橘红色"松鼠鳜鱼",以它诱人的金红色彩散发出阵阵甜美的浓香;浙江名菜"西湖醋鱼",以浓厚的红褐色调,表现出鱼香肉嫩的鲜美口味;山东的"拔丝珍珠苹果",在金黄的色彩中散发出醉人的甜香;上海的金红色"炒蟹黄",在闪亮的蟹黄中透出一股肉鲜蟹香的诱人气息。这不胜枚举的佳例,溶色彩、原料和口味为一体,成为一种能给人以物质和精神美之享受的和声。

第三节　艺　术　菜

艺术菜是以优美的艺术造型为主要特点的精细菜品,又习称花色菜、工艺菜、花式菜。艺术菜是我国传统的造型艺术与古老的烹调技术巧缘妙合的结晶,在我国有着悠久的历史。远在隋唐时代就出现了"撮高巧装坛样饼""缕花云梦肉""水晶龙凤糕""金丸玉菜炖鳖""汤浴绣球""珍玲牡丹"等优秀菜点。唐代尼姑梵正制作的《辋川小样》,便是一件具有高超水平的艺术菜。艺术菜发展至今日,已成为色、形、味、质、器俱佳的精美菜品。造型优美的艺术菜,不但在一般宴席、酒会上受到欢迎,而且经常出现在盛大国宴的主桌中,在频频的赞誉声中高高耸立,光彩照人。

　　一般说来,凡具有优美艺术造型,包括花卉、动物、山水、盆景及图案等形式的冷热精美菜肴,都可称为艺术菜。造型的强烈艺术性,是区别艺术菜与普通菜的主要标志。近年来,全国各菜系的艺术菜,如雨后春笋般地涌现出来,热菜中出现了熊猫、金鹿、金鱼、蝴蝶、龙门、扇面、琵琶、花卉等造型的艺术菜肴;冷菜中出现了以孔雀、凤凰、巨龙、利鹰、金鱼、蝴蝶、雄鸡、花篮和各种花鸟图案、图形为造型的美味冷拼;大型宴席中还出现了宝塔、古城、松鹤、天鹅、花丛等巨型食品雕刻的艺术花坛。创新的艺术菜,如四川的"熊猫盆景"、上海的"琵琶虾仁"、甘肃的"提篮鱼"、山东的"鲤鱼跳龙门"、青岛的"乐在其中"、河南的"荷花莲蓬鸡"、浙江的"金牛鸭子"、云南的"双龙拼盘"、北京的"一品豆腐"、辽宁的"兰花熊掌"、陕西的"古城四季花"、江苏的"御果园"等,在构图、选料、造型、食用等方面都各有所长,取得了较为理想的效果。在风光造型的艺术菜中,除山西的"八景宴"外,还有以青岛优美风光为题材的青岛风光艺术菜和春、夏、秋、冬四季风光菜,如"栈桥海滨""湛山风光""瑞雪崂山""盛夏碧海"等,以逼真的造型、典雅的色彩、丰富的选料、合理的烹调和精美的口味,为中国烹饪大花园增彩添色。

一、菜肴的造型分类

　　艺术菜品种繁多,形式各异,在各类艺术形体的变化中,有以下几种表现形式。

(一)动物艺术造型

　　人类在生活中离不开动物。花鸟动物可供人观赏,以增添生活的情趣。飞禽走兽、鱼鳖虾蟹可用作烹调的佳美原料,以满足人们生活的需要。动物的绘画和工艺品可供欣赏,陶冶人的情操。艺术菜中的动物造型,既供欣赏助兴,又是美味佳肴。

　　动物造型艺术菜,是选用动植物性烹调原料,经过加工处理后,再塑造新的动物形象。在冷拼艺术菜中,厨师们可用蛋卷、红肠、辣黄瓜、大虾、松花蛋、菜松、酱肚、烤鸭、五香牛肉、熏鱼等原料,经刀工处理后,拼摆出孔雀、龙凤、天鹅、松鹤、喜鹊、雄鹰、彩蝶、飞燕、金鱼等形象。在热食艺术菜中,厨师们可用动植物性原料,制出金鱼、彩蝶、熊猫、松鼠、鸳鸯等造型,然后通过加热处理,使其成为悦目而美味的艺术菜肴。例如,"乐在其中"一菜中的熊猫造型,选亚鲆鱼肉、猪白肉、鸡蛋清、紫菜、木耳、笋尖、青豆、干贝等原料,将鱼肉剁成细茸,加猪白肉细末和适量鸡蛋清、少许葱姜汁、精盐、味精、料酒和匀,用干贝作骨骼,鱼茸作身躯和头,小木耳作耳朵,紫菜贴四肢,入笼中蒸熟后(勿蒸老),摆在圆盘周围,盘中央蒸制一"清炒笋尖"(加青豆)。熊猫力求质嫩逼真,竹笋力求清脆,菜肴突出了熊猫喜竹的特点,取"乐"为题,便乐在其中了。

动物造型艺术菜,要求艺术形象生动逼真,寓意内容优美健康,在外观和口味上给人以美的享受。

(二)花卉器物造型

在菜肴的艺术造型中,除动物外,采用最多的是花卉。花是美的象征,它给人以美好、轻松和愉快的感觉。在花卉艺术菜中,常见的有牡丹、月季、玉兰、睡莲等瓣大而便于塑造的品种。在塑造过程中,不要照搬自然,要结合原料情况,尽量采取简化、夸张、变形等手法,使其适合烹调工艺和口味的需要。有的花卉可与动物结合出现。例如,山东的冷拼艺术菜"蝶恋花",白盘中4只彩蝶双双成对,围逐在一朵艳丽怒放的五瓣花朵上,以"蝶恋花"命名,寓意合理,构思巧妙,突出了菜肴的格调。它在设色、造型方面都经反复推敲,在取料方面,用蛋糕、蛋白、紫菜、红蛋卷等原料,组摆出一朵五瓣花朵,盘边用黄瓜、蛋白、蛋糕、蛋卷、火腿等原料,拼摆出4只蝴蝶,色彩华丽,造型别致。再如,"金鱼闹莲"一菜,"莲花"置汤中与数只"金鱼"相围,形意呼应。常见到的花卉艺术菜有"睡莲初放""荷花莲蓬鸡""莲蓬豆腐""荷花鱼翅""兰花春笋""彩蝶戏牡丹",等等。例如,"深秋傲菊"一菜,选用乌鱼、鲍鱼、鸡胗、猪肚头4种脆性原料,配3厘米厚的亚鲆鱼精肉和菜松等原料,用炝的烹制方法,制作出一盘银菊怒放的花卉冷拼艺术菜。具体制法是:先取肥厚的乌鱼肉、猪肚头、鸡胗和鲍鱼4种原料,深剞菊花刀,然后放开水中烫熟(勿烫老)。另炸热花椒香油浇入,再加料酒、精盐、味精,拌渍备用。亚鲆鱼精肉剞深十字花刀,用料酒、精盐等料稍喂,蘸干面粉放热油中炸熟,粘裹上炒香的番茄酱,摆入盘周。最后将以上炝制的4种原料,按颜色间隔整齐地摆好。盘中心用炸菜松摆一圆台,上面镶嵌一枚怒放的雕刻白菊花。菜盘中各色菊花竞相开放,脆、嫩、鲜、香、咸、酸、甜、麻各味俱全,中央的一朵怒放的"傲菊",点明了主题,升华了寓意。

器物造型是艺术菜所采用的又一种形式,如我们喜爱的"琵琶""扇面""金杯""花篮""花盅"等。这类菜肴都是选用精美的动、植物原料,模拟人们喜爱的器物形状,烹制或拼摆而成。青岛的"花篮"宴,就是选用不同原料组成3个不同口味、不同形状的立体花篮,分别在冷菜、热菜和甜菜之首出现,喜闻乐见,别开生面。目前各菜系中出现的器具造型艺术菜,如"扇面豆腐""立体花篮""琵琶虾仁""古瓶月季"等,都是从食用角度塑造出的具有较高水平的器物形象艺术菜肴。

(三)风光造型

疆域辽阔的祖国,有着风景如画的大好河山,美术家和摄影师给我们留下了不胜枚举的美好画面,烹饪工作者将此取来,经加工提炼后,形象地搬到菜肴中,在人们进行食用享受的同时,又得到艺术美的享受。青岛的"栈桥海滨"和"湛山风光"两菜,通过多次宴会实践,证明有较理想的效果。"栈桥海滨"一菜,是以青岛的前海栈桥为造型,突出地表现长堤、亭阁与海水交融的景象。此菜选用青岛沿海特产的亚鲆鱼、鲍鱼、大虾、海参、海螺、干贝等十几种原料,采用蒸、烤、烧、扒、酿等多种烹制方法,雕刻叠置出回澜阁、长堤、船帆、礁石、海浪等物景,组成一幅"栈桥海滨"的风光造型菜。"湛山风光"是以青岛湛山的"药师宝塔"为造型,选用冬菇、银耳、鸽蛋、干贝、对虾、鸡糕、蛋糕、肉糕、白鸡、蛋白、净鱼肉、鱼松、肉松、菜松等20余种原料,拼置组合成八角七层宝塔、阶梯、山石、草木、花卉等物景的冷拼艺术菜。高耸的宝塔,层层食用,每人一层;"奇花异宝"每人一枚;继而拆"梯"、开"山",调拌食之,吃法独特,新颖风趣。

风光艺术菜在设计制作中,应注意以下问题。

1.造型要求生动逼真。风光造型多选自全国驰名的名胜古迹,名山大川。因此,要求造型具有特定的环境美,力求生动逼真,简练概括,使食者观后如身临其境,任何抽象的代替和粗糙的制作都是要不得的。但是,也不宜采用太写实的处理手法,使工艺过于复杂,失去食用的特点。

2.原料要求丰富实惠。风光艺术菜不管风光造型如何变化,最终目的还是为了食用。因此,应尽量取料于本地区的特产,量不求多,但品种、质地必须丰富、精美,决不可只造型不见菜。

3.料、味、型要求统一。风光艺术菜由于造型的高度艺术性,给选料和烹调带来一定的困难。在烹制中,应合理选择原料,严格掌握火候,以保证菜肴口味的精美。必须严格遵守用造型体现口味美、反映原料美的原则。

4.吃法新颖,不落俗套。为了求得菜肴造型的风光变化,其制作工艺与普通菜肴不同,因此需要有食用处理的独特手法。对于一些茸泥原料组成的整体形象,必须做好分割和分食处理。

风光艺术菜已越来越向高深的趋势发展。近年来,全国各地相继出现了一些不同风格的风光菜肴,如甘肃的"金城白塔"、湖北的"白云黄鹤"、广西的"象山拼盘"、江苏的"虹桥赠珠"等。尽管有的菜肴存有不足,在造型表现中还缺乏深度,但是都以不同地区的原料和不同的处理手法,反映了本地区的风光特色。

(四)一般图案造型

除上述动物、花卉、器具、风光等艺术造型外,一些做工精细、选料丰富、造型讲究并带象征性图案造型的冷热菜肴,便属于一般图案造型艺术菜。例如,山东的

"绣球全鱼"、江苏的"松鼠鳜鱼"、辽宁的"兰花熊掌"、青岛的"姜汁四鲜"、"全虾三炸"等菜,虽然造型不具有生动逼真的艺术姿态,但由于选料精细、制作讲究、象征性强,又是综合性大型菜肴(一般可用作宴席大菜),所以也属于艺术菜的范畴。熊为国家保护动物,现在已多用仿真品来代替熊掌了。

辽宁的"兰花熊掌"一菜,以"红扒熊掌"为主,配以酿馅的油菜心"兰花"。此菜如果没有"兰花"配置,就是一个普通的"扒熊掌";如果巧誉"兰花",做工精细,整个菜肴典雅清晰,则属一般造型艺术菜。青岛的海味菜"姜汁四鲜"取鲜海螺、鲜鲍鱼、鲜乌鱼、鲜扇贝4种白色原料,分剖4种花刀,调制后分置盘周,盘心高踞一海螺壳,内盛米醋姜汁,其刀工讲究,造型新颖,原料丰美,也是较理想的一般图案造型艺术菜。

在冷拼菜肴中,一些刀工讲究、图案清晰、造型新颖,既整洁卫生又便于食用的大型拼盘,都属一般造型艺术菜的范畴。例如,"五瓣花拼"一菜,选用辣黄瓜、虾、酱牛肉、凤尾鱼、紫菜蛋卷、茭白笋、火腿等原料,在大圆盘中拼摆出5枚大花瓣,圆心扣一凸起的"水晶鸡"。此菜虽然没有逼真的形象和生动的图案,但是造型清晰整洁,图案典雅大方,也是一件较理想的一般图案造型艺术冷菜。

一般图案造型艺术菜的特点是,便于就材取料,可与烹调方法密切结合,而且制作较方便,是很受厨师、食者欢迎的宴席大菜。

二、冷拼艺术菜的造型

冷拼艺术菜,简称拼盘、冷拼,也叫花拼、花摆。中国的冷拼艺术菜有悠久的历史,在国内外享有极高的声誉。远在先秦时期,我国就出现了叫"饤"的凉菜,不过当时只看而不食。隋炀帝所吃的"金蝉玉脍",其肉白如雪,紫光碧叶,也是当时较高级的冷拼艺术菜。冷拼艺术菜发展至今天,已成为举世闻名的艺术佳作。我国传统的"龙凤呈祥""孔雀开屏""百鸟朝凤""二龙戏珠""彩蝶戏牡丹"等菜,在赴世界性国际表演中屡获成功。中国的冷菜艺术已载入世界文化的史册。

(一)冷拼艺术菜的构思

构思,是制作冷拼艺术菜的思维过程。冷拼艺术菜要根据宴席的要求,针对原料的具体情况,在造型、色彩、构图、格式等方面进行构思。

首先,要确定是动物造型,还是花卉造型;是器物造型,还是风光造型。例如,拼摆一组"彩蝶戏牡丹"的冷拼艺术菜,先要对蝴蝶的双翅、尾翅、身躯和眼须等部位的造型结构,以及牡丹的花瓣形态、排列顺序、花蕊组合等情况进行构思,然后在盘中确定牡丹和蝴蝶的位置。再如,设置一组宝塔、山石风光的冷拼造型,首先要构思出宝塔的形态式样、石阶的位置、花草的色彩,以及图案、山石、翠林的处理等,对各个造型进行充分的艺术构思,力求符合宴席菜肴内容的要求。

(二)冷拼艺术菜的原料选择

　　通过构思,设计出冷拼艺术菜的造型和色彩后,可针对原料进行充分地选择和准备。冷拼艺术菜中需要的大虾、火腿、蛋糕、酱牛肉、蛋卷、蛋白、烤鸭、凤尾鱼、干贝、鲍鱼、海参,以及炝莴苣、辣黄瓜、炸菜松、蛋松、肉松、鱼松等,要查看生原料的性能产地和制作时的脆软老嫩程度,对所需要的数量和部位,都做充分的准备和严格的选择。例如,冷拼艺术菜"深秋傲菊"的原料选择,亚鲆鱼精肉不但要新鲜,而且肉体要肥厚,以便深剞花刀,表现出菊花的形态;鸡胗、猪肚头、乌鱼、鲍鱼也要选择新鲜体厚的,以便深剞菊花刀纹,表现"傲菊"的艳姿。

　　(三)冷拼艺术菜的口味设计

　　选好原料后,要根据菜肴的造型变化,确定冷拼艺术菜的口味,是以咸鲜为主,或是以辣甜为主,还是以咸鲜香甜辣 5 味原料相间拼摆。力求达到口味丰富协调,使原料之间既互相补充,又不互相干扰,还要照顾到原料的荤素搭配。例如,冷拼艺术菜"彩蝶戏牡丹"中的"彩蝶"口味设计,双主翅原料为咸鲜口味,尾翅为甜香辣口味,而"牡丹"为甜香口味。在原料选择上,既有大虾、火腿、紫菜、蛋卷、松花蛋、蛋白等动物性食品,又有青豆、发菜、黄瓜等植物性食品,使菜品原料荤素丰富、口味清爽甘香。

　　大型的风光造型冷拼艺术菜,由于造型复杂,原料较丰富,可准备各种不同口味的调料汁交替使用,如芥末汁、大蒜汁、姜汁、麻辣汁、糖醋汁、三合油等,以备食用时调拌或同冷拼艺术菜一起上桌。青岛大型冷拼艺术菜"立体花篮",共设计 4 层,每层各食用一种口味,第一层以鲜咸口味为主,第二层为麻香鲜咸口味,第三层为甜辣咸口味,最后一层为甜酸口味。以口味对舌感的刺激程度和反应先后而设制,在食用时既统一又变化,使整个菜品丰富而不乏味。

　　(四)冷拼艺术菜的工艺处理

　　冷拼艺术菜的造型、色彩美观与否和口味的优劣,与加工、加热时的工艺处理有密切关系。以"深秋傲菊"一菜为例,其中鲍鱼和生肚头的清洗加工,乌鱼和鸡胗的刀工处理,其半成品的洁净与完整,都关系到菜肴的口味和菊花造型的美观。而菊花刀剞割的深浅、水锅烫制时间的长短,又直接关系到菜品口味的鲜美和火候的老嫩。因此,冷拼艺术菜的工艺有严格的处理要求,其中包括刀工处理、火候掌握和口味调配等方面。例如,大虾剪去须、枪、拿去沙袋,并保持表面完整,经油炸后加调料浸渍;鸡蛋打成蛋液,或摊成蛋皮包馅蒸出,或炸成蛋松;菠菜或土豆切成细丝,炸成菜松;口条、牛肉等经加工处理后,放酱汤中酱出;青椒、黄瓜、莴苣等洗净消毒后,制成"辣黄瓜""炝青椒"等。

　　(五)冷拼艺术菜的拼摆

　　拼摆就是将备齐的冷拼熟料,用不同的刀法和手法进行最后的成形加工。冷拼艺术菜的色彩和造型以赏心悦目、醒目大方为准,还要考虑色、形与味的互补关系。总之,在保证口味美的前提下,努力提高色彩与造型水平。

1.冷拼艺术菜的拼摆形式。拼摆时,应根据组成菜肴的不同原料、不同色彩和不同口味,进行不同形式的拼摆。冷拼艺术菜的拼摆形式大体可分以下几种:

(1)自然堆砌拼摆。这种方法适于碎、软性原料。例如,"拌什锦粉丝""掐菜焓肉丝""海米芹菜""姜汁虾仁"等。将原料调味后,自然地堆砌在盘中,成凸型。

(2)垫底盖面拼摆。先用一般性或零碎原料垫底,然后用较整洁、精细的原料盖面,如"蜇头拌黄瓜""鸡丝焓芹菜",以及其他一般性拼盘。"鸡丝焓芹菜"一菜,是将处理好的芹菜先堆在盘中,然后将鸡丝摆撒在表面。火腿拼盘,是先切出整的大料后,将余下的零碎垫在盘底,然后将整料盖在上面,给人以整洁、舒服的感觉,达到刺激食欲的目的。

(3)单一原料的独立拼摆。将一种整体原料拼摆在盘中。通常采用"马鞍式""围圆式""三点式"等不同构图拼摆。例如,"火腿单拼",将火腿切成长三角形,依次围摆在圆盘中,成一凸形;或切成扇面后,在盘内分三点均衡围摆,给人以舒适大方的感觉。

(4)两种原料的对比拼摆。这种拼摆方法,多采用色彩对比强烈的原料进行组合,以出现黑白对比和补色对比效果。例如,黑与白、红与绿、紫与黄等双色原料,可采取以下形式:

两半圆相对拼摆(两种原料各呈半圆,相对出现)。

马鞍桥拼摆(一种原料摆两个半圆,另一种原料摆中央的长桥)。

圆心围边拼摆(盘中心置一种浅色原料,圆周用深色原料围摆;或盘中心用散料,盘边用深色原料围摆)。

两扇面相对拼摆(将两种对比色原料,各摆成一个扇面,相对拼摆)。

(5)几种原料的对称拼摆。将3种以上的原料,在盘中呈三、五点的对称均匀排列,或将几种原料呈扇面拼摆,组成一个大圆,盘中心用鲜艳的原料进行点缀。例如,山东冷拼艺术菜"如意八宝",制作者用8种不同原料,各自摆成一个小扇面,围在盘周,而盘中心则用蔬菜茸或蛋糕等原料摆出两个"如意"图案。

(6)多种原料的重叠拼摆。将多种不同色彩的原料,加工成大小相同的形状,然后重叠、交错拼摆,组成各种不同的面。例如,将黄瓜、火腿、大虾、蛋糕、牛肉、蛋白等不同原料,都切成长椭圆片,每种原料组成一个圆,圆圆相压,交错拼摆,组成一组多花色花瓣。再如,冷拼艺术菜"孔雀开屏"的屏部,就是用各色原料分别围成一个半圆,重叠组成一个开屏的扇面。

(7)艺术图案拼摆。采用多种美味原料,按照事先设计好的图案,和"垫底、装面、点缀"的步骤,拼摆出蝴蝶、孔雀、凤凰、金龙、风光、花坛等大型冷拼艺术菜。

(8)以欣赏为主的艺术拼摆。利用精雕细刻的食品雕刻,配以各种松质原料,或植物的常青枝叶，组合成风光、山川、盆景等具有较高艺术价值的花坛。例如，艺术花坛"蛟龙戏凤"，在一片翠绿之中，一只起舞的蛟龙，爪持银珠，正朝一只脉脉含情的玉凤仰首摆尾，色彩醒目，姿态优美，情节生动，给人以餐桌艺术美的精神享受。再如，"玉龙金花""群鹤翠柏""古瓶月季"等，都是采用食品雕刻原料，组成以欣赏为主、艺术性较高的大型艺术拼摆。

2.冷拼艺术菜的拼摆方法。

(1)排。将经刀工处理过的条、片、块等整齐的小型原料，在盘中排置成行，如长方形的红肠片、菱形的酱牛肉片或腰片、虾等原料在盘中成行排列。

(2)堆。将经刀工处理过的丁、丝、粒、条、片状原料，堆置在盘中，如肉松、鱼松、蛋松、菜松、粉丝、冻粉、豆腐丁、京糕丁等原料在盘中堆置成形。"雄鹰展翅"一菜，就是用肉松或鱼松等松软原料，先在盘中堆塑出鹰的雏形，而后进一步加工制成的。

(3)叠。将经刀工处理成薄片的原料，一片片整齐地叠摆在盘中，如火腿、蛋糕等切一片叠一片，最后叠成梯形，用刀铲入盘中。

(4)围。将经切配好的冷拼原料，按圆盘的形态排列成环形，层层围绕。其间可充分利用对比色原料进行交替围摆，以达到明快醒目的效果。

(5)贴。根据冷拼艺术菜的形体要求，运用不同的刀法，将各种冷拼原料加工成不同的形态，再贴摆在造型表面。例如。孔雀的羽毛、身躯，金鱼的鳞皮，牡丹花的瓣片等，都是用加工好的羽、鳞状原料，贴在"孔雀"、"金鱼"或"牡丹"的表面。

(6)覆。在冷拼艺术菜垫底原料的上面，覆盖一层造型优美的精致原料。例如，"蜇头拌黄瓜"一菜，先将黄瓜放在盘底，上面覆一层排列整齐的蜇头；或将碗底的图案画面朝上，以增加菜品的美感。

以上6种拼摆方法，应在冷拼中按照步骤灵活掌握使用。

3.冷拼艺术菜的拼摆步骤。

(1)垫底。用一般料或切面余下的碎料，根据菜肴艺术造型的要求，在盘中特定的位置垫底，如"蝴蝶"冷拼艺术菜，先用肉松或蛋松在大圆盘中堆置一只蝴蝶雏形。

(2)装面。将先加工好的各种形态、各种颜色的精料，根据艺术形体的外形，按顺序在底料上由下而上或从外向里装面。例如，选黄瓜、蛋白、酱牛肉、蛋卷、虾、火腿、松花蛋等料，依次摆出"蝴蝶"的大翅、小翅和身躯。

(3)点缀。冷拼艺术菜中的艺术形体拼摆完成后，在盘中的空隙处或艺术形象的某个特殊部位，适当点缀一些色彩鲜艳醒目的装饰品，可起到画龙点睛的作用。例如，用樱桃和黄瓜皮丝点缀"蝴蝶"的眼和须，用松花蛋椭圆片点缀尾巴，在盘的空隙中点缀一朵红花和两片绿叶，可使艺术形象更生动传神。

(六)冷拼艺术菜制作的主要环节

1.丰富的艺术构思。艺术构思,是形成并产生理想冷拼艺术菜的先决条件。首先要根据原料情况和宴席内容,确定拼摆何种艺术形象。艺术形体力求赏心悦目、富有美感。它要求厨师们不断地加强文化艺术修养,挖掘思维,丰富知识。事实证明,丰富的艺术想象力,单凭案台的操作经验和熟练的刀工是达不到的,因为我们不但要学习和模仿别人,更重要的是创新与进步。

2.娴熟的刀工和手法。娴熟的刀工和手法是表现和塑造冷拼艺术菜艺术形体的重要环节。显而易见,一位美术家把菜肴构思得再美,将艺术图案设计得再好,也拼摆不出优美、精致的冷拼艺术菜,这是因为美术家缺乏刀工技能。艺术构思必须通过精练的手法和娴熟的刀工来体现。因此,具有扎实的刀法基本功,并能在实践中灵活运用,是冷拼艺术菜成功的关键。

3.成形后的艺术点缀。冷拼好比弈棋,有时最后的几步棋,往往决定全局的命运。经常有这种情况,厨师按照设计好的图案,运用精湛的刀工拼置出来的冷拼艺术菜却不理想。这时,如果请一位高明的冷拼师来,在冷拼艺术形体的某一处,某一点,稍作改动和变化,整个菜肴便马上变得生动起来。这就是冷拼艺术菜成形后艺术点缀的作用。

冷拼艺术菜在宴席中占有十分重要的位置,尤其在各种酒会中,几乎是它的独角戏。冷拼艺术菜制作完成后,将直接同食者见面。因此,需要有精美的原料,科学的工艺处理,优美的艺术构思,并讲究严格的营养卫生。冷菜一般是宴席的第一道菜,而冷拼艺术菜又是冷菜之冠,是"皇后"。从某种意义上讲,冷拼艺术菜直接影响食者对整个宴席的印象。所以,认真研究冷拼艺术菜艺术,提高冷拼艺术菜水平,发展和创新冷拼艺术菜,是每个烹饪工作者的职责。

三、热食艺术菜的造型

具有优美艺术造型,加热成熟后食用的艺术菜,称为热食艺术菜。它同冷拼艺术一样,同属艺术菜的范畴,在色彩和造型方面有着相同的艺术特点。不同的是,冷拼艺术菜的原料多已加工成熟,并可直接食用,其造型只需经刀工拼摆;而热食艺术菜的造型是在生时先塑造好,然后再加热烹制。因此,认真研究热食艺术菜的工艺处理,搞好热食艺术菜,是我们要探讨的主要课题。

热食艺术菜的主要特点是造型的强烈艺术性,因此,研究热食艺术菜,主要是研究热食艺术菜造型的艺术表现和工艺处理。

(一)整体艺术造型的工艺处理

这类艺术菜是将菜肴的各种精细原料,经烹制后组合成一个完整的艺术形体。例如,四川的"扇面豆腐"、福建的"葵花鸡"、陕西的"提篮鱼"、浙江的"金牛鸭子"、山东的"鱼扇海参"、青岛的"两吃葡萄鱼"等菜,呈现在食者面前的就是一块完整的扇面、一朵黄而圆的葵花、一只以鱼为原料的立式提篮、一头金黄的卧牛、一把美丽的屏扇、一串红白两色兼有的葡萄,都赋予了菜肴以较强的艺术感染力。福建艺术菜"葵花鸡",将鸡精肉制成茸泥,做成葵花盘坯,蒸蛋糕切小菱形块插作瓜子,精虾茸加绿色剂做成 16 瓣绿色叶片,然后入笼蒸熟,推浮在盛有鸡的大汤碗中,上桌后,筷子摆在碗边,如同葵花茎秆,两片绿餐纸在筷子两边,犹如两片大叶,形态逼真,色彩醒目。

山东的"鱼扇海参",选两扇带尾皮的亚鲆鱼精肉,每扇各在肉面斜剞 4 厘米厚的花刀,刀深至皮,逐片鱼肉上酿肉馅卷起,入笼蒸熟后,在大圆盘中摆成两条扇骨,鲜扇贝经调料煨熟,在鱼扇骨的内端摆出扇面弧形,火腿、蛋糕切 6 厘米长的条片,间摆在鱼尾的下端呈扇骨,扇面空隙放置"虾子烧海参",最后,用马蹄末和香菜末在海参上点缀出花草图案。此菜造型逼真生动,色彩明快醒目,口味鲜香滑嫩,收到了比较理想的效果。

这类艺术菜,要求构思巧妙,造型别致,口味精美,食用方便。整体造型的菜肴,要坚持以零合整的制作方法,在食用前一定要做好分割分食处理,采取化整为零的食用方法。

(二)个体艺术形象组合成菜的工艺处理

这类艺术菜的造型,多采用动物性原料的炸茸泥制作。一般先将茸泥原料按各种动物、花卉或器物的形象塑造好,采用蒸或炸的方法使其成熟。菜肴艺术形象的个数,要根据宴席的就餐人数来定,做到一人一份。例如,上海的"琵琶虾仁"、山东的"蝴蝶海参"、北京的"金鱼鸭掌"、浙江的"兰花春笋"等艺术菜,都以较高的艺术手法,塑造出较理想的具体艺术形象。青岛热食艺术菜"鱼游清泉",选用山东胶东沿海特产的亚鲆鱼精肉制成茸泥,加蛋清等调料和匀,然后塑造出比重小于水的 12 只"金鱼",入笼蒸九成熟,再轻轻推入调好口的滚开的清汤中"漫游"。浙江的"兰花春笋"一菜,选用鲜嫩的笋尖,用刀在顶端劈开,呈兰花状,空隙中酿馅,入蒸笼中蒸熟后浇汁食用,菜品荤素相配,口味鲜美,造型美观,食用方便。

这类艺术菜要求工艺合理,选料精细,调味严谨,口味鲜美,造型逼真。

(三)借助辅料塑造艺术形体的工艺处理

这类艺术菜多在普通菜肴的基础上,利用一些塑造力较强的辅料,按照寓意和情节,添加一些较典型的造型,从而使菜肴艺术形象更完整、寓意更合理。例如,湖北的"鸳鸯鲍鱼汤"中的"鸳鸯",江苏"蛋梅鸭子"中的"蛋梅",黑龙江"冬梅玉掌"中的"冬梅",山东"水中捞月"中的"明月"等,都作为菜肴的艺术附属品,较合理地体现了菜肴寓意内容,起到了画龙点睛的作用。青岛的热食艺术菜"鹰喜参翅""金猴喜桃""栈桥海滨""鲤鱼跳龙门"等,就是在传统的山东菜"红烧海参""红扒鱼翅""蜜汁鲜桃""虾子海参""糖醋鲤鱼"的基础上,根据构思设计的场面,采用顺味接近的原料,生制或蒸熟后,雕刻镶嵌出"海鹰""金猴""栈桥""回澜阁"和"龙门"等形象,合理地放置在菜肴的特定位置,从而完善了菜肴的构思,提高了菜肴的艺术性。这些菜肴优美的辅料造型,不但渲染烘托了宴会的气氛,而且起到了陶冶情趣、增进食欲的作用。

山东热食艺术菜"鲤鱼跳龙门",以传统的民间故事为题材,先取净鱼茸泥,加鸡蛋调味后蒸熟,雕刻出18厘米高的"龙门"楼阁,然后挖去中心余料,空隙中酿进干贝、虾仁,再稍加热后改刀,并原样放入鱼盘中心。另取两只活鲤鱼,改小翻刀,挂硬糊放油中炸透,昂头翘尾地放置在"龙门两侧",最后爆炒糖醋汁浇在鲤鱼上,高热的糖汁在焦酥的鱼身上翻滚,鲤鱼昂首向上,金黄色的龙门高耸,形成一幅"鱼跳龙门"的热烈场面。

这类艺术菜在构思、制作时应注意两点:一是菜肴的意形要相符,造型和寓意不能勉强凑合,搭配要合理,力求使整个菜肴为艺术形象服务,艺术形象又反过来完善并突出菜肴的艺术性。二是菜肴艺术造型部分的口味,一定要服从并补充整个菜肴的口味,决不能因单纯追求造型,而影响甚至破坏整个菜肴的口味。

(四)菜肴表面艺术形象的工艺处理

这类艺术菜多先用原料在盘中造一个平面,使菜肴盛器如同一张"纸",然后用不同颜色的原料拼、摆或镶嵌上各种图案。在形式上,多采用国画线描或写意处理,使盘中的图案、字画同在,具有传统的中国画特点。例如,北京的"一品豆腐"、河南的"芙蓉海参"、山东的"梅雪争春"、福建的"白雪鸡"、青岛的"琴岛虾仁"等,都是在豆腐茸、蛋白、鸡茸、鱼茸、虾仁等原料上,拼摆出各种不同色彩的花鸟、风光、梅花、海岛等优美的图案。这类艺术菜,都是先在盘中堆摆一个浅色平面,图案的内容,可根据厨师的美术构思,并结合不同的原料去随意变化。"双虎图""松鹤图""奔马图""石竹图""鸳鸯戏水""熊猫采竹""南海风光""东海帆影""沙漠驼铃"等都是比较理想的图案。北京菜"一品豆腐",利用统一原料在圆圆的豆腐茸上塑造一幅生动的写意画,深入浅出的浓淡变化,似墨在白纸上挥洒,花、鸟、竹、石栩栩如生,给平凡的豆腐菜增加了艺术价值。

料精味美的热食艺术菜,是宴席的灵魂和核心,它往往代表着一桌宴席的水平。因此,热食艺术菜,必须具有优美的造型及和谐醒目的色彩。它的造型和色彩虽然在生时塑造,但要看成熟后的效果,因此在下料、投量、加热等方面,有严格而科学的工艺,使加热后的菜肴能保持理想的艺术效果。从实践看,在热食艺术菜中,以立体造型最能吸引食者。那些造型优美、色彩醒目、画面生动的高档热食艺术菜,是宴席菜肴的精华,是中国烹饪艺术的瑰宝。

四、艺术菜造型的表现方法

好的诗,诗外有意;好的画,画中见情;诗画尽而意在。艺术菜的造型要求:形外有意,意中有味,形尽意在,形无味存。这就是艺术菜形、味、意三者溶为一体的理想效果。艺术菜的造型变化,从花卉动物到菜品,从活的动态到菜肴中的艺术形态,是一种由"物"至"菜"的变化,一种为食用服务的视觉变化,一种从艺术到技术的综合变化。欲想更加完善地把握这种变化,首先要对菜肴经常采用的花卉、动物的形象和特征有所了解。

在花卉中,有玉兰的洁白高雅,月季花瓣的优美排列,睡莲花的温雅含笑,梅花的晶莹俊秀,迎春花的鲜黄绽开等。在动物中,有敏捷善跑的牡鹿,奇姿艳色的孔雀,黑白对比可爱的熊猫,绮丽多彩的鸳鸯,高洁素雅的天鹅,娴淑沉静的仙鹤,以及活泼伶俐的猴子等。烹饪工作者在进行艺术造型处理时,要根据花卉动物的自然形态,抓住其造型特征和脾性习好,经过加工提炼,予以艺术地夸张和变形,使再现在菜肴中的花卉、动物形象更美、更典型、更理想,也更适合于艺术菜造型的特点和工艺处理。

艺术菜造型的表现方法,可具体化为写实表现处理和变形表现处理两种。

(一)写实表现处理

写实表现处理以动物、花卉、器具的本来形象(面目)为主要表现对象。可借用写生、摄影所取得的形象,适当地剪裁、取舍和修饰,对形象中杂乱残缺的部分予以舍弃;对形象中较完美的物质特征,予以保留和肯定,按照生理结构和习性进行适当的艺术加工,使其成为既优美悦目又忠实于自然形态的艺术形象。当然,菜肴中的艺术形象,虽然源于自然界中形形色色的物像,但又不是照搬和翻版。研究烹饪美学的目的,就是使菜肴中的艺术形象,尽量适于操作工艺的需要,且比现实中的形象更生动、更美好。

一朵黄色的玫瑰,色彩清淡素雅,花蕾含苞,花瓣翻卷,薄而大的花瓣枚枚插空排列,娇而艳的花朵枝枝迎风绽开,一种特殊的韵律美使人陶醉,令人神怡。面对如此优美的玫瑰花,我们应尽量将其形体美如实地表现出来。但是,对于花瓣的层次翻卷、枝叶的曲折疏密等细节,还要根据菜品的要求和原料的性能,进行删繁就简、去粗取精的艺术处理,使加工再现后的玫瑰花更加瑰丽、生动。

一只洁白的天鹅浮游在水面上,时而舒展双翼,时而转动长颈,其体态之婀娜,色彩之高雅,使其他禽鸟无法比拟。面对如此优美形象,我们应力求真实地将其再现在宴席菜品中。在塑造时,应先取足以表现天鹅神质的最佳姿态。例如,细颈的曲直、头嘴的仰垂,双翼的展合等,给予菜肴形象以艺术升华,达到"形外有意,意中见情"的目的。当然,天鹅本身的自然形态也不是尽善尽美的,尤其不完全适合艺术菜的需要,在个别之处,还要稍加取舍和修整。例如,鹅头的平凸、鹅嘴的扁圆、身躯的宽度、眼睛的大小等,都可进行"以形传神"地加工处理,赋予天鹅以感情。

艺术菜形象的写实表现处理，一条根本的原则就是真实。形象要尽量逼真，要达到以假乱真的程度，这也是俗称"像"与"不像"的问题。写实表现处理是烹饪造型艺术中最常采用的，也是群众中最喜闻乐见的一种表现形式。因此，在表现手法上，要求朴实、自然。只有真实才有感情，只有逼真才有神韵。没有形象，没有个性，是表现不出形体艺术美的。

(二)变形表现处理

根据艺术菜的构思和作者感情的需要，按照烹调原料和烹制方法的要求，厨师在处理艺术菜形象时，有时可不必拘泥于物像的自然表象，而大胆地改变自然面目，采取简化、夸张、添加、分解、组合、装饰等手法，不失物之"神"、"质"，保留物之固有特征，使艺术菜的形象更加生动，备生新意。

艺术菜的变形表现处理，必须在对"物像"的理解中进行。例如，花卉处理，首先要了解花冠的外形、花瓣的组织、瓣片的形状、瓣朵的枚数、瓣面的纹理、花蕊的结构、花脉的组织等，在此基础上进行变形。例如，芙蓉花的特征是圆球形，花的结构是重瓣轮生，其形状有卷、翻和多层折瓣，花脉明显；而月季花，则呈椭圆形，复瓣重叠外翻卷，花瓣有规律地层层轮生，属性硬而带刺。在花卉中，花朵都有复瓣和单瓣之分，有轮生和错生之别，瓣又有质厚、质薄之分，花瓣边缘有有齿曲和无齿曲之分，花瓣又有直生和外翻之分，也有明显和不明显之别，等等。只有抓住了这些特征，才能有目的地进行夸张、变形、省略、简化或添加补充，使变形后的艺术品，让人感到可信可亲，收到理想的艺术效果。

1.简化。简化即通过提炼和概括的手法，对动、植物形像在不失其本来面目和主要特征的条件下，删繁就简，对物像中杂乱烦琐的部分进行规整简化，对一些非主要部分进行省略，从而使形象更典型集中、简洁明了、主题突出。例如，花中之王牡丹，瓣片多而密，花体丰而满，通过规整简化后，使得花型更清新，更完美。一朵菊花，花瓣细密而杂乱，经过简化省略后，花瓣虽然减少，却显得整齐清晰。一片绿叶，有无数弯曲的缺缘和锯齿，经简化后，虽只有几条大的曲线，却显得光洁优美。水鸟鸳鸯，羽毛艳美，尤其雄性鸳鸯的羽毛，色彩更为绮丽，但其变化又繁杂琐碎，仅羽毛的颜色就有20余种。如果我们做一碗"鸳鸯干贝汤"，按照鸳鸯羽毛的真实花纹进行塑造，多变的色彩和复杂的形体不但不符合艺术菜的工艺要求，而且也给选料和塑造带来困难。故制作时，着重保留鸳鸯头、翅和尾的主要特征，选用几种有代表性的对比色原料，舍去一些细微的色彩变化，使简化后的鸳鸯大大方便工艺操作，让形象更典型、突出。

简化是烹饪艺术中一种非常必要的手段。但是，简化不等于简单，更不是简陋，而是为了方便操作，突出主题，增加神质。

2.夸张。夸张就是用加强的手法，突出对象中有代表性的主要部位和具有美感的主要特征,使夸张部分与原物像产生对比效果,从而增加形象的艺术感染力。例如,我们塑造一组花,在花与叶之间,应夸张花型,以增加花朵的娇艳;在花与花型之间,应突出主要花朵,以加强组花的中心艺术魅力;同是花型,因结构和生长规律不同,则夸张的重点也不同,如牡丹夸张花瓣的大而薄,菊花夸张花瓣的细而密,玫瑰花夸张圆而卷等。夸张只有在大与小、多与少、方与圆、曲与直、疏与密、虚与实、粗与细的对比中进行,才能使主题突出。

夸张要在写实的基础上进行,要抓住对象的特点,要有现实的依据,使夸张有的放矢。例如,动物中的骆驼,可有意识地夸大驼峰的高大和驼颈的圆度,牛可以突出双角和前躯的力度,熊猫可着重描写其身体的圆滑,夸大头的体积,猴子可有意识地伸长其双臂或夸大背的弓形等。孔雀是优美的珍禽,尤其在“开屏”时刻,尾屏是最美、最生动的部分。厨师们在制作冷拼艺术菜“孔雀开屏”时,惯用最精美的原料来夸张渲染尾屏部分。这种在实践中自然产生的夸张,不但取得了较理想的艺术效果,也符合艺术菜的口味和工艺要求。

夸张不能失去对比,也不能面面俱到。如果对形体的每个部位都进行夸张,实际就没有了夸张。所以,在具体的夸张中,要注意夸张而不失真。如果夸张时一味地无限变态,就会破坏自然形态的比例关系,失去了美,也失去了夸张的意义。因此,局部的夸张要有整体的统一,才能使夸张既鲜明又和谐,既生动又真实。

3.添加装饰。根据被表现物像的不同特点,将艺术形象的主要特征有意识地组合在一起,从而出现一种新的优美纹样,产生一种新的意境。有时可根据想象,使形象之间相互符合或求全于自然的现象。诸如此类手法,都属于添加装饰。例如,在梅花鹿身上添加图案化的小梅花;在“蛟龙”中间添加“玉珠”;在绿叶之中添加红花;荷花周围添加梗叶和藕等。通过人为地安排,深化主题,突出形象。

冷拼艺术菜“赤龙献花”,选用数个鲜红色的大虾,拼出一朵美丽的花盘,在椭圆形的红虾“花瓣”中,添加心形的浅红色片,浅红色中再添置橘黄色的瓣,橘黄中又放置淡黄色的花蕊,花蕊中添加鲜绿的圆点,在花瓣之间用墨绿的黄瓜“叶”衬托,在叶与花的空隙中又添加三角形的白鸡片,从而使花瓣更突出,花朵更丰富。添加装饰还可用在菜品空隙的白色盘底上,如用各种弯曲的模具刀,扣出变形的小兔、天鹅、花叶、松鼠等在盘中对称点缀或三点装饰。山东的“整鱼两吃”一菜,在长形鱼盘两边用深绿的黄瓜“叶”和鲜红的樱珠“花”,对称地两边摆出,为菜品添艳增色。

添加装饰手法在表现时,要合乎情理,做到不生硬、不强加,使添加装饰既富有想象,又让人可信。

4.图案变化。图案变化是在原生活的基础上,出现高于生活的艺术变化。其纹样力求典型概括,完美生动。对于花卉、动物、风景等图案,要通过大胆的构思和想象,充分利用圆、方、弧、直、菱、桃、三角、扇面等形体变化,进行大幅度的变形修饰,以达到菜点所需要的图案效果。

图案变化通常采用对称、平衡、连续等形式。图案的构成要根据生物的自然形态进行组合、变形。例如,花卉图案,可对花型的结构做平衡变化,根据装饰的需要,构成两面、四面或三角对称式;对植物枝干或花卉,为适应餐器外廓的需要,可曲绕成桃形、葫芦形、石榴形、锭形、菱形、如意形、扇面形、瓶形、钟形等。再如,几何图形中的圆形、椭圆形、半圆形、正方形、斜方形、菱形、矩形、三角形、五角形、六角形等。还可打破花叶、枝干的正常比例,夸张其花型,使两花并蒂或一花双茎等。为了达到装饰的目的,有时又往往给图案变化插上浪漫主义的翅膀,飞入理想的境地中去遨游。例如,在一个图案里,不受季节的约束,将四季之花汇聚在一起,也可使夏叶秋果同时出现。再如,水面上的荷花、荷叶,同泥里的藕、水下的鱼等,在自然界中是不可能同时出现的,但在图案中可将间节的肥藕,展开的阔叶,绽放的荷花,含苞的蒂莲,丰满的莲蓬和蝶飞鱼游等情况,全部集中在一个图案上,使画面生动活泼,生活气息浓厚。

在菜点的图案变化中,受桌和盘碟的圆形所限,一般多采用对称图案和圆周的两方连续图案。对称,是自然界中的一条规律,自然界中动物的结构、植物的花叶生长以及器物的造型都是对称存在的。由此,便产生了一种稳定的对称美。对称结构的主要特点是同形等量,即在中轴线或中心点的两面、三面或四面出现形状相同、大小分量相等的单形图样。例如,浙江冷拼艺术菜"双喜临门"中的一对喜鹊,一边一只相对排列在盘中,产生出一种对称美;方盘的四角用瓜皮雕刻了4只"蝙蝠"一角一只,显得匀称均衡。北京的"罗汉大虾"一菜,红白两色,烧蒸两做,长盘两边一边一样,盘边两端各对称放一朵红花和两片绿叶,显得清雅优美。

连续,是在图案中运用一个或两个不同的单独图案形象,做两面或多面的反复交替排列,构成长条式图案。两方连续的构成有散点式、波线式、折线式和复合式等表现形式。散点式是单独图形的平行排列,单独图形本身,已经是一个完整、独立的图案,但为了取得较丰富的连续效果,可将两个或三个不同的小图案作间隔交替的排列使用。波线式,是以波浪线为依据进行单独图形的排列,在这种排列中,既可在波线凹中添加单独图形,又可沿波线的起伏顺势配置花型图案。折线式是在直线相交的三角区域外添加单独图形,或在折线中进行添加连续变化。复合式是以上几种形式的自身或相互重复、重叠使用,出现更加丰富多彩的图案变化。

动物或风景的图案变化手法与花卉图案基本相同。对动物图案进行变化,首先要抓住有外貌特征和习性特点的动势,以表现动物的神态和性格。风景因包含繁杂多样的内容(树木、山水、建筑等),在图案处理中可突破自然景象的约束,不受透视法则的限制,而更多地考虑画面的效果,对组成风景的多种因素,进行有条不紊地加工、归纳、取舍,并注意局部变化与整体风格的协调统一。

在烹饪实践中,动物图案的处理多在冷拼艺术菜和热食艺术菜中平面出现,限于原料的适用范围,可将有限的图案原料与铺面原料成对比处理。例如,两只仙鹤画面,一只仰首视天,一只低头啄食。如果用单纯写实处理,则必须添加天、云、草、木之类附属装饰品,否则,便显得单调空旷。如果用图案变化处理,则可用对比色原料在盘中的铺面上,先将仙鹤身躯拼制成两个重叠交错的三角椭圆,再在椭圆的一端加上细长的双腿和尾羽,在另一端嵌连上弯曲而平行的黑色脖颈。这样,图案化的仙鹤不需添加任何装饰品,既显得简洁醒目,而且具有镶嵌的装饰美。如果塑造两只熊猫的平面图案,熊猫多变的形体和繁杂的体毛,会给单色造型的写实处理带来困难。设想,由一个大圆和一个小圆组成的熊猫的头、躯,套在小圆里的两只小椭圆组成一对熊猫的眼圈,由各种圆组成的熊猫,既活泼可爱又诙谐风趣,较写实表现处理有更强的艺术感染力。

变形表现处理的形式是极为丰富多彩的,远远不限于以上几种。在这些形与色的变化中,又包括点、线、面的不同运用。

变形表现处理是在写实的基础上,为丰富造型艺术的表现方法,满足人们的观赏需要而产生的,也是烹饪美学造型必不可少的一种手段。

在以上这些丰富的艺术处理中,作者通过动物、花卉、风光或器物的表面,来表现其内在的神韵和气质。但是,不论是写实表现处理,还是变形表现处理,都应使变化后的烹饪艺术形象产生新意,达到"以形传神"的目的。

五、艺术菜造型与口味

艺术菜既以造型优美华丽而著称于世,又以口味精美醇厚而取悦于每一个食者,这便是艺术菜主要的两大特点。

造型与口味相互依存,又相互矛盾。在烹饪实践中,有时要追求美的造型,往往又缺乏合适的原料,而达不到理想的口味;欲达到菜品要求的口味,有时原料又很难塑造理想造型。处理两者之间关系的原则应该是:艺术菜首先要具备优美的造型,但这种造型必须建立在口味精美醇厚的基础上。艺术菜只能比普通菜肴的口味更丰富、更精美。例如,"鲤鱼跳龙门"一菜,不但包括了"糖醋鲤鱼",而且包括了"蒸酿鱼茸""虾茸"等,鲤鱼食甜酸口味,而"龙门"则食咸鲜口味,各味相互补充又互不干扰。全菜聚酸、甜、咸、鲜、香5味,单香味中又包括鱼香、肉香、虾香、菜香、葱香、甜香、咸香、鲜香等十几种香味,制作中又采取了炒、炸、蒸、扒、熘等多种烹制方法,从而达到了口味与造型和谐统一的效果。

为保证艺术菜的口味精美,制作中应注意以下几个问题:

(一)恰当地选择原料

为达到艺术菜造型和色彩的要求,对艺术菜的用料必须进行恰当地选择。例如,"西瓜花篮"一菜,为了保证菜品口味的甜美,要挑选味甜、水足的西瓜;根据花篮造型的需要,又要选择高矮、粗细、大小适宜的西瓜;根据图案的需要,还要选择表皮光滑、颜色浓绿均匀的西瓜,以便于进行表皮的图案雕刻。再如,"锦鸡孵蛋"一菜,对于鸡的选择,既不能太瘦、太小,又不能太大、过老。鸡太大、太老会因烹制时间过长而破坏造型;鸡太瘦、太小,皮薄易破,会影响造型的美观。因此,最好选择肥嫩的当年鸡。青岛创新菜"鸡茸双虎图",在鸡茸原料的选择上,既要考虑到鸡茸熟后的纯白效果,又要考虑到鸡茸本身的鲜嫩程度,所以选用当年嫩鸡的里脊部位并加蛋清,效果最佳。

(二)合理地进行搭配

艺术菜原料的合理搭配,是保证菜品口味精美、纯正的一个重要环节。艺术菜用料极为广泛,既包括动物性原料,又包括植物性原料;既有山珍海味、飞禽走兽,又有瓜果菜蔬、油盐酱醋。例如,"熊猫乐园"一菜,就有鸡丁、栗子、虾仁、精鱼肉、猪肥肉、口蘑、蛎虾、干贝、鸽蛋、银耳、木耳、竹笋、鸡蛋、火腿、青豆、黑芝麻、发菜、紫菜、菠菜、虾脑、樱珠等20余种原料。这些原料中又包括畜类、禽蛋类、蔬菜类、海产类、果品类、肉制品等多种。繁多的原料,口味各异,如搭配不当,相互干扰,会使口味杂乱。因此,要根据原料本身的口味和质地性能合理设计、科学搭配,才能以副辅主、和谐统一。"熊猫"如果选用精鱼肉作躯体,黑四肢则用顺味的海产品紫菜或海参;如果选用精鸡茸作身躯,则用发菜作四肢,使口味顺向统一。再如,白色茸泥原料,根据艺术菜色彩的要求,需要添加红色剂,欲食咸鲜味可加虾脑液,如吃甜酸味可加番茄酱。被经常用作菜肴点缀品的樱珠和番茄等调料,也要看是何菜肴,取何原料,食何口味,然后具体地选择应用。大型冷拼艺术菜中用料广泛,各种不同口味的原料搭配,更要严格掌握。如一盘包括鱼卷、鱼松、熏鱼、蒸蛋糕、蛋白、大虾、海蜇头、午餐肉等原料的就近拼摆,甜樱珠和海蜇头不要接近拼摆。而甜香味的大虾同甜辣咸味的辣黄瓜,虽然原料不同,但是口味较接近,可做过渡性的就近拼摆,然后同其他原料衔接。如果不考虑口味,只顾色彩需要随意拼摆,致使不同口味相混,产生一种怪味,就会破坏冷拼艺术菜口味的整体效果。

只有对艺术菜的原料进行合理搭配,才能使菜肴咸鲜相合,甜酸相应,脆嫩相宜,酥烂相符,使菜品在香中有清素,咸中有鲜香,浓重中有清淡,清素中有香醇,从而使艺术菜的造型与口味协调统一,更为佳美。

(三)严格地掌握火候

看菜下锅,对料看火,严格地掌握火候,是保证菜肴口味的关键。清代袁枚在《随园食单》中指出:"熟物之法,最重火候。有须武火者,煎炒是也;火弱者,物疲矣。有须文火者,煨煮是也;火猛则物枯矣。而后用文火者,收汤之物是也;性急则皮焦而里不熟矣。"可见,不同的烹制方法,对原料的火候要求也不同。用焖、煮、烤、酥等法处理的艺术菜,要求用慢火长时间烹制,以使原料酥烂滑软;用蒸、扒、爆、炒或糖醋等法处理的艺术菜,要求时间短,烹制快,以使菜品嫩而脆。在同一艺术菜中,如果既有动物性韧性原料,也有植物性脆嫩原料,还有蛋糕、鱼片等软性原料,并要取得口味各异、火候一致的效果,就要对不同原料采取不同的火候。例如,"栈桥海滨"一菜,组成"海水"的"虾子烧海参",需要烂软香醇口味;组成"长堤"和"楼阁"的"酿蒸鱼糕""酿蒸虾糕"等,需要滑嫩鲜纯的口味。因此,对"烧海参"和"虾糕""鱼糕",要分别采用不同的火候处理。再如,同是"蒸"的菜肴。因原料不同,所采用的火候也不同,在外皮包馅的艺术菜中,外皮韧,吃火大,而馅心嫩,吃火小。在烹制处理时,便要先对外皮进行加热处理,然后包裹馅心一起烹制,才会取得火候一致、造型优美、色彩鲜艳的理想效果。

(四)准确地投放调味品

准确地投放调味品,是保证艺术菜精美的最后一关。对于食用要求不同的各种原料,投放调味品的时间、数量也不同。有些原料通过制作,既要入味,又要保持形体不变、色彩鲜艳,因此要准确地掌握好调味品投放的时间和数量。例如,番茄鲜嫩质软,水汁丰富,如要甜食,加糖后水汁即外溢,番茄本身的形体也会枯瘪,因此适于现吃现拌;芸豆和黄瓜采用"炝"制法,因黄瓜含水多,又较芸豆脆嫩,因此加盐时间不宜过长,盐量不宜过大,而芸豆则需提前腌制入味。对于同样性能、形态的原料,因产地、质地不同,所加调味品也不同。例如,鸡茸、鱼茸和虾茸3种原料,因本身的味质不同,烹制前所加的调料也有区别,鸡茸应加葱椒汁,鱼茸适用葱姜汁,而虾茸最喜姜汁。再如,"鱼游清泉"和"莲蓬鸡",前者采用鱼茸泥做"金鱼",后者采用鸡茸泥做"莲蓬"。这两款菜虽然都用茸泥原料,成熟后浮置在汤中,但是鱼茸吸水性强,应多加葱姜汁,并需加料酒和白胡椒面去腥;而鸡茸需多加蛋白和少量葱姜汁,有时还需加少许湿淀粉。清鲜的原料为突出本身的清鲜,要尽量减轻调味品的使用。对一些刺激性调味品,如芥末、蒜汁、辣油、胡椒面、糖、醋等调料,应谨慎使用;对肥腻的原料,应加适量的咸、酸、辣、甜等调料以解肥腻;对海腥原料,应加糖、醋、酒、葱、姜等调料以除腥膻;对酸性原料可加适量的糖和盐使酸度减弱;对甜性原料,稍加精盐可增其甜;对内脏原料,可多加中草药等调料和糖、醋、酒、姜、蒜等调料以除异味。

总之,恰当地选择原料,合理地进行搭配,严格地掌握火候,准确地投放调味品,是搞好艺术菜口味的几个主要方面。

六、艺术菜创新中的问题

近年来,各种花色新颖、图案优美、造型生动的艺术菜,似雨后春笋在全国各菜系中涌现出来。它丰富了我国菜肴的品种,促进了烹饪美学的发展,也显示了烹饪工作者的智慧和才华。但是,在这些艺术菜中,也出现了一些偏重菜肴表面的艺术处理,忽视菜肴自身工艺变化和食用价值的现象。一些专业刊物和菜谱、食谱在对艺术菜的介绍中,也存在一种单纯追求菜肴商标化的倾向。自从萝卜雕刻盛行以后,不论是热菜还是冷菜,总要放上几枚萝卜花进行装点。也有用萝卜等原料雕出塔、龙、虎、凤,任意放置在菜肴里,而又轻率地以这些非主要食品的造型去命名。有的为了追求"艺术"效果。则去采摘鲜花,甚至将塑料、金属装饰品放置在菜肴中。这些现象只能说明对菜肴艺术美的理解是肤浅的,对烹饪美学的知识是缺乏的。

中国烹饪有悠久的历史,我们的祖先在同大自然的斗争中,创造了丰富灿烂的烹饪文化。烹饪工作者要继承传统,发扬光大,而决不能让闻名中外的艺术菜流于形式,走向歧途。在艺术菜创造过程中,有以下问题应引起足够的重视。

(一)艺术菜创新的构思

艺术菜的构思,应提倡百花齐放。可借助于典故、传说中的某些片段和情节,构思出寓意合理、意境深刻的艺术菜,例如,"鲤鱼跳龙门""蛟龙戏凤""水中捞月"等。这类菜肴的构思往往借助于动物、山水等风貌来寄寓其内容,所表现的情节一定要合理,反映的内容要健康美好,呈现的画面要概括简练,力求让食者一见到菜,就联想到故事的内容。但是,不提倡出现人物,不论是美丽的仙女,还是慈祥的寿星,都不应出现在以食用为目的的菜肴中。

还可构思反映风光、动物、花卉、器物等形象的艺术菜。这类艺术菜的构思力求生动优美,便于食用。例如,四川的"橘子虾仁"、北京的"金鱼鸭掌"、上海的"琵琶虾仁"、山东的"蝴蝶海参"、甘肃的"提篮鱼"、浙江的"金牛鸭子"等,在构思处理中都取得了良好的效果。这类艺术菜的构思,大都是在传统菜的基础上,综合几种不同的烹调方法,合理选择不同的烹调原料,使其相互配合、相互补充,取得了协调一致的效果。甘肃厨师创新的热食艺术菜"提篮鱼",在传统菜"三丝鱼卷"的基础上,充分利用鱼的每个部位,不添加任何附属品,完成了一件既有生动的花篮造型,又有丰富食用原料的佳作。其精肉三丝鱼卷,显示了菜肴原料的丰富和口味的精美,头尾相顾再现了鱼的形象,而提篮之柄则妙用一根完整的鱼脊骨弯曲点缀而成,一条鱼的头、尾、肉、刺无一不用,真是构思奇特、妙趣横生。

艺术菜的构思必须有专业的深度,要建立在原料、口味、造型、色彩、营养、卫生和立意结合的基础上,又必须是在口味的统帅下和谐统一的结晶,是具有生动造型、悦目色彩、丰富原料、精美口味、营养卫生的冷热艺术菜。

(二)艺术菜食用与欣赏的关系

艺术菜创新的目的,是为了更好地食用。有时在一些特殊场合,在艺术菜的特定位置,适当添加一点既供食用、又供欣赏的艺术装饰,如大型宴席的中心,摆设可供欣赏的花坛,在可食的基础上追求一些形式美也是无可非议的。历史上曾有过"看菜"和"看席"。宋代酒楼的"看盘",就由饭店向食者出示样品,刺激食欲,"调胃口"。可见,"看菜"也是为食用服务的。美化的目的是为了刺激食者的食欲,欣赏是为了更好地食用,菜肴的一切美术形式,都应紧紧围绕"益于食用"而发挥创造。河南"彩蝶戏牡丹"一菜,在牡丹花的处理中,直接采用了味美的食用原料,逐瓣拼摆出一朵怒放的牡丹花造型,从而代替了只耐看不耐吃的萝卜花,给艺术菜的创新以新的启示。

目前,出现了一些创新的艺术菜,不是用原料的质味去征服食者,而是单纯追求菜的奇特效果。如在菜里通电闪光,添加金属、木器、塑料装饰品;在冷拼艺术菜里过多地放置萝卜雕刻品;一些食品原料经长时间的手触处理或多工艺的拼置叠摆,致使菜品风干、沾污而失去光泽和鲜度,甚至造成菜肴的腐败。这些做法,是与祖国传统的烹调艺术背道而驰的。

烹饪实践证明,美化是手段,食用是目的,艺术菜的创新应坚持食用为主,欣赏为辅,食用与欣赏并举的原则。

(三)艺术菜造型与口味的关系

艺术菜的突出特点,是造型的强烈艺术性。因此,艺术菜的造型必须给人以美感,起到刺激食欲、促进人体健康的作用。反之,如果不从艺术的高度去要求,不以烹饪美学的观点去塑造,只满足于一般拼摆,使艺术菜的造型粗糙呆板、不伦不类,把优美的造型变成了僵化的"供品",这样的艺术菜就失去创新的意义。所以,搞好艺术菜的造型是衡量一款艺术菜成功与否的主要标准之一。

艺术菜的造型又必须以合理的烹调为前提。要让厨师清楚,造型只是菜肴的一种表现形式,而原料和口味则是菜肴的内容。菜肴的形式是为内容服务的,而内容又反过来完美并充实这种形式的存在。艺术菜造型的价值是反映原料本身的美味,艺术菜造型的目的是体现烹调方法。如果它的存在只单纯让人欣赏,就失去了"菜"的意义。

近几年来,"熊猫"形象多见于创新的艺术菜中。制作"熊猫"的原料,多采用鸡里脊的茸泥或鱼的精肉。我们采用蒸制法可体现鸡、鱼肉质的鲜嫩,竹笋采用清炒法以求其清脆,两者按照寓意和造型的要求,合理搭配,既形意相符又质味相合,使菜肴统一而不乏味,丰满而不杂乱,达到了以形见情、以形现味的目的。

(四)艺术菜的分割与分食处理

按照中餐的传统习惯,一桌宴席一般设8~10人。在创新艺术菜时,要针对每桌的就餐人数进行构思、设计和处理。有的艺术菜造型是一个整体,这就需要厨师先做好艺术菜的分割处理,在生制或成熟上桌前处理好。对于比较奇特、贵重的原料,要尽量照顾到一人一份,即使带装饰性的点缀原料也要有整桌的安排。否则,因食用不便,分配不当,处理不善,使艺术菜上桌后无法下箸,直接影响食者的情绪。尤其对于国外食者,更应注意这一点。

青岛艺术菜"茅台葫芦虾",10 枚含有茅台酒香、用虾茸制成的"葫芦",裹面包渣经油炸熟,围摆圆盘一周,金黄透亮,鲜美的虾中透出阵阵酒香,葫芦盛酒寓意得当,分食分取,食用方便。有时有这种情况,一次宴席中有 10 位宾客,面对菜肴中的两只"熊猫"而难以下箸,这尴尬的局面,就是对厨师的最严厉的批评。因此,厨师在整鸡、整鸭、整肘、整糕等整料上桌的处理中,先要将其肉面切或片成便于食用的片或块,使皮面相连,最后皮朝上整料上桌,这样可保持菜肴表面的形体完整,给食用带来方便。

(五)艺术菜要丰盛充足

在设计艺术菜时,既要考虑造型处理,又要注意原料的投量。近年来,有些创新的冷拼艺术菜,为了求得深色原料和白色盘底的对比效果,在空盘中拼摆"金鸡""松鹤""飞燕""熊猫"等独立造型,硕大的一个圆盘内,菜肴部分面积甚小,盘中空荡无物,尤显美中不足。

1983 年冬季,在我国烹饪名师的表演盛会上,山东厨师拼摆的"孔雀开屏"、湖北厨师拼摆的"白云黄鹤"、河南厨师拼摆的"彩蝶戏牡丹"、陕西厨师拼摆的"古城四季花"、云南厨师拼摆的"双龙拼盘"等菜,在构思、投料处理中,都取得了较理想的效果。厨师们利用不同食品的色彩对比,选用各种美味原料,运用精湛的刀工技术,采用多层拼摆或重叠拼摆处理,使完成后的艺术菜给人以完整、优美、丰盛、实惠的感觉,从而克服了空盘拼摆、单层拼摆的单调和只见空盘不见菜的缺点。艺术菜除以欣赏为主的"看盘"外,一切冷热艺术菜都要从食用的目的出发,使其丰盛充足。此外,艺术菜在创新中,还应注意原料的营养和卫生等问题。

总之,艺术菜的创新不应只放在菜肴的表面,也不能只注重菜肴形式上的变化,而应在原料的搭配、口味调和、火候掌握、工艺处理以及食用方法等方面多动脑筋,深下功夫,以便在传统技术的基础上有所突破。艺术菜创新的指导思想还应立足于针对本地区的不同饮食习惯,设计制作出具有地区特色的色、形、质、味、情俱佳的艺术菜肴。

第七章 食品雕刻造型的法则与方法

食品雕刻作为一门艺术,在创作过程中一定要遵循其法则,掌握其方法。食品雕刻如同绘画,在创作时必然要涉及主题、题材、风格、构图、形象、意境、色彩等诸方面。

第一节 主 题

主题就是创作的意图,它是通过作者对事物的观察、体验、研究、分析,然后利用可食原料进行加工、改造的结果,也是作者在塑造艺术形象时所表现出来的中心思想。从创作意图到加工制作及其所表现出来的中心思想,这一过程就叫"立意"。正如绘画中的"未下笔、先立意",绘画如此,食品雕刻也如此。任何一件食品雕塑作品只要溶进作者的主题思想,就有了灵魂,就会显得生动活泼。如"喜鹊登梅""松鹤遐龄"等吉祥图案,也是通过某种自然物像的寓意、谐音等来表达人们的愿望和理想,主题十分鲜明。还有按人们的传统习惯,象征性地赋予自然物以某种性格,譬如:

花类:

牡丹——富丽 华贵

荷花——清雅 高洁

梅花——铁骨 耐寒

菊花——奇姿 傲霜

兰花——幽雅 清香

玫瑰——和贵 爱情

葵花——朴实 向阳

桃花——斗芳 争艳

鸟类:

孔雀——华丽 富贵

喜鹊——报喜 庆福

鸽子——谦顺 和平

白鹤——超逸 婉姿

燕子——伴柳 报春

　　　鸳鸯——情侣　相伴
兽类：
　　　狮虎——勇猛　威武
　　　大象——沉静　纯朴
　　　马　——豪放　勇敢
　　　牛　——服帖　忠诚
　　　熊猫——温顺　友谊
　　　猴子——活泼　机灵
　　　鹿　——和善　温良
其他：
　　　龙　——威严　高贵
　　　凤　——吉祥　华丽
　　　金鱼——幽趣　荡然
　　　蝴蝶——多福　多情
　　　竹子——冰心　虚怀
　　　松树——多寿　长青

第二节　题　材

　　题材就是雕刻的对象,创作的内容。题材与主题既有区别又有密切联系。创作时在立意以后,就要考虑选用什么样的题材来塑造形象以充分表达主题。

　　怎样选取题材, 这与社会思潮和个人喜好有关系。食品雕塑适宜以花鸟、鱼虫、走兽为题材,选用这些题材一定要注意适应场合、对象和宴会的性质及目的。场合、对象很重要,因为世界上各国各民族的风俗、习惯、喜好不同,必须掌握此知识才能选题准确。如:法国人喜欢百合花、马兰花,尤其喜欢马(幸福的象征),不喜欢菊花、孔雀、仙鹤;日本人喜欢樱花、龟、鹤,不喜欢荷花;不少国家喜欢熊猫,而伊斯兰教国家却忌讳熊猫。宴会的性质和目的各不相同,有的迎宾,有的祝寿,有的贺喜,有的庆祝节日,还有亲友团聚。在选用题材时也要与之相适应,才能相得益彰,合情合理。

　　食品雕塑属艺术范畴,艺术贵在创新,题材的范围是广泛的。因此,要提倡百花齐放,大胆创新,多创造一些有浓厚时代气息的新题材。

第三节　风　格

人有风度品格,艺术作品同样有风格。食品雕刻首先必须保持其独有的风格。任何一件作品都显示了自己的风格,有的华丽,有的朴厚,有的豪放,有的简练。总之,一件成功的食品雕刻一定要有自己的风格,不可抄袭雷同,更不可"千人一面",没有风格的作品,就不成其为艺术。

第四节　构　图

构图是造型艺术处理题材的重要手段。食品雕刻的每一件作品,在进行前都应有草图,或者脑中有图,要按图施艺。

构图的原则主要是:分宾主,讲虚实,有疏密,有节奏,既有统一,又有变化。实践证明,脱离了这个原则制出的作品就不会达到理想的效果。构图只统一无变化就呆板,曾有一组熊猫戏竹的雕刻作品,把4个熊猫,安放在盘内一个正方形的四角位置,而且相互的距离相等,熊猫的体积大小也都一样,这样的构图就违反了原则,所以,看起来就显得呆板、乏味,艺术性很差。

分宾主是构图中最重要的一点。一组雕刻品如果以花为主,叶就是宾,必须突出主体,不能平分秋色。经常有一些蔬菜雕刻,在组装时不分花叶乱装一气,花朵的大小、品种无规律,陪衬物也太多太紧,大有喧宾夺主之势,看起来有乱的感觉。这里可借用评论画的好坏的标准来说明问题。一般评论画的好坏有两句话:好画是"空、淡、雅、活",坏画是"满、黑、艳、呆"。这种评论对食品雕刻也是适用的,这不是主张无端的空、淡、雅、活。艺术大师李可染谈中国画规律时说:"似奇而反正"是中国字画结构的规律……奇是变化,正是均衡。奇、正相辅相成,好的构图要在变化中求统一。比如说,画面一边东西很实,一边东西很虚,但看起来不偏不倚均衡统一,所以说好的构图像一杆秤,秤上的25千克柴草体积很大,另一边秤砣体积很小,但却是均衡的。食塑作品也应讲究不规则对称,讲究虚实结合。掌握好这种一般规律,创造作品就会得心应手。

第五节　形　象

形象在食品雕刻中是主干,没有形象,作品无从谈起。因此,形象必须真实,只有真实才有感情,才有神韵。当然艺术上的真实,不等于照像的真实,它是生活真实的再加工,要剪裁,要夸张,要立新意。要形象真实,就必须熟悉生活,了解物像,紧紧抓住物像的生理结构、生活习性和形象特征。马是人们常见之物,在不同画家笔下却效果各异。徐悲鸿笔下的奔马之所以奔放、刚毅,生动活泼,就是因为画家对马有了深刻的了解,抓住了马的生理结构,笔下的马连全身骨骼、肌肉都清楚地显示出来,这样的作品才有神韵、有气质,才能有感染力。人们知道龙是古代人类想象的神物,最初作为部落民族的图腾标志,世界上根本不存在龙这种动物。因此,不可能有人亲眼看见过,但在几千年的演变中,人们吸取其他物像特征已经给它描绘成了一个特定的形象。尤其唐宋以后,龙的形象已基本定型,归结起来有所谓"八似"之说,即头似马,角似鹿,眼似兔,身似蛇,鳞似鱼,爪似鹰,掌似虎,耳似牛。以这些物像的局部特点构成一个威严高贵的形象。试想如果不按以上特点去塑造龙,人们看了就不会产生美感。

第六节　意　境

　　意境是艺术的灵魂,是景与情的结合,写景就是写情。这就是说艺术要有意境,创作时首先作者要有丰富的感情,一种进入境界的感情。一件好的食雕作品,作者不进入境界是不会感动人的,自己都没有感动,怎么能感动别人呢?另外,精神集中、全神贯注也是进入创作意境必不可少的条件。俗话说"精品出自静室",也是这个道理。

　　既然意境是情与景的结合,那么体现在食品雕刻上,就需要采用某种手段来完成。简单说,就是求实和求意。

　　求实的加工手段,一般可用摄影、写生所取得的形象,适当取舍和修饰。对形象中的杂乱残缺部分予以舍弃,对形象较完美的特征予以保留,按生理结构和习惯进行适当的艺术加工,使其成为既优美悦目,又忠实于自然形态的物像。当然食品雕刻虽然源于自然界中形形色色的形象,但又不能也不可能照搬和翻版。我们研究食品雕刻的目的,就是要使所塑造的形象,尽量适合于操作工艺需要,即根据作品的要求及原料性能,进行删繁就简、去粗存真的艺术处理,使完成后的作品体态婀娜,形象生动。这种加工手段的最根本原则是:尽量模拟,力求真实,应达到维妙维肖,有时要达到以假乱真的程度。此种方法是食品雕刻中比较常用的方法,也是一般人喜闻乐见的一种表现形式。因此,手法上要求自然纯朴、细腻、逼真。只有逼真才能有神韵,才能有感情,才能表现出艺术美,也才能表现出作者的艺术功底。

　　求意的加工手段,是根据作品造型的构思和作者感情的需要,在原料性能允许的情况下,对作品形象要高概括、粗线条,抽象地表现物像的内涵意境,有时可大胆地改变其自然面貌,不拘泥物像本来面目,而采取简化、夸张、添加、装饰等手法，但不失物之"神""质"，保留物之固有特征，从而使作品形象备生新意，耐人寻味，深妙可亲。同时，以求意的手法显示作品的艺术修养。

求意的加工手段很不容易掌握，因为内在深藏的东西是不能以简单的直观去发现的。如何把具体的感受和激情生动地表现出来，这就要求作者必须对"物像"的生理结构、外表形态、属性特征等，都有深刻的了解。只有抓住这些特征，才能有目的地进行简化、夸张、省略、添加和补充。在上述过程中还包括构图知识、透视原理和点、线、面的运用，以及运用中涉及的大小、疏密、轻重、虚实、主辅、简繁、聚散、浓淡、刚柔、纵横、呼应、开合等诸种关系。当然，简化不等于简单，更不是简陋，而是在不失物像主题特征的前提下，删繁就简，对其杂乱烦琐的部分进行规整简化，对一些非主要部分进行省略，进而使形象更典型集中，简洁明了，主题突出，神、质倍增。

夸张，不能失去比例，也不能失去本身特点，更不能面面俱到无限地夸张。如果对形体的每个部位都进行夸张，实际上就等于没有夸张，变成了失真。所以在夸张内容的具体运用中，要注意既夸张又不失真。因此，夸张一定要突出物像有代表性的主要部位，使局部夸张有整体的统一，只有这样才能使夸张鲜明和谐，生动可亲，从而增加形象的艺术感染力。例如：一朵牡丹花的美丽，是由于其花瓣自然和谐组合和叶片的衬托而显露出来的，试想，如果把每片花瓣都面面俱到、不偏不倚地组合起来，就会呆板虚假，反而显得不美。这就需要在不断的观察和认识中，在反复表现的过程中，去发现花瓣的自然组合规律和排列美，而这种美又是在不同角度、不同光线下显露出来的。再如，要塑造一只仙鹤形象，就要通过洁白的羽毛、弯曲的颈部和娉婷委婉的姿态，来表现仙鹤纯净、高雅、娴淑、温和的性格。塑造一只雄鹰。首先要对雄鹰的外貌细细观察研究，更重要的是对雄鹰的性格有所了解，进而对雄鹰的突出部位进行重点描绘，比如可夸张雄鹰双翅的动势来表现雄鹰的劲力，以突出嘴的勾形和爪的锐利来表现鹰的雄悍，而那些无关紧要的细微部分，则可简化和省略。塑尊寿星，就要突出寿星凸大的额头，长长的胡须和眯眯的笑眼，加之以高大的拐杖，再伴以温顺的小鹿，便可表现出寿星的慈祥可亲。

添加装饰，不能强加，更不能生硬，而是要合情合理，让人可信。添加装饰就是根据被表现的物像之不同特点，将其形象的主要特征有意识地组合在一起，从而出现一种新的优美式样，产生一种新的意境。有时可根据想象，使形象之间相互符合，或求全于自然现象，使完成后的作品显得清雅优美，更加丰满、瑰丽。

食品雕刻，不管采用求实还是求意的加工手段，都应表现其内在的神韵和气质，要以朴实自然、内秀含蓄取胜，使作品的形象产生新意，达到"以形传神"的目的。否则作品就会形成一般雕刻，其形象粗糙、呆板或不伦不类，把本来造型美观的食雕物品变成了僵化的"供品"，这样的作品就失去了艺术内容和创新的意义。

第七节　色　彩

　　色彩是形象艺术中先声夺人的有力艺术语言,有"远看色彩,近看形"之说。把色放在饮食标准的第一位(色、香、味、形)是有道理的。色彩在食品雕刻中也具有重要地位。一件色泽美观、色调和谐的作品,会使人赏心悦目,情绪愉快,进而引起食欲。这是因为长时间的饮食习惯,人们对色彩早已形成一定的条件反射,使之与情绪、味觉、食欲之间有着某种内在联系。在人们感觉中,赤、橙、黄为暖色,可以增加热烈气氛;青、蓝、黑、紫为冷色,可以带来庄重、沉静、高雅的感觉;绿、白、灰、金、银为中色,具有温和、质洁、清爽的感染力。

　　食品雕刻的用色,可算是一种装饰性的色彩,必须按照色彩学对比、谐调来进行。实践证明,色彩对比强烈、鲜明,都会产生良好的效果。所以在装饰色彩上往往采取以繁衬简或以简衬繁的手法,即在单纯的底色上衬托多色的图案,或在淡雅的基础上配一点强烈鲜明的色彩,使淡雅中带一点娇艳,十分醒目。总之,食品雕刻的用色最忌五颜六色,主次不分。

　　色彩对比在食品雕刻中应用广泛。几种色度、色相差别较大的颜色,同时在一件作品中出现,或者在统一色中加进小量色积的对比色,就会产生一种清晰的感觉。例如:在白色的基调中出现小面积的褐色或黑色,在绿色的底衬上出现几点红色等,都会给平淡的色调带来生气。

　　在色度、色相差别较大的颜色对比中,最典型的是黑白对比,因为黑与白的对比会产生明亮的色彩和醒目的效果。试想黑、白任何一方单独出现,都会显得平庸,毫无生气。黑白之间需要相互依赖,互相补充。大熊猫之所以可爱,主要是因其毛色黑白分明,这种黑白对比的色彩,首先吸引了人们的视线,加之它圆滚的躯体,动人的神态,而博得广泛的宠爱。喜鹊之所以被视为喜庆的象征,除了"喳喳"的叫声有报喜之兆外,黑白相间的羽毛也给人以清晰、愉快的感觉。还有仙鹤所以高雅,是因为洁白的脯羽与黑色的胫部及翼部、尾尖所产生的对比效果。

　　统一色中加进少量色积的对比,在构图中是一种巧妙的手法,它能起画龙点睛的作用,使作品神质豁朗,生动活泼。古语云:"万绿丛中一点红"。在万绿丛中出现一点红,图像马上就"跳"了出来,显得精美、欢快。如果红呈一片,红绿平分秋色,就显得呆板枯燥。

　　以上为色彩学的一般原则和规律,必须准确掌握。

第四编

面点制作工艺

第一章　面点的基础知识

基础知识,重在学习;理论实践,提高自己。

本章重点基础理论应全面掌握。

第一节　面点的概述

一、面点的概念

面点广义而言是指用各种粮食作坯皮,配以多种馅心制作的主食、小吃和点心;狭义来讲是特指用面粉、米粉等调成面团制作的面食和点心。制作面点食品的操作技巧,就是面点制作技术。

面点制作技术,是烹饪技术的一个重要组成部分,它是中国劳动人民辛勤劳动的经验积累和智慧的结晶,是在长期的生产实践中,不断发展起来的比较丰富的一门科学技术。从面点制作的目的看,它是把生的食物原料,通过加工制成熟的面点食品,以供人们食用,使其味美鲜香、形巧典雅、增加食欲,且合乎卫生要求,易于人体的消化吸收,提高营养和药膳的食疗作用,不断改善和丰富人民的日常生活,增加花色品种,提高企业的社会效益和经济效益。因此,学好面点制作技术,具有非常重要而深远的意义。

二、面点的起源与发展

我国面点具有悠久的历史,远在三千多年前的奴隶社会初期,劳动人民就学会了种植谷麦,并初步地把它当作了主要食品。面食的起源,相传在春秋战国时期,由于当时生产力的发展,小麦种植面积的扩大,人们对食品水平要求相应提高的结果。但那时的面食还处在初期的阶段。到了汉代,面食技术有了进一步的发展,有关面食的文字记载增多,并出现了"饼"的名称。西汉史游所著《急就篇》载有:"饼饵麦饭甘豆羹。"饼饵即饼食,一般指扁圆形的食品。汉刘熙著的《释名》也载有。"蒸饼,饼并也,溲面使合并也",溲面,就是发酵面,说明当时已能利用发酵的技术。民间传说诸葛亮发明馒头,虽无确切文字记载,但当时既能利用酵面制作蒸酵,而利用酵面蒸做馒头也是可能的。汉代的面食"花样",对以后面点技术发展起到了重大影响。根据记载,点心之名,见于唐朝。宋人吴曾所著的《能改斋漫录》中说:"世俗例,以早晨小吃为点心,自唐时已有此说。"既然食用点心,已成为"世俗例",可见当时的点心的普遍性。这也说明,从唐朝以来,不但制作工艺水平提高,制品花色增多,而且逐步奠定了独具风格、基调一致的我国面点的基础。清代,面点技术发展到了鼎盛时期,出现了以面点为主的筵席。传说清嘉庆的"光禄寺"(皇室举办宴会的部门)做得一桌面点筵席,用面量达120多斤,可见其品种繁多和丰富多彩。解放以后,在党和政府的重视关怀下,各地厨师在古老的面点技术上又得到进一步发扬和提高,已成为祖国烹调技术中的一枝独特的花朵。

我国面点技术在长期发展中,在历代厨师不断实践和广泛交流中,创作了品类繁多、口味丰富、形色俱佳的面点制品,在国内外均享有很高的声誉。加上我国幅员广大,各地气候、物产、人民生活习惯的不同,面点制作在选料上、口味上、制法上,又形成了不同的风格和浓厚的地方特色。

目前,人们常把我国面点分为"南味""北味"两大风味,具体又分为"广式""苏式""京式"三大特色。广式系指珠江流域及南部沿海地区所制作的面点,以广东为代表,故称广式面点。广式面点,富有南国风味,自成一格,近百年来,又吸取了部分西点制作技术,品种更为丰富多彩,以讲究形态、花色、色泽著称,使用油、糖、蛋居多,馅心多样、晶莹,制作工艺精细,味道清淡鲜滑,特别是善于利用荸荠、土豆、芋头、山药、薯类及鱼虾等作坯料,制作出多种多样的美点。富有代表性的品种有叉烧包、虾饺、莲茸甘露酥、蛋泡蟹肉批、马蹄糕、娥姐粉果、沙河粉等。苏式系指长江下游江、浙一带地区所制作的面点,以江苏为代表,故称苏式面点。苏式面点,因处在富庶鱼米之乡,物产极其丰富,为制作多种多样面点创造了良好条件,制品具有色、香、味俱佳的特点。苏式面点可分为宁沪、苏州、镇扬、淮扬等流派,又各有不同的特色,苏式面点重调味,口味厚、色泽深、略带甜头,形成独特的风味。馅心重视掺冻(即用鸡鸭、猪肉和肉皮熬制汤汁冰冻而成),汁多肥嫩,味道鲜美,如淮安文楼汤包、扬州富春茶社的三丁包子、翡翠烧卖就驰名全国。苏式面点也很讲究形态,苏州船点(用米粉调制面团,包馅制成的美点),形态甚多,常见的有飞禽、走兽、鱼虾、昆虫、瓜果、花卉等,色泽鲜艳、形象逼真、栩栩如生,被誉为食品中精美的艺术品。京式面点,泛指黄河以北的大部分地区(包括山东、华北、东北等)所制作的面点,以北京为代表,故称京式面点。京式面点主要以面粉为原料,特别擅长制作面食品,具有独特之处,被称为四大面食的抻面、削面、小刀面、拨鱼面,不但制作技术精湛,而且口味爽滑、筋道,受到广大人民的喜爱。京式的小食品和点心,也很丰富多彩,如一品烧饼、清油饼、北京都一处烧卖、天津狗不理包子,以及清宫仿膳肉末烧饼、千层糕、艾窝窝、豌豆黄等,都享有盛誉。在馅制品方面,肉馅多用"水打馅",佐以葱、姜、黄酱、味精、芝麻油等,吃口鲜咸而香,柔软松嫩,具有独特的风味。

由上可见,我国面点技术,是我国劳动人民创造的宝贵文化遗产的一部分,它对丰富和改善人民生活,解决新长征路上吃饭问题,加速现代化的建设,都起着重要的作用。我们应当努力使这门古老的技术,更好地为人民服务。

三、面点的技术特点

(一)选料精细,花样繁多

由于我国幅员辽阔,物产丰富,这就为面点制作提供了丰富的原料,再加上人口众多,各地气候条件不一,人们生活差异也很大,因而决定了面点的选料方向是:

1.按原料品种、加工处理方法选择。如:制作兰州拉面宜选用高筋面粉,制作汤圆宜选用质地细腻的水磨糯米粉。只有将原料选择好了,才能制作出高质量的面点。

2.按原料产地、部位选择。如:制作蜂巢荔芋角宜选用质地松粉的广西荔蒲芋头;制作鲜肉馅心时宜选用猪的前胛肉,这样才能保证馅心吃水量较多。

3.按品质及卫生要求选择。选择品质优良的原料,既可保证制品的质量,又可保证卫生,防止一些传染病和食物中毒。如:米类宜选用粒形均匀、整齐,具有新鲜米味、有光泽等优质米产品,不选用生虫、夹杂物含量较多、失去新鲜米味的劣质品;干果宜选用肉厚、体干、质净有光泽的产品。

面点花样繁多,具体表现在下列方面:

(1)因不同馅心而形成品种多样化。如:包子有鲜肉包、菜肉包、叉烧包、豆沙包、水晶包,水饺有三鲜水饺、高汤水饺、猪肉水饺、鱼肉水饺等。

(2)因不同用料而形成品种多样化。如:麦类制品中有面条、蒸饺、锅贴、馒头、花卷、银丝卷等,米粉制品中的糕类粉团有凉糕、年糕、发糕、炸糕等品种。

(3)因不同成形方法而形成品种多样化。如包法可形成小花包、烧卖、粽子等,捏法可形成鸳鸯饺、四喜饺、蝴蝶饺等,抻法可形成龙须面、空心面等。

(二)讲究馅心,注重口味

馅心的好坏对制品的色、香、味、形、质有很大的影响。面点讲究馅心,其具体体现在下列方面:

1.馅心用料广泛。此点是中式面点和西式面点在馅心上的最大区别之一。西点馅心原料主要用果酱、奶油、牛奶、巧克力等,而中点馅心的取料非常广泛,禽肉、鱼、虾、杂粮、蔬菜、水果、蜜饯等都能用于制馅,这就为种类繁多、各具特色的馅心提供了原料基础。

2.精选用料,精心制作。馅心的原料选择非常讲究,所用的主料、配料一般都应选择最好的部位和品质。制作时,注意调味、成形、成熟的要求,考虑成品在色、香、味、形、质各方面的配合。如:制鸡肉馅选鸡脯肉,制虾仁馅选对虾;根据成形和成熟的要求,常将原料加工成丁、粒、茸等形状,以利于包捏成形和成熟。

面点注重口味,则源于各地不同的饮食生活习惯。在口味上,我国自古就有南甜、北咸、东辣、西酸之说。因而在面点馅心上体现出来的地方风味特色就显得特别浓郁。如：广式面点的馅心多具有口味清淡、鲜嫩滑爽等特点，京式面点的馅心注重咸鲜浓厚；苏式面点的馅心则讲求口味浓醇、卤多味美。在这方面，广式的蚝油叉烧包、京式的天津狗不理包子、苏式的淮安汤包等驰名中外的中华名点，均是以特色馅心而著称于世的。

（三）成形技法多样，造型美观

面点成形是面点制作中一项技术要求高、艺术性强的重要工序，归纳起来，大致有 18 种成形技法，即：包、捏、卷、按、擀、叠、切、摊、剪、搓、抻、削、拨、钳花、滚粘、镶嵌、模具、挤注等。通过各种技法，又可形成各种各样的形态。通过形态的变化，不仅丰富了面点的花色品种，而且还使得面点千姿百态，造型美观逼真。如：包中有形似蝴蝶的馄饨、形似石榴的烧卖等，卷可形成秋叶形、蝴蝶形、菊花形等造型。又如：苏州的船点就是通过多种成形技法，再加上色彩的配置，捏塑成南瓜、桃子、枇杷、西瓜、菱角、兔、猪、青蛙、天鹅、孔雀等象形物，色彩鲜艳、形态逼真、栩栩如生。

第二节　　面点的分类和一般制作程序

面点制品品种繁多，花色复杂，分类方法较多，主要的分类方法有：按原料分类，可分为麦类制品、米类制品、杂粮类和其他制品；按熟制方法分，可分为蒸、炸、煮、烙、烤、煎以及综合熟制法的制品；按形态分类，又可分为饭、粥、糕、饼、团、粉、条、包、饺以及羹、冻等；按馅心分，可分为荤馅、素馅两大类制品；按口味分，可分为甜、咸和甜咸味制品等。下面按原料分类，简要介绍面点制品主要种类。

一、麦类制品

麦类制品是面点中制法最多、比重最大、花色繁多、口味丰富的大类制品，在面点中占有重要地位，特别在盛产麦类的北方地区，尤其显著。

所谓麦类制品，就是用麦类（主要是小麦）作原料做成的面点。但麦类制品，必须先把麦子磨成粉状（通称面粉），掺入各种物料，主要是水、油、蛋和添加料，调制成为面团，配以各种馅心（有的无馅），再经过各道加工工序制成。因掺入物料和添加料不同，就形成了多种多样的面团制品，各有风味和特色。主要有以下几种：

（一）水调面团

即用水与面粉调制的面团。因水温不同，又可分为冷水面团（水温在 30℃以下）、温水面团（水温在 50℃左右）、热水面团（水温在 60℃~100℃，又叫沸水面团或烫面面团）3 种。

冷水面团劲大有韧性，制成成品色白、爽滑、有劲（俗称筋道），适用于制作面条、水饺、馄饨、烙饼等。

温水面团柔中有劲,富有可塑性,制成品时,容易成形;熟制后也不易走样,口感适中,色泽较白。这种特点,特别适用于制作各种花色蒸饺。其他用途同冷水面团。

热水面团特性是柔软、劲小,制成成品呈半透明状,色泽较差,但口感细腻、软糯并有些甜味,加热也容易成熟,适用于制作蒸饺、烧卖、锅贴、薄饼等。

水调面团在调制后,再经过加工处理,还可调成柔软的面筋、面团和澄粉面团,前者作春卷皮用,后者可制作精细点心,如广东的虾饺、莲茸蒸饼等。

有些水调面团在调制过程中,适当掺入一些添加料,以改善面团性质和口味,丰富花色品种,如加糖和椒盐,使制品增加口味;冷水面团加盐增强筋性,使制品爽滑,以及加入蛋液成为水蛋面团,制作口味丰美、富有营养的"伊府面"、担担面等。

(二)膨松面团

分为两种情况,一种是在水调面中,加入酵母和化学膨松剂,调制成为面团;另一种是把鸡蛋抽打成泡,再与面粉调成糊状面团。这两种面团制成成品的共同特点是,体积膨胀、松泡多孔、质感暄软、酥香、可口、营养丰富。

加入酵母而调制的膨松面团,一般称为发酵面团,是当前应用广泛的一种面团,最适宜制蒸制品,品种繁多,如馒头、花卷、蒸饼、包子、银丝卷等。

加入膨松剂而调制的面团,一般叫做化学膨松剂面团,用途和制品也很多,以广式点心应用广泛,如甘露酥、松酥、拿酥、锚沙、士干及西河等面皮及其花色点心,都是用的膨松剂面团。此外,用矾碱盐调制的面团,制作油条、油饼、麻花等制品,松泡、酥脆,也属于化学膨松剂面团的一类。

用蛋泡调制的面团,又叫调搅面团,用它制成成品比酵母和膨松剂面团具有更大的膨松性,而且色泽、口味俱佳,为制作精细点心之用,如各色蛋糕等。

(三)油酥面团

即用油脂与面粉调制的面团。这种面团分为起层酥、油炸酥和单酥(不起层酥)等,制品的共同特点,色泽美观,入口酥化,品种繁多,常用来制作精致美点。

起层酥,通常叫油酥面团,分为两种做法:一种是包酥法(又叫酥皮),由两块面团(一块是用水、油、面粉调制的水油酥,一块是用油与面粉调制的干油酥),一块作皮、一块作心,包在一起,经过擀、叠、卷等工艺而成(因处理方法不同又可分为明酥、暗酥、半暗酥等)。另一种是叠酥法(又叫擘酥),先将猪油熬出凝结,加面粉搓匀,冰成油酥板;再调和一块水、蛋、糖面团,然后叠放一起,经过几次叠、擀而成。这类面团制成的成品,层次分明,酥香可口,品种有酥合、酥饺、酥饼和各种花色酥点等。

单酥,又叫硬酥,就是直接用水、油脂掺入面粉,一次揉和成团,制成不分层次的酥点,如核桃酥、杏仁酥等。但单酥面团,一般都要加糖、膨松剂等,其情况与化学膨松剂面团相似。

炸酥,把猪油入锅烧热,放入干面粉,不断搅动,均匀加热,至金黄色为止。炸酥只作酥心,包入水调面或发酵面中,再制成成品,一般用于制大量的油酥烧饼等。

除上述主要面团外,还有全蛋面团、水油蛋面团、油糖蛋面团等,如蛋黄酥等,就是油糖蛋面团制成。

二、米类制品

米类制品也是我国面点中的一个大类,产米地区的米制品,其品种花色之多,与麦类制品不相上下。

米类制品,大体可分两类:一类即直接用粳米、籼米、糯米制成的饭、粥、粽子、八宝饭、粢饭糕等。一类是把米磨成粉,调制成团,再制成各色成品,主要有糕类粉团制成的松糕、黏质糕等;团类粉面制作的各种汤团、圆子等;发酵粉团制作的棉花糕等,还有用粉直接制成"米线"(即米粉面条)等。品种丰富多彩,既有大众化的品种,也有精致的花色品种。如苏州"船点"、广州"沙河粉"、湖南"汤粉"、云南"过桥米线"等,都是全国著名的米粉美点。

三、杂粮和其他原料制品

凡是用杂粮、豆类和薯类以及芋头、山药、荸荠、果类、鱼虾等作为坯料制成的点心,都属于此类。由于这些原料有的富有淀粉、蛋白质和胶质蛋白等,与面粉的成分和性质有显著区别。因此制作时工艺过程也较为复杂,必须先经过一定的初步加工处理。例如用鲜薯制作食品时,必须先经过去皮、除筋、蒸熟、擦泥等过程。用这类原料制成的食品大都具有特殊的风味,配料也比较讲究,制作上也比较精细。如果羹、果冻、绿豆糕、山药糕、芋角、马蹄糕、鱼茸角、虾角等。

第三节　面点常用的设备与工具

一、面点常用的设备

(一)加热设备

1.蒸汽加热设备。蒸汽加热设备是目前广泛使用的加热设备。一般分为蒸箱和蒸汽压力锅两种。

(1)蒸箱。是利用蒸汽传导热能将食品直接蒸熟的一种设备。它与传统煤火蒸笼加热方法比较,具有操作方便、使用安全、劳动强度低、清洁卫生、热效率高等优点。

蒸箱的使用方法是：将生坯等原料摆屉后推入箱内，将门关闭，拧紧安全阀后，打开蒸汽阀，根据熟制原料及成品质量的要求，通过蒸汽阀门调节蒸汽的大小，制品成熟后，先关闭蒸汽阀门，待箱内外压力一致时，打开箱门出屉。蒸箱使用后，要将箱内外清洗打扫干净。

（2）蒸汽压力锅。又称蒸汽夹层锅，是热蒸汽通入锅的夹层与锅内的水交换热能，使水沸腾，从而达到加热食品的目的。它克服了明火加热易改变食品色泽和风味，甚至发生焦化的缺点，在面点工艺中，可用来做糖浆、浓缩果酱及炒制豆沙馅、莲蓉馅和枣泥馅。

蒸汽压力锅的使用方法是：先将锅内倒入适量的水，将蒸汽阀门打开，待水沸腾后下入原料或生坯加热。压力锅使用完毕，应先将热蒸汽阀门关闭，按动电钮，将锅体倾斜，取出制品倒出锅内的水和残渣，将锅洗净，复位。

2.燃烧蒸煮灶。燃烧蒸煮灶即传统明火蒸煮灶，它是利用煤或煤气等能源的燃烧而产生热量，将锅内水烧开，利用水的对流传热作用或蒸汽的作用使制品成熟的一种设备，大部分饭店、宾馆多用煤气灶。它的特点是适合于少量制品的加热。平时要定期清洗灶眼，注意灶台卫生。

3.电加热设备。

(1)电热烤箱。电热烤箱是目前大部分饭店、宾馆面点厨房必备的一种设备。它主要用于烘烤各类中西糕点。常见的有单门式、双门式、多层式几种。它的使用主要是通过定温、控温、定时等按键来控制，温度一般最高能达到300℃。先进的烤炉一般都可以控制上下火的温度，以使制品达到应有的质量标准。它的使用简便卫生，可同时放置4~10（或更多）个烤盘。

使用方法是：首先打开电源开关，根据品种要求，调至所需的温度，当达到规定的温度时，将摆放好生坯的烤盘放入炉内关闭炉门，将定时器调制到所需烘烤时间，等制品成熟后取出，关闭电源。

(2)微波炉。微波炉是近年来在国外普及较广的一种新型灶具，目前已逐步被我国消费者认识和采用，微波炉的外观与一般电烤箱相似，但加热原理却与电烤箱完全不同。

微波是以光速直线传播的，对物体有一定的穿透性。微波对物料的加热是在物料的里、外同时进行的，而不是像常规热源的加热依赖于热传导、辐射、对流三种方式完成。因此，微波加热具有瞬时升温的特点。

①微波炉的使用方法：

接通电源、选择功能键。接通电源后，要根据加热原料的性质、大小及加热目的（成熟、烧烤、解冻等）、加热时间，将各功能键调至所需位置。

打开炉门，将盛放食物的容器放入炉内。关好炉门，按启动键。

加热完成后,打开炉门,取出食物,切断电源,用软布将炉内外擦净。

②使用微波炉的注意事项:

严禁空炉操作。微波炉不用时,应在炉内放一杯水,以避免意外行为造成空炉操作。

烹调时,被加热物的盛器一定要放入转盘。转盘在烹调时自行转动,可使加热更均匀。

烹调过程中,可随时打开炉门检查或翻转食物,但须戴上手套,以免烫伤。

烧烤食物时,食物与烧烤发热管的距离不少于5厘米。

清洁炉体时要先切断电源,待烧烤管冷却后才可擦拭。另外,严禁用工业清洗剂、腐蚀性清洗剂和漂白水清洁炉内外。

③微波烹调的特点:

微波烹调与常规烹调有本质的区别,微波烹调有许多独特的优点。

省时、节能。电磁波使食物内外同时加热,且仅加热食物,不加热器皿和炉子本身,因而热能耗损小,省时间。

安全、卫生。烹调食物时无明火、无烟、无脏物,无中毒的危险,烹调环境安全、卫生、干净。

解冻迅速。冷冻食品只需较短时间既可解冻,并保持了食物原有的鲜度和营养,还防止了食物在自然解冻中产生的劣变。

便于造型。因加热时间短,避免了某些化学反应的产生,从而保持了原料的色、香、味,同时加热时不必翻搅,不会使食物变形,保持了食物的原有造型。

保留营养。由于加热时间短,用水少,食物中一些水溶性的、易氧化的和易被热破坏的维生素的保存率极高。

但是,微波烹饪也有一定的局限性,如:食物表面的褐变较差,不易产生焦脆的表皮,因而缺乏烘烤制品外焦里嫩的口感。另外,使用微波烹调,由于不能打开炉门操作,不易对食物进行煎、炸、炒等传统的中式烹调操作,因而,用微波炉加工传统中餐较为困难。

④微波烹调器皿:

微波加热时,不是把器皿放在火上,所以可以使用很多器皿,但同时也有一定的条件限制:第一,电磁波一定能穿透器皿;第二,器皿的耐热温度必须比加热烹调温度高。一般陶瓷器皿、玻璃器皿、耐热塑料器皿、耐热胶膜(保鲜纸)等均可使用。

陶瓷器皿。一般的陶瓷器皿均可使用,但下列情况除外:带有金银饰线的陶瓷器皿,在加热时会爆出火花并变色;内壁涂有色彩的陶瓷一经加热会析出铅成分,对人体有害。

玻璃器皿。耐高温玻璃、耐热玻璃、硼硅酸耐热玻璃均可使用。普通玻璃器皿可用于加热食物,雕花玻璃、水晶玻璃,由于厚度不均匀,形状不规则,因而加热时易破裂。

塑料器皿。凡标有耐 120℃以上温度的塑料器皿均可使用。但加热含有高糖分、高食油的食品时,温度会升高,容器有熔化的可能,应避免使用。不耐热的塑料器皿易熔化、有污染,因此不能用。

耐热胶膜(保鲜纸)。可用于温度不超过 100℃的烹调。当加热含有高糖分、高食油的食物时,高温会熔化保鲜纸,应避免使用。

金属容器。加热时会产生火花并反射电磁波,使食物不易成熟,应禁止使用。铝箔纸片可起调节电磁波量、控制完成时间的作用,但应注意勿使碰到金属内壁,否则会产生火花。

(3)电磁炉。是采用磁场感应涡流加热原理进行工作的。它利用电流通过线圈产生磁场。当磁场内的磁力线通过铁质锅的底部时,即产生无数小涡流,使锅本身自行高速发热,然后再加热于锅内的食物。电磁炉的热效率极高,蒸煮食物时安全洁净,无烟、无火,不怕风吹、不会爆炸、不会引起气体中毒。当磁场内的磁力线通过非铁质物体时,并不会引起涡流,所以,不会产生热力,炉面本身因而不会发热。所以人体没有被电磁炉烧伤的危险,这对于使用者来说,安全性极高。

①电磁炉使用注意事项:

接通电源之前,应确认电磁炉的开关已关上。

电磁炉应与气体炉分开放置。

电磁炉不能靠近水源使用。

电磁炉应远离有大量热汽、蒸汽、湿气的地方。

电磁炉在使用时,距离墙壁至少保留 10 厘米空隙,以免阻塞吸气口或排气口。

电磁炉烹调器皿材质为铁或不锈钢的平底器皿。

电磁炉不适宜的器皿材质为非铁质金属,如陶瓷、玻璃以及铝、铜为底的器皿,底部形状为凹凸不平的器皿。

②电磁炉的保洁方法:

清洁电磁炉前应先拔下插销,切断电源。

轻微的污垢用干净的湿布擦拭即可;严重的污垢可用去污粉擦拭后,再用湿布擦干净。严禁使用有机溶剂或苯等化学药品擦拭,以免发生化学变化。

严禁直接用水冲洗或浸入水中刷洗。

不用电磁炉时,应切断电源。

保持电磁炉的清洁,避免蟑螂等进入风扇内,影响机件正常工作。

（二）机械设备

1.和面机。和面机又称拌粉机，主要用于拌和各种粉料。和面机利用机械运动将粉料和水或其他配料和成面坯。和面机有铁斗式、滚筒式、缸盆式等。它的工作效率比手工操作高 5~10 倍。和面机主要用于大量面坯的调制，是面点工艺中最常用的机具。

使用方法是：先将粉料和其他辅料倒入面桶内，打开电源开关，启动搅拌器，在搅拌器搅拌粉料的同时加入适量的水，待面坯调制均匀后，关闭开关，将面取出。

2.绞肉机。绞肉机又称绞馅机，主要用于绞制肉馅。绞肉机有手动、电动两种。绞肉机工作效率较高，适于大量肉馅的绞制。

使用方法是：启动开关，用专用的木棒或塑料棒将肉送入机筒内，随绞随放，可根据品种要求调整刀具，肉馅绞完后要先关闭电源，再将零件取下清洗。

3.打蛋机。又称搅拌机，主要用于搅蛋液。打蛋机是利用搅拌器的机械运动将蛋液打起泡，兼用于和面、搅拌馅料等，用途较为广泛。

使用方法是：将蛋液倒入蛋桶内，加入其他辅料，将蛋桶固定在打蛋机上，启动开关。搅匀后，将蛋桶取下，将蛋液倒入其他容器内。使用后要将蛋桶、搅拌器等部件清洗干净，存放于固定处。

4.磨粉机。磨粉机主要用于大米、糯米等原料的加工，它效率较高，磨出的粉质细，磨水磨粉时使用最佳。

使用方法是：启动开关，将水和米同时倒入孔内，边下米边倒水，将磨出的粉浆倒入专用的布袋内。使用后须将机器的各个部件及周围环境清理干净。

5.饺子机。饺子机是用机械滚压成型包制饺子的一种炊事机械，可包多种馅料的饺子，它工作效率高，但成品质量不如手工水饺。

使用方法是：将调好的面坯和馅心倒入机筒内，启动开关，根据要求调节饺子的大小、皮的厚薄及馅量的多少。使用后，要将其内外清洗干净。

6.馒头机。馒头机又称面坯分割器，有半自动和全自动两种。

使用方法是：将面坯放入加料斗，降落入螺旋输送器，由螺旋输送器再将面坯向前推进，直至出料口，出料口装有一个钢丝切割器，把面坯切下落在传送带上。使用后，要将机器各部件清洗干净。

（三）普通设备

1.案台。案台是面点制作工艺中必备的设备，它的使用和保养直接关系到面点制作工艺能否顺利进行。案台一般分木案、大理石案和不锈钢案 3 种。

(1)木案。木质案台的台面大多用厚 6～7 厘米以上的木板制成，底架一般有铁制的和木制的等几种。台面的材料以枣木的最好，其次为柳木的。案台要求结实、牢固、平稳,表面平整、光滑、无缝。

　　在面点制作过程中,绝大部分面点操作是在木质案台上进行的,在使用时,要注意:尽量避免案面与坚硬工具碰撞,切忌面案当砧板使用,忌在案台上用刀切、剁原料。

　　(2)大理石案。大理石案台的台面一般是用厚4厘米左右的大理石材料制成的。由于大理石台面较重,因此其底架要求特别结实、稳固、承重能力强。

　　大理石案台多用于较为特殊的面点品种的制作(如面坯易迅速变软的品种),它比木质案台平整、光滑、凉爽。一些油性较大的面坯、需要迅速降温的面坯适合在此类案台上进行操作。

　　(3)不锈钢案。整体一般都是用不锈钢材料制成。表面不锈钢板材的厚度一般为0.8~1.2毫米。台面要求平整、光滑,没有凸凹。

　　2.储物设备。

　　(1)储物柜。多用不锈钢材料制成(也有木质材料制成),用于盛放大米、面粉等粮食。

　　(2)盆。一般有木盆、瓦盆、铝盆、铜盆、搪瓷盆、不锈钢盆等。其直径有30～80厘米等多种规格,用于和面、发面、调馅、盛物等。

　　(3)桶。一般有铝桶、搪瓷桶和不锈钢桶。其直径有35厘米、45厘米、55厘米等几种规格。主要用于盛放粮食、白糖、大油等原料。

　　二、常用工具

　　(一)面　杖

　　1.面杖的种类。面杖又称擀面杖,是面点制作工艺中最常用的手工操作工具,其质量要求是结实耐用,表面光滑,以檀木或枣木的最好。擀面杖根据其用途、尺寸、形式,可分为以下几种:

　　(1)普通面杖。根据尺寸可分为大、中、小3种,大的长80~100厘米,主要用于擀制面条、馄饨皮等;中的长约55厘米,宜用于擀制大饼、花卷等;小的长约33厘米,用于擀制饺子皮、包子皮、小包酥等。

　　(2)通心槌(又称走槌)。此面杖的构造是:在粗大的面杖轴心有一个两头相通的孔,中间可插入一根比孔的直径略小的细棍作为柄。大走槌用于擀制面积较大的面皮,如花卷面皮、开大包酥面皮等;小走槌主要用于擀制烧卖皮。使用时,要双手持柄,动作协调,大走槌擀制的面皮要平整均匀,小走槌擀制的面皮呈荷叶边,褶皱均匀。

　　(3)单手杖(又称小面杖)。此面杖两头粗细一致,用于擀制饺子皮、开小包酥等,使用时双手用力要均匀,动作要协调。

　　(4)双手杖。较单手杖细,擀皮时两根合用,双手同时使用,要求动作协调。主要用于擀制水饺皮、蒸饺皮等。

(5)橄榄杖(又称枣核杖)。此面杖中间粗、两头细,形似橄榄或枣核,长度比双手杖短,主要用于擀制水饺皮或烧卖皮等。使用时,双手持杖,用力要均匀,要保持面杖的相对平衡。

2.面杖的保养。以上几种面杖是面点制作工艺中常用的工具,在平时要注意保养,主要的保养方法要求在使用后做到:

(1)将面杖擦净,不应有面污粘连在面杖表面。

(2)放在固定处,并保持环境的干燥,避免面杖变形、表面发霉。

(二)案上清洁工具

1.案上清洁工具的种类:

(1)面刮板(又称刮刀)。它是用铜片、铝片、铁片或塑料片制成的。薄片上有手柄,主要用于刮粉、和面、分割面团等。

(2)粉帚。以高粱苗或棕等为原料制成,主要用于案台上粉料的清扫。

(3)小簸箕。以铝、铁皮或柳条等制成,扫粉时盛粉用。有时也用于从缸中取粉料。

2.案上清洁工具的保养。面刮板用后要刷洗干净,放在干燥处,防止生锈。粉帚、小簸箕用后要将面粉抖净,存放在固定处。

(三)成型工具

1.成型工具的种类:

(1)模子。用木头或铜、铁、铝等材料制成,因用途不同,模子的规格大小也不等,形状各异,模内大多刻有图案或字样,如月饼模子、蛋糕模子等。

(2)印子。即刻有图案或文字的木戳,用来印制点心表面的花纹图案。

(3)戳子。用铁、铝、铜、不锈钢等材料制成,有多种形状,如桃形,各种花、鸟、虫等。

(4)花镊子。一般用铁、铜、不锈钢等材料制成。它一头是扁嘴带齿纹的镊子,另一头是波浪形的滚刀,主要用于特殊形状面点的成形、切割等工艺。

(5)小剪刀。制作花色品种时用作修剪造型用。

(6)其他工具。面点师使用的小型工具多种多样,其中一部分可自己制作,以便于使用,如木梳、塑料签、木签、刻刀等。

2.成型工具的保养:

(1)所有成型工具均应存于固定处,并由专用工具箱(盒)保存。

(2)所有工具用后应用干布擦拭干净,防止生锈,以便下次再用。

(四)粉　筛

1.粉筛的种类。粉筛又称罗,根据制作材料不同可分为绢制、棕制、马尾制、铜丝制、铁丝制等几种。根据用途不同,筛眼的大小有多种规格,主要用于筛面粉、米粉以及擦豆沙、过果蔬汁和泥等,绝大部分精细面点在调制面团前都应将粉料过罗,以确保产品质量。

使用时,将粉料放入罗内(不宜一次放入过满),双手左右摇晃,使粉料从筛眼中通过。

2.粉筛的保养。使用后,将粉筛清洗干净,晾干存放在固定处,不要与较锋利的工具放置在一起。

(五)衡　器

1.衡器的种类:

(1)台秤。主要用于称量原料的质量,以使投料量和比例准确。

(2)天平。主要用于用量较少的原料和各种添加剂的称量,要求刻度十分精确。

2.衡器的保养:

(1)衡器用后必须将秤盘、秤体仔细擦拭干净,放在固定、平稳处。

(2)经常校对衡器,保证其精确性。

(六)其他工具

1.炉灶上用的工具:

(1)漏勺。是面上带有很多均匀的孔,铁制带柄的勺。根据用途不同有大、小两种,主要用于淋沥食物中的油和水分。

(2)网罩、笊篱。网罩有不锈钢网罩和铁丝网罩,是用不锈钢或铁丝编成的凹形网罩,在边上再加一围圈箍,用于油炸食物沥油。笊篱也有不锈钢和铁丝的两种,并带有长柄,主要用于油炸食物沥油、捞饭等。

(3)铁筷子。由两根细长铁棍制成,油炸食物时,用来翻动半成品和钳取成品。

(4)铲子。用铁片制成,带有柄,用以翻动煎、烙制品等。

2.制馅、调料工具:

(1)刀。有方刀、大片刀两种。方刀主要用于切面条;大片刀主要用于剁菜馅等。

(2)蛋甩帚。俗称"抽子",有竹制和钢丝制两种,主要用于搅打蛋糊,也可用于调馅等。

3.着色、抹油工具:

(1)色刷。目前市场无此类专用工具,故多用新的牙刷代替。主要用于半成品或成品的着色(弹色)。

(2)毛笔。用于面点制品的着色(抹色)。

(3)排笔。用于面点制品的抹油。

三、面点设备与工具的保养

(一)熟悉设备工具性能

使用设备工具时,要熟悉各项工具设备的性能,然后才能达到正确使用,发挥设备工具的最大效能。"一个不懂得操作的人,亦是一个最易损坏工具的人。"因此,学会各种工具的正确使用方法,不仅操作姿势和手法要正确,同时还要达到熟练。特别在使用机器设备时,在未学会操作方法以前,切勿盲目操作,以免发生事故或损坏机件。在操作时,思想必须集中,方可保证人身安全,避免发生机件损坏事故。

(二)编号登记、专人保管

炉灶上和面案上的一般工具种类繁多,应编号登记,专人负责保管,以方便应用。凡是制作经常使用的,必须配备齐全,不能乱用乱放,应做到"用有定时,放有定点。"面案上的工具,用过后必须集中放在一处,放置时并要注意到工具之间的关系,不可混放在一起,如面棍、面杖等不宜与粉筛、刀剪之类混放在一起,否则一不小心,粉筛会被戳破,面棍、面杖会被折断或磨伤。盘秤应挂在一定地方,秤杆最易断折,故放时要注意放平。蒸笼、烤盘、木桶以及各种木制模型等,用后必须洗刷清洁,放于通风干燥处,铁器和铜器工具均要经常擦拭干净,以免生锈。

(三)搞好清洁卫生

食品是直接入口的,清洁卫生工作做得好坏和人民的健康有着直接的关系。所以我们制作面点时,一方面固然要求做到色、香、味、形俱佳,但也要注意到清洁卫生,操作过程中除了必须做好个人的清洁卫生工作外,设备工具也必须干净清洁,特别是直接和熟食品接触的用具更要注意。在制作中有许多工艺过程是要在成熟以后才进行的,如制作各种花色点心的着色、捏花纹等,应特别注意工具的清洁和消毒,不然就很容易污染食品,有传染疾病的危险。关于设备工具的清洁卫生方面,一般应做好以下工作:

第一,用具必须经常保持清洁,并定时进行严格消毒。如所用案板、面杖、刮刀以及盛食料的钵、盆、缸、桶和布袋等,用后必须洗刷干净,保持清洁,并每隔一定时期,要彻底消毒一次。消毒方法,可根据用具性质不同处理。一般最简便的方法,就是用沸水烫或放入沸水中蒸煮,如体积较大的用具,则可用蒸汽或化学药物消毒。在使用化学药物消毒时,必须具有使用化学药品的常识,并遵照规定的操作要求进行,以免发生事故。

第二,对生熟食品的用具,必须严格分开使用。例如用于盛生鱼、生肉、生菜的器皿用具,就不应同时用于盛装成熟的成品,由于有许多细菌常寄生在生的原料上,如不注意,就可能把疾病传给人。

第三,有些用具必须严格规定专用制度。例如制作食品的案板就不能兼作吃饭或睡铺用。木桶既装粉料就不应再用于洗菜、洗衣或装其他东西。又如围锅布和笼屉布,用后必须洗涤干净,挂起吹干,切不可作为抹布之用,否则会严重地影响清洁卫生。

(四)注意维护检修,特别是机械的检修工作

如切面机、和面机等的辊轴、轴承等,必须按时加油,使其润滑,减少磨损;刀片齿牙等,片薄性脆,使用和拆卸安放时均应特别注意。小零件不用时,应妥善安放以免遗失;电动机宜放于干燥适宜的地方,开动时间过长易于损坏,应规定有一定的间歇时间。机器不用时,应防止杂物和脏东西进入机器,一般应用机罩或布盖好,使用前必须检视机器是否正常,然后再开动操作,以免发生事故。同时,也要及时做好炉灶的维修工作。

(五)加强安全操作

第一,操作时思想必须集中。

第二,要严格订立操作安全责任制度,认真遵守执行。

第三,必须重视安全设备,如保护罩、防护网等装置,对操作安全有一定的防护作用,不得任意摘除。

民以食为天,厨师就是那天上的神仙,神仙下凡做饭,把幸福带

给人间……

——张仁庆

第二章 制作面点的技术要领

面点制作,技法不多;记住要领,重在手活! 本章掌握重点熟记要领,勤学苦练,熟中生巧。

第一节 和 面

和面是整个面点制作中最初一道工序,亦是一个重要的环节,面和的好坏,能直接影响成品品质和面食制作工艺能否顺利进行。其要领、要求和手法如下。

第一,和面特别是调和大量的面粉时(如和整袋面粉),需要用一定强度的臂力和腕力,为了便于用力,就要有正确的姿势。正确的和面姿势应是两脚分开,站成丁字步,且要站立端正,不可左右倾斜,上身要向前稍弯,如此才能便于用力。

第二,和面掺水量要适合,掺水量多少受很多因素影响。如面粉本身干湿程度,气候的冷暖,空气的干燥与潮湿,以及制品本身的要求等,特别是面点品种多,掺水量出入很大。在和面时一定要根据规定的掺水量掺准。但掺水时,一般分次掺入,切勿一次加大量的水,因为一次掺水过多,粉料一时吸收不进去,会使水溢出,流失水分,反使粉料拌不均匀。但第一次加水也不能太少,第一次掺水不足,也和拌不开。所以,要分两三次掺入,并且在第一次掺水拌和时,要看看粉料吸水的情形,如粉料吸不进水或吸水少时,第二次即要少加一些水。分次掺水可衡量所用粉料的吸水情况,以便正确掌握。但也有的厨师经验丰富、技术熟练,使用一次加水法,也能调出良好的面团。对初学者来说,还是要从分次掺水学起。

第三,和面有几种手法(方法),但无论哪种手法,都要讲究动作迅速、干净利落。这样,面粉吃水均匀,特别是烫面,如果慢了,不但吃水不匀,而且生熟不均,成品内带白苫,影响质量。

第四,和面的质量标准:一是匀、透、不夹粉粒。二是符合面团性质要求。三是和得干净,和完以后,手不粘面,面不粘缸(盆、案)。

和面的手法,大体可分抄拌、调和、搅和 3 种,以抄拌法用得较多。

(一)抄 拌 法

将面粉放入缸 (盆) 中, 中间掏一坑塘, 放足第一次水量 (占总水量 65%~75%),双手伸入缸中,从外向内,由下向上,反复抄拌。抄拌时,用力均匀适当,手不沾水,以粉推水,促使水、粉结合,成为雪花片状(有的叫穗形片),这时可加第二次水(占总水量的 15%～20%)，继续双手抄拌，成为结块的状态(有的地区叫葡萄面)；然后把剩下的水，洒在上面，搓揉成为面团，达到"三光"：缸光、面光、手光。这种和面手法，适用于大量的冷水面团和发酵面团。

(二)调 和 法

面粉放在案板上，围成中薄边厚的圆形(大圆坑塘形)，将水倒入中间，双手五指张开，从外向内，进行调和，面成雪片后，再掺适量的水，和在一起，揉成面团。这也是一种大量的冷水面、水油面调和法。饮食业习惯在缸内和面，并不常用此法(糕点业常用)。饮食业在案板上和面，主要是和少量的冷水面、烫面和油酥面，中间挖小坑(不围大塘)，左手掺水(或下油)，右手和面，边掺边和，调冷水面直接用手，调烫面右手拿工具(如擀面杖等)，在操作过程中，手要灵活，动作要快，不能缩手缩脚，也不能让水分溢跑到外面。

(三)搅 和 法

在盆内和面，中间掏坑，也可不掏，左手浇水，右手拿面杖搅和，边浇边搅，搅匀成团。一般用于烫面和蛋糊面。注意的要点：一是和烫面时，开水浇到、浇匀，搅和要快，使水、面尽快混合均匀。二是和蛋糊面时，必须顺着一个方向搅匀。

第二节　揉　面

主要可分为捣、揉、揣、摔、擦五个动作，这些动作可使面团进一步均匀、增劲、柔润、光滑或酥软等，是调制面团的关键，分别介绍如下。

(一)捣

即在和面后，放在缸盆内，双手握紧拳头，在面团各处，用力向下捣压，力量越大越好。当面被捣压，挤向缸的周围，把它叠拢到中间，继续捣压。如此反复多次，一直把面团捣透上劲，行话说："要使面好吃，拳头捣一千。"这就是说，凡是要求劲力大的面团，必须捣到、捣透。

(二)揉

揉是调制面团的重要动作，它可使面团中淀粉膨润粘结，使蛋白质均匀吸水，产生弹性的面筋网络，增强面团的劲力。揉匀揉透的面团，内部结合紧密，外表光润爽滑，符合制品的需要。否则，就会影响成品的质量。

揉的姿势：揉时身体不能靠住案板，两脚稍分开，站成丁字步，身子站正，不可歪斜，上身可向前稍弯，这样，使劲用力揉时，不致推动案板，并可防止粉料外落，造成浪费。在揉制少量面团时，主要是用右手使劲，左手相帮，要摊得开，卷得拢，五指并用，使劲均匀。

揉的手法：揉时，全身和膀子都要用力，特别是要手腕着力。一般的手法是：双手掌根压住面团,用力伸缩向外推动,把面团摊开,从外逐步推卷回来成团,翻上"接口",再向外推动摊开;揉到一定程度,改为双手交叉向两侧推摊、摊开、卷叠,再摊开、再卷叠,直到揉匀揉透,面团光滑为止。也有的手法是:左手拿住面团一头,右手掌根将面团压住,向另一头推开,再卷拢回来,翻上"接口",继续再推、再卷,反复多次,揉匀为止。

揉大面团时,为了揉得更加有力、有劲,也可握住拳头交叉揣开,使面团摊开的面积更大,便于揉匀揉透。

揉的关键:既要"有劲",又要揉"活"。所谓"有劲",就是揉面腕子必须着力。所谓揉"活",就是着力适当,刚和好的面,水分没有全部吃透,用力要轻一些;待水分被吃进,面团胀润连结时,用力就要加重;在操作的过程中,要顺着一个方向,不能随意改变,否则,面团内形成面筋网络就被破坏;同时,摊开、卷拢,也要有一定次序,不能乱来,这样才叫揉"活"。用力不当,叫做"死揉",费劲不小,效果反而不好。至于揉的时间,则要看面粉吃水情况而定,有的长一些,有的可短一些;还要看成品需要而定,对要求劲力大的面团,要用力多揉,揉得越多,越柔软、洁白,做出成品的质量也好。相反,不需多揉的,适当揉匀或少揉,防止影响成品的质量。

(三)揣

就是双手握紧拳头,交叉在面团上揣压,边揣、边压、边推,把面团向外揣开,然后卷拢再揣。揣比揉的劲大,能使面团更加均匀。特别是量大的面团,都需要揣的动作。还有一些成品要沾水揣(又叫扎),做法和上述一样,所不同的就是手上要沾点水,而且只能一小块一小块的进行。

(四)摔

分为两种手法,一种是双手拿面团的两头,举起来,手不离面,摔在案板上,摔匀为止。一般来说,摔和"扎"结合进行,使面团更加滋润。另一种是稀软面团(如春卷面)的摔法,用一只手拿起,脱手摔在盆内,摔下、拿起、再摔,摔匀为止。

(五)擦

主要用于油酥面团和部分米粉面团。具体方法是在案上把油与面和好后,用手掌根,把面团一层一层地向前边推边擦,面团推擦开后,滚回身前,卷拢成团,仍用前法,继续向前推擦,擦匀擦透。擦的方法,能使油和面结合均匀,增强面团的粘着性,制成成品后,能减少松散状态。

第三节 搓 条

搓条的操作方法是取出一块面团,先拉成长条,然后双手掌根摁在条上,来回推搓,边推、边搓(必要时也可拉拉),条向两侧延伸,成为粗细均匀的圆形长条。搓条的基本要求是：条圆，光洁(不能起皮、粗糙)，粗细一致(从这一头到另一头粗细必须一样，这样下剂子时，不致发生粗的部分剂大，细的部分剂小的现象)。要做到这一点：一要两手着力均匀，两边使力平衡，防止一边大、一边小，一边重、一边轻。二要用手掌根摁实推搓，不能用掌心，掌心发空，摁不平、压不实，不但搓不光洁，而且不易搓匀。圆条的粗细，根据成品需要而定。如馒头、大包的条就要粗一些，饺子、小包的条就要细一些。但不论粗的或细的，都必须均匀一致。

第四节　下　剂

一般称为摘剂、揪剂、掐剂，叫法不同，实际上都是一种手法。目前，下剂方法有以下几种：

(一)揪　剂

剂子又叫坯子，揪剂的手法是，剂条搓匀后，左手握住(但不能握得太紧，防止压扁剂条)，剂要从左手虎口上露出相当坯子大小的截面，右手大拇指和食指捏住，顺势再揪。每揪一次，剂条翻一次身(是因为剂条握在手中，无论用力如何轻，也会扁一些，翻一个身，就又变圆了)，这样揪下的剂子，比较圆整、均匀。剂条翻身，也可以用右手在揪时连转带拉，既揪下剂子，又把剂条转身变圆、拉出截面，左手只是随手走即可，总之，揪剂的双手配合要协调，一揪一露，把一个个的剂子揪下。撒下铺面，散在案板上，这种方法，主要用于水饺、蒸饺等较细的剂条。

(二)挖　剂

挖剂又叫铲剂，用于馒头、大包、烧饼、火烧等较粗的剂条。这种剂条既粗，剂量又大，左手没法拿起，右手也没法揪下。所以，要用挖剂的方法。具体做法是：搓条后，放在案板上，左手按住，右手四指弯曲成挖土机的铲形，从剂条下面伸入，四指向上一挖，就挖出一个剂子。然后，把左手往左移动，让出一个剂子截面，右手进而再挖，一个一个挖完。挖剂为长圆形，有秩序的戳在案板上，有的地方叫做戳剂。

(三)拉　剂

如馅饼面团比较稀软，不能揪，也不能挖，就采用拉的方法，右手五指抓住一块，拉下一个。

(四)切　剂

如油饼等面团，都很柔软，无法搓条，一般和好面后，摊在案板上，按平按匀，先切成长条，再切成方块剂子，擀成圆形即可。

(五)剁　剂

如馒头等，搓好剂条，放在案板上，用菜刀根据剂量大小，一刀一刀剁下，既是剂子，又是半成品(即不需要再经过揉搓成形)。这种方法，效率快，较省事，但质量并不太好。此外,还有器具下剂,如馒头分割器等。

　　以上的下剂方法,以揪剂、挖剂两种较多。无论采用何种方法,下的剂子,必须只只均匀一致,大小分量相同。

第五节　制　皮

　　面点中很多品种都要制皮,便于包馅和进一步成形,是制作面点的基础操作之一。由于品种的要求不同,制皮的方法也是多种多样,有的下剂、制皮,有的不下剂、制皮,归纳起来,有以下几种:

　　(一)按　皮

　　这是最简单的一种制皮法,下好的剂子,两手揉成球形,再用右手掌面按成边薄中间较厚的圆形皮,按时,注意用掌根,不用掌心,掌心按不平,也按不圆。如一般糖包的皮,就是按的皮。

　　(二)拍　皮

　　也是一种简单制皮法,下好剂子,不用揉圆,就戳立起来,用右手手指揿压一下,然后再用手掌沿着剂子周围着力拍,边拍边顺时针转动方向,把剂子拍成中间厚、四边薄的圆整皮子。也是用于大包子一类品种。这种方法,单手、双手均可进行,单手拍,是拍几下、转一下,再拍几下;双手拍,左手拿着转动,右手掌拍即可。

　　(三)捏　皮

　　适用于米粉面团制作汤团之类品种,先把剂子用手揉匀搓圆,再用双手手指捏成圆壳形,包馅收口,一般称为"捏窝"。

　　(四)摊　皮

　　这是比较特殊的制皮法,主要用于春卷皮。春卷面团是筋质强的稀软面团,拿起要往下流,用一般方法制不了皮。所以必须用摊皮方法。摊时,平锅架火上(火候适当),右手拿起面团,不停抖动,顺势向锅内一摊,即成圆形皮,立即拿起面团抖动,等锅上的皮受热成熟,取下,再摊第二张。摊皮技术性很强,摊好的皮,要求形圆、厚薄均匀、没有砂眼、大小一致。

　　(五)压　皮

　　压皮也是特殊的制皮法,下好剂子,用手略揿,然后右手拿刀,放平压在剂子上,左手按住刀面,向前旋压,成为一边稍厚、一边稍薄的圆形皮。广东的澄粉面团制品,大都采用这种制皮法。

　　(六)擀　皮

　　擀皮是当前最主要、最普遍的制皮法,技术性也较强。由于适用品种多,擀皮的工具和方法,也是多种多样的。下面介绍几种主要的擀法:

水饺皮擀法(包括蒸饺、汤包等)：用小擀面杖(多数为小枣核杖)，分为单杖和双杖两种，多数是用单杖。单杖擀皮时，先把面剂(坯子)用左手掌按扁，并以左手的大拇指、食指、中指三个手指捏住边沿，放在案板上，一面向后边转动，右手即以面杖在按扁剂子的1/3处推轧面杖，不断地向前转动，转动时用力要均匀，这样就能擀成中间稍厚、四边略薄的圆形皮子。

双杖擀，就是用双手按面杖擀皮的方法，所用的面杖有两根，操作时先把剂子按扁，以双手按面杖，向前后擀动。擀时两手用力要均匀，两根面杖要平行靠拢，勿使分开，并要注意面杖的着力点。双杖擀的效率，比单杖高出1倍左右，但其质量不如单杖好，主要适用烫面饺。

馄饨皮擀法：这种擀法和水饺皮完全不同，不下小剂子，用大块面团，不用小面杖，用大擀面棍。擀时，先把面团揉匀揉光揉圆，用擀面棍向四周均匀擀开，包卷在面棍上，双手压面，向前推滚，每推滚一次，打开，拍粉(防止粘连)，再包卷推滚；推滚两手用力要匀，向外伸展一致，保持各个部位厚度均匀，一直擀成又薄又匀的大薄片，然后叠成数层，用刀切成梯形、三角形和方形的小块，即成馄饨皮。如切成细条，即刀切面。其他如大饼、花卷、烧饼也是先这样擀成大片(但比较厚)，均匀抹上油、盐、麻酱等，卷起成条，盘起来再擀成圆形，即成大饼；花卷、烧饼则在成条后，下剂子，再进行成形。

烧卖皮擀法：这是用特种擀杖擀的皮，要求擀成荷叶边(皮边有皱纹)和中间略厚圆形，行业中称为"荷叶边""金钱底"。操作时，在案板上，先把剂子按扁(要按得圆)，擀时，大都用两种擀杖来擀：一种是用中间粗两头细的橄榄杖，双手擀制，擀时面杖的着力点应放在边上，左手按住面杖左端，右手按住面杖右端，用力推动，边擀边转(须向同一方向转动)，使皮子边擀成有波浪纹的荷叶形边，用力要均匀；同时，要擀得很匀和擀圆，切勿将皮子边擀破。另一种是使用通心槌(又叫走槌)，其手法与橄榄杖不同，主要是两手捏住通心槌的两端，用力压住剂子的边缘，边擀边转，关键在于两手用力要均衡，用同一方向来回转动，并注意面棍在压扁剂子上的着力点。总之，擀制烧卖皮的技巧比较复杂，比擀一般的坯皮难掌握，必须经过反复练习，才能擀好。

第六节　上　馅

上馅，有些地区叫打馅、包馅、塌馅，是有馅心品种的一道必须工序。上馅好坏，也直接影响成品质量。如上馅不好，就会出现汤馅外流、豆馅过偏、肉馅塌底等毛病。所以上馅也是重要的基本动作之一。由于品种不同，上馅的方法大体分为包上法、拢上法、夹上法、卷上法和滚沾法等，分别介绍如下：

（一）包上法

这种上馅法，是最常用的。如包子、饺子、点心等大多数品种，都采用这种方法。但这些品种的成形方法并不相同，如无缝、捏边、卷边、提褶、提花等，因此，上馅的多少、部位、方法也就随之不同。

无缝包之类品种，如糖包等，馅心较少，一般上在中间，包好即成，关键是不能把馅上偏。

捏边之类品种，如水饺等，馅心较大，打馅要稍偏一些，即放馅心的半边皮占40%，不放馅心的半边皮占60%，这样覆盖上去，合拢捏紧，馅心也就正好在中间。

提褶之类品种，如小笼包子等，馅心较大，因提褶成圆形，所以馅心要放到中心。提花之类品种，一般与提褶上馅相同，但花式种类很多，有的要根据花色变化而定，这类上馅方法，以后另行讲解。

卷边之类品种，如合子等，是用两个皮，一张放在下面，把馅放在皮上，铺放均匀，稍留些边，然后覆盖另一张皮，把上下两边，卷捏成合子。

馄饨的上馅方法，大馄饨和水饺上馅方法相同，小馄饨的馅心很少，是用筷子挑馅，塌在皮子上端，往下一叠，再一捏就成。

（二）拢上法

如烧卖等，馅心较多，放在中间，上好后拢起捏住，不封口，要露馅。

（三）夹上法

即一层粉料一层馅，上馅均匀而平，可以夹上多层，对稀糊面的制品，则要先蒸熟一层后上馅，再铺另一层，如三色蛋糕类。

（四）卷上法

面剂擀成一片，全部抹馅（一般是细碎丁馅和软馅），然后卷成筒形，再做成制品，熟制后切块，露出馅心。

（五）滚沾法

元宵的上馅法，它不是包进，而是把馅料切成小块，蘸湿水分，放入干粉中，用簸箕摇晃，裹上干粉面成。

以上介绍制作面点的基本动作，但由于面点品种很多，还有不少独自的技术动作，如抻面条的抻和油酥的包酥等，以后另作详细讲解。上述动作带有普遍性，学好练熟，可为学习面点技术打下良好的基础。

第七节　　面点成型工艺

面点成型技术是指利用调制好的面团，按照面点的要求，运用各种方法制成多种多样形状的半成品或成品的一项操作技术。它同时又是面点制作工艺中一项技术要求高、艺术性强的重要的操作环节。它通过形态的变化,丰富了面点的花色品种,并体现了面点的特色。如龙须面、船点等面点,就是以独特的成型手法而享誉海内外。

面点的形态丰富多彩、千姿百态,其成型方法也多种多样,归纳起来有卷、包、捏、切、按、叠、剪、模具成型、滚沾、镶嵌等多种方法。

一、卷

卷是面点成型中的一种常用的方法。

在点心的成型中,卷又有"双卷"和"单卷"之分。无论是双卷还是单卷,在卷之前都要事先将面团擀成大薄片,然后或刷油(起分层作用)或撒盐或铺馅,最后再按制品的不同要求卷起。卷好后的筒状较粗,一般要根据品种的要求,将剂条搓细,然后再用刀切成面剂,即制成了制品的生坯。

"双卷"的操作方法是:将已擀好的面皮从两头向中间卷,这样的卷剂为"双螺旋式"。此法可适用于制作鸳鸯卷、蝴蝶卷、四喜卷、如意卷等品种。

"单卷"的制作方法是:将已擀好的面皮从一头一直向另一头卷起成圆筒状。此法适用于制作蛋卷、普通花卷等。

二、包

包是将馅心包入坯皮内使制品成型的一种方法。它一般可分为无缝包法、卷边包法、捏边包法和提褶包法等几种。

(一)无缝包法

其操作方法是:先用左手托住一张制好的坯皮,然后将馅心上在坯皮的中央,再用右手掌的虎口将四周的面皮收拢至无缝(即无褶折)。此法的关键就在于收口时左右手要配合好,收口时要用力收平、收紧,然后将剂顶揪除(最好不要留剂顶)。由于此法比较简单,常用于糖包、生煎包等品种的制作。

(二)卷边包法

其操作方法是:在两张制好的坯皮中间夹馅,然后将边捏严实,不能露馅,有些品种还需捏上花边。此法常用于酥盒、酥饺类等品种的制作。

(三)捏边包法

其操作方法是:先用左手托住一张制好的坯皮,将馅心放在坯皮上面,然后再用右手的大拇指和食指同时捏住面皮的边沿,自右向左捏边成褶即成。此法常用于蒸饺等品种的制作。

(四)提褶包法

其操作方法是:先用左手托住一张制好的坯皮,然后将馅心放在坯皮上面,再用右手的大拇指和食指同时捏住面皮的边沿,自右向左,一边提褶一边收拢,最后收口、封嘴。此法要求成型好的生坯的褶子要清晰,以不少于18褶(最好是24褶)

为佳,纹路要稍直。此法的技术难度较大,主要用于小笼包、大包及中包等品种的制作。如:苏式面点中的甩手包子实际上就是提褶包子。由于甩手包子皮软、馅心稀,所以在包制时要求双手配合甩动,使馅和皮由于重力的作用产生凹陷,便于包制。

三、捏

捏是以包为基础并配以其他动作来完成的一种综合性成型方法。捏的难度较大,技术要领强,捏出来的点心造型别致、优雅,具有较高的艺术性,所以这类点心一般用于中高档筵席等。如:中式面点中常见的木鱼饺、月牙饺、冠顶饺、四喜饺、蝴蝶饺、苏州船点和西式面点中常见的以杏仁膏为原料而制成的各种水果、小动物等,均是采用捏的手法来成型的。

因捏的手法不同,捏又可分为挤捏(木鱼饺就是双手挤捏而成)、推捏(月牙饺就是用右手的大拇指和食指推捏而成)、叠捏(冠顶饺就是将圆皮先叠成三边形,翻身后加馅再捏而成)、扭捏(青菜饺就是先包馅后上拢,再按顺时针方向把每边扭捏到另一相邻的边上去而成型的),另外还有花捏、褶捏等多种多样的捏法。

捏法主要讲究的是造型。捏什么品种,关键在于捏得像不像,尤其是中西面点中的各种动物、花卉、鸟类等,不仅色彩要搭配得当,更重要的是形态要逼真。

四、切

切是借助于工具将制品(半成品或成品)分离成型的一种方法。此法分为手工切和机械切两种。手工切适于小批量生产,如:小刀面、伊府面、过桥面等;机械切适于大批量生产,特点是劳动强度小、速度快。但其制品的韧性和咬劲远不如手工切。此法多用于北方的面条(刀切面)和南方的糕点等品种的制作。

五、按

按是指将制品生坯用手按扁压圆的一种成型方法。在实际操作中,它又分为两种:一种是用手掌根部按;另一种是用手指(将食指、中指和无名指三指并拢)按。按的方法比较简单,比擀的效率高,但要求制品外形平整而圆、大小合适、馅心分布均匀、不破皮、不露馅、手法轻巧等。此法多用于形体较小的包馅品种(如馅饼、烧饼等,包好馅后,用手一按即成)的制作。

六、叠

叠是将坯皮重叠成一定的形状(弧形、扇形等),然后再经其他手法制成制品生坯的一种间接成型方法。叠的时候,为了增加风味往往要撒少许葱花、细盐或火腿末等;为了分层往往要刷上少许色拉油。此法多用于酒席上常见的兰花酥、莲花酥、荷叶夹、猪蹄卷等包馅品种的制作。

七、剪

剪是用剪刀在面点制品上剪出各种花纹。如:苏式船点中的很多品种,就必须在原成型的基础上再通过剪的方法才能得以完成；酒席点心中寿桃包的两片叶片，也可在成熟后用剪刀在基部剪制而成。

八、模具成型

模具成型是指利用各种食品模具压印制作成型的方法。模具又叫模子、邱子，有各种不同的形状，如：花卉、鸟类、蝶类、鱼类、鸡心、桃叶、梅花、佛手等。用模具制作面点的特点是形态逼真、栩栩如生、使用方便、规格一致。

在使用模具时，不论是先入模后成熟还是先成熟后压模成型，都必须事先将模子抹上熟油，以防粘连。

九、滚　沾

其操作方法是先以小块的馅料沾水，放入盛有糯米粉的簸箕中均匀摇晃，让沾水的馅心在米粉中来回滚沾，然后再沾水，再次滚沾，反复多次即成生坯。此法适用于元宵、藕粉圆子、炸麻团、冰花鸡蛋球、珍珠白花球等品种的制作。

十、镶　嵌

其操作方法是：将辅助原料直接嵌入生坯或半成品上。用此法成型的品种，不再是原来的单调形态和色彩，而是更为鲜艳、美观，尤其是有些品种镶上红、绿丝等，不仅色泽雅丽，而且也能调和品种本色的单一化。镶嵌物可随意摆放，但更多的是拼摆成有图案的几何造型。此法常用于八宝饭、米糕、枣饼、百果年糕、松子茶糕、果子面包、三色拉糕等品种的制作。

除了以上介绍的成型方法外，还有一些独特的成型方法，如：搓、抹、挤注、抻、削、拨、摊、擀、钳花等，在此不再一一叙述。

我们在饮食与文化间探索，研究人类的第一需求——吃的学问！

——张仁庆

第三章　面点熟制技术

面点制熟,六种技术,油炸电烤,煎烙蒸煮。

熟制,即对成形的生坯(又叫半成品),运用各种方法加热,使其在温度的作用下,发生一系列的变化,成为色、香、味、形俱佳的熟制品(又叫成品),行业称为熟制。

第一节　熟制的作用和标准

一、熟制的作用

最根本的作用,使面点由生变熟,成为人们容易消化、吸收的可食品。同时,对面点的色泽、形态、口味等,也有重大的影响。

（一）体现制品的质量

无论何种面点,在制团、制皮、上馅、成形等过程中所形成的质量和特色,都必须通过熟制才能体现出来。熟制处理不好,这些质量就不能体现,或不能完全体现。如生熟不均,半生不熟,该松软的不松软,该酥脆的不酥脆,更严重的如焦煳等,失掉营养价值,不能食用。所以,熟制不仅是面点制作的一道过程,而且也是形成面点质量的重要环节。

（二）确定制品的色泽、形态

面点的色泽、形态主要是由熟制所决定。熟制适当,色泽美观、形态完整。如蒸制品体大膨胀,光润洁白;炸制品组织膨松,色泽金黄等。相反,熟制不好,在色泽、形态上就会出现很多问题。如蒸出馒头干瘪变形,色泽暗淡灰白;煮饺破肚、裂口;烙饼色泽变黑;煮的面条粘连、烂糊等。由此可见,熟制对面点的色泽、形态影响很大。

（三）决定制品的口味

面点的馅能否入味,特别是生馅心能否出味,也是由熟制所起的作用。熟制火候适当,加热时间适宜,馅心就能产生鲜香美味;面欠火的馅心,就没有味或产生其他异味(没有成熟);过火的馅心,或因外皮破裂流失,或被水分浸入,都不能保持馅心的原味。即使纯粮面点,如果火候不到,也没有香味。不仅如此,熟制还能改善口味和增加营养,如油炸制品,就大大提高了酥香口味和营养价值。

我国面点食品形态多、色泽美、口味好,具有浓厚的民族特色,除调制面团、制馅和成形加工技术外,多种多样的熟制方法和技巧,也是一个重要因素。所以熟制一直是饮食业面点制作的重要环节。

二、熟制的质量标准

面点成熟的质量标准,随不同品种而异,但从总的方面来看,仍然是色、香、味、形四个内容。其中色与形两个方面,是指面点表面外观而言,香与味两个方面则是指面点内部质量而言。四个方面结合一起,就是制品的质量标准。由于每一类具体品种不同,外观和内质也有所不同。下面介绍的是一些共同的标准。

(一)外 观

大多数制品的外观,包括色泽和形体两个内容。所谓色泽,指食品的表面颜色与光泽而言。无论何种面点成熟都应达到规定要求。如蒸的制品,颜色不欠、不花,光润均匀;酵面制品还要碱色正;炸、烤的制品,一般要达到金黄色,色泽鲜明,没有焦糊和灰白色。所谓"形体",指制品外形形态而言。其要求是:形态符合制作要求,饱满、均匀,大小、规格一致,花纹清楚,收口整齐,没有伤皮、漏馅、斜歪等现象。

(二)内 质

包括口味和内部组织两个指标,口味方面,一般要求是:香味正常,咸甜适当,滋味鲜醇,任何面点都不应有酸、苦、过咸、哈喇等怪味和其他不良口味。在内部组织方面,符合规定的要求如爽滑细腻、松软酥脆等,不能有夹生、粘牙以及被污染等现象;包馅心与不包馅心的要求也不相同,包馅心的品种,包馅位置正确,切开后,坯皮上、下、左、右,厚薄均匀,并保持馅心应有的特色。

(三)重 量

面点成熟的重量,主要决定于生坯的分量是否准确。但在熟制中,有些制品吸收了水分(如蒸、煮制品),熟品分量大于生坯分量;有些制品则水分挥发(如烤烙制品),熟品分量小于生坯分量。对容易失重的面点,在熟制时应掌握好火候和加热时间,避免失重过多,影响质量。

第二节 蒸、煮

蒸、煮,是面点制作中最广泛、最普遍的两种熟制法,但使用的工具、传导体和传热方式不同,因而蒸、煮适用的范围和制品的口味也不完全相同。

一、蒸

就是把成形的生坯,置于笼屉内,架在水锅上,旺火烧开,产生蒸汽,在蒸汽温度的作用下,成为熟品,行业把这种熟制法,叫做蒸或蒸制法,蒸制品叫"蒸食""蒸点"。

蒸制成熟的原理,简单地说,当生坯上屉后,屉中蒸汽温度(热量),主要是通过传导的方式(传导热),把热量传给生坯,生坯受热后,淀粉和蛋白质就发生了变化:淀粉受热开始了膨润糊化,在糊化过程中,吸收水分变为黏稠胶体,下屉后温度下降,就冷凝为凝胶体,使制品具有光滑的表面。蛋白质受热开始了热变性凝固,并排除了其中"结合水"(即和蛋白质结合在一起的水),温度愈高,变化愈大,直至蛋白质全部变性凝固(即成熟)。由于蒸制品多用酵面和膨松面,酵母产生和膨松剂受热产生的大量气体,也就使生坯中的面筋网络形成了大量的气泡,成为多孔结构、富有弹性的海绵膨松状态。这就是蒸制成熟的基本原理。

蒸制品的成熟是由蒸锅内的蒸汽温度所决定的,但蒸锅的温度和湿度与火力大小及气压高低有关,一般来说,蒸汽的温度大都在100℃以上,即高于煮的温度而低于炸、烤的温度;蒸锅的湿度,特别盖紧笼盖后,可达饱和状态,所以高于炸、烤的湿度而又低于煮的湿度。蒸是温度较高、湿度较大的加热法,就具有适应性广和熟制品形态完整、馅心鲜嫩、口感松软,易被人体消化和吸收等特点。概括来说,有以下几个方面:

(一)适应性广

蒸法是面点制作中应用最广泛的熟制法,除油酥面团和矾碱盐面团外,其他各类面团都可使用。特别适用于发酵面、米粉面、化学膨松剂面、水调面中的烫面和调搅蛋泡面等,熟制品种更为繁多,一般如馒头、花卷、蒸饺、烧卖、糕类、米团类、蒸饼及蛋糕等,如加上花色,不下百余种。

(二)膨松柔软

在熟制过程中,保持较高温度和较大湿度,制品不仅不会出现失水、失重和炭化的问题,相反还能吸取一部分水分,膨润凝结,加上酵母和膨松剂产生气体的作用,大多数蒸制品,组织膨松,体积胀大,重量增加,富有弹性,冷却后并形成光亮的外衣,口感柔软,香甜可口。

(三)形态完整

这是蒸制法的显著特点,前面讲过,面点形态是一个重要的方面,特别是花色品种,形态是面点特色的一部分,保持形态完整不变,也是熟制中的重要内容。一般地说,蒸制品都能保持原来的完整形态。这是因为生坯摆屉后,在熟制的过程中,就不再移动,一直到成熟取出,除特殊情况外(如火力过旺、蒸汽过冲),否则,形态都能保持不变。

(四)馅心鲜嫩

这是因为在蒸制中,馅心不直接接触热量(间接热),而且在湿热条件下成熟,所以,馅心卤汁不易挥发,不但保持鲜嫩,卤汁较多,而且也容易内外同时成熟。

蒸制的技术关键。要取得蒸制品的良好效果,要注意以下两点:

1.饧发。即饧面，为了使蒸制后的制品，具有弹性的膨松组织，凡酵面、膨松面等制品，在成形后，必须要静放一段时间，进行饧面，使生坯继续膨胀，达到蒸后熟品松软的目的，但饧面的温度、湿度和时间，又直接影响饧面的质量。如饧面的温度过低，蒸制后胀发性差，体积不大；但饧面温度过高，生坯的上部气孔过大，组织粗糙，蒸制也影响质量。如饧面湿度小，生坯表面容易干裂；湿度大，表面容易结水，蒸制后产生斑点，影响美观。又如饧面时间过短，起不到饧面的作用，过长又会增加酸味。所以，在饧面中，要采取适当措施，如放在暖和之处(外温在 30℃以上)，盖上湿屉布(但又不能太湿)，饧发时间在 10～30 分钟，根据不同品种，适当掌握。

2.火候。是蒸制的另一个技术关键，掌握好火候，才能保持蒸制品的质量。由于面点的面团、用料和质量要求不同，蒸制火候的内容也较多，一般要求火大气足，但有的要求中火和小火，有的要先旺后中，或先中后小，情况极为复杂。所以必须根据不同品种，善于掌握用火，但这也与烧火技术有很大关系。一般来说，在烧火时，炉内放煤，以堆成"山"形状，这样可保证火力与燃烧时间。欲使炉火旺，就要加足煤、沟通煤层，加强通气或鼓风机吹；欲降低炉火，或上湿煤，或停用鼓风机，减少燃烧；临时变换火力则可端离火口调节。通过多种多样的方式，保证蒸制所需要的各种不同火候，这需要经过较长时间的实践，不断摸索和总结，才能做到。

蒸制操作法。

1.蒸锅加水。蒸锅内的水量，一般以八成满为准。过满，水热沸腾，冲击浸湿屉底，影响蒸制品质量，过少，产生蒸汽不足，也影响面点质量。不仅开始加水，以后每蒸完一次都要检查水量，如果不足，必须加足。

2.生坯摆屉。摆屉也直接影响质量，必须按规矩摆好。一般要求：一是摆列整齐，横竖对直。二是间距适当，使蒸制时生坯有膨胀的足够余地。否则，制品胀发，粘连一起，不但影响形态和美观，取时也不方便。此外，摆屉垫好屉布或纸。不同口味制品，不能摆放一屉同蒸，防止串味；成熟时间不同的制品，也不能同屉蒸，否则，蒸制时间不好掌握，并出现生熟不一。

3.蒸制火候与时间。蒸制任何制品，首先必须把水烧开，蒸汽上冒时，才能架上笼屉，以后再根据不同品种，调节和掌握蒸制的火候与时间。绝不能冷水或温水上笼。

从大多数品种看，蒸制品要求旺火气足，从开始到蒸制结束，都要如此。这样才能使蒸锅产生足够蒸汽和保持屉内均匀温度及湿度。否则，制品不易胀发，并出现瘫锅、粘牙、夹生等一系列问题。因此，第一，笼盖必须盖紧，围以湿布，防止漏气，中途也不能开盖。第二，蒸制过程中，火力不能减弱(蒸前加足煤)，蒸汽也不能减少，做到一次蒸熟、蒸透。蒸制时间，根据不同品种而定，如蒸纯面制品，如馒头、花卷等，时间要长一些，如蒸三至五屉，一般用 20 多分钟，蒸制包馅制品，一般要十五六分钟;蒸制花色品种,必须以制品内容掌握,如广式"荷叶饭",用的原料是熟饭、熟馅,只有荷叶是生的,所以,只能蒸六七分钟,才能保证荷叶鲜绿,饭香馅热,食之可口。如时间过长,荷叶变黄,饭粒发大,馅味失香,并失掉荷叶的特殊清香味。一般来说,凡是花色品种的蒸制时间,较纯面制品短一些,有的只用五六分钟。蒸的时间必须恰到好处。如蒸得过久(蒸的时间长了),制品就发黄、发黑、发死,失掉色、香、味;蒸得短了(即蒸的时间不够),外皮发黏带水,无熟食香味,粘牙难吃。所以,蒸制时间是蒸制的重要环节。

以上指蒸锅而言,如用蒸汽设备,也要根据制品性质,调节好气量大小和时间,由于面点品种复杂,也有一些品种需要中小火的,或先中后小的,如有些蒸制松软蛋糕,在架上笼屉后,改用中火蒸制,中途掀盖放气二三次。所以,必须熟悉各种面点的火候与时间,才能掌握蒸制技术。

4.成熟下屉。制品成熟,要及时下屉。衡量制品成熟与否,除正确掌握蒸的时间外,还要进行实物检查。如看着膨胀,按着无黏感,一按就鼓起来的,并有熟面香味的,即是成熟。反之,膨胀不大,手按发黏(即发溶),凹下不起,又无熟食香味的即未成熟或未完全成熟。或用一根细长的竹签,插入制品内,抽出后查看,如竹签上粘有糊状物,即未成熟;反之,表示成熟。

5.经常换水。在大量蒸制后,蒸锅内水质发生变化,也会影响蒸制品的质量。如蒸制酵面制品多,锅内的水就含较多碱质;蒸烧卖、小笼包等制品多,锅内的水则会出油腻浮层。

对此,一般应重新换上清水或撇出浮油,以保持水质清洁。

二、煮

就是把成形的生坯,投入水锅中,利用水受热后所产生的温度对流作用,使制品成熟。其成熟原理与蒸制相同,煮的使用范围也较广,包括面团制品和米类制品两大类,面团制品如冷水面的饺子、面条、馄饨等和米粉面团的汤团、元宵等;米类制品如饭、粥、粽子等。煮制法具有两个方面的特点。

第一,煮制主要依靠水的传热,而水的沸点较低,在正常气压下,沸水温度为100℃,是各种熟制法中温度最低的;加上水的传导热的能力又不强,仅仅是靠对流的作用,因而,制成品受到高温影响较少,成熟较慢,加热的时间比较长。

第二,制品在水中受热,直接与大量水分接触,淀粉颗粒在受热的同时;能充分吸水膨胀,因此,煮制的制品多较黏实,筋道,熟后重量增加。但是,在熟制过程中,必须严格控制出锅时间,否则,时间过长,制品受到温度和水分的影响,容易变糊变烂。

(一)煮制操作法

煮制应注意以下几点:

第一，开水下锅。煮制品下锅，一般先要把水烧开，然后才能把生坯下锅，淀粉和蛋白质在水温65℃以上，才吸水膨胀和热变性，所以，只有开水下锅，制品生坯才能适应水面，不会出黏糊状，而且也可缩短煮的时间。

第二，要依次下锅，随下随加搅动，防止堆在一起，受热不匀，互相粘连，或粘住锅底、锅边。下入数量也要适当。

第三，下锅后要盖上盖烧开，揭开锅盖，再用工具不断地轻轻搅动，使之均匀受热，防止粘底、粘连。

第四，水面要自始至终保持开沸状态，但又不能大翻大滚，行话说要"沸而不腾"。不沸，制品不能成熟；腾了冲击力大，极易引起制品破损及煮烂。"沸而不腾"的方法，即当锅水滚腾时，应立即添加少许冷水，使水面平静下来。这样，既防止滚腾冲坏制品，又可使制品煮透成熟。添加冷水，行话称为"点水"。一般来说，每煮一锅，要点三次水。特别是带馅制品，必须要"沸而不腾"，这不仅是防止爆裂开口，影响滋味(破裂后，水分浸入，馅丧失)，而且也为了促使馅心成熟入味。

第五，在火力上，要始终保持旺火，沸水，直至制品成熟，中途火力减弱，将给制品质量带来严重的影响，但煮制米饭、粥属于特殊情况，在煮制时，要冷水下锅，加热烧开，促使米粒涨发，行话叫做"伸腰"，改为小火焖煮成熟。

第六，检查煮制成熟与否，一般是看制品坯皮中是否带有"生茬"。如煮面条，掐断或咬断，在面条中心有"白点"的(生茬)，即未完全成熟；没有"白点"的即是煮熟。煮水饺也是如此，如饺子坯皮没有"生茬"的，即是成熟的。煮米饭也是同样情况，夹生饭的米粒中，都带有"硬心"的。带馅的还可以检查一下馅心成熟情况。

(二)煮制关键要点

要使制品煮得熟透，保持原形，清爽利落，就必须注意以下几个要点：

第一，水量要多，行话叫"宽"。即水量比制品多出十几倍，对煮制来说，多多益善，制品在水中就有了充分活动的余地，受热均匀，不会粘连，汤不会浑，清爽利落。但水多费火，要根据煮的数量和制品体积大小，适当掌握，以有活动余地和汤水不浑为准。

第二，要根据制品的品种和粉坯的性质、特点，掌握"点水"次数，确定煮制时间。例如煮制水饺和馄饨就很不相同，馄饨皮薄馅少，下锅后水一开就要捞出，行话称为"烫嘴馄饨"。否则，时间一长就会烂糊。水饺皮较厚且馅大，煮的时间要长，还要点几次水，才能内外俱熟，皮香馅鲜。特别是生馅饺子，煮的时间要比熟馅饺子长一些。再如煮元宵，皮坯更厚，煮的时间更长。按照制品的品种，确定煮的时间是十分重要的。

第三，连续煮制时，要不断加水，如水变得较浑时，还要重新换水，保持汤水清澈，是保证制品清爽的重要条件，行业常说"清水煮饺"，把水清代表了制品的质量。

第四,煮制时,制品容易沉底,特别是刚下锅时,必须随下锅随用工具轻轻搅动,使之浮起,防止粘底,以免煮烂。

第五,捞制品时,因煮熟的制品比较容易破裂,捞时,先要轻轻搅动,浮起以后,再下笊篱捞出。捞得又快又准,也是一种基本技术。

第三节 炸、煎

炸、煎,都是用油脂传热的熟制法,油脂能产生高温(200℃以上),用它加热熟制,制品具有吃口香、酥、松、脆和色泽鲜明、美观等特色。它的适用性比较强,几乎所有各类面团都可使用,主要用于油酥面团、矾碱盐面团、米粉面团等制品,如油酥点心,油饼、油条、麻花、麻球、炸糕、馅饼、煎包等,也是使用比较广泛的熟制法之一。

炸、煎,虽然都是用油脂传热,但是在实际操作上却有很大区别,前者是把制品浸放在大量的油中制熟,行业称之为"炸"(有的叫"氽"),后者是用平锅(煎盘、饼铛)小油量传热熟制,行业称之为"煎",它们的制品口味也不相同。

一、炸

这种熟制法,必须大锅满油,制品全部浸泡在油内,并有充分活动余地。油烧热后,制品逐个下锅,炸匀炸熟,一般成金黄色,即可出锅。

炸制法的关键,在于控制火候和油的温度。这是因为油受热后,产生比蒸汽、水煮高得多的温度,而且变化很快,难以驾驭,调节不好,会对制品质量发生严重的影响。如油温过高,就炸焦炸煳,或外焦里不熟;油温不够,比较软嫩、色淡,不酥不脆,耗油量大。控制油温的主要方法,有以下几点:

(一)火力不宜太旺

油温高低是以火力大小为转移的,火大油温高,火小油温低。特别是油受热后,升温很快,很难掌握。油炸时,切忌火力过旺,如油温不够,可适当延长一些加热时间。如火力太旺时,就要离火降温。总之,宁可炸制时间稍长一些,也不要使油温高于制品的需要,防止发生焦煳。

(二)油温按制品需要而定

不同制品需要不同的油温,有的需要温度较高的热油,有的需要温度较低的温热油,也有的先高后低或先低后高,情况极为复杂。从面点炸制情况来看,油温大体可分两类:温油,一般指150℃左右而言,行业称为"五成热"(油面滚动较大,没有声音),低于这个油温为三四成热(80℃~130℃,油面小有滚动,发出轻微响声),也属于温油范围。热油,一般指油温220℃左右而言(有的指180℃而言),行业称为"七成热"。但油温的温度和几成温度标准,各地划分方法并不相同,上面是指一般情况而言。炸制法大都使用温、热两种油温,但还有先温后热、先热后温的不同变化,随品种情况而定。下面介绍不同油温的炸制法。

1.温油炸制。适用较厚、带馅制品和油酥面团制品,以油酥品为例,五成温油下锅,边炸边"窝"。所谓"窝",就是将油锅端离火口,使锅内油温停止升高,并不断晃动油锅,使热匀散,行业称之为"窝",有的地区叫做"饧"。一般在锅内油温升至接近七成热以前,就必须"窝";超过不"窝",就会炸焦;离火的油锅温度一般降至五成热以下时,就要停"窝"回到火上;"窝"多少次,没有死的规定,一般根据火力大小和制品成熟与否而定。温油炸的制品,特点是外脆里酥,色泽淡黄,层次张开,又不碎裂。这是因为:温油下锅炸,逼出了制品内油分,起酥充分;离火"窝"炸(这时油温较高),防止浸油,炸得熟透,外皮脆而不散。这是一种精细的炸制法。但有的花色品种,为了取得某些效果,如晕现花形等,就要采取低温油炸制。广东的"炸蛋球",只能在三成热时下锅,油温高了,就会炸死,起不了"球",必须在低温油下锅,慢慢升温,一旦起球,就要出锅。又如:炸"牡丹酥",也要在五成热以下的油温下锅,油温过高,也开不了花。

2.热油炸制法。必须在油烧到七成热以后下锅,七成热一般指油温在200℃以上,但有的地区掌握在180℃左右。如油温不足,色泽发白,软而不脆。这种炸法主要适用于矾碱盐面团及较薄无馅的制品,特点是:松发、膨胀,又香又脆。如油饼、油条炸制,都要用热油。炸制时间不能长,下锅后还要用筷子上挑下按,不断翻动,均匀受热,黄脆出锅。广东的"炸鸡腰角",也是要用滚热油下锅,油温稍低,就会粘底,炸得不好。

油炸制品很多,均可根据其特点掌握。只要把火候、油温掌握准,就能炸出符合质量要求的制品。此外,还要注意以下几个问题:

(1)油质必须清洁。油质不洁,影响热的传导或污染制品,不易成熟,色泽变差。如用植物油,一定要事先熬过、变熟,才能用于炸制,防止带有生油味,影响制品风味质量。

(2)温油炸制酥品,不能用铲勺乱动,只能晃动油锅,使之均匀受热成熟;特别是花色品种,更不能乱动。乱动容易碎裂和破坏造型;容易沉底的制品,要放入漏勺中炸,防止落底粘锅。

(3)油温变化很快,稍有疏忽,即炸焦炸糊,在操作时,精神要集中,善于观察色泽变化,控制好火候,出手轻、重、快、慢适当,只有这样,才能避免发生质量问题。

二、煎

使用油量较少,用平锅煎制,用油多少,根据制品的不同要求而定。一般以在锅底平抹薄薄一层为限;有的品种需油量较多,但以不超过制品厚度的一半为宜。煎法又分为油煎和水油煎两种,后一种方法除油煎外,还要加点水使之产生蒸汽,连煎带焖,达到制品一部分焦脆、一部分柔软的要求。

（一）油煎法

平锅架火,把锅烧热,放油,均匀布满整个锅底,再把制品生坯放上,先煎一面,煎到一定程度,翻一个身,再煎另一面,煎至两面都呈金黄色,内外四周都熟为止。从生到熟全部过程中,不盖锅盖。油煎法的制品紧贴锅底,既受锅底传热,又受油温传热,与火候关系很大,一般以中火、六成油温(160℃～180℃)较为相宜。过高容易焦煳,过低难以成熟。但制品带馅又厚的(如馅饼等),油温可稍高一些,但也不能超过七成热。油煎法的时间,也较炸活长,一般要反复煎十多分钟。此外,在煎的过程中,因平底锅中间温度高、四周温度低,应经常转动锅位或移动制品位置,使之受热均匀。如煎多量制品时,码放生坯时,要先从锅的四周外围排起,逐步向中间排入,可防止焦煳和生熟不匀的现象。

（二）水油煎法

做法与油煎有很多不同之处,水油煎法架上平锅后,只在锅底刷一层少许油(行话叫抹油),烧热,把所有制品,从锅的四周外围码起,一个挨一个,一圈又一圈,从四周整齐码向中间,稍煎一会,火候以中火、六成油温为宜,然后洒上几次少量清水(或和油混合的水),每洒一次,就盖紧锅盖,使水变成蒸汽传热焖熟。水油煎的制品,要受油温、锅底和蒸汽3种传热,成熟后出现制品底部焦黄带嘎,又香又脆;上部柔软色白,油光鲜明,形成一种特殊风味。如锅贴、油煎包等。在煎的过程中,洒水必须盖盖(防止蒸汽散失,否则达不到蒸焖目的),并要经常移动锅位,或一排一排移动制品位置,要掌握火候,防止焦煳。

第四节　烤、烙

烤、烙,是两个类似的熟制法,但又有明显的区别,分别说明如下:

一、烤

又叫焙烤、烘烤,利用各种烘烤炉内的高温,把制品烤熟。在烤制时,炉内热量是通过辐射、传导和对流的方式进行,其中起主要作用的是辐射热,其次是传导热,对流热作用最小。目前使用的烤炉,式样较多,并出现了电动旋转炉、红外线辐射炉等。烤制的主要特点是:温度高,热均匀,烤制面点色泽鲜明,形态美观,口味较多,或外酥脆内松软,或内外绵软,富有弹性。烤制范围也较广,品种繁多,主要用于各种膨松面、油酥面等制品,如面包、蛋糕、酥点、饼类等,既有大众化的品种,也有很多精细的点心。

(一)烤制的基本原理

任何烤制品由生变熟,并形成表面金黄色,组织膨松,香甜可口,富有弹性的特色,都是炉内高温的作用。

一般烤炉的炉温都在200℃～250℃,最高的达300℃。当生坯进入炉内就受到高温的包围烘烤,淀粉和蛋白质立即发生了重要的物理、化学变化,这些变化,从两个方面表现出来:

一方面是制品表面的变化,制品表面受到高热(一般为150℃～200℃),所含水分剧烈蒸发,淀粉变成了糊精,并发生了糖分的焦化,形成一片光亮的、金黄色的、韧脆的外壳。另一方面是制品内部的变化,制品内部因不直接接触高热,受高热影响较小,根据试验,制品表面受到250℃以上的高温时,制品内部温度始终不超过100℃,一般均在95℃左右,加上制品内部含有无数的气泡,传热也慢,水分蒸发不大,还因淀粉糊化和蛋白质凝固,发生水分再分配作用,形成了制品内部松软而有弹性。

以上就烤制由生变熟的原理简单叙述,可见高温起的重要作用。

(二)烤制的关键

烤制既然是高温起的作用,其关键在于掌握火候。烘烤的火候掌握,比之蒸、煮、炸、煎复杂。烘炉的火力,不但分为旺火、中火、小火、微火;还可分为中上火、中下火;而且还有底火、面火之分;同时,每种炉的炉膛底部面积大,结构、火位不同,火力也不相同;炉内不同部位的温度也不一致,特别是不同品种要用不同的火力,同一品种,还要分出不同阶段的火力。只有把这些问题搞清楚了,即能分清什么火力,分清底火与面火,分清不同品种火力,分清不同阶段的火力以及它们的作用和调节办法,才能正确地加以运用。

一般来说,要掌握好三个条件,即温度、时间和制品种类,在烤制时,主要是根据制品种类来调节温度和时间。举例说明如下:

如烤核桃酥,因面团的油糖较重,水分又少,如用旺火就会外焦里不熟,也不能达到松化的要求;如用小火,既易泄油,色泽也不鲜艳。所以,宜用中火,最好开头的底火,先用中下火,使制品烤到一定程度后,再用中火烤至透心成熟,才能达到松脆的要求。

又如烤蛋糕,则需较旺的火,但又不能太旺,即中上火,才能使糕浆膨胀合度、迅速定型。如用中小火,糕内气孔粗大,也不软滑,不符合蛋糕的质量标准。

再如烘烤面包,总的要求旺火,但不同阶段要用不同火候,第一阶段面火要低(120℃左右),底火要高(但不超过250℃～260℃),这样既可以避免面包表面很快定型,又能使面包膨胀适度。第二阶段面火、底火都要高,面火可达270℃,底火不超过270℃～300℃,使面包定型。第三阶段逐步降低面火为180℃～200℃,降低底火为140℃～160℃,使面包表面焦化,形成鲜明色泽,并提高香味。全部烤制时间,根据面包大小掌握,如双两小面包为8～10分钟。

从以上举例说明,不同品种、不同阶段需用不同火力、不同的面火和底火,技术操作较为复杂。但在实际工作中,品种更多,很难作统一的规定。从饮食业面点制作大多数品种情况来说,必须注意以下4点:

1.炉温适当。大多数品种外表受热以150℃～200℃为宜,即炉温保持在200℃～250℃。炉温过高过低都影响制品质量,过高,外壳容易焦煳;过低,既不能形成光亮金黄的外壳,也不能促使制品内部成熟。

2.调节炉温。大多数品种都是采取"先高后低"的调节方法,即刚入炉时,炉火要旺,炉温要高,使制品表面达到上色的目的。外壳上色后,就要降低炉温,使制品内部慢慢成熟,达到内外一致成熟的目的。这样,才能外有硬壳,内又松软。但有的"先低后高再低",有的使用中火,有的底火大,面火小等,则根据具体品种而定。

3.烤制时间。根据品种的体积大小而定。前面讲过在烤制时内部热度不高,要使内部成熟,一般要维持2～10分钟,薄、小的时间短,厚、大的时间长。总之,要按内部成熟的需要,控制烤制时间。

4.面火、底火的调整。要使面火升高,可钩通炉底,加少量煤,关闭或缩小通气门,减少气体排出,增加炉内的热气。要降低面火,或在烤盘上加盖,或加湿煤,开大通气门,增加炉内空气流通,减少炉内的热气。底火升高的办法,也是钩通炉底加煤,并开大通气门,底火转旺;要降低底火,则用冷水洒在炉膛底部,使部分热气随蒸汽逸出,底火变小。但是要根据炉的结构,灵活运用。

(三)烤制操作法

掌握了烤制的技术关键,是搞好烤制品的前提,烤制的具体做法,则比较简单,目前主要有两种做法:一是把制品贴在炉壁上,一是放入烤盘置于炉中,以后一种方法用得广泛。具体做法是:烤盘擦净,在制品表面刷些油,整齐摆放在盘内,把炉火调节好以后,推入炉内,注意上下火要匀,根据制品需要烤制时间,准时出炉。检查烤制是否成熟,可用一根竹筷插入制品中,拔出后,筷上没有粘着糊状物,即已成熟。烤制后的制品,比生品轻,这是制品经烘烤后,表面水分蒸发了一部分的结果,一般损失重量占生品种的4%～24%。

二、烙

是把成形的生坯,摆放在平锅中,架在炉火上,通过金属传热成熟的熟制法,行业称为烙。烙的特点,热量直接来自锅底,而且温度较高,在烙制时,制品的两面,反复接触锅底(受烙)直至两面都成熟为止。烙制品大都具有皮面香脆、内里柔软,呈类似虎皮的黄褐色(刷油的呈金黄色)等特点。烙法适用于水调面团、发酵面团、米粉面团、粉浆等制品,如大饼、家常饼、荷叶饼、煎饼以及烧饼、火烧等。

烙的方法,可分为干烙、刷油和加水烙三种:

(一)干　烙

制品表面和锅底,既不刷油,又不洒水,直接的烙,叫做干烙。干烙制品,一般来说,在制品成形时加入油、盐等(但也有不加的,如发面饼等),因此,干烙后也很好吃。

干烙的方法,铁锅架火上,先必烧热,如凉锅就放制品,就会粘底。所以,要把锅烧热后,再放制品。烙完一面,再烙另一面,至两面成熟为止。掌握火候极为重要。烙不同的制品,要求不同火力,如薄的饼类(春饼、薄饼等),要求火力旺;一般厚的饼类(如大饼、烧饼等),要求火力适中;较厚的饼类(如发面饼、米饭饼等),或包馅、加糖面团制品,要求火力稍低。操作时,必须按不同要求,掌握火力大小,温度高低,用旺火的一定用旺火,用中火的一定用中火,用小火的一定用小火,不能搞错。同时,烙的制品的体积,有大有小,数量有多有少,大饼直径在30厘米左右,每锅只能烙一张;烧饼、火烧之类体积就小,一次可烙十多个或更多;加上烙的平锅的温度,中间高,四周低,不均匀。因此,在烙制时,必须移动锅位和制品位置。行业称之为"找火",所谓"三翻四烙""三翻九转"等,都是指的不同品种"找火"的操作方法。一般来说,制品下锅,正面朝下,剂口(成形剂口)朝上,烙到一定程度,翻了过来,正面朝上,剂口朝下,再烙到一定程度,三次翻身,烙过四次,至制品成熟。所有烙的制品,都要经过这个过程,还要不断转动,体积大的(如大饼等),四周圆边都要转到中间去受热,使中间与圆边的成熟度相同,防止中间焦煳、四边夹生;体积小的(如火烧等),就把放在中间烙的转到边上去,把边上烙的转到中间来。"九转",直接转动制品或直接转移锅位即可。在"找火"过程中,如炉火太旺,无法"找火"时,或加煤压火,或端锅离火,进行调节,必须使制品得到适当的火候。此外,干烙的锅,必须洁净。

(二)刷油烙

烙的方法和要点,均和干烙相同,只是在烙的过程中,或在锅底刷少许油(数量很少,比油煎法少),每翻动一次就刷一次;或在制品表面刷少许油,也是翻动一面就刷一次。无论刷在锅底或制品表面,都要刷匀刷到,并用清洁熟油。刷油烙制品,不但色泽美观(呈金黄色),而且皮面香脆、内部柔软有弹性。如家常饼等。

(三)加水烙

是用铁锅和蒸汽联合传热的熟制法,从做法上看,和水油煎相似,风味也大致相同。但水油煎法是在油煎后洒水焖熟;加水烙法,是在干烙以后洒水焖熟。加水烙在洒水前的做法,和干烙完全一样,但只烙一面,即把一面烙成焦黄色即可。由于锅底热度不匀,烙时要一排一排及时移位,火力不宜过大,至全部制品一面都成了焦黄色后,洒少许水,盖上盖,蒸焖,成熟即可出锅。要点是:第一,洒水要洒在锅最热的地方,使之很快成气。第二,如一次洒水蒸焖不熟,就要再次洒水,一直到成熟为止。第三,每次洒水量要少,宁可多洒几次,不要一次洒得太多,防止烂糊。加水烙的制品,底部香脆,上面及边缘柔软,如煎包子,就是用的这种方法。

　　面点制品的熟制方法,除上述几种主要的单加热方法外,还有需经两次以上加热过程的复加热成熟方法。这些方法,基本上和菜品烹调相同。归纳起来大致可分两类:

　　第一,蒸或煮成半成品后,再经煎、炸或烤制成熟的,如油炸包、伊府面、烤馒头等。

　　第二,将蒸、煮、烙成半成品,再加调味配科烹制成熟的,如蒸拌面、炒面、烩饼等,这些方法已与菜肴烹调结合在一起,变化也很多,需有一定的烹调技术才能掌握。

　　民以食为天,厨师就是那天上的神仙,神仙下凡做饭,把幸福带给人间……

　　　　　　　　　　　　　　　　　　　　　　　——张仁庆

第四章　各类面点制作技法

白白净净,起起发发;传统美食,中国文化。

第一节　水面制品制作法

水面制品,指用面粉加水调制面团制成的成品而言。从种类看,大体分为面条、饼类、饺类(又分水饺、蒸饺及花色饺)、春卷等;从熟制方法看,蒸、煮、炸、烙、煎俱全,还有不少是复合熟制法。是面案技术中的重要制作法。

一般是用肉丁或肉末和面酱炸好,浇在面条上,拌和食用。炸酱用料出入很大,做法也不相同。常见的有两种做法:一种叫肉丁炸酱,另一种叫肉末炸酱。

肉 丁 炸 酱

【原料配方】　每250克熟面条,要用猪肉50克左右,另外配以适量的甜面酱(有的用黄酱),海米,玉兰片,蘑菇,葱末,油等。

【制作方法】　油入锅,烧热,先放入甜面酱炒熟;接着,放油、葱姜炝锅炒肉丁,最后放入配料和酱同炒成熟,即成肉丁炸酱。

肉 末 炸 酱

【原料配方】　每250克面条要用肉末100克,豆干半块,另外配以甜面酱、味精等。

【制作方法】　①下油将肉末、豆干(切末)炒熟。　②再加入调味品、面酱和半勺汤,煮沸,勾浓芡,即成为肉末炸酱。夏季加入黄瓜丝,冬季加焯过的白菜等同食。

一、面条类

面条,由于成形方法不同,形成了不同种类,如抻面、刀削面、切面、拨鱼面等。面条成形后成为熟品,都要经过熟制过程,分为单熟制法和复合熟制法两类:单熟制法,主要是煮制成熟,食用时加不同调佐料,又分为酱、汁、卤面和各式汤面;复合熟制法是在面条蒸或煮后,经过炸、煎、炒、焖等而成,统称炒面。此外,还有凉面、烩面、糊面、锅面、热干面、朝鲜冷面等各种制法,都有不同的要求。连面条下锅也有各种不同的下法:抻面下锅的方法是,水烧开,面条抻好,去扣头,两手拿住,往面案一摔,两手合在一起,用手一挫,把一端挫开,用一手一抢,下入锅内;另一手将另一端也随之下入即可。刀削面下锅法是,站在开水锅前的适当距离,左手托住面团,右手削面,随削随飞入锅内,到一定分量停止。拨鱼面下锅法是,站在开水锅旁,左手拿面碗,右手拿竹筷,顺着碗边,随碗转动,一条条状似小鱼细条落入锅内,随拨随煮。

切面下锅方法比较简单,水烧开后,双手拿起面条抖开抖散,过长的掐短一些,依顺序下入。

各类面条的具体制法:

(一)酱、汁、卤面

面条先经煮熟,盛入碗内,都不带汤水,再浇上不同的汁、酱、卤和配料,拌和食用。最简单的有"三合油"(花生油下锅烧热,放几粒花椒炸香,再放入酱油、醋,一滚即成,浇在面条上)、麻酱(麻酱放点盐和凉开水,搅拌均匀,溶合一起成稠糊状,浇在面上,外加些黄瓜丝或香椿、焯过的白菜等),复杂的有四川担担面和北方的炸酱面、打卤面等。

担 担 面

四川风味,以调料多和口味厚著称,相传为挑担小卖,因此得名,目前饭馆、面食铺,也都经营。

【原料配方】 担担面用的调料很多,每500克面条要用麻酱50克,芝麻油25克,酱油100克,猪油50克,辣椒油75克,味精0.5克,芽菜100克,葱25克,醋少许。

【制作方法】 ①在麻酱内加入芝麻油调稀。 ②加上各种调配料(葱切小花、芽菜切末),分碗盛好。 ③面条煮熟后,分别装入碗内。有的加少许汤。

担担面的面条,过去是用鸡蛋面,手工擀成薄片,用刀切成细条。熟制后具有面条软滑、口味鲜香的特点。

打 卤 面

用清汤和各种原料做好卤,浇在面条中拌和食用。一般为鸡蛋肉片卤。

【原料配方】 每250克面条要用鸡蛋(半个),猪肉片(约25克),海米,木耳,黄花,味精,酱油,盐,清汤,淀粉,芝麻油等。

【制作方法】 ①将肉片略煸炒,放入清汤、海米、木耳、黄花、酱油、盐、味精等。 ②烧开,撇去浮沫,用淀粉勾芡。 ③再将鸡蛋打散淋上,鸡蛋一浮起,加点芝麻油,即成打卤汁。

新型番茄肉酱面

【原料配方】　油 3 大匙,粗面条 150 克,奶油 30 克,蒜头 20 克,洋葱 60 克,绞肉 120 克,水 600 毫升,切块番茄(罐头)250 克,番茄罐头内的番茄酱汁 3 大匙,盐 1 大匙,月桂叶 4 片,红酒 3 大匙,起士粉和绿色蔬菜少许。

【制作方法】　①炒锅内加水八分满,水滚放油 1 大匙、盐 1 大匙,面条以放射状放入锅中煮 8 分钟,捞起面条置于容器,再加 2 大匙的油拌匀盛盘备用。　②炒锅烧热,放奶油、蒜头、洋葱入炒锅炒匀;下绞肉、番茄块、番茄酱汁和水,煮 20 分钟。　③续入月桂叶与红酒煮 10 分钟,淋在已盛盘的面条上,再撒一些起士粉、点缀少许绿色蔬菜,即可上桌。

(二)各式汤面

面条内必有汤水,制汤方法有两种:一种是简单的制汤法,就是在碗内放入各种调料,倒入鸡汤或清汤(开水);另一种制汤法较复杂,即先将鸡汤或清汤和各种调料放入锅内烧开,撇去浮沫,再盛入碗内。汤做好以后,再下入煮好的面条,即成汤面。饭馆经常供应的有两类:一类是清汤面,另一类花色汤面,如肉丝、猪肝、三鲜、熏鱼、排骨、大肉面等。

清 汤 面

即素汤面,南方叫阳春面。

【原料配方】　一般清汤要有芝麻油(或猪油),酱油,盐,味精,葱花(或豆苗,香菜)等,汤水要清爽。如用鸡汤,只加点味精、细盐即可,面条盛入汤碗后,还要撒些豆苗和切成丝的蛋皮。

【制作方法】　将煮好的熟面条盛入汤碗内,放入清汤的调料。

花 色 汤 面

煮面、制汤都和清汤面相同,只是汤面上要浇上多种多样事先做好的熟料,如排骨、熏鱼、大肉等,也有同时做的肉丝、鸡丝、火腿、虾仁、鳝鱼丝、三鲜等。现介绍几种如下:

肉丝汤面

【原料配方】　一般在 100 克面条中,用肉丝 15 克。

【制作方法】　①锅架火上,放油、葱姜末炝锅。　②煸炒肉丝(另加些配料)炒散,加盐、味精和酱油,颠炒几下,浇在汤面上;或用熟肉丝撒在汤面上。

虾仁汤面

【原料配方】　面条 100 克(一般均用鸡蛋面),配以虾仁 15 克,火腿丁少许,鲜豌豆少许,油 25 克。

【制作方法】 ①把虾仁洗净,用蛋清、水淀粉抓匀,用油划过,控出。 ②在碗内放味精、细盐,浇上鸡汤;把煮好的面捞到碗内。 ③架油锅,把划好的虾仁、火腿、豌豆下入炒熟,拌匀,浇到碗内面上即成,汤和虾仁都极鲜美。

鸡丝火腿汤面

【原料配方】 面条 100 克(或鸡蛋面),用熟鸡丝 10 克,熟火腿丝 10 克,味精 5 克,盐适量。

【制作方法】 ①煮熟面条盛入碗内,架锅放入鸡汤、味精、盐。 ②烧开,去沫,浇在面条上,撒上鸡丝、火腿丝和少许豆苗即可。

鳝鱼丝汤面

【原料配方】 面条或鸡蛋面 100 克,鳝鱼丝 15 克,笋丝 10 克,油 15 克,味精 2.5 克,酱油 7.5 克,黄酒少许,鸡汤半碗,葱末少许。

【制作方法】 ①在碗内把酱油、味精、鸡汤对好;把煮熟面条捞入碗内。 ②架锅放油、葱末炝匀。 ③把鳝鱼丝、笋丝下勺煸炒,烹黄酒、酱油,点汤,放味精,炒熟,倒在碗内面条上即成。鳝鱼丝鲜嫩,汤味清香,面条滑润适口。

鳝鱼过浇面

【原料配方】 在面条 100 克中用鳝鱼丝 100 克,葱头丝 50 克,黄酒 5 克,猪油 50 克,酱油 10 克,白胡椒粉少许,味精 1.5 克,水淀粉少许,鸡汤半碗。

【制作方法】 ①在大碗内放入酱油、味精、鸡汤调好口,将煮好的面条放入碗内。 ②锅内放大油,油热将鳝鱼丝划开,倒入漏勺内,再架锅下葱头丝煸炒成黄色,倒入鳝鱼丝,烹黄酒、酱油,加味精、白胡椒粉,勾薄芡,盛在汤盆内。 ③将炒好的鳝鱼丝同面条一同上桌,吃时浇在面上,鳝鱼细嫩,汤味鲜美。

过桥面

是一种特殊风味的汤面,它有三个内容:一是熟面条(鸡蛋面),二是生鲜配料,三是热母鸡汤(汤面带油),三样一起上桌,把生配料放入热汤内一汆即熟,随即拌入面条食用,味道鲜美。因为生配料必须在热鸡汤一过成熟,即"过桥"的名称来源。

过桥面的生配料,必须用鲜料,并要切成薄片。如鸡片、虾片、鱼片、腰片、肝片等,其关键在于切薄,越薄越好,否则,"过桥"后不能成熟。

过桥面的鸡汤,必须用老母鸡熬成的汤,表面才有一层浮油,保持汤内高温,能使生配料汆熟。

新型白酱奶油面

【原料配方】 奶油 60 克,低筋面粉 100 克,鲜奶 1000 毫升,豆蔻粉、盐、白胡椒各适量。

【制作方法】　①将奶油放入锅中以小火煮融。　②原锅拌入面粉搅拌均匀。③再注入鲜奶,并用打蛋器用力搅拌至无颗粒状,并持续至煮滚为止。　④煮滚后调成小火煮 1 分钟即可,期间要避免底部焦黑。　⑤最后再依序加入豆蔻粉、盐、白胡椒调味即可。

创意黄酱面

【原料配方】　面条 200 克,培根 50 克,油 30 克,包心叶 50 克,洋葱 50 克,番茄 30 克,咖喱 25 克,番茄酱 5 克,起士 10 克。

【制作方法】　①先将面条以开水煮熟后,捞出并以冷水冲凉。　②包心菜、洋葱、番茄与培根全数切成指甲片状,置旁备用。　③起炒锅放油烧热后,先放入洋葱炒香,再加入培根略炒,之后加入番茄、包心菜及切小块状的咖喱、番茄酱再炒约 1 分钟。　④原锅放入面条与起士,再略炒约 2 分钟即可完成。

此道咖喱带有淡淡的甜味,非常适合于小朋友食用。

松露龙虾面

【原料配方】　面条 70 克,龙虾 1/2 只,鲜辣椒片 1 小匙,小番茄切片 1/2 杯,洋葱碎 1 大匙,奶油 1/2 大匙,白松露油 1/2 小匙,橄榄油 1/2 小匙,盐少许。

【制作方法】　①活龙虾以水煮蒸熟后,取出龙虾肉切丁备用。　②将奶油放入锅中煮融,加入辣椒片、洋葱碎末、番茄片及切成丁的龙虾肉,以盐、橄榄油调味并拌炒均匀。　③在滚水中放入少许盐,将面条烫熟后,捞起沥干水分,加入拌炒好的材料与及少许的松露油拌匀,食用前撒上新鲜切片的白松露即可。

烹煮面条至七分熟的目的,是为了保存部分淀粉质以便与酱汁拌炒时可吸收酱汁使面更入味。

蒜香蛤蜊面

【原料配方】　蛤蜊 1200 克,面条 600 克,大蒜 80 克,洋葱 40 克,起士粉 80克,鲜奶油 80 克,白酒 120 克,橄榄油 40 克,香菜 5 克,番茄 120 克,盐 2 克。

【制作方法】　①面煮至软硬适中备用。　②蛤蜊去沙后备用。　③橄榄油加热后,炒香大蒜末、起士粉、洋葱末、蛤蜊、白酒煮开后,加入鲜奶油。　④加上盖子焖煮蛤蜊开后,再加入面条与乳酪丝。　⑤起锅盛盘加上炸好的大蒜末与香菜。

(三)炒　面

炒面是用复加热法制成,先经过蒸或煮,再经过炸、煎、炒、焖法制成。有素炒面和各种荤炒面,如三鲜、虾仁、肉丝炒面等,下面介绍普通素炒面和伊府炒面两种。

素　炒　面

【原料配方】　在 200 克面条中用油菜 15 克, 水发蘑菇 15 克, 水发腐竹 15

克,水发玉兰片 15 克,油 50 克,味精 2.5 克,细盐、黄酒、酱油各适量,高汤少许。

【制作方法】 ①将蘑菇片成小片,油菜洗净用刀切成片,玉兰片切薄片,腐竹切成段。 ②面条上屉蒸熟,用开水烫一下,再下锅用油煎成两面金黄色,出锅。锅内留底油,下蘑菇、油菜、玉兰片、腐竹等煸炒,烹黄酒、酱油,加汤,撇去浮沫放味精、细盐,调整口味,把料出锅,锅内留汁。 ③把面条下到锅里,用汁焖透;翻锅,焖另一面,用筷子划散,盛入盘内,把盛出的料盖到面条上即成。面条又软又脆,清淡不腻。

伊 府 面

【原料配方】 鸡蛋面 100 克,用花生油 750 克(耗用 100 克),虾仁,海参各 10 克,玉兰片 5 克,火腿 10 克,芥蓝菜 5 克,猪油 10 克,葱花、盐、味精各少许,淀粉、黄酒、鸡汤各适量。

【制作方法】 ①将面条在开水锅内煮至七八成熟捞出,晾凉,控干水分,用油拌一下,防止粘连,再用油炸成金黄色。 ②另起锅,放入适量鸡汤,将炸好的面条下勺焖软,盛在盘内。 ③锅内放油、葱花炝一下,随放虾仁、海参、玉兰片、火腿、芥蓝菜煸炒,烹黄酒,点鸡汤,加盐、味精调口,勾薄芡,浇在盘内的面条上,要浇匀。味鲜、咸香、滑润适口。另外一种做法,即把炸好的面条与各种配料一齐炒熟。

其他还有焦炒面,煸炒面等,焦炒面只是面条炸得比较焦脆,也不再焖软,把浇料做好后,直接浇上,吃口焦脆、鲜香,其他同伊府面相似。煸炒面,即面条煮熟晾凉,不再油炸,把配料(如肉、蔬菜)放入锅内炒熟后,略加清汤滚开,再把熟面条下入煸炒,出锅,吃口柔软、味香、浓郁。

(四)凉　面

面条熟制后,晾凉,加各种调料拌食。凉面讲究吃口清爽,味道多样,鲜、香、咸,甜、麻、辣都有,在制作中,对各个方面要求都较高。

制作凉面的面团,必须是冷水调制,要求筋质强、劲力大为佳,擀得要薄,切条要细。

凉面的调料繁多,各地均有不同特色。基本调料为小磨芝麻油、麻酱、辣椒油、酱油、味精、醋、蒜泥(或蒜水)、姜末(或姜汁)、葱花等,有的还加糖、花椒面、芥末。在配料方面,有的配酱萝卜末、海蜇皮丝、小虾米;有的配掐菜(绿豆芽)、芝麻等;有的配黄瓜、青笋;还有的配鸡肉丝、猪肉丝等。调料配料比例,根据面条数量而定。

凉面的煮制和晾凉方法是个关键,其要点是:

(1)煮时火大、水多,面条要利落、不黏。如火小、水少,极易发黏、不清爽。

(2)不要煮得太熟,一般"断生"即可,最多八九成熟。一次下锅也不宜过多,稍煮几分钟(时间不能过长),面条浮起,即可捞出,时间过长就太软烂,不能保持凉面风味。

(3)捞出放在案板上(案板要消毒),要立即散开,并用电扇(或扇子)扇干水分,还要边扇、边刷上芝麻油,用筷子抖开,把油拌匀,再继续扇吹,凉透为止,以防止粘连成"砣"或成醉状。经过这些处理,分别装盘,浇上对好的调汁即可。

肉酱笔管面

【原料配方】　肉酱 480 克,笔管面 360 克,起士粉 400 克,乳酪粉 15 克,香菜 10 克,鲜奶油 120 克,奶油 80 克,盐少许。

【制作方法】　①面条煮至软硬适中备用。　②奶油放入锅中,加入肉酱、鲜奶油搅拌均匀,再加上乳酪粉。　③盛盘时再加上起士粉与香菜。

台式炒面

【原料配方】　油面 300 克,肉丝 120 克,虾米 30 克,绿豆芽 100 克(挑去头),韭菜 100 克(切段),葱 1 支(切段,葱白和绿葱分开),香菇 5 朵(泡软切丝),油葱酥 2 大匙,水 200 毫升,酱油 1 大匙,盐 1 小匙,胡椒 1 小匙。

【制作方法】　①炒锅烧热加入油葱酥、香菇丝、虾米和葱白爆香,再加入肉丝略炒,加入其他调味料与水同煮。　②水滚,加入油面拌炒均匀至面软。　③放入韭菜、绿豆芽和绿葱拌炒均匀即可。

(五)其　他

还有焖面、烩面、糊面、锅面、热干面和朝鲜冷面。

焖　　面

【制作方法】　一般是将面条蒸熟,再用一些蔬菜,加油、葱、盐、酱油等稍炒,加适量的水,放入蒸好面条,盖上盖焖透,点些芝麻油。拨匀出锅,吃口筋道。此外,还有生焖法,面条不先蒸熟,放入炒好的配料内(一般用豆角、肉片)焖熟,口味也很鲜美。

烩　　面

【制作方法】　一般是用骨头汤(汤汁要浓略宽),烧开,放好盐,调好味,再加炒好配料(南方用煸炒至干香的雪菜末等),然后把生面条散开下锅,旺火烧开,用筷子从底往上挑 3～4 次,再移小火烩 3～5 分钟,加味精、芝麻油或熟花生油等,分碗出锅。必须掌握好烩的时间,防止烂糊。吃口滑、软、柔,汤汁浓香。烩面种类很多,除雪菜烩面外,还有肉丝、鸡丝、三鲜、虾仁等烩面。

糊 面

【制作方法】 一般是用清汤(开水),烧开,下入面条,挑散,煮至七成熟,加猪瘦肉丝(加盐、淀粉拌匀),待九成熟时,加入味精、盐、酱油、猪油等,搅匀,移到中火上焖煮,至面条呈糊状出锅,盛碗撒上葱花。质地软糊,滋味透入,别具风味,有的地方也叫"笃烂面"。

锅 面

【制作方法】 就是将调料放入碗内,对上清汤;将煮熟的面条(在开水中煮至浮起即可),捞入碗中,盖好焖上,另起锅炒熟配料(种类很多,如虾仁等),加调味品,勾薄芡,浇在面条上即成。浇料是什么,就叫什么锅面,如是虾仁,即叫虾仁锅面。

热 干 面

制法基本上与凉面相似,调料也差不多。

【制作方法】 面条在旺火宽汤的开水中煮2～3分钟,约八成熟,捞出,晾凉,晾干,洒上芝麻油拌匀。食时,再烫一下(将面条放入竹捞箕内,投入开水内把面条烫熟),滤干水分,分别装碗,浇上调汁拌食,特点是滑爽,味道鲜美。

朝 鲜 冷 面

是一种特制的面条和特殊的风味。

【制作方法】 ①面条是用荞麦面(占40%)、淀粉(60%)和适量的碱面,用开水烫成稍硬面团,用力搓卷成圆条。 ②放进馇机内,迅速压进开水锅内,当面条浮上时,即用竹筷将其压入水中,使之受热均匀,直煮到面条表面光滑时,捞出,浸在冷开水中,晾凉,盛入碗内(不带汤水)。 ③在面条上先放上一些辣白菜(白菜用辣椒腌制),再放三四大片熟牛肉(生牛肉先用冷水浸泡数次,去净血水,再用旺火煮开,去尽浮沫血污,加酱油、盐等调料,敞锅微火炖熟,并将葱段、胡萝卜片装入布袋,放入锅内同煮,直到肉烂,捞出晾凉切片),上浇蒜辣酱汁(用蒜泥、干辣椒粉加水调制而成),酱汁上再放苹果片和蛋皮丝。 ④浇以牛肉汤,撒上炒熟的芝麻和芝麻油。口味独特,冷爽、酸辣、清香、筋道、柔软。

创 新 蘑 菇 面

【原料配方】 宽蛋面360克,鲜奶100克,鲜奶油160克,蘑菇320克,奶油100克,巴西里末10克,橄榄油40克,起士400克,盐少许。

【制作方法】　①面条煮至软硬适中备用。　②起士切碎或磨成末备用。③菇类(可混合:洋菇、杏鲍菇、牛肝菌等)切成角,再以橄榄油炒过备用。　④锅中加入奶油、鲜奶油、菇类,再放入起士、宽蛋面、盐搅拌均匀。　⑤起锅前加上巴西里末即可。

创新松子面

【原料配方】　面条 360 克,鲤鱼肉 50 克,起士 150 克,松子 80 克,橄榄油150 克,巴西里 100 克,盐、乳酪粉与罗勒叶各适量。

【制作方法】　①面条煮至软硬适中备用。　②鲤鱼肉与松子、乳酪粉、罗勒叶、橄榄油用果汁机打成泥状,即为罗勒酱。　③面加罗勒酱混合拌匀后盛盘,并在面上放烤过的松子与起士粉。

起士粉与松子都要分成两次添加!

二、饼　类

水面的饼类制品,基本上都是用烙的加热方法(有的用煎法),有大饼(筋饼)、家常饼、薄饼、清油饼、馅饼及复制品等六类,具体品种很多,各地均有不同。

烙制饼类的技术要点:

第一,根据不同要求和面。

第二,上锅烙时,必须先把锅烧热,火候要适当。

第三,根据烙的情况,随时翻转。各类饼的具体制法介绍如下:

(一)大　饼

有的叫筋饼,每 500 克面粉掺水 250 克(夏天用冷水、春秋用温水、冬季可用稍热水)和少许盐,揉和成为面团,反复"扎"面(手沾些水揣揉),"扎"匀揉软,再饧面 1 小时左右,才可使用。下剂量较大,如有的 800 克一张,但有的 500 克一张,也有的 250 克一张。下剂后擀成又薄又匀的圆片,擀的手法各地不一,有的是先向前推擀一下,再往后拉一下,前推后拉成月牙形,刷油,然后卷起,再擀成圆形,托在擀杖上下锅。有的是先擀成大圆片,刷油(或干粉、盐),叠层,捏好四边,剂口压在底部,再擀成圆片,擀杖托饼下锅。烙时,见一面变色,翻个,再烙另一面,经过翻、转,两面出现"饼花"(又叫"芝麻花"),即成熟。吃口柔软,有筋性和层次。切成饼丝炒、焖、烩,即饼的复制品。

(二)锅　饼

是以水面为主,掺入一些酵面或面肥制成的大厚饼,吃口有劲,略有甜味,越嚼越香。但各地配料有所不同。

【原料配方】　面粉 4000 克,面肥 1500 克,碱 40 克,清水 1000 克。

【制作方法】　①用面粉 2000 克加水 1000 克拌匀,在案板上摊开,加面肥

1500 克(头天用面粉 1000 克加水 500 克发酵)，对好碱，边揉边饿面粉，直至把 2000 克面粉饿完，并要饿匀，再上压面机反复压轧，压熟压透为止。然后，再进行 揣揉光润，四边叠起，用手按圆，翻过擀成厚 1.5 厘米的圆饼，并用食指和中指从 饼的中心向外转着划出几道圆棱纹。 ②放入平锅，饼面朝下，温火烙 10 分钟左 右，用筷子通一层气眼，再翻过来烙 20 分钟左右，把饼托起，手拍发出空声，再烙 正面 15 分钟左右，再用手拍两面，全是空声，即为成熟。

　　另一种做法是，用面粉 2250 克、酵面 250 克、碱 0.25 克(化为 40℃碱水)、水 700 克拌和，用机器或杠子压熟压透，揉成馒头形，再用手按成直径约 50 厘米的 圆饼，用木梳划上几道线纹，放入平锅，烙至两面金黄色，即为成熟。

　　锅饼内加枣，叫枣锅饼，饼面粘上芝麻叫麻仁锅饼，做成长条形叫锅饼条，有 的叫杠头。

　　(三)家常饼

　　比大饼小，一般为 100 克一张，每 500 克面粉掺水 250~300 克和适量的盐和 成面团(水的温度，有的是用一半开水烫，一半冷水或温水调，两块揉在一起；有的 是开水烫面，冷水"扎"面，"扎"至不粘，用溜大条的方法，使其变得柔软些。将揉 匀的面搓成条，下成 100 克一个的小剂，每个小剂用擀面杖擀成长方片，刷上芝麻 油，由外向里叠起来，拿住头抻长，由一头向里卷(或两头向里对卷)，盘成螺丝转 圆形，用擀面杖推拉成圆饼形。锅上稍淋点油，把擀好的饼坯先烙一面，烙成浅黄 色，翻个再烙另一面(翻个时饼上刷点油)，烙熟后，先用手一"拍"，拍松软一些；再 用手一"促"，把层次促开即成，呈金黄色，外焦里软，筋道适口。

　　用家常饼制法，加些配料，可制出很多品种，如葱花饼、脂油葱花饼、麻酱饼、 清糖饼等。

葱 花 饼

　　每 500 克面粉约用 100 克葱花，将葱花、盐和油拌好(加油拌可包住葱花水 分)，有的还加些花椒面；下剂，擀成圆片后，刷上油，将葱撒匀，卷好，擀圆，烙的方 法与家常饼同，但用中火，金黄色出锅。

脂油葱花饼

　　其他同葱花饼，只是在葱花中加猪板油丁(用量大体比葱花少一点)，拌和，制 成饼后，外焦里嫩，香而不腻，口醇味美。

麻 酱 饼

　　其他同葱花饼，不用葱花，改用麻酱，麻酱要稍加点水或油和盐调和，不能太稀,擀成圆片后,均匀抹涂,卷起,抻长,盘卷,再擀成圆形;烙时注意不要烙得太干,香、酥、柔软。

清 糖 饼

有的叫糖家常饼,制法和家常饼同,只是用料不同,清糖饼投料标准为:

【原料配方】 500 克面粉,用糖 150 克,水 300 克和芝麻油 15 克。

【制作方法】 ①糖、芝麻油加些干粉混合均匀成糖馅。 ②面粉和水 (不加盐)调成面团,溜大条,下剂子,再擀圆片,刷油,糖馅放在一边,卷起,盘成圆剂。③用手按圆,上锅烙时,先用旺火,外皮稍有硬壳,改用中火烙熟,外皮酥脆,内部嫩,甜香适口,不粘牙。

(四)薄 饼

又叫荷叶饼,分大小两种,大的又叫春饼,一般都是两层合饼,但也有叫单饼。

大 荷 叶 饼

【原料配方】 一般每 500 克面粉用油 15 克。

【制作方法】 ①面团要求与和面方法同家常饼,揉匀、搓条,下 50 克一个的剂子,将剂子摆案板上,用手按成扁圆形,刷油,要刷匀。 ②上面再撒"铺面",并用笤帚将铺面扫下;将每两个饼坯油面相对叠上,用面杖擀,擀时先横过来推拉擀,转圈擀圆;再横过来擀成长圆,最后用面杖擀圆,即擀成直径约 30 厘米的圆形饼。 ③上锅,把一面烙成六七成花时,翻个;待底面七八成花,再翻个;用笤帚扫去饼上铺面,左手拿住上半层饼,用笤帚按住下半层饼,揭开再合上。 ④翻个,烙到十成花,叠成三角形,摆放到盘里,保持温度即成。饼薄、两层,柔软可口。

小 荷 叶 饼

【原料配方】 每 500 克面粉用油 15 克。

【制作方法】 ①面团要求与和面法同家常饼。揉好面,搓条,下 50 克四个的剂子,在面板上摆齐,按扁,刷上油,略撒"铺面",再用笤帚将铺面扫下。将两个剂子油面相对合在一起,用面杖擀开。擀成直径约 15 厘米的圆形,擀法同大荷叶饼。 ②上锅,烙法同大荷叶饼。烙好后叠成月牙形即可。由两层薄页合成,有的食时再稍蒸一下。适宜夹烤鸭食用,俗你鸭饼。

煎 软 饼

【原料配方】 面粉 200 克,鸡蛋 2 个,葱、盐、沙拉油、甜辣酱各适量。

【制作方法】 ①面粉加蛋和匀,再加水调得稀一些。 ②放入切碎的葱末、盐拌匀。　③取一小平底锅,下沙拉油,将面糊倒入平底锅内,只要薄薄一层即可。④两面以小火煎熟即可。　⑤饼切小块,蘸甜辣酱食用。

清 油 饼

【原料配方】　是一种特殊制法的饼,每500克面粉用油150克。

【制作方法】　①用揿面方法,揿成细条,再盘卷、刷油、烙制而成。　②面团要求与和面方法均与揿面相同,即和面要加溶化盐水(盐水增加筋性,如过硬可"扎"点水,如劲仍不足,可适量加点碱),揉成面团,饧过后摔摔,溜大条,开小条,至"六扣"时,切成100克一个、约15厘米长的段,刷油,先刷一面,翻过再刷另一面,要求根根刷到油,但油又不能太多,以防粘连。　③刷油后盘上,先从剂子一头卷起来盘,另一头在剂子下面,要盘上劲(但又不能盘得太紧),盘成圆形,再用手轻轻按扁。　④锅上抹油,烧热,取饼上锅(拇指在里,四指在外拿起),先用旺火烙壳,翻过刷油,再翻过去刷油;然后用中火烙熟,呈金黄色,取出放盘,用湿布盖5分钟左右,湿布拿开,用手促促磕散。成品外表是圆饼形,内里由细条组成,不断、不并、不乱,外焦里嫩,酥、松、脆、香,味美适口。

金 丝 恋 饼

【原料配方】　面粉1000克,水、葱段、白芝麻各适量,盐、猪油、五香粉各少许。

【制作方法】　①将猪油炸过后,爆香葱段后沥出猪油,与盐、五香粉搅拌成板油泥备用。　②面粉与水和匀成面团后擀平,涂上板油泥,卷起后再擀平成1厘米厚的片状面皮。将面皮切成细长的丝条状,用手拉长后,缠绕成圆塔状。　③将圆塔表面稍微压平,放上少许白芝麻。　④在200℃的铁板(或平底锅)上,涂上少许油后煎饼。⑤一边煎一边压型,多次翻面煎至两面金黄即可。

馅 饼

是包有馅心的饼,一般投料标准是:

【原料配方】　面粉1000克,猪肉500克,甜面酱50克,葱末250克,细盐、味精各少许,芝麻油50克。

【制作方法】　①将面粉用凉水(或温水)和成软面团(500克面、300克水左右),但不能过软,和后必须饧面至柔润。　②将肉剁碎,放入盆内,加面酱、盐、葱末搅匀,搓成条,下剂子,按扁,包入馅,收口,注意不要有疙瘩,口朝下,按成圆饼。　③锅烧热,放油,包好的馅饼,逐个放在锅上,两面见金黄色,再淋些油,煎一下即成。外脆里嫩,鲜香可口。

也有的馅饼是用矾碱盐面做的。

三、饺　类

饺类,是用水面作皮,包以馅心,捏成饺形状,如水饺、蒸饺、锅贴、馄饨等,加热方法以煮、蒸为主,有的油煎(锅贴),还有油炸,如油炸饺和油炸馄饨,但比较少。

包饺子的一般步骤:①将馅料放置到饺皮中;②饺皮对折,以拇指捏紧;③对着饺皮外沿,双手用力均匀压紧;④以捏紧,包严,粘牢为准;⑤饺子成型。

绳状花边饺的制作步骤:①将馅料放置到饺皮中;②饺皮对折,以拇指捏紧;③对着饺皮外沿,折一小角;④将折处捏紧;⑤往上折出绳状;⑥顺着方向折出绳状花边;⑦最后收尾亦要捏紧;⑧饺子成型。

蝴蝶饺制作步骤:①将馅料放置到饺皮中,往饺子中心均匀折出四条边;②以拇指捏紧饺皮中心位子;③开始沿着饺皮外沿捏紧;④对着饺皮外沿,将四边捏紧;⑤以拇指推出饺皮花边;⑥将四边都作出花边;⑦调整饺子形状;⑧饺子成型。

鸡冠饺的制作步骤:①将馅料放置到饺皮中;②饺皮对折,以拇指捏紧;③将饺皮外沿全部捏紧;④至外沿无细缝;⑤以推挤的方式折出花边; ⑥顺着方向折出鸡冠花边;⑦最后收尾亦要捏紧;⑧饺子成型。

(一)水　饺

又叫煮饺,其制法要领如下:

第一,面团。水饺面团较硬,一般是每500克面粉掺200克多水,热天用冷水,并加点盐(防止掉劲),冷天可用温水,拌和后,要用力反复揉面,揉透揉匀,光滑、洁白、上劲,稍"饧"一下,才可搓条、下剂,一般每50克6～8个。水饺面团切忌过软,软了不易成形,吃口也不爽滑。

第二,水饺馅心种类很多,如三鲜馅、鸡肉馅、虾仁馅、鱼肉馅以及素菜馅等,常见为猪肉馅(加"俏"头即配料不同,种类也很多,如大葱肉馅、韭菜肉馅、白菜肉馅等)。馅与皮比例,也不一致,一般为1:1,即500克面粉配以500克馅料。水饺馅的特点,大都是生馅,如生肉馅,一般加水搅拌(即水打馅),至有黏性,似稠粥状。如加蔬菜,必须在临包前掺入。

第三,水饺形状,主要是木鱼形和月牙形两种,一般都用手捏制,在饭馆等集体伙食单位一般用包饺机捏制。要求将口对齐,捏紧捏牢,防止煮制时裂口、破肚、漏馅。

第四,煮制时水量要多、要清,必须等水烧开才能下锅;下锅要分散下,不要太多、太集中,边下边用手勺轻轻推转,防止粘底;开锅后,点水2～3次,水饺全部上浮,呈透亮色,按之即起,取出咬破,面无白茬,馅有香味,内外俱熟,即可盛出。关键在煮制过程中,点水及时,中途火力不能减弱。否则,就会软烂、掉劲,影响吃口。

食用水饺,一般是蘸醋就蒜吃,有的蘸辣椒油、芥末糊等,也有的盛入鲜汤碗内同食,叫做汤水饺。

(二)蒸　饺

采用蒸制加热方法得名,蒸饺馅心和煮饺大体相同(但要软些),种类很多,大多数是鲜肉馅。

蒸饺必须使用烫面,大多用"三七"面。具体调制方法有两种:

(1)七成面加沸水和一块烫面团,三成面加冷水和一块冷水面团,两块再揉在一起,搓条、下剂(一般50克下5个剂子)。

(2)另一种先用七成开水烫面,再加三成冷水掴入(扎入)成团。但也有全部用开水烫面,再用少许冷水"扎",揉透、揉匀。加水量要适中,一般为每500克面粉加200~250克水,加水太少蒸后饺皮僵硬。加水太多蒸时要变形和粘牙。

蒸饺蒸制时,要用旺火烧开水,再上屉蒸,火大气足,蒸约10多分钟,不能过头或不足,不足馅不熟,过头饺会缩瘪,甚至漏馅、流汤,既影响口味鲜美,又影响外形美观。

一般蒸饺都为月牙形。包时,一手握皮,打馅,合上,前后皮边要对均匀,捏时手用力要轻,防止伤边。

蒸饺的花式极多,如鸳鸯饺、冠顶饺、(盔头饺、三角饺)、四喜饺(四方饺)、孔雀饺、蝴蝶饺、金鱼饺、蜻蜓饺、知了饺、兰花饺等;馅心种类也很多,肉馅、虾肉、三鲜、素馅、"四黄"(黄花鱼肉、蛋黄、蟹黄、韭黄,谓之四黄)饺等,下面介绍素馅、虾馅、"四黄""四喜"饺具体制法如下:

素馅蒸饺

【原料配方】　面粉500克,净菜馅350克,水发粉条150克,水发玉兰片50克,水发木耳50克,白香干3块,油面筋50克,芝麻油100克,味精0.6克,白胡椒末0.5克,细盐适量。

【制作方法】　①水发玉兰片切小细丁;水发粉条剁碎;白香干片成片,切细丁;油面筋切碎。　②把以上切好的料,连剁好的菜馅一起,放入盆内,加芝麻油、白胡椒末、味精、细盐调整口味,搅拌均匀。　③把面粉用七成开水烫面、三成冷水和面,两样揉在一起,下成50个小剂,按扁,擀成小圆片,右手打馅,包成月牙形小饺,屉上刷油,随包上屉,蒸熟,拣碟上桌。鲜香可口。

虾　饺

是广式具有特别风味的点心之一,以澄面作皮,虾肉作心,选料精,制作细,形态美观(呈透明色),口味鲜美。

【原料配方】　澄面 450 克,生粉 50 克,虾肉 500 克(生 400 克,熟 100 克),猪肥肉 125 克,干笋丝 125 克,猪油 90 克,盐 27.5 克,味精 10 克,白糖 15 克,芝麻油 5 克,胡椒粉 1.5 克,清水 700 克。

【制作方法】　①澄面和生粉筛过,加盐 10 克拌匀,放入盆内,用开水冲入,边冲边搅,加盖闷 5 分钟,取出,在案板上搓擦,擦匀擦透,再加猪油 15 克揉匀成团,盖上半干半湿的洁净白布。注意必须把面烫熟,否则不够滑润,既难制皮、成形,吃口也不爽滑。　②生虾肉洗净,洁布吸干水分,刀背剁成细茸(如虾较大,先切段后剁),放入盆内;熟虾肉切小粒;猪肥肉用开水稍烫,冷水浸透,切成小粒;干笋丝发好,用水漂清,加些猪油、胡椒粉拌匀。然后在虾茸中加点盐,用力搅拌,挞至起胶(发黏),放入熟虾肉粒、肥肉粒、笋丝、味精、白糖、芝麻油等拌匀,放入冰箱冷冻。剁虾茸和打虾馅时;不能接触大葱,否则,虾馅容易变质。　③澄面和面、下剂、制皮(用刀压拍成一边厚、一边薄的圆形皮),每张皮重量 7.5 克,包入虾馅 10 克,捏成"弯梳"形,褶匀、细长,形态美观。捏时,皮的薄边向外,左手推,右手捏紧即可。成形后入屉(用油刷过),用旺火速蒸,蒸熟使可,蒸的时间过长,就会出现身软、爆裂、漏汁、露馅等问题,严重影响质量。

四　黄　蒸　饺

【原料配方】　面粉 500 克,净黄花鱼肉 300 克,鸡蛋 3 个,蟹黄 50 克,韭黄 250 克,酱油 100 克,猪油 25 克,芝麻油 20 克,味精 0.6 克,葱末、姜末各少许,细盐适量。

【制作方法】　①将净黄花鱼肉砸剁成泥,放入盆内,鸡蛋炒熟,切碎,蟹黄切碎,韭黄洗净,切成末。将盆内的黄鱼肉用水(150 克)和好,加酱油、盐、味精、葱末、姜末和匀。　②放猪油、芝麻油,搅入鸡蛋、蟹黄,加韭黄和匀。面粉和成"三七面"揉匀,下 50 个剂,擀成圆皮,包成饺子,上屉蒸熟即成。食时鲜香、味美、适口。

四　喜　蒸　饺

【原料配方】　面粉 500 克,猪肉末 150 克,鸡蛋 2 个,生虾仁 50 克,净菜馅 350 克,猪油 50 克,芝麻油 20 克,味精 0.5 克,酱油 50 克,葱姜末少许,细盐适量,蛋皮 1 张,水发海参 50 克,火腿 50 克,熟虾仁 50 克,水发木耳 35 克,水发玉兰片 35 克,水发香菇 35 克,菠菜 35 克。

【制作方法】　①猪肉末用水搅开,搅入酱油、葱姜末,加味精、猪油(25 克)、芝麻油搅拌。把鸡蛋炒熟(用猪油 10 克)切碎,生虾仁切碎,一起搅进肉馅,再把菜馅拌入,用盐调整咸淡,搅匀备用。　②蛋皮、海参、火腿、熟虾仁四样都切碎,分别放入四个碗内,把盐和猪油(15 克)匀放四个碗内;木耳、玉兰片、香菇、菠菜都切为小细丁,分放入另四个碗内。 ③面粉按"三七"和面法,把两样面揉在一起成稍硬面团,下 50 个小剂子,擀成圆皮,先用左手托皮,右手用尺板上肉馅,再用右手把皮提起来捏起成四个角, 把四个角的八个边从中间把每相挨的两个边捏在一起,从上边看即成四个大口袋,四个大口袋中包围着四个小口袋。在四个角的四个大口袋里分别装进蛋皮、海参、火腿、熟虾仁四样(不封口),又在四个小口袋里分别装入木耳、玉兰片、香菇、菠菜。装完,上小圆笼蒸熟即成。原笼上桌。饺形式样别致,味道鲜美,适于喜庆宴会食用。

(三)锅　贴

制皮、馅心、包捏均和蒸饺相似,不同的主要有两点:一是用"四六"面,即用四成烫面和六成凉水面揉和一起。二是采用煎成熟方法,底壳脆香,面皮柔润,别具风味。

锅贴的形状,多数为月牙形,也有的做牛角状的。

【制作方法】 ①平锅烧热,刷油,锅贴整齐排列,摆入锅内,稍煎一会,加入适量凉水,盖好锅盖,用中火焖。 ②待水快干时,洒些稀浆(用水和少许面粉调和而成),再盖锅盖;待水浆快干时,揭盖,再洒些油,盖盖煎,要不停地转动平锅,使之均匀受热,防止部分烧焦,待有喳喳声响,香味扑鼻,饺底是金黄色时,可揭盖按按面皮,如皮柔软有弹性,即告成熟,用铁铲从底铲进,出锅,翻放入盘,底嘎朝上。

(四)馄　饨

名称叫法很多,有的叫"抄手",有的叫"云吞",有的叫"小饺"。馄饨因成形方法、馅料、汤汁不同,种类也很多,如绉皮馄饨、豆沙馄饨、红油馄饨、三鲜馄饨等,下面介绍一般的普通馄饨和四川风味过浇抄手。

普 通 馄 饨

【制作方法】 ①都用清水(或碱、盐水)和面,每 500 克面粉掺水 150~200 克不等,揉匀、揉光,用擀面杖擀成极薄的大薄片,要分多次擀,每擀一次,要拍一次粉(防止粘连),擀好后,叠起,用刀切成梯形、三角形或方块形的馄饨皮子。500 克面切 100～120 张皮。 ②普通馄饨,大都用猪肉馅,即把猪肉剁成细泥,加入酱油、盐、味精、葱姜末、清水等,用力搅拌均匀,然后加入芝麻油调匀。普通馄饨,皮子多为梯形或三角形,包上馅心,顺势一卷包好。 ③普通馄饨,在水烧开后,陆续将馄饨推下,边下边用手勺慢慢推转,馄饨浮起,在锅的四周点一些冷水(不能浇在馄饨上),盖上锅盖略煮,水再开时,即可捞出盛碗。加热时间不能长,长则变烂。普通馄饨,都用清汤(或鸡、骨汤),汤内放油、味精、紫菜、榨菜或少许香菜等,较讲究的放些海米、笋丁等。馄饨盛碗后,要趁热食用,又叫烫嘴馄饨,凉了就没有风味。

四 川 抄 手

四川把馄饨叫抄手,调料多、口味厚,与众不同。

【原料配方】　面粉500克,猪瘦肉100克,椒麻5克,辣椒油10克,鸡蛋3个,虾干25克,桃仁50克,花生仁50克,酱油10克,芝麻油50克,白糖5克,蒜水、盐、味精、葱花、芝麻仁、干淀粉各少许。

【制作方法】　①小碟内放酱油、辣椒油、芝麻仁(炒熟擀碎)、椒麻、葱花、白糖、芝麻油、蒜水,调匀备用。　②将猪瘦肉去净筋,用刀背砸成茸,放在盘内,加盐、味精,打入鸡蛋1个、清水150克,搅成稠糊状,再将虾干、桃仁、花生仁剁碎,搅入肉内,再加芝麻油拌匀成馅。　③面粉加鸡蛋和适当的水调成硬面团,略饧,用干淀粉做铺面擀成薄片,切成约7厘米见方的皮子,将每个皮子包入馅,捏成三角形状,然后再对角捏在一起即成"抄手"。　④包好的抄手,下入开水中煮熟,捞出,盛在碗内,每份18个抄手。　⑤将调好的小料碟,连煮好的抄手一同上桌,即可蘸食。麻辣鲜香、细嫩适口。

(注)椒麻的制法是:将花椒用温水泡涨后,加葱,用刀剁碎,放在碗内,用芝麻油泡起来,即为椒麻。

四、烧卖类

烧卖,既不同于包子,又不同于饺子,是一种具有特色的面点。烧卖的馅心种类很多,特别是以江苏的糯米烧卖、翡翠烧卖出名,现分别介绍几种如下:

糯 米 烧 卖

糯米烧卖的特点,就是馅心内必须掺入蒸熟的糯米,吃起来别有风味。

【原料配方】　一般所用的原料为面粉500克,糯米500克,猪肉末150克,猪油50克,冬笋50克,冬菇25克,酱油25克,白糖60克,味精0.5克,黄酒10克,葱姜少许。

【制作方法】　①面团均为烫面,但各地做法不一,有的全用开水烫面,晾凉、搓条、揪剂、擀皮。有的则用五分之三开水烫,再加五分之二冷水调;有的面团稍硬,掺水量只占面粉的30%(即500克面粉掺150克水),有的则较软,掺水量达到45%。　②制馅,糯米洗净、蒸熟,但要稍硬,不能太烂。配料均切成细丁。锅内下油,烧热,葱姜炝锅,炒肉末,随即下配料炒至半熟,放调味料,盛出,和蒸好的糯米搅拌均匀,即成馅心。　③捏包,擀的皮子,边部要有水波纹,成为麦穗花边形,或荷叶花边形,包上馅心,用手从腰部捏上,不封口,形似石榴。　④加热,用蒸的方法成熟,但要旺火沸水,急气蒸透,要掌握好蒸的时间,一般为10多分钟。

有的地区用猪油较多,即每500克面粉用猪油200克(较普通的多用3倍,又称为重油烧卖),蒸时中间还淋一次水,蒸后成品,油脂丰润,醇香爽口,味鲜质软,风味独特。

翡 翠 烧 卖

以江苏扬州"富春"甜味翡翠烧卖最为著名。

【原料配方】　面粉 250 克,青菜 750 克(菠菜、油菜、荠菜等,以荠菜最佳),白糖 300 克,脂油丁 250 克,细盐适量。

【制作方法】　①青菜择去黄叶和根,洗干净,用米汤煮(如用开水焯可滴入几滴碱水),捞出,放冷水内浸凉两次,挤去水分,剁成茸,放入盆内,撒上白糖、盐、脂油丁拌匀即可。　②面粉倒入盆内,用开水烫熟,晾凉,揉光、搓条,下剂(每个 20 克),按扁,用走槌擀成荷叶皮,将馅(40 克)包入皮内,用手拢起,不收口即成,上屉蒸六七分钟成熟,取出。皮薄透明,碧绿如翡翠,口味甜美(也可做成咸的),适合宴席食用。

肉 馅 烧 卖

【原料配方】　面粉 500 克,猪肉末 250 克,菜馅 400 克,味精 0.6 克,酱油 75 克,芝麻油 20 克,猪油 20 克,大葱 30 克,姜、盐各少许。

【制作方法】　①将面粉用开水和成面团。葱、姜切末。肉末放盆内,加盐、姜、酱油、味精和水搅拌均匀,放芝麻油、猪油、葱末、菜馅拌匀。　②将面揉匀,搓条,下 50 克 6 个的剂子,按扁,撒上干面粉,用走槌擀成荷叶皮,将馅包入,不收口,用手拢起来,上屉蒸熟(约 10 分钟)即成。

五、春 卷 类

春卷,为时令点心,皮脆、馅鲜、味美。它的制作过程,与一般面点有所不同。

首先,要调制稀软面团(每 500 克面粉掺水 300~350 克),既要筋性强,又要柔软,拿在手中,如不抖动,就会流出。调制比较复杂,即先在面粉中加点盐和适量的水和好,接着,用手抽打,一边抽打、一边稍加点水,反复抽打、加水,到了一定程度时,摔面摔匀,直至面团柔软起劲为止。在平锅上摊皮时,平锅不能太热、太油(要稍抹点油,不能多,还要把多余的油擦掉),否则,皮子跟面团跑;但平锅太冷太干(即油少),皮子粘锅,揭不起来。

其次,在制馅上,春卷馅心均为咸味肉馅,也都用熟馅,一般以猪肉为主,配以韭菜、菠菜、绿豆芽、韭黄、荠菜等菜类,以及还要配以冬笋丁、玉兰片丁等。

春卷以江苏荠菜春卷出名,其投料标准为:

【原料配方】　每 500 克面粉要用荠菜 500 克,猪肉丝 250 克,冬笋丝 150 克,酱油 15 克,盐 10 克,糖 15 克,黄酒 10 克,味精 0.5 克,水淀粉和高汤少许,花生油 500 克(耗 300 克)。

【制作方法】　①锅内放油、葱花炝锅,炒熟肉丝(有的为肉末),加入各种调料,定好口味,勾成芡,卤汁不宜太多。　②再加焯好、剁细(丝、末、小段、丁)的蔬菜配料拌和。春卷馅的蔬菜配料,必须在肉炒熟后,才能加入,最好在临做前拌入,才能保证馅心质量。

在包、炸时,先把春卷皮摊平,馅放中间,先由外向里一叠。再将两边往里一叠,然后把里面一头抹点面糊,往前一叠使其粘上,就成为长圆条形的生春卷。油锅上火,油烧到七八成热,即可将春卷投入炸之,呈老金黄色即成。

其他做法与上同,但荠菜只能用开水稍焯一下,立即放入冷水浸凉,以保持碧绿颜色;浸凉后,取出挤干水分,切成碎末,拌入炒熟的肉馅内。

六、汤包类

汤包,为江苏风味特色点心,以淮安文楼汤包和镇江汤包最为著名。前者用水调面和冻茸馅,汤汁多而肥厚(滴在桌上凝结),后者用发酵面和掺冻馅,汤汁比较少。两者共同的特点,都是皮薄、汤多、味鲜,吃时先吸汤后吃皮馅。这里介绍文楼汤包的制法(镇江汤包在酵面制品中讲解)。

文楼汤包的种类很多,主要有蟹黄馅和鸡肉馅等,投料标准变化很大,下面介绍一般鸡肉馅标准和做法。

【原料配方】　面粉 500 克,猪肉 1000 克,肥母鸡 1 只(重 1250 克),肉皮 250克,黄酒 100 克,葱姜末 15 克,白胡椒粉 10 克,味精 15 克,盐 20 克。

【制作方法】　冻茸馅制法:①将肉和肉皮洗净;母鸡开膛去内脏、洗净,与肉皮加清水、肉等一起放入锅内,开水烫一下,捞出,温水洗净。　②再起锅,加清水,将鸡、肉皮、肉放入锅,加葱、姜、黄酒,大火烧开,移小火煮烂,捞出,去掉葱姜,把鸡拆骨切丁,猪肉切丁,肉皮绞碎,原汤过罗去浮沫,再把三种原料倒回汤内,搅匀。　③再上火煮开,打去浮沫,加盐、黄酒、白胡椒粉、葱姜末、味精等,调好口味,倒入盆内,晾凉成冻或冰箱冷冻成为冻子馅。

面团调制方法:①面粉用冷水或凉开水调制,要硬一些,揉到光润,湿布盖好,饧约半小时,揉匀搓条,下剂子,擀成圆皮,取出冻子,用手擦搓成茸,包入皮内,两手拇指和食指夹着两边,左手向前推动,右手提褶,一直提完。　②上屉用旺火蒸 5～10 分钟。上桌另带姜丝和醋。这种汤包,色泽半透明,可以看见包内有汤,如蟹黄汤包可从外皮看到包内的蟹黄色。

第二节　　发面制品制作工艺

　　发面制品,主要指用面肥(或酵母)发酵的面团制成成品而言。同时,还包括矾碱盐面团制品。酵面制品加热方法以蒸、烙为主,主要品种有馒头、花卷、包子、饼类、糕类等;矾碱盐面团制品以油炸为主,主要品种如油条、油饼、麻花等。

一、馒头类

　　馒头,有的地区叫"馍",是北方人民的主食品,其地位和面条、米饭大致相等。但也可做成点心,如肉丁馒头、开花馒头等,此外,还可以分为酵面馒头、戗面馒头等。

发面馒头

　　直接使用发面对碱,揉透揉匀,去掉酸味,搓成长条,制成剂子(或用刀切),揉成馒头形,上屉蒸熟即成。行业大多采用临时加面肥发酵、再对碱揉成面团的方法。

　　【原料配方】　面粉 1000 克,酵母粉 5 克,水 600 克。

　　【制作方法】　①先用 700 克面粉加入酵母粉,加适量的水,调制成团,静置发酵,待酵发起,再把剩下 300 克面粉,作为铺面,放在案上。　②将发酵面团放在铺面上,卷起揉搓,把全部铺面揉进光滑为止。

　　如果急用,也可多加面肥和水、碱,直接揉成面团使用(不用再发酵),行业称为"急酵"面。

　　发酵面馒头制作关键,除发酵适当、加碱正确(去酸略甜)外,加热必须旺火急气,一次蒸透,但不能蒸的时间过火。馒头的特点是:暄软、色白、可口。目前一般为100 克一个,形状多为圆形,也有刀切砖形和压花纹形。也可做成 50 克一个或 50 克多个的小馒头,如南方的蛋形馒头等。

硬面馒头

　　调制面团时,必须戗面,又叫戗面馒头。

　　【原料配方】　面粉 2500 克,酵母粉 15 克。

　　【制作方法】　①先把面粉 1500 克加酵母粉,加水发酵(略硬些),待面发起。②再把其余面粉戗入面团(少留出一些铺面),揉匀,揉松软后,搓成长条,下 100 克一个的剂子,揉圆,饧透,待内暄外硬时,才可上笼用旺火蒸制,约 20 分钟,暄起不粘手即熟。

　　硬面馒头的特点是:面香浓郁,筋道有咬劲,干硬香甜,咬时掉干渣。

另一种做法,即直接用酵面(不用临时加肥发酵),对好碱,再饧入干面粉,揉成面团。

肉丁馒头

馅心为肉丁,一般用模具成形,也是一种风味面点,制作肉丁馒头的用料较多。

【原料配方】　富强面粉 1000 克,酵母粉 5 克,白糖 25 克,猪油 60 克,猪肥瘦肉 500 克,大葱 150 克,面酱 50 克,姜米 10 克,味精 5 克,细盐少许。

【制作方法】　①先将猪肉洗净,切成 1.5 厘米见方的肉丁;大葱切成 1 厘米见方的小片。　②把肉丁放入盆内,加葱片、姜米、面酱、细盐、味精、猪油(50 克),搅匀备用。　③面粉加酵母粉、水和好,加白糖、猪油(10 克)揉匀,下小剂子,按扁,放在左手,右手用尺板上馅,左手略收拢,把两边对齐,以两个大拇指与两个食指一挤,将口包严,放在案子上。　④再把生坯放入模具内(剂口朝上)一按,磕出,上烤箱饧透,蒸熟即成。

肉丁馒头的特点是:坯皮暄软,馅心不腻,口味甚佳。

二、花卷类

卷类,是酵面制品的重要品种,花式很多,一般可分为卷花卷、折叠卷和抻切卷之类,做法各有不同。

(一)卷花卷

是采用卷卷成形的方法制成。面粉加面肥和水拌匀,发酵后(比馒头稍软,发酵比馒头稍大),加碱去酸,揉至光滑,擀成长方形的薄片(厚薄均匀),刷匀油,撒点盐和面,从一头往另一头卷紧,卷成长条(分单卷、双卷法)下剂子,再用各种成形方法,做成多种多样花卷。上屉用旺火急蒸 20 分钟左右即成熟。

这类花卷,因配料不同,可分为咸花卷(加油、盐),甜花卷(加油、糖),麻酱糖花卷(加糖、麻酱),葱花卷(加油、盐、葱花),还有加盐、五香面、花椒面等做的花卷,口味各有不同。因成形方法不同,可以做成数十种花色卷,普通花色的有脑花卷、马蹄卷、枕形卷、麻花卷等,较复杂的花色有鸳鸯卷、四喜卷、蝴蝶卷、菊花卷、荷花卷、佛手卷、桃形卷、双桃卷等,但都是成形的变化,下面按配料不同,介绍几种具体制法如下:

葱花卷

【原料配方】　面粉 500 克,盐 3 克,油 15 克,葱 50 克,酵母粉 2 克。

【制作方法】　①面粉加水、酵母粉调成面团,发酵发足,加水揉匀。　②葱切成细末,加盐、油拌匀。　③面团取出,搓成长条,下成 50 克一个剂子,擀成长方形片,刷油,撒上葱花,卷起,按照需要,用不同方法,做成各种不同式样的花卷,上屉蒸熟,吃时带有浓郁的葱油香味。

糖 花 卷

【原料配方】　面粉 500 克,糖 100 克,油 10 克,酵母粉 3 克。

【制作方法】　①调制面团同上,取出面团揉匀时,要撒些干粉,成条后擀成长方形片,厚薄均匀,边角整齐,刷油。　②再把糖均匀撒上,用擀杖轻轻稍压一遍,使糖、油融合,滚卷成卷,用刀切成剂子(50 克 1 个或 2 个),稍饧,再做成各式花卷。　③上屉蒸熟,吃时松甜适口。

麻酱糖花卷,制法与糖花卷基本相同,只是把刷油改为涂抹麻酱后,撒糖即可。

(二)折叠卷

这种花卷的外形、制法,与卷花卷不同,它是采取折叠成形法,卷内有层次。常见品种为荷叶卷、千层卷。

千 层 卷

调制面团方法与一般花卷相同。取适量酵面团一块,擀成 26 厘米左右的方片,用刀从中间切开成两片,一片刷油,撒点干面,放在下面,另一片盖在上面,四边对齐叠平;再擀成 26 厘米左右的方片,也是从中间切开,刷油、撒面、叠合、再擀;如此一变二、二变四,折叠五次,成为 32 层;最后,把方片卷成粗约 4 厘米的条,上屉蒸熟,下屉切成约 5 厘米长的段,装盘即成。特点是层多、松软、味香。因要多次的擀、叠,容易"跑碱",用碱时要稍大些。

荷 叶 卷

制法比较简单,调制好酵面团后,先下剂子,再把剂子擀成直径约 8 厘米的圆片,刷油,对折成半圆形(上下边要对齐),对折成三角形。用竹尺在三角尖部划上花纹(或用木梳压上花纹),再划上放射形的直纹,然后围绕三角形的圆边,用尺向上挤成一个个凹缺口,使周边立起,呈荷叶卷起状,或用刀切两刀,挤成花卷也可。

(三)抻切卷

是用抻面、切面方法制成的卷类,是很有特色的面点。主要品种有银丝卷、金丝卷、鸡丝卷、盘丝卷、柴把卷、马尾卷等。

银 丝 卷

是用抻面方法制成的。

【原料配方】　面粉 500 克,白糖 50 克,熟猪油 30 克,花生油 25 克,盐 4 克,面肥、食碱各适量。面粉加水和面肥,调制成面团,发酵,不能发得太老,劲力要大一些。否则,抻不出条。

【制作方法】　①把加好碱的酵面,切下一半做皮用,把另一半面加白糖揉匀,饧一会儿,使糖融化。搓成长条,用抻面方法,开成中细条,铺在案上,用刀切去面头,把面条拨开拨平,刷上些油(先把熟猪油与花生油和在一起),要刷均匀,两手再一抻,把两头合在一起,捋细,再用刀切成约 7 厘米长的段。　②把抻面剩下带糖的面头和皮面揉在一起,检查一下碱色,如正常即可,揉匀,搓成长条,下成剂子(约 60 克),擀成边薄(1 厘米),中间厚(2 厘米)的长圆形皮子。　③把切好的条段顺放在长圆皮子上,把条捋顺,先包起两头的边,压住条的两头,再提起内边从里向外一压,用两手食指压住皮边,向前(向外)一推一卷,包紧包严。　④天热时,蒸前饧一会儿,天冷时上暖箱烤一会儿,上笼用旺火蒸熟即成。色白洁净,银丝清爽,柔软香甜。银丝卷也可用切条方法制成。

金 丝 卷

是用切条方法制成的。

【原料配方】　面粉 650 克,鸡蛋 250 克,芝麻油 50 克,酵母粉 3 克。

【制作方法】　①面粉 250 克加酵母粉、水和好,发酵,发好,揉透揉匀。　②面粉 400 克和鸡蛋 250 克(打破)拌和,调制成蛋面,揉光揉润,擀成 3 厘米厚的长方形大薄片,一反一正折叠起来,切成细条。　③发好的面团擀成约 14 厘米宽、约 3 厘米厚的片,长度与切的面条相等,把切好细条,放在面片上,刷上芝麻油,卷起来,放入笼屉,旺火蒸 20 多分钟,出屉后,再切成一个一个的卷子(又称面龙)。金丝卷的特点:白里透黄,味香而不粘牙,松软可口。

鸡 丝 卷

用抻面方法制成,大体与银丝卷相似,只是在银丝中,再加上熟鸡肉丝同包,味道更为鲜美。

【原料配方】　面粉 2500 克,白糖 500 克,熟鸡丝 250 克,油 50 克,面肥、食碱各适量。

【制作方法】　①将发酵面发好,加入白糖,揉匀,饧一会,搓成长条,然后按照银丝卷的做法进行溜条、出条。　②将面条放在桌子上刷油,油要刷匀、刷透。③将熟鸡肉切成细丝,均匀地铺撒在面条上,然后卷成卷,切约 7 厘米长的段,即成鸡丝卷。　④上屉蒸时,每一段下面铺一个面皮,上面盖一个面皮,熟后将面皮揭去不要,将鸡丝卷整齐地摆在盘里即成。面暄软,鸡丝鲜嫩,为精细美点。如把鸡丝改为火腿丝,即叫"火腿卷"。

三、包子类

包子,种类花色极多,一般可分为大包(50 克 1 个或 50 克 2 个)、小包(50 克 3 个或 5 个)两类,大、小包除发酵程度不同外(大包酵大、小包酵嫩),小包的成形、馅心都比较精细,多以小笼蒸制,随包随蒸随售。从形状看,还可分为提褶、秋叶、钳花、佛手、道士帽包等。从馅心口味上看,也有咸、甜之别,甜馅有糖馅、豆沙、五仁、水晶、枣泥等;咸馅有肉馅、三鲜、蟹黄、干菜、素馅等。形成了不同的风味。介绍常见的制法如下:

(一)大　包

用大酵面,对好碱,有的还加糖揉,一般可分为甜馅、咸馅和花式三类,介绍代表性品种如下:

第一,甜馅包,酵面、包制方法大致相同,只是馅心有所不同。

糖　包

一般用白糖加熟面作为馅心,包入包内,外形多种多样,有的是圆形、蛋形、馒头状,有的是提褶、钳花,有的为腰形状,有的捏成三角状,又叫"糖三角",是最普通的大包。

豆　沙　包

又叫澄沙包,即小豆煮烂,过罗去皮,再经过面袋过滤,所得细沙,放入锅加猪油、白糖炒化,小火焖浓,晾凉,加脂油丁、桂花、炒熟芝麻等搅匀,成为豆沙馅,包入包内,即成豆沙包。

枣　泥　包

红枣洗净去核,煮烂过罗去皮,加油、糖炒浓,再加桂花少许,包入包内,即成枣泥包。

水　晶　包

猪板油去皮,撒上白糖,切成小丁,加入青红丝、桂花等成水晶馅,包入包内,即成水晶包。

五　仁　包

用桃仁、果仁、青梅、麻仁、松子仁、瓜子仁等果料,切成小丁,配以猪油小丁,加蒸熟面粉、白糖等混合搓匀,盛入坛内,用毛头纸将坛口封严,存放 1 周左右即成五仁馅(存放的时间愈长,气味愈香),包入包内,即为五仁包。

第二,咸馅包,也多是以馅心内容定名,其品种比甜馅包还多。

鲜 肉 包

南北鲜肉包馅心,做法不同,南方肉馅,一般都要加冻、黄酒、盐、酱油、糖、味精、芝麻油、胡椒、葱、姜等;北方肉馅,一般不加冻,而采用打水方法,调料中还要加些黄酱等。但包有肉馅的包子,均可叫鲜肉包。肉馅包指猪、牛、羊等各种肉。鲜肉包要用大酵面,但不能太足,发得太足,容易开花破裂。

叉 烧 包

以广式著名,馅心丰美,包身开花。

【原料配方】　发足大酵面750克,叉烧馅300克(制法前面已讲过)。

【制作方法】　面团搓条下剂20个,压皮,包入馅心(每个15克),上屉蒸熟。注意要点:其一,皮坯厚薄均匀,开花时不使漏馅。其二,饧面时间不能过长,否则走碱发酸,蒸时不开花。其三,蒸时旺火急气,从头至尾都火大气足,笼盖盖紧,中途不能掀盖跑气,蒸10~15分钟即可。

素 馅 包

素馅种类也较多,一般的有蔬菜、粉条、油条(或油豆腐)、适量木耳等,加各种调料制成,讲究的有豆腐干、玉兰片、冬菇、元蘑、木耳、油面筋、蔬菜(油菜)等,加油、料酒、酱油、味精、白糖、盐、高汤炒熟,勾芡,再加麻仁、香油等拌匀,包入包内,叫素馅包。

咸馅包的品种还很多,但做法只是馅料的变化。

第三,花色包,这类包子,甜咸均有,只是外形变化,具有特色,因而以形状命名。如提花包(褶裥包)、秋叶包、苹果包、桃包、佛手包、荷花包、钳花包等,这些花色包的成形方法,前面均已讲过。例如,提花包,就是左手托皮,右手上馅后,右手拇指、食指、中指捏住皮边,沿着皮子,一褶一褶向前推摺,边摺边包,馅心全部包入,左手趋势往里转动,折拢、托起、捏紧,摘下剂头即可。再如桃包,打馅后包住先成馒头形,在上面捏出尖圆形的桃尖状,中间用刮刀压一条缝,再用菜汁和面做绿色叶子插在底部,即成桃包。至于钳花包,也是在包子包成馒头形状后,用花钳(有的地区叫花夹),按顺序由下往上,钳出几圈花纹,上面再刷些红米水染色即成钳花包,如钳出凸出的花纹,叫绣球花包;如蒸熟后撕掉外皮,用剪刀剪成数层花瓣,即叫荷花包等。变化极多,均可参照前面讲过成形方法运用。

(二)小　　包

小包和大包比较,小包的面酵较嫩,为半酵面;剂量小,一般50克3～4个,讲究的5个;馅心精细,滋味鲜美,成形也较美观,一般均要捏出花纹,并且用小笼蒸制,按笼出售。各地小笼包风味各不相同,介绍几种如下:

天 津 包

以天津"狗不理"包子铺最为出名,天津包的特点,皮坯嫩而松散,馅心香而不腻(打水馅)。

【原料配方】　面粉1000克,酵母粉5克,猪肉500克(瘦350克肥150克),酱油150克(天津特制),芝麻油50克,味精5克,葱末50克,姜末5克,水350克。

【制作方法】　①猪肉剁成小碎块(或用大眼铰刀绞碎),放姜末搅匀,再加酱油搅,略有黏性即可加水搅拌,水分几次加,每次加水不要太多,搅时顺着一个方向,将水搅完成黏稠状。临包时加葱末、芝麻油、味精调匀。　②面粉调制成面团,冷天用七成发酵面、三成水调面,揉在一起;热天各半。然后搓条下剂(每50克4个),按扁、擀圆,包馅,收口捏褶,要求捏褶16～18个。　③上屉用旺火急气,蒸7~8分钟。

胶 东 包 子

种类较多,以福山包最著名。

【原料配方】　面粉500克,酵母粉3克,猪肥肉250克,白菜心300克,大海米50克,黄酱30克,细盐15克,芝麻油50克,味精7.5克,葱花少许,姜末少许。

【制作方法】　①猪肥肉切成细丁,白菜心切碎丁,大海米泡发后也切丁。　②把肥肉丁放入盆内,加黄酱、葱花、姜末、细盐和成馅备用。　③面粉加冷水,和成略硬的面团,加酵母粉发酵,揉匀搓条,下好剂子,擀成圆片,左手拿片,右手持尺板打馅,用左手拇指与其他四指托住皮馅,右手拇指和食指捏褶,捏成麦穗形包子。小圆笼上刷油,把包子摆进小圆笼,蒸熟,原笼上桌或拣碟上桌均可。特点是柔软鲜香,油润不腻。

馅心种类很多,如加入海参、对虾、鸡蛋,即为三鲜馅包。

江 苏 包

江苏包种类、特色明显,如扬州寓春三丁包,苏州小笼包,南翔小笼馒头(实际是包子),镇江小笼汤包等。现介绍富春三丁包和镇江汤包如下:

富春三丁包

【原料配方】　面粉500克,酵母粉3克,熟肋条肉500克,熟笋丁400克,熟鸡丁 400 克,虾子 5 克,酱油 100 克,白糖 50 克,淀粉和鸡汤各少许。

【制作方法】　①鸡汤下锅,放入三丁、虾子、酱油、白糖,烧至将沸,即用淀粉加水调和,倒入勾芡,收汤,沸起即可出锅,冷却为三丁馅。　②面粉加水 250 克,并放酵母粉,拌和揉光,盖好发酵,揣揉匀透,碱色正常,下剂子,按扁成皮,包馅露口(似鱼嘴状),上屉蒸至皮不粘手,包口汤汁带沸状即成。

镇 江 汤 包

【原料配方】　面粉 1000 克,酵母粉 5 克,猪瘦肉 1000 克,母鸡 1 只(1250克),肉皮 250 克,酱油 100 克,芝麻油 100 克,黄酒 100 克,白糖 25 克,麻仁 25克,白胡椒粉 10 克,姜末 50 克,味精 5 克,葱、姜各 1 块,猪油 150 克(目前各地用料很不相同)。

【制作方法】　①肉皮洗净;鸡去内脏、去头、去爪洗净,上火煮 10 分钟,捞出再用凉水洗一次,锅内加凉水,同时放入肉皮、鸡、葱、姜块、黄酒(50 克),用大火顶开,小火煮烂。捞出,原汤不动,去掉葱姜块,鸡另作他用,将肉皮剁碎,倒回原汤内搅匀,冻成冻。　②将肉剁碎,放在盆内加酱油搅拌均匀,再放姜末、黄酒、白糖、麻仁(炒熟擀粉)、白胡椒粉、味精、芝麻油,将肉馅调好。　③将汤冻剁碎(或绞碎)倒入搅好的肉馅内 (一般每 500 克肉馅掺冻 300~400 克)。拌匀放入冰箱再冻一下。　④将 500 克面粉加酵母粉,再将另 500 克面加水(热天用冷水,冬天用温水)和成水面团,两块面对在一起揉匀,搓条,下 50 克 3 个的剂子,按扁,擀成圆皮,将馅包入,收拢成圆形包子。摆入小笼,用旺火蒸 10 分钟左右,原笼上桌。另带细姜丝、镇江醋。

如蟹黄汤包,另用蟹肉 150 克,放入猪油、姜末炝好锅煸炒,待出现蟹黄油,盛入碗内晾凉,包馅时拌入馅内,随用随拌。

四 川 包

川味包子的馅,配料多,口味厚,下面介绍的是一种具有代表性的制法。

【原料配方】　面粉 500 克,猪肉 500 克,冬笋 100 克,川冬菜 150 克,川榨菜100 克,白糖 50 克,猪油 75 克,味精 5 克,酱油 25 克,黄酒 10 克,水淀粉、葱、姜末各少许,鸡汤适量,酵母粉 3 克。

【制作方法】　①将猪肉绞碎(或剁碎),川冬菜去老根洗净,剁碎;冬笋去皮切成碎丁;川榨菜用水洗净辣糊,切成小碎丁。　②勺内加底油,葱、姜末炝勺,放肉末煸炒,烹黄酒、酱油,待肉末炒散,放入冬笋、冬菜、榨菜,下白糖(25 克)、味精,加汤,勾芡,盛入盘内,晾凉。　③面粉加水和酵母粉调成面团,加白糖 25 克,揉匀,搓条,下剂子,按扁,将馅包入,捏成高桩提褶包(口袋嘴)。入烤箱,饧几分钟后取出,上屉,蒸熟即可。特点是鲜、嫩、香、微带辣味,别具风味。

四、饼、糕类

用酵面制成的饼、糕品种,主要有烙、烤制的烧饼和蒸制的饼、糕类等,主要的有以下几种:

(一)烧　饼

烧饼种类较多,主要介绍平锅烙烧饼、烤炉烧饼、吊炉烧饼、缸炉烧饼等几种做法:

平锅烙烧饼

【原料配方】　面粉 500 克,酵母粉 3 克,麻酱 50 克,芝麻 50 克,及适量的油、盐等。

【制作方法】　①先将面粉加水和酵母粉,调成面团,擀成薄片,抹上麻酱(加水或油调稀,有的用花椒面和茴香末调),卷成卷,下剂(50 克 1 个),捏圆,按扁,上面刷糖色,撒上芝麻(撒匀)。　②上平锅(饼铛)去烙,翻个,烙两面,并要转动位置,烙快熟时,移开平锅,放入炉内周围,略烤几分钟即成。这种烧饼外香内咸,加花椒料的为麻咸,是北方早点的主要品种。

烤 炉 烧 饼

咸甜均有,以下介绍咸饼制法。

【制作方法】　①用六成面粉加热水、面肥,调和成酵面,对好碱。　②用四成面粉加油(用油比例,500 克面粉用 100 克油),调成油酥面。　③酵面包进油酥面,擀成长方薄片,撒点细盐,撒匀,卷成条,下剂,揉成馒头形,按扁,擀成圆形,一面抹点水,粘上芝麻(炒熟),置于烤盘,放进烤炉,烤至金黄色、鼓起即为成熟。这种烧饼层次分明,外酥里香。如包入糖馅,就叫糖馅酥饼(不用酵面,用化学膨松剂面也可以)。

吊 炉 烧 饼

即用吊炉烤制的烧饼,有的叫炉干烧饼。

【原料配方】　面粉 500 克,酵母粉 3 克,芝麻 25 克,饴糖 5 克,油 5 克。

【制作方法】　①将面粉 500 克加酵母粉 3 克一起拌和,放水约 250 克,搅拌均匀,取出放在案子上揉匀。　②搓条、下剂子,用手按扁,抹油卷起,破口朝下,放在案子上,按一下,用面杖擀成直径约 8 厘米的圆坯,然后将周边捏起来,捏成边形,一面刷上饴糖水,粘上一层芝麻。　③将生坯另一面沾清水,贴在吊炉壁上,烤至烧饼中间鼓起,呈金黄色即成。特点是口酥、香脆、适合热吃。

缸 炉 烧 饼

【原料配方】　面粉 500 克，猪板油 125 克，葱白 25 克，酵母粉 3 克，细盐 5 克，芝麻油 75 克，芝麻仁 25 克，饴糖少许。

【制作方法】　①将 300 克面粉加水和酵母粉，调成发酵面团，再将 200 克面粉，用芝麻油和成油酥面团。　②将猪板油切成 2 厘米厚的片，每片蘸一层白盐，切成小方丁，葱白直刀切成条，再切成小方丁，以上两样各放在盘内。　③将发酵面加适量碱揉匀，搓成长条，按扁，再将油酥用酵面包起来，再按扁，擀成大片，然后将面的两头 1/3 向中间叠齐，成三层再擀成片，然后由外向里卷起，捋成条，下剂子，按扁，用尺板在圆皮中抹上油丁和葱花，包好。收口朝下，按扁。擀成直径约 5 厘米的圆饼，逐个擀完，然后薄薄地刷一层饴糖，沾上芝麻仁，正面朝下，放在案板上，将反面用手轻轻地拍点水。　④把烧饼逐个贴在缸炉周壁，烤至起鼓、呈金黄色，用火钳轻轻取下即可。特点是：外酥脆里绵软，葱香味，咸口。

照以上做法，可包白糖桂花馅、豆沙馅等，擀成鸭蛋圆形，为蟹壳黄的甜味品种。

江苏名点——泰兴黄桥烧饼

基本上也是按上述做法。但制作更为精细。

【制作方法】　①酵面要经过两道调制：即头一天把面粉和水(开水占 70%、冷水占 30%混合)先拌成雪花状，揉成团，分成小块，晾到温热，再合在一起揉光滑，加入面肥 (或酵母)，然后反复揣捣，盖起发酵；到第二日临用前，再加入冷水面一起揉匀，在揉的过程中，逐步加入碱水中和去酸，到碱色正常为止。　②擦酥，每 500 克面粉加入花生油 250 克或猪油 350 克，擦匀。　③酵面搓条下剂，按扁，包入油酥，擀成长方条，对折，再擀成长片，卷起按扁，包入馅心。　④馅心种类很多，如蟹黄、虾仁、火腿、枣泥、澄沙、雪菜、干菜、香菌、蘑菇、肉松、糖油丁、五仁等，包入馅心后，再擀成直径 2 寸的圆饼，包口朝下，饼面涂抹糖稀，粘上炒过芝麻，饼底抹水，贴入炉内，烤至嫩黄色，取出，再涂上一些芝麻油。黄桥烧饼的特点，层多而酥，一触即落，入口不腻，味道鲜美。

（二）蒸制饼

酵面蒸制饼，如千层饼、盘丝饼、团圆饼等是常见的品种，制法如下：

千 层 饼

【原料配方】　面粉 500 克，香油 25 克，酵母粉 3 克，花椒面、精盐各少许。

【制作方法】　①先将面粉和酵母粉、水调成发酵面团。揉匀，搓条，下剂子，擀成一头宽,一头窄的长片(擀片要薄、要匀)。抹上一层油,撒上花椒面和盐,从窄的一头卷起来,用宽的一头将两个边包上,再擀成鸭蛋圆或圆形。 ②逐个摆屉上蒸10分钟即熟。由中间切开,摆在盘内。这种饼的特点是暄软香美,切开看刀口,层次多又薄又匀像书页。

巧克力香芋饼

【原料配方】 巧克力饼、香芋、白糖、橙汁、柠檬、奶粉、炼乳、糯米粉、面包糠、精炼植物油、鸡蛋各适量。

【制作方法】 ①香芋洗净去皮,切成大片上笼蒸40分钟,下笼晾凉,捺成泥,加入以上配料,搅拌均匀。 ②取巧克力饼一片,拌上香芋糊,再盖上一片巧克力饼,制成1厘米厚,直径5厘米的圆饼。 ③取鸡蛋液放在碗里,将制好的香芋饼蘸匀蛋液均匀地滚上面包糠,下入五成热的油锅内炸制,见呈金黄色捞出沥油,装盘即成。

团 圆 饼

【原料配方】 面粉500克,白糖150克,红糖150克,桂花酱50克,小枣、青梅、瓜条、桃脯各25克,面肥、食碱各适量。

【制作方法】 ①先将面粉和面肥、水调成发酵面团,对好碱,揉匀,下8个剂子;将青梅、瓜条、桃脯切成碎丁。 ②将6个剂子擀成1厘米厚的圆片,要一样大小。 ③将红糖、白糖各加桂花酱拌匀,拿一个圆片撒上一层红糖,盖上一个圆片,撒上一层白糖,这样一层饼一层糖,红白相间地叠起来;最后把剩下的两个剂子揉在一起,擀一个大圆片盖在上面,贴边包严,再翻个裹紧,按平,再把各种小料摆在上面。 ④上火蒸熟,出屉晾凉,切成三角块即可,特点是层次分明,甜软暄腾。

(三)糕 类

介绍千层糕、发糕的制法如下:

千 层 糕

有的地方叫千层油糕,做法各不相同,北方制法是:

【原料配方】 面粉1000克,白糖500克,酵母粉5克,猪板油150克,桂花25克,葡萄干、青梅、红樱桃、瓜子仁各少许。

【制作方法】 ①先将面粉加发酵粉5克、水调成发酵面团,加50克白糖揉匀,擀成2厘米厚、14厘米宽的长片。 ②将猪板油去脂皮,切成丁,用白糖(450克)、桂花搓匀,撒在擀好的大面片上,再从一头叠起,约叠10厘米宽,一直叠到头,用手慢慢按成8厘米厚的长方形,再把各种小料码在糕面上,按平。 ③做好的糕摆在屉上,蒸熟(约 30 分钟),出屉,晾凉后,切块,摆盘。特点是层次多、香甜、暄软。

南方扬式做法,面粉加水和成水面,再掺对好碱的酵面,揉和一起,擀成极薄大片(长约 130 厘米、宽约 50 厘米),铺上猪油、白糖和糖油丁(铺 80%~90%面积),然后卷成圆筒形,按扁,两头擀薄,折齐,成 33 厘米左右见方、3.3 厘米厚的生坯,糕面撒些配料。上屉蒸熟,取出冷却,切菱形块。

南方苏式做法,用嫩酵面加糖、碱揉和,再加些发粉,揉匀,擀成约 100 厘米长、66 厘米宽、2 厘米厚的皮,分为 3 个部分:先在中间部分(占面积 1/3)铺上油、糖、配料等,然后将一边皮子(也占 1/3)折起盖上;再加油、糖、配料,把另一边皮子(也占 1/3)折起盖上,按此方法,折成九层,成长方块形,撒上配料,上屉蒸熟,取出冷却,也是切菱形小块。

发　糕

介绍双色糕制法如下:

双色糕

【原料配方】　面粉 500 克,红糖 100 克,酵母粉 5 克,白糖 100 克,桂花 50 克,青梅、葡萄干各少许。

【制作方法】　①将面粉加水和酵母粉 5 克调成面团;青梅切碎。　②面团揉匀,分成两块同样大的剂子,一块揉白糖,一块揉红糖,同时各放 25 克桂花揉匀。③稍饧,将两块面用擀面杖擀成 4 厘米厚的长片,两片叠在一起(两片中间先刷上水),然后将青梅、葡萄干摆在上面,上屉蒸熟,晾凉,切块装盘即成。其特点是两种色泽、暄软、适口。

五、面包类

面包,是用鲜酵母调制面团,搓条、下剂、成形,经过烘烤而成,种类也很多,除主食面包外,还有多种多样的花色面包,如酥皮面包、果料面包、夹心面包以及不同形态的面包。

面包,原是西方国家的传统食品,引入我国后,因具有膨松、柔软、适口等优点,也受到广大人民的欢迎,目前全国各地已普遍制作供应,饮食业也较多地增加了这一品种。

面包制作的关键,一是发酵(两次发酵法),二是烘烤(调节火候)。

圆甜面包

【原料配方】　面粉 5000 克,油 250 克,白糖 250 克,鸡蛋 250 克,鲜酵母 20 克,香精、细盐各少许。

　　【制作方法】　①面粉加水、鲜酵母和各种配料拌和,经两次发酵后,再揉均匀,按规定分量,分割成块,搓成粗条,下剂,揉成圆形面包坯,放入烤盘中,先置于30℃暖房饧发,饧透(注意适可而止,饧得太大,表面裂开后,烘烤时不易胀发)。②取出,刷上饴糖水,放进烤炉烘烤,成熟即可。

　　面包质量要求是:顶面金黄色(不焦不白)、内部组织膨松、气孔均匀、细密无大孔、肉质洁白、富有弹性、没有酸味、体积大小合适。

　　六、果子、麻花类

　　这是用矾碱盐面团制成的两类品种,饮食业习惯把油饼、油条等叫作果子。调制矾碱盐面团需要注意的就是在调制过程中,必须“几饧几揣”,要饧、揣三五次,直到面团光滑柔软,最后抹上油,用布盖好,饧较长时间,才可使用。用矾碱盐和抹油,与季节气温有很大关系,要作适当调整,矾碱盐制品只能用手炸制成熟法,但火候各有不同。

　　(一)果子类

油　饼

　　是北方的主要品种,调和面团和油炸火候,与油条基本相同。在和好面团后,开成长条,切成长方块,擀成长椭圆形或圆形,中间划破两道(指甲划或刀片划均可),下入热油锅炸成金黄色。炸时,要不停地顺着一个方向拨动,上挑下压,并看炸的色泽翻身。这样,受热均匀,炸香炸透。

　　(二)麻花类

　　麻花分为甜、咸两种,甜麻花面团,除用矾碱外(不用盐),还要加面肥、红糖和少许糖精,调制而成。和成面团,揣匀饧过后,搓成长条,下剂子,用湿布盖上,再稍饧一会,开始搓麻花条。一种搓法是:先用双掌搓成单条(粗细一样),右手拿住一头向左一甩,成为双条,左手拿住双折头,右手往里搓,搓好一合,就成为麻花条。另一种搓法是:先搓成粗细一样的单条,变成双条,合在一起,再搓上劲,将两头扣在里边,合成三股上劲,即成麻花条。下油锅炸,八成热油,每次下3~5条(视油锅的大小),炸至金黄色,吃口脆、香、甜。如用盐不用糖,即咸麻花。麻花品种也很多,如酥麻花、脆麻花等,以天津夹馅麻花最为著名,酥脆香甜,味美适口,经久不绵,不易变质;花形很多,如绳子头花、麻轴花等;以大小形状看,也可分500克一个,250克一个,100克一个、50克一个等多种。下面介绍250克一个的做法如下:

麻　花

　　【原料配方】　面粉 2500 克,酵母粉 15 克,糖 100 克,冰糖 50 克,芝麻 250克,芝麻油 125 克,核桃仁 50 克,瓜条 50 克,青梅 50 克,桂花 50 克,青丝、红丝各

25 克,姜 35 克,香精少许等。此外,炸麻花油锅用油 1400 克。

【制作方法】 ①先在盆内放糖 60 克、温水 2500 克溶化、过滤,去掉杂质;加入酵母粉搅匀,接着放入面粉 1900 克和温水 525 克,拌和,反复揉搓,成为光润面团,刷上一层油(防止干皮)。 ②剩下面粉 600 克也放入盆内,用烧热芝麻油冲烫,迅速搅拌均匀,然后放糖 40 克及各种切碎小料,下香精水和碱、水 2000 克(碱面 3 克),继续搅拌均匀,成油酥团。 ③把两种面团开条,下剂,用双手搓成"手条"10 根,其中 4 根酥条粘上芝麻,5 根为白条,1 根为馅条,双手反拧成麻花状。④下锅炸熟;但油温要适当,麻花下锅时,双手持平,放得准,下后滑条,以保持锅内油的平稳,里外炸透,用铁筷搭起取出,平放在漏油盘内,防止损坏形状,并趁热软时,从夹缝内嵌入冰糖屑块即成。

第三节 油酥、膨松、蛋面制品制作工艺

这三类面团及制品,都有共同的特点,如面团都是膨松组织(蛋面指蛋泡面团而言),熟制方法都以烤、炸为主,制品风味都是酥松、香脆,特别是化学膨松面团,不是和蛋品结合,就是和油、糖结合,也有很多是和油、糖、蛋结合,所以,化学膨松剂面团,基本上可以归入油酥或蛋面的范围内。因此,就把它们的制品制法,合并讲解。

这三类面团花色品种极多,但主要是制法形状和馅心上的变化,分别介绍如下:

一、油酥制品

油酥制品,大多数品种都是以水油酥和干油酥合制而成,行业称为"酥点",熟制方法主要分为炸和烤两类(也有烙制和煎制),火候以小火温油为主,有的地区把它叫做"氽"。

(一)炸酥制品

豆 沙 酥 饼

【原料配方】 面粉 2000 克,豆沙 1500 克,芝麻 500 克,熟猪油 600 克,花生油 750 克(炸制用),鸡蛋 100 克。以上原料可制成成品 80 个。

【制作方法】 ①先用面粉 800 克加猪油 400 克,擦成干油酥;再用面粉 1200 克加猪油 200 克,温水 400~450 克调成水油酥;按 4:6 比例(干油酥四成、水油酥六成)大包酥,擀成薄片,一叠三层,再擀成片,卷紧成直径 3.3 厘米左右的圆筒,用快刀切成 60 克重的短筒,再在短圆筒的中间,直切一刀为两个半圆剂子,切面向外,擀成圆形皮,包入 15 克豆沙馅,收紧口后,按成饼形,在收口处涂上蛋液,粘上芝

麻。 ②下油锅炸,油温要低,一般为四五成热(先将油熬热降至需要油温),下时,剂口朝下向锅底放下去,随之转动一下,防止粘底,用小火缓炸,酥饼浮上,翻个身,按情况将火逐步加大,油温升高,饼呈淡黄色,表面起硬壳,即为成熟,迅速捞出。

豆沙酥饼的特点是层次分明,酥香可口。关键是:一是掌握好干油酥和水油酥的比例。二是要掌握好油温,开始要低(高了发硬不酥),饼浮上后发觉太酥时,又要及时提高油温,以防止炸散,酥层开裂,漏馅。

萝卜丝饼

【原料配方】 面粉500克,象牙白萝卜500克,火腿丝100克,猪油250克,炸油500克,芝麻仁、油盐、葱花、味精各少许。

【制作方法】 ①先将萝卜用水洗净,削去外皮,擦成细丝,用开水焯一下,捞出,凉水浸泡,拔净异味,压去水分,盛入盆内;再放入火腿丝、猪油50克、盐、葱花、味精拌匀, 即萝卜丝馅。 ②猪油100克掺入200克面粉内调成干油酥。用300克面粉加水和猪油少许调成水油酥(软硬相同)。把干油酥和水油酥分别下成50克2个的剂子,用小包酥方法包好,按扁、擀长、卷起再擀、再卷起擀成圆形,按扁包入馅,再按扁成烧饼形,刷上水、粘上芝麻仁,即成生坯。 ③锅内放猪油,烧至四五成热,下饼、转动,待饼浮起,稍炸一会,即可捞出,味道鲜美,别有风味。

(二)烤酥制品

上面讲的炸酥制品,也可以烤制,烤制的酥点,比如:

桃 酥

【原料配方】 面粉500克,猪油150克,水晶馅150克,红色素少许。

【制作方法】 ①将200克面粉上锅、干蒸成熟、晾凉、打碎、过罗;另将300克面粉先调制成稍硬水面团,再用50克猪油分两次揣进面团里,再将面团反复地推揉,揉出韧性,不粘案板为止,成为水油酥;再用100克猪油与蒸熟面粉反复的擦匀成干油酥,两种油酥的软硬度相同。 ②将水油酥分为两块,揉圆、按扁;再将干油酥分两块,分别揉圆,分别包上,收口捏紧,按扁,用面杖擀开,前后都向中间叠,共成三层,再将叠好的面竖放,用面杖推拉擀长,再卷起来。下50克2个剂子,将剂子按扁,包上水晶馅,收口捏齐,留出一个桃尖形,再按扁,成平面桃形。放入烤盘,入炉烤熟点上红色即成。也可用油炸法。

二、膨松、蛋面制品

这两类面团关系密切,膨松剂面团都含有蛋或糖、油,除蛋泡面团外,大多的蛋面中都掺些化学品。所以,很难划分清楚。这两类面团制品很广泛,特别是广式点心中,使用膨松剂面团类型很多,如甘露酥、士干、松酥、擘酥、西河等面团,都属膨松剂面团的范围。下面介绍这两类主要品种制法如下:

(一)蒸制蛋糕

蒸蛋糕种类虽多,基本投料相同,但配料形状有所不同。

普 通 蛋 糕

【原料配方】 面粉 350 克,鸡蛋 500 克,瓜子仁 25 克,核桃仁 50 克,青丝、红丝、白糖各适量。

【制作方法】 ①面粉蒸熟、晾凉、擀碎、过罗;鸡蛋分开蛋清、蛋黄;核桃仁切碎,将蛋清抽打成雪花状,插上筷子不倒;蛋黄打匀与白糖和匀,加面粉和好;再将蛋泡倒入面内调成稀糊状(用勺舀起部分糊,再慢慢使其流入碗中,来回叠起,视其叠起层次能够慢慢地塌下,即为软硬适度)。 ②将木框放在屉上,用白纸一张,刷上化开的猪油,铺在木框里,将蛋糊倒入木框内,轻轻活动木框,使蛋糊面摊平,再将核桃仁、瓜子仁、青红丝均匀撒在上面,蒸熟。蒸的过程中要掀盖缝放 2~3 分钟气,或在水沸腾时,适量加些凉水,使沸腾缓下再蒸。 ③蒸熟后,晾凉。去除木框,扣过来,揭去纸,再反扣过来,切块即成。其特点是蒸糕暄软,香甜可口。

蛋 糕 卷

木框模内垫纸,将蛋面糊平铺上面,上屉蒸熟,翻转出屉,置于案板上(案板要铺干净白布),将纸取掉、抹上奶油或豆沙等馅,卷起,固定晾凉,定型放开,切段即成。

如 意 卷

基本做法同上,在蒸熟下屉后,先在正面抹上多半部的豆沙馅,由外往里卷,卷到中间稍过、没有豆沙处,就翻了过来,再抹上少半部豆沙,也卷到中间,成为一反一正,一粗一细的双卷,刷上蛋浆,入烤炉烤一下,取出切成薄片,即成如意卷。铺馅也可用枣泥、京糕等。

(二)烤蛋糕

又名糟子糕,调制蛋面糊和蒸蛋糕相同,但一般要加点小苏打胀发,搅拌时间不要长,防止上劲。烤时,先要将蛋糕模盘烤热(100℃左右),才能倒入蛋面糊,不要倒满,八成满即可。入炉烤时,开始下火大、上火小,待蛋面糊饧发后,把上火调大,烤制 20 分钟左右,成熟出炉,刷油、冷却,食时切块。

烤蛋糕花色也很多,如三层烤糕等,但与蒸制花色糕相同,只是加热方法不同。

有的地区把蛋糕叫油糕,配以松子、桃仁等果料,就叫松子油糕、桃仁油糕。

萨 其 马

又名蛋条酥,是用油炸法制成的蛋面精细点心,特点是酥松甜美,色泽乳黄。

【原料配方】　面粉 500 克,鸡蛋 250 克,砂糖 250 克,花生油 500 克(炸制用),饴糖 100 克,发粉、青梅丁各少许。

【制作方法】　①面粉放入盆内,加入鸡蛋、发粉和好,擀成 0.5 厘米厚的薄片,切成约 0.5 厘米宽、10 厘米长的细条备用。　②锅内放油,油热时,将条下锅,炸佘至松发,呈均匀的乳黄色出锅。　③将砂糖加少量的水,上火熬沸后,投入饴糖,再熬至一定黏度(取一滴糖浆滴入冷水中,以能结块和出水不脆为适宜),将炸好的条倒入,充分拌匀。然后倒入木框内(或方瓷盘内),擀平、压实,把青梅丁撒在上面,切成约 7 厘米的正方形块即成。

蛋 黄 酥

【原料配方】　面粉 500 克,鸡蛋 5 个,白糖 200 克,芝麻油 100 克,核桃仁 25 克,青、红丝各少许。

【制作方法】　①面粉蒸熟、晾凉、过罗;将鸡蛋打好加上白糖、芝麻油同面粉和在一起,用手搓起,至能成团即可;将核桃仁切碎,加在面团里。　②将青、红丝撒在模子里少许,将蛋面放入模子里,用手按紧、按平后,扣出,放烤盘中,上烤炉内烤熟即成。

鸡 蛋 散

【原料配方】　面粉 500 克,鸡蛋 350 克,白糖 500 克,硼砂 20 克,油 15 克。

【制作方法】　①面粉加入鸡蛋和硼砂调匀揉好,饧约 10 分钟,擀成四方大薄片,切成长方形小块,两块叠在一起,折过来,切三刀,其中两刀不断,然后把条从当中穿过,用热油(八成热)炸好。　②锅内加水、白糖,熬开,撇去沫子,小火熬浓,浇在鸡蛋散上。

糖 酥

【原料配方】　面粉 1500 克,猪油 750 克,麻仁 50 克,鸡蛋 500 克,白糖 500 克,核桃仁、葡萄干、桂花酱、香精各少许。

【制作方法】　①将各种小料剁碎,把 400 克鸡蛋打在碗内,加猪油、白糖搅匀,一起倒入面粉和成面团,揉匀。　②面团搓成条,下 50 克 2 个的剂子,擀成直径约 4 厘米的圆饼备用。　③用 100 克鸡蛋打在碗内搅匀成液,用刷子在圆饼上逐个刷上一层蛋液,再撒上点芝麻仁即成生坯。　④放入盘内入烤炉,约10分钟即熟。其特点是色泽金黄,酥甜适口。

韭 菜 盒

【原料配方】　虾仁300克,韭菜300克,烧卖皮60份,太白粉19克,盐4克,鸡粉4克,白糖19克,香油、胡椒粉、红葱头各少许。

【制作方法】　①先将虾仁冲洗20~30分钟;或将虾仁置于冰块水中,不停搅动20~30分钟后,沥干备用。　②稍微摔一下虾仁,至虾仁出现些许黏性即可。③将韭菜切成碎段状,用热水汆烫,再用冰水急速浸泡,使之冷却,沥干后,尽可能将水分挤出备用。　④将虾仁、韭菜与盐、鸡粉、白糖、香油、胡椒粉、红葱头、太白粉搅拌均匀。　⑤烧卖皮以上下覆盖方式,每一份包入一整尾虾与馅料,四边再轻压密合。　⑥以热油炸成金黄色即完成。

月 亮 虾 饼

【原料配方】　春卷皮8张,明虾100克,猪肉50克,火腿50克,荸荠50克,香菜10克,鸡蛋清1个,胡椒粉1/4小匙,中筋面粉2小匙,盐、花生粉、甜辣酱各适量。

【制作方法】　①将明虾、猪肉、火腿、荸荠及香菜洗净处理好后切碎,加入鸡蛋清、胡椒粉、盐、面粉拌匀。　②取一张春卷皮摊平,铺上1大匙花生粉,再将馅料舀入(约2大匙)铺平,在盖上一张春卷皮紧压,切成适当大小,在饼上戳几个洞,让空气跑出来,油炸时才不至膨胀变形(此时可先入冰箱稍加冷藏定型)。③炸锅入油后,温度调至190℃放入虾饼,炸约2分钟,呈金黄色后捞起沥干油,并淋上酱汁(酸梅酱或甜辣酱)即可食用。

油 条

【原料配方】　面粉1000克,明矾粉16克,苏打粉15克,精盐20克,食用油3000克。

【制作方法】　①将明矾粉、苏打粉、精盐一同放入盆里,用冷水搅动至溶化,倒入事先已准备好的面粉盆里,用手揉至不粘手,用干净湿布盖在面团上待发。②案板上撒上干面粉,将发好的面团揉软成约0.5厘米厚、11厘米宽的长条。再用刀切成2厘米宽的面条,两条叠在一起,用竹筷在其中压一下。　③油锅置旺火上,倒入食用油烧至油温210℃~230℃时,用双手轻执油条的生坯两端,扯拉至25厘米。顺油锅边放入,当入油15厘米时,立即旋转几下,然后松手放入,炸至浮起时,用竹筷不断拨动,使其受热均匀,炸至黄色,脆硬时夹出,竖放在铁丝篓里沥油即可。

椰子糕

【原料配方】　椰子浆 800 克,鲜奶 2000 克,鲜奶油 1000 克,白糖 900 克,鱼胶粉 188 克,热水 1200 克,椰子粉适量。

【制作方法】　①白糖与鱼胶粉拌匀后加入热水中。　②加热煮至充分混合。③加入椰子浆、鲜奶、鲜奶油拌匀。　④倒入模型中放凉成型。　⑤切成小方块状后,沾上椰子粉即可。

创新米饭起士蛋糕

【内馅材料】　起士粉 500 克,鸡蛋 5 个,白糖 375 克,鲜奶油 275 克,香草精少许,米饭 100 克。

【内馅做法】　将鲜奶油、白糖放入容器,煮至糖溶化后,加入鸡蛋液、米饭、起士粉、香草精搅拌均匀。

【塔皮材料】　无盐奶油 200 克,白糖 100 克,鸡蛋 1 个,高筋面粉 350 克,泡打粉 5 克。

【制作方法】　①先将奶油、白糖放入容器搅拌,再分次将鸡蛋加入,最后将高筋面粉、泡打粉加入搅拌均匀,放入冷藏 2 小时。　②将塔皮面糊压成 0.2 厘米的厚度,放入直径约 20 厘米模型捏成塔皮,松弛 30 分钟后,以上火 160℃、下火 180℃烤 15 分钟至半熟。　③将内馅盛装至半熟的塔皮内,再烤 20 分钟。　④待凉后,上面以水果及巧克力做装饰即完成。

洋甘菊蛋糕

【原料配方】　全蛋 3 个(蛋清、蛋黄分开放置),细砂糖 60 克,低筋面粉 50 克(过筛),橄榄油 50 毫升,洋甘菊茶 40 毫升,新鲜洋甘菊花叶 1 大匙(磨碎后过筛),兰姆酒少许,打发鲜奶油适量。

【制作方法】　①将蛋清与细砂糖打至发泡(硬式)。　②另取低筋面粉、橄榄油、洋甘菊茶、新鲜洋甘菊花叶与蛋黄搅拌均匀。　③取 1/3 量的蛋泡倒入蛋黄糊内,续拌。　④倒入全部蛋泡均匀搅拌。　⑤将烤箱预热 10 分钟,将拌好的料糊倒入模具内,放入烤箱内以 170℃烤制 15~25 分钟,使成蛋糕体。　⑥先放上一层蛋糕体并喷洒兰姆酒,再抹上打发鲜奶油,并重复一次即告完成。食用前,切成自己喜爱的形状即可。

莳 萝 饼 干

【原料配方】　奶油 300 克,白糖 200 克,杏仁粉 225 克,鸡蛋清 40 克,低筋面粉 300 克,莳萝草 10 克,泡打粉 3 克。

【制作方法】　①奶油、白糖和杏仁粉先打匀。　②再加入鸡蛋清拌匀。　③续入莳萝草、过筛的低筋面粉和泡打粉打匀。　④搓成圆形压平。　⑤入烤箱以上火 170℃,下火 150℃烤 12~15 分钟即可。

老 婆 饼

【面皮材料】　高筋面粉 400 克,低筋面粉 200 克,糖粉 100 克,奶油 225 克,水 360 克。

【油酥材料】　酥油 400 克,低筋面粉 1000 克。

【内馅材料】　糖粉 600 克,糕仔粉 300 克,奶油 300 克,温水 600 克。

【制作方法】　①制作内馅:将温水及奶油煮化后,加入糖粉、糕仔粉拌匀,分成 50 份(每一份 35 克)揉成球状,放入冰箱冷藏备用。　②制作面皮:粉料加入奶油拌匀,再徐徐加入水拌匀后,饧 10 分钟备用;油酥材料拌匀备用。　③取面皮 25 克,包入 10 克油酥;可做成 50 份。　④将油酥擀平成长条状,用手卷起后再擀平,再用手卷起,饧 10 分钟。　⑤取出冷藏的内馅,包入油酥皮中收口成圆球状,将面团擀平成圆形。　⑥刷上两次奶油,于表皮上搓洞。　⑦置入烤箱中,以上火 160℃、下火 220℃,烤 20~25 分钟即可。

茴 香 面 包

【原料配方】　高筋面粉 200 克,白糖 40 克,盐 4 克,酵母 6 克,鸡蛋 1 个,水 75 克,新鲜茴香叶 40 克。

【制作方法】　①取一大钢盆,将所有材料依序放入,并以桌上型搅拌机搅打出面团的弹性(即筋性)后,静置约 40 分钟饧面。　②将面团分割成每个约 90 克的小面团后,静置 30 分钟待发酵。　③将面团整型出所喜好的形状,再次静置 40~50 分钟,待其发酵。　④放入下火 170℃、上火 190℃的烤箱内,烤约 10 分钟即可取出食用。

第四节　　米、米粉制品制作工艺

米、米粉、面团制品,种类也很繁多,主要可分为饭、粥、糕、团、粽、球、船点等,熟制方法以蒸煮为主,口味则咸、甜、淡俱全,每类制法都有一定的特点。

一、饭　类

饭类,可分为普通米饭和花色饭,是我国广大人民的主食之一,在饮食业由面点工人制作,是面点技术的组成部分。

(一)普通米饭

通常使用粳米、籼米,经过淘洗,放入适量水,加热熟制而成。因熟制方法不同又可分为蒸饭、焖饭、蒸焖饭和煮蒸饭(行业叫做捞饭)等几种。但无论何种方法,均要加入适量水,使米的颗粒因吸收水分而膨胀,成为质软味美的米饭。在加热过程中,火候和水量的具体掌握,是决定米饭质量的主要关键。但水量的多少、火候的大小并无统一的标准,应根据米的不同品种的涨发性能而定。一般涨发性强的陈米、粳米及颗粒较小的籼米加水量应多一些,涨发性较差的新米及颗粒较大的米(如小沾米)加水量应少一些。至于使用的火候则应根据加热时米对水分吸收的情况决定。如煮饭初加热时,锅中水分较多,应用旺火,及至水已沸腾,并已充分被吸收后,即应改用小火。总之要针对具体情况灵活掌握,才能制出香软可口的饭食。下面简要介绍蒸饭、焖饭制法如下:

蒸　饭

米淘洗后,放在碗、盆或蒸桶中(特制木桶),加水上蒸笼蒸熟。蒸饭的特点是:颗粒松爽,营养成分保留较多,火候和水量较易掌握。需要注意的是针对米的不同性质,加水适量(一般每500克米加水750~1250克),蒸锅放入大量的水,用旺火烧开,一次蒸熟。

焖　饭

把米洗好放在锅中,加入适量的水,先用旺火烧沸,再用小火焖好。但必须掌握好水量与火候,否则容易产生过软、过硬,甚至有夹生、焦煳等现象。一般焖饭在锅底上都结有锅巴,出饭率较低,但饭粒柔软、口味香馥。如在熟制过程中(即在小火焖的时候),用铲将米饭底层铲起,适当再浇些米汤焖熟,即不结成锅巴,出饭率较高,但香味较差。

(二)花色饭

花色饭是饮食业经营的主要品种,如炒饭、盖饭、菜饭和甜味的八宝饭等。

炒　饭

炒饭品种很多,加入什么配料,即叫什么炒饭。加入鸡蛋叫鸡蛋炒饭,加入肉丝叫肉丝炒饭。炒饭的特点是:爽口,柔软,鲜香。熟制时注意三个问题:一是炒出的饭,必须粒粒分开,不粘不连。因此,作为炒饭原料的米饭,在蒸煮时,不能软烂

(行业叫做"干饭"),否则,就会严重影响炒饭质量。二是炒饭要反复煸炒,炒匀炒透,必须炒出香味来。三是加盐要适当。因炒饭是饭菜同食,因此要调好口味,防止口重。常见的几种炒饭如下:

鸡蛋炒饭

【原料配方】　米饭 200 克,鸡蛋 1 个,油 25 克,葱花和盐各适量。

【制作方法】　①鸡蛋打入碗内,搅匀,油下勺烧热,放入鸡蛋炒熟,炒碎。②随即加入米饭、葱花、盐一起翻炒,煸炒均匀,即可盛盘。食时外带高汤。

肉丝炒饭

在用料上,和鸡蛋炒饭方法相同,把鸡蛋改为肉丝。一般炒 200 克饭,用 50 克肉丝即可。在做法上,先把肉丝稍加煸炒成熟,接着,放入米饭、葱花、食盐同炒均匀,盛盘即可。食时外带高汤。

桂花翅炒饭

【原料配方】　大米饭 250 克,海虎翅 100 克,鸡蛋 5 个,高汤 500 克,火腿 25 克,香油、酱油各少许。

【制作方法】　①将白饭和 2 个鸡蛋拌匀。　②鱼翅先以高汤加火腿煨 8 小时,接着把鱼翅沥干。　③将鱼翅和其余 3 个蛋一起拌炒至干香。　④将鱼翅炒蛋和白饭以及少许的火腿一起拌炒即完成。

手抓羊肉炒饭

【原料配方】　大米 150 克,羊腩肉 300 克,红葡萄 50 克,洋葱 50 克,白葡萄干 20 克,蕃红花、盐、胡椒粉各少许,油适量。

【制作方法】　①羊腩肉加水(以盖过羊肉为度)炖煮 1 小时后,将羊肉取出,以手撕碎丝备用。　②红葡萄、洋葱切碎后,在平底锅中炒香。　③加入羊腩肉汤汁及羊肉丝。　④加入蕃红花及白葡萄干。　⑤将大米放入,加入少许盐及胡椒粉。　⑥加盖焖煮 20 分钟左右。　⑦将饭翻动均匀后即可食用。

盖　　饭

就是将配料烹制后,不与米饭同炒,浇在米饭上即可。盖在饭上的菜肴,要求鲜香、味厚、勾芡,食时拌和均匀。盖饭品种很多,如咖喱牛肉盖饭、咖喱鸡块盖饭等。

咖喱牛肉盖饭

【原料配方】　米饭 200 克,熟牛肉 50 克,熟土豆 25 克,洋葱头 25 克,猪油 25 克,咖喱粉 7.5 克,味精 1 克,黄酒、盐、鸡汤、湿淀粉各少许。

【制作方法】　①米饭盛入盘中,熟牛肉切成块,土豆切滚刀块,洋葱头切小块。　②锅架火上,放入猪油,油热放入洋葱,煸出香味。　③下入咖喱粉,再炒出香味,放入鸡汤,放入牛肉和土豆块,加黄酒、盐,用小火炒透,汁见少时,勾芡,盛出,浇到饭的一边即成。其特点是吃口鲜美,香味浓厚,色泽油黄。

二、粥　类

粥,就是用较多量的水加入米中,煮至米粒充分膨胀,汤汁稠浓成为半流质食品。因此,亦称稀饭。制粥时,均应一次加足水,才能达到稠稀均匀、米水调和的要求,同时,水沸后才能下米。粥种类也很多,一般分为普通粥和花色粥两类。

（一）普通粥

普通粥分为煮粥、焖粥两种做法:

煮　　粥

【制作方法】　①将米淘洗干净,放在冷水中浸泡 5～6 小时(或夜浸晨煮),每500 克米加水约 3000 克,旺火煮开焖透即成。　②另一方法是,米洗净之后不再浸泡,煮时每 500 克米加水约 4000 克,先用旺火滚开,改用小火煮至粥汤稠浓。先浸后煮可缩短煮粥时间,但浸米时要有一部分养分溶解水中,使米失去一些养分。

焖　　粥

米洗净后,加入冷水,用旺火加热至滚沸,即装入有盖的木桶内,盖紧锅盖,焖约 2 小时即成,焖粥味较香。

（二）花色粥

花色粥品种繁多,咸、甜口味均有,配料丰富多彩。做法也分两类,一类配料与米同时煮焖,如绿豆粥、红豆粥、豌豆粥、腊八粥等;一类即是煮好粥后冲入各种配料,以广式咸味粥的品种多、风味全。常见的有鱼片粥、鱼蛋粥、肉丝粥等。

鱼片粥的制法是:先将新鲜鱼整理后,切成薄片,加姜末、葱花,放入碗底,将粥熬好烧开,加适量猪油、味精、盐等调料,调好口味,冲入鱼碗,调拌均匀,即咸鱼片粥。

肉丝粥的制法是:选用嫩里脊肉,切成细丝,用蛋清、盐抓匀,上锅滑散,盛入碗内,米粥熬好烧开,加味精等调料,调好口味也盛入碗内,把炒肉丝盖上即可。花色粥也像花色炒饭一样,加什么配料,就叫什么粥,如肉松粥、鱼松粥、虾仁粥、蛋松粥等。

三、糕、粽、团、球

糕、粽、团、球,都是用米、米粉(糯米粉、大米粉)等制成的各种小吃,南北各有特色。介绍一些代表性品种制法如下:

（一）糕　类

主要有凉糕、切糕、年糕、棉花糕、发糕、炸糕等。

凉　糕

凉糕分为米制的凉糕和米粉制的凉糕两类,米制的凉糕如糯米凉糕、三色凉糕、芝麻糕等,米粉制的凉糕如藕丝糕、龙须糕、枣泥糕等。

糯　米　糕

糯米糕是最普通的糕点,北方叫江米糕。具体制法是:第一步将糯米淘洗干净,放入盆内加水,水量要没过糯米两指左右,上屉蒸烂。第二步,用一块清洁湿白布,包入蒸熟的糯米饭,在案子上揉散、揉碎、揉烂。第三步,用长方形木框一个,框内垫放清洁湿布,把揉碎的糯米饭倒入框内,压平、冷却,然后拿开木框,切成小长块,放入盘内,撒上白糖即可。北方的糯米糕,一般都加放一层红果酱之类配料,即一层糯米饭、一层红果馅,再铺一层糯米饭抹平即成。投料比例,一般是 500 克糯米,配以红果酱 150 克、白糖 150 克。

三　色　糕

介绍北方风味的做法。

【原料配方】　糯米 500 克,白糖 250 克,豆沙馅 75 克,红果酱 75 克,豌豆馅 75 克,京糕 50 克,熟面粉、桂花酱、玫瑰酱各少许。

【制作方法】　①把糯米洗净,蒸稍软的米饭,蒸熟后掺入白糖(200 克),晾凉。　②京糕切成小片,玫瑰酱、桂花酱各与 25 克白糖和匀。　③用熟面粉做铺面,将糯米饭揉上,然后分成均匀的 3 块,擀成长方片,分别铺上豆沙馅、红果馅、豌豆馅卷成卷。　④将三条并拢在一起,用手捧成约 7 厘米宽的扁长条,用刀切成寸段,将三色馅的凉糕码放在两只盘中;京糕小片随意摆在糕上,并分别撒上和好的玫瑰酱和桂花酱。入冰箱镇凉。三色三味,又凉又黏。

枣　泥　糕

用米粉、枣泥和一些其他配料制成。

【原料配方】　米粉 500 克(其中糯米粉 300 克,粳米粉 200 克),红枣 250 克,豆沙 100 克,猪板油 100 克,松子 20 克,熟猪油 100 克,白糖 300 克。

【制作方法】　①将红枣洗净放盆内,加水 750 克左右,煮熟煮烂,捞出擦去皮核,再放回原锅,放入白糖、豆沙、猪油一起熬匀,离火,待稍温,即放入米粉、猪板油丁等拌匀。　②另用抹油瓷盆,将拌好米粉倒入,上笼屉用旺火沸水蒸约 45 分钟,至熟取出。　③撒上松子仁,冷却,切菱形块装盘,枣香扑鼻,细腻软糯,甜肥润滑,入口不黏。

一　般　切　糕

一般切糕做法与糯米凉糕相似,但由米改用米粉。

　　【制作方法】　米粉用温水调和成为浆糊状,倒入铺好白布的笼屉内,上屉蒸熟,下屉倒在案上,凉后切块,撒上白糖即成。一般切糕,在调和粉糊时加入小豆同蒸,又叫小豆切糕。

棉 花 糕

　　是用米粉制成,制法细腻,以广式制品著名。生产过程分为 3 个步骤:第一步是吊浆,第二步制半成品,分为"糕浆""拉皮"两种方法。第三步制成成品,又分为蒸、炸、烘、烤等方法。所谓"糕浆"制法,即先将一部分米粉(占 1/5)加水成糊,然后和其他米浆调和一起,加酵肥发起;再加糖、泡打粉和碱水拌和,揉匀即成。但发酵程度是个关键,不能过度,出现过度现象时要加硼砂、精盐少许,加以控制。糕浆制成后,再制各种成品。所谓"拉皮"制法,用米浆加糖水(要用糖和水在锅中熬化晾凉的糖水)拌匀,放入铝盆内,要薄薄一层,上屉蒸约 5 分钟,即成"粉皮",又叫"拉皮",再制成各种成品。

　　棉花糕的品种很多,加热方法也有蒸、炸、烘、烤等多种,主要介绍蒸制双色棉花糕方法如下:

　　【原料配方】　糕浆 1000 克(一半为白色,一半染成玫瑰红色)。

　　【制作方法】　①屉中铺上洁净白布,先倒入白色糕浆,上火蒸约 30 分钟。②倒入红色糕浆,再蒸约 30 分钟,下屉切块,特点是松泡、绵软、细嫩,吃口有弹性,别具风味。

　　(二)粽　类

　　粽类为节令食品,用粽叶将洗净泡好的糯米包紧,加热煮熟,风味品种很多,制作的一般要点:一是粽叶必须煮软,才便于包裹。包时粽叶要一正一反(毛的一面背对背),保持两面光洁。二是糯米要洗净、泡透。三是粽子成形样式很多,一般为四角锥形,关键是要包紧,捆结实,捆好,煮时不进水,好贮藏;否则,容易进水,既影响滋味(尤其是带馅的),也容易变坏。四是下锅煮时,先放入冷水,上面压上重物,水量要足,水要没过粽子 6～10 厘米,旺火泡煮二三个小时,翻锅,再煮一次,煮熟、煮透,注意不能煮干水。五是只包糯米的,叫白粽子,食时,剥开粽叶蘸糖吃,如包进其他配料的,依配料定名称,包红枣的叫红枣粽子,包豆沙的叫豆沙粽子,包火腿的叫火腿粽子,包咸肉的叫咸肉粽子。六是粽子供应,一般只有节令前后几天,但数量很大。所以,制好的粽子,最好用冷水浸泡,放于阴凉之处,并每天勤换清水,可以保持较长时间不坏。现介绍南方鲜肉粽子制法如下:

　　【原料配方】　糯米 5000 克,猪夹心肉 1500 克,酱油 430 克,白糖 50 克,盐65 克,味精 10 克,黄酒 75 克。以上原料可制成粽子 100 个。

　　【制作方法】　①将猪肉切 100 块,每块 15 克,有肥有瘦,用黄酒、酱油 180

克、盐 15 克拌匀腌上。　②糯米淘洗干净、控干,加酱油 250 克、盐 50 克拌和均匀。　③粽叶上先放 1/3 的米,加上肉块,再放 2/3 的米,包成四角形,扎紧,煮熟即成。

(三)团、球、元宵类

种类很多,制法和加热方法,各有不同,介绍几种常见代表性的品种如下:

汤　团

【原料配方】　压干水磨粉 5000 克(成品 200 个),馅心分为咸、甜两种,甜心以豆沙较多,每 5000 克粉用豆沙 2000 克;咸味以鲜肉较多,每 5000 克粉用肉1500 克。

【制作方法】　①用一部分水磨粉(占 1/10)加水调和,煮成熟芡(有的叫熟糊),冷水浸凉(特别是热天,如不浸凉,容易发酸,口味不好,冬天可不浸凉),和其余水磨粉拌和,揉成光洁的粉团。　②将粉团摘成均匀的剂子,捏成圆锅形,包入豆沙(或切成小块鲜肉),从边缘逐渐合拢收口,即成团子。　③煮时要开水下锅,先用手勺推出旋涡,边下边搅,不使粘结,当汤团浮到水面,加点冷水再煮,这时要减小火力,保持微开,防止破烂、漏馅。　④煮 10 多分钟,表面呈有光泽的深玉色时,即可捞起盛碗,每碗 4~6 个,加点清汤,豆沙汤团可用小盘盛白糖蘸吃。

南方汤团的特点是:皮薄馅大,软糯润滑。但所用米粉,必须是水磨细腻的粉,而且快速压干,以现磨现制的为佳。

元　宵

元宵是北方的节令食品,和南方汤团相似,但口味制法则大不相同。北方元宵馅心大部为甜馅,花色也很多,多数是麻仁、白糖、桂花馅,先要制好,切成小方块。然后,在米粉中滚拌成圆球形。煮的方法与汤团相似,也是盛入碗内,加点清汤食用,较汤团稍硬一些。

麻　球

麻球分苏式、广式两种,基本做法相同,苏式麻球是以米粉(占 82%)、面粉(占18%)混合调制的粉团,而广式麻球全部用米粉调制的粉团。苏式调制粉团时,先把米粉、面粉和糖调和均匀,再加入适量熟芡或开水,一起揉搓上劲,具有韧性,再搓条、下剂、包入豆沙或糖馅,收口成圆形(和做汤团相同),滚匀芝麻,油炸成熟。

【制作方法】　①把油放入锅内熬热,待冷却到五六成热时,放入麻球炸三四分钟,外壳一硬,即捞出,叫"炸外壳"(有的叫烫外壳)。　②往油锅内对入冷油,至锅内的油不烫手时停止(可伸入手指试试),然后把炸好外壳的麻球放入,边炸,边搅拌(不能粘结),约 10 多分钟,使麻球膨胀、内空,叫"窝炸",目的是使内部馅心受热而膨胀,表皮鼓起。但"窝"的时间要恰到好处,太长反而引起破裂变形。③当麻球内空,外鼓时,转入旺火上炸,边炸边搅,约三四分钟,外壳变挺,呈金黄色,即可出锅。其特点是吃口香、甜、有劲,外形挺,色泽美观。

广式麻球炸法相同,但较简单,也是油五六成热时下锅,要用手勺从底部向上翻搅,防止粘结,待麻球受热浮上来时,移小火上炸四五分钟,炸时要用笊篱不断将麻球往下压,以促使胀发,呈金黄色出锅。

四、船　点

船点,是用米粉为坯料,包以各种馅心,捏制成形,蒸制而成。色泽鲜艳,形象逼真,馅心味美,香糯可口。

船点馅心很多,如豆沙馅、枣泥馅、百果馅、玫瑰馅、白糖油丁馅、火腿馅、鸡丁馅等。

船点坯料制法细致,每 500 克米粉(糯米、粳米各半磨成),先用 350 克开水烫一下,拌和均匀,取出其中一半上屉蒸熟(叫熟芡),再与另一半揉匀,即成粉团,不能太软,特别是"熟芡"要适量,少了不上劲,多了又太黏,均不易成形。粉团调制好后,按照需要,加入不同色素,下剂做成船点坯形。

船点用蒸制成熟方法,只能使用中火蒸,防止变形;蒸的时间一般为 5 分钟左右,不能太长;下屉后晾凉,刷上香油,防止干裂,并增加口味。

船点形状很多,常见的有瓜果类的南荸、萝卜、南瓜、橘子、桃子、菱角、玉米等;禽类的小鸡、鸽子、白鹅、企鹅、孔雀等;兽类的小兔、小猪等;水产类的各种形态的金鱼以及青蛙等。

例如小兔的做法,用白色粉团,下剂子,包入馅心,收口,搓捏成椭圆形,用手将一头捏出兔头、耳朵;一头捏出兔身及两腿;然后,在嘴部先用剪刀横剪开来,再用骨针直压一条,就变成四瓣的兔嘴;在头部适当地位,挑出眼眶,嵌入两粒用红色剂子做的眼珠,成为眼睛,最后,在臀部剪出尾巴即完成。青蛙的做法,是用绿色粉团下剂子,包入馅心,收口朝下,捏成一头扁尖、一头略圆的蛙形;在扁尖一头剪一刀成蛙嘴,口内插进用红色剂子做的细长舌头,头上用骨针挑两只眼眶,装入用白、黑色剂子做的长圆形眼睛和眼球;背部贴上用黑色剂做的三条黑线,身体两侧,装上用绿色剂做的两条大腿即成。

艾　窝　窝

【原料配方】　红豆 600 克,细砂糖 2360 克,麦芽糖 60 克,色拉油 80 克,糯米400 克,绿茶米粉、葡萄干各适量。

绿茶米粉的制作:取适量米粉,干蒸 30 分钟后放凉,拌入适量绿茶粉,过筛后即成,增添艾窝窝一股淡雅的粉绿色彩!

【制作方法】　①红豆放入蒸锅中,加入适量的水(以淹没红豆为度),蒸6个小时后放凉,将多余的水分沥干。　②糯米泡水后加水蒸熟,放凉后加入色拉油,揉成面团状。　③起油锅,将蒸好的红豆放入,与细砂糖、麦芽糖及油一起炒干(至不黏手的程度),放凉后取15克搓成圆球状。　④取糯米团10克压成扁圆状,包入豆沙,搓成圆球状。　⑤裹上一层绿茶米粉。　⑥最后压入一颗葡萄干点缀即可。

黄 金 丸

【原料配方】　虾仁600克,玉米粒2罐,红萝卜末、色拉油各适量,香油少许,太白粉40克,盐4克,鸡粉4克,白糖19克。

【制作方法】　①将虾仁冲洗20~30分钟,或将虾仁置于冰块水中,不停搅动20~30分钟后,沥干备用。　②以刀背将虾仁压碎,接着将虾仁剁成泥备用。③将调味料、香油、色拉油及红萝卜细末加入拌匀,摔打至稠状后,再捏成球状。④玉米粒沥干后,加入太白粉搅拌均匀。　⑤将玉米粒裹于虾球表面,入蒸笼蒸煮5~6分钟即可。

莲 子 糕

【原料配方】　莲子300克,糯米500克,白糖3大匙,枸杞子少许。

【制作方法】　①将莲子放入600毫升的热水中,以中火煮至收汁(约20分钟)。　②糯米泡水后,用碗盛300克水和莲子加入电饭锅,蒸至开关自动跳起后,先不开盖,闷10分钟。　③趁热将莲子以刀压碎后,加入白糖、糯米拌匀。　④压入模型中,放凉即可切块食用(可加上枸杞子点缀)。

莲子以颗粒圆润饱满、壳薄肉厚、无虫蛀者佳!避免选购颜色太白、过度鲜艳的莲子。

莲子的加工处理:①若是买到干燥的莲子,可以热水泡发。　②将莲子剥成对半。　③挑出中间黑色的心。　④以热水焖煮10分钟可煮软。　⑤也可用蒸的方式,10~15分钟可使莲子变软。　⑥煮软后的莲子可直接以刀压成泥,可作馅料、甜点。

广东裹蒸粽包法:①荷叶正面朝上摊开,取四张竹叶正面朝上,以每叶密接的方式铺在荷叶上。　②先放糯米,再依序放肉馅与其他馅料,最后再放糯米。③取一竹叶正面朝下覆盖在所有食材上,以左手将荷叶往中间包折后压住不放,再以右手以同法包折。　④包成长方形后,以双手虎口压紧粽身,使其结实并成形。　⑤将两端叶子并拢,一手紧抓中段部,另一手紧紧抓捏使其结实,并提起来往桌上顿一顿,使米粒更结实,再将两端的叶子向内折收口。　⑥以双棉线由下往上捆绑粽子,并交叉成十字结,即成。

广东肇庆裹蒸粽

【原料配方】　荷叶适量,长粒糯米 300 克,绿豆仁 80 克,瘦肉 200 克,咸蛋黄 2 个,白芝麻末 1 大匙,白糖 1 小匙,盐 2 小匙,胡椒粉少许,花生油 2 大匙,油 4 大匙,绍兴酒 1 大匙。

【制作方法】　①糯米洗净,泡水 60~120 分钟沥干,加入盐、花生油拌匀。②将绿豆仁与芝麻捣碎。　③瘦肉切丁后,加入盐、白糖、芝麻末、胡椒粉及绍兴酒拌匀。　④锅入油烧热后,加入瘦肉与调味料炒熟。　⑤荷叶一张铺底,上放 4 张粽叶,并排成鱼鳞状,先铺糯米,再撒上绿豆仁,续将其余材料放上,再盖上糯米包成长方形,再以绳子扎成田字形绑紧。　⑥粽子放入大锅中,加水淹过粽子,以大火煮沸后转中火,续煮 3 小时即可。

绿茶红豆粽

【原料配方】　长粒糯米 600 克,绿茶粉 1 大匙,冬瓜糖 40 克,红豆沙 160 克,水 200 克,白糖 100 克,醇米霖 3 大匙,橄榄油少许。

【制作方法】　①长粒糯米洗净,泡水 60~120 分钟,沥干水分后,置蒸笼以中火蒸 30 分钟。　②冬瓜糖切成小块(每个约 5 克),红豆沙同样分成小块(每个约 20 克),将绿茶粉、白糖及少许油加入水中,搅拌均匀后再以滤网过滤。　③将过滤后的绿茶糖水与煮熟之糯米饭混和搅拌均匀。　④取 2 片粽叶,折叠成斗状,放入糯米饭,再依序放入红豆沙及冬瓜糖,最后舀入糯米饭,包成四角形粽,以粽绳绑好。　⑤粽子置蒸笼以中火蒸约 20 分钟即可。

第五章　职业技能培训面点 30 例

什锦黏糕

【烹调点评】　此面点为北方家常面点,以糯米为原料,以蒸为烹调技法。

【原料配方】　糯米 2000 克,红干枣 800 克,青红丝 60 克,枸杞子 80 克,葡萄干 80 克。

【制作方法】　①将糯米洗干净,放入容器加 1:1.5 的水,上笼蒸 35 分钟,蒸熟取出备用。红枣洗干净,放在不锈钢锅中加水适量,煮 30 分钟左右即可,取出备用。青红丝洗干净切碎成末。枸杞子、葡萄干洗干净备用。　②用一大方盘铺上笼布,再把蒸好的糯米饭团铺一层,上面放上熟枣。再放一层糯米饭压平,再一层枣。上面再放一层糯米饭压平后,上面均匀地撒上青红丝、葡萄干、枸杞子压平。上笼蒸 30 分钟取出,上面盖上木板、压上重物等,晾凉后切成块食用。

【风味特点】　色泽鲜艳美观,软糯香甜可口。

【掌握要点】　①米与水的比例是 1:1.5,即 500 克米、750 克水;　②辅料要新鲜无腐烂变质。

什锦油果

【烹调点评】　此面点为清真风味,以面粉为主要原料,用油炸至成型。

【原料配方】　面粉 1000 克,鸡蛋 6 个,大油 180 克,白糖 180 克,芝麻 45 克,清油 180 克,炸油 1500 克(实耗 350 克),酵母适量。

【制作方法】　①将面粉分成三份。一份加入鸡蛋、大油、白糖,和好,揉好先饧上。将另一份加鸡蛋、大油和好揉光,也饧上备用。再把第三份面加上鸡蛋、白糖、酵母,和好发酵后加入油酥面,揉好备用。　②把第一份面团揉好后,用擀面杖擀成薄片备用。再把第二份面团揉好擀成薄片。把两种面片重叠起来后,再卷成卷。卷好后,把它搓成 4 厘米粗细的卷,再把它切成薄片,用竹筷把两片一夹,即成油果生坯。炸好后成一种花色果子。　③把另一半面重叠起来,切成 5 厘米宽的长条,再用刀切成片、并排边用竹筷子一夹,逐个做完后,用油炸成一种花色果子。④再把第三份的面团揉好,也擀成薄片,撒上芝麻,再擀一下,用刀切成 3 厘米宽、5 厘米长的条,在每片中间切个小口,再把每片的一头顺小口反穿过去,逐个做好,下油锅炸好成另一种样。　⑤把以上三种花色果子合放在一起成多样油果,俗称什锦油果。

【风味特点】　干脆,酥香,甜。

【掌握要点】　①炸油果要用花生油或植物油,切忌用猪油;②制作的油锅不能太大,大小要适当。

葱花脂油饼

【烹调点评】　此面点为北方家常小吃,面粉发酵擀皮烙制成熟。

【原料配方】　面粉 450 克,酵母 8 克,葱花 25 克,椒盐 8 克,熟大油 70 克,食碱 0.7 克。

【制作方法】　①将面粉加入酵母,用温水和成面团揉匀,保持 30℃温度饧发 30 分钟左右,发透、发好即成。　②把发好的面团加入食碱揉均匀,揉光,搓成粗条,揪成 10 个大小均匀的剂子,把剂子逐个搓成细条,再用手压扁,擀成长薄片,上面抹上大油,抹匀后撒上葱花、椒盐,用手左右抹匀,再从右向左卷起来,卷好,立起来压好,一擀即成,逐个做好即可烙制。　③电饼铛烧热,把做好的饼放入,盖上盖烙几分钟,使之呈金黄色。翻过来再烙另一面,同样盖上盖,使之呈金黄色,用铲子铲出装盘即成。

【风味特点】　色泽金黄,香脆咸香,香味扑鼻。

【掌握要点】　①烙饼是采用中火,火力不可太旺,以免黑煳;②要勤翻动,使之成熟均匀,表面金黄。

泡儿油糕

【烹调点评】　此面点为清真特色小吃,拌馅用油炸至成熟,色黄香甜可口。

【原料配方】　面粉 450 克,熟芝麻 25 克,色拉油 100 克,果脯 30 克,大油 45 克,青红丝、核桃仁各 25 克,白糖 100 克,熟面粉 80 克。

【制作方法】　①将锅上火,加入 800 克水、100 克色拉油,烧开再把面粉铺在水上面,然后盖上盖蒸 15 分钟。再把蒸煮好的面粉用筷子和水搅拌均匀,倒在案板上晾凉,洒上水用手搓压,反复多次使面团均匀,揪成 30 个剂子备用。　②拌馅:先把青红丝切末,核桃仁洗净切碎,果脯切碎放在一个容器内,加入白糖、芝麻、熟大油、熟面粉,加点水拌匀即可成馅。　③将面剂子用手捏压包入馅,捏拢口放在手掌心,再用右手掌压成中间厚、边薄的小饼,直径约 8 厘米,逐个包好后放在走勺上备用。　④锅上火烧热,加入炸油烧至七八成热时,放入小饼炸至起泡,炸透即捞出装盘。

【风味特点】　外形起泡,均匀透亮,色白黄,香甜可口。

【掌握要点】　①吃油糕要提前和面,让面饧透;②馅心要包在皮的居中处,然后封口。

芝 麻 馓 子

【烹调点评】　此面点为北方特色小吃,以油炸烹调而成。

【原料配方】　面粉 800 克,鸡蛋 5 个,芝麻 25 克,白矾 0.5 克,小苏打 0.3 克,色拉油 1000 克(实耗 200 克),食盐 4 克。

【制作方法】　①把面粉放入盆中,打入鸡蛋,再加入 350 克温水、白矾、小苏打和成面团,然后加入洗干净的芝麻,边揉边抹上盐水,揉上劲,揉光后即顺长搓成细条,抹油盘起来,饧 10 多分钟。　②锅上火加入色拉油烧至四五成热,即将饧好的面条一圈一圈盘在手上,约 45 克。再用两只筷子将面条抻开约 20 厘米长下入油锅中,炸至凝固即取出筷子,按同样手法做成 20 个大小均匀的馓子,炸至呈金黄色即可。

【风味特点】　色泽金黄鲜亮,酥脆咸香适口。

【掌握要点】　①白矾和苏打起到酥脆的作用, 但用量不可太多; ②俗话说: "盐是骨头,碱是筋",在面点上用盐要得当。

黄 金 大 麻 饼

【烹调点评】　此面点是中西合璧,创新面点,先蒸制成熟,再以油炸至成型,色泽金黄,鲜香可口。

【原料配方】　面粉 450 克,酵母 8 克,葱白 45 克,椒盐 8 克,净芝麻 45 克,色拉油 750 克,食碱 0.6 克。

【制作方法】　①将面粉加入酵母,用温水和成面团揉匀,保持 30℃温度饧发 30 分钟左右,即加入食碱揉均匀备用。　②葱白洗干净切成末备用,把面团压扁撒上干面粉,擀成长方形薄片,上面均匀地刷上油,撒上葱末、椒盐并用手抹均匀,从左向右卷起来后,再立起来,压平擀开成直径 30 厘米左右、薄厚均匀的饼形,上面抹些水,撒上芝麻,放在铺好笼布的笼屉上,旺火蒸 30 分钟取出晾凉。　③锅上火加色拉油烧热,将晾凉的饼放在走勺上下入油中炸至呈金黄色捞出,切成块装盘即成。

【风味特点】　色泽金黄,外脆里软,味咸香。

【掌握要点】　①发面不要时间太长, 提前 2 小时即可; ②如果发面时间过长,出现酸味,应用少量的碱水,去酸; ③油炸时掌握在 3~4 成热的油温下锅,一次炸成,不需复炸。

酥 麻 花

【烹调点评】　麻花是北方小吃,特别以天津麻花最为出名,它以面粉发酵,揉搓成剂子,用油炸烹调法。

【原料配方】　面粉 450 克,酵母 3 克,白糖 45 克,鸡蛋 2 个,色拉油 950 克(实耗 100 克),食碱 0.8 克,白矾 0.3 克,小苏打 0.2 克。

【制作方法】　①将面粉加入酵母、白糖、鸡蛋、色拉油 50 克,再加入 150 克左右的温水和成面团揉匀,揉光,饧发 40 分钟即可。　②把发好的面团加入食碱、白矾、小苏打揉匀揉光后即可搓成条,揪成大小均匀的 20 个剂子,再搓成长短粗细均匀的条抹上油,饧一会即可,用两手同时朝正反两方向搓成长条后,两头对齐朝上提起自然拧成麻绳状,再朝反、正方向搓紧后,两头对齐叠并自然拧紧,将剂子头用拇指按紧即成生麻花,逐个搓拧好。　③锅上火加色拉油烧至四五成热即可下入生麻花,炸至呈金黄色,炸透即捞出控油后,装盘即成。

【风味特点】　酥脆甜香,色泽金黄鲜艳。

【掌握要点】　①麻花的面不要和得太软,以免起花不明显;②油要干净,最好用色拉油或花生油;③油温控制在四五成热。

开 花 馍

【烹调点评】　此面点是北方家常面点,以面粉为主要原料,用蒸制的烹调技法。

【原料配方】　精粉 450 克,牛奶 200 克,白糖 50 克,青红丝适量,酵母 3 克,食碱适量。

【制作方法】　①把精粉加酵母,牛奶加热至 30℃,倒入面粉中加入白糖,加少许温水和成面团揉匀、揉光,保持 30℃的温度饧发 30 分钟左右。　②青红丝切碎备用,面发好后,加适量食碱,揉匀揉光,搓条即揪成 20 个大小均匀的剂子,边揪边放入垫好布的笼屉上,剂子口朝上,摆放整齐,上面撒上青红丝末,用大火蒸 15 分钟即可。

【风味特点】　洁白如盛开的棉花,软、香、甜。

【掌握要点】　①制作时要掺入 35%的干面粉,才能开花;②加少量的猪油,可保持表面白嫩。

玉米面小饼

【烹调点评】　此面点为北方风味,用玉米面和面,然后加少许糖,拍成饼状,上锅炕熟即成,香甜可口,色泽金黄。

【原料配方】　玉米面粉 300 克,大豆粉 150 克,小米粉 100 克,白糖 85 克,青红丝末 25 克,葡萄干 45 克,发酵粉 5 克,食碱少许。

【制作方法】　①将玉米面加发酵粉、白糖,加 40℃左右的温水并用筷子搅成面团饧发 30 分钟左右。　②将饧发好的玉米面加入食碱、水搅均匀成糊状,再加入果脯末,搅拌均匀,把青红丝切末和熟芝麻拌和均匀备用。　③电饼铛烧热刷上油,用小勺将玉米面糊倒在铛面上成 6 厘米大小均匀的小饼状,上面撒上青红丝、芝麻,撒后即盖上铛盖,烙一会即用小铲将饼翻过来,再烙一会即成。

【风味特点】　色泽金黄、鲜亮,软香甜可口,营养丰富。

【掌握要点】　①要提前 4~5 小时和面,以便让原料吃透水分;②可以不加糖,它们自身就可产生很大的热量和糖分。

蒸鸡蛋糕

【烹调点评】　此作品是广东风味小吃,以鸡蛋配青红丝、葡萄干为原料,用蒸的烹调技法。

【原料配方】　熟面粉 300 克,白糖 450 克,鸡蛋 450 克,青红丝 25 克,葡萄干 45 克,发酵粉 5 克。

【制作方法】　①把鸡蛋洗干净,打入不锈钢盆内,用打蛋器顺一个方向搅至鸡蛋发白,打发后,即加入白糖继续将白糖粒搅化,再加入蒸熟的面粉、发酵粉搅均匀即可。　②蒸锅上火烧开,笼屉放上专用竹圈,再铺上笼屉布,将搅拌好的蛋糊倒在布圈内,上面撒上青红丝末、洗干净的葡萄干,上笼屉蒸 10 分钟即成,出笼屉后用刀切成大象眼块,摆盘即成。

【风味特点】　色泽白黄鲜艳,软香甜适口。

【掌握要点】　①模具要干净,垫纸要统一;②用泡打粉和臭粉效果更好;③蒸时要热水下锅,时间不要超过 15 分钟,以免蒸锅水滴到蛋糕上面。

腐乳玉米糕

【烹调点评】　此糕点为西北风味,以玉米粉为主要原料,掺和面粉发酵,配以腐乳擀制成型,上笼蒸制。

【原料配方】　面粉 300 克,玉米粉 450 克,酵母 6 克,青红丝 8 克,枸杞子 25 克,白糖 45 克,腐乳 5 块,味精、花椒粉、小茴香粉、白酒、红曲、食碱各适量,大葱 45 克,大油 90 克。

【制作方法】　①把玉米粉、面粉放入盆中,加酵母、白糖,用温水和成软硬适宜的面团,放置 30℃左右,保温发酵 1 小时即可,发酵好备用。　②将大葱切成末,青红丝切末,枸杞子洗干净备用。　③把发好的面团加入食碱揉和均匀,加入腐乳、葱末、花椒粉、小茴香粉、白酒再揉和均匀,把揉和好的面团分成两块。一块加入红曲揉和均匀,用擀面杖擀开,放在铺好的笼屉布上。再将另一块面团擀成同样大小的块,叠放在上面放齐轻轻擀一下,上面撒上青红丝末、枸杞子。再轻轻擀一下,即可上笼屉,用大火蒸 25 分钟即出,晾一下可切成方块上桌即成。

【风味特点】 色泽艳丽美观,香气扑鼻,咸香可口。

【掌握要点】 ①要提前 4 小时和面,冬季可以提前 6 小时和面,让面粉吃透水; ②玉米粉与面粉应分别发酵; ③可以温水上蒸锅,以开锅计算时间。

芝麻鸡蛋小饼

【烹调点评】 此面点为西北风味小吃,以饧发烤制为烹调技法。

【原料配方】 面粉 450 克,白糖 45 克,鸡蛋 4 个,麦芽糖 15 克,色拉油 45 克,食碱 1 克,酵母 8 克,芝麻 25 克。

【制作方法】 ①将面粉加入酵母、白糖、鸡蛋、色拉油、温水 200 克,和成面团揉匀,保持 30℃温度饧发 40 分钟。 ②把饧发好的面团加入食碱,揉匀揉光后即搓成长条,揪成 10 个大小均匀的剂子,再逐个揉团,压平再擀成直径 10 厘米的圆饼,上面抹上麦芽糖水,撒上芝麻,整齐地放在烤盘上,放入 260℃的烤箱烤 15 分钟,呈金红色即可出炉装盘。烤好后饼上面可刷一层油。

【风味特点】 色泽金红油亮,酥松甜香。

【掌握要点】 ①刷麦芽糖时,要在烤制 5 分钟以后,提出再刷; ②芝麻要用清水洗干净,生撒到上面。

烤 蛋 糕

【烹调点评】 此糕点为西式风味,主要以饧发烘烤为主要烹调技法,其口味软甜。

【原料配方】 面粉 1000 克,鸡蛋 1500 克,白糖 1500 克,香精、蛋糕油、发酵粉各适量,蛋糕纸 1 张。

【制作方法】 ①把鸡蛋洗干净,打入不锈钢盆中,用打蛋器顺一个方向打至发白,发起后即可加入白糖,再打搅至糖粒化开后,加入面粉、香精、蛋糕油、发酵粉,搅均匀饧发一会即可。 ②烤箱温度定在 240℃烧热,将饧好的蛋糊倒入铺好蛋糕纸的烤箱盘中,上烤炉烘烤 20 分钟即成,取出后除去纸,切成大小均匀的块装盘即可。

【风味特点】 色泽金黄,软甜香可口。

【掌握要点】 ①烤炉要提前预热,升温后放入面坯; ②烘烤时要及时观察,以免烤糊。

豆 沙 烙 饼

【烹调点评】　此面点为北方农家面点,以豆沙为主要原料,主要以饧发烙制为烹调技法,口味香甜软糯。

【原料配方】　面粉 600 克,酵母 4 克,色拉油 50 克,豆沙馅 260 克。

【制作方法】　①将面粉加入酵母,用温水和成面团揉匀,保持 30℃温度饧发40 分钟左右。　②把发好的面团揉光后搓成粗条,揪成 20 个大小均匀的剂子,用手压扁,擀成直径 10 厘米的薄皮,包上豆沙馅捏拢,再用手压平,擀开成直径 10厘米的圆饼即可烙制。　③电饼铛烧热,刷上油,把做好的饼摆放在铛内盖上盖,烙 12 分钟,烙呈金黄色,刷上色拉油即可铲出装盘。

【风味特点】　色泽金黄,软香糯甜可口。

【掌握要点】　①面皮要厚薄适中,包住馅心;　②发面不可太硬,以柔软手感为好;③烙制时将电饼铛,开上下挡,加热,及时翻动。

生 煎 包 子

【烹调点评】　此面点为北方家常风味面点,以发酵、拌馅、煎蒸为烹调技法,口味鲜香味美。

【原料配方】　精面粉 600 克,鲜肉 400 克,葱姜各 15 克,香油 30 克,酱油 25克,食盐 12 克,菜油 55 克,料酒 20 克,鸡精 6 克,酵母 5 克,花椒粉 7 克,大茴香粉 6 克,小茴香粉 6 克。

【制作方法】　①把面粉加酵母、250 克温水和好揉光, 放容器内保持 30℃左右,发酵 40 分钟备用。　②把鲜肉制成肉馅,把葱、姜洗净切成葱花、姜末。③肉馅放入盆中加入水顺一个方向搅上劲,加入 300 克左右的水,分多次加入。搅好后,再加入花椒粉、小茴香粉、大茴香粉、食盐、香油、酱油、鸡精、料酒、葱、姜搅拌均匀即可。　④将面团揉和均匀,搓成条揪成 60 个剂子,用手压扁,擀一下包入馅捏拢,逐个捏好成型即可放入平底锅加入少量菜油,再加入适量水,用大火烧,用蒸汽促使成品成熟,待水分全部蒸发,改小火稍煎一会儿即可。

【风味特点】　底部色泽黄亮,油光明亮,微脆带软,味香鲜美。

【掌握要点】　①面粉发酵时间不易过长;　②剂子要制作均匀, 厚薄均匀;③在用水煎时,最好提前和 300 克的面浆水,浇水时,浇面浆水,盖锅蒸透。

荷 叶 饼

【烹调点评】　此面点为北方风味小吃,常用于吃北京烤鸭、烤乳猪或京酱肉丝等配菜上桌,制作方法为烙、蒸。

【原料配方】 面粉 600 克,食盐 1 克,植物油 40 克。

【制作方法】 ①把面粉加 250 克温水,和好揉光放容器内保持 30℃左右,把面团加入食盐揉和均匀,揉好后,搓成条,揪成 20 个大小均匀的剂子,将每个剂子擀成直径 10 厘米的圆形片,刷上油,合拢成半圆形,用专用梳子压上花纹,用左手的拇指和食指掐住半圆形皮子的直线部分的中间位置,右手用刀在半圆形处推三刀即成荷叶饼。 ②用平锅烙至八成熟,再将荷叶饼放入铺好的笼布的笼屉内蒸 10 分钟取出即成。

【风味特点】 色泽洁白,形似荷叶,松软香醇。

【掌握要点】 ①将压好的剂子,刷上油再双层合并,按在一起;②此面点为先烙后蒸,烙时火不易太大; ③蒸熟后,可以用手揭开两层。

花 卷

【烹调点评】 此面点为北方家常面点,用蒸的方法制作。

【原料配方】 面粉 600 克,酵母 4 克,食碱 1 克,精盐 3 克,植物油 40 克。

【制作方法】 ①把面粉加酵母、300 克温水和好揉光, 放容器内保持 30℃左右,保温发酵 40 分钟备用。把发好的面团加入食碱揉和均匀,擀成长方形薄片,抹上油,撒上精盐后,用手抹匀,再卷成圆柱形,用刀切成大小均匀的 20 个剂子,双手将剂子从中间一捏,拉长再一拧,卷成花卷。 ②将花卷整齐地放入铺好笼布的笼屉内蒸 15 分钟取出即成。

【风味特点】 颜色洁白,松软可口,为面点主食品。

【掌握要点】 ①抹油和撒盐时面皮擀得要薄,叠起后有层次感;②制花可用筷子压,也可用手捏或模具扣出。

银 丝 卷

【烹调点评】 此面点为西北风味家常面点,用蒸的方法。

【原料配方】 面粉 600 克,酵母 5 克,食碱 0.5 克,猪大油 45 克,白糖 45 克。

【制作方法】 ①把面粉加酵母、200 克温水和好揉光, 放容器内保持 30℃左右,保温发酵 30 分钟左右备用。 ②把发好的面团加入食碱顺长揉和均匀,再拉成细丝,撒上干面粉,刷上大油,再用刀切成 10 厘米长的 10 段,再把剩余的面团揉好后揪成 10 个大小均匀的剂子,擀成 12 厘米左右大小的皮子,逐个包上一段细丝,包成长条形的卷后,用刀切齐两头,上笼屉内用大火蒸 15 分钟左右取出即成。

【风味特点】 制作特殊,香甜可口。

【掌握要点】 ①制作时最好在中间刷上油,起层;②可以制作成盘丝卷或烤制而成。

薄饼羊肉末

【烹调点评】　此面点为西北风味家常面点,用蒸的方法。

【原料配方】　面粉 200 克,羊后腿肉 450 克,洋葱 90 克,香菜 45 克,面酱 25 克,大葱 15 克,色拉油 45 克,香油 10 克,白糖 10 克,小茴香、花椒、孜然粉各 1 克,鲜姜 10 克,大蒜末 10 克,辣椒面 8 克,味精 2 克,嫩肉粉 2 克,食盐 5 克,酱油 8 克。

【制作方法】　①将面粉用开水烫制成面团晾凉,揉和成团,搓成长条,揪成 30 个剂子,撒上点干面粉,用手搓一下,压扁,擀成直径 15 厘米的圆薄饼,撒上干面粉,逐个擀好后,10 张放在一起,放入笼屉内,蒸 15 分钟取出,1 张张分开装盘备用。香菜洗干净切小段装小盘,洋葱洗干净切丝也装小盘,面酱炒熟加白糖、香油调稀,装小盘备用。　②羊肉切末,姜、大葱切末,切好后即可炒制。　③炒锅上火烧热,加色拉油,即下入羊肉末用中大火炒制变成粉红色,即加入嫩肉粉炒几下,加入花椒、小茴香、孜然粉、鲜姜末、大蒜末、辣椒面炒几下,加盐、味精、酱油,再炒几下加入大葱末,炒匀即可装盘。配上薄饼、香菜、洋葱丝、甜面酱卷起来吃。

【风味特点】　色泽美观鲜艳,美味咸醇厚。

【掌握要点】　①此面点为配合羊肉末而用,制作大小要均匀;　②可以提前卷好菜肴,也可上桌后让食客制作。

八 宝 饭

【烹调点评】　此面点为江浙风味小吃,烹调技法为蒸。

【原料配方】　糯米 150 克,青红丝 10 克,玫瑰糖 10 克,核桃仁 15 克,葡萄干 15 克,什锦果脯 50 克,枸杞子 10 克,花生仁 10 克,红枣 15 克,红、绿樱桃各 12 粒,苹果半个,大油 25 克,蜂蜜 25 克,白糖适量。

【制作方法】　①把糯米洗干净加适量的水,上笼蒸 30 分钟,蒸熟取出备用。②把扣碗用大油抹一下,再把苹果去皮,切成长条,摆在扣碗中间成八卦形,碗底中间放上玫瑰糖,把以上干果料处理干净后,均匀切成小丁,再把它们按色泽搭配开,放在八个空当中摆好备用。　③将蒸好的糯米饭加蜂蜜、大油拌和均匀成团,放在摆好果料的扣碗中,用手按压实,再把红绿樱桃间隔摆在扣碗的边沿上,将扣碗反扣在盘中,去扣碗,再浇上用白糖勾好的芡汁或撒上白糖即可。

【风味特点】　色泽美观鲜亮,糯香甜适口。

【掌握要点】　①扣碗的表面要刷一层油,扣出的八宝饭才光亮干净;　②蒸米饭时,米与水的比例,用南方糯米比例是 1:1.3,第二次蒸饭时可以再加适量的水。

什锦馅烙饼

【烹调点评】   此面点为西南风味家常面点,烹调方法为烙制。

【原料配方】   面粉 600 克,肉馅 300 克,水发香菇 100 克,水发冬笋 100 克,鲜韭菜 200 克,海米末 40 克,香油 30 克,酱油 30 克,食盐 5 克,鸡精 2 克,花椒粉 2 克,大茴香粉 2 克,小茴香粉 2 克,姜末 20 克,色拉油 40 克,酵母 20 克,食碱适量。

【制作方法】   ①把面粉加酵母、300 克温水和好揉光,放容器内保持 30℃左右,保温发酵 40 分钟备用。 ②肉馅加香油、酱油、食盐、鸡精、花椒粉、大茴香粉、小茴香粉、姜末、海米末搅拌均匀,再把冬笋、香菇切末也加入拌匀,韭菜洗干净切末,先拌点色拉油后也放入拌匀即可。 ③把饧发好的面团加碱,揉和均匀,揉光,即搓成粗条,揪成 20 个大小均匀的剂子,撒上干面粉,用手一搓即压扁,擀成直径 10 厘米的圆皮,打上馅捏拢,剂子口朝下,压扁,轻轻擀一下成薄厚均匀的圆饼,逐个做完后即可烙制。 ④电饼铛烧热,刷点油,放上做好的饼,上面也刷上油,盖上盖烙几分钟,烙至呈金黄色,用铲子翻过来再烙另一面,烙好装盘即可。

【风味特点】   色泽金黄,软香鲜咸适口。

【掌握要点】   ①馅心肉与韭菜要现包现拌,不能提前拌好,久放;②饼皮要薄,厚薄要均匀。 ③烙制时将电饼铛,开上下挡齐加热,及时翻动。

四喜蒸饺

【烹调点评】   此面点为西北风味创新面点, 最早见于西安德发长饺子馆,烹调技法为蒸。

【原料配方】   面粉 450 克,肉馅 450 克,水发香菇 70 克, 菠菜叶 90 克,蛋黄糕 70 克,红萝卜 90 克,大葱 90 克,鲜姜 45 克,花椒粉 3 克,大茴香粉 2 克,小茴香粉 1 克,味精 1 克,香油 15 克,酱油 15 克,食盐 3 克。

【制作方法】   ①将面粉用开水烫制成面团晾凉,揉和成团备用。再把肉馅加水顺一个方向搅拌上劲,加水约 300 克,水要分几次加入搅拌,再把葱、姜末加入,加点盐、酱油、香油、味精、小茴香粉、花椒粉、大茴香粉搅拌均匀,放冰箱中备用。再把水发香菇、蛋黄糕切末,红萝卜、菠菜焯漂晾凉控净水,切碎备用。 ②把烫面团揉光,搓条,揪成 60 个均匀的剂子,压平擀成薄片包入馅,包成四方形,四角留孔,放上调好味的一种菜末,捏好四角形状,整齐地放在笼屉布上,逐个包好后上笼屉蒸 15 分钟即可。

【风味特点】   色泽鲜艳,口感软香,鲜咸适口。

【掌握要点】　①四个开口中放有不同颜色的四种原料,也可根据节气选择使用;②蒸饺的面要适当硬一点,以便造型美观;③蒸的火候不要超过 15 分钟,开水上蒸锅。

什 锦 汤 圆

【烹调点评】　此面点为四川风味小吃,烹调方法为水煮。

【原料配方】　糯米粉 450 克,白糖 90 克,熟面粉 50 克,熟芝麻 25 克,熟大油 20 克,桂花 10 克,核桃仁 15 克,什锦果脯 45 克。

【制作方法】　先把糯米粉加水和成团备用。　②把核桃仁洗干净切末,什锦果脯也切成小丁,熟芝麻擀破,一起放容器,加白糖、桂花、大油、熟面粉,加点温水拌成什锦甜馅备用。　③把什锦馅分成大小均匀的 50 份,用手搓成丸状备用。把糯米粉团也分成 50 份,用手捏个窝放上馅捏拢口,用手搓成圆球状即可,逐个做好后即可用水煮。　④锅上火加水烧开,即可下入做好的汤圆,用勺子向前推搅几下,水开后,煮一会浮起,即可带汤食用。

【风味特点】　大小均匀、雪白、软糯香甜适口。

【掌握要点】　①水面要现用现和,以防酸臭变质;②包馅后要用手多团几遍,以求牢固; ③煮时要开水下锅。

门 丁 包(豆沙包)

【烹调点评】　此面点为北方风味小吃,烹调方法为蒸。

【原料配方】　面粉 450 克,酵母 6 克,食碱 1 克,熟芝麻 15 克,白糖 15 克,玫瑰糖 15 克,香油 10 克,红豆沙馅 200 克。

【制作方法】　①将面粉加酵母、250 克温水和好揉光,放容器内保持 30℃左右,保温发酵 40 分钟备用。　②将把炒好的豆沙馅加入白糖、玫瑰糖、熟芝麻、香油拌和均匀备用。　③蒸锅加水上火烧热,笼屉抹上油备用,再把发好的面团加适量的食碱揉匀,揉光后揪成 20 个大小均匀的剂子,再用擀面杖擀成面皮,包上豆沙馅,用手搓成馒头形状,整齐地放在笼屉内,用大火蒸 15 分钟取出即成。

【风味特点】　形如门丁,色白,软糯香甜。

【掌握要点】　①制作的面剂不可太大,以核桃大小为标准; ②制作时,可以制作得高一点,先烙后蒸,或者是采用水煎包的制熟方法。

凉 粉 酿 皮

【烹调点评】　此面点为西北风味小吃,烹调方法为水煮。

【原料配方】　面粉 450 克,豆淀粉 45 克,食碱 1 克,植物油 45 克,芝麻酱 45

克,油辣子 100 克,香醋 150 克,大蒜泥 30 克,精盐 5 克,芥末油几滴。

【制作方法】　①把面粉加水顺一个方向搅拌成糊状,按水 2.5、面粉 1 的比例搅拌,先加入一半水搅匀,水分多次加入,搅拌好备用。　②锅内加水烧开,将面糊加点食碱搅拌均匀,盛入专用的工具里,放入开水锅中,面糊受热后,由稀变稠,盖上盖蒸 3 分钟,即取出放入凉水盆中冷凉后,上面刷上植物油,取出即可,切成粗细均匀的条备用。　③把淀粉加水 150 克搅拌均匀,放入罗中,再将罗放入开水锅中,慢慢摇匀凝固后,再将罗放入开水中烫一下即可,取出后放入冷水中冲凉,切成粗细均匀的条备用。　④把切好的酿皮放在盘中,上面放入粉皮,调上辣椒面、食盐、蒜泥、香醋、芥末油(芝麻酱加水顺一个方向搅拌成糊状)即可。

【风味特点】　酸、辣、香、爽口。

【掌握要点】　①此面点为两种工艺合并而成,宜菜宜饭;　②操作时粉皮内要放有盐和碱,以防脆断;　③旋子有特制的,也可以用不锈钢盆代替。

糖三角(什锦糖包)

【烹调点评】　此面点为北方风味家常面点,烹调方法为蒸。

【原料配方】　面粉 450 克,酵母 3 克,白糖 100 克,熟面粉 90 克,熟芝麻 45 克,猪大油 45 克,玫瑰糖 8 克,什锦果脯 45 克。

【制作方法】　①面粉加酵母和温水和好揉光,放容器内保持 30℃左右,保温发酵 40 分钟备用。　②果脯用刀切成小丁后放入盆中,加入白糖、熟面粉、芝麻、大油、玫瑰糖,加适量温水拌和均匀备用。　③发好的面团揉匀揉光后,搓成条,再揪成 20 个大小均匀的剂子,撒上干面粉,用手一搓,再用擀面杖擀成直径 10 厘米的皮逐个包上馅,用拇指和食指挤压成三角形状,逐个包好后上笼,用大火蒸 15 分钟即可。

【风味特点】　软糯香甜,外形独特。

【掌握要点】　①糖可以先加 50%面粉炒熟拌匀,以防糖稀;②封口要捏紧,防止糖外流;　③屉布上面要刷一层油,防止粘连。

羊 肉 包 子

【烹调点评】　此面点为清真风味面点,也有使用烤制的方法制成烤包子,用蒸的方法就是蒸包。

【原料配方】　面粉 450 克,羊肉馅 450 克,红萝卜 90 克,酵母 4 克,大葱 45 克,花椒粉 2 克,鲜姜 25 克,胡椒粉 1 克,小茴香粉 2 克,孜然 1 克,食盐 4 克,嫩肉粉少许,植物油 90 克,香油 25 克。

【制作方法】　①面粉加酵母、温水和成软硬适宜的面团,保温发酵 40 分钟即可加食碱揉均匀,揪成 40～50 个剂子备用。　②红萝卜洗净切丝,蒸熟晾凉,葱、姜切末备用。把羊肉馅放在盆中,先加入适量水顺一个方向搅入,再加入嫩肉粉搅匀后即可加入以上调料,搅拌均匀,放入红萝卜丝拌和均匀即可包制成鸟笼形,上笼蒸制 10 分钟即熟。

【风味特点】　形状美观,味鲜香适口。

【掌握要点】　①包子的馅可以打进 50% 的水, 要求肉质松软;②包皮要薄,厚薄要均匀;③开水上屉大火蒸至成熟。

火腿玉米糕

【烹调点评】　此糕点为浙江风味创新小吃,烹调方法为蒸。

【原料配方】　玉米粉 450 克,面粉 200 克,熟瘦火腿 45 克,红萝卜 90 克,豆腐皮 2 张,酵母 4 克,熟猪油 90 克,豆腐乳 2 块,味精 1 克,食盐 1 克,白糖 25 克,大葱 45 克,花椒粉 1 克,八角粉 1 克,白酒 10 克。

【制作方法】　①把玉米粉、面粉放入盆内,加酵母、白糖,用温水和成面团,保温 30℃ 左右发酵 1 小时备用。　②把红萝卜处理干净后切薄片,焯水处理后切成末,火腿、大葱都切末后放一起拌匀备用,再把豆腐乳加点水搅开。　③把发酵好的玉米面团放在案板上,加入豆腐乳、猪油、味精、食盐、花椒粉、八角粉、白酒等,再揉均匀,把豆皮铺在屉内,上面放上揉好的玉米面团,用手压平约 2 厘米厚。上面再撒上拌和均匀的火腿、红萝卜、葱花末,用手轻轻压一下,上笼蒸 30 分钟(大火)即成熟。下笼后取出晾一下,可切成大小相等的方块。

【风味特点】　色泽鲜艳,外形美观,味香适口。

【掌握要点】　①此面点宜菜宜饭,可以在宴会时上桌;　②发面要松软,加进 40% 的白面。

红枣玉米糕

【烹调点评】　此糕点为北方风味家常面点,烹调方法为蒸。

【原料配方】　玉米粉 200 克,面粉 200 克,红枣 350 克,青红丝末少许,酵母 3 克,食碱 1 克,白糖 450 克。

【制作方法】　①把玉米粉、面粉放入盆中,加入白糖、酵母,用煮过红枣的水和成面团,保温发酵 40 分钟即可。　②把发好的面团加入食碱揉和均匀,揪成 3 块,分别揉光擀开,擀成 1 厘米厚的大方形块,把一块先放在铺好布的笼屉上,上面间隔均匀地摆放一层红枣,再放一块擀好的面块,用擀面杖轻轻地擀一下,再摆放一层红枣,放上一块面块,用手按两下,再用擀面杖擀平整,上面抹上水,均匀地撒上青红丝末即可上笼,大火蒸 30 分钟即熟,取出后晾一下,可切成长方形。

【风味特点】　色泽鲜艳,枣香浓郁,香甜可口。

【掌握要点】　①先用面粉发酵,发成糊状,再加进玉米粉;②发酵时间不超过 180 分钟;③适用于大锅蒸制,也可以用蒸箱蒸制。

卤肉韭菜粉条包子

【烹调点评】　此面点为北方风味家常面点,烹调方法为蒸。

【原料配方】　精面粉 800 克,酵母 5 克,食碱 1 克,卤猪肉 400 克,小韭菜 400 克,水发粉条 400 克,花椒粉 1 克,大茴香粉 1 克,小茴香粉 1 克,味精 2 克,香油 25 克,食盐 4 克,白糖 3 克,鲜姜末 15 克。

【制作方法】　①把面粉加酵母,用温水和好、揉光,放入盆内饧发 40 分钟即可。取出加入食盐揉均匀,加碱揉匀,搓条下剂,每个剂子 25 克左右。　②把卤肉切小丁、韭菜切末,拌入香油,水发粉条切成寸段一同放入盆中,加入花椒粉、大茴香粉、小茴香粉、味精、白糖、鲜姜末,最后加盐拌和均匀即可。将面剂用擀杖擀成直径 10 厘米的皮子,打上馅包成大包,不封口,中间成圆口,逐个包好即上笼,大火蒸 15 分钟即熟。

【风味特点】　荤素搭配,卤熟的肉酥烂香入味,味道香美。

【掌握要点】　①此包子可以制作成圆形包,也可以制作成柳叶形包;②此馅可以加黄酱煸炒馅,味道更好。

稍　梅

【烹调点评】　此面点为北方风味传统面点,北方传统称为烧卖,烹调方法为蒸。

【原料配方】　精面粉 450 克,猪瘦肉 450 克,蔬菜 700 克,大葱 80 克,鸡蛋清 45 克,干淀粉 80 克,大茴香粉 1 克,食盐 2 克,黄豆酱 15 克,香姜末 10 克,香油 45 克,味精 1 克,酱油 15 克,小茴香粉 1 克,花椒粉 1 克。

【制作方法】　①把面粉用 80℃的热水烫,用筷子搅拌硬些,再加入鸡蛋清揉和均匀,揉光、揉搓成条,揪成 80 个大小均匀的剂子,用手平搓成圆珠状,按扁,先用盆子扣起来。用走槌擀成中间稍厚、边薄的皮,直径 10～12 厘米。擀时用干淀粉作面扑,逐个擀好后 10~15 张叠起来,多撒些淀粉,用走槌砸成梅花花边形,逐个砸好后用盆扣起来备用。　②把猪肉制成卤馅,把蔬菜洗净控净水。所用蔬菜若为韭菜、韭黄、韭薹,可切末后拌入香油备用,但不再加入大葱末。如用其他蔬菜,大多数都要经过焯水处理,沥净后再切末备用。　③把猪肉卤馅装入盆中,先加点水顺方向搅上劲,一般要加入 250 克左右的水,再加入大茴香粉、花椒粉、小茴香、姜末、味精、酱油、黄豆酱、食盐顺一方向搅上劲,再加入用香油拌好的菜末,搅拌均匀即可包制。左手托皮,右手打馅,轻轻地上下收口合拢,口不宜收得太紧,逐个包好后上笼旺火蒸 10 分钟即可。

【风味特点】　形似梅花,皮薄透馅,味美醇鲜香,是面点佳品。

【掌握要点】　①此馅可以做成多种口味的烧卖;　②烫面时应将锅中留适量的开水,将面倒入,用擀杖搅拌,将面烫熟,这样做出的烧卖,口感嫩滑,表面光洁;③收口处可以点缀上鸡蛋丝、火腿丁、绿菜松等装点,更为美观。

民以食为天,厨师就是那天上的神仙,神仙下凡做饭,把幸福带给人间……

——张仁庆

第 五 编

示教实习菜例

第一章 冷拼冷菜类

泡 菜

(一)中国传统泡菜

【烹调点评】 泡菜有中国传统泡菜(四川风味、朝鲜风味)、法式西餐泡菜,其烹调技法为腌渍,口味为鲜咸味型,本书介绍两种泡菜制作技法。

【原料配方】 嫩豇豆 600 克,胡萝卜 150 克,圆白菜 600 克,嫩姜 150 克,精盐 60 克,干辣椒 60 克,红糖 40 克,白酒 30 克,白醋 40 克。

【制作方法】 ①先将泡菜坛洗净、控干水分,干辣椒洗净、去蒂、沥干水分,姜刮皮、洗净、拍松,放入坛中待用。 ②将调味品放到一起煮沸晾凉后注入坛中,把嫩豇豆、胡萝卜、圆白菜、嫩姜等洗净,晾干水分,放入坛内。 ③在坛沿内放水,盖上盖子,夏天存放 1～2 天,冬天 4～5 天即可食用。

【风味特点】 多样色彩,咸酸适口,略带甜香。

【掌握要点】 ①蔬菜要沥干水分,否则菜不够脆性;②盐的比例要控制准确,否则菜肴不能入味;③调味时醋和糖的比例要掌握准确(1:1);④盛器要刷洗干净;⑤手要用牙膏洗净。

(二)法式西餐泡菜

西餐泡菜是根据法式泡菜的操作原理,泡制出的西餐凉菜。其口味为甜酸味型,其制作方法如下:

【原料配方】 圆白菜 1000 克,柿子椒 800 克,黄瓜 800 克,胡萝卜 500 克,芹菜 1000 克,干红尖椒 2 克,白醋 400 克,香叶 5 克,丁香 3 克,冰糖 15 克,矿泉水 2000 克(根据原料的多少,调料用量可增减)。

【制作方法】 ①将主料洗净,圆白菜切成大块,柿子椒去子去蒂切成 1.5 厘米见方的块,黄瓜、胡萝卜切成象眼片,芹菜去叶洗净切成寸段。将铁锅刷净烧开水,将主料放入见色绿,浮起即捞出控干。 ②将调料与矿泉水放入干净的锅内熬制成泡菜汁。汁液倒入不锈钢桶,放入主料泡渍。

【风味特点】 泡菜酸甜可口,开胃解腻,醒酒、通气、百吃不厌。

【掌握要点】 ①泡菜的每道工序和器皿,切勿沾上油渍、食碱、肥皂、化学品、化妆品等;②浸泡的桶要放在阴凉通风处,气温高时要放在冰柜冷藏室内贮藏;③根据季节、地区不同有些主料可以适当调整,例如菜花、豆角、西兰花、小白萝卜等亦可用于做泡菜原料；④西餐泡菜与中式泡菜有严格的区别，切不可混淆；⑤西餐泡菜上桌时根据宴席常规确定用盘，一般情况下不用大盘或汤盘，而是用直径 20 厘米以内的小平盘。

炝 腰 花

【烹调点评】　炝腰花是北方风味家常菜,烹调技法为炝拌,口味是鲜咸味型。

【原料配方】　猪腰 500 克(约 2 个),黄瓜 1 根,蚝油 25 克,姜 15 克,大蒜 10 克,白糖 60 克,生抽 5 克,米醋 25 克,香油 5 克,花椒 3 克。

【制作方法】　①猪腰剖成两半,剔去腰臊筋,在腰子剖面上剞花刀,再斜片成片,在凉水中浸泡 20～30 分钟,漂尽血水后捞出。　②生姜、蒜切成末放入一小碗,加入蚝油、白糖、生抽、米醋、香油,调匀待用。　③锅中加水烧沸,投入花椒粒和改刀后的腰片,焯水 10 秒钟,见腰片变色形成花状时,立即捞出来漂净沥净水。　④另取瓷盘,黄瓜切丝垫底,装入熟制后的腰花,加入先前调好的汁拌匀浇盘即可。

【风味特点】　口感脆嫩,咸鲜可口,形状美观。

【掌握要点】　①刀工要均匀,否则成熟度不一致；②腰臊筋要取净,否则异味太重；③腰片焯水时要掌握好时间,时间不能太长或太短,一般腰片变色时即可捞出；④上桌前提前 30 分钟炝拌好入味后上桌。

香 干 蒿 菜

【烹调点评】　江苏风味家常菜,烹调技法为凉拌,其口味是蒜香味型。

【原料配方】　蒿菜 750 克,香干 100 克,精盐 3 克,鸡精 5 克,蒜末 15 克,白糖 5 克,香油 10 克。

【制作方法】　①香干焯水后切成粗丝。　②蒿菜洗净,焯水后挤干水分切成寸段。　③把香干切成丝和蒿菜末混合加盐、蒜末、鸡精、白糖拌匀,淋入香油装盘即可。

【风味特点】　口味清淡,蒿菜香气十足,色泽翠绿。

【掌握要点】　①蒿菜应选择鲜嫩无污染的蔬菜；②蒿菜焯水后应立即用冷开水激凉,保持翠绿；③切蒿菜时应挤干水分,否则口感不佳。

姜 汁 莴 笋

【烹调点评】　此菜为北方风味凉拌菜,烹调技法为凉拌,味型属于家常味型。

【原料配方】　莴笋 500 克,生姜 20 克,米醋 25 克,生抽 10 克,香油 5 克,盐 5 克,鸡精 5 克,辣椒油 5 克。

【制作方法】 ①姜去皮洗净，切成姜米，用醋泡成姜醋汁。 ②莴笋去皮洗净，切成细丝，加适量盐拌匀，腌渍 30 分钟后沥干水分待用。 ③将泡好的姜醋汁倒入盛有莴笋丝的碗中，加入生抽、鸡精、辣椒油和香油，拌匀后加盖闷 20 分钟即可。

【风味特点】 色泽鲜艳，口感爽脆。

【掌握要点】 ①切配时一定要用凉菜专用刀、专用案板；②莴笋丝要切细，调味时要加盖闷，保证莴笋丝能充分入味。 ③生姜泡姜醋汁的时间不要低于 30 分钟，否则味不正。

海米拌芹菜

【烹调点评】 此菜为山东风味家常菜，烹调技法为凉拌，口味是家常味型。

【原料配方】 芹菜 400 克，海米 5 克，盐 3 克，白糖 10 克，醋 10 克，香油 5 克。

【制作方法】 ①把芹菜洗净，抽筋切成长 3 厘米的段，将芹菜焯水，捞起投入冷开水激凉后沥干水分待用。 ②海米用温水泡发洗净。 ③将芹菜、海米与调料拌匀即可。

【风味特点】 色泽碧绿，清香脆嫩。

【掌握要点】 ①芹菜焯水的水温要掌握好，不可超过 95℃，否则芹菜口感不脆；②焯水后应立刻用冷开水激凉，否则颜色容易变黄；③海米必须用温水或开水泡开，以没过海米为宜，泡洗时水量要少。

拌 笋 干

【烹调点评】 此菜为浙江风味家常菜，烹调技法为凉拌，口味是家常味型。

【原料配方】 笋干 200 克，鸡精 5 克，精盐 5 克，芥末油 3 克，花椒 2 克，香油 15 克。

【制作方法】 ①笋干用温水浸泡回软，用刀切除老头并切成 3 厘米长的段。②水中放花椒、精盐 2 克，将笋段焯水，把笋段、鸡精、香油、精盐、芥末油等拌匀即可。

【风味特点】 色泽白嫩，天然美味。

【掌握要点】 ①浸泡笋干时，时间不要太长也不要太短，太长笋干本身的鲜味尽失；太短又太咸，一般浸泡 100 分钟左右。 ②香油不要太多，否则口感不佳。 ③焯水先放 2 克盐，拌时再放一次盐。

杭 州 酥 鱼

【烹调点评】 此菜为浙江风味名菜，烹调技法是炸、酥，口味为五香味型。

【原料配方】 鲜活鲤鱼 750 克（含净肉约 600 克），白酒 10 克，绍酒 10 克，醋

20 克,葱 5 克,酱油 10 克,姜 10 克,冰糖 30 克,茴香 5 克,精盐 5 克,桂皮 5 克,色拉油 1000 克,五香粉 3 克。

【制作方法】　①鱼肉用斜刀批切成 1.6 厘米厚的瓦块状,盛入不锈钢盆,加绍酒、精盐和酱油腌渍约 30 分钟后取出,晾干待用。　②大锅中放入水 500 克和绍酒,放入葱、姜(拍松)、醋、茴香、桂皮、酱油、冰糖,用旺火煎熬至汁水起黏性时,捞出葱、姜、茴香、桂皮,加入白酒,离火,制成卤汁待用。　③另取大锅 1 个置旺火上,加入色拉油,待油温升至约七成热时,将鱼块逐块入锅,炸至外层结壳时用漏勺捞起,待油温回升至七成热时,再将鱼块下锅,炸至外层呈深棕色,用漏勺捞出,放入卤汁中,上火炖酥 120 分钟,装盘即可。食用时可撒入少量五香粉。

【风味特点】　外香里嫩,鲜酥可口,甜咸兼美,回味浓郁。

【掌握要点】　①炸时油温要控制好,油温太低不易成形;油温太高易焦煳。要求炸品保持外脆里嫩的效果。　②卤汁水下料不能太少,否则酥鱼食之无味。③酥鱼时间不低于 120 分钟,先用大火烧开,再改用微火。

杭 州 卤 鸭

【烹调点评】　此菜为浙江风味名菜,烹调方法为卤制,口味为五香味型。

【原料配方】　白条鸭 1 只(约 1800 克),茴香 2 克,白糖 30 克,味精 10 克,生姜 30 克,绍酒 30 克,葱 30 克,精盐 6 克,酱油 50 克,桂皮 8 克。

【制作方法】　①将鸭子治净后焯水待用。　②将焯过水的鸭子放入锅内,加水、精盐、绍酒、酱油、白糖、桂皮、茴香、葱、姜,在旺火上烧沸,将鸭身翻转用小火焖烧约 70 分钟后加味精在旺火上收汁即可。　③改刀装盘,并在鸭身上浇淋原汁。

【风味特点】　色泽红亮,不肥不腻,肉嫩味鲜,香气诱人。

【掌握要点】　①鸭子焯水必须焯透,除尽血污;②掌握火候,先用大火烧开,再用小火烧入味,最后用大火收汁;③烧制时香料投放要适量,如投放过多鸭子本味就没有了,过少鸭子腥味又较重。

蜜 汁 仔 排

【烹调点评】　蜜汁仔排是淮扬风味的家常菜,烹调技法用炸和蜜两种,口味以甜为主,属于甜鲜味型。

【原料配方】　猪仔排 500 克,甜面酱 30 克,绍酒 20 克,胡椒粉 5 克,姜 20 克,蜂蜜 10 克,白糖 20 克,精盐 3 克,鸡精 4 克,香醋 6 克。

【制作方法】　①将猪仔排切成大麻将块,用绍酒、生姜、胡椒粉、精盐腌渍 20 分钟。　②起油锅,油温达 150℃左右将腌渍过的猪仔排投入油锅,炸至表面金黄,起锅,沥去油渍。　③锅中剩少量油,放入白糖和甜面酱炒,加绍酒、鸡精,投入炸好的猪仔排,翻锅淋入蜂蜜、香醋微火蜜 15 分钟后出锅装盘即可。

【风味特点】　色泽红亮,口味咸甜。

【掌握要点】　①油温不要太高,否则外黑里生,不熟;②加入香醋不可太多,不能吃出酸味来;③猪仔排不要切得太大,比普通麻将块略大即可,否则成熟至蜜时间较长。

萝卜干毛豆

【烹调点评】　此菜为闽南、江浙一带的农家菜,台湾地区也较流行此菜。萝卜干是青黄不接时的淡季菜,加毛豆烹制别有风味,烹调技法为热拌,口味是鲜咸型味型。

【原料配方】　萝卜干 200 克,毛豆 150 克,红椒 5 克,香油 10 克,鸡精 5 克,白糖 10 克,精盐 2 克。

【制作方法】　①将萝卜干洗净放在蒸笼上蒸 15 分钟取出,用刀切成长条待用。　②将去壳毛豆肉在 5%淡盐水中焯熟后待用,红椒切成小丁也在水中焯熟。③把焯过水的毛豆、加工过的萝卜干、焯过水的红椒用精盐、白糖、鸡精、香油拌匀即可。

【风味特点】　色泽鲜艳,口感绵糯。

【掌握要点】　①萝卜干也可以用水焯透;②没有萝卜干可选用咸菜或榨菜;③蒸萝卜干时要加糖和香油并要蒸透;④为了保持毛豆翠绿,焯水时不要盖锅盖,时间不要太长。

怪　味　鸡

【烹调点评】　怪味是复合味,又是复合味中口味最丰富的味型。此菜是安徽、湖北、湖南等地区流行的家常菜。烹调技法为腌制,口味是怪味型,也称全味型。

【原料配方】　白条鸡 1 只(约 1500 克,最好选用本鸡、柴鸡、土鸡),生姜 6 克,大葱 10 克,花椒 6 克,八角 6 克,料酒 30 克,洋葱 12 克,生抽酱油 15 克,芝麻酱 10 克,花椒粉 3 克,姜末 3 克,蒜泥 5 克,辣椒油 2 克,辣椒酱 3 克,白糖 2 克,鸡精 2 克,熟花生仁 2 克,熟芝麻 2 克,香菜末 5 克。

【制作方法】　①将鸡宰杀后洗净,除去鸡杂做他用,将鸡身放入清水锅中,加入生姜、大葱、花椒、八角、料酒,煮至断生后离火,用原汁将鸡浸泡至冷,捞出斩成块,装入大碗中。　②将洋葱切成末与生抽酱油、芝麻酱、花椒粉、蒜泥、姜末、辣椒油、辣椒酱、白糖、鸡精调和成怪味汁,将鸡放入汁内,腌制 30～60 分钟(夏季 30 分钟,冬季 60 分钟)。　③腌制后将鸡装盘,将怪味汁淋在盘中鸡块上,再撒上熟花生仁、熟芝麻及香菜末即可。

【风味特点】　菜品咸、甜、麻、辣、酸、香、鲜各味俱全,肉质鲜嫩,营养丰富。

【掌握要点】　①调制怪味汁用料要准确全面;②在煮鸡时不能煮得太熟,断生即可,否则鸡的口感不佳;　③此菜为热菜凉吃,器皿一定要干净卫生。

醉　鸡

【烹调点评】　醉鸡为浙江风味家常菜,烹调方法为醉腌,口味为咸鲜味型。

【原料配方】　白条仔鸡 1 只(约 1200 克),葱 60 克,生姜 60 克,精盐 15 克,绍酒 600 克,鸡精 8 克,白糖适量。

【制作方法】　①锅内加水、葱、姜,加盖后用大火烧开,将治净后的鸡放入,烧开后改小火焖至熟,取出后晾凉后切块,抹盐,原汤汁加鸡精、绍酒、白糖待用。②取一盛器,放入调制好的汁液和鸡块,加盖浸泡 18 小时,使之入味装盘食用。

【风味特点】　鲜咸醇香,肉嫩皮脆。

【掌握要点】　①在加热鸡时先大火烧煮,后用小火焖 15 分钟;②为确保鸡外皮有脆感,鸡成熟后可以马上在冷却的白开水中激凉,使鸡的外皮收紧;③抹盐要均匀,盐量不要过大;　④存放过程要注意冷藏防止腐败变质,要求低温密封冷藏;⑤可以一次多做,分两次食用。

双　拼

【烹调点评】　冷拼又称冷菜拼摆,是将可以直接入口的食物,摆成一定的造型,上桌食用的方法。

冷拼是以多种原料拼制而成,多数为两荤两素,或三荤三素、四荤四素(八种原料)双拼用一荤一素是最低的标准。烹调技法为冷拼,口味是鲜香味型。

【原料配方】　熟醉鸡半只,盐水虾 30 只(或午餐肉,黄瓜等)。

【制作方法】　①将醉鸡取出胸脯肉压实做刀面,腿肉做侧面,其他的部位切小块做垫底,在盘的中部 1/2 处放上填料,将侧面原料批成 10 片,中部高 8 厘米、宽 2 厘米,叠排成半圆形,随后将鸡皮朝外靠放于填料的外侧,刀面原料切成长 4 厘米、宽 2.5 厘米的薄片共 24 片,叠排起来(每片距离为 1 厘米):覆盖于填料表层,使之成为宽 4 厘米、高 5 厘米、低部跨度为 10 厘米的弧形。　②盐水虾头部朝中心层层盘放呈半圆形,与白鸡的拱桥同高,形成双拼。

【风味特点】　刀工整齐美观,虾红鸡白,鲜嫩适口。

【掌握要点】　①醉鸡打底要坚实,并掌握好高度和跨度;②醉鸡的取料不能太碎,特别是胸脯肉;③使用平盘拼摆;④成型后在表面刷一点香油,显得明亮美观。

第二章　肉类热菜

京酱肉丝

【烹调点评】　此菜为山东风味、北京风味名菜,要求肉丝选用里脊肉顺丝切成细丝,酱色红亮,烹调技法为滑炒,口味是酱香味型。

【原料配方】　猪里脊肉300克,大葱80克,甜面酱80克,料酒5克,鸡精2克,白糖20克,盐1克,淀粉2克,鸡蛋1个,色拉油200克,姜粉3克。

【制作方法】　①将猪里脊肉切成丝,放入碗内,加料酒、姜粉、鸡蛋、淀粉抓匀,即为上浆。　②将大葱斜切成丝放在盘中。　③炒锅上火,加油,烧熟后将肉丝放入炒散,至成熟时取出,放在盘中滤干油。　④炒锅上火放油,加入甜面酱略炒,下料酒、鸡精、白糖,不停地炒动甜面酱,待白糖全部溶化,且酱汁开始变黏时,将肉丝放入,不停地炒动,使甜面酱均匀地粘在肉丝上。　⑤肉丝放在盛有葱丝的盘中,将葱丝基本盖住,食用时拌匀即可。

【风味特点】　色泽红亮,酱香浓郁,肉鲜嫩滑爽。

【掌握要点】　①肉丝刀工处理要均匀;②上浆吃水要足,要起劲,防止脱浆;③油温在三四成热时进行滑油,油温过高,肉丝会变老而影响口感和色泽;④炒酱时火不可太急,过急酱味发苦酱易巴锅;⑤利用黄酱和甜面酱调和使用,效果更佳。

辣子肉丁

【烹调点评】　此菜为四川风味家常菜,烹调技法为滑炒,口味为香辣味型。

【原料配方】　猪瘦肉200克,青笋60克,鲜辣椒20克,红椒5克,郫县豆瓣5克,湿淀粉10克,酱油5克,料酒5克,白糖4克,高汤100克,葱5克,姜汁5克,精盐3克,鸡精3克,色拉油600克(实耗60克)。

【制作方法】　①猪肉切骰子丁,加料酒、湿淀粉上浆。笋切丁、焯水、鲜辣椒、红椒切成小丁待用。　②炒锅用旺火烧热,用油滑锅,再向锅内放色拉油300克,将油烧至四成热时,把肉丁下锅滑炒,下入青笋丁划熟,倒入漏勺沥油。炒锅内留油约25克,置中火上烧热放入豆瓣酱略炒,加入葱末、姜汁、精盐、白糖、酱油、鲜辣椒、高汤、鸡精,再放入滑好油的肉丁、笋丁、红椒丁翻炒均匀,用湿淀粉勾芡即可出锅装盘。

【风味特点】　口味香辣咸鲜,肉丁口感滑嫩,芡汁紧包。

【掌握要点】　①选料要精,最好选用里脊肉;②注意刀工,不能大小不均匀,否则小的过老,大的不熟;③上浆要起劲,肉吃水要足,否则口感不滑爽;④芡汁要紧裹,见油不见芡;⑤滑炒要不断翻动,以防粘连。

干 菜 扣 肉

【烹调点评】　此菜为广东风味名菜,梅菜扣肉改变而成。在北方或江浙一带社会上禁忌梅(霉)字,因此改为干菜扣肉。用干菜吸收肉的油脂,从而使原料味道互补产生一种新的口味,烹调技法是焖、蒸,口味为鲜香味型。

【原料配方】　带皮猪肋肉 500 克,芥菜干 50 克,白糖 40 克,八角 3 粒,桂皮 5 克,精盐 2 克,绍酒 5 克,酱油 25 克,鸡精 1.5 克。

【制作方法】　①将猪肋肉洗净,切成 2.5 厘米的小方块,在沸水锅中焯 1 分钟后,用冷水再洗一次。芥菜干切成 0.5 厘米长的粒状待用。　②往炒锅内舀入清水 250 克,加酱油、八角、桂皮,放进肉块,用旺火煮 10 分钟,将芥菜干、白糖落锅,改用中火烧至卤汁将干时,拣去八角、桂皮,加入鸡精,起锅。　③备扣碗 1 个,将肉块皮朝下,整齐地摆排于其上,把剩下的芥菜干盖在肉块上,加入绍酒,上蒸笼用旺火蒸 5 分钟,改用小火蒸 30 分钟至肉酥糯时取出,覆扣于盘中即可。

【风味特点】　肉色枣红,油润不腻,芥菜干咸鲜甘美,猪肉香酥软糯。

【掌握要点】　①要选择无沙鲜嫩的芥菜干;②肉的大小要一致,蒸时要先用大火后改小火。

回 锅 肉

【烹调点评】　此菜为四川风味名菜,烹调方法为熟炒,口味咸鲜味型。

【原料配方】　猪腿肉 300 克,青蒜 60 克,郫县豆瓣 15 克,甜面酱 10 克,老抽 5 克,绍酒 10 克,姜 5 克,鸡精 3 克,清香油 25 克,葱 10 克,白糖 3 克。

【制作方法】　①将猪腿肉洗净,锅内放水,放入葱结、姜块、绍酒,放入肉,用大火煮至八成熟时,捞出切成长 5 厘米、宽 2.5 厘米的长方形薄片,青蒜切成 5 厘米长的段待用。　②将锅用旺火烧热,用油滑锅,再放入清香油,加郫县豆瓣、甜面酱炒出红油,放入切好的肉片,并陆续放进绍酒、老抽、白糖、青蒜段,炒至青蒜熟再加入鸡精炒匀即可出锅装盘。

【风味特点】　红绿相间,滋味醇浓,微辣回甜。

【掌握要点】　①肉要选得精,后腿二刀,肥四瘦六宽三指,太肥则腻,太瘦则焦;②煮肉要调味,如清水煮肉,难去异味难出肉香。煮肉时应加入适量香料和调料(如料酒、茴香等),其一使香料发挥作用,其二料酒能与蛋白质中的氨基酸结合产生芳香；③配料要正确正宗,豆瓣一定要正宗的郫县豆瓣,用刀剁细;甜面酱要色泽黑亮,甜香纯正；④煸炒时要用中火,将猪肉炒出油以后才能加其他的调料。

爆炒腰花

【烹调点评】　此菜为山东风味名菜,具有壮阳滋补之食补作用,烹调技法为爆炒,口味是鲜香味型。

【原料配方】　猪腰子3个(约420克),木耳50克,冬笋30克,色拉油80克,酱油10克,葱5克,精盐2克,姜汁5克,料酒10克,鸡精3克,蒜片5克,高汤120克,水淀粉60克。

【制作方法】　①猪腰中间片开去腰臊筋,剞成麦穗花刀。　②木耳洗净用清水泡发,冬笋切成略小于腰花的片。　③碗中放入高汤、酱油、料酒、姜汁、鸡精、蒜片、精盐、淀粉对成芡汁。　④先将腰花、木耳分别用开水焯后控净水分。　⑤炒锅上火放油烧至七八成热,投入浆好的腰花,稍滑炒迅速控油。锅留底油,下入葱花,煸炒香,下腰花、木耳、冬笋,倒芡汁旺火急炒,淋明油出锅即可。

【风味特点】　形似麦穗,色泽红润油亮,鲜嫩爽口。

【掌握要点】　①刀工要均匀,否则成熟度不一致；②腰臊筋要去净,否则异味太重；③芡汁较紧,为包芡,盘中见油不见芡；④酱油中已有盐分,加盐不要大于2克,太多口味就重。

清炸里脊

【烹调点评】　此菜为北方风味家常菜,清炸又称干炸,不上浆挂糊,腌渍入味后炸熟上桌,烹调技法为清炸,口味是咸鲜味型。

【原料配方】　猪里脊肉400克,酱油15克,花生油800克(约耗50克),精盐2克,花椒盐10克,绍酒10克,鸡精3克,葱5克,生姜5克。

【制作方法】　①将肉切成长5厘米、宽2.5厘米、厚0.3厘米的片放入碗内,加入酱油、绍酒、生姜、精盐、鸡精、葱,腌渍20～30分钟。　②炒锅内放入花生油,用旺火烧至六成热时,将腌好的肉片倒入大漏勺内沥汤汁,放入热油中,炸至肉成熟时捞出,待油温再升高到七成热时,再炸一遍,炸至表面金黄时捞出装盘即可。吃时外带花椒盐。

【风味特点】　色泽金黄,味咸鲜而干香。

【掌握要点】　①掌握好火候。清炸原料不挂糊,不拍粉,没有保护层,因而要注意原料的老嫩、形态及油温的高低；②炸前刀工处理应均匀,否则原料的成熟度不一致；③腌渍要入味,口味要调准；④酱油、椒盐均含有盐分,因此给盐量要少,不能多于2克。

木 犀 肉

【烹调点评】 此菜为山东风味家常菜,为鸡蛋菜,鸡蛋的蛋字有些不雅,因此在鲁菜中常把有鸡蛋的菜称为木犀。烹调技法为熘炒,口味是鲜香味型。

【原料配方】 猪瘦肉 200 克,鸡蛋 2 个,水发黄花 100 克,黄瓜半根,水发木耳 60 克,酱油 8 克,绍酒 5 克,精盐 3 克,鸡精 3 克,水淀粉 100 克,干淀粉适量。

【制作方法】 ①将肉切丝用绍酒、精盐和少许干淀粉拌匀;鸡蛋磕在碗里并打散加料酒、精盐 1 克、水 30 克;黄花和木耳洗净待用;黄瓜洗净切片。 ②用绍酒、酱油、精盐、鸡精和水淀粉对成调味汁待用。 ③炒锅里倒入适量油,置火上烧热,倒入鸡蛋液炒熟捞出待用。 ④把炒锅洗净,重新下油上火,下肉丝炒散,加入黄花、木耳、黄瓜片和炒好的鸡蛋同炒片刻,倒入对好的调味汁,炒匀即可出锅装盘。

【风味特点】 肉、菜搭配,营养丰富,具有口感清爽、不油腻的特点。

【掌握要点】 ①打鸡蛋液时放进料酒, 精盐和清水 30 克。 ②炒鸡蛋时油不能太多,否则蛋的吃口不佳;火不宜太旺,以防结底,操作要快,呈浅黄色时就应出锅。 ③肉丝炒熟后,加配料同炒时间不能太长,否则肉丝变硬。 ④黄瓜片出锅前放入变色即可。

糖 醋 排 骨

【烹调点评】 此菜为北方风味家常菜,烹调技法为醋熘,口味是甜酸味型。

【原料配方】 猪仔排 500 克,面粉 50 克,葱段 3 克,绍酒 20 克,酱油 20 克,白糖 58 克,精盐 3 克,醋 50 克,湿淀粉 60 克,香油 5 克,熟猪大油 800 克(约耗 60 克)。

【制作方法】 ①将猪仔排斩成 2.5 厘米长的麻将块,用绍酒 10 克和精盐抓匀,加湿淀粉 25 克、面粉和水 50 克搅拌挂糊。 ②把酱油、白糖、醋、绍酒 20 克、湿淀粉 25 克放入碗中,加水 50 克调成汁待用。将炒锅置中火上烧热,下猪油烧至六成热时,把猪仔排逐块放入油锅,炸至结壳捞出,拨开粘连,捡去碎末,待油温升至七成热时,再将排骨入锅复炸至外壳松脆,倒入漏勺,沥净浮油。 ③原锅留油少许,放入葱段煸出香味后捞去,随即将排骨落锅,迅速冲入调好的芡汁,颠翻炒锅,淋上香油即可装盘上桌。

【风味特点】 色泽红亮,甜酸味醇,外脆里嫩。

【掌握要点】 ①炸制时要使表面酥硬不可炸煳;②调制芡汁时,调味料比例适当,芡汁适度;③糖与醋的比例为 1:1。

钱 江 肉 丝

【烹调点评】　此菜为浙江风味名菜,以清淡郁香而具特色,烹调技法为滑炒,口味为咸鲜味型。

【原料配方】　猪里脊肉 300 克,姜丝 60 克,葱丝 60 克,色拉油 600 克(实耗 120 克),精盐 3 克,鸡精 3 克,绍酒 6 克,白糖 6 克,酱油 8 克,水淀粉 30 克,甜面酱 8 克,辣椒油 3 克。

【制作方法】　①先将猪里脊肉洗净,切成丝,加精盐、鸡精、绍酒、白糖、淀粉等调料拌匀,上浆。　②起油锅,烧至四成热时,倒入肉丝,滑散,至肉丝发白捞起待用。　③在锅中留少许油,加入甜面酱、酱油、鸡精、绍酒,用水淀粉勾芡,倒入肉丝翻炒片刻装盘。最后淋入辣椒油,用葱丝、姜丝围边。

【风味特点】　刀工精细,肉丝红亮,咸鲜微辣,酱香扑鼻。

【掌握要点】　①肉的刀工处理要均匀,以火柴杆为长度,不能太短,否则成品外观不美;②上浆要起劲,肉吃水要足,否则肉容易脱浆,口感不好;③炒酱时应用小火,否则酱香不浓;④调料投放要准确,比例适当,以咸鲜为主味,不能太甜或太辣;⑤切葱丝和姜丝时不要在生板上切,应换熟食案板。

香 干 肉 丝

【烹调点评】　此菜为淮扬风味家常菜,烹调技法为煸炒,口味是鲜香味型。

【原料配方】　猪里脊肉 200 克,豆腐干 3 块（约 75 克）,韭菜 60 克,酱油 8 克,白糖 5 克,精盐 2 克,鸡精 5 克,绍酒 8 克,色拉油 50 克。

【制作方法】　①将肉切成薄片,再切成 6 厘米长的丝,用精盐抓匀略起劲,不用上浆,待用。　②香干用平刀批成薄片切成丝,韭菜切成 4 厘米长的段待用。③炒锅置中火上烧热,用油滑锅,加入色拉油烧至五成热时,倒入肉丝煸散,烹入绍酒,继续煸炒至肉丝八成熟时,倒入香干丝,加酱油、白糖及适量水,边炒边翻动炒锅,炒至汤汁将干时加韭菜、鸡精,淋入明油翻炒均匀即可装盘。

【风味特点】　色泽红亮,咸鲜干香。

【掌握要点】　①刀工处理要精细一致,长短相宜,否则成品外观不美;②要使用旺火操作,否则成品达不到干香的特点;③成品不勾芡;④香干若存放时间长应先焯水处理。

咕 咾 肉

【烹调点评】　此菜为广东风味传统名菜,咕咾是粤语发音的一种声调,象征肉球、肉丸的意思。烹调技法为焦熘,口味甜酸味型。

【原料配方】 猪里脊肉 400 克,菠萝片 80 克,番茄酱 20 克,鸡蛋 1 个,色拉油 600 克,面粉 150 克,水淀粉 100 克,白醋 10 克,青椒片、红椒片各 6 克,料酒 5 克,鸡精 5 克,白糖 10 克,精盐少许。

【制作方法】 ①先将猪里脊肉切成约 3 厘米×3 厘米见方的厚片,剞上荔枝花刀,用精盐、料酒、鸡精腌渍。 ②肉腌好后,加一个鸡蛋液抓匀,分别扑上面粉,用手揉搓、团圆,使肉块表面干燥并全部裹上面粉,去多余面粉。 ③炒锅烧热,倒油约 600 克,烧至五成热时分别下肉块炸至微黄取出,油至七成热时复炸一次。 ④炒勺加热,加少量油,把青椒片、红椒片倒入略炒,盛起,利用锅里的余油(太少可以再加油少许),倒入番茄酱、白糖炒,加入水略煮,调入白醋快速勾芡,放入炸好的肉料、青椒片、红椒片、沥干水分的菠萝块,翻炒几下,肉块上均匀地裹上酱汁时装盘。

【风味特点】 色泽红亮,甜酸味美,外脆里嫩。

【掌握要点】 ①腌渍时口味不宜过浓,否则成品太咸;②第一次炸时油温不能太高以定形固表为准;③炒酱时要用小火,否则颜色不佳; ④调味要有层次感,先甜后酸再咸鲜;⑤肉块以正方形为好。

软 炸 里 脊

【烹调点评】 此菜为北方风味家常菜,烹调技法为软炸,口味是鲜香味型。

【原料配方】 猪里脊肉 300 克,精盐 2 克,鸡精 3 克,料酒 10 克,花椒盐 3 克,干淀粉 30 克,鸡蛋 2 个,色拉油 750 克,酵母粉少许。

【制作方法】 ①先将猪里脊肉片成厚约 1 厘米的大片,用刀拍松,稍剞十字刀,再切成 3 厘米长的麻将块。 ②用碗盛入干淀粉,磕入鸡蛋加酵母粉调匀成软炸糊。 ③将猪里脊块用精盐、鸡精、料酒稍腌,再挂上软炸糊。 ④炒锅上火,注入油烧至六成热时,放入里脊条炸至浮起、呈鹅黄色捞出,捡净碎煳渣,装盘上桌,随带花椒盐蘸食。

【风味特点】 色泽金黄,外软里嫩,是佐酒佳品。

【掌握要点】 ①油温要控制好,太高,色要求不到位;太低,吃油过多,成品吃口太腻。 ②原料在腌渍时味应偏淡。 ③加酵母粉 1 小时后,再炸就成了脆炸糊。在软炸糊中加入少量的发酵粉,就形成了脆香的效果。

鱼 香 肉 丝

【烹调点评】 此菜是四川风味名菜,鱼香味没有鱼,烹调技法是滑炒,口味是鱼香味型。

【原料配方】 猪瘦肉 200 克,水发木耳 60 克,冬笋 50 克,胡萝卜 15 克,色拉油 80 克,酱油 10 克,陈醋 10 克,白糖 10 克,葱 10 克,姜 6 克,蒜 5 克,泡红辣椒 15 克,料酒 10 克,鸡精 5 克,精盐 3 克,水淀粉 100 克。

【制作方法】　①将猪肉切丝,葱、姜、蒜、辣椒剁碎。　②肉丝用精盐、料酒拌匀,上浆;木耳用清水泡好后切成丝,冬笋、胡萝卜洗净切丝。　③炒锅中放适量油把肉丝炒熟,然后再放精盐、鸡精、姜末、蒜末、泡红辣椒末、白糖、陈醋、葱花和各种配料,猛火快炒,至快熟时加水淀粉勾芡即可。

【风味特点】　咸甜酸辣,葱姜蒜香气浓郁。

【掌握要点】　①泡红辣椒要剁细,也可用郫县豆瓣代替;②调味要选用高档名牌产品;③肉丝应切得相对均匀,否则成品看上去不清爽。

蒜爆里脊

【烹调点评】　此菜为浙江风味家常菜,烹调技法为爆炒,口味是蒜香味型。

【原料配方】　猪里脊肉 300 克,青豌豆 200 克,精盐 4 克,鸡精 5 克,料酒 10 克,水淀粉 20 克,蒜泥 10 克。

【制作方法】　①将猪里脊肉切成 3 厘米×3 厘米的大厚片,用刀拍松,剞十字花刀,用料酒、鸡精、精盐、水淀粉上浆。　②将蒜泥、味精、精盐、水淀粉对汁待用。　③油锅上火,至油温四成热时,将里脊肉滑油至熟,捞出沥去油。　④原锅下原料,倒入调好的芡汁,翻炒均匀装盘即可。

【风味特点】　脆嫩爽口,口感浓郁,色泽洁白。

【掌握要点】　①剞刀深度必须至肉厚度的 2/3,间隔均匀,做到薄透而不断;②准确把握原料在油温中的成熟变化;③调味动作要快,芡汁包紧原料;④滑油的油要干净,否则会影响成品的质量。　⑤盛菜前的围边装饰,颜色单一的菜肴用码边、铺底颜色要浓重一些,以便烘托菜肴的气氛。

东　坡　肉

【烹调点评】　此菜为浙江风味传统名菜,苏东坡先生发明此菜,并亲笔题写:"慢着火,少着水,火候到时自然美。"烹调技法为焖炖,口味甜香味型。

【原料配方】　猪带皮五花肋肉 1500 克,葱 100 克,白糖 100 克,绍酒 200 克,姜块 50 克,酱油 150 克。

【制作方法】　①将猪五花肋肉刮洗干净,切成 3 厘米×3 厘米的正方肉块,放在沸水锅内煮 5 分钟取出洗净。　②取大沙锅 1 只,用竹箅子垫底,先铺上葱,放入姜块,再将猪肉皮面朝下整齐地排在上面,加入白糖、酱油、绍酒,最后加入葱结,盖上锅盖,用桃化纸围封沙锅边缝,置于旺火上,烧开后加盖密封,用微火焖 120 分钟,酥后,将沙锅端离火口,撇去油,将肉皮面朝上装入特制的小陶罐中,加盖置于蒸笼内,用旺火蒸 30 分钟至肉酥透即可。

【风味特点】　色泽酱红,汤肉交融,肉质酥烂入口即化,醇厚入味,肥而不腻。

【掌握要点】　①必须先将猪肉放入开水锅中焯水,去掉异味,拔去杂毛,或冷水入锅,用小火煮至硬酥,让脂油溢出;②焖制过程中始终使用小火,整个过程不能加水,中间可上下翻动一两次;③入罐加封上笼蒸透,食用时取出,香味会更加浓厚。

炸烹里脊

【烹调点评】　此菜为江浙家常菜,烹调技法为炸烹,口味是鲜咸味型。

【原料配方】　猪里脊肉 500 克,酱油 15 克,料酒 12 克,干淀粉 20 克,白糖 3 克,醋 6 克,葱丝 8 克,青蒜段 12 克,精盐 3 克,鸡精 2 克,姜汁 10 克,香油 5 克,花生油 800 克(实耗 60 克)。

【制作方法】　①将猪里脊肉去筋,切成筷子状粗条,放在碗里,加入酱油、料酒拌匀腌好,再用干淀粉拍粉。　②酱油、料酒、醋、葱丝、姜汁、青蒜段、鸡精、精盐均放入碗中,调成烹汁。　③将花生油倒入炒锅中,用旺火烧至七成热,放入拍好粉的里脊肉炸至七成熟,用漏勺捞出。把油用旺火烧热,再下入里脊条,炸至金黄色,外焦里嫩时,倒入漏勺控去油。　④炒锅回到火上,随即下入炸好的里脊,并倒入对好的烹汁,翻炒两三下,淋上明油出锅装盘。

【风味特点】　菜品醇香,咸鲜略带甜酸味。

【掌握要点】　①刀工处理要均匀,但不能太细,太细炸后易断;②菜品要求干香,不勾芡;③调味速度要快,否则口感欠佳。

清炖狮子头

【烹调点评】　此菜是淮扬风味名菜,山东称四喜丸子,因在白事丧宴时无法上此菜,聪明的江南厨师把它称为狮子头,就解决宴席种类喜庆与不喜庆时都可以上此菜,此菜也是淮扬菜中的三大头之一。烹调技法为清炖,口味是鲜香味型。

【原料配方】　猪五花肉(三成肥七成瘦)500 克,菜心 150 克,精盐 5 克,料酒 15 克,葱末、姜末各 10 克,鸡精 1 克,湿淀粉 60 克,清汤 120 克,胡椒粉 3 克,植物油 20 克。

【制作方法】　①猪肉的肥瘦两部分分开,肥肉切成黄豆粒大小的丁,瘦肉斩成肉茸,将这两种肉同放在一起,加精盐、料酒、葱末、姜末、湿淀粉拌匀,做成 4 个大肉丸子(即狮子头)。　②菜心削去根部,洗净,用热油煸炒片刻后盛出。　③取沙锅 1 只,放入适量清汤,用大火烧开,将菜心下入沙锅内,再将狮子头放在菜心上,然后改用小火炖 30 分钟左右,撇去汤面浮沫,撒入鸡精和胡椒粉,原沙锅上桌食用即可。

【风味特点】　狮子头鲜嫩,菜心碧绿,荤素俱备,汤味香醇。

【掌握要点】　①肉的选择是制作此菜的首要条件,选择三成肥七成瘦的五花肋肉;②刀工处理是制作此菜的第二条件,成末过程要求多切少斩;③肉末成型加入调料后,要求起劲,否则在制作过程容易散掉;④先用大火烧开,后用小火慢炖30分钟。

葱　爆　两　样

【烹调点评】　此菜是北方风味家常菜,烹调技法为油爆,口味是鲜香味型。

【原料配方】　猪里脊肉200克,猪肝200克,大葱80克,酱油10克,白糖5克,鸡精5克,精盐2克,绍酒8克,色拉油750克(实耗60克),香油12克,湿淀粉60克。

【制作方法】　①将猪里脊肉和猪肝切成2.5厘米×2厘米的薄片,分别放入2只碗内,加精盐、绍酒、淀粉30克上浆。　②将大葱切成寸段,拍松散,改切成片,取碗1只用酱油、白糖、鸡精、绍酒和淀粉对成调味汁待用。　③炒锅置火上烧热,用油滑锅,下入色拉油,待油温升到三成热时下入猪肝片和猪里脊片,划散至熟,倒入漏勺沥去油。　④原锅投入大葱,煸出香味倒入划好的猪肝及猪里脊片,烹入调味汁略翻,淋上香油,出锅装盘即可。

【风味特点】　色泽红亮,肉质滑嫩鲜香,葱香扑鼻。

【掌握要点】　①猪里脊片、猪肝片厚薄及大小要一致,切肝片刀要快,不能有破碎;②上浆要上劲,肝片可用干淀粉上浆;③口味、颜色要吃准;④芡汁要适宜,食用后,盘中无余汁。

第三章　水产类热菜

芙蓉鱼片

【烹调点评】　此菜是山东风味的名菜,旧时北京的八大楼八大堂均有此菜出席,此菜以鸡蛋清(蛋白部分)制成糊,调配原料。此菜卖多了剩下许多蛋黄,厨师又以蛋黄创新烹调出了"鲁菜三不沾"延续至今。烹调技法为滑炒,口味是鲜咸味型。

【原料配方】　鱼茸 150 克,水发香菇 10 克,熟火腿 20 克,油菜心 20 克,鸡蛋清 120 克(4 个鸡蛋),绍酒 3 克,精盐 4 克,姜汁水 10 克,鸡精 3 克,湿淀粉 60 克,清香油 750 克(实耗 60 克)。

【制作方法】　①将斩好的鱼茸加入清水约 100 克,调散,放姜汁水及盐 3 克,顺同一个方向用力搅拌至黏稠,放入蛋清搅匀至发黏膨胀,加湿淀粉 60 克、鸡精 3 克及清香油 50 克继续搅拌均匀待用;香菇、火腿切菱形片。　②炒锅置中火上烧热,用油滑锅,放入清香油,烧至三成热时用手勺将鱼茸料逐片舀入油锅划至上浮,色转白至熟沥去油,用沸水一冲。　③锅洗净,放入清水 75 克,加绍酒、香菇、火腿片及油菜心,待水沸加精盐、鸡精,用湿淀粉勾芡,倒入鱼片,转动炒锅,推匀即可。

【风味特点】　鱼片雪白,口味柔滑鲜嫩,芡汁明亮。

【制作方法】　①茸泥搅拌要上劲,鱼茸要斩细;②油温应保持三成热左右,防止鱼片变老,变形;③鱼片表面油层应冲净,香菇要漂净黄水后下锅;④此菜以雪白为特色,因此用料器皿都要洁净。

鱼头豆腐

【烹调点评】　此菜为广东风味家常菜,烹调技法为炖,口味是鲜咸味型。

【原料配方】　鳙鱼头(连带一截鱼肉)半个(约 700 克),豆腐 2 块(约 600 克),笋片 60 克,水发香菇 30 克,姜末 2 克,青蒜 20 克,郫县豆瓣 20 克,白糖 8 克,绍酒 20 克,酱油 50 克,鸡精 3 克,猪大油 300 克(实耗 100 克)。

【制作方法】　①将鱼头洗净,去掉牙,在近头背肉处深剞两刀,鳃盖肉上划一刀,胡桃肉(鳃旁的肉)上切一刀,剖面涂上碾碎的豆瓣,正面抹上酱油。豆腐切成边长 4 厘米、厚 1 厘米的长方片,用沸水稍焯,去掉豆腥味。　②将炒锅置旺火上,下入猪大油,烧至八成热,将鱼头正面下锅煎黄,沥出余油,烹入绍酒,加酱油45克和白糖略烧。将鱼头翻身,舀入汤水700克,放入豆腐片、笋片、香菇、姜末,烧沸后,转入中号沙锅,在微火上烧15分钟,改用中火烧12分钟,撇去浮沫,加入青蒜、鸡精,淋上猪大油50克,连同沙锅一起上桌即可。

【风味特点】　鱼脑滑溜,鱼肉肥美,豆腐细嫩,汤醇味厚。

【掌握要点】　①鱼头的牙齿要去掉,否则会影响菜肴的口味;②豆腐要焯水,放豆腐时动作要轻,以防破碎;③上桌时沙锅底下垫瓷盘以防烫伤。

葱油鳊鱼

【烹调点评】　广东风味名菜,此菜在粤菜中称为油浸鱼(水浸),在此被改称为葱油鳊鱼,烹调技法为油浸(水浸),口味是鲜咸味型。

【原料配方】　鲜活鳊鱼1条(约800克),葱丝30克,葱结35克,姜丝12克,姜片15克,胡椒粉2克,白糖8克,酱油15克,精盐2克,绍酒30克,鸡精4克,花生油60克。

【制作方法】　①将鳊鱼刮鳞、剖腹,去除内脏、洗净,剁去胸鳍、背鳍,在厚肉处两面剞上柳叶花刀。　②炒锅置旺火上,舀入清水烧至60℃时,放入鳊鱼浸没,加葱结、姜片、绍酒15克,煮沸后盖上锅盖改用微火,保持微沸,鱼断生时,将鱼捞起装入盘内去掉葱结、姜片,把姜丝、精盐、绍酒、酱油、胡椒粉、白糖、鸡精及煮鱼原汤100克,放在小碗中调匀,浇在鱼身上,撒上葱丝。　③干净炒锅中放入油,烧至240℃时,把油淋浇在葱丝上即可。

【风味特点】　鲜、嫩、香、咸、清淡可口。

【掌握要点】　①正确掌握火候,旺火煮沸,微火浸熟,使鱼肉鲜嫩;②淋油时,油温要高才能突出扑鼻的葱香味。

雪菜黄鱼汤

【烹调点评】　此菜是东南沿海地区的农家菜或者说渔村菜,烹调技法是炖煮,口味为鲜咸味型。

【原料配方】　大黄鱼1条(约650克),净雪里蕻菜梗120克,笋片60克,姜片12克,葱结10克,葱段10克,绍酒12克,精盐4克,海鲜精2克,猪大油65克。

【制作方法】　①将黄鱼去除内脏洗干净,剁去胸鳍、背鳍,在鱼身的两侧面各剞几条细纹刀花。将雪里蕻菜梗切成细段。　②将炒锅置旺火上烧热,用油滑锅,加入猪大油60克,烧至七成热时,投入姜片略煸,继而推入黄鱼煎至两面略黄,烹上绍酒,盖上锅盖稍焖。然后舀入沸水850克,放上葱结,改为中火焖烧10分钟,见鱼眼珠呈白色、鱼肩略脱时,拣去葱结,加精盐,放进笋片、雪里蕻菜粒和猪大油5克,改用旺火烧沸。当卤汁呈乳白色时,添加海鲜精,将鱼和汤同时盛在大碗内,撒上葱段即成。

【风味特点】 鱼肉肥嫩,肉质结实,汤汁浓醇,口味鲜咸。

【掌握要点】 ①黄鱼剞刀不能剞得太深,以防肉破碎;②煮制时盐不宜过早放入,否则汤不浓白;③要掌握好火候,不能使用小火;④煎鱼注意调整火力,以免煎煳;⑤出锅动作要轻,以防鱼肉碎掉。

炒 鱼 片

【烹调点评】 此菜是江浙地区流行的家常菜,烹调技法是滑炒,口味为鲜咸味型。

【原料配方】 净鱼肉300克,绍酒5克,精盐3克,海鲜精3克,鸡蛋1个,湿淀粉30克,清香油750克(实耗50克)。

【制作方法】 ①将鱼肉切成长6厘米、宽2.5厘米、厚0.5厘米的片,用精盐2克、鸡蛋清(1个鸡蛋)、湿淀粉20克上浆待用。 ②炒锅置旺火上烧热,用油滑锅加入清香油,待油温升至三成热时,加入上好浆的鱼片划散,成熟捞出沥油。③炒锅洗净,加水20克、绍酒、精盐、海鲜精,待沸用湿淀粉勾芡,即投入划油后的鱼片,淋油推匀出锅装盘。

【风味特点】 咸鲜适中,光洁明亮,肉质滑软。

【掌握要点】 ①上浆要上劲,防止划油时脱浆;②滑油时控制好油温,一般在三成热左右;③芡汁厚薄适度,口味适中,亮油不宜过多; ④此菜以雪白为特点,不可使用色拉油。

西 湖 醋 鱼

【烹调点评】 此菜为浙江风味名菜,在杭州特别流行,也是杭州餐饮名店的看家菜,烹调技法为软熘,口味是甜酸味型。

【原料配方】 活鲤鱼1条(约800克),姜末15克,白糖50克,绍酒20克,酱油60克,醋50克,湿淀粉60克。

【制作方法】 ①将活鲤鱼饿养1~2天,促其排尽体内的杂质及泥土味,使鱼肉结实。刮鳞,剖腹去鳃,去内脏,洗净。 ②把鱼身劈成雌雄两片(连背脊骨一边称雄,另一边称雌),斩去牙齿,在雄片上从颌下4.5厘米处开始,每隔4.5厘米斜片剞一刀(刀深约3厘米),刀口斜向头部(共剞5刀),剞第三刀时,在腰鳍后处切断,使雄片分成两段,再在雌片脊背部厚肉处向腹部斜剞一刀(深3~4厘米),不要弄破鱼皮。 ③将炒锅置旺火上,舀入清水800克,烧沸后将整鱼放入锅内,皮朝上(水不能淹没鱼头,胸鳍翘起),盖上锅盖,待锅内水再沸时,揭开盖,撇去浮沫,转动炒锅,继续用旺火烧煮,前后约烧3分钟,用筷子轻轻地扎鱼的雄片颌下部,如能扎入,即熟。炒锅内留下300克汤水,余汤撇去,放入酱油、绍酒和姜末,即将鱼捞出,装在盘中,鱼皮朝上。　④锅内汤汁中加入白糖、湿淀粉和醋,用手勺推搅成浓汁,见滚沸起泡,立即起锅,徐徐淋浇在鱼身上即可。

【风味特点】　鱼肉滑嫩,呈蟹肉味,酸甜适中,色泽红亮。

【掌握要点】　①汆煮鱼时火力、时间要掌握好,切不可汆煮过头,否则肉会硬;②勾芡时锅内汤汁不宜多沸,否则影响色泽的亮度;③芡汁厚薄要均匀,最好一次勾成。　④此菜的蟹味特点主要产生于姜、醋、糖,因此姜不可太少,不低于15克。

宋嫂鱼羹

【烹调点评】　此菜是浙江风味名菜,相传南宋时期有一双患难弟嫂在西湖里捕鱼为生,嫂子将捕到的鱼做成鲜美的鱼羹供弟弟食用,此菜味以蟹羹,又称"赛蟹羹"之美名。后来弟弟在嫂子的培养下考取了功名,传为佳话,烹调技法为烩炖,口味鲜咸味型。

【原料配方】　新鲜鳜鱼1条(约700克),熟火腿12克,熟笋肉20克,水发香菇20克,鸡蛋黄3个,葱结、葱段各20克,姜块6克,鸡精5克,湿淀粉30克,猪大油50克,清汤300克,绍酒25克,酱油20克,精盐1.5克,醋25克,葱丝、姜丝、胡椒粉各适量。

【制作方法】　①将鳜鱼剖洗净,去头,沿背脊骨批成两片,鱼皮朝下放入盘中,加入葱结10克、姜块、绍酒,上笼用旺火蒸熟取出,去掉葱、姜,卤汁滗入碗中,鱼肉用竹筷拨散碎,捡去鱼皮、鱼刺,将鱼肉倒回原卤汁中。　②将火腿、笋、香菇切成1.5厘米长的细丝,蛋黄用筷子打散。　③锅置旺火上烧热,下猪大油15克,放入葱段,放入笋丝、香菇丝、清汤,再沸时,将鱼肉连同原汁入锅,加酱油、精盐,待汤沸起时加鸡精,用湿淀粉勾薄芡,倒入蛋黄液搅匀,再沸时,加入醋,并浇入八成热的猪油35克,起锅盛入汤盆中,撒上火腿丝、葱丝、姜丝即可。上桌时随带胡椒粉。

【风味特点】　配料讲究,色泽光亮,鲜嫩滑润,味似蟹羹。

【掌握要点】　①鱼肉不要蒸过头,否则肉质会变老;②配料刀功处理要精细,使之易成熟;③勾芡最好一次性勾准,最后放醋。

银鱼羹

【烹调点评】　此菜是淮扬风味名菜,银鱼原产于江苏太湖,以太湖春季产的银鱼最美。烹调技法为烩炖,口味是鲜咸味型。

【原料配方】　太湖银鱼180克,熟火腿15克,笋肉20克,水发香菇20克,葱结20克,姜块10克,湿淀粉35克,猪大油50克,清汤200克,绍酒25克,精盐2克,鸡精3克,醋25克,葱丝、姜丝、胡椒粉各适量,鸡蛋清1个。

【制作方法】　①将银鱼切去眼,洗净,锅中放水加葱结、姜块、绍酒用大火煮沸,放入银鱼,汆熟即捞起。　②将火腿、笋、香菇切成1.5厘米长的细丝,鸡蛋清用筷子打散。　③锅置旺火上烧热,下猪大油15克,放入笋丝、香菇丝煸炒,将清汤倒入锅内,加精盐,待汤沸起时倒入焯好的银鱼,撇去浮沫,再加鸡精,用湿淀粉勾薄芡,倒入鸡蛋清液搅匀,再沸时,加入醋,并浇入八成热的猪大油35克,起锅盛入汤盆中,撒上火腿丝、葱丝、姜丝即可。上桌时随带胡椒粉。

【风味特点】　配料讲究,鲜嫩滑润,酸辣鲜美。

【掌握要点】　①银鱼焯水时间不宜过长,断生即可;②勾芡最好一次勾准,最后点醋。

茄 汁 鱼 片

【烹调点评】　此菜为江浙地区家常菜,烹调技法为滑熘,口味是甜酸味型。

【原料配方】　净鱼肉300克,精盐3克,番茄酱60克,白糖25克,米醋15克,绍酒5克,色拉油600克(实耗60克),湿淀粉30克。

【制作方法】　①将鱼肉切成长6厘米、宽2.5厘米、厚0.5厘米的长方片,加入精盐2克、绍酒腌渍,用湿淀粉15克抓上劲,上好浆待用。　②炒锅置旺火上烧热,用油滑锅后倒入色拉油,烧至三成热时,放入鱼片用筷子轻轻划散,待鱼片发白时倒入漏勺沥去油。　③原锅置火上,加油15克,放入番茄酱、水、白糖、精盐,用手勺不断地搅炒,炒至白糖溶解、番茄酱发亮时加入米醋,用湿淀粉勾芡,再倒入鱼片,淋上明油,用炒勺轻轻地拌匀即可装盘。

【风味特点】　色泽红亮,卤汁匀长,口味酸甜,肉质滑嫩。

【掌握要点】　①鱼片滑油时要热锅冷油,防止粘底、脱浆;②芡汁不能太浓;③用盐要少。

清 汤 鱼 丸

【烹调点评】　此菜为山东风味名菜,要求鱼丸洁白,酸辣可口,烹调技法为汆。口味为酸辣味型。

【原料配方】　草鱼1条(约850克),熟火腿片10克,水发香菇1枚,青菜心4棵,精盐15克,姜汁15克,鸡精5克,白胡椒粉2.5克,陈醋10克,清汤800克,熟鸡油少许。

【制作方法】　①鱼剖腹洗净,以尾部沿背脊骨剖成两片,去掉鱼头,批去脊骨与肚裆,将鱼肉洗净用刀刮取鱼茸,最好用纱布将血水过滤掉,将鱼茸置新鲜肉皮上排剁成细腻发黏待用。　②将鱼茸放入钵中,加水 100 克搅散,放精盐 12 克,顺同一个方向搅拌至有黏性,再加水 120 克,搅拌至鱼泥起小泡时,静置 5～10 分钟,再加水 100 克,继续搅拌均匀,加入鸡精 3 克、姜汁搅匀待用。　③锅中舀入冷水约 1200 克,将鱼茸制成鱼丸 24 个,入锅中小火渐渐加热成熟。　④清汤放入炒锅,置旺火上烧沸,把鱼丸放入锅中,加精盐、鸡精、青菜心,然后盛入品锅,熟火腿置鱼丸上面,呈三角形,中间放熟香菇一朵,淋上熟鸡油即可。上桌时随带白胡椒粉。

【风味特点】　汤清味鲜,鱼丸洁白,细腻光洁。

【掌握要点】　①鱼茸要刮得细腻,排剁用力得当;②根据鱼丸的质量,掌握好水和盐的量;③搅打要有力上劲,且注意搅打的方向;④冷水下锅小火烫煨成熟。

红 烧 鳝 段

【烹调点评】　此菜为浙江风味名菜,因为鳝段加热后,成弓形,故又称此菜为红烧马鞍桥。烹调技法为红烧,口味是鲜香味型。

【原料配方】　鳝鱼 4 条(约 650 克),熟肥膘肉 20 克,水发香菇丁 20 克,葱段 5 克,姜片 2.5 克,大蒜头 40 克,绍酒 20 克,酱油 30 克,白糖 15 克,干贝素 1.5 克,湿淀粉 10 克,香油 10 克,猪大油 60 克。

【制作方法】　①将鳝鱼摔死,用方形竹筷从鳝鱼的咽喉部插入腹中绞出内脏,洗净,切成 5 厘米长的段。用沸水汆一下捞起洗去黏液。　②炒锅用旺火烤热,用油滑锅,下猪大油,放入葱段、姜片、蒜头煸至有香味,随即放入鳝段、肥膘丁、香菇丁,加绍酒、白糖、水 250 克,加盖用中火焖至七成熟时,再加酱油,用微火烧至鳝鱼肉酥烂,汤汁稠浓时,加干贝素,用湿淀粉调稀勾芡,淋上香油,出锅装盘即可。

【风味特点】　色泽黄亮,酥烂,味美,浓香油润。

【掌握要点】　①鳝段改刀要长短均匀;②锅要用油滑过,否则鳝鱼会粘锅而烧焦;③味要调准,不宜过咸;④可在鱼背处打一字花刀。

清 蒸 甲 鱼

【烹调点评】　此菜为江南地区名菜,烹调技法为清蒸,口味是鲜香味型。

【原料配方】　甲鱼 1 只(约 500 克),熟火腿 20 克,熟春笋 20 克,水发香菇 20 克,猪板油 20 克,葱 20 克,姜片 15 克,精盐 3 克,绍酒 25 克,干贝素 4 克。

【制作方法】 ①将熟火腿、熟春笋切成长 4 厘米、宽 1.5 厘米、厚 0.5 厘米的长方片,香菇也切片,葱切成 3 厘米长的段,猪板油剥去膜,切丁,待用。 ②将甲鱼剖杀洗净,用热水烫一下,去掉黏膜,剪去脚趾尖,放在盘中。然后将猪板油、火腿片、香菇片、春笋片、姜片和葱段均摆在甲鱼上面,加绍酒、精盐上蒸笼用旺火蒸约 15 分钟取出,拣去姜片、葱段,汤水中加入干贝素即可。

【风味特点】 色泽艳丽,甲鱼肉肥美鲜。

【掌握要点】 ①必须用旺火沸水速蒸,要蒸酥;②辅料摆放在甲鱼上要整齐美观; ③宰杀甲鱼不应剁去龟头,要保留成整形;④从侧面开口取内脏。

清 蒸 鱼 块

【烹调点评】 此菜为江南风味家常菜,烹调技法为清蒸,口味是鲜咸味型。

【原料配方】 净草鱼肉 500 克,熟火腿 20 克,熟春笋 20 克,水发香菇 20 克,猪板油 20 克,葱段 35 克,姜片 15 克,精盐 3 克,绍酒 30 克,白糖 5 克,干贝素 4克。

【制作方法】 ①将熟火腿、熟春笋切成对角长 3 厘米、宽 1.5 厘米、厚 0.5 厘米的菱形片,香菇也切片,猪板油剥去膜,切丁,待用。 ②将净草鱼肉切成长 4 厘米、宽 2.5 厘米的块,整齐摆放在盘中,然后将猪板油、火腿片、香菇片、春笋片、姜片和葱段均摆在鱼肉上面,加入绍酒、白糖和精盐,上蒸笼用旺火蒸 8 分钟取出,拣去姜片、葱段,汤中加入干贝素即可。

【风味特点】 色泽艳丽,鲜嫩肥美。

【掌握要点】 ①必须用旺火沸水速蒸,一气呵成;②鱼肉上的辅料要摆放整齐美观。

桂 花 鱼 条

【烹调点评】 此菜是西北风味的家常菜,烹调技法为软炸,口味是鲜香味型。

【原料配方】 净鱼肉 200 克,鸡蛋 2 个,面粉 80 克,淀粉 30 克,色拉油 750克(实耗 60 克),绍酒 5 克,精盐 3 克,干贝素 3 克,葱末、姜末各 2 克,胡椒粉 1.5克。

【制作方法】 ①将鱼肉改成长 6 厘米、宽 1 厘米、厚 1 厘米的长条,并用绍酒、精盐、干贝素、葱姜末腌渍 20 分钟。 ②鸡蛋 2 个用筷子打散加面粉、淀粉调成全蛋糊。 ③炒锅置中火上,加入色拉油,油温升至 150℃时,将鱼条挂上全蛋糊逐条投入锅内炸至结壳捞起,捡去碎末,待油温升至 170℃时,再入锅炸至成熟即可捞出沥油。装盘后撒上胡椒粉。

【风味特点】 色泽金黄,外酥里嫩。

【掌握要点】　①糊的厚薄适当,腌渍时间不得低于 15 分钟;②掌握好油温,一般油温在 150℃时下锅;③要求色泽金黄,不宜太浅或太深,条件允许最好使用 4 个蛋黄调糊。

香 炸 鱼 排

【烹调点评】　此菜为中西餐合璧、参照法式西餐改进而成。烹调技法为软炸,口味是鲜香味型。

【原料配方】　小黄鱼 4 条(约 200 克),鸡蛋 4 个,吉士粉 3 克,淀粉 20 克,面包渣 30 克,精盐 3 克,味精 3 克,绍酒 5 克,姜 10 克,葱 10 克,番茄沙司 20 克,色拉油 800 克(实耗 65 克)。

【制作方法】　①将小黄鱼初步加工,置砧板上,用刀沿鱼脊骨将鱼肉批下成软片状,然后用绍酒、味精、精盐、葱、姜腌渍 20 分钟。吉士粉与面包渣拌匀待用。　②取盆 1 只,鸡蛋取蛋清抽打成蛋泡,加入淀粉,调成蛋泡糊。　③把腌渍过的鱼片拖上蛋泡糊,再拍上拌匀的面包渣,并用手轻轻压一下,使面包渣均匀地粘在鱼片上,制成鱼排生坯。　④取锅放色拉油置中火上,加热至 150℃时,把鱼排生坯逐块下锅炸,鱼排外结壳时捞起,待油温升至 170℃时,将鱼排复炸成熟,捞起随即改刀装盘。上桌时带番茄沙司一碟。

【风味特点】　色泽淡黄,外焦里嫩。

【掌握要点】　①要选新鲜鱼,腌渍时调味要到位;②抽打蛋泡要上劲,拍面包渣时要均匀;③控制好油温,装盘改刀时大小相似,排列有序;④可选用其他鱼,制成各种鱼排。

鱼 头 浓 汤

【烹调点评】　此菜是广东风味的家常菜,烹调技法是炖、煮,口味是鲜咸味型。

【原料配方】　净花鲢鱼头半片(带肉约重 800 克),熟火腿肉 20 克,豆腐 50 克,菜心 4 棵,葱 10 克,姜 10 克,熟鸡油 6 克,绍酒 35 克,精盐 5 克,味精 10 克,猪大油 65 克。

【制作方法】　①取不带背骨的鱼头半片,鳃肉上剁 1 刀,下颌处斩 1 刀,用水洗净。姜去皮拍松,火腿切成薄片。菜心取长约 13 厘米,大的一开四,小的对剖开。　②将炒锅和锅盖刷洗干净,锅置旺火上烧热,用油滑锅后下猪油至四成热时,将鱼头豆腐用沸水烫一下,剖面朝上放入锅内略煎,加入绍酒、葱结、姜块,将鱼头翻转,加沸清水 2000 克,盖上锅盖,用旺火烧约 5 分钟(不要中途启盖,否则汤烧不浓),放入菜心,再烧 1 分钟,然后将鱼头从锅内取出,盛入品锅,菜心放在鱼头的四周。葱、姜捞出,撇去汤面浮沫,加精盐和味精,用细网筛过滤,倒入品锅,盖上火腿片,淋上熟鸡油即成。上桌随带姜汁醋。

【风味特点】 汤浓如奶,油润,嫩滑,色佳味美。

【掌握要点】 ①锅和盖要洗干净,以免影响汤的洁白;②锅要烧热并用油滑锅,否则容易粘锅;③炖汤时盐不宜放得过早,以免影响汤的浓白程度。

剁椒鱼头

【烹调点评】 此菜为四川风味创新名菜,烹调技法为蒸,口味是香辣味型。

【原料配方】 草鱼头 1 个(约 750 克),红椒 25 克,生姜 15 克,蒜头 15 克,辣油 50 克,精盐 4 克,味精 5 克,猪大油 50 克。

【制作方法】 ①将红椒、生姜、蒜头切成边长为 2 厘米的菱形片,放入一个大的盛器中,加入辣油、精盐、味精拌匀,抹上熟猪油,腌渍 120 分钟,剁椒就备好了。 ②将鱼头用刀批开,但头脑部要连着,去掉牙齿,皮朝上放在盘中,将做好的剁椒浇在鱼头上面,淋上色拉油入蒸箱蒸 9 分钟,取出即可。

【风味特点】 鱼肉鲜辣可口,肉质滑嫩。

【掌握要点】 ①剁椒要腌渍入味;②蒸时可用保鲜膜包起来,再戳几个洞,这样不影响剁椒的味道;③掌握好蒸制的时间,要用旺火沸水快速蒸;④蒸锅开后再装锅放盘计算时间。

三丝鱼卷

【烹调点评】 此菜为浙江风味,创新名菜,在全国烹饪比赛和名菜名宴评比中的获奖作品。烹调技法为清蒸,口味是鲜咸味型。

【原料配方】 草鱼肉 500 克,火腿 25 克,熟冬笋 25 克,水发香菇 3 朵,精盐 4 克,绍酒 6 克,味精 3 克,白胡椒粉 2.5 克,葱姜汁 4 克,干淀粉 5 克,湿淀粉 10 克,色拉油 30 克。

【制作方法】 ①鱼肉洗净斜刀切成长 5 厘米、厚 0.3 厘米的夹刀片 20 片,火腿、熟冬笋、水发香菇切成长火柴杆状丝。 ②鱼片中加入精盐 3 克、绍酒 2 克、白胡椒粉、葱姜汁腌渍 10 分钟。 ③将鱼片皮朝上平铺在砧板上,并在鱼片上拍上干淀粉,依次均匀地排放上火腿丝、熟冬笋丝、水发香菇丝,卷成圆筒形放入盘中,旺火蒸 7 分钟取出。 ④锅洗净置旺火上加入色拉油、精盐、绍酒、味精,将蒸鱼汁沥出,带汤汁煮沸后加入湿淀粉勾芡,最后将芡浇淋在鱼卷上即可。

【风味特点】 造型美观,色泽洁白,口味清淡。

【掌握要点】 ①为使鱼卷更整齐,可将鱼卷好后在两头用刀切整齐;②蒸制鱼卷时盘中要刷上油以防粘连;③蒸制时间不可过长。

彩 色 鱼 丝

【烹调点评】　此菜为创新名菜,在名菜名宴评比中获奖作品,烹调技法为滑炒,口味是鲜香味型。

【原料配方】　草鱼肉 400 克,红、绿柿子椒各 1 个,水发香菇 60 克,蛋黄糕 25 克,鸡蛋清 1 个,葱白 10 克,生姜 10 克,精盐 4 克,胡椒粉 2 克,绍酒 3 克,味精少许,湿淀粉 35 克,色拉油 800 克(实耗 75 克)。

【制作方法】　①将鱼肉切成 7 厘米长的丝,放入碗中,加精盐 2 克、鸡蛋清及湿淀粉 25 克搅拌上劲。　②红柿子椒、绿柿子椒、香菇、蛋黄糕、葱白、姜切成丝。另取一小碗放入姜丝,加入精盐、绍酒、味精及湿淀粉调成芡汁。　③炒锅置旺火上烧热,用油滑锅,锅内注入色拉油,烧至三成热时,投入鱼丝划散,并将红柿子椒、绿柿子椒、香菇、蛋黄糕等丝倒入油锅中划一下,倒入调好的芡汁烧稠,搅拌均匀,装盘即可。

【风味特点】　色彩艳丽,鱼丝鲜嫩,口味咸鲜。

【掌握要点】　①鱼丝改刀后规格要一致;②掌握好油温,浆要上劲;③蛋黄糕丝易碎易断,最好先用 5%的淡盐水焯一下。

生 爆 鳝 片

【烹调点评】　此菜为江浙一带传统名菜,在淮扬菜系,浙江菜系中均有此菜,烹调技法为脆熘,口味是蒜香味型。

【原料配方】　鳝鱼 2 条(重 450 克),蒜头 15 克,绍酒 10 克,酱油 20 克,白糖 20 克,精盐 1.5 克,湿淀粉 60 克,面粉 35 克,醋 20 克,香油 10 克,色拉油 800 克(实耗 80 克)。

【制作方法】　①将鳝鱼摔死,用铁钉挂其嘴,固定住,从脊背处划刀,取出鳝片,然后切成菱角片,盛入碗内,加精盐拌匀,用绍酒 5 克浸渍,加入湿淀粉 40 克、水 25 克,撒上面粉轻轻拌匀。　②将蒜头拍碎斩末,放入碗中,加酱油、白糖、醋和绍酒 10 克、湿淀粉 10 克、水 50 克调成芡汁。　③锅内放入色拉油,旺火上烧至七成热时,将鳝片分散迅速入锅内,炸至外皮结壳时即用漏勺捞起,待油温渐升至八成热时,再将鳝片下锅,炸至金黄松脆时捞出,盛入盘内。　④锅内留油 25 克,迅速将碗中的芡汁调匀倒入锅中,用手勺推匀,淋上香油,浇在鳝片上即可。

【风味特点】　色泽黄亮,外脆里嫩,蒜香四逸,酸甜可口。

【掌握要点】　①鳝鱼切片时先用虚刀排过,以防缩短纤维变形;②挂糊搅拌时间不能过长,否则不易挂牢;③勾兑好的调味汁倒入底油时油温要略高些,以便油及芡汁融合在一起。

炒墨鱼丝

【烹调点评】　此菜为东南沿海地区创新家常菜,烹调技法为滑炒,口味是咸鲜味型。

【原料配方】　墨鱼肉300克,青椒35克,绍酒5克,精盐5克,味精2克,干淀粉5克,湿淀粉15克,清汤60克,色拉油600克(实耗50克)。

【制作方法】　①将墨鱼肉切成火柴杆丝,用纱布将墨鱼的水分吸干,放入碗中,用绍酒、精盐2克、干淀粉上浆待用。青椒切成火柴杆丝待用。　②炒锅置旺火上烧热,用油滑锅,倒入色拉油,待油温升至五成热时,将墨鱼丝倒入,迅速用筷子划散,发白时倒入青椒丝,再出锅沥油。　③锅中加入清汤,加精盐、味精,用湿淀粉勾芡,倒入原料,翻炒均匀,淋入明油大翻勺装盘。

【风味特点】　白绿相间,口味咸鲜,墨鱼滑嫩,青椒爽脆。

【掌握要点】　①刀工处理要长短、粗细一致;②上浆时一定先将墨鱼吸干水分;③注意滑油的温度,一般在120℃左右。

爆墨鱼卷

【烹调点评】　此菜是山东风味名菜,墨鱼又称墨斗鱼、乌贼、海兔子。烹调技法为油爆,口味是咸鲜味型。

【原料配方】　墨鱼肉500克,绍酒8克,精盐4克,味精2克,胡椒粉1克,蒜末6克,葱末5克,姜末5克,湿淀粉20克,色拉油750克(实耗80克),清汤适量。

【制作方法】　①在墨鱼里面剞上荔枝花刀,再切成长5厘米、宽2.5厘米的块。另取1只碗,加入精盐、味精、胡椒粉、清汤和湿淀粉调成芡汁。　②用炒锅置于旺火上, 加水800克烧沸,将墨鱼投入水锅中余一下立刻捞出, 沥干水分。③炒锅留底油25克,倒入蒜末、葱末、姜末煸炒出香味,然后投入墨鱼,烹入调好的芡汁快速翻炒均匀即可。

【风味特点】　色泽洁白,脆嫩爽口。

【掌握要点】　①墨鱼选料要新鲜,整鱼要去头,去墨汁,取净率的70%;②墨鱼剞刀要均匀,大小要一致;③掌握好火候及原料的成熟度,水余八成熟。

红烧鱼块

【烹调点评】　此菜为东南沿海地区的家常菜,烹调技法为红烧,口味是鲜咸味型。

【原料配方】　草鱼1条(约800克),红椒2只,熟笋30克,水发香菇30克,葱 8 克,姜 10 克,绍酒 20 克,酱油 35 克,白糖 15 克,味精 2.5 克,麻辣油 15 克,色拉油 60 克。

【制作方法】　①草鱼去头,切成长 4.5 厘米、宽 2 厘米的长条块,笋、香菇切片,红椒、姜切指甲片,葱切段待用。　②炒勺放入色拉油、白糖、酱油炒糖色,当勺内起大泡时,继续炒,见泡减少时烹入绍酒,放入鱼块。　③放入笋、香菇、辣椒、姜片、水 350 克,烧约 15 分钟,加入味精,用湿淀粉勾芡,下葱段,淋上麻辣油。转锅,将鱼块翻身,装盘即可。

【风味特点】　色泽红亮,鲜嫩微辣。

【掌握要点】　①烧制鱼块时,先大火后小火,要烧透入味;②烧制鱼块时,尽量少翻动,防止鱼肉散碎,影响菜肴质量。

炒 醋 鱼 块

【烹调点评】　此菜为浙江风味家常菜,烹调技法为滑熘,口味是酸味型。

【原料配方】　草鱼肉 300 克,笋片 60 克,色拉油 60 克,绍酒 20 克,白糖 50 克,酱油 45 克,醋 50 克,湿淀粉 15 克,姜 4 克,葱 4 克。

【制作方法】　①将草鱼肉用刀切成长 4 厘米、宽 2 厘米的长方块,姜切成指甲片,葱切段,待用。　②炒锅置旺火上烧热,用油滑锅,放入色拉油烧热至 150℃ 时,投入鱼块、姜片,颠锅几下,烹入绍酒、酱油、白糖,加入熟笋片、清水 30 克,盖上盖转中小火烧 5 分钟,待鱼断生后,加醋,用湿淀粉勾芡,放入葱段,淋上亮油,出锅装盘。

【风味特点】　鱼肉鲜嫩,色泽红亮,芡汁适中。

【掌握要点】　①鱼肉刀工处理要均匀;②成熟后不宜翻锅,以防鱼肉破碎。

炒 虾 仁

【烹调点评】　此菜为浙江风味家常菜,与杭州名菜龙井虾仁的烹调技法基本相似,只是此菜不放茶叶,烹调技法为滑炒,口味是鲜咸味型。

【原料配方】　鲜虾 850 克,鸡蛋清 1 个,精盐 3 克,干淀粉 35 克,葱段 3 克,绍酒 5 克,味精少许,花生油 800 克(实耗 75 克)。

【制作方法】　①虾去壳,取肉约 350 克,用清水把虾仁洗白,沥去水分,盛入碗中,加入精盐、鸡蛋清,用筷子搅拌至有黏性时,加适量干淀粉上浆(厚薄适中),腌渍 45 分钟。　②炒锅烧热,用油滑锅后,下油烧至四成热时,放入虾仁,迅速用筷子划散,约 15 秒钟后倒入漏勺沥去油,原锅留油 25 克,放入葱段煸出香味,即倒入虾仁,烹入绍酒,加味精,翻动炒锅装盘即可。

【风味特点】　玉白清香,鲜嫩可口,营养丰富。

【掌握要点】　①虾仁上浆前要漂洗白净,可用淀粉漂白或石膏粉漂白,漂白后冲洗干净；②要购买全虾剥虾仁,不能图省事直接购买冻虾仁,否则无法保证菜肴的质量；③虾仁上浆时水分要沥干,用鸡蛋清上浆,浆时动作要轻,上劲,不使脱浆。

蛤 蜊 蒸 蛋

【烹调点评】　此菜为东南沿海地区创新家常菜,烹调技法为蒸,口味是鲜咸味型。

【原料配方】　鸡蛋 4 个,蛤蜊 200 克,精盐 3.5 克,干贝素 2 克,清水 150 克,色拉油少许。

【制作方法】　①将鸡蛋磕入碗内,放入精盐、干贝素、清水 150 克,用筷子打散,上笼用小火蒸 15 分钟。　②将蛤蜊在开水中烫开待用。　③水蛋凝结后取出,将烫开的蛤蜊放在水蛋上,继续上笼小蒸 6 分钟,沥去蒸馏水即可。

【风味特点】　水蛋色如芙蓉,口感滑嫩。

【掌握要点】　①加精盐比例要适当,太少不容易凝结,太多口重；②蛤蜊要选用鲜活,先烫开,洗去沙质；③加水要够数,蒸火不可太急,火急火大易出现蜂窝眼。

民以食为天,厨师就是那天上的神仙,神仙下凡做饭,把幸福带给人间……

——张仁庆

第四章 禽类热菜

腰果鸡丁

【烹调点评】 此菜为西北风味创新名菜,腰果是引进品种,改革开放近 20 年内才有此原料,因此是创新名菜,烹调技法为炸烹,口味为香辣味型。

【原料配方】 鸡脯肉 300 克, 腰果 50 克,绍酒 5 克,精盐 2.5 克,鸡精 5 克,湿淀粉 30 克,色拉油 600 克(实耗 40 克)。

【制作方法】 ①将鸡脯肉改刀成 1.5 厘米见方的骰子丁,用绍酒、精盐、湿淀粉 10 克上浆待用。 ②炒锅置旺火上烧热,用油滑锅,再倒入色拉油,待油温升至四成热时倒入鸡丁,迅速用筷子划散,待鸡肉发白时用漏勺捞出沥油,再将腰果倒入锅中炸熟捞出沥油。 ③锅留底油,加入清水少许及绍酒、精盐、鸡精,待沸时用湿淀粉勾芡,倒入原料推匀,淋入明油炒匀即可出锅装盘。

【风味特点】 色泽粉红,鸡丁鲜嫩滑爽,腰果香脆。

【掌握要点】 ①鸡丁上浆要上劲,以防脱浆;②鸡丁改刀大小要一致;③腰果养炸时要注意油温,不宜过高,用小火加热; ④此菜以洁白脆香为特色,不加酱油。

软 炸 仔 鸡

【烹调点评】 此菜为西北风味家常菜,烹调技法为酥炸,口味是鲜香味型。

【原料配方】 鸡肉 300 克,鸡蛋 1 个,精盐 3 克,绍酒 6 克,鸡精 3 克,葱姜汁 5 克,面粉 60 克,湿淀粉 20 克,甜面酱 25 克,花椒盐 2 克,胡椒粉 1.5 克,色拉油 800 克(实耗约 70 克)。

【制作方法】 ①将鸡肉皮向下,用刀拍平排斩几下,切成长 3.5 厘米、厚 0.8 厘米的菱形块,用精盐、绍酒、鸡精、葱姜汁、胡椒粉腌渍 15 分钟待用。 ②把面粉、湿淀粉混合倒入碗中并磕入鸡蛋搅拌均匀,然后加入适量的水制成软炸糊。③炒锅置中火上烧热,用油滑锅,倒入色拉油烧至四成热时,把鸡肉挂上糊依次投入油锅中炸熟捞出,待油温升至五成热时,将鸡块复炸成金黄色,出锅装盘,随带甜面酱、花椒盐各一碟即可。

【风味特点】 外层松软,鲜嫩金黄。

【掌握要点】 ①要求用刀交叉排斩鸡肉, 深为鸡肉深度的 1/3, 改刀均匀;

②掌握好初炸和复炸时的油温及火候；③烹调禽类菜肴尽量使用鸡精、鸡粉，切勿使用味粉或海鲜精。

小 煎 鸡 米

【烹调点评】　此菜为西南风味家常菜，鸡米是将鸡肉切成米粒大小的丁，而不是茸和末，因此刀工的体现很关键。烹调技法为香煎，口味是鲜香味型。

【原料配方】　鸡腿肉 500 克，精盐 3 克，鸡精 5 克，绍酒 8 克，姜汁 10 克，花生油 30 克，葱花少许。

【制作方法】　①将鸡腿洗净，切成米粒丁，用绍酒、精盐、姜汁腌渍 15 分钟入味。　②取一平底锅，烧热用油滑过，留底油 30 克，待油温四成热时将鸡肉入锅煎，煎至两面金黄色成熟时，烹入绍酒，放一点水、鸡精中火烧，至卤汁干时撒上葱花略焖即可出锅。

【风味特点】　色泽金黄，外香脆，里鲜嫩。

【掌握要点】　①煎制时油温不宜太高，用中小火煎制；②刀工大小要一致，造型整齐美观。

辣 子 鸡 丁

【烹调点评】　此菜为四川风味家常菜，北方地区也较流行，烹调技法为滑炒，口味是香辣味型。

【原料配方】　鸡脯肉 200 克，黄瓜 120 克，鲜辣椒 30 克，黄酱 5 克，郫县豆瓣 5 克，湿淀粉 15 克，酱油 8 克，白糖 5 克，高汤 150 克，葱 5 克，姜汁 5 克，精盐 1.5 克，鸡精 3 克，色拉油 600 克(实耗 60 克)。

【制作方法】　①将鸡脯肉剔去筋，洗净后切成 1 厘米见方的骰子丁。　②黄瓜刷洗干净后切成与鸡丁相仿的丁，鲜辣椒去蒂和子，洗净，切成丁，葱去根、洗净，切成葱末。　③先用精盐、湿淀粉(约 3 克)将鸡丁上浆待用。　④锅烧热，用油滑锅，再将锅内放色拉油 250 克，油烧至四成热时，把鸡丁下锅滑油(鸡丁滑油时要不断搅动拨散，不使鸡丁黏在一起)，待鸡丁发白时出锅沥油。　⑤炒锅内留底油约 25 克，置中火上烧热放入郫县豆瓣、黄酱略炒，加入葱末、姜汁、精盐、白糖和黄瓜丁、鲜辣椒、高汤(或清水)，再放入滑好油的鸡丁、料酒、鸡精，翻炒均匀，用湿淀粉勾芡，稍加颠炒即可出锅装盘。

【风味特点】　香辣咸鲜，口感滑嫩，芡汁紧包。

【掌握要点】　①黄酱、豆瓣酱均有咸味，放盐要少，若高汤内有盐分，此菜就可以不放盐；②鸡丁改刀大小要一致；③鸡丁上浆一定要搅拌上劲，以防脱浆；④注意火候，炒制时要用中火。

宫爆鸡丁

【烹调点评】　此菜是山东风味传统名菜,各地均有制作,宫爆原意是宫保,旧时山东济南府官员的名字,类似于东坡肉,后经不断演化,到现在已普遍称之为宫爆了。烹调技法为滑炒,口味是香辣味型。

【原料配方】　鸡脯肉 300 克,炒花生米 60 克,郫县豆瓣 12 克,干辣椒 2 只,姜片和葱段各 5 克,酱油 5 克,精盐 1.5 克,白糖 10 克,绍酒 5 克,醋 5 克,鸡精 3 克,湿淀粉 30 克,红油 2 克,高汤 30 克,花椒粉 1.5 克,色拉油 600 克(实耗 75 克)。

【制作方法】　①将鸡脯肉切成 0.8 厘米见方的丁,加入绍酒、精盐和淀粉搅拌上劲。干辣椒切成小丁,郫县豆瓣用刀剁细。将酱油、白糖、绍酒、醋、鸡精、湿淀粉和高汤倒入碗中调制成味汁待用。　②炒锅置旺火上烧热,用油滑锅,加入色拉油烧至三成热,将鸡丁下锅迅速用筷子划散加热至断生捞出沥油。　③锅中留余油,投入辣椒、姜片、葱段、郫县豆瓣炒出香味,再将鸡丁和芡汁倒入锅中,加入花生米搅拌均匀,淋上红油,撒上花椒粉即可。

【风味特点】　质感细嫩,花生松脆,麻辣甜酸,色泽红亮。

【掌握要点】　①鸡丁滑油时一定要用筷子划散不粘连;②辣椒和郫县豆瓣要炒出香味;③花生米要提前炒热,剥去脂皮。

油淋仔鸡

【烹调点评】　此菜是四川风味传统名菜,也可做凉菜食用,烹调技法为油淋,口味是鲜咸味型。

【原料配方】　白条仔鸡 1 只(约 1200 克),香菜 5 克,姜末 3 克,白糖 3 克,绍酒 12 克,酱油 25 克,鸡精 3 克,清汤 220 克,香油 10 克,花生油 750 克(实耗 80 克)。

【制作方法】　①将鸡洗净,从背部剖开,用刀拍松鸡背骨,将胸骨剪断,腿小骨、翅膀骨用刀背敲断,鸡腿内侧各直剞一刀,鸡腹内纵横拍几刀,使鸡体各部位的肌肉厚薄均匀,便于成熟。　②将鸡放在沸水锅中焯 2 分钟,滗去汤水,再加清汤 120 克,加入绍酒 3 克、酱油 10 克略烧,使鸡体上色,捞出。将清汤放在碗内,加入姜末、绍酒 9 克、酱油 15 克、白糖、鸡精和香油调匀待用。　③将炒锅置旺火上,下入熟花生油,烧至七成热,将鸡放在漏勺上,将热油淋浇在鸡的全身至金黄色成熟,放在砧板上斩成小块,按鸡形排在盘中,将调好的卤汁徐徐地浇淋在鸡块上,盘的四周缀以香菜即可。

【风味特点】　色泽金黄,外皮香脆,肉鲜味醇,咸甜清香。

【掌握要点】　①油淋的温度要高,一般在七成热;②浇油时要浇匀,以防出现颜色不匀。

白鲞扣鸡

【烹调点评】　此菜是浙江风味家常菜,鲞(发音 xiǎng 与"饷"同音)为鱼干,白鲞是白鱼干,烹调技法为蒸,口味是鲜香味型。

【原料配方】　家养柴仔鸡(又称本鸡、土鸡)1 只(约 750 克),白鲞 200 克,绍酒 15 克,啤酒 150 克,精盐 4 克,花椒 12 粒(炸熟),鸡精 16 克,姜片 6 克,葱结12 克。

【制作方法】　①将鸡除去内脏和爪,用清水洗净,鲞除去鳞片浸入啤酒中腌渍 20 分钟待用。　②锅置旺火上,加入清水 800 克,待水再沸后加入鸡,待水沸后将火熄灭把鸡浸熟捞出。　③鸡脯肉及鸡腿肉取出,斜刀切成长 3.5 厘米、宽 2 厘米、厚 0.3 厘米的片,鲞也用斜刀切成长 3.5 厘米、宽 2 厘米的片。　④取 1 只扣碗,碗底撒上花椒粒,将鸡片与鲞片依次相隔摆放,均匀地排入碗中,中间放上多余的鸡肉,加上绍酒、精盐、鸡精、味精、姜片、葱结,上笼用旺火蒸 15 分钟,取出除去葱和姜,并反扣在盘中即可。

【风味特点】　风味独特,鸡肉入味,鲞肉鲜香。

【掌握要点】　①鸡肉要求带皮切成片,排入碗中时要求鸡皮靠碗的内侧排放;②鲞口味较咸,因此片要求切得薄一些。

清炖鸡

【烹调点评】　此菜为西南风味家常菜,烹调技法为清炖,口味是鲜咸味型。

【原料配方】　白条鸡 1 只(约 1000 克),火腿片 20 克,笋片 20 克,水发香菇3 朵,菜心 5 棵,绍酒 20 克,精盐 2.5 克,鸡精 2.5 克。

【制作方法】　①将鸡洗净后斩去鸡爪,敲断小腿骨,放在沸水锅中焯一下,洗去血沫和异味。　②取大沙锅 1 个,用竹箅子垫底,将鸡放入,舀入清水 1500 克,加盖用旺火烧沸,撇去浮沫,改用小火继续炖约 60 分钟,捞出转入品锅内(背朝下),倒进原汁。然后把火腿片、笋片、香菇排列于鸡身上,加入精盐、绍酒、鸡精,加盖上蒸笼用旺火蒸约 30 分钟,取出放上焯熟的菜心即可。

【风味特点】　肉质细嫩,鸡骨松脆,汤清味美。

【掌握要点】　①鸡要用竹箅子垫底,以防粘锅;②要将浮沫撇去,以免影响菜肴色泽;③炖制时盐不宜过早放入。

汆鸡丸子

【烹调点评】　此菜为西北风味家常菜,烹调技法为汆,口味是鲜咸味型。

【原料配方】　鸡脯肉 380 克,菜心 60 克,绍酒 5 克,精盐 4 克,姜末 2 克,鸡精 4 克,湿淀粉 15 克,清汤 600 克。

【制作方法】　①先将鸡肉用清水漂洗三遍,再将鸡脯肉剁成茸泥,放在碗里,加姜末、绍酒 1.5 克、精盐 3 克、鸡精 2 克、湿淀粉搅拌上劲。　②锅置旺火上,加清汤烧沸,逐个将上劲鸡肉挤成直径 2 厘米的圆丸入沸水中汆熟,再加入菜心,烧沸成熟后,放精盐、绍酒、鸡精,盛入汤碗。

【风味特点】　鸡丸大小均匀,肉嫩味鲜。

【掌握要点】　①鸡肉剁茸泥时将筋取去,搅拌要上劲;②丸子大小要挤均匀,光洁。

翡翠鸡茸羹

【烹调点评】　此菜是四川风味创新家常菜,烹调技法为汆,口味是鲜咸味型。

【原料配方】　鸡脯肉 200 克,郫县豆瓣 75 克,绍酒 2 克,精盐 3 克,鸡精 5 克,湿淀粉 35 克,清汤 300 克,猪大油 20 克。

【制作方法】　①将鸡肉剁成细茸泥,放入碗中加精盐、绍酒、鸡精、清水 150 克,搅打成稀糊状。郫县豆瓣剁成细茸待用,油菜取叶,剁成碎末。　②锅置旺火上烧热,用油滑锅后,加入清汤,用精盐、鸡精调味后,将稀糊状鸡茸一起倒入锅内,略汆先用一半的湿淀粉勾薄芡,再倒入郫县豆瓣茸油菜叶搅匀,再用另一部分湿淀粉勾芡,淋入猪大油即可出锅装盘。

【风味特点】　色泽艳丽,口感滑糯、咸鲜。

【掌握要点】　①鸡肉、郫县豆瓣要剁得细腻;②锅勺要用油滑过,以防粘锅焦底;③芡汁要分两次勾入。

清 炸 仔 鸡

【烹调点评】　此菜是西南风味的家常菜,烹调技法为炸烹,口味是鲜香味型。

【原料配方】　生白条仔鸡 750 克,姜 3 克,葱段 12 克,葱花 2 克,绍酒 15 克,鸡精 4 克,酱油 5 克,精盐 2 克,花生油 600 克(实耗 75 克),香油 15 克,椒盐 5 克。

【制作方法】　①仔鸡去头、爪,清洗干净,用刀从背部把鸡切成两大片,用刀背在鸡肉上排一排,切成长 3 厘米、宽 1.5 厘米的块,加入绍酒、酱油、鸡精、葱段、姜片拌匀,腌渍 15 分钟后待用。　②炒锅置旺火上,加入油加热至六成热,依次投入腌渍好的鸡块,炸成淡黄色捞出,待油温回升到六成热时复炸一次,炸至鸡块表面金黄色时捞出。　③炒锅清洗干净,注入香油烧热,依次投入葱花、鸡块,撒上胡椒盐,翻拌均匀即可。

【风味特点】　色泽金黄,口味咸鲜,干香入味。

【掌握要点】　①主料应选用当年嫩仔鸡;②仔鸡改刀后的规格要求一致;③口味要调准,炸前沥干水分,炸时要掌握好火候及油温。

炒 什 件

【烹调点评】　此菜为山东风味家常菜,又称炒杂件、炒什锦,是以禽类下货、杂碎为主料烹调的菜肴,烹调技法为炒,口味是鲜咸味型。

【原料配方】　鸡胗肝(肫)200 克,鸭肝、鸭心各 15 克,熟笋片 50 克,黑木耳40 克,绍酒 10 克,酱油 15 克,葱段 8 克,白糖 3 克,精盐 1.5 克,鸡精 3 克,湿淀粉30 克,香油 10 克,花生油 600 克(实耗 70 克)。

【制作方法】　①将主料洗净,切成薄片,用绍酒 5 克和精盐拌上劲,再加湿淀粉 15 克上浆。　②绍酒 5 克、酱油、白糖、鸡精、湿淀粉 15 克入碗调成芡汁待用。③炒锅置旺火上烧热,用油滑锅后下猪油至四成热时,下主料,用筷子划约 10 秒钟后,倒入漏勺沥油。锅内留油 10 克,将葱段入锅略煸,即倒入笋片、黑木耳、主料炒匀,倒入芡汁,翻锅炒匀,使芡汁紧包主料,淋上香油出锅装盘。

【风味特点】　色泽红艳,肫片脆嫩,鸡肠鲜嫩。

【掌握要点】　①锅要烧热用油滑锅;②掌握好油温,一般在 120℃～150℃;③控制好原料在油锅中的时间;④芡汁要紧裹。

爆 鸡 肫

【烹调点评】　此菜为浙江风味家常菜,烹调技法为油爆,口味是鲜咸味型。

【原料配方】　鸡胗肝(肫)600 克,大蒜 15 克,精盐 4 克,鸡精 3 克,湿淀粉 30克,绍酒 5 克,花生油 600 克(实耗 50 克)。

【制作方法】　①把鸡胗肝皮剔净,剞成十字花刀(嫩的一面放底部,硬的一面进刀),放入碗内加精盐 3 克、湿淀粉 15 克上浆待用。大蒜拍碎切末。　②取小碗 1只放入蒜末、精盐、鸡精、绍酒、湿淀粉、清水 10 克对成调味汁。　③炒锅置旺火上烧热,用油滑锅,加入色拉油烧至四成热时,投入浆好的胗肝,用筷子划散至断生,沥去油,原锅留少许底油,倒入胗肝迅速烹入调味汁,顶芡颠锅,淋上亮油出锅装盘。

【风味特点】　形似菊花,口感爽脆。

【掌握要点】　①剞刀深浅一致(约 3/4),才能成熟一致;②划油时油温不能太高,否则易老或易出血水;③芡汁要紧包原料。

香椿炒蛋

【烹调点评】　此菜为山东风味家常菜,香椿多年生灌木,春季农历3~4月采集食用。烹调技法为炒,口味是鲜香味型。

【原料配方】　鸡蛋4个,香椿150克,精盐3克,鸡精2克,绍酒2克,花生油60克,清水100克,海米适量。

【制作方法】　①鸡蛋磕在碗里用筷子打散,加入精盐、鸡精、水100克、海米搅匀,除去表面上的浮沫。香椿洗净,去除老头,切末倒入蛋碗搅匀。　②炒锅置中火上烧热,用油滑锅后,下花生油60克,将鸡蛋和香椿入锅,用手勺推炒成嫩蛋肉,水与蛋白分离(清汁)翻炒均匀,烹入绍酒,出锅装盘即可。

【风味特点】　鸡蛋黄嫩,清香柔软。

【掌握要点】　①加水量相当于两个蛋液的重量;　②锅要烧热用油滑锅;③香椿直接下锅,不要提前焯水;④可以在出锅前淋上5克香油。

肉丝跑蛋

【烹调点评】　此菜为浙江风味的家常菜,烹调技法为煎炒,口味是鲜香味型。

【原料配方】　猪里脊肉200克,鸡蛋4个,葱花2克,绍酒20克,精盐4克,鸡精5克,湿淀粉10克,猪大油150克,花生油200克。

【制作方法】　①将猪里脊肉切成火柴杆的丝,用精盐、湿淀粉上浆。将鸡蛋磕在碗内,打散,加入绍酒、精盐2.5克、鸡精搅匀待用。　②炒锅置旺火上烧热,用油滑锅,加入花生油,待油温升至四成热时,倒入上好浆的肉丝,肉色转白时出锅沥油。锅加入猪大油,至八成热时,将蛋液倒入锅内,待蛋液快凝固时将肉丝、葱花倒入,继续转动炒锅,大翻炒勺几次后即可出锅装盘。

【风味特点】　鲜嫩滑爽,松软油润。

【掌握要点】　①肉丝顺肉纹改刀要长短、粗细一致;②上浆要上劲,以免脱浆;③炒勺要烧热用油滑锅;④要勤转动炒锅,以免焦煳。

银鱼炒蛋

【烹调点评】　此菜为江苏风味家常菜,选用太湖特产银鱼,烹制的美味佳肴。烹调技法为炒,口味是鲜香味型。

【原料配方】　银鱼60克,鸡蛋4个,干淀粉6克,猪大油80克,葱末5克(以葱白为主),精盐3克,绍酒5克。

【制作方法】　①银鱼洗净沥去水,用蛋清(1个鸡蛋)、绍酒3克、精盐2克、干淀粉调成浆拌好。　②把蛋去壳打散,加入精盐 3 克、绍酒 2 克、葱末和匀,调得越匀越好。　③旺火热锅,用油滑锅,放入猪大油,烧至六成热时倒入银鱼,拨散炒至半熟,倒入漏勺。　④原锅内留少许热油,倒入鸡蛋搅动,待蛋逐渐凝结时,即倒入银鱼,并在四周浇油转动,翻勺再加明油即可出锅。

【风味特点】　银鱼滑嫩,鸡蛋咸鲜入口。

【掌握要点】　①银鱼以江苏太湖产,新鲜为好;②炒银鱼时间要短,但要炒熟;③炒鸡蛋时,防止粘锅,锅要洗净,要烧热用油滑锅。

关注大众健康,倡导科学饮食! 合理膳食,均衡营养!

——张仁庆

第五章　素菜类热菜

麻 辣 豆 腐

【烹调点评】　此菜是四川风味家常名菜,烹调技法为烧,口味是麻辣味型。

【原料配方】　豆腐 2 块(约 300 克),牛瘦肉 150 克,青蒜 35 克,花生油 100 克,郫县豆瓣 50 克,辣椒粉、酱油各 8 克,料酒 20 克,四川豆豉 20 克,鸡精 5 克,湿淀粉 20 克,高汤 35 克,花椒粉 1 克,葱、姜各 10 克。

【制作方法】　①牛肉剁碎,豆豉剁细末,葱、姜切末,青蒜剖开切末,豆腐切成 1.5 厘米见方的丁块,用开水泡上待用。　②锅烧热加入花生油,先下牛肉,煸炒去水分后,将郫县豆瓣、葱姜末和豆豉入锅炒酥,再放入辣椒粉,炒变色时加高汤、料酒,再下入豆腐,用小火烧透入味,放入酱油,再放入鸡精略微烧制后,用湿淀粉勾芡,撒上青蒜、花椒粉装盘即可。

【风味特点】　色深红亮,红白相衬,豆腐形整,肉末酥香。

【掌握要点】　①选用牛里脊肉最好,牛肉应该剁细;②在煸炒辣椒粉时,用中火,否则菜肴色泽不红;③酱油在出锅前下锅,下锅时间太早,则菜肴色泽不亮。

家 常 豆 腐

【烹调点评】　此菜为四川风味家常名菜,烹调技法为烧,口味是香辣味型。

【原料配方】　豆腐 4 块(约 200 克),猪肉 120 克,郫县豆瓣 60 克,青蒜 100 克,酱油 40 克,料酒 15 克,鸡精 5 克,淀粉 25 克,高汤 200 克,花生油 80 克。

【制作方法】　①豆腐切成 3.5 厘米×3.5 厘米的方块,青蒜剖开切末。猪肉切薄片,用淀粉拌匀上浆。　②烧热锅,倒入油,油热后把豆腐煎成两面焦黄色取出待用。　③在锅中投入肉片炒熟,再加郫县豆瓣炒酥,加入酱油、高汤、料酒、豆腐,小火入味,再加鸡精,放入青蒜即可。

【风味特点】　咸鲜酥嫩,色泽诱人。

【掌握要点】　①豆腐在煎的过程中要使用中火;②不能使用颜色太深的酱油,一般使用生抽;③在烧制豆腐时要用小火慢炖,否则豆腐不容易入味。

肉 丝 豆 腐

【烹调点评】　此菜为东北风味家常菜,烹调技法为烩炖,口味是鲜咸味型。

【原料配方】 豆腐 2 块(约 200 克),猪里脊肉 150 克,料酒 5 克,葱末 5 克,精盐 2 克,鸡精 2 克,胡椒粉 1 克,香油 15 克,湿淀粉少许,高汤 600 克。

【制作方法】 ①将豆腐切成 3 厘米×2.5 厘米的长方片,猪里脊肉切丝上浆待用。 ②锅内放高汤,置火上,加精盐、鸡精烧沸后下肉丝划散,加料酒,投入豆腐,烧至豆腐入味。 ③去浮沫加入湿淀粉勾芡,撒上葱末、胡椒粉,淋入香油,舀入大汤碗内。

【风味特点】 肉丝鲜嫩,豆腐细嫩。

【掌握要点】 ①刀工要均匀,否则成菜给人感觉不细腻;②勾芡不能太浓,应为流芡。

油 焖 春 笋

【烹调点评】 此菜是浙江风味家常菜,烹调技法为油焖,口味是鲜香味型。

【原料配方】 嫩春笋 500 克,菜油 120 克,白糖 20 克,鸡精 1.5 克,香油 15 克,酱油 60 克。

【制作方法】 ①将春笋洗净,对剖开,用刀拍松,切成 5 厘米左右的段。②将炒锅置火上烧热,下菜油烧至五成热时,将春笋入锅过油至色微黄时取出沥油。③沥油后的春笋入锅即加入酱油、白糖和水 100 克,用小火焖 5 分钟,待汁收浓时,放入鸡精,淋入香油即可。

【风味特点】 嫩春笋似重油、香糖烹制,色泽红亮,鲜嫩爽口,略带甜味。

【掌握要点】 ①在刀工处理时,一定要用刀拍松春笋,但拍松不毁形,否则不容易入味;②油焖不勾芡汁。

酱 爆 茄 子

【烹调点评】 此菜为北方风味家常菜,烹调技法为酱爆,口味是酱香味型。

【原料配方】 紫皮长茄子 500 克,黄酱 30 克,大蒜 6 克,生姜 5 克,花生油 500 克,小葱 4 克,白糖 6 克,鸡精 5 克,酱油 10 克,绍酒适量,高汤 50 克,水淀粉 20 克,香油 5 克。

【制作方法】 ①茄子去切头、尾,一开为四,切成 3.5～4 厘米长的细条,大蒜、生姜、小葱切末待用。 ②烧热锅,下油,油温升至六成热时,投入茄条炸约 1 分钟至熟,倒出沥去油分。 ③锅内留底油,下蒜泥、姜末、黄酱爆香,加入绍酒、白糖、酱油、高汤及茄条略焖片刻,加鸡精,用少许水淀粉勾芡,淋入香油,撒上葱花即可装盘。

【风味特点】 色泽鲜艳,酱香浓郁。

【掌握要点】 ①在爆酱时,要掌握好火候,不能用火太大,否则色发暗,味发苦。　②勾芡时不能太浓或太薄,应使用包芡即可。

饭焐茄子

【烹调点评】　此菜是北方风味家常菜,北方人对茄子很喜爱,东北人用鲶鱼炖茄子,他们比喻此菜好吃的话是:"鲶鱼炖茄子,撑死老爷子"。农村家庭做饭时,为了节省时间,将茄子洗净,放到蒸馒头或蒸米饭的锅里,将茄子蒸熟,出锅后用蒜泥拌食。烹调技法为蒸,口味是蒜香味型。

【原料配方】　紫皮长茄子500克,大蒜15克,小葱3克,鸡精5克,酱油15克,精盐2克,香油5克,白糖适量。

【制作方法】　①将茄子去蒂,洗净,大蒜切成泥,小葱切末待用。　②将洗净的茄子上笼用大火蒸10分钟,取出后中间撕开,改刀成4~5厘米的长条装盘。③将蒜泥、小葱、白糖、鸡精、酱油、香油调成味汁装入小碗,随装盘的茄子一起上桌,吃时拌匀。

【风味特点】　入口酥烂,蒜香扑鼻。

【掌握要点】　①茄子上笼蒸,一定要蒸透,停火5分钟后再取出;②大蒜的使用量,不能太少,否则不能达到菜品的要求;③也可以蒸之前切成4~5厘米长的段,出锅后,用两双筷子撕碎,拌入调味品。

雪菜炒鞭笋

【烹调点评】　此菜为浙江风味家常菜,雪菜,北方人称雪里蕻,鞭笋是细嫩的尖笋。烹调技法为炒,口味是鲜咸味型。

【原料配方】　嫩鞭笋300克,雪菜60克,精盐3克,鸡精8克,高汤30克,水淀粉15克,色拉油20克。

【制作方法】　①将鞭笋切成细长滚刀块,雪菜切粗末待用。　②将改刀的鞭笋焯水后用冷水激凉待用。　③锅烧热,加入色拉油,下雪菜煸炒片刻,加入待用的鞭笋,加入高汤、精盐略烧,投入鸡精,用水淀粉勾芡,淋上亮油即可装盘。

【风味特点】　色泽鲜艳,色白味极鲜。

【掌握要点】　①鞭笋焯水要焯透,否则味发涩;②勾二流芡,相对比厚芡略薄;③雪菜煸炒前挤干水分,时间不能太长,否则口感不佳。

双菇扒菜心

【烹调点评】　此菜是浙江风味家常菜,烹调技法为扒,口味是鲜咸味型。

【原料配方】　油菜心12棵,香菇10朵,鲜蘑50克,精盐3克,鸡精5克,花生油20克,香油3克,花椒3克,葱姜各3克,水淀粉15克。

【制作方法】 ①将菜心洗净,用花椒盐水焯一下,捞出用凉白开水冲凉,再用花生油炒熟,加盐调味后盛出,排在盘内。 ②香菇去蒂,用油炒过,加调料烧入味。 ③鲜蘑洗净,切除根部杂质少许,放入香菇中同烧,汤汁稍收干时,勾芡,摆在盘内菜心中间即可。

【风味特点】 菜心碧绿,香菇糯口,鲜蘑滑爽。

【掌握要点】 ①选择菜心要一致,鲜嫩无虫眼,有助外观整齐;②香菇不易入味,因此要先烧,然后再投入鲜蘑,否则香菇太硬;③注意火候保持油菜心的翠绿;④双菇摘洗时,用剪刀剪去根部。

韭菜炒春笋

【烹调点评】 此菜是江浙地区风味的家常菜,烹调技法为炒,口味是鲜咸味型。

【原料配方】 春笋 350 克,韭菜 200 克,香油 5 克,精盐 4 克,鸡精 3 克,色拉油 20 克。

【制作方法】 ①韭菜洗净,切成长 3 厘米的段;春笋去壳和老硬尖头,切成细丝。 ②改过刀的春笋焯水待用。 ③炒锅烧热,放入油烧热后,将韭菜煸香,然后投入焯过水的春笋,连续翻炒,加入精盐、鸡精,淋上香油装盘即可。

【风味特点】 韭绿清香,笋白味鲜。

【掌握要点】 ①始终用大火烹炒,快而准;②春笋焯水要焯透,用调味品,否则味发涩,影响口感;③春笋要选择鲜嫩,无腐烂变质的。

椒盐土豆饼

【烹调点评】 此菜为东北风味创新家常菜,烹调技法为炸,口味是鲜香味型。

【原料配方】 土豆 600 克,椒盐 5 克,鸡精 4 克,小葱 10 克,精盐 3 克,红椒 5 克,干生粉 100 克。

【制作方法】 ①将土豆洗净,上笼蒸 15 分钟后去皮,用刀将其拍扁,拍上干生粉待用;小葱、红椒切末。 ②起油锅至油温至六成热时,将拍粉的土豆制成圆饼状,加盐和鸡精逐个下锅,炸至色焦黄时取出,沥干油。 ③另起锅烧热,加入小葱、红椒煸香后,投入炸好的土豆饼,撒上椒盐和鸡精后快速翻锅即可装盘。

【风味特点】 色泽焦黄,口感脆香。

【掌握要点】 ①应选择大致均匀的土豆,易熟易制;②炸土豆时油温应控制好,一般是六成到六成半热;③数量可大,一次制作多次食用。

炒地三鲜

【烹调点评】 此菜为东北风味家常菜,东北的传统菜是以鲁菜为基础,因为东北人65%是山东原籍,纯东北菜数量不多,此菜为纯东北菜。烹调技法为炒,口味是鲜咸味型。

【原料配方】 土豆150克,茄子150克,青椒150克,黄酱20克,白糖10克,鸡精5克,花生油500克,香菜5克,葱白5克,香油5克,高汤20克,水淀粉15克。

【制作方法】 ①将茄子、青椒和土豆分别切成2厘米×4厘米的长条,葱白切末。 ②起油锅,油温至六成热时,先将土豆投入,然后分别投入茄子和青椒,炸1分钟即可捞出沥油。 ③锅洗净后烧热,加入适量油,将葱白与黄酱爆香,投入过油的三种原料,加入白糖、高汤略烧,加入鸡精即可勾芡,淋上香油装盘,撒上香菜。

【风味特点】 色泽鲜亮,菜香味浓。

【掌握要点】 ①原料经刀工处理时要注意尺寸,要求整齐;②原料下油锅,要控制好油温,在五成热左右;③黄酱下锅,必须爆炒出香味,否则菜香味将减低。

酸辣土豆丝

【烹调点评】 此菜为东北风味家常菜,烹调技法为清炒,口味是鲜咸味型。

【原料配方】 土豆400克,白醋25克,干红辣椒5克,小葱10克,花生油30克,精盐3克,味精5克。

【制作方法】 ①土豆去皮洗净,切细丝,用凉水漂洗捞出沥干。 ②干红辣椒用水泡后,切细丝,小葱切丝待用。 ③锅烧热,放油,下辣椒煸炒,随后把土豆丝、精盐、味精一同入锅,快速急炒,烹入醋,撒上葱丝即可。

【风味特点】 鲜香脆嫩,酸辣适口。

【掌握要点】 ①土豆丝要切得细而均匀,漂洗去掉淀粉,防止不脆;②炒菜过程中始终要旺火速炒,不停地翻动; ③加醋要在快熟时烹入,要到位,否则不能体现酸辣的口味。

毛豆煎臭豆腐

【烹调点评】 此菜为闽南地区风味家常菜,烹调技法为烹炒,口味是咸香味型。

【原料配方】 臭豆腐6块,毛豆120克,精盐1.5克,料酒5克,鸡精5克,花生油 500 克。

【制作方法】 ①臭豆腐洗净,切成厚 2 厘米的小块,沥干水分。 ②毛豆剥壳去衣,焯水待用。 ③油锅烧热,将臭豆腐下锅炸至金黄捞起。 ④锅内留少量油,烧热,下毛豆翻炒,再将臭豆腐倒入,加料酒、清水少许、精盐、鸡精,待汤汁收干后装盘即可。

【风味特点】 黄绿相间,香味扑鼻,齿颊留香。

【掌握要点】 ①在制作菜肴过程中,汤汁要少加,否则成品达不到干香;②在切炸臭豆腐时,手要轻,否则臭豆腐易碎。

软 炸 花 菜

【烹调点评】 此菜是浙江风味家常菜,烹调技法为软炸,口味是鲜香味型。

【原料配方】 花菜 300 克,鸡蛋 1 个,精盐 3 克,绍酒 5 克,鸡精 3 克,葱姜汁 5 克,面粉 50 克,湿淀粉 15 克,甜面酱 25 克,花椒盐 2 克,胡椒粉 1.5 克,色拉油 800 克(实耗 80 克)。

【制作方法】 ①将花菜改成小块用刀修圆,用精盐、绍酒、鸡精、葱姜汁、胡椒粉腌渍 20 分钟待用。 ②把面粉、湿淀粉混合倒入碗中并磕入鸡蛋搅拌均匀,然后加入少许水制成软炸糊。 ③炒锅置中火上烧热,用油滑锅,倒入色拉油烧至四成热时,把花菜挂上糊依次投入油锅中炸熟捞出,待油温升至五成热时,将花菜块复炸成金黄色,出锅装盘随带甜面酱、花椒盐各一碟即可。

【风味特点】 外层松软,花菜鲜嫩,色泽金黄。

【掌握要点】 ①花菜改刀要均匀,修成圆球状,否则成品外观不美;②掌握好初炸和复炸时的油温及火候;③花菜又称菜花,炸前不焯水。

八 宝 豆 腐

【烹调点评】 此菜是浙江风味家常菜,烹调技法为炒蒸,口味是鲜香味型。

【原料配方】 豆腐 400 克,熟鸡脯末 20 克,熟火腿末 20 克,虾仁末 20 克,熟干贝末 20 克,水发冬菇 5 克,油炸核桃仁 3 克,松子仁 2.5 克,熟瓜子仁 2 克,精盐 3 克,味精 4 克,清汤 200 克,鸡蛋清 3 个,湿淀粉 50 克,熟鸡油 10 克,熟猪油 150 克。

【制作方法】 ①把嫩豆腐去掉表层,放在洁净的纱布上置于大碗中,将豆腐搅碎,用刀挤压,把豆腐汁挤到大碗内,去掉豆渣,加入鸡蛋清、精盐、熟猪油 25 克、湿淀粉、味精,用筷子搅拌均匀。 ②将炒锅置旺火上,下入熟猪油 50 克,将清汤和豆腐汁同时倒入炒锅内,用手勺连续推搅约 1 分钟,再加入猪油 50 克移置中火上,搅到豆腐起白玉色时,加入熟鸡脯末、熟火腿末 10 克、虾仁末、熟干贝末、冬菇末、核桃仁末、松子仁末、瓜子仁搅匀,盛入碗内蒸 5 分钟扣到盘内,撒上熟火腿末 5 克,淋上熟鸡油即可。

【风味特点】　白嫩如玉,润滑似脂,鲜嫩清香。

【掌握要点】　①豆腐必须去净边表皮取洁白,挤去渣子;②掌握好火候,搅拌要连续上劲,使豆腐及八宝料既搅拌均匀成熟,又不焦不粘锅;③装碗蒸时间要短,不超过 5 分钟。

民以食为天,厨师就是那天上的神仙,神仙下凡做饭,把幸福带给人间……

——张仁庆

第六章　综合类热菜

炒 三 鲜

【烹调点评】　此菜为江苏风味创新家常菜,烹调技法为烩,口味是鲜咸味型。

【原料配方】　鲜虾120克,火腿120克,熟鸡肉120克,菜心50克,水发肉皮60克,肉丸50克,水发香菇50克,鱼丸50克,精盐3克,生姜2克,葱2克,料酒5克,干贝素3克,猪大油40克,高汤100克,香油3克,水淀粉20克。

【制作方法】　①起水锅将虾、火腿、鸡肉、菜心、水发肉皮、水发香菇一起焯水后用冷水激凉待用。　②锅烧热加入猪大油,放入葱、姜煸锅,将焯过水的原料投入翻炒,加入料酒、高汤、精盐,放入鱼丸、肉丸用中火烧5分钟,加干贝素,用水淀粉勾芡,淋上香油即可装盘。

【风味特点】　色泽搭配鲜艳,口味鲜美。

【掌握要点】　①菜品汤水应相对宽松,勾芡不能太浓;②鱼丸、肉丸下锅后不要翻锅,应轻轻地转动锅子,否则鱼丸、肉丸形状容易破碎。

干 炸 响 铃

【烹调点评】　此菜是浙江风味传统名菜,杭州餐饮名店看家菜,烹调技法为油炸,口味是鲜香味型。

【原料配方】　薄豆腐皮5张,猪肉末160克,鸡蛋黄1个,精盐2克,鸡精3克,绍酒5克,色拉油800克(实耗70克),甜面酱、花生米各10克,猪大油100克,椒盐5克。

【制作方法】　①肉末加精盐、绍酒、鸡精、鸡蛋黄调成肉馅待用。　②将豆腐皮撕成10厘米×10厘米的方块,将肉馅放在腐皮上,花生米粘上猪大油放中间。用腐皮包起长方形、蛋清封口。　③起油锅放入色拉油,加热至四成,将卷好的响铃投入,炸至金黄色取出,沥干油装盘。　④上席时带甜面酱、花椒盐蘸食。

【风味特点】　色泽金黄,脆响如铃,薄如蝉衣。

【掌握要点】　①响铃必须响,猪大油包花生米,下油锅后,大油浸出,中间空响;②卷包肉馅不宜太多,较难炸透;③炸时油温要控制好,一般在五成左右。

拔 丝 蜜 橘

【烹调点评】　此菜为浙江风味家常菜,烹调技法为拔丝,口味是甜酸味型。

【原料配方】　无核蜜橘 3 个(约 300 克),糖桂花 2 克,白糖 150 克,白面粉 75 克,鸡蛋 2 个,芝麻 10 克,熟猪油 800 克(实耗 100 克),湿淀粉 30 克。

【制作方法】　①将橘子剥去皮,逐瓣分开,拍上白面粉。　②鸡蛋打散,放入白面粉、湿淀粉及清水 25 克搅成鸡蛋糊。芝麻炒熟。　③将橘子逐个挂糊,投入六成热的熟猪油里,炸至结壳时捞出。　④炒锅置微火上,下 10 克熟猪油,加入白糖熬化,见糖汁黏稠起丝时将橘子倒入锅中,颠翻几下,然后撒上芝麻和糖桂花,带凉开水碗立即上桌。

【风味特点】　色泽黄亮,甜中带酸,松脆爽口,糖丝透明,连绵不断,富有食趣。

【掌握要点】　①装此菜的瓷盘应提前预热,盛菜前抹一层香油防沾盘。②当糖浆变化起泡,大泡到小泡即好,用勺试一下丝黏度。　③蜜橘需拍上白面粉,否则橘子在油锅中炸时会有橘汁渗出。　④在炸制时油温不能过高,火候也要控制好。　⑤在熬制糖浆时火候不易过旺,熬好后应迅速将炸好的蜜橘倒入翻拌。⑥可以用两种做法:一种是上浆挂糊、过油,另一种是直接用橘子瓣拔丝。

烂 糊 肉 丝

【烹调点评】　此菜为山东风味家常菜,烹调技法为烧,口味是鲜咸味型。

【原料配方】　猪瘦肉 200 克,净白菜 200 克,海米 10 克,熟猪油 60 克,精盐 3 克,鸡精 4 克,料酒 3 克,高汤 75 克,水淀粉 50 克。

【制作方法】　①猪肉切成火柴杆丝,加入精盐、水淀粉上浆后,用热锅温油滑开捞出待用。　②海米切末(小海米不需改刀),白菜切细丝待用。　③起锅烧热,将猪油投入烧烫,下入白菜丝、海米末煸炒,放入精盐加入高汤焖透。　④再将滑过的肉丝放入拌匀,加入料酒、鸡精,淋入水淀粉搅成糊状,拌匀装盘。

【风味特点】　口感酥烂,菜香汁浓。

【掌握要点】　①肉丝上浆要起劲,滑油油温控制在四成热左右;②下白菜煸炒时,火要旺,锅要烫,时间不宜太长;③高汤要新鲜,干净;　④没有白菜的季节,可用油菜代替。

附　录

附录一

劳动与社会保障部 2002 年颁发
中式烹调师国家职业标准

1　职业概况

1.1　职业名称

中式烹调师。

1.2　职业定义

运用煎、炒、烹、炸、熘、爆、煸、蒸、烧、煮等多种烹调技法,根据成菜要求,对烹饪原料、辅料、调料进行加工,制作中式菜肴的人员。

1.3　职业等级

本职业共设五个等级,分别为:初级(国家职业资格五级)、中级(国家职业资格四级)、高级(国家职业资格三级)、技师(国家职业资格二级)、高级技师(国家职业资格一级)。

1.4　职业环境

室内、常温。

1.5　职业能力特征

手指、手臂灵活,色、味、嗅等感官灵敏,形体感强。

1.6　基本文化程度

初中毕业。

1.7　培训要求

1.7.1　培训期限

全日制职业学校教育,根据其培养目标和教学计划确定。晋级培训期限:初级不少于 400 标准学时;中级不少于 350 标准学时;高级不少于 250 标准学时;技师不少于 150 标准学时;高级技师不少于 100 标准学时。

1.7.2　培训教师

培训初级、中级人员的教师必须具备本职业高级以上职业资格;培训高级人员、技师的教师必须具备相关专业讲师以上专业技术资格或本职业高级技师职业资格;培训高级技师的教师必须具备相关专业高级讲师(副教授)以上专业技术资格或其他相关职业资格。

1.7.3 培训场地设备

满足教学需要的标准教室。操作间设备、设施齐全,布局合理,燃料、冷藏、冷冻等设备符合国家安全、卫生标准。

1.8 鉴定要求

1.8.1 适用对象

从事或准备从事本职业的人员。

1.8.2 申报条件

1.8.2.1 初级(具备以下条件之一者)

(一)经本职业初级正规培训达规定标准学时数,且取得毕(结)业证书。

(二)在本职业连续见习工作 2 年以上。

(三)本职业学徒期满。

1.8.2.2 中级(具备以下条件之一者)

(一)取得本职业初级职业资格证书后,连续从事本职业工作 3 年以上,经本职业中级正规培训达规定标准学时数,且取得毕(结)业证书。

(二)取得本职业初级职业资格证书后,连续从事本职业工作 5 年以上。

(三)取得经劳动和社会保障行政部门审核认定的,以中级技能为培养目标的中等以上职业学校本职业毕业证书。

1.8.2.3 高级(具备以下条件之一者)

(一)取得本职业中级职业资格证书后,连续从事本职业工作 4 年以上,经本职业高级正规培训达规定标准学时数,并取得毕(结)业证书。

(二)取得本职业中级职业资格证书后,连续从事本职业工作 7 年以上。

(三)取得本职业中级职业资格证书的大专以上毕业生,连续从事本职业工作 2 年以上。

(四)取得高级技工学校或经劳动和社会保障行政部门审核认定,以高级技能为培养目标的职业学校本职业毕业证书。

1.8.2.4 技师(具备以下条件之一者)

(一)取得本职业高级职业资格证书后,连续从事本职业工作 5 年以上,经本职业技师正规培训达规定标准学时数,并取得毕(结)业证书。

(二)取得本职业高级职业资格证书后,连续从事本职业工作 8 年以上。

(三)取得本职业高级职业资格证书的高级技工学校毕业生,连续从事本职业工作满 2 年。

1.8.2.5 高级技师（具备以下条件之一者）

（一）取得本职业技师职业资格证书后，连续从事本职业工作 3 年以上，经本职业高级技师正规职业培训达规定标准学时数，并取得毕（结）业证书。

（二）取得本职业技师职业资格证书后，连续从事本职业工作 5 年以上。

1.8.3 鉴定方式

分为理论知识考试（笔试）和技能操作考核。理论知识考试采用笔试方式，满分为 100 分，60 分及以上为合格。理论知识考试合格者参加技能操作考核。技能操作考核采用现场实际操作方式进行，技能操作考核分项打分，满分 100 分，60分及以上为合格。技师、高级技师考核还须进行综合评审。

1.8.4 考评人员与考生配比

理论知识考试每个标准考场每 30 名考生配备 2 名监考人员；技能操作考核每 5 名考生配备 1 名监考人员；成品鉴定配备 3~5 名考评员进行菜品鉴定、打分。

1.8.5 鉴定时间

理论知识考试为 90 分钟。技能操作考核初级为 90 分钟，中级、高级为 150 分钟，技师、高级技师为 180 分钟。

1.8.6 鉴定场所设备

理论知识考试在标准教室里进行。

技能操作考核场所要求炊用具、灶具齐全，卫生、安全符合国家规定标准。烹调及面点制作操作间符合鉴定要求。

2　基本要求

2.1　职业道德

2.1.1　职业道德基本知识

2.1.2　职业守则

（一）忠于职守，爱岗敬业。

（二）讲究质量，注重信誉。

（三）尊师爱徒，团结协作。

（四）积极进取，开拓创新。

（五）遵纪守法，讲究公德。

2.2　基础知识

2.2.1　饮食卫生知识

（一）食品污染。

（二）食物中毒。

(三)各类烹饪原料的卫生。

(四)烹饪工艺卫生。

(五)饮食卫生要求。

(六)食品卫生法规及卫生管理制度。

2.2.2 饮食营养知识

(一)人体必需的营养素和热能。

(二)各类烹饪原料的营养。

(三)营养平衡和科学膳食。

(四)中国宝塔形食物结构。

2.2.3 饮食成本核算知识。

(一)饮食业的成本概念。

(二)出材率的基本知识。

(三)净料成本的计算。

(四)成品成本的计算。

2.2.4 安全生产知识

(一)厨房安全操作知识。

(二)安全用电知识。

(三)防火防爆安全知识。

(四)手动工具与机械设备的安全使用知识。

3 工作要求

本标准对初级、中级、高级、技师、高级技师的技能要求依次递进,高级别包括低级别的要求。

3.1 初 级

职业本能	工作内容	技能要求	相关知识
一 烹饪原料初加工	(一)鲜活原料的初步加工	能按菜肴要求正确进行原料初加工	1.烹饪原料知识 2.鲜活原料初步加工原则、方法及技术要求 3.常用干货的水发方法
	(二)常用干货的水发	能够合理使用原料，最大限度地提高净料率	
	(三)环境卫生清扫和用具的清洗	1.操作程序符合食品卫生和食用要求 2.工作中保持整洁	
二 烹饪原料切配	(一) 一般畜禽类原料的分割取料	能够对一般畜禽原料进行分割取料	1.家畜类原料各部位名称及品质特点 2.分割取料的要求和方法
	(二)原料基本形状的加工，如切丝、片、丁、条、段	1.操作姿势正确,符合要领 2.合理运用刀法,整齐均匀 3.统筹用料,物尽其用 4.工作中保持清洁	1.刀具的使用保养 2.刀法中的直刀法、平刀法、斜刀法
	(三)配制简单菜肴	主配料相宜	冷热菜的配菜知识
	(四)拼摆简单冷菜肴	配料、布局合理	
三 菜肴制作	(一)烹制一般菜肴	1.熟练掌握翻勺技巧,操作姿势自然 2.原料挂糊、上浆均匀适度 3.菜肴芡汁使用得当 4.菜肴基本味适中	1.常用烹制技法 2.挂糊、上浆、勾芡的方法及要求 3.调味的基本方法
	(二)烹制简单的汤菜	能够烹制简单汤菜	简单汤菜的烹制方法

3.2 中　级

职业本能	工作内容	技能要求	相关知识
一 烹调原料的初加工	(一)鸡、鱼等的分割取料	剔骨手法正确,做到肉中无骨,骨上不带肉	动物性原料出骨方法
	(二)腌腊制品原料的加工	认真对待腌腊制品原料加工和干货涨发中的每个环节,对不同原料、不同用途使用不同方法,做到节约用料,物尽其用	1.腌腊制品原料初加工方法 2.干货涨发中的碱发、油发等方法
	(三)干货原料的涨发		
二 烹调原料切配	(一)各种原料的成型及花刀的运用	刀功熟练,动作娴熟	刀工美化技法要求
	(二)配制本菜系的菜肴	能按要求合理配菜	配菜的原则和营养膳食知识
	(三)雕刻简易花形,对菜肴作点缀装饰	点缀装饰简洁、明快、突出主题	烹饪美术知识
	(四)维护保养厨房常用机具	能够正确使用和保养厨房常用机具	厨房常用机具的正确使用及保养方法
三 菜肴制作	(一)对原料进行初步熟处理	正确运用初步熟处理方法	烹饪原料初步熟处理的作用、要求等知识
	(二)烹制本菜系风味菜肴	1.能准确、熟练地对原料挂糊、上浆 2.能恰当掌握火候 3.调味准确,富有本菜系的特色	1.燃烧原理 2.传热介质基本原理 3.调味的原则和要求
	(三)制作一般的烹调用汤	能够制作一般的烹调用汤	一般烹调用汤制作的基本方法
	(四)一般冷菜拼盘	1.冷菜制作、拼摆、色、香、味、形等均符合要求 2.菜肴盛器选用合理,盛装方法得当	1.冷菜的制作及拼摆方法 2.菜肴盛装的原则及方法

3.3 高　级

职业功能	工作内容	技能要求	相关知识
一　烹调原料初加工	(一)整鸡、整鸭、整鱼的出骨	整鸡、整鸭、整鱼出骨应下刀准确，完整无破损，做到综合利用原料,物尽其用	鸡、鸭、鱼骨骼结构及肌肉分布
	(二)珍贵原料的质量鉴别及选用	能够鉴别珍贵原料质量并选用	1.珍贵原料知识及涨发方法 2.干货涨发原理
	(三)珍贵干货原料的涨发	能够根据干货原料的产地、质量等,最大限度地提高出成率	
二　烹饪原料切配	(一)制作各种茸泥	茸泥制作精细,并根据不同需要准确达到要求	各种茸泥的制作要领
	(二)切配宴席套菜	冷菜造型完美,刀工精细	宴席知识
	(三)食品雕刻与冷菜拼摆造型	食品雕刻及拼摆造型形象逼真	烹饪美术知识
三　菜肴制作	(一)烹制整套宴席菜肴	1.菜肴的色、香、味、形符合质量要求 2.根据宴席要求统筹安排菜肴烹制时间和顺序	1.合理烹饪知识 2.少数民族的风俗和饮食习惯
	(二)制作高级清汤、奶汤	清汤、奶汤均达到质量标准	制汤的原理和原则

3.4 技　师

职业功能	工作内容	技能要求	相关知识
一 菜肴设计与创新	（一）使用新原料、新工艺	1.使用新的原材料,运用新的加工工艺创造新的菜肴品种,做到口味多样化 2.借鉴本地区以外的菜系,不断丰富菜肴款式,且得到宾客好评	1.中式各菜系知识 2.中国烹饪简史和古籍知识 3.中华饮食民俗 4.营养配膳知识
	（二）科学合理配膳,营养保健		
	（三）推广新菜肴		
二 宴席策划主理	（一）宴席策划	1.参与策划高档宴席,编制菜单 2.主理制作高档宴席菜点 3.高档宴席菜点能在色、香、味、形、营养、器皿等诸方面达到较高的水平,满足宾客的合理需求	1.宴席菜单编制的原则 2.中式面点制作工艺
	（二）主理高档宴席菜点的制作		
三 厨房管理	（一）人员管理	调配本部门人员,完成日常经营任务,并调动全员的工作热情,严格遵守岗位责任制	企业管理有关知识
	（二）物品管理	把好本部门进货质量和菜品质量关, 能节约用料,降低成本	
	（三）安全操作管理	安全操作,防止各类事故发生	
四 培训指导	（一）对初、中级中式烹调师进行培训	1.基本功训练严格、准确并有耐心和责任心,同时根据培训目标和培训期限, 组织实施培训 2.指导工作随时随地进行,并亲自示范,指出关键要领,做到言传身教	生产实习教学法
	（二）指导初、中级中式烹调师的日常工作		

3.5 高级技师

职业功能	工作内容	技能要求	相关知识
一 菜肴设计与创新	(一)开发新原材料和调味品	继承传统,保持中国菜特色并开拓创新	1.世界主要宗教和主要国家、地区饮食文化 2.国外烹饪知识
	(二)改革创新制作工艺	改革创新,使烹制菜肴工艺快捷简便,营养科学	
二 宴席策划主理	(一)独立策划宴席,编制菜单	1.能主理各种形式、不同规模的餐饮活动 2.根据宴席功能主理制作富有特色的宴席	1.宴席营养知识 2.中西饮食文化知识 3.珍贵稀有原料方面的知识
	(二)烹制稀有珍贵原料的菜肴		
三 厨房管理	(一)厨房人员分布	1.合理分布厨房各部门人员 2.保证经营利润指标的完成 3.加强巡视,全面指导各级中式烹调师的工作 4.能够使用计算机查询相关信息,并进行厨房管理	1.公共关系学的有关知识 2.餐厅服务知识 3.消费心理学知识 4.饭店经营管理知识 5.计算机使用基本知识
	(二)参与全店经营管理		
	(三)协调餐厅与厨房的关系		
	(四)解决厨房中的技术难题		
四 培训指导	对各级中式烹调师进行培训指导	1.能编写对各级中式烹调师进行培训的培训大纲和教材 2.指导各级中式烹调师的日常工作	1.教育学方面的知识 2.心理学方面的知识

4. 比 重 表

理论知识

	项　目	初级	中级	高级	技师	高级技师
基本要求	1.职业道德	10	—	—	—	—
	2.基础知识	10	15	10	—	—
相关知识	1.烹饪原料知识	20	15	10	—	—
	2.烹饪原料的初加工	20	15	15	—	—
	3.烹饪原料切配	20	25	30	—	—
	4.菜肴制作	20	30	35	30	20
	5.菜肴设计与创新	—	—	—	40	40
	6.宴席策划主理	—	—	—	20	30
	7.厨房管理	—	—	—	5	5
	8.培训与指导	—	—	—	5	5
合　计		100	100	100	100	100

技能操作

	项　目	初级	中级	高级	技师	高级技师
工作要求	1.烹饪原料的初加工	10	10	5	—	—
	2.烹饪原料切配	30	30	25	—	—
	3.菜肴制作	60	60	70	—	—
	4.菜肴设计与创新	—	—	—	20	30
	5.菜点制作	—	—	—	50	25
	6.宴席策划主理	—	—	—	20	30
	7.厨房管理	—	—	—	5	10
	8.培训与指导	—	—	—	5	5
合　计		100	100	100	100	100

附录二

厨师职业道德礼仪规范

厨师的职业道德

一、自觉贯彻执行党和国家的各项方针政策,遵纪守法,依法经营,依法从业,文明从业。

二、热爱餐饮服务工作,全心全意为顾客服务,忠实履行自己的职业职责。

三、尊重客人,依法依规满足顾客的正当要求,做好本职工作。

四、诚信待客、公平交易、力行承诺,维护企业信誉和消费者的合法权益。

五、爱岗敬业,刻苦钻研业务,提高技术水平。

六、厉行节约勤俭执业,为企业创造良好的经济效益。

厨师的职业规范

一、厨师是技术人员,其中有刀工、配菜、火候、原料、涨发等多项专业基本技能,如果基本功不扎实,就无法将原料用科学的方法进行加工、改刀、配菜、烹调。也可以说没有扎实的基本功就不可能烹制出色、香、味、形俱佳的菜点。

二、作为现代厨师不仅要从师傅那里学到技术,还要多学文化知识。只有这样,才能懂得与烹饪有关的原料学、营养学、烹饪化学、烹饪美学等。只有这样不断学习新的知识,才能不断提高自身的文化素质和竞争力。

三、作为现代职业厨师,一定要树立虚心好学、团结协作的精神。因为一个人不可能什么都会、任何事情都比别人高明。就拿酒店来说,有配菜的、有炒菜的、有端菜的、有服务的、有收银的、有打扫卫生的,如果大家不团结协作,即使你的水平再高,一个人也不可能干完所有的工作。所以,树立团队意识和相互协作的精神是非常重要的。

四、对厨师来说,人格就是厨德。德是才之师,是成就事业的基础。假如一个厨师欺上瞒下、坑害他人、偷吃偷拿、损人利己、道德败坏,有谁愿意与你交朋友、做同事?又有谁愿意聘用你呢?要想做成事必先做好人,所以具备高尚的人格和良好的厨德是现代厨师最重要的素质之一。

五、中国名厨应具备的条件是:良好的职业道德,过硬的技术本领,丰富的理论知识。因此讲努力学习烹饪理论知识,刻苦锻炼技术、技能、培养良好的职业道德和品德是厨师职业中必须培养的规范内容。

厨师的职业礼仪

一、仪表仪容:厨师应当仪表端庄、仪态大方、精神饱满、举止得体、微笑服务、自尊自爱。

二、服饰得体、鞋袜清洁、发型整齐美观,修饰得当,毛发不外露,女性厨师上岗时间不得涂抹指甲油,佩戴戒指等饰物,更不应留长指甲。在具有展示性的操作间工作时,厨师工作细节不允许出现不文雅的举止:例如挠头皮、挠痒、打喷嚏、打哈欠等,手不能随便触摸,避免给顾客留下食物不洁净的感觉。

三、对待顾客,首先要真诚服务,用心对待。也就是说对待我们的客户,只有用发自内心的热情和真诚的服务才可能使客人感到亲切和愉快。就像著名饭店创始人希尔顿先生说:"我宁愿住在只有破旧的地毯和简陋的环境里,也不愿走进只有豪华设施,却没有真诚微笑的地方。"

四、对待顾客要努力使其达到满意为标准。因为客人来自四面八方,饮食习惯也千差万别,作为厨师,要尽可能根据客人的喜好,来调整你的菜品,尽可能地达到食客的满意。只有顾客满意,企业才有效益,你的工作才能得到别人认可。所以,对待客人一定不能马虎、应付,要抱着认真的态度保证每一个菜品的高质量。

五、当客人就餐时,厨师应当注意最基本的就餐的礼节礼貌,以免顾客消极遐想到饭菜卫生程度。后厨和客人接触时,应当注意掌握文明用语,能够主动招呼顾客,向顾客致歉致谢。同时要学会认真倾听顾客提出的问题意见,并做出得体应答。

六、尽可能体谅体会顾客的心理,学会换位思考,用得当的方式迎合顾客的需求,同时不要介入顾客的私人谈论话题,忌对客人评头论足。

附录三

卫生部、劳动部、商务部 2005 年共同制定颁发
餐饮业和集体用餐配送单位卫生规范(节选)

第一章 总 则

第一条 为加强餐饮业和集体用餐配送单位食品安全卫生管理，规范其生产经营行为，保障消费者身体健康，根据《中华人民共和国食品卫生法》《餐饮业食品卫生管理办法》《学校食堂与集体用餐卫生管理规定》《学生集体用餐卫生监督办法》等相关法律法规规章,制定本规范。

第二条 本规范适用于餐饮业经营者(包括餐馆、小吃店、快餐店、食堂等)和集体用餐配送单位,但不包括无固定加工和就餐场所的食品摊贩。

第三条 本规范下列用语的含义

(一)餐饮业:指通过即时加工制作、商业销售和服务性劳动等手段,向消费者提供食品、消费场所和设施的食品生产经营行业,包括餐馆、小吃店、快餐店、食堂等。

餐馆(又称酒家、酒楼、酒店、饭庄等):指以饭菜(包括中餐、西餐、日餐、韩餐等)为主要经营项目的单位,包括火锅店、烧烤店等。

小吃店:指以点心、小吃、早点为主要经营项目的单位和提供简单餐饮服务的酒吧、咖啡厅、茶室等。

快餐店:指以集中加工配送、当场分餐食用并快速提供就餐服务为主要加工供应形式的单位。

食堂:指设于机关、学校、企业、工地等地点(场所),为供应内部职工、学生等就餐的单位。

(二)集体用餐配送单位:指根据集体服务对象订购要求,集中加工、分送食品但不提供就餐场所的单位。

(三)食品:指各种供人食用或者饮用的成品和原料以及按照传统既是食品又是药品的物品,但是不包括以治疗为目的的物品,在餐饮业和集体用餐配送单位中主要指原料、半成品、成品(包括下列用语中的凉菜、生食海产品、裱花蛋糕、现榨果蔬汁、自助餐等)。

原料:指供烹饪加工制作食品所用的一切可食用的物质和材料。

半成品:指食品原料经初步或部分加工后,尚需进一步加工制作的食品或原料。

成品:指经过加工制成的或待出售的可直接食用的食品。

凉菜(又称冷菜、冷荤、熟食、卤味等):指对经过烹制成熟或者腌渍入味后的食品进行简单制作并装盘,一般无需加热即可食用的菜肴。

生食海产品:指不经过加热处理即供食用的生长于海洋的鱼类、贝壳类、头足类等水产品。

裱花蛋糕:指以粮、糖、油、蛋为主要原料经焙烤加工而成的糕点坯,在其表面裱以奶油、人造奶油、植脂奶油等而制成的糕点食品。

现榨果蔬汁:指以水果或蔬菜为主要原料,以压榨等机械方法加工所得的新鲜水果汁或蔬菜汁。

自助餐:指集中加工制作后放置于就餐场所,供就餐者自行选择食用的餐饮食品。

(四)加工经营场所:指与加工经营直接或间接相关的场所,包括食品处理区、非食品处理区和就餐场所。

1. 食品处理区:指食品的粗加工、切配、烹调和备餐场所、专间、食品库房、餐用具清洗消毒和保洁场所等区域,分为清洁操作区、准清洁操作区、一般操作区。

(1)清洁操作区:指为防止食品被环境污染,清洁要求较高的操作场所,包括专间、备餐场所。

专间:指处理或短时间存放直接入口食品的专用操作间,包括凉菜间、裱花间、备餐专间、集体用餐分装专间等。

备餐场所:指成品的整理、分装、分发、暂时置放的专用场所。

(2)准清洁操作区:指清洁要求次于清洁操作区的操作场所,包括烹调场所、餐用具保洁场所。

烹调场所:指对经过粗加工后的原料或半成品进行煎、炒、炸、焖、煮、烤、烘、蒸及其他热加工处理的操作场所。

餐用具保洁场所:指对经清洗消毒后的餐饮具和接触直接入口食品的工具、容器进行存放并保持清洁的场所。

(3)一般操作区:指其他处理食品和餐具的场所,包括粗加工操作场所、切配场所、餐用具清洗消毒场所和食品库房。

粗加工操作场所:指对食品原料进行挑拣、整理、解冻、清洗、剔除不可食部分等加工处理的操作场所。

切配场所:指把经过粗加工的食品进行洗、切、称量、拼配等加工处理成为半成品的操作场所。

餐用具清洗消毒场所:指对餐饮具和接触直接入口食品的工具、容器进行清洗、消毒的操作场所。

食品库房:指专门用于贮藏、存放食品原料的场所。

2. 非食品处理区:指办公室、厕所、更衣场所、非食品库房等非直接处理食品的区域。

3. 就餐场所:指供消费者就餐的场所,但不包括供就餐者专用的厕所、门厅、大堂休息厅、歌舞台等辅助就餐的场所。

(五)中心温度:指块状或有容器存放的液态食品或食品原料的中心部位的温度。

(六)冷藏:指为保鲜和防腐的需要,将食品或原料置于冰点以上较低温度条件下贮存的过程,冷藏温度的范围应在0℃～10℃。

(七)冷冻:指将食品或原料置于冰点温度以下,以保持冰冻状态的贮存过程,冷冻温度的范围应在-20℃～1℃。

(八)清洗:指利用清水清除原料夹带的杂质和原料、工具表面的污物所采取的操作过程。

(九)消毒:用物理或化学方法破坏、钝化或除去有害微生物的操作,消毒不能完全杀死细菌芽孢。

(十)交叉污染:指通过生的食品、食品加工者、食品加工环境或工具把生物的、化学的污染物转移到食品的过程。

(十一)从业人员:指餐饮业和集体用餐配送单位中从事食品采购、保存、加工、供餐服务等工作的人员。

第四条　本规范中"应"的内容表示必须这样做,"不得"的内容表示禁止这样做,"宜"的内容表示以这样做为佳。

第五章　从业人员卫生要求

第三十八条　从业人员健康管理

(一)从业人员应按《中华人民共和国食品卫生法》的规定,每年至少进行一次健康检查,必要时接受临时检查。新参加或临时参加工作的人员,应经健康检查,取得健康合格证明后方可参加工作。凡患有痢疾、伤寒、病毒性肝炎等消化道传染病(包括病原携带者),活动性肺结核,化脓性或者渗出性皮肤病以及其他有碍食品卫生疾病的,不得从事接触直接入口食品的工作。

(二)从业人员有发热、腹泻、皮肤伤口或感染、咽部炎症等有碍食品卫生病症的,应立即脱离工作岗位,待查明原因、排除有碍食品卫生的病症或治愈后,方可重新上岗。

(三)应建立从业人员健康档案。

第三十九条　从业人员培训

应对新参加工作及临时参加工作的从业人员进行卫生知识培训,合格后方能上岗;在职从业人员应进行卫生培训,培训情况应记录。

第四十条　从业人员个人卫生

(一)应保持良好个人卫生,操作时应穿戴清洁的工作服、工作帽(专间操作人员还需戴口罩),头发不得外露,不得留长指甲,涂指甲油,佩戴饰物。

(二)操作时手部应保持清洁,操作前手部应洗净。接触直接入口食品时,手部还应进行消毒。

(三)接触直接入口食品的操作人员在有下列情形时应洗手:

1. 开始工作前。

2. 处理食物前。

3. 上厕所后。

4. 处理生食物后。

5. 处理弄污的设备或饮食用具后。

6. 咳嗽、打喷嚏或擤鼻子后。

7. 处理动物或废物后。

8. 触摸耳朵、鼻子、头发、口腔或身体其他部位后。

9. 从事任何可能会污染双手活动(如处理货款、执行清洁任务)后。

(四)专间操作人员进入专间时宜再次更换专间内专用工作衣帽并佩戴口罩,操作前双手严格进行清洗消毒,操作中应适时地消毒双手。不得穿戴专间工作衣帽从事与专间内操作无关的工作。

(五)个人衣物及私人物品不得带入食品处理区。

(六)食品处理区内不得有抽烟、饮食及其他可能污染食品的行为。

(七)进入食品处理区的非加工操作人员,应符合现场操作人员卫生要求。

第四十一条　从业人员工作服管理

(一)工作服(包括衣、帽、口罩)宜用白色(或浅色)布料制作,也可按其工作的场所从颜色或式样上进行区分,如粗加工、烹调、仓库、清洁等。

(二)工作服应有清洗保洁制度,定期进行更换,保持清洁。接触直接入口食品人员的工作服应每天更换。

(三)从业人员上厕所前应在食品处理区内脱去工作服。

(四)待清洗的工作服应放在远离食品处理区。

(五)每名从业人员应有两套或以上工作服。

第六章　附　则

第四十二条　本规范由卫生部负责解释。

第四十三条　本规范于 2005 年 10 月 1 日起施行。

民以食为天,厨师就是那天上的神仙,神仙下凡做饭,把幸福带给人间……

　　　　　　　　　　　　　　　　——张仁庆

金盾版图书,科学实用,
通俗易懂,物美价廉,欢迎选购

中国南北名菜谱(精装)	22.00 元	家庭四季美味快餐	6.00 元
中国南北名菜谱(平装)	19.00 元	家庭凉拌菜	8.00 元
中国素斋集萃	20.00 元	辣味菜肴烹调 270 种	6.00 元
中国名菜精华	30.00 元	家庭火锅、砂锅、汽锅菜谱	5.50 元
名菜精华	13.00 元	沙锅菜肴精选	24.00 元
正宗川菜 160 种	13.50 元	名优酱菜腌菜家庭制法 300 种	4.50 元
正宗苏菜 160 种	11.60 元	家常面点制作 60 种	8.00 元
正宗粤菜 160 种	11.50 元	消暑解热汤谱	3.00 元
新派川菜 100 种	19.00 元	家常美味汤谱	6.50 元
鲁菜烹调 350 例	9.00 元	汤粥羹汁制作 300 例	5.00 元
京菜烹调 280 例	8.50 元	豆腐菜肴 200 种	6.00 元
粤菜烹调 160 种	11.00 元	烹饪诀窍 500 题	12.50 元
北京精品菜点	22.00 元	豆制品菜肴 190 种	7.00 元
上海名店名菜谱	13.00 元	家宴冷餐谱	6.50 元
上海特色菜点	22.00 元	电烤箱食谱	3.50 元
海派潮州菜	23.00 元	微波炉食谱	7.50 元
上海时兴家常菜	7.00 元	孕产妇食谱	5.00 元
淮扬菜精选	19.50 元	婴幼儿食谱	7.00 元
徽菜烹调 250 种	8.00 元	宝宝营养食谱	5.70 元
东北名菜精华	6.00 元	早餐食谱	6.00 元
食品雕刻精选	20.00 元	营养早餐 60 套	11.50 元
冷盘集锦	12.00 元	烹饪调味与制馅	5.00 元
杨翠丽花色拼盘精品选	19.00 元	杂粮巧做 270 种	7.50 元
卤制菜肴与糟制凉菜	7.50 元	北京风味小吃	5.60 元
海鲜菜谱	5.50 元	成都风味小吃	4.00 元
清真菜谱	8.50 元	上海小吃	10.00 元
新编大众菜谱	6.00 元	上海素食	6.80 元
5 分钟学烹饪	8.50 元	水果拼盘	12.00 元
四川火锅	10.00 元	主食花样 360 种	10.00 元
广东点心	8.00 元	菜蔬美味 30 种	8.00 元
风味甜菜 150 种	7.50 元	水产美味 30 种	8.00 元
家常风味菜肴 200 种	3.20 元	禽蛋美味 30 种	8.00 元
美味家常菜 320 例	8.50 元	肉菜美味 30 种	8.00 元
家庭蔬菜烹调 350 种	11.00 元	凉菜美味 30 种	8.00 元
北方美味家常菜	5.50 元	粤菜美味 30 种	8.00 元
南方美味家常菜	10.00 元	京菜美味 30 种	8.00 元

湘菜美味 30 种	8.00 元	调味品加工与配方	5.00 元
川菜美味 30 种	8.00 元	百物妙用	6.30 元
苏菜美味 30 种	8.00 元	家庭购物指南	21.00 元
鲁菜美味 30 种	8.00 元	厨房小常识 800 题	6.90 元
东北菜美味 30 种	8.00 元	果品的贮藏与保鲜	7.80 元
清真美味 30 种	8.00 元	蔬菜的贮存与保鲜	6.00 元
卤制美味 30 种	8.00 元	果脯蜜饯制作技艺	3.10 元
烧烤美味 30 种	8.00 元	80 种水果制品加工技艺	6.50 元
肥肠美味 30 种	8.00 元	口布折花 120 款	8.00 元
沙拉美味 30 种	9.00 元	女性美容指南	6.00 元
竹笋美味 30 种	8.00 元	国际时尚发型精选	35.00 元
沙锅美味 30 种	8.00 元	女子发式造型	26.00 元
粥品美味 30 种	8.00 元	室内装饰品制作 120 例	7.90 元
汤羹美味 30 种	8.00 元	自制家庭装饰品 100 例	14.50 元
面筋美味 30 种	8.50 元	布制工艺品·动物造型 100 例	9.90 元
肉鸽美味 30 种	8.00 元	室内艺术饰品巧制作	9.00 元
素食美味 30 种	8.00 元	家庭装饰陈设 100 问	19.00 元
象形点心 30 种	8.00 元	家庭养花 300 问	7.90 元
双休日家庭食谱	5.00 元	中国盆景欣赏与创作	50.00 元
喜庆家宴食谱	6.50 元	树木盆景造型	14.00 元
美味面点 400 种（第二版）	9.00 元	盆景制作与养护（修订版）	32.00 元
家常面点制作 60 种	8.00 元	中国根艺	19.80 元
精美茶点	22.00 元	中国石艺	25.00 元
豆制品加工技艺	8.00 元	插花艺术问答	11.50 元
大众西餐	4.40 元	钓鱼技艺（第二版）	4.00 元
食堂烹饪指南	9.00 元	手竿钓鱼（第二版）	3.50 元
家庭烹调入门	5.50 元	钓鱼与捕鱼（第二版）	10.00 元
菜肴围边技巧	9.70 元	蟋蟀的捕养斗	3.30 元
餐厅服务规范	10.00 元	怎样打门球	4.50 元
客房服务与管理	6.00 元		
鸡尾酒调制技法	6.00 元		
鸡尾酒调酒师培训教材	9.00 元		
说茶饮茶	8.00 元		
家庭泡菜 100 例	3.20 元		
朝鲜风味小菜	4.50 元		
烹饪诀窍 500 题	12.50 元		
家庭自制小食品 150 例	4.00 元		
家庭自制冷饮 300 例	7.00 元		
生活小窍门 1400 例	8.00 元		
生活小窍门（续集）1200 例	12.00 元		

以上图书由全国各地新华书店经销。凡向本社邮购图书或音像制品，可通过邮局汇款，在汇单"附言"栏填写所购书目，邮购图书均可享受 9 折优惠。购书 30 元（按打折后实款计算）以上的免收邮挂费，购书不足 30 元的按邮局资费标准收取 3 元挂号费，邮寄费由我社承担。邮购地址：北京市丰台区晓月中路 29 号，邮政编码：100072，联系人：金友，电话：（010）83210681、83210682、83219215、83219217（传真）。